"十二五"普通高等教育本科国家级规划教材
国家林业和草原局普通高等教育"十三五"规划教材
高等院校水土保持与荒漠化防治专业教材

水文与水资源学

（第4版）

余新晓　主　编

中国林业出版社

内容提要

《水文与水资源学》(第4版)是国家林业和草原局普通高等教育"十三五"规划教材,它是在"十二五"普通高等教育本科国家级规划教材基础上修订而成。教材总结了水文与水资源学的基本理论,包括水分循环及其要素、水文计算、水资源计算与评价等,系统阐明了当前国内外水资源概况,对水资源保护管理技术与开发利用方法作了介绍,并分析了全球变化与人类活动的水文水资源的响应。

本教材不仅可作为高等院校水土保持与荒漠化防治、自然地理与资源环境等专业教材或相近专业的教学参考书,还可供有关教育、科研和生产、管理部门的科技人员学习参考使用。

图书在版编目(CIP)数据

水文与水资源学 / 余新晓主编. —4版. —北京:中国林业出版社,2020.11(2024.8 重印)
"十二五"普通高等教育本科国家级规划教材　国家林业和草原局普通高等教育"十三五"规划教材
高等院校水土保持与荒漠化防治专业教材
ISBN 978-7-5219-0874-9

Ⅰ.①水… Ⅱ.①余… Ⅲ.①水文学 – 高等学校 – 教材 ②水资源 – 高等学校 – 教材 Ⅳ.①P33 ②TV211

中国版本图书馆 CIP 数据核字(2020)第 206659 号

审图号:GS(2020)7412

中国林业出版社教育分社

策划编辑:肖基浒		责任编辑:肖基浒　洪 蓉	
电　话:(010)83143555		传　真:(010)83143516	

出版发行	中国林业出版社(100009　北京市西城区刘海胡同7号)
	E-mail:jiaocaipublic@163.com　电话:(010)83143561
	https://www.cfph.net
印　刷	河北京平诚乾印刷有限公司
版　次	1999年10月第1版(共印9次)
	2010年6月第2版(共印5次)
	2016年6月第3版(共印3次)
	2020年11月第4版
印　次	2024年8月第3次印刷
开　本	850mm×1168mm　1/16
印　张	31.5
字　数	768千字
定　价	92.00元

未经许可,不得以任何方式复制或抄袭本书之部分或全部内容。

版权所有　侵权必究

《水文与水资源学》(第 4 版) 编写人员

主　　编：余新晓
副 主 编：张建军　蔡体久　贾国栋　马　岚
编写人员：(按姓氏笔画排序)
　　　　　马　岚(北京林业大学)
　　　　　王双银(西北农林科技大学)
　　　　　牛健植(北京林业大学)
　　　　　邓文平(江西农业大学)
　　　　　刘自强(南京林业大学)
　　　　　刘　瑛(湖北工业大学)
　　　　　李　华(东北林业大学)
　　　　　余新晓(北京林业大学)
　　　　　张建军(北京林业大学)
　　　　　秦富仓(内蒙古农业大学)
　　　　　贾国栋(北京林业大学)
　　　　　贾剑波(中南林业科技大学)
　　　　　涂志华(海南大学)
　　　　　蔡体久(东北林业大学)
　　　　　潘成忠(北京师范大学)
学术秘书：贾国栋(北京林业大学)
主　　审：王礼先(北京林业大学)

《水文与水资源学》(第3版)
编写人员

主　　编：余新晓
副 主 编：张建军　马　岚　蔡体久
编写人员：(按姓氏笔画排序)
　　　　　马　岚(北京林业大学)
　　　　　王双银(西北农林科技大学)
　　　　　牛健植(北京林业大学)
　　　　　刘　瑛(湖北工业大学)
　　　　　李　华(东北林业大学)
　　　　　余新晓(北京林业大学)
　　　　　张建军(北京林业大学)
　　　　　秦富仓(内蒙古农业大学)
　　　　　贾国栋(北京林业大学)
　　　　　高甲荣(北京林业大学)
　　　　　蔡体久(东北林业大学)
　　　　　潘成忠(北京师范大学)
学术秘书：贾国栋
主　　审：王礼先

序

自 1851 年 Mulvaney 首次提出汇流时间的概念以来，水文学已经历了近 160 年的发展。20 世纪中期以来，水资源学也不断发展成为"水文与水资源学"，以水力学、气象学、物理学和土壤学等为基础的有较强应用性和实践性的学科，研究内容多为与社会经济发展和人类生活息息相关的科学问题。现代水文水资源的学科体系可划分为环节层、过渡层、调控层、海陆循环层和地球科学层等 5 个层次。环节层是传统水文学和水资源学的主体研究内容，主要包括降水、蒸发、入渗、产流、汇流、补给、排泄等天然水循环环节，以及取水、供水、用水、耗水、排水、再生处理和再生水利用等人工侧枝水循环（或社会水循环）环节。在解决水问题的实践中，特别是现代技术手段的推动下，水文水资源学研究发生了一系列的变化，总体研究思路从"还原"向"综合交叉"发展，研究对象从单一水文环节向二元水循环过程转变，研究范式从"天然"一元向"自然—人工"二元演变，技术途径从物理模型向"原型观测＋数值模型"相结合转变，观测实验手段从"点""面"监测过渡到"立体"原型观测。

20 世纪 80 年代以来，随着世界性水危机凸显，特别是中国水问题尤为严重，洪涝灾害、旱灾、大面积水体污染、生态退化、水土流失、湿地面积持续减少、地下水超采等问题已经成为实现可持续发展的重大障碍性因素。此外，突发性的自然和人为水患灾害事件频繁发生，给供用水安全、水环境安全和水生态安全的维系带来了严重挑战。因此，水文水资源学作为水土保持与荒漠化防治特色专业建设中必不可少的科目，学习此课程，将有利于构建对水文与水资源学科的系统认识，培养和训练水土保持事业的建设性人才。

本教材是国家林业和草原局普通高等教育"十三五"规划教材，包含了对国内外相应领域的总结、回顾和展望，是一套具有权威性的教材。各章节著者都是国内该领域的学术带头人，具有深厚的功底和修养，大多有丰富的授课经验，使得该教材内容丰富、资料翔实，充分把握了水文水资源学的理论和实践前景、研究水平和发展方向，建立最切合水土保持学领域的教材书籍。这本教材既注重理论知识的传授，又考虑到学生实践能力的培养；既考虑了章节间内在逻辑的系统组合，又减少了内容的冗余重复。同时，也在一定程度解决了缺乏统一教材的问题，这对完善培养机制、开拓思路大有裨益。

王 浩

中国工程院院士

2020 年 8 月

第 4 版前言

《水文与水资源学》自 1999 年第 1 版问世以来，经过 3 次修订，2010 年被确定为"十二五"普通高等教育本科国家规划教材。作为高等农林院校水土保持与荒漠化防治等专业的核心必修专业基础课程教材，出版 20 年来受到广大教师和学生的好评。

《水文与水资源学》第 4 版严格按照国家林业和草原局对"十三五"规划教材的要求，本着反映水文与水资源学的进展以及水文学教育观念、教育手段的变革，贴近北京林业大学、东北林业大学、北京师范大学、西北农林科技大学等国内多所科研院校水文水资源学的教学实际，强调"基础扎实、能力强、适应面广"的培养理念，完善水土保持特色专业建设，突出理论的实用性和技能的可操作性，重点补充当代水文与水资源学的新理论、新技术。全书按照研究尺度由小及大进行编排，约 70 万字，共 13 章，附有参考文献和中英文专业名词对照索引。本次修订，较上版增加"水文信息采集与处理"一章，介绍了不同尺度、不同生态系统中水文信息采集与处理方法；此外，通过修订，提高了表达公式的准确度，补充了新的学术概念，更新相应的参考文献，增加了近些年法律法规和政策对水资源开发与利用的分析和指导，优化了思考题的内容，便于学生自查，提高对每章知识的掌握程度，并进一步启发思路，激发学习兴趣，引导自主学习。

本教材的 15 名编委来自北京林业大学、北京师范大学、东北林业大学、西北农林科技大学、内蒙古农业大学、中南林业科技大学、江西农业大学、海南大学和湖北工业大学等高等院校的水文与水资源教学第一线，有丰富的教学经验和体会。编撰过程中共同商定选题、确定提纲体例，相互交换意见，汇集了集体的智慧，为保证本教材的教学实用性奠定了基础。北京林业大学余新晓教授任主编，张建军教授、蔡体久教授、贾国栋博士、马岚博士任副主编。第 1 章、第 5 章和第 7 章由余新晓教授、贾国栋博士负责编写，第 2 章由张建军教授负责编写，第 3 章由刘瑛博士负责编写，第 4 章由秦富仓教授、余新晓教授、贾剑波博士负责编写，第 6 章由马岚博士负责编写，第 8 章由蔡体久教授和李华博士负责编写，第 9 章由潘成忠博士负责编写，第 10 章由王双银教授负责编写，第 11 章由牛健植教授负责编写，第 12 章、第 13 章由贾国栋博士、邓文平博士、涂志华博士、刘自强博士负责编写。全书由余新晓教授、贾国栋博士和马岚博士负责统稿，编写内容经过交叉互审、副主编再审、主编终审和清样校正等多个环节由北京林业大学王礼先教授主审，进一步保证了本书的质量。

在此，感谢同道们在第 3 版使用过程中提出的宝贵意见，感谢王浩院士为本书作序。同时，感谢北京林业大学教务处、水土保持学院和中国林业出版社的同志们给予极大的帮助和支持，他们认真负责的态度为书稿锦上添花。感谢学界挚友们的鼎力相助，感谢著者和读者的垂青扶携。由于编者的知识水平、实践经验和视野有局限性，书中难免挂一漏万，但绝不会用"在所难免"四个字草草放过，尚祈使用本书的专家、学者、老师和同学宽容，并恳切地希望大家不吝批评指正。

余新晓

2020 年 5 月 20 日

第3版前言

伴随着社会经济的快速发展和全球气候变化的影响，我国乃至全球均面临着愈来愈紧迫的水问题的挑战。水是生命之源，水是不可替代的自然资源和国家的经济资源。近年来，人与水的关系已经由古代的趋利避害发展到了现代较高水平的兴利除害的新阶段，水文与水资源学也被赋予了新的动力和新的特色。水文与水资源学和其他学科之间的边缘学科正在不断兴起，学科间的空隙逐渐得到填补。水文学及水资源学科在继续为水利工程学科和水资源可持续利用提供科学基础的同时，与大气科学、环境科学、生态科学、信息科学、经济学、管理学、社会学和遥测技术等关系日益密切，学科交叉发展现象明显，并逐渐拓展为对广泛的资源、环境与生态问题研究的支撑。

自2010年《水文与水资源学》（第2版）出版以来，本教材已被北京林业大学、东北林业大学、北京师范大学、西北农林科技大学等国内多所科研院校用于本科生和研究生教学，并受到广泛好评。为使《水文与水资源学》（第3版）教材更进一步反映水文与水资源方面的研究进展和研究前沿，并具有更广泛的代表性，本教材在第2版基础上，进一步系统总结了水文学的基本理论，地表水、地下水资源的基本规律和特征，以及计算评价的基本理论和方法，针对水资源开发利用现状及问题，阐明了水资源管理的内容和任务。本教材为普通高等教育"十二五"国家规划教材，为水土保持与荒漠化防治专业的核心必修专业基础课程。

本教材由北京林业大学余新晓教授任主编，张建军教授、马岚博士、蔡体久教授任副主编。北京林业大学、北京师范大学、东北林业大学、西北农林科技大学、内蒙古农业大学和湖北工业大学等高等院校多名富有水文与水资源学教学经验的教师参与编写工作。第1章、第5章和第7章由余新晓教授等负责编写，第2章由张建军教授等负责编写，第3章由高甲荣教授和刘瑛博士等负责编写，第4章由秦富仓教授和余新晓教授等负责编写，第6章由马岚博士等负责编写，第8章由蔡体久教授和李华博士等负责编写，第9章由潘成忠博士等负责编写，第10章由王双银教授等负责编写，第11章由牛健植教授等负责编写，第12章由贾国栋博士等负责编写。全书由余新晓教授、马岚博士和贾国栋博士负责统稿，由北京林业大学王礼先教授主审。

在本教材的编写过程中，王浩院士欣然为本书作序，王礼先教授亲自把关主审，两位先生为本教材的编写和提升提出了十分宝贵的意见，在此表示诚挚的感谢。同时，本教材得到了北京林业大学和中国林业出版社的大力支持，各参编单位也给予了很大帮助。本教材引用的大量科技成果、论文、专著和相关教材，因篇幅所限未能一一在参考文献中列出，谨向文献的作者致以诚挚的谢意。限于我们的知识水平和实践经验，书中难免出现缺陷、遗漏甚至谬误，热切希望各位读者提出宝贵批评意见，以期本教材内容不断完善，水平逐步提高。

余新晓

2015 年 6 月 10 日

目 录

序
第4版前言
第3版前言

第1章 绪 论 ··· (1)
　1.1 水文与水资源学研究的对象和任务 ····························· (1)
　1.2 水文与水资源的基本特征及研究方法 ·························· (5)
　　1.2.1 水文与水资源的基本特征 ································· (5)
　　1.2.2 水文与水资源学的研究方法 ································· (6)
　1.3 世界和中国水资源概况 ··· (7)
　　1.3.1 世界水资源概况 ·· (7)
　　1.3.2 我国水资源概况 ·· (8)
　1.4 水文与水资源学的任务与内容 ··································· (15)

第2章 水分循环及其要素 ··· (16)
　2.1 水分循环及水量平衡 ·· (16)
　　2.1.1 自然界的水分循环 ·· (16)
　　2.1.2 水量平衡 ·· (20)
　2.2 河流和流域 ·· (23)
　　2.2.1 河流特征 ·· (23)
　　2.2.2 流域特征 ·· (30)
　2.3 降水及其特征 ··· (35)
　　2.3.1 降水类型 ·· (35)
　　2.3.2 降水的基本要素 ··· (37)
　　2.3.3 降水特征指标 ·· (37)
　　2.3.4 平均降水量的计算 ·· (40)
　　2.3.5 影响降水的因素 ··· (42)

  2.3.6 我国降水的特征 …………………………………………………… (45)

 2.4 蒸发与蒸发散 …………………………………………………………… (46)

  2.4.1 水面蒸发 ………………………………………………………… (46)

  2.4.2 土壤蒸发 ………………………………………………………… (48)

  2.4.3 植物蒸发散 ……………………………………………………… (50)

 2.5 下　渗 …………………………………………………………………… (51)

  2.5.1 下渗的基本概念 ………………………………………………… (51)

  2.5.2 下渗的物理过程 ………………………………………………… (51)

  2.5.3 影响下渗的因素 ………………………………………………… (54)

 2.6 径　流 …………………………………………………………………… (55)

  2.6.1 基本概念 ………………………………………………………… (55)

  2.6.2 径流的形成过程 ………………………………………………… (56)

  2.6.3 影响径流的因素 ………………………………………………… (59)

第3章 流域产流与汇流 …………………………………………………… (64)

 3.1 概　述 …………………………………………………………………… (64)

 3.2 产流机制 ………………………………………………………………… (64)

  3.2.1 包气带和饱和带 ………………………………………………… (64)

  3.2.2 包气带对降雨的再分配作用 …………………………………… (65)

  3.2.3 包气带水量平衡方程 …………………………………………… (66)

 3.3 坡面产流 ………………………………………………………………… (67)

  3.3.1 地表径流产流 …………………………………………………… (67)

  3.3.2 壤中流 …………………………………………………………… (69)

  3.3.3 地下径流 ………………………………………………………… (72)

  3.3.4 回归流 …………………………………………………………… (73)

  3.3.5 山坡产流过程 …………………………………………………… (74)

  3.3.6 坡面产流模型 …………………………………………………… (75)

 3.4 流域汇流 ………………………………………………………………… (76)

  3.4.1 流域汇流过程与汇流时间 ……………………………………… (76)

  3.4.2 流域汇流的影响因素 …………………………………………… (77)

 3.5 流域水文模型 …………………………………………………………… (78)

  3.5.1 流域水文模型的分类及特点 …………………………………… (78)

  3.5.2 集总式水文模型 ………………………………………………… (80)

3.5.3　分布式水文模型 …………………………………………………………… (90)

第4章　流域侵蚀与产沙输沙 …………………………………………………… (96)
4.1　概　述 …………………………………………………………………………… (96)
4.2　坡面侵蚀 ………………………………………………………………………… (96)
　　4.2.1　坡面侵蚀类型 ……………………………………………………………… (96)
　　4.2.2　坡面侵蚀机理 ……………………………………………………………… (97)
4.3　河流泥沙 ………………………………………………………………………… (102)
　　4.3.1　泥沙的水力特性 …………………………………………………………… (102)
　　4.3.2　推移质运动 ………………………………………………………………… (105)
　　4.3.3　悬移质运动 ………………………………………………………………… (106)
4.4　流域产沙与输沙 ………………………………………………………………… (109)
　　4.4.1　流域产沙 …………………………………………………………………… (109)
　　4.4.2　流域输沙 …………………………………………………………………… (116)
4.5　流域泥沙模型 …………………………………………………………………… (121)
　　4.5.1　经验模型 …………………………………………………………………… (122)
　　4.5.2　物理过程模型 ……………………………………………………………… (123)
　　4.5.3　动力学模拟模型 …………………………………………………………… (124)
4.6　侵蚀与泥沙观测 ………………………………………………………………… (124)
　　4.6.1　坡面侵蚀观测 ……………………………………………………………… (124)
　　4.6.2　小流域输沙的观测 ………………………………………………………… (125)

第5章　水文统计 ………………………………………………………………… (135)
5.1　概　述 …………………………………………………………………………… (135)
5.2　随机变量及其概率分布 ………………………………………………………… (135)
　　5.2.1　随机变量 …………………………………………………………………… (135)
　　5.2.2　随机变量的概率分布 ……………………………………………………… (136)
　　5.2.3　常用的概率分布曲线 ……………………………………………………… (138)
　　5.2.4　随机变量的分布参数 ……………………………………………………… (139)
5.3　经验频率曲线 …………………………………………………………………… (142)
　　5.3.1　频率分布 …………………………………………………………………… (142)
　　5.3.2　经验频率曲线 ……………………………………………………………… (144)
5.4　水文随机变量概率分布的估计 ………………………………………………… (145)

5.4.1　水文随机变量总体分布的线型 …………………………………… (145)
　　5.4.2　统计参数的估算 …………………………………………………… (146)
　　5.4.3　适线法 ……………………………………………………………… (148)
5.5　水文相关分析 ……………………………………………………………… (151)
　　5.5.1　概　述 ……………………………………………………………… (151)
　　5.5.2　线性回归方程参数的确定 …………………………………………… (152)
　　5.5.3　简单相关系数及直线回归方程的误差 ……………………………… (153)
　　5.5.4　相关分析应用 ………………………………………………………… (154)
　　5.5.5　复相关 ………………………………………………………………… (154)
5.6　水文过程的随机模拟 ……………………………………………………… (155)
　　5.6.1　水文过程 ……………………………………………………………… (155)
　　5.6.2　随机过程 ……………………………………………………………… (156)
　　5.6.3　纯随机序列的随机模拟 ……………………………………………… (156)
　　5.6.4　年序列的随机模拟 …………………………………………………… (158)

第6章　水文计算 …………………………………………………………… (162)

6.1　概　述 ……………………………………………………………………… (162)
　　6.1.1　水文计算主要内容 …………………………………………………… (162)
　　6.1.2　水文计算基本方法 …………………………………………………… (162)
6.2　流域产、汇流分析计算 …………………………………………………… (163)
　　6.2.1　基本资料的整理与分析 ……………………………………………… (163)
　　6.2.2　流域产流分析与计算 ………………………………………………… (167)
　　6.2.3　流域汇流分析与计算 ………………………………………………… (172)
　　6.2.4　河道洪水演算 ………………………………………………………… (175)
　　6.2.5　洪水淹没分析 ………………………………………………………… (180)
6.3　设计年径流分析与计算 …………………………………………………… (186)
　　6.3.1　年径流变化特征 ……………………………………………………… (186)
　　6.3.2　具有长期实测径流资料时设计年径流计算 ………………………… (186)
　　6.3.3　具有短期实测径流资料时设计年径流计算 ………………………… (190)
　　6.3.4　缺乏实测径流资料时设计年径流计算 ……………………………… (190)
6.4　设计洪水分析与计算 ……………………………………………………… (193)
　　6.4.1　设计洪水及设计标准 ………………………………………………… (193)
　　6.4.2　设计洪水计算内容和方法 …………………………………………… (195)

  6.4.3 由流量资料推求设计洪水 ………………………………………………… (196)
  6.4.4 由暴雨资料推求设计洪水 ………………………………………………… (203)
  6.4.5 小流域设计洪水计算 ……………………………………………………… (207)
 6.5 排涝水文计算 ……………………………………………………………………… (212)
  6.5.1 概　述 ……………………………………………………………………… (212)
  6.5.2 城市排涝计算 ……………………………………………………………… (214)
  6.5.3 农业区排涝计算 …………………………………………………………… (216)
 6.6 干旱水文计算 ……………………………………………………………………… (220)
  6.6.1 具有实测径流资料时枯水流量计算 …………………………………… (220)
  6.6.2 短缺实测径流资料时枯水流量计算 …………………………………… (221)

第7章　生态水文 ………………………………………………………………… (223)

 7.1 概　述 ……………………………………………………………………………… (223)
 7.2 森林水文 …………………………………………………………………………… (224)
  7.2.1 森林水文过程 ……………………………………………………………… (225)
  7.2.2 森林对径流的影响 ………………………………………………………… (227)
  7.2.3 森林对径流泥沙和水质的影响 …………………………………………… (227)
 7.3 湿地水文 …………………………………………………………………………… (228)
  7.3.1 湿地—大气界面水文过程 ………………………………………………… (228)
  7.3.2 湿地地表径流、地下径流及其相互作用 ……………………………… (229)
  7.3.3 湿地水文过程对湿地生态系统的影响 ………………………………… (229)
 7.4 荒漠水文 …………………………………………………………………………… (230)
  7.4.1 荒漠地区的水文过程 ……………………………………………………… (232)
  7.4.2 自然因子的荒漠水文效应 ………………………………………………… (235)
  7.4.3 人为活动对荒漠水文的影响 ……………………………………………… (237)
  7.4.4 当前荒漠水文的研究重点 ………………………………………………… (238)
 7.5 农田水文 …………………………………………………………………………… (239)
  7.5.1 农田水文特性 ……………………………………………………………… (240)
  7.5.2 不同类型地区的农田水资源 ……………………………………………… (242)
  7.5.3 农田生态水文过程及特点 ………………………………………………… (245)
  7.5.4 农田水资源的水利建设及提高水分利用效率的措施 ………………… (246)
  7.5.5 农田水资源法律法规的管理措施 ……………………………………… (247)
 7.6 草地水文 …………………………………………………………………………… (247)

7.6.1 草地水文过程规律 …………………………………………………………………(248)
7.6.2 草地对降水的再分配 ………………………………………………………………(249)
7.6.3 植被动态与生态水文过程的耦合效应 ……………………………………………(251)
7.6.4 当前草地水文的研究重点 …………………………………………………………(251)
7.7 城市水文 …………………………………………………………………………………(252)
7.7.1 城市水文学概述 ……………………………………………………………………(252)
7.7.2 城市水文规律 ………………………………………………………………………(253)
7.7.3 城市建设中的水文效应 ……………………………………………………………(255)
7.7.4 城市水管理 …………………………………………………………………………(259)
7.8 生态水文模型 ……………………………………………………………………………(261)
7.8.1 生态水文模型的分类及特点 ………………………………………………………(261)
7.8.2 集总式水文模型 ……………………………………………………………………(261)
7.8.3 分布式生态水文模型 ………………………………………………………………(270)

第8章 环境水文 …………………………………………………………………………………(284)

8.1 概述 ………………………………………………………………………………………(284)
8.1.1 环境水文的概念 ……………………………………………………………………(284)
8.1.2 环境水文的研究内容 ………………………………………………………………(284)
8.1.3 环境水文的发展趋势 ………………………………………………………………(285)
8.2 水质 ………………………………………………………………………………………(286)
8.2.1 水质及其形成过程 …………………………………………………………………(286)
8.2.2 天然水中的成分组成 ………………………………………………………………(287)
8.2.3 天然水水质标准 ……………………………………………………………………(289)
8.3 水污染 ……………………………………………………………………………………(295)
8.3.1 水污染及其特征 ……………………………………………………………………(295)
8.3.2 主要污染源及危害 …………………………………………………………………(297)
8.3.3 水污染防治 …………………………………………………………………………(299)
8.4 水环境容量 ………………………………………………………………………………(304)
8.4.1 水环境容量概念及基本特征 ………………………………………………………(304)
8.4.2 水环境容量计算 ……………………………………………………………………(305)
8.4.3 水环境容量的应用 …………………………………………………………………(308)
8.5 环境水文模型 ……………………………………………………………………………(310)
8.5.1 环境水文模型及其分类 ……………………………………………………………(310)

8.5.2 环境水文模型的发展 …………………………………………………… (311)

8.5.3 环境水文模型的应用 …………………………………………………… (312)

第9章 水文信息采集与处理 ………………………………………………… (318)

9.1 水文测站与站网布设 ……………………………………………………… (318)

9.1.1 水文测站 ………………………………………………………………… (318)

9.1.2 水文站网 ………………………………………………………………… (318)

9.1.3 水文测站的设立 ………………………………………………………… (319)

9.1.4 收集水文信息的基本途径 ……………………………………………… (319)

9.2 降水的观测 ………………………………………………………………… (320)

9.2.1 空旷地降水量的测定 …………………………………………………… (320)

9.2.2 空旷地降雪量的测定 …………………………………………………… (321)

9.2.3 林内降水量的测定 ……………………………………………………… (322)

9.2.4 树干流的测定 …………………………………………………………… (322)

9.2.5 大范围降水的测定 ……………………………………………………… (322)

9.3 蒸发与蒸发散的测定 ……………………………………………………… (323)

9.3.1 水面蒸发的测定 ………………………………………………………… (323)

9.3.2 土壤蒸发的测定 ………………………………………………………… (323)

9.3.3 植物蒸发散的测定 ……………………………………………………… (324)

9.4 下渗的测定 ………………………………………………………………… (326)

9.4.1 双环刀法 ………………………………………………………………… (326)

9.4.2 圆盘入渗仪法 …………………………………………………………… (327)

9.4.3 Guelph 入渗仪法 ……………………………………………………… (327)

9.5 径流的测定 ………………………………………………………………… (328)

9.5.1 坡面径流的测定 ………………………………………………………… (328)

9.5.2 流域径流的测定 ………………………………………………………… (330)

9.6 侵蚀与泥沙的观测 ………………………………………………………… (334)

9.6.1 坡面侵蚀的观测 ………………………………………………………… (334)

9.6.2 小流域输沙的观测 ……………………………………………………… (336)

9.7 水文调查与水文遥感 ……………………………………………………… (344)

9.7.1 水文调查 ………………………………………………………………… (344)

9.7.2 水文遥感 ………………………………………………………………… (350)

9.8 水文数据处理 ……………………………………………………………… (351)

  9.8.1 水位流量关系曲线的确定 …………………………………………… (351)
  9.8.2 水位流量关系曲线的延长 …………………………………………… (352)
  9.8.3 水位流量关系曲线的移用 …………………………………………… (352)
  9.8.4 流量资料整编 ………………………………………………………… (352)
  9.8.5 水文数据处理成果的刊布与储存 …………………………………… (353)

第10章 水资源总论 ………………………………………………………… (355)

 10.1 水资源基本概念 …………………………………………………………… (355)
  10.1.1 水资源的概念 ………………………………………………………… (355)
  10.1.2 水资源的基本特征 …………………………………………………… (356)
  10.1.3 水资源的分类 ………………………………………………………… (358)
 10.2 地表水资源及其基本特征 ………………………………………………… (359)
  10.2.1 地表水资源的基本概念 ……………………………………………… (359)
  10.2.2 地表水资源的基本特征 ……………………………………………… (359)
  10.2.3 地表水资源的脆弱性 ………………………………………………… (359)
 10.3 地下水资源及其基本特征 ………………………………………………… (360)
  10.3.1 地下水资源的基本概念 ……………………………………………… (360)
  10.3.2 地下水资源的基本特征 ……………………………………………… (361)
  10.3.3 地下水的形成与分布 ………………………………………………… (364)
  10.3.4 地下水的基本类型 …………………………………………………… (370)
  10.3.5 地下水的运动 ………………………………………………………… (372)
  10.3.6 地下水动态与均衡 …………………………………………………… (373)
 10.4 土壤水资源及其基本特征 ………………………………………………… (373)
  10.4.1 土壤水资源的基本概念 ……………………………………………… (373)
  10.4.2 土壤水资源的基本特征 ……………………………………………… (374)
 10.5 水资源与生态环境 ………………………………………………………… (374)
  10.5.1 水资源与生态环境的关系 …………………………………………… (374)
  10.5.2 生态环境需水 ………………………………………………………… (375)
  10.5.3 生态环境用水 ………………………………………………………… (375)
  10.5.4 用水与需水 …………………………………………………………… (375)

第11章 水资源计算与评价 …………………………………………………… (377)

 11.1 概　述 ……………………………………………………………………… (377)

11.1.1 水资源计算与评价的发展过程 …………………………………………… (377)
11.1.2 水资源计算与评价的内容及分区 ………………………………………… (378)
11.2 地表水资源计算与评价 ………………………………………………………… (381)
11.2.1 资料收集与审查 …………………………………………………………… (381)
11.2.2 径流的还原计算 …………………………………………………………… (383)
11.2.3 降水量分析计算 …………………………………………………………… (385)
11.2.4 蒸发量分析计算 …………………………………………………………… (388)
11.2.5 河川径流量的分析计算 …………………………………………………… (390)
11.2.6 区域地表水资源分析计算 ………………………………………………… (393)
11.2.7 地表水资源可利用量估算 ………………………………………………… (396)
11.3 地下水资源计算与评价 ………………………………………………………… (398)
11.3.1 地下水资源的概念与分类 ………………………………………………… (398)
11.3.2 计算分区 …………………………………………………………………… (400)
11.3.3 地下水资源量的计算 ……………………………………………………… (400)
11.3.4 地下水资源评价 …………………………………………………………… (405)
11.4 土壤水资源计算与评价 ………………………………………………………… (407)
11.4.1 土壤水资源量计算 ………………………………………………………… (407)
11.4.2 土壤水资源评价 …………………………………………………………… (408)
11.5 生态环境水资源计算与评价 …………………………………………………… (409)
11.5.1 区域生态环境需水量计算 ………………………………………………… (409)
11.5.2 生态环境用水量计算 ……………………………………………………… (410)
11.6 水资源综合评价 ………………………………………………………………… (412)
11.6.1 水资源总量 ………………………………………………………………… (412)
11.6.2 水资源开发利用及其影响评价 …………………………………………… (414)
11.7 水质评价 ………………………………………………………………………… (415)
11.7.1 水质评价的概念及分类 …………………………………………………… (415)
11.7.2 水质评价步骤 ……………………………………………………………… (415)
11.7.3 水质评价方法 ……………………………………………………………… (416)

第 12 章 水资源保护管理与开发利用 ……………………………………………… (419)
12.1 概　述 …………………………………………………………………………… (419)
12.2 水资源规划 ……………………………………………………………………… (419)
12.2.1 水资源规划的必要性 ……………………………………………………… (419)

12.2.2　水资源规划的科学基础 ……………………………………………………… (420)
　　12.2.3　水资源规划方法 …………………………………………………………… (420)
　12.3　水资源保护 ………………………………………………………………………… (421)
　　12.3.1　水资源保护目的与意义 ……………………………………………………… (422)
　　12.3.2　水资源保护技术 …………………………………………………………… (422)
　12.4　水资源管理 ………………………………………………………………………… (423)
　　12.4.1　水资源管理概述 …………………………………………………………… (424)
　　12.4.2　水资源管理流程与技术 ……………………………………………………… (427)
　　12.4.3　水资源系统综合运行管理 …………………………………………………… (429)
　　12.4.4　水资源管理对策 …………………………………………………………… (431)
　12.5　水资源开发利用 …………………………………………………………………… (433)
　　12.5.1　水资源开发利用概述 ………………………………………………………… (433)
　　12.5.2　城市水资源开发利用策略 …………………………………………………… (437)
　　12.5.3　水资源开发利用的基本思路及方法 ………………………………………… (439)

第13章　全球变化与人类活动的水文与水资源效应 ……………………………… (442)
　13.1　全球变化的水文水资源效应 ……………………………………………………… (442)
　　13.1.1　全球变化的水文水资源效应的起源和发展 ………………………………… (442)
　　13.1.2　全球变化不同尺度的水文水资源效应 ……………………………………… (446)
　13.2　水利、水保措施的水文水资源效应 ……………………………………………… (448)
　　13.2.1　水利工程措施的水文水资源效应 …………………………………………… (448)
　　13.2.2　水保措施的水文水资源效应 ………………………………………………… (450)
　13.3　城市化的水文水资源效应 ………………………………………………………… (451)
　　13.3.1　城市化与城市水文问题 ……………………………………………………… (452)
　　13.3.2　城市化的径流效应 …………………………………………………………… (456)
　　13.3.3　城市化的水质效应 …………………………………………………………… (458)
　13.4　生态建设的水文水资源效应 ……………………………………………………… (459)
　　13.4.1　生态恢复的理论基础与水文效应理论 ……………………………………… (460)
　　13.4.2　不同尺度生态恢复与重建的水文水资源效应 ……………………………… (463)

参考文献 ……………………………………………………………………………………… (472)
附　录 ………………………………………………………………………………………… (479)
　附录1　法律法规 ………………………………………………………………………… (479)

附录2　国内外涉水行政管理机构 …………………………………………（480）

附录3　国内外涉水教学科研机构 …………………………………………（480）

附录4　我国涉水技术标准 …………………………………………………（480）

附录5　国内外涉水学术团体 ………………………………………………（480）

附录6　国内外涉水学术期刊 ………………………………………………（480）

附录7　课件PPT ……………………………………………………………（480）

教材数字资源使用说明

PC端使用方法：

步骤一：扫描教材封二"数字资源授权码"二维码获取授权码；

步骤二：注册/登录小途教育平台：https：//edu.cfph.net；

步骤三：在"课程"中搜索教材名称，打开对应教材，点击"激活"，输入授权码即可阅读。

手机端使用方法：

步骤一：扫描教材封二"数字资源授权码"二维码获取数字资源授权码；

步骤二：扫描书中的数字资源二维码，进入小途"注册/登录"界面；

步骤三：在"未获取授权"界面点击"获取授权"，输入授权码激活课程；

步骤四：激活成功后跳转至数字资源界面即可进行阅读。

数字资源授权码

第1章 绪 论

1.1 水文与水资源学研究的对象和任务

水是人类及一切生物赖以生存的必不可少的重要物质，是工农业生产、经济发展和环境改善不可替代的极为宝贵的自然资源。

水文一词泛指自然界中水的分布、运动和变化规律以及与环境的相互作用。水资源（water resources）一词出现较早，随着时代进步其内涵也在不断丰富。水资源的概念既简单又复杂，其复杂的内涵通常表现在：水类型繁多，具有运动性，各种水体具相互转化的特性；水的用途广泛，各种用途对其"量"和"质"均有不同的要求；水资源所包含的"量"和"质"在一定条件下可以改变；更为重要的是，水资源的开发利用受经济、技术、社会和环境条件的制约。因此，人们从不同角度的认识和体会，造成对水资源一词的理解不一致，认识存在差异。目前，关于水资源普遍认可的概念可以理解为人类长期生存、生活和生产活动中所需要的既具有数量要求又具有质量前提的水量，包括使用价值和经济价值。一般认为水资源概念具有广义和狭义之分。

广义上的水资源是指能够直接或间接使用的各种水和水中物质，对人类活动具有使用价值和经济价值的水均可称为水资源。

狭义上的水资源是指在一定经济技术条件下，人类可以直接利用的淡水。本书中所论述的水资源限于狭义的范畴，即与人类生活和生产活动，以及社会进步息息相关的淡水资源。

水文学（hydrology）是研究地球水圈的存在与运动的科学。它主要研究地球上水的形成、循环、时空分布、化学和物理性质以及水与环境的关系，为人类战胜洪水与干旱、充分合理开发和利用水资源，不断改善人类生存和发展的环境条件，提供科学依据。水文学既是地球科学中一门独立的基础科学，与气象学、地质学、地理学、植物生态学等有着密切的联系，又是一门应用科学，广泛地为水利、农业、林业、城市、交通等部门服务。广义的水文学包括海洋水文学、水文气象学、陆地水文学和应用水文学。海洋水文学着重研究海水的化学成分和物理特性，海洋中的波浪、潮汐和海流，海岸横向泥沙运动等，习惯上把海洋水文学列为海洋学的内容之一。水文气象学研究水圈和气圈的相互关系，包括大气中的水文循环和水量平衡，以蒸发、凝结、降水为主要方式的大气与下垫面的水分交换，暴雨和干旱的发生和发展规律，它是水文学和气象学的边缘学科。陆地水文学研究陆地水体的各个方面。直接为生产服务的应用水文学，是现代水文学中最富有生气的分支学科，通常意义上的水文学主要指陆地水文学和应用水文学。水文学的发展大体分为4个时期。

(1) 萌芽时期(远古至15世纪)

这一时期的基本特点是：①开始了原始的水文观测。公元前2300年中国开始观测河水涨落，此后秦代李冰设都江堰的"石人"，隋代设石刻"水则"，宋代设"水则碑"等，表明水位观测不断进步。雨量观测于公元前400年首先在印度出现。中国最迟在秦代(公元前221—前207年)已开始有测报雨量的制度，公元1247年已有较科学的雨量筒和雨深计算方法，并开始用"竹器验雪"计算平地降雪深度。5世纪，中国开始用"流浮竹"测量河道流速。明代刘天和治理黄河时，采用"手制乘沙采样等器"测定河水中泥沙的数量。②开始积累原始水文知识。成书于公元前239年的《吕氏春秋》中写道："云气西行云云然，冬夏不辍。水泉东流，日夜不休。上不竭，下不满，小为大，重为轻，圜道也。"这本书提出了朴素的水文循环思想。成书于6世纪初的《水经注》论述了当时中国版图内1252条河流的概况，是水文地理考察的先驱。

(2) 奠基时期(15—19世纪)

这一时期的基本特点是：①近代水文仪器开始出现，使水文观测进入科学定量阶段。1663年，C·雷恩和R·胡克创制了翻斗式自记雨量计；1687年，E·哈雷创制测量水面蒸发量的蒸发器；1870年，T·G·埃利斯创制旋杯式流速仪；1885年，W·G·普赖斯的旋桨式流速仪问世。随之，各种水文站开始出现。②近代水文科学理论逐步形成。1674年，P·佩罗对塞纳河径流量进行估算，对降水量、径流量进行对比分析，提出水量平衡概念，后来发展成水文科学最基本的原理之一。1738年，D·I·伯努利建立水流能量方程。1775年，A·de·谢才建立明槽均匀流公式。1802年，J·道尔顿建立计算水面蒸发的道尔顿公式。1851年，T·J·摩尔凡尼提出汇流和汇流系数概念，并提出计算最大流量的著名推理公式。1856年，H·P·G·达西发表了描述均匀介质中地下水运动的达西定律。随之，水文学专门著作开始出现，为水文学成为一门近代科学奠定了基础。

(3) 应用水文学兴起时期(20世纪初至20世纪50年代)

进入20世纪，大量兴起的防洪、灌溉、水力发电、交通工程和农业、林业、城市建设为水文学提出越来越多的新课题，这些课题的解决方法由经验的、零碎的方法逐渐理论化和系统化。1914—1924年，A·黑曾和H·A·福斯特等人把概率论、数理统计理论和方法系统地引入水文学。1932—1938年，L·R·K·谢尔曼、R·E·霍顿、G·T·麦卡锡、F·F·斯奈德以及随后的C·O·克拉克、R·K·Jr·林斯雷等人在单位线、河道洪水演进，多个水文变量联合分析和径流调节计算等方面取得了开拓性进展。在此期间，水文站在世界范围内发展成国家规模的水文站网。这些成就为应用水文学的兴起在资料条件、理论基础和方法论等方面奠定了基础，并率先形成了其最重要的分支学科——工程水文学。接着，应用水文学其他分支学科，如农业水文学、森林水文学、城市水文学等也相继兴起。1949年，R·K·Jr·林斯雷、M·A·科勒和J·L·H·保罗赫斯合著的《应用水文学》，D·姜斯敦和W·P·克罗斯合著的《应用水文学原理》，美国土木工程师学会编著的《水文学手册》等专著问世，标志着应用水文学的诞生。

(4) 现代水文学时期(20世纪50年代以来)

20世纪50年代以来,科学技术进入了新的发展时期,人类改造自然的能力迅速提高,人与水的关系正由古代的趋利避害、近代较低水平的兴利除害,发展到现代较高水平的兴利除害新阶段。这个新阶段赋予水文学新的特色:①人类对水资源的需求越来越迫切,水文学的研究领域正在向着为水资源开发利用提供地表水、地下水、水文时序系列等基本资料,以及水文模拟技术及优化等方向发展。②大规模的人类活动对水文循环和地球环境正在产生多方面的影响。研究和评价这种影响是环境地学的范畴,它提醒人们注意水资源开发对水文循环的影响,尽可能使之有利于或至少保持人类生存空间的环境质量,这也是水文科学发展中的新课题。水文学和环境科学的交叉学科——环境水文学正在孕育形成中。③核技术、遥感技术、计算技术等现代科学技术,随机过程的理论与方法、系统分析的理论与方法等,正在渗入水文学的各个领域,使传统的水文学方法获得突破性的进展。④水文学的研究领域不断扩大,水文学和其他地球科学各学科间的空隙逐渐得到填补,交叉学科正在蓬勃兴起。由于水逐步商品化,水资源的缺乏已成为社会发展的制约因素,同时人类活动对水文循环及水环境的干预可能引起越来越大的影响,因而对其进行分析估算也是今后水文学发展的一个重要方面。

水资源作为一门学科是随着经济发展对水的需求和供给矛盾的不断加剧,伴随着水资源研究的不断深入而逐渐发展起来的。在这一发展过程中,水文学的内容一直贯穿水资源学的始终,是水资源学的基础。而水资源学始终是水文学的发展和深化,具体体现在以下几个方面。

20世纪60年代以来,用水问题在全球已十分突出,加强对水资源开发利用、管理和保护的研究已提到议事日程上,并且发展速度很快。联合国(UN)、联合国粮食及农业组织(FAO)、世界气象组织(WMO)、联合国教科文组织(UNESCO)、联合国工业发展组织(UNIDO)等均开展水资源相关研究项目,并不断进行国际交流。

1965年,联合国教科文组织成立了国际水文十年(IHD)(1965—1974年)机构,120多个国家参加了水资源研究。水文十年组织了水量平衡、洪涝、干旱、地下水、人类活动对水循环的影响研究,特别对农业灌溉和都市化对水资源的影响等方面进行大量研究,取得了显著成绩。1975年,国际水文规划委员会(IHP)(1975—1989年)成立,接替IHD。第一期IHP计划(1975—1980年)突出了水资源综合利用、水资源保护等有关的生态、经济和社会各方面的研究;第二期IHP计划(1981—1983年)强调了水资源与环境关系的研究;第三期IHP计划(1984—1989年)研究了"为经济和社会发展合理管理水资源的水文学和科学基础",强调水文学与水资源规划与管理的联系,力求解决世界水资源问题。

联合国地区经济委员会、联合国粮食及农业组织、世界卫生组织(WHO)、联合国环境规划署(UNEP)等都制订了配合水资源评价活动的内容。水资源评价成为一项国际协作的活动。

1977年,联合国在阿根廷马尔德普拉塔召开的世界水会议上明确指出:没有对水资源的综合评价,就谈不上对水资源的合理规划和管理。联合国要求各国进行一次专门的国家水平的水资源评价活动。联合国教科文组织在制订水资源评价计划(1979—1980年)

中，提出的工作有：制定计算水量平衡及其要素的方法，估算全球、大洲、国家、地区和流域水资源的参考水平，确定水资源规划和管理的计算方法。

1983年，第九届世界气象会议通过了世界气象组织和联合国教科文组织的共同协作项目——水文和水资源计划，主要目标是保证水资源量和质的评价，对不同部门毛用水量和经济可用水量的前景进行预测。

1983年，国际水文科学协作修改的章程中指出：水文学应作为地球科学和水资源学的一个方面来对待，主要任务是解决在水资源利用和管理中的水文问题，以及人类活动引起的水资源变化问题。

1987年5月，在罗马由国际水文科学协会和国际水力学研究会共同召开的"水的未来——水文学和水资源开发展望"讨论会，提出水资源利用中人类需要了解水的特性和水资源的信息，人类对自然现象的求知欲将是水文学发展的动力。

1992年，在里约热内卢环发大会通过的联合国《21世纪议程》第18章《保护淡水资源的质量和供应：水资源开发、管理和利用的综合性方法》，提出了淡水资源的7个工作领域，即水资源综合开发与管理，水资源评价，水资源、水质和水生态系统保护，饮用水的供应与卫生，水与可持续的城市发展，可持续的粮食生产及农村发展用水，气候变化对水资源的影响。

1992年，都柏林水与可持续发展会议通过的《都柏林宣言》形成了国际水资源政策框架。为实现水资源综合管理，《都柏林宣言》提出了消除贫困与疾病、防治自然灾害、水资源保护与再利用、可持续的城市发展、农业生产与农村用水、保护水生态环境、解决与水有关的纠纷、水资源综合管理的实施环境、知识基础、能力建设等10个方面的行动。

1997年，第一届世界水论坛在摩洛哥马拉喀什举办。来自世界各国和有关国际组织的代表对未来25年的水资源形势、政府在水管理中的作用与水资源政策进行了深入研讨。代表们普遍认为，目前全球人类缺乏安全与充足的饮用水以满足基本的生活需要。水资源以及提供与支撑水资源的相关生态系统面临着来自污染、生态系统破坏、气候变迁等方面的威胁。因此，全球水资源工作者面对全球水安全的共同挑战。这一挑战主要体现在7个方面：水资源的基本需求、保证食物供应、保护生态系统、共享水资源、控制灾害、赋予水以经济价值以及合理管理水资源。代表们希望国际组织和各国政府尽快采取行动，保护21世纪全球水安全。

2000年3月17～22日，在荷兰海牙召开了第二届世界水论坛及部长级会议（简称海牙会议）。这是有史以来规模最大的世界水资源政策大会，共有来自135个国家和国际组织的4600余位代表参加，世界各国113名部长级以上官员参加了水论坛部长级会议，并一致通过了《21世纪水安全——海牙世界部长级会议宣言》。在这次海牙会议上，世界水理事会认为保护21世纪全球水安全应在以下几个方面采取行动：①以流域为单元对水土资源实行综合系统管理，包括建立公众参与的体制框架和充分的信息交流。②政府加强对水资源统一管理的体制、方法和社会影响等方面的研究。③对所有的水服务实行全成本定价，同时为低收入社区和个人提供补贴，使用水户参与对水的管理。④加强各国在国际地表和地下水域水资源开发利用中的协调与合作，解决存在的争端。⑤增加私营部门对水利基础设施的投资,从目前的每年160亿~200亿美元增加到1 250亿美元;与此同时,政府对水资源基础设施的投资将改为由政府和海外发展组织每年提供500亿美元的补贴。此后,2003年、2006年又分别举行了第三届、第四届世界水论坛,各国学者和官员就世界普遍关注的水资源挑战商议对策。

因此可以认为,水文与水资源学不但研究水资源的形成、运动和赋存特征以及各种水体的物理化学成分及其演化规律,而且研究如何利用工程措施合理有效地开发、利用水资源并科学地避免和防止各种水环境问题的发生。在这个意义上可以说,水文与水资源学研究的内容和涉及的学科领域较水文学还要广泛。

前已述及,水资源是与人类生活、生产及社会进步密切相关的淡水资源,也可以理解为大陆上由降水补给的地表和地下的动态水量,可分别称为地表水资源和地下水资源。因此,水文与水资源学和人类生活及一切经济活动密切相关,如制定流域或较大地区的经济发展规划及水资源开发利用,抑或一个大流域的上中下游各河段水资源利用和调度以及工程建设都需要水文与水资源学方面的确切资料。一个违背了水文与水资源规律的流域或地区的规划、工程及灌区管理都将导致难以弥补的巨大损失。

1.2 水文与水资源的基本特征及研究方法

1.2.1 水文与水资源的基本特征

(1) 时程变化的必然性和偶然性

水文与水资源的基本规律是指水资源(包括大气水、地表水和地下水)在某一时段内的状况,它的形成都具有其客观原因,都是一定条件下的必然现象。但是,从人们的认识能力来讲,和许多自然现象一样,由于影响因素复杂,人们并不能清楚地认识水文与水资源发生变化的多种前因后果。故常把对这些变化中能够做出解释或预测的部分称为必然性。如河流每年的洪水期和枯水期、年际间的丰水年和枯水年;地下水位的变化也具有类似的现象。由于这种必然性在时间上具有年的、月的甚至日的变化,故又称之为周期性,相应地分别称之为多年期间、月的或季节性周期等。而将那些还不能做出解释或难以预测的部分称为水文现象或水资源的偶然性的反映。任一河流不同年份的流量过程不会完全一致;地下水位在不同年份的变化也不尽相同,泉水流量的变化有一定差异。这种反映也可称为随机性,其规律要由大量的统计资料或长序列观测数据分析。

相似性,主要指气候及地理条件相似的流域的水文与水资源现象具有一定的相似性。如湿润地区河流径流的年内分布较均匀,干旱地区则差异较大;表现在水资源形成、分布特征也具有这种规律。

特殊性,是指不同下垫面条件产生不同的水文和水资源变化规律。如同一气候区,山区河流与平原河流的洪水变化特点不同;同为半干旱条件下,河谷阶地和黄土塬区地下水赋存规律不同。

(2) 水资源的循环性、有限性及分布的不均一性

水是自然界的重要组成物质,是环境中最活跃的要素。它不停地运动且积极参与自然环境中一系列物理的、化学的和生物的过程。

水资源与其他固体资源的本质区别在于其具有流动性，它是在水循环中形成的一种动态资源，具有循环性。水循环系统是一个庞大的自然水资源系统，水资源在开采利用后能够得到大气降水的补给，处在不断地开采、补给和消耗、恢复的循环之中，可以不断地供给人类利用和满足生态平衡的需要。

在不断地消耗和补充过程中，在某种意义上水资源具有"取之不尽"的特点，恢复性强。但实际上全球淡水资源的蓄存量是十分有限的。全球的淡水资源仅占全球总水量的2.5%，且淡水资源的大部分储存在极地冰帽和冰川中，真正能够被人类直接利用的淡水资源仅占全球总水量的0.796%。从水量动态平衡的观点来看，某一期间的水量消耗量接近于该期间的水量补给量，否则将会破坏水平衡，造成一系列不良的环境问题。可见，水循环过程是无限的，水资源的蓄存量是有限的，并非用之不尽，取之不竭。

水资源在自然界中具有一定的时间和空间分布。时空分布的不均匀是水资源的又一特性。全球水资源的分布表现为大洋洲的径流模数为 $51.0 \text{ L}/(\text{s} \cdot \text{km}^2)$，亚洲为 $10.5 \text{ L}/(\text{s} \cdot \text{km}^2)$，最高的和最低的相差数倍。

我国水资源在区域上分布不均匀。总的来说，东南多，西北少；沿海多，内陆少；山区多，平原少。在同一地区，不同时间水资源分布差异很大，一般夏天多冬天少。

(3) 利用的多样性

水资源是被人类在生产和生活活动中广泛利用的资源，不仅广泛应用于农业、工业和生活，还用于发电、水运、水产、旅游和环境改造等。在不同的用途中，有的是消耗用水，有的则是非消耗性或消耗很小的用水，而且对水质的要求各不相同。这是使水资源一水多用、充分发挥其综合效益的有利条件。

此外，水资源与其他矿产资源相比，一个最大的区别是：水资源具有既可造福于人类，又可危害人类生存的两重性。

水资源质、量适宜，且时空分布均匀，将为区域经济发展、自然环境的良性循环和人类社会进步做出巨大贡献。水资源开发利用不当，又可制约国民经济发展，破坏人类的生存环境。如水利工程设计不当、管理不善，可造成垮坝事故，也可引起土壤次生盐碱化。水量过多或过少的季节和地区，往往产生各种各样的自然灾害。水量过多容易造成洪水泛滥、内涝渍水；水量过少容易形成干旱、盐渍化等自然灾害。适量开采地下水，可为国民经济各部门和居民生活提供水源，满足生产、生活的需求。无节制、不合理地抽取地下水，往往引起水位持续下降、水质恶化、水量减少、地面沉降，不仅影响生产发展，而且严重威胁人类生存。正是由于水资源利害的双重性质，在水资源的开发利用过程中尤其强调合理利用、有序开发，以达到兴利除害的目的。

1.2.2 水文与水资源学的研究方法

水文现象的研究方法通常可分为3种，即成因分析法、数理统计法和地区综合法。在这些方法基础上，随着水资源的研究不断深入，要求利用现代化理论和方法识别、模拟水资源系统，规划和管理水资源，保证水资源的合理开发、有效利用，实现优化管理、可持续利用。近几十年多学科经过共同努力，在水资源利用和管理的理论和方法方面取得了明显进展。

(1) 水资源模拟与模型化

随着计算机技术的迅速发展以及信息论和系统工程理论在水资源系统研究中的广泛应用，水资源系统的状态与运行模型模拟已成为重要的研究工具。各类确定性、非确定性、综合性的水资源评价和科学管理数学模型的建立与完善，使水资源的信息系统分析、供水工程优化调度、水资源系统的优化管理与规划成为可能。

(2) 水资源系统分析

水资源动态变化的多样性和随机性，水资源工程的多目标性和多任务性，河川径流和地下水的相互转化，水质和水量相互联系的密切性，以及水需求的可行方案必须适应国民经济和社会的发展。这使水资源问题更趋复杂化，涉及自然、社会、人文、经济等多个方面。因此，在水资源系统分析过程中更注重系统分析的整体性和系统性。在20多年的水资源规划过程中，研究者应用线性规划、动态规划、系统分析的理论力图寻求目标方程的优化解。总的来说，水资源系统分析正向着分层次、多目标的方向发展。

(3) 水资源信息分析与管理系统

为了适应水资源系统分析与系统管理的需要，目前已初步建立了水资源信息分析与管理系统，主要涉及信息查询系统、数据和图形库系统、水资源状况评价系统、水资源管理与优化调度系统等。水资源信息管理系统的建立和运行，提高了水资源研究的层次和水平，加速了水资源合理开发利用和科学管理的进程。水资源信息管理系统已经成为水资源研究与管理的重要技术支柱。

(4) 水环境研究

人类大规模的经济和社会活动对环境和生态的变化产生了极为深远的影响，环境、生态的变异又反过来引起自然界水资源的变化，部分或全部地改变水资源的变化规律。人们通过对水资源变化规律的研究，寻找这种变化规律与社会发展和经济建设之间的内在关系，以便有效地利用水资源，使环境质量向着有利于人类当今和长远利益的方向发展。

1.3 世界和中国水资源概况

1.3.1 世界水资源概况

从表面上看，地球上的水量非常丰富。地球71%的面积被水覆盖，其中97.5%是海水。但是如果不算两极的冰层、地下冰等，人们可以得到的淡水只有地球上水的很小一部分。此外，有限的水资源也很难再分配，巴西、俄罗斯、中国、加拿大、印度尼西亚、美国、印度、哥伦比亚和扎伊尔等9个国家已经占去了这些水资源的6%。从未来的发展趋势看，由于社会对水的需求不断增加，而自然界所能提供的可利用的水资源又有一定限度，突出的供需矛盾已使水资源成为国民经济发展的重要制约因素。

(1) 水量短缺严重，供需矛盾尖锐

随着社会需水量的大幅度增加，水资源供需矛盾日益突出，水量短缺现象非常严重。联合国在对世界范围内的水资源状况进行分析研究后发出警报："世界缺水将严重制约下个世纪的经济发展，可能导致国家间冲突。"同时指出，全球已有1/4的人口面临着一场为得到足够的饮用水、灌溉用水和工业用水而展开的争斗。

统计结果表明，1900—1975 年，世界人口大约翻了一番，年用水量由约 400 km³ 增加到 3 000 km³，约增长了 6.5 倍。其中农业用水约增加了 5 倍(从每年的 350 km³ 增加到 2 100 km³)，城市生活用水约增长 12 倍(从每年的 20 km³ 增加到 250 km³)，工业用水约增加了 20 倍(从每年的 30 km³ 增加到 630 km³)。特别是从 20 世纪 60 年代开始，由于城市人口的增长和耗水量大的新兴工业的建立，全世界用水量约增长 1 倍。近年来，一些工业较发达、人口较集中的国家和地区明显表现出水资源不足。

目前，全球地下水资源年开采量已达到 550 km³，其中美国、印度、中国、巴基斯坦、欧盟、俄罗斯、伊朗、墨西哥、日本、土耳其的开采总量占全球地下水开采量的 85%。在过去的 40 年里，亚洲地区的人均水资源拥有量下降了 40%~60%。

(2) 水源污染严重，"水质型缺水"突出

随着经济、技术和城市化的发展，排放到环境中的污水量日益增多。据统计，目前全世界每年约有 420 km³ 污水排入江河湖海，污染了 5 500 km³ 的淡水，占全球径流总量的 14% 以上。随着人口的增加和工业的发展，排出的污水量将日益增加。估计今后 25~30 年内，全世界污水量将增加 14 倍。特别是在第三世界国家，污、废水基本不经处理即排入地表水体，由此造成全世界的水质日趋恶化。据卫生学家估计，目前世界上有 1/4 人口患病是由水污染引起的。发展中国家每年有 2 500 万人死于饮用不洁净的水，占所有发展中国家死亡人数的 1/3。

水源污染造成的"水质型缺水"，加剧了水资源短缺的矛盾和居民生活用水的紧张和不安全性。1995 年 12 月，在曼谷召开的"水与发展"大会上，专家指出，"世界上近 10 亿人口没有足够的安全水源"。

由于欧洲约有 70% 的人口居住在城市，而城市把大量的废物倾入大江大河，因此，通过供水管道流到居民家中的水质量每况愈下。东欧的形势非常严峻，大多数的自来水已被认为不宜饮用。由于工业废物的倾入，河流受到严重污染。水环境的污染已严重制约国民经济的发展和人类的生存。

1.3.2　我国水资源概况

1.3.2.1　我国水资源基本国情

我国地域辽阔，国土面积达 960×10^4 km²。由于处于季风气候区域，受热带、太平洋低纬度上空温暖潮湿气团，以及西南的印度洋和东北的鄂霍茨克海的水蒸气的影响，东南地区、西南地区以及东北地区可获得充足的降水量，使我国成为世界上水资源相对丰富的国家。

据统计，我国多年平均降水总量约 6 190 km³，折合降水深度为 648 mm，比全球陆地降水深的 800 mm 相比低 20% 左右。全国河川年平均总径流量约 2 700 km³，仅次于巴西、俄罗斯、加拿大、美国和印度尼西亚。我国人均占有河川年径流 2 327 m³，仅相当于世界人均占有量的 1/4、美国人均占有量的 1/6 和俄罗斯人均占有量的 1/8。世界人均占有年径流量最高的国家是加拿大，高达 14.93×10^4 m³/人，约是我国的 64 倍(图 1-1)。

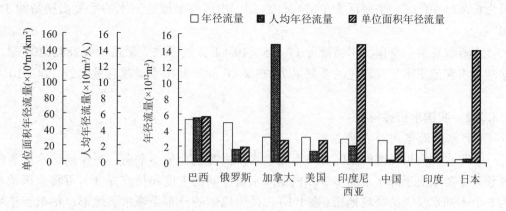

图 1-1　世界部分国家年径流量、人均年径流量和单位面积年径流量对比

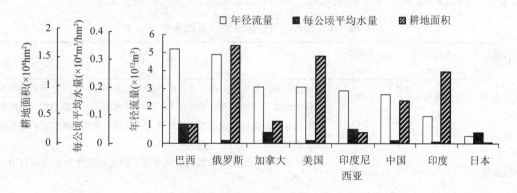

图 1-2　世界部分国家年径流量、每公顷平均水量和耕地面积的对比

我国在每公顷平均占有径流量方面不及巴西、加拿大、印度尼西亚和日本（图1-2）。上述结果表明，从表面上看我国河川总径流量相对丰富，属于丰水国，但我国人口和耕地面积基数大，人均和每公顷平均径流量相对小得多，居世界80位之后。

就我国水资源量而言，评估情况如下：

降水总量：24 年的平均年降水总量为 $61\,890 \times 10^8\,m^3$，折合降水深 648 mm，约低于全球陆地平均降水量30%。

河川径流总量：全国河川径流总量为 $27\,115 \times 10^8\,m^3$，折合径流深 284 mm，其中包括地下水排泄量 $6\,780 \times 10^8\,m^3$，约占27%，冰川融水补给量 $560 \times 10^8\,m^3$，约占2%。平均每年流入国境的水量约 $171 \times 10^8\,m^3$，流入海洋和出境水量 $24\,563 \times 10^8\,m^3$，占河川径流总量的90%。消耗于外流区和内流区的分别为 $1\,800 \times 10^8\,m^3$ 和 $924 \times 10^8\,m^3$，合计为 $2\,724 \times 10^8\,m^3$，约占河川径流总量的10%。

土壤水总量：根据陆面蒸发散总量和地下水排泄总量估算，全国土壤水通量约 $41\,560 \times 10^8\,m^3$，约占降水总量的67.15%，其中约有16.31%的土壤水 $6\,780 \times 10^8\,m^3$ 通过重力作用补给地下含水层，由河道排泄形成河川基流量，其余 $34\,780 \times 10^8\,m^3$ 消耗或蒸发散。

地下水资源量：全国多年平均地下水资源量约 $8\,288 \times 10^8\,m^3$，其中山丘区地下水资源

量为 $6\,762 \times 10^8\ m^3$，平原区为 $1\,874 \times 10^8\ m^3$，山区与平原地下水的重复交换量约 $348 \times 10^8\ m^3$。

水资源总量：全国河川径流量 $17\,115 \times 10^8\ m^3$，地下水资源量为 $8\,288 \times 10^8\ m^3$，扣除地表水和地下水相互转化的重复量 $7\,279 \times 10^8\ m^3$，我国水资源总量约 $28\,124 \times 10^8\ m^3$。

1.3.2.2 我国水资源特征

(1) 水资源空间分布特点

①降水和河川径流的地区分布不均，水土资源组合很不平衡。一个地区水资源的丰富程度主要取决于降水量的多少。根据降水量空间的丰度和径流深度，可将全国地域分为 5 个不同水量级的径流地带(表1-1)。径流地带的分布受降水、地形、植被、土壤和地质等多种因素的影响，其中降水是主要的影响。由此可见，我国东南部属于丰水带和多水带，西北部属于少水带和缺水带，中间部分及东北地区属于过渡带。

表1-1 我国径流带和径流深区域分布

径流带	年降水量 (mm)	径流深 (mm)	地 区
丰水带	>1 600	>900	福建省和广东省的大部分地区、台湾省的大部分地区、江苏省和湖南省的山地、广西壮族自治区南部、云南省西南部、西藏自治区东南部
多水带	800~1 600	200~900	广西壮族自治区、四川省、贵州省、云南省、秦岭—淮河以南的长江中游地区
过渡带	400~800	50~200	黄淮海平原、山西省和陕西省的大部、四川省西北部和西藏自治区东部
少水带	200~400	10~50	东北西部、内蒙古自治区、宁夏回族自治区、甘肃省、新疆维吾尔自治区西部和北部、西藏自治区西部
缺水带	<200	<10	内蒙古自治区西部地区和准噶尔、塔里木、柴达木 3 大盆地，以及甘肃省北部的沙漠区

②我国是多河流分布的国家，流域面积在 $100\ km^2$ 以上的河流就有 5 万多条，流域面积在 $1\,000\ km^2$ 以上的有 1 500 条。在数万条河流中，年径流量大于 $7.0\ km^3$ 的大河流有 26 条。图 1-3 表示我国主要河流多年平均径流量分布情况。该图表明，我国河流的主要径流量分布在东南和中南地区，与降水量的分布具有高度一致性，这说明河流径流量与降水量之间具有密切关系。

③地下水天然资源分布不均匀。作为水资源的重要组成部分，地下水天然资源的分布受到地形及其主要补给来源降水量的制约。我国是一个地域辽阔、地形复杂、多山分布的国家，山区(包括山地、高原和丘陵)约占全国面积的 69%，平原和盆地约占 31%。地形特点是西高东低，定向山脉纵横交织，构成了我国地形的基本骨架。北方分布的大型平原和盆地成为地下水储存的良好场所。东西向排列的昆仑山秦岭山脉，成为我国南北方的分界线，对地下水天然资源量的区域分布产生了重要影响。

另外，年降水量由东南向西北递减所造成的东部地区湿润多雨、西北部地区干旱少雨的降水分布特征，对地下水资源的分布起到重要的控制作用。

图 1-3 我国主要河流多年平均径流分布

地形、降水上分布的差异性，使我国不仅地表水资源表现为南多北少的局面，而且地下水资源仍具有南方丰富、北方贫乏的空间分布特征。

由图 1-4、图 1-5 可见，占全国总面积 60% 的北方地区，水资源总量只有全国水资源总量的 21%（约 579 km^3/a），不足南方的 1/3。北方地区地下水天然资源量约 260 km^3/a，约占全国地下水天然资源量的 30%，不足南方的 1/2。

而北方地下水开采资源量约 140 km^3/a，占全国地下水开采资源量的 49%。宜井区开采资源量约 130 km^3/a，占全国宜井开采资源量的 61%。特别是占全国约 1/3 面积的西北地区，水资源量仅有 220 km^3/a，只占全国的 8%；地下水天然资源量和开采资源量分别为 110 km^3/a 和 30 km^3/a，均占全国地下水天然资源量和开采量的 13%。东南及中南地区面积仅占全国的 13%，但水资源量占全国的 38%，地下水天然资源量分别为 260 km^3/a 和 80 km^3/a，均约占全国地下水天然资源量和开采量的 30%。南方和北方地区地下水天然资源量的差异十分明显。

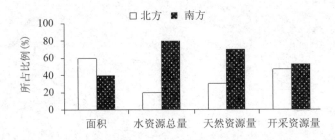

图 1-4　北方和南方水资源总量、地下水天然资源量和地下水开采资源量对比

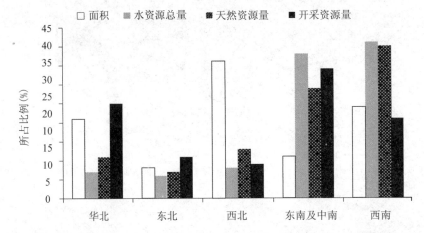

图 1-5　我国不同地区水资源总量、地下水天然资源量和地下水开采资源量对比

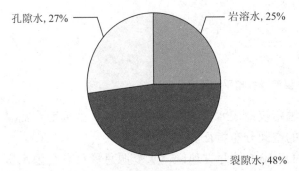

图 1-6　我国不同介质类型地下水天然资源量所占比例

上述是地下水资源在数量上的空间分布状态。就储存空间而言，地下水与地表水存在着较大差异。

地下水埋藏在地面以下的介质中，按照含水介质类型，我国地下水可分为孔隙水、岩溶水及裂隙水 3 大类型（图 1-6）。

由于沉积环境和地质条件的不同，各地不同类型的地下水所占的份额变化较大。孔隙水资源量主要分布在北方，占全国孔隙水天然资源量的 65%。尤其在华北地区，孔隙水天然资源量占全国孔隙水天然资源量的 24% 以上，占该地区地下水天然资源量的 50% 以上。而南方的孔隙水仅占全国孔隙水天然资源量的 35%，不足该地区地下水天然资源量的 1/8。

我国碳酸盐岩出露面积约 125×10^4 km²，约占全国总面积的 13%。加上隐伏碳酸盐岩，总分布面积可达 200×10^4 km²。碳酸盐岩主要分布在我国南方地区，北方太行山区、山西省西北、山东省中部及辽宁省等地区也有分布，其面积占全国岩溶分布面积的 1/8。

我国碳酸盐类岩溶水资源主要分布在南方，南方碳酸盐类岩溶水天然资源量约占全国的89%，特别是西南地区，碳酸盐类岩溶水天然资源量约占全国的63%。北方碳酸盐类岩溶水天然资源量占全国的11%。

我国山区面积约占全国碳酸盐类面积的2/3，在山区广泛分布着碎屑岩、岩浆岩和变质岩类裂隙水。基岩裂隙水中以碎屑岩和玄武岩中的地下水相对较丰富，富水地段的地下水对解决人畜用水具有重要意义。我国基岩裂隙水主要分布在南方，其基岩裂隙水天然资源量约占全国基岩裂隙水天然资源量的73%。

我国地下水资源量的分布特点是南方多于北方，地下水资源的丰富程度由东南向西北逐渐减少。另外，由于我国各地区之间社会经济发达程度不一，各地人口密集程度、耕地发展情况均不相同，不同地区人均、单位耕地面积所占有的地下水资源量具有较大差别。

我国社会经济发展的特点主要表现为：东南、中南及华北地区人口密集，占全国总人口的65%；耕地多，占全国耕地总数的56%以上；特别是东南及中南地区，面积仅为全国的13.4%，却集中了全国39.1%的人口，拥有全国25.5%的耕地，为我国最发达的经济区。而西南和东北地区的经济发达程度次于东南、中南及华北地区。西北经济发达程度相对较低，面积约占全国的1/3，人口、耕地分别只占全国的6.9%和12%。

我国地下水天然资源及人口、耕地的分布，决定了全国各地区人均和每公顷耕地平均地下水天然资源量的分配。地下水天然资源占有量的总体分布特点是：华北、东北地区占有量最小，人均地下水天然资源量分别为351 m^3和545 m^3，平均每公顷地下水天然资源量分别为3 420 m^3和3 285 m^3；东南及中南地区地下水总占有量仅高于华北、东北地区，人均占有地下水天然资源量为全国平均水平的73%；地下水天然资源占有量最高的是西南和西北地区，西南地区的人均占有地下水天然资源量约为全国平均水平的2倍，平均每公顷地下水天然资源量为全国平均水平的2.7倍。

图1-7和图1-8分别表示我国不同地区人口、耕地和地下水天然资源量、开采资源量人均每公顷平均占有状况。北方耕地面积占全国总耕地面积的60%，而地下水每公顷耕地平均占有量不足南方的1/2，人均占有量也大大低于南方。

(2) 水资源时间分布特征

我国的水资源不仅地域分布很不均匀，而且在时间分配上也很不均匀，无论年际还

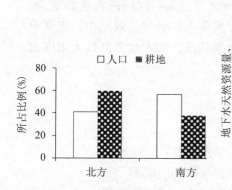

图1-7 我国南北方人口、耕地分布状况

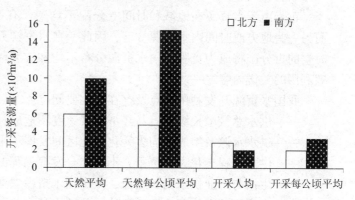

图1-8 我国南北地下水天然资源量、开采资源量人均每公顷耕地平均占有状况

是年内分配都是如此,主要原因是受我国区域气候的影响。

我国大部分地区受季风影响明显,降水年内分配不均匀,年际变化大,枯水年和丰水年连续发生。许多河流发生过3~8a的连丰、连枯期,如黄河在1922—1932年连续11a枯水,1943—1951年连续9a丰水。

我国最大年降水量与最小年降水量相差悬殊。南部地区最大年降水量一般是最小年降水量的2~4倍,北部地区则达到3~6倍。如北京1959年的降水量为1405 mm,1921年仅256 mm,相差5.5倍。

由于受季风气候影响,降水量的年内分配也很不均匀。我国长江以南地区由南往北雨季为3~6月至4~7月,降水量占全年的50%~60%。长江以北地区雨季为6~9月,降水量占全年的70%~80%。图1-9为北京市月降水量占全年降水量的百分比及与世界其他城市的对比。结果表明,北京市6~9月的降水量占全年总降水量的80%,而欧洲国家全年的降水量变化不大。这进一步反映出和欧洲国家相比,我国降水量年内分配的极不均匀性以及水资源合理开发利用的难度,充分说明我国地表水和地下水资源统一管理、联合调度的重要性和迫切性。

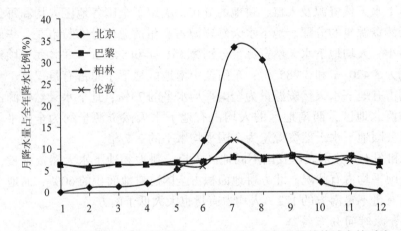

图1-9　北京市月降水量占全年降水量的百分比及与世界其他城市的对比

正是由于水资源在地域和时间上分配不均匀,有些地方或某一时间内水资源富余,而另一些地方或时间内水资源贫乏,因此,在水资源开发利用、管理与规划中,水资源时空的再分配将成为克服我国水资源分布不均和灾害频繁状况,实现水资源最大限度有效利用的关键内容之一。

我国水资源开发利用特点及存在的主要问题:

——供水总量增长缓慢,与经济发展速度不适应;

——供水水源及组成趋向多元化,地区间发展不平衡;

——供水工程老化失修严重,不能充分发挥工程的供水效益;

——生活与工业供水增长迅速,城市用水挤占农业和生态环境用水;

——水污染情况加剧、河道断流、地下水超采等引发严重生态环境问题;

——用水浪费和缺水现象并存,节水还有较大潜力;

——水资源管理体系初步形成,水资源科学管理水平有待进一步提高。

1.4 水文与水资源学的任务与内容

水资源是国民经济发展和人类文明进步的重要制约因素之一，水资源的合理开发利用、有效保护与管理是维持社会可持续发展和生态系统良性循环的重要保证。近几十年，特别是近年来，世界范围内水资源状况不断恶化，致使水资源供求矛盾日益突出，甚至成为危及国际和平与发展的重要导火索，也成为地区或流域内影响生态系统良性发展的重要问题。这种情况产生的直接原因无不与盲目而无序地过度开发水资源、工程布局不合理、管理不善、保护措施不力有关。为此，如何有效地对水资源进行合理利用、保护及管理，成为世界水资源研究领域的重要课题。本书作为水土保持与荒漠化防治专业、自然地理与资源环境专业等的专业基础课教材，主要任务是使学生全面深入了解水资源形成、分布特征、开发利用状况，并系统学习地表水和地下水资源形成规律，掌握水资源评价的基本方法和管理水资源的基本知识。

本书的内容主要为：

——水文循环及地表径流形成及调查、分析和计算的基本知识；
——地表水的形成、分布和运动特征；
——地下水资源及其基本特征及计算评价的基本方法；
——各种水体的水质组成和评价；
——有关水资源开发利用和科学管理的基本知识、内容和措施。

本章小结

水文学是研究地球水圈的存在与运动的科学，其发展大体分为萌芽、奠基、应用水文学兴起、现代水文学 4 个时期。水文与水资源的基本特征包括时程变化的必然性和偶然性、水资源的循环性、有限性及分布的不均一性、水资源利用的多样性。其研究方法包括成因分析法、数理统计法和地区综合法。由于世界水资源存在水量短缺严重，供需矛盾尖锐，水源污染严重，水质型缺水等问题，而我国的水资源在地域和时间的分配上也不均匀。本书主要任务是使学生全面深入了解水资源形成、分布特征、开发利用状况，并系统学习地表水和地下水资源形成规律，掌握水资源评价的基本方法和管理水资源的基本知识。

思 考 题

1. 广义水资源和狭义水资源有何区别？为何水资源有广义和狭义之分？
2. 水文和水资源有何基本特征？形成这些特征的原因是什么？
3. 我国水资源存在的主要问题有哪些？问题的根源有哪几个方面？

第 2 章
水分循环及其要素

本章是水文与水资源学的基础理论部分,主要讲授自然界水分的运动形式——水分循环,水文学中最重要的方程——水量平衡方程,以及各水文要素降水、蒸发、下渗、径流的基本概念、影响因素、基本方程。

2.1 水分循环及水量平衡

2.1.1 自然界的水分循环

2.1.1.1 地球上水的分布

水是生命之源,是地球上分布最广泛的物质之一。它以气态、液态和固态三种形式存在于大气、陆地与海洋以及生物体内,组成了一个相互联系的、与人类生活密切相关的水圈。水存在于水圈之中。

据近期调查结果显示:地球上水的总量大约为 $1.386 \times 10^9 \text{ km}^3$,包括海洋水、陆地水、大气水和生物体水(表 2-1)。

表 2-1 全球水储量表

类型		水量(km^3)			比例(%)
		总量	淡水	咸水	
大气水		1.29×10^4	1.29×10^4		0.000 9
生物体水		1.12×10^3	1.12×10^3		0.000 1
陆地水	河水	2.12×10^3	2.12×10^3		0.000 2
	湖水	1.76×10^5	9.10×10^4	8.54×10^4	0.012 7
	沼泽水	1.15×10^4	1.15×10^4		0.000 8
	冰雪水	2.41×10^7	2.41×10^7		1.733 8
	土壤水	1.65×10^4	1.65×10^4		0.001 1
	地下水	2.34×10^7	1.05×10^7	1.29×10^7	1.683 5
海洋水		1.34×10^9		1.34×10^9	96.259 0
总水量		1.39×10^9	3.50×10^7	1.35×10^9	
总淡水量			3.50×10^7		2.53

注:摘自范荣生、王大齐的《水资源水文学》。

海洋中的水约占地球总储水量的 96.5%,总量为 $1.338 \times 10^9 \text{ km}^3$,是地球上水量最多的地方,海洋的面积约为 $3.613 \times 10^5 \text{ km}^2$,约占地球表面积的 71%,海洋可以说是地球上水分的来源地。

陆地水又分为河流水、湖泊水、冰雪融水、沼泽水、土壤水和地下水。其中河水总量为 2.12×10^3 km³，占地球总水量的 0.000 2%。湖水总量为 1.77×10^5 km³，占地球总水量的 0.012 7%，其中淡水约为 9.1×10^4 km³。沼泽水总量为 1.15×10^4 km³，占地球总水量的 0.001%。冰雪水总量为 2.41×10^7 km³，占地球总水量的 1.74%，占淡水总储量的 68.7%，是地球上的固态淡水水库。土壤水指 2m 土层内的水，总量为 1.65×10^4 km³，占地球总水量的 0.001%。地下水指地壳含水层中的重力水，总量为 2.34×10^7 km³，占地球总水量的 1.7%，占淡水总储量的 30.1%。

大气中的水分包含水汽、水滴和冰晶。水分总量为 1.29×10^4 km³，占地球总水量的 0.001%，占淡水储量的 0.04%。大气中的水分如果全部降落到地面，能形成 25 mm 的降雨。

生物水是生命有机体中的水分，约占生命有机体重量的 80%。全球生物水的总量为 1.12×10^3 km³，占全球总储水量的 0.000 1%。生物水虽少，但它对维持地球上的生命活动起着非常重要的作用。

地球的总储水量约 1.39×10^9 km³，其中海水约 1.35×10^9 km³，占全球总水量的 96.3%。余下的水量中，地表水占 1.78%，地下水占 1.68%。

人类可利用的淡水量约为 3.5×10^7 km³，主要通过海洋蒸发和水分循环产生，仅占全球总储水量的 2.53%。淡水中只有少部分分布在湖泊、河流、土壤和浅层地下水中，大部分则以冰川、永久积雪和多年冻土的形式存储。其中冰川储水量约 2.4×10^7 km³，约占世界淡水总量的 69%，大部分都存储在南极和格陵兰地区。

2.1.1.2 水分循环及其模式

地球是一个由岩石圈、水圈、大气圈和生物圈构成的巨大系统。水在这个系统中具有重要作用，在水的作用下地球各圈层之间的关系变得更为密切，水分循环则是这种密切关系的具体标志之一。

水分循环是地球上一个重要的自然过程，是指地球上各种形态的水在太阳辐射的作用下，通过蒸发、水汽输送上升到空中并输送到各地，水汽在上升和输送过程中遇冷凝结，在重力作用下以降水形式回到地面、水体，最终以径流的形式回到海洋或其他陆地水体的过程。地球上的水分不断地发生状态转换和周而复始运动的过程称为水分循环，简称为水循环。

从水分循环的定义可见：水分循环的动力是太阳辐射和地球引力，水分在太阳辐射的作用下离开水体上升到空中并向各地运动，又在重力的作用下回到地面并流向海洋。太阳辐射和地球引力为水分循环的发生提供了强大的动力条件，这是水分循环发生的外因。同时水的物理性质决定了水在常温下就能实现液态、气态和固态的相互转化而不发生化学变化，这是水分循环发生的内因。内因是根据，外因是条件，内因通过外因起作用，以上两个原因缺一不可。

水分循环一般包括蒸发、水汽输送、降水和径流 4 个阶段（图 2-1）。有些情况下水分循环可能没有径流这一过程，如海洋中的水分蒸发后在上升过程中遇冷凝结又降落到

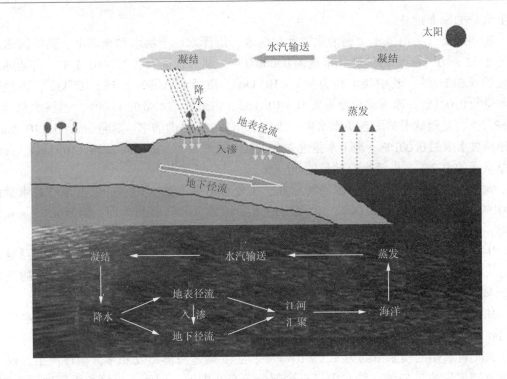

图 2-1　水分循环示意

海洋中。

2.1.1.3　水分循环的类型

根据水分循环的过程，可以把水分循环分为大循环和小循环。

大循环又称为外循环，是海洋水与陆地水之间通过一系列过程所进行的相互转化。由海洋上蒸发的水汽被气流带到陆地上空，在一定的大气条件下降落到地面，降落到地面的水分有一部分以径流的形式汇入江河，重新回到海洋，这种海洋与大陆之间的水分交换过程称为大循环。通过这种循环运动，陆地上的水不断得到补充，水资源得以再生。

小循环又称为内循环，是发生在陆地与陆地之间或海洋与海洋之间的局部水分循环。前者是指陆地上的水在回到海洋之前，经蒸发和蒸腾上升到空中，与从海洋输送来的水汽一起再向内陆输送至离海洋更远的地方，凝结降水，然后再蒸散到上空气团中向内陆运动，直至不能形成降水为止，即内陆水分循环；后者是指海洋上的水蒸发成水汽，进入大气后在海洋上空凝结形成降水，又降落到海面，即海洋水分循环。

2.1.1.4　水分循环周期

水分循环周期是水资源研究的一个重要参数。如果水体循环周期短、更新速度快，水资源的利用率就高。水分循环周期：

$$T = \frac{W}{\Delta w} \tag{2-1}$$

式中　　T——周期(年、月、日、时);

　　　　W——水体的储量,mm;

　　　　Δw——单位时间参与水分循环的量,mm。

据计算,大气中总含水量约 12.9×10^{12} m³,全球年降水总量约 577×10^{12} m³,大气中的水汽平均每年转化成降水 44 次(577/12.9),即大气中的水汽平均每 8 天多循环更新 1 次(365/44)。全球河流总储水量约 2.12×10^{12} m³,河流年径流量为 47×10^{12} m³,全球的河水每年转化为径流 22 次(47/2.12),即河水平均每年 16 天多更新 1 次(365/22)。海水全部更新 1 次则至少需要 2 650 年。水是一种全球性的可以不断更新的资源,具有可再生的特点。但在一定时间和空间范围内,每年更新的水资源是有限的,如果人类用水量超过了更新量,将会造成水资源的枯竭。

2.1.1.5　影响水分循环的因素

影响水分循环的因素很多,可以概括为 3 类:气候因素、下垫面因素和人为因素。

气候因素主要包括湿度、温度、风速和风向等。气候因素是影响水分循环的主要因素,在水分循环的 4 个环节(蒸发、水汽输送、降水、径流)中,有 3 个环节取决于气候状况。一般情况下,温度越高,蒸发越旺盛,水分循环越快;风速越大,水汽输送越快,水分循环越活跃;湿度越高,降水量越大,参与水分循环的水量越多。另外,气候条件还能间接影响径流,径流量的大小和径流的形成过程都受控于气候条件(河流是气候的产物)。因此,气候是影响水分循环最为主要的因素。

下垫面因素主要指地理位置、地表状况和地形等。下垫面因素对水分循环的影响主要是通过影响蒸发和径流起作用的。有利于蒸发的地区水分循环活跃,而有利于径流的地区水分循环不活跃。

人为因素对水分循环的影响主要表现在调节径流、加大蒸发、增加降水等水分循环的环节上。如修水库、淤地坝等促进了水分的循环。人类修建水利工程、修建梯田、水平条等加大了蒸发,影响了水分循环。封山育林、造林种草也能够增加入渗、调节径流、影响蒸发。人类活动主要是通过改变下垫面的性质、形状影响水分循环。

2.1.1.6　水分循环的作用和意义

虽然参与水分循环的水量只占地球总水量的很少一部分,但是水分循环对自然界,尤其是人类的生产和生活活动具有重大作用和意义。概括地说,主要体现在以下几个方面:

——提供水资源,使水资源成为"可再生资源";

——影响气候变化,调节地表气温和湿度;

——形成江河、湖泊和沼泽等各种形式的水体以及与其相关的各种地貌现象;

——形成多种水文现象。

自然界的水分循环是联系地球系统大气圈、水圈、岩石圈和生物圈的纽带,它通过降水、截留、入渗、蒸发散、地表径流及地下径流等环节将大气圈、水圈、岩石圈和生物圈联系起来,并在它们之间进行水量和能量的交换,是全球变化三大主题——碳循环、水资源和食物纤维的核心问题之一(夏军,2002),受自然变化和人类活动的影响,同时又是影响自然环境发展演变最活跃的因素,决定着水资源的形成与演变规律,是地球上淡水资源的主要获取途径。由于受到气象因素(如降水、辐射、蒸发等)、下垫面因素(如地形、地貌、土壤、植被等)以及人类活动(如土地利用、水利工程等)的明显影响,水分循环过程也变得极其复杂。

按系统分析,水分循环的每个环节都是系统的组成部分,也是一个子系统(subsystem)。各个子系统之间互相联系,这种联系是通过一系列的输入与输出实现的。例如,大气子系统的输出——降水,是陆地流域子系统的输入;陆地流域子系统又通过其输出——径流,成为海洋子系统的输入,等等。在全球范围内,水分循环是一个闭合系统。正是由于水分循环运动,大气降水、地表水、土壤水及地下水之间才能相互转化,形成不断更新的统一系统。同时也正是由于水分循环作用,水资源才成为可再生资源,才能被人类及一切生物可持续利用。

自然界水分循环的存在,不仅是水资源和水能资源可再生的根本原因,而且是地球上生命生生不息,能千秋万代延续下去的重要原因。由于太阳能在地球上分布不均匀,而且时间上也有变化,因此,主要由太阳能驱动的水分循环导致了地球上降水量和蒸发量的时空分布不均匀,从而造成地球上有湿润地区和干旱地区之别,一年中有多水季节和少水季节之别,多水年和少水年之别,同时水分循环甚至是地球上发生洪、涝、旱灾害的根本原因,也是地球上具有千姿百态自然景观的重要条件。

水分循环是自然界众多物质循环中最重要的物质循环。水是良好的溶剂,水流具有携带物质的能力,自然界的许多物质如泥沙、有机物和无机物均以水作为载体,参与各种物质循环。正是有水分循环,才有了地质大循环。如果自然界没有水分循环,许多物质循环如碳循环、磷循环等不可能发生,甚至能量流动也会停止。

2.1.2 水量平衡

2.1.2.1 水量平衡原理

水分循环是自然界最主要的物质循环。在水分循环的作用下地球上的水圈成为一个动态系统,并深刻影响着全球的气候、自然地理环境的形成和生态系统的演化。水分循环是描述水文现象运动变化的最好形式。在水分循环的各个环节中,水分的运动始终遵循物理学中的质量和能量守恒定律,表现为水量平衡原理和能量平衡原理。这两大原理是水文学的理论基石,也是我们研究水问题的重要理论工具。如果要确定水文要素间的定量关系,就需要用水量平衡的方法进行研究,水量平衡其实就是水量收支平衡的简称。

水量平衡原理是指任意时段内任何区域收入(或输入)的水量和支出(或输出)的水量之差,一定等于该时段内该区域储水量的变化。其研究的对象可以是全球、某区(流)域或某单元的水体(如河段、湖泊、沼泽、海洋等)。研究的时段可以是分钟、小时、日、月、年或更长的尺度。水量平衡原理是物理学中的"物质不灭定律"的一种具体表现形式,或者说水量平衡是水分循环得以存在的支撑。

水量平衡原理是水文、水资源研究的基本原理。借助该原理可以对水分循环现象进行定量研究,并建立各水文要素间的定量关系,在某些要素已知的条件下可以推求其他水文要素，因此对水量平衡具有重大的实用价值。

2.1.2.2 水量平衡方程

地球上的水时时刻刻都在循环运动，在相当长的水分循环中，地球表面的蒸发量同返回地球表面的降水量相等，处于相对平衡状态，总水量没有太大变化。但是，对某一地区来说，水量的年际变化往往很明显，河川的丰水年、枯水年常常交替出现。降水量的时空差异性导致了区域水量分布极其不均。在水分循环和水资源转化过程中，水量平衡是一个至关重要的基本规律。

根据水量平衡原理，水量平衡方程的定量表达式为：

$$I - A = \Delta W \tag{2-2}$$

式中 I——研究时段内输入区域的水量，mm；
　　　A——研究时段内输出区域的水量，mm；
　　　ΔW——研究时段内区域储水量的变化，可正可负，正值表明该时段内区域蓄水量增加，反之蓄水量减少，mm。

式(2-2)是水量平衡的基本形式，适用于任何区域、任意时段的水量平衡分析。但是在研究具体问题时，由于研究地区的收入项和支出项各不相同，要根据收入项和支出项的具体组成，列出适合该地区的水量平衡方程。

(1) 流域水量平衡方程式

根据水量平衡原理，某个地区在某一时期内，水量收入和支出差额等于该地区的储水量的变化量。一般流域水量平衡方程式可表达为：

$$P + E_1 + R_{表} + R_{下} = E_2 + r_{表} + r_{下} + q + \Delta W \tag{2-3}$$

式中 P——研究时段内该区的降水量，mm；
　　　E_1——研究时段内该区水汽的凝结量，mm；
　　　$R_{表}$——研究时段内从其他地区流入该区的地表径流量，mm；
　　　$R_{下}$——研究时段内从其他地区流入该区的地下径流量，mm；
　　　E_2——研究时段内该区的蒸发量和林木的蒸散量，mm；
　　　$r_{表}$——研究时段内从该区流出的地表径流量，mm；
　　　$r_{下}$——研究时段内从该区流出的地下径流量，mm；
　　　q——研究时段内该区用水量，mm；
　　　ΔW——研究时段内该区蓄水量的变化，mm。

如果令 $E = E_2 - E_1$ 为时段内的净蒸发量，则式(2-3)可改写成：

$$P + R_{表} + R_{下} = E + r_{表} + r_{下} + q + \Delta W$$

这就是通用的水量平衡方程式，是流域水量平衡方程式的一般形式。根据通用的水量平衡方程，非闭合流域(地面分水线与地下分水线不重合的流域)的水量平衡方程为：

$$P + R_{下} = E + r_{表} + r_{下} + q + \Delta W \tag{2-4}$$

令 $r_{表} + r_{下} = R$，R 称为径流量。如果不考虑用水量，即 $q = 0$，则非闭合流域的水量平衡方程可改写成：

$$P + R_{下} = E + R + \Delta W \tag{2-5}$$

对于闭合流域(地面分水线与地下分水线重合的流域),由其他流域进入研究流域的地表径流和地下径流都等于零。因此,闭合流域的水量平衡方程为:

$$P = E + R + \Delta W \tag{2-6}$$

如果研究闭合流域多年平均的水量平衡,由于历年的 ΔW 有正、有负,多年平均值趋近于零,于是式(2-6)可表示为:

$$P_{平均} = E_{平均} + R_{平均} \tag{2-7}$$

式中 $P_{平均}$——流域多年平均降水量,mm;
$E_{平均}$——流域多年平均蒸发量,mm;
$R_{平均}$——流域多年平均径流量,mm。

从式(2-7)可见,某一闭合流域多年的平均降水量等于蒸发量和径流量之和。因此,只要知道其中两项,就可以用水量平衡方程求出第三项。

如果将 $P_{平均} = E_{平均} + R_{平均}$ 两边同除以 $P_{平均}$,可以得出:

$$R_{平均}/P_{平均} + E_{平均}/P_{平均} = 1$$
$$\alpha + \beta = 1 \tag{2-8}$$

式中 $\alpha = R_{平均}/P_{平均}$——多年平均径流系数;
$\beta = E_{平均}/P_{平均}$——多年平均蒸发系数。

α 和 β 之和等于1,表明径流系数越大,蒸发系数越小。在干旱地区,蒸发系数一般较大,径流系数较小。可见,径流系数和蒸发系数具有明显的地区分布规律,可以综合反映流域内的干湿程度,是自然地理分区上的重要指标。

(2)海洋水量平衡方程式

海洋的水分收入项为降水量 $P_{海}$,大陆流入的径流量 $R_{陆}$,支出项有蒸发量 $E_{海}$。海洋蓄水量的变化量为 $\Delta W_{海}$。

海洋的水量平衡方程式为:

$$P_{海} + R_{陆} = E_{海} + \Delta W_{海} \tag{2-9}$$

多年平均情况下海洋的水量平衡方程式可写为:

$$P_{海} + R_{陆} = E_{海} \tag{2-10}$$

(3)陆地水量平衡方程式

陆地的水分收入项有降水量 $P_{陆}$,支出项有蒸发量 $E_{陆}$ 和流入大海的径流量 $R_{陆}$。陆地蓄水量的变化量为 $\Delta W_{陆}$。

陆地的水量平衡方程式为:

$$P_{陆} = E_{陆} + R_{陆} + \Delta W_{陆} \tag{2-11}$$

多年平均情况下陆地的水量平衡方程式可写为:

$$P_{陆} = E_{陆} + R_{陆} \tag{2-12}$$

(4)全球水量平衡方程式

全球由陆地和海洋组成,因此,全球的水量平衡应为陆地水量平衡与海洋水量平衡之和,即

$$P_{陆} + P_{海} + R_{陆} = E_{陆} + R_{陆} + E_{海}$$
$$P_{陆} + P_{海} = E_{陆} + E_{海}$$

$$P = E \tag{2-13}$$

式(2-13)即为全球多年水量平衡方程式。它表明,对全球而言,多年平均降水量与多年平均蒸发量是相等的。

据估算,全球平均每年海洋上约有 505×10^{12} m³ 的水蒸发到空中,而总降水量约为 458×10^{12} m³,总降水量比总蒸发量少 47×10^{12} m³,这同陆地注入海洋的总径流量相等。

目前,人类活动对水分循环的影响主要表现在调节径流和增加降水等方面。通过修建水库等拦蓄洪水,可以增加枯水径流。通过跨流域调水可以平衡地区间水量分布的差异。通过植树造林等能增加入渗,调节径流,加大蒸发,在一定程度上可调节气候,增加降水。而人工降雨、人工消雹和人工消雾等活动则直接影响水汽的运移途径和降水过程,通过改变局部水分循环来达到防灾抗灾的目的。当然,如果忽视了水分循环的自然规律,不恰当地改变水的时间和空间分布,如大面积地排干湖泊、过度引用河水和抽取地下水等,会造成湖泊干涸、河道断流、地下水位下降等负面影响,导致水资源枯竭,给生产和生活带来不利的后果。因此,了解水量平衡原理对合理利用自然界的水资源是十分重要的。

2.1.2.3 研究水量平衡的意义

研究水量平衡是水文学的主要任务之一,具有很重要的意义。

——有利于更深刻地认识水分循环和其他水文现象;

——有利于揭示水分循环和水文现象对自然地理环境和人类活动的影响;

——有利于水资源的正确评价;

——为水文观测提供检验依据和改进方法;

——为水利工程的规划设计提供基本参数,为评价工程的可行性和实际效益提供参考。

2.2 河流和流域

2.2.1 河流特征

2.2.1.1 基本概念

河流是一种天然水道,指在重力的作用下,沿着陆地表面上的线形凹地流动,并汇集于各级河槽上的水流。依其大小可分为江、河、溪、沟等,其间并无明确分界。我国大多数河流的水源补给主要依赖于天然降水。降水降落至地面后,除植物截留、下渗、蒸发和洼地容蓄等损失外,其余水量以地面径流的形式汇集成小的溪流,再由溪流汇集成江河;渗入土壤和岩层中的水分,除少量蒸发外,大部分汇集成地下水。

河流的两个要素是经常或间歇性的水流及容纳水流的河槽(河床)。流动的水体是指径流和沙流。沙流又称固体径流,它是地表和河谷内被径流侵蚀的岩石与土壤被水流挟泄集聚到河道内形成的。行水的河槽又称河床,具有立体概念,当仅指平面位置时称为河道。枯水期水流所占的河床称为基本河床或主槽;汛期洪水所及部位,称为洪水河床或滩地。从更大的范围讲,凡地形低洼可以排泄流水的谷地都可以称为河谷,河槽就是被水流占据的河谷底部。水流对于河谷的侵蚀、搬移及沉积作用不断进行，一定的河谷形状又决定着相应的水流性质。所以，在一定的气候和地质条件下，河谷形状和水流性质是互为因果关系的。

直接流入海洋或内陆湖泊的河流称为干流。汇入干流的河流叫一级支流，流入一级支流的河流称二级支流，依此类推。例如，长江是我国最大的一条干流，而岷江是长江的一级支流，大渡河是长江的二级支流，是岷江的一级支流；黄河是我国第二大河，而渭河是黄河的一级支流，石头河是黄河的二级支流，是渭河的一级支流；黑龙江在我国境内的主要支流是松花江（向西北流的称第二松花江），松花江又有两个主要支流嫩江（发源于内蒙古）和牡丹江（发源于吉林省），嫩江和牡丹江是黑龙江的二级支流，是松花江的一级支流。干流与支流往往依据河流水量的大小、河道长度、流域面积和河流发育程度确定。但有时也可根据习惯确定，如岷江和大渡河，论长度，大渡河较长，水量也较大，但习惯上将大渡河看作岷江的支流；又如，淮河在颍河口以上的干流比颍河短。需要指明的是，支流的级别是相对的，而非绝对的。

河流的干流及全部支流构成的脉络相通的系统称为水系，又称为河系或河网，与水系相通的湖泊也属于水系之内。水系通常以它的干流或注入的湖泊命名，如长江水系、黄河水系、太湖水系等。我国是个河流众多、水系庞大的国家。流域面积在 100 km² 以上的河流有 5 800 多条，流域面积在 1 000 km² 以上的河流有 1 600 多条。我国的水系从北到南主要有黑龙江水系、松花江水系、鸭绿江水系、辽河水系、海滦河水系、黄河水系、淮河水系、长江水系、珠江水系、东南沿海及岛屿水系；西南有澜沧江、怒江、雅鲁藏布江等国际河流水系；西北有额尔齐斯河、伊犁河水系，还有塔里木河及新疆、甘肃、内蒙古、青海等内陆水系。

流入海洋的河流为外流河。如流入太平洋的外流河有长江、珠江、黑龙江、鸭绿江、元江、澜沧江、黄河、辽河、海河、滦河、淮河、绥芬河及闽浙台诸河、沿海诸河；流入印度洋的有怒江及滇西诸河、雅鲁藏布江及藏南诸河、藏西诸河；流入北冰洋的有新疆的额尔齐斯河。凡流入内陆湖泊或消失于沙漠中的河流为内流河，如我国最大的内陆河塔里木河以及青海的格尔木河等。由于内流河数量很多，所以在此不再详细列举。

一般河流按流经地区的地形、地质特征及其所引起的水动力特性可分为河源、上游、中游、下游及河口五段。各段均具有不同的特征。

河源是河流的发源地，可以是溪涧、泉水、湖泊、沼泽和冰川，其坡降陡、流速大，具有强烈的侵蚀河谷的能力。河源段的断面一般甚为狭窄，沿河道多瀑布，水流湍急，且常有巨大石块停积河底露出水面以上。如长江的正源是唐古拉山脉主峰各拉丹冬雪山西侧的沱沱河；黄河的正源为青海省巴颜喀拉山北麓的卡日曲；珠江的正源是西江，发源于云南省东部的曲靖市；辽河的正源是西辽河上游的老哈河。有些河流发源于平原，如淮北的北淝河、涡河发源于黄河堤下的平原；有些发源于湖泊、沼泽或涌泉地区，如山东省小清河发源于大明湖。如果一条河流的上游是由两条或两条以上支流汇合而成的，则应取最长的一条支流作为河源。河源一般海拔高，自然条件严酷，生态环境脆弱，极易遭到破坏。而且一旦遭到破坏，很难恢复。因此，应该在河源区建立自然保护区，不宜开展和从事对水源具有污染或潜在危险的工农业生产。

上游连着河源，乃河流的上段，指高原或丘陵地区的河道。上游的特点是：落差大、水流急、下切力强、两岸陡峻，多高山，为峡谷地形；河谷狭、比降陡，流量小、流速大、冲刷占优势，河槽多为基岩或砾石，多浅滩、急流和瀑布，在河流发育阶段上属于幼年期。如长江从四川省宜宾市到湖北省宜昌市为上游，长约4 500 km，河流大部分流经高原、高山和峡谷地带，特别是通天河、金沙江和三峡地区，具有明显的高原山地峡谷河流特征。这里河床比降大，仅金沙江干流落差即达3 000 m，河流水量丰沛，水流湍急，水力资源丰富。黄河从河源至内蒙古自治区托克托县河口镇之间称为上游。因上游河道比降大，蕴藏着巨大的势能，因此，在上游应修建水电站，大力开发水力资源，同时应大力开展水土保持工作。

中游指从高原进入丘陵区的河道。其特点是河面加宽，平面上变得蜿蜒曲折，坡降较上游为缓，流速减小、流量加大、河床比较稳定，冲刷与淤积处于相对平衡状态，河槽多为粗沙，并有滩地出现。如长江从湖北省宜昌市到江西省的湖口为中游，长约1 000 km，流经江汉平原。那里河道迂回曲折，江面宽展，河床比降锐减，冰流迟缓，平均流速只有1 m/s；黄河从河口镇到河南省孟津为中游，长超过1 200 km，河段流经黄土高原地区，支流带入大量泥沙，使黄河成为世界上含沙量最多的河流。中游地区多属丘陵区，是河流发育的成熟期，也是水土流失重点区域，应与上游地区一样加强水土保持工作。

下游指进入平原的河道，位于河流的最下一段。其特点是河槽宽浅，流速慢，淤积占优势，多浅滩沙洲，河槽多细沙或淤泥，河曲发育，相当于河流发育的老年期。如长江从湖口以下为下游，长逾800 km，江阔水深，支流短小。黄河从孟津以下为下游，河长786 km，下游河段总落差93.6 m，平均比降0.12‰；区间增加的水量占黄河水量的3.5%。由于黄河泥沙量大，下游河段长期淤积形成举世闻名的"地上河"。下游区域易发生洪涝灾害，应注意防洪防涝，在开发利用上应大力发展航运、养殖等。

河口是河流注入海洋、湖泊或其他河流的出口处。此处常常有大量的泥沙淤积，形成多汊的河口，俗称三角洲。河流直接注入海洋的叫海洋河口，这种河口因受到潮汐的影响，有其独特的水文现象。一条河流直接注入另一河流的叫支流河口，如嘉陵江在重庆注入长江，其交汇点就是支流河口，其水文特点是在汛期易受到相互洪水顶托的影响而产生回水现象。有些地区因蒸发强烈大量渗漏，岩溶十分发育，故河水流至下游时几乎全部消耗，致使河流没有河口，这种河流称为瞎尾河，我国新疆沙漠地区多出现这种河流。此外，在贵州、广西等石灰岩较多的地区，岩溶特别严重，河流时现时伏，一段在溶洞中流动，另一段又成为明流，这种河流称为伏流或暗流。河口汛期受海水顶托的影响淤积严重，枯水季节海水倒灌，易造成盐渍化。

2.2.1.2 河系特征
1) 水系形状

自然形成的水系多为树枝状结构(图2-2)，其形状虽然千变万化，但根据其干流与支流的分布及组合情况的不同，水系形状主要可分为扇形水系、羽状水系、平行水系和混合状水系。

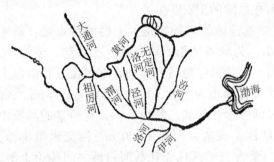 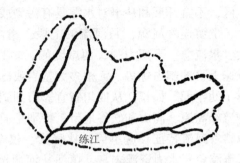

图 2-2　黄河水系
（摘自南京大学、中山大学地理系合编《普通水文学》）

图 2-3　扇形水系
（摘自张增哲主编《流域水文学》）

(1) 扇形水系

水系分布如扇骨状，支流较集中地汇于干流，流域呈扇形或圆形。汇流时间短，洪水集中，容易发生水灾。

如新安江支流的练江水系为扇形水系（图 2-3）；又如，闽江在南平以上的剑溪、富屯溪、沙溪同时汇入闽江；海河三面受山、丘环绕，各支流同时汇合于天津附近；华北的北运河、永定河、大清河、子牙河和南运河于天津汇入海河等。扇形水系在降雨时，各支流的洪水几乎同时到达流域出口处，因此这种水系很容易发生危害性洪水。

(2) 羽状水系

干流较长，支流自上游至下游，在不同的地点，从左右岸依次相间呈羽状汇入干流，相应的流域形状多为狭长形。这种水系由于干流较长，各支流汇入干流的时间有先有后，河网汇流时间较长，调蓄作用大，洪水过程较为平缓。

如安庆地区的太湖水系就是一个羽状水系（图 2-4）；又如，滦河水系，各支流洪水交错汇入干流，近水先去，远水后来，洪水比较平缓，属羽状水系；川西、滇西等地区由于平行断裂较发育，多形成干流粗壮的羽状水系。此外，钱塘江水系也属于羽状水系。

(3) 平行水系

支流与干流相交汇时大体上成平行趋势，各支流汇集到流域出口的同时性较强，常产生较尖瘦的洪水过程。

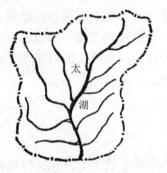 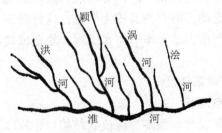

图 2-4　羽状水系
（摘自张增哲主编《流域水文学》）

图 2-5　平行水系
（摘自张增哲主编《流域水文学》）

如广东省的东江和北江水系，淮河蚌埠以上地区的水系（图2-5）以及淮北地区的多数水系都是平行水系。这种水系的洪水状况与暴雨中心的走向、分布关系密切。如果暴雨中心从下游向上游移动，形成的洪水过程较为平缓；反之，当暴雨中心从上游向下游移动时，河道里的洪水逐渐叠加，洪水过程较为尖峭，容易形成较大的洪水。

(4) 混合状水系

大多数河流的水系并不是由单一的某种水系构成，一般都包括上述两种或三种形式，这种由两种以上的水系复合而成的水系为混合状水系。

如长江上游的金沙江和雅砻江接近于平行水系，宜宾以下为羽状水系；珠江水系的东江和北江是平行水系，而西江属于羽状水系。

2) 河长

在河槽中各断面的最低点的连线称为溪线或中泓线。从河口到河源沿溪线量得的距离为河长，单位为 km。一般小比例尺的地形图不易找出河源，可将干流上游看得清的溪线沿垂直于等高线的方向延长至分水线，溪线和分水线的交点即河长的终点。

河长是河流的一个重要特征值，是确定河流落差、比降、流量、能量以及流域汇流时间等的重要参数。河长的确定可在地形图上用细线、曲线计或小分规顺弯逐段量取，也可利用地理信息系统进行计算。用曲线计或小分规量取时，以河口为起点沿河道溪线向河源逐段量取，其精度决定于水系图比例尺的大小及小分规的开距，通常采用1:5万或1:10万的水系图，分规的开距以 1~2 mm 为宜，较顺直的河段开距可大些，弯曲的河段开距应小些。各河段应反复量3~4次，取其均值后相加即得河长。因河道容易发生变化，故应采用近期新测绘的地形图。

3) 河网密度

河网密度（D）是单位流域面积内干、支流的总长度，单位为 km/km^2。

$$河网密度 = 干、支流总长度/流域面积$$

河网密度表示一个地区水系分布的疏密程度和集流条件，能综合反映一个地区的自然地理条件。它是流域中径流发展的标志之一。河网密度越大，流域被洪水切割程度越大，径流汇集越快，排水能力越强；河网密度小，径流汇集慢，流域排水不良。如在地面坡度陡峻的山地或丘陵地区，往往有较大的河网密度；在透水性强的土壤或岩石裂隙发育的地区，地面下渗比较强烈，河网密度一般较小；在干燥地区由于降水稀少，河网密度也不大；在有植被覆盖的地区，植被对地面径流的形成及大小有很大的影响，因此对河网密度的影响也较大。

有两种方法确定河网密度：一是在较大比例尺的地形图上将流域分成若干方块，测定各方块内的河流总长度 l，除以方块面积 f，得到各方块的河网密度，取其平均值即得到流域的河网密度。二是将流域分成若干区，各区以干流为界，左右两边为相邻支流，其他一边以流域分水线为界，求得各区密度后，对全流域求平均，即为河网密度。

4) 河流的弯曲系数

弯曲系数是河流的实际长度与河源到河口的直线长度之比。弯曲系数表示河流平面形状的弯曲程度。弯曲系数越大，表明河流越弯曲，径流汇集相对较慢，对航运及排洪不利。一般山区河流的弯曲系数较平原河流小，河流的下游弯曲系数比上游大，洪水期河流的弯曲系数比枯水期要小得多。通常所指的弯曲系数为基本河槽（即枯水期被水流占据的部分)的弯曲系数,它是研究水力特征和河床演变的一个重要指标。

2.2.1.3 河流的形态特征

1) 河流的平面形态

河流按流经地区的特性可被分成山区河流和平原河流。山区河流平面形态复杂,多急弯、卡口,两岸和河心常有突出的巨石,河岸曲折不齐,宽度变化大。平原河流由于河水的环流和冲淤作用,河道常常表现为蜿蜒的平面形态。在河流的凹岸水深较大,称为深槽;深槽对岸为浅滩,表现为凸岸。

2) 河流的断面

河流的断面分为横断面和纵断面两种。

纵断面是指沿河流中线或溪线的剖面,即河底高程沿河长的变化情况,一般用纵断面图表示。以河长为横坐标、河底高程为纵坐标,绘制而成的图为河槽的纵断面图。纵断面图表示河流的纵坡和落差的沿程分布,它是推算水流特性和估算水能蕴藏量的主要依据。

横断面是指与水流方向垂直的断面。两边以河岸为界,下面以河底为界,上界是水面线。河流横断面是计算流量的主要依据。

河流横断面分为单式和复式两种(图2-6)。单式断面水面宽度随水深的变化没有突变点,是连续变化的,而复式断面水面宽度随水深的变化有突变点,是不连续的。在横断面中枯水期水流通过的部分称基本河槽,在洪水期淹没的部分称河漫滩。

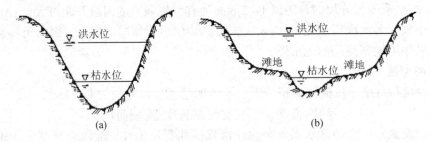

图 2-6 河道横断面图(摘自雒文生主编《水文学》)
(a)单式断面 (b)复式断面

3) 河流的比降

(1) 河流纵比降

河槽纵断面的特征可用落差、比降和河槽的平均坡度表示。

a. 落差:河段两端河底的高程差(Δh)。

b. 河流的总落差:河源与河口的高程差。

c. 纵比降:河段落差与相应河段长度之比,即单位河长的落差。比降常用小数表示,也可用千分数表示。

当河段纵断面近于直线时,比降可以按下式计算:

$$J = \frac{h_1 - h_0}{L} = \frac{\Delta h}{L} \tag{2-14}$$

式中 J——河道纵比降,%;

h_1,h_0——河段上、下端河底高程,m;

L——河段的长度,m。

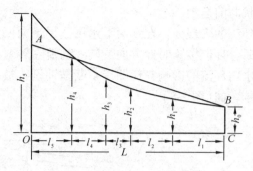

图 2-7 河道平均坡度计算图
（摘自张增哲主编《流域水文学》）

当河段纵断面呈折线时，可先绘制河流纵断面图，然后通过下游端断面河底处作一斜线（AB），使此斜线与横坐标及纵坐标围成的面积等于原河底线与横坐标及纵坐标围成的面积。则 AB 线的坡度即为河槽的平均坡度。根据上面的假设和图 2-7 可得到：

$$\frac{1}{2}(h_0+h_1)l_1 + \frac{1}{2}(h_1+h_2)l_2 + \frac{1}{2}(h_2+h_3)l_3 + \cdots + \frac{1}{2}(h_{n-1}+h_n)l_n = \frac{1}{2}(h_0+JL+h_0)L$$

整理后可得到河流的平均坡度：

$$J = \frac{1}{L^2}[(h_0+h_1)l_1 + (h_1+h_2)l_2 + \cdots + (h_{n-1}+h_n)l_n - 2h_0 L] \quad (2\text{-}15)$$

式中 h_0，h_1，$\cdots$，h_n——自下游到上游沿程各点的河底高程，m；

l_1，l_2，$\cdots$，l_n——相邻两点间的距离，m；

L——河段全长，m。

（2）河流横比降

河流横断面的水面一般不是水平的，而是横向倾斜或凹凸不平的。河流表面横向的水面倾斜称为横比降。

产生横比降的原因有 3 个：地球自转产生的偏转力、河流转弯处的离心力和洪水涨落。

地球自转产生的偏转力是由于地球自转而产生的力，也称科里奥利力。它只在物体相对于地面有运动时才产生，物体处于静止状态时不受地转偏向力的作用。它的方向同物体运动的方向垂直，大小同运动速度和所在纬度的正弦成正比。它只能改变物体运动的方向，不能改变物体运动的速率。在北半球，它指向物体运动方向的右方，它使物体向原来运动方向的右方偏转；在南半球则相反，它使物体向原来运动方向的左方偏转。在速度相同的情况下，它随纬度的增高而增大。赤道上地转偏向力等于零；在两极，地转偏向力最大。由于它的作用，北半球河流流向的右岸受到流水的冲刷比左岸要厉害一些，因而右岸往往比左岸稍陡一些。

在河流转弯处，由于离心力的作用使凹岸的水面高于凸岸。

涨水时河槽水位和流量剧增，两岸阻力大流速小，而中间流速大，水位的增率比两岸大，因此中间水面高，两岸水面低，河流表面呈凸形；在落水时，水位和流速的减率中间大两岸小，使得两岸水面高而中间水面低，河流表面呈凹形。

由于水面横比降的存在，河流的横断面上产生一种水内环流，它与流向垂直，水内环流随水流运动呈螺旋状向前运动。

河流转弯处的水内环流的表现为：在水面上水由凸岸流向凹岸，在河底处水由凹岸流向凸岸。河流左转弯时，环流按顺时针方向旋转。河流右转弯时，环流按逆时针方向旋转。由于河流转弯处水内环流的影响，使凹岸不断被冲刷，被冲刷的泥沙被带到凸岸淤积，从而使河流越来越弯曲（图2-8）。

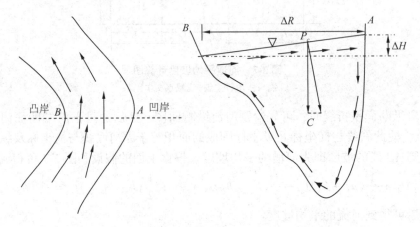

图 2-8　河流转弯处水面的横比降和形成的水内环流

涨水时水内环流表现为：在水面上水由中间流向两岸，在河底处由两岸流向中间。落水时正好相反。涨落水时水内环流的作用使河流横断面由单式变为复式，即由单一的抛物线形演变呈 W 形（图2-9）。

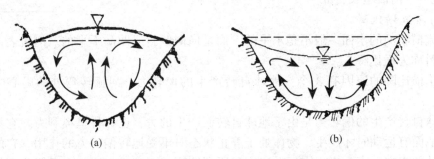

图 2-9　涨水落水时水面的横比降和形成的水内环流

（摘自成都水力发电学校主编《陆地水文学》）

2.2.2　流域特征

2.2.2.1　基本概念

当地形向两侧倾斜，使雨水分别汇集到两条河流中去，这一起着分水作用的脊线称为分水线。分水线两边的雨水分别汇入不同的流域。分水线有的是山岭，有的是高原，也可能是平原或湖泊。山区或丘陵地区的分水岭明显，在地形图上容易勾绘出分水线，即山脊线的连线。平原地区和岩溶地区分水线不显著，仅利用地形图勾绘分水线有困难，有时需要进行实地查勘确定。

地面分水线就是流域周围地面最高点的连线，通常为河流集水区域四周山脉的脊线。如我国的秦岭是长江流域和黄河流域的分水线。还有一些河流由于河床严重淤积，高于两岸地面，其本身成为不同河流的分水线。如黄河下游，河道北岸属海河流域，河道南岸属淮河流域，黄河河床成为海河流域和淮河流域的分水线。

流域是汇集地表水和地下水的区域，即分水线所包围的区域。地面分水线构成地面集水区，地下分水线构成地下集水区(图2-10)。由于地下分水线通常不如地面分水线那样容易观察和确定，所以通常所说的流域实际上是指地面分水线所包围的区域。由于受地质构造和河床下切的影响，有时地面分水线和地下分水线不完全重合，两个相邻流域将会发生水量交换。

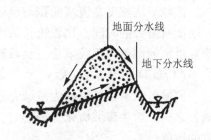

图 2-10　地面分水线和地下分水线示意
(摘自张立中主编《水资源管理》)

地面、地下水的分水线重合的流域为闭合流域，闭合流域与邻近流域无水量交换。地面、地下分水线不重合的流域为非闭合流域，非闭合流域与邻近流域有水量交换。实际上很少有严格意义上的闭合流域。但对于流域面积较大、河床下切较深的流域，因其地下分水线与地面分水线不一致引起的水量误差很小，一般可以视为闭合流域。

2.2.2.2　流域的几何特征

(1) 流域面积

流域面积是指地表分水线在水平面上的投影所环绕的范围，单位为 km^2。流域面积是河流的重要特征，它不仅决定河流的水量大小，也影响径流的形成过程。在其他因素相同时，一般流域面积越大，河流的水量越大，对径流的调节作用也越大，流域被暴雨笼罩的机会越小，洪水过程较为平缓，洪水威胁小；流域的面积越小，流量越小，短历时暴雨时容易形成陡涨陡落的洪水过程。在枯水季节，流域面积较大的河流地下水补给较丰富，流域内降水的机会也相对较大，导致总水量相对较多；反之则很小，甚至完全干涸。

流域面积是影响径流的重要参数，必须对其进行精确测量，可先在地形图上画出地表分水线，再用求积仪法、数方格法和称重法等进行测定，或用地理信息系统进行计算。测量结果的精度因地形图的比例尺而定，比例尺越大，量得的流域面积的精度越高，一般宜采用1:5万或1:10万的地形图进行测量。流域总面积包括干流的流域面积和支流的流域面积。河流从河源至河口，干流的流域面积随河长增加，并且沿途接纳支流，因此总流域面积随着河长而增加。

(2) 流域的长度和平均宽度

流域长度为河源到河口几何中心的长度，即从河口起通过横断该流域的若干割线的中点而达到流域最远点的连线长度，单位为 km。如果流域左右岸对称，一般可以用干流长度代替流域长度。具体求算时，以河口为中心，任意长为半径，画出若干圆弧，各交流域的边界于两点，这些弧线中点的连线长度即流域长度。流域长度直接影响地表径流到达出口断面所需要的时间。流域长度越长，这一时间也越长，河槽对洪水的调蓄作用越显著，水情变化也就越缓和。

流域平均宽度是流域面积与流域长度的比值。流域长度决定了地面上的径流到达出口断面所需要的时间。比较狭长的流域，水的流程长、汇流时间长、径流不易集中，河槽对洪水的调蓄作用较显著，洪峰流量较小；反之，径流容易集中，洪水威胁大。

(3) 流域形状系数 (K_e)

流域形状系数又可称为流域完整系数，是流域分水线的实际长度与流域同面积圆的周长之比。当将流域概化为矩形时，流域的形状系数可定义为流域面积和流域长度的平方的比值。

$$K_e = \frac{F}{L^2} = \frac{B}{L} \tag{2-16}$$

式中　K_e——流域形状系数；
　　　F——流域面积，km²；
　　　L——流域长度，km；
　　　B——流域平均宽度，km。

流域形状与圆的形状相差越大，K_e 值越大，流域形状越狭长，径流变化越平缓。K_e 值接近于 1 时，说明流域的形状接近于圆形，这样的流域易造成大的洪水。流域形状系数反映了流域的形状特征。如扇形流域的形状系数较大，羽状流域的形状系数则很小。

(4) 流域的不对称系数 (K_a)

流域的不对称系数是河流左右岸面积之差与左右岸面积之和的比值，表示流域左右岸面积分布的不对称程度。这种不对称程度对径流的来临时间和径流的形式有很大影响。当 K_a 愈大时，流域愈不对称，左、右流域面积内的来水也愈不均匀，径流不易集中，调节作用大。不对称系数可用下式计算：

$$K_a = \frac{F_A - F_B}{F_A + F_B} \tag{2-17}$$

式中　K_a——流域的不对称系数；
　　　F_A——河流左岸流域面积，km²；
　　　F_B——河流右岸流域面积，km²。

2.2.2.3　流域地形特征

(1) 流域平均高度

流域平均高度指流域范围内地表的平均高程，可用方格法计算。其步骤为：先将流域地形图划分成许多正方格（多于 100 个），然后把每一交点的高程相加，求其算术平均值，即得流域的平均高度。较精确的方法是用求积仪法计算，即在流域地形图上，用求积仪分别求出相邻等高线之间的面积，各乘以两等高线之间的平均高度，然后将乘积相加，除以流域面积。计算式如下：

$$H = \frac{1}{A}(a_1 h_1 + a_2 h_2 + \cdots + a_n h_n) \tag{2-18}$$

式中　H——流域平均高度，m；
　　　a_i——相邻两等高线间的面积（$i = 1, 2, \cdots, n$），km²；

h_i——相邻两等高线的平均高度($i=1$, 2, $\cdots$, n),m;

A——流域总面积,km^2;

(2) 流域平均坡度

流域的平均坡度是影响坡地汇流过程的主要因素,在流域洪水汇流计算中是必须考虑的参数。其计算公式如下:

$$J = \frac{1}{A}(a_1 J_1 + a_2 J_2 + \cdots + a_n J_n) \tag{2-19}$$

式中　J——流域平均坡度;

J_i——相邻两等高线间的平均坡度($i=1$, 2, $\cdots$, n);

a_i——相邻两等高线间的面积($i=1$, 2, $\cdots$, n),km^2;

A——流域面积,km^2。

在相同的自然地理条件下,不同高度上的河流,因水源补给条件不同,在水系组成、水量变化等方面均有不同特征。一般随着流域高度的增加,降水量增多,流域坡度也增大。因此,山区河流流域的河网密度最大,集流快,流速大,水情变化大。故流域的平均高度和平均坡度可间接表明流域产流和汇流条件。

2.2.2.4　流域自然地理特征

流域的自然地理特征是指流域的地理位置(经纬度)、地形、气候、植被、土壤及地质、湖泊率与沼泽率等。除气候外,其他因素合称为流域的下垫面因素,是影响水文现象的主要因素。

(1) 流域的地理位置

流域地理位置是以流域中心和流域边界的地理坐标的经纬度表示的。流域的地理位置反映距离海洋的远近以及与其他较大山脉的相对位置,通过影响水汽输送来影响降雨量。地理位置决定了流域的气候特征,反映了水文现象的区域性特点。由于同纬度地区气候比较一致,东西方向较长的流域,各处水文特征有较大的相似性。

(2) 流域的地形特性

流域的地形特性包括地面平均高程、坡向、平均坡度以及坡降等。流域地形是平原、山丘区还是平原混合区,对流域降雨和汇流速度有很大影响。如山脉迎风坡易产生地形性降雨,背风坡雨量较小。山区河流汇流速度快,流量过程线尖瘦;平原河流汇流速度慢,流量过程平缓。流域平均坡度大,则汇流时间短,径流过程急促,洪水猛起猛落,故山区河流多易涨易退。流域的地形特性是决定河流水量、水情及其他水文情势的重要因素。

(3) 流域的气候条件

流域的气候条件包括降水、蒸发、气温、湿度、气压及风速等。河川径流的形成和发展主要受气候因素控制。降水是河流的主要水源,而降水与其他气象因素的关系十分密切,降水量的大小及分布直接影响径流的多少;蒸发量对年、月径流量都有影响;气温的高低对以融雪为水源的河流影响较大,当温度升高时融雪水增多,河水流量也增大;湿度、风速、气压等主要通过影响降水和蒸发而对径流产生间接影响。因此,流域的气候特征是河流形成和发展的主要影响因素,也是决定流域水文特征的重要因素,河流在一定程度上是气候的产物。

(4) 流域的土壤、岩石性质和地质构造

流域的土壤、岩石性质主要指土壤结构和岩石的水理性质，如土壤组成的颗粒大小、组织结构、水容量、给水度、持水性和透水性等；地质构造指断层、褶皱、节理、裂隙及新构造运动等。这些因素与下渗损失、地下水运动、地下水的补给及流域侵蚀程度有关，从而影响径流及泥沙情势。如页岩、板岩、砂岩、石灰岩及砾岩等易风化、易透水、下渗量大，地面径流减小；地面分水线与地下分水线不一致时，水资源将通过地下流失；沙土的下渗率大于黏土，可以增加地下径流，减少地面径流，使径流过程平缓；黄土地区易被冲蚀，河流挟沙量往往很大，我国黄河流经黄土高原，河水含沙量居世界首位。此外，深色紧密的土壤易蒸发，疏松及大颗粒土壤蒸发量小；透水岩层蕴藏地下水多，径流变化平稳；透水性小的土壤地面径流大，旱季河水可出现干涸、断流情况。

(5) 流域的植被

流域的植被主要包括植被类型、在流域内的分布状况、覆被率、郁闭度、生物量、生长状况等。植被情况通常用植被率（植被面积所占流域面积的百分比）表示。流域中植被状况，包括植被的类型、分布、空间布置、林分结构、林分密度等因素，是影响和调控径流的关键因素。如森林植被，通过林冠、林下灌草层、枯枝落叶层以及林地土壤对降水的拦截、吸收和蓄积等形式对降水进行二次分配，起到调节地表径流流量、涵养水源的作用；通过削减洪峰流量、延缓洪峰时间、增加枯水期流量及推迟枯水期到来等水文过程的调节和对土壤的改良作用，显著减轻土壤侵蚀，减少流域产沙量以及河川泥沙含量，防止河道与水库的淤积，从而提高水资源的利用率。

(6) 流域内湖泊与沼泽

湖泊和沼泽是天然的水库，对径流有着巨大的调节作用。流域内湖泊和沼泽越多，对河川径流的调节作用越大。湖泊和沼泽能增加流域的水面蒸发，调蓄洪水，削减洪峰，调节径流的年内分配，使之趋于均匀，同时也能蓄积雨水和冰雪融水，又是天然的沉沙池，所以它对河流水情也有影响。

流域的自然地理特征对流域水资源的形成、数量和分布，以及流域内径流情况有重要影响。由于自然地理条件的不同，我国东南沿海地区与西北地区的水资源和径流情势都有很大的不同。在同一区域内，由于海拔、地形坡度、土壤和地质构造、温湿度、植被、水分等不同，各个流域的径流情况也不尽相同。

此外，人类活动也是使流域环境条件发生变化的一个重要因素。大规模的人类活动甚至会对流域内水资源和径流情势产生显著影响。天然的来水量、水质等在时间和空间上的分布与人类的需求往往不相适应，为了解决这一矛盾，人类采取了许多措施改造自然，如兴建水利、植树造林、水土保持、城市规划等，以满足人类的需要。人类的这些活动在一定程度上改变了流域的下垫面条件，从而改变了蒸发与径流的比例、地面径流与地下径流的比例，以及径流在时间和空间上的分布。如兴建水库可以调节径流在年内及年际间的分配；大规模灌溉会增加蒸发量，减少河川径流量；都市化的地区多为不透水的地面，增加了地面径流，容易造成城市的洪涝灾害。

2.3 降水及其特征

降水是主要的水文现象，是水分循环过程中的基本环节，是一个地区最基本的水分来源，更是水量平衡方程中的基本参数。降水是一个地区河川径流的来源和地下水的主要补给来源，降水的空间分布与时间变化是形成水资源空间分布不均及年内分配不均的主要原因，也是引起洪涝灾害的直接原因。所以，在水文与水资源的研究与实际工作中，降水的测定与分析具有十分重要的意义。

2.3.1 降水类型

大气中的水以液态或固态的形式到达地面的现象称为降水。

自然条件下为何会形成降水？这是因为在一定温度条件下，大气中水汽含量有一最大值，空气中最大的水汽含量称为饱和湿度，饱和湿度与气温成正比。当空气中的水汽含量超过饱和湿度时，空气中的水汽开始凝结成水。如果这种凝结现象发生在地面，则形成霜和露；如果发生在高空则形成云，随着云层中的水珠、冰晶含量不断增加，当上升的气流的悬浮力不能再抵消水珠、冰晶的重量时，云层中的水珠、冰晶就会在重力作用下降到地面形成降水。

空气中的水汽为何能够达到饱和？第一个原因是地面水体源源不断地蒸发，使空气中的水汽绝对含量增加；第二个原因是含有水汽的气团在上升和移动过程中温度降低，原先非饱和气团随着气温的降低逐渐变饱和。

由气象学关于降水的形成机理可知，气流在上升过程中遇冷凝结，是形成降水的先决条件，而水汽的含量及气流冷却的速度决定着降水量和降水强度。可根据降水性质、强度、形态和成因对降水进行分类。

(1) 根据降水性质划分

根据降水性质可以划分为：连续性降水、阵性降水、间歇性降水和毛毛状降水。

连续性降水历时较长，强度变化小，降水面积大；阵性降水历时较短，强度大，但降水范围小且分布不均匀；间歇性降水强度较弱，并常有一定时间的断续现象；毛毛状降水强度很小，落在水面不激起波纹，落在地面没有湿痕。

(2) 根据降水强度划分

根据降水强度可以划分为：小雨、中雨、大雨、暴雨、特大暴雨、小雪、中雪、大雪（见表 2-2）。

(3) 根据降水形态划分

根据降水形态可以划分为：雨、雪、霰、雹。

雨是自空中降落至地面的液体水滴；雪是从云层中降落至地面的固态水，是由天空中的水汽经凝华而成；霰是从云中降落至地面的白色的不透明的球状晶体，是由过冷却水在冰晶周围冻结而成，直径 2~5 mm，落地后会反弹，常见于降雪之前；雹是由透明和不透明的冰层相间组成的固体降水，呈球形，常降自积雨云。

表 2-2　降水强度等级划分标准（内陆部分）

项　目		24h 降水总量(mm)	12h 降水总量(mm)
降水强度的等级划分	小雨—阵雨	0.1～9.9	≤4.9
	小雨—中雨	5.0～16.9	3.0～9.9
	中雨	10.0～24.9	5.0～14.9
	中雨—大雨	17.0～37.9	10.0～22.9
	大雨	25.0～49.9	15.0～29.9
	大雨—暴雨	33.0～74.9	23.0～49.9
	暴雨	50.0～99.9	30.0～69.9
	暴雨—大暴雨	75.0～174.9	50.0～104.9
	大暴雨	100.0～249.9	70.0～139.9
	大暴雨—特大暴雨	175.0～299.9	105.0～169.9
	特大暴雨	≥250.0	≥140.0

(4) 根据降水成因划分

根据降水成因可以划分为：气旋雨、对流雨、地形雨和台风雨。

①气旋雨　气旋或低气压过境而产生的降雨称为气旋雨，包括锋面雨和非锋面雨。非锋面雨是由于气旋向低气压区辐合引起的气流上升所致。锋面雨又分为冷锋雨和暖锋雨。冷、暖气团相遇的交界面称为锋面。

a. 冷锋雨：当冷气团向暖气团推进时，冷气团楔入暖气团的下方，暖气团则沿锋面爬升到冷气团的上方，暖气团在上升过程中冷却，凝结成降雨（图 2-11）。由于冷锋面接近地面部分坡度很大，暖空气几乎垂直上升，故降水强度大，历时短，雨区面积小，降雨多发生在锋后。

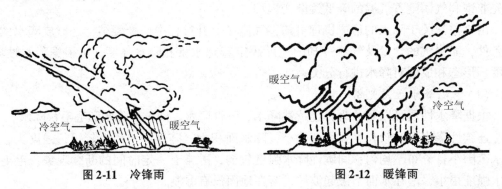

图 2-11　冷锋雨　　　　　　　图 2-12　暖锋雨

b. 暖锋雨：当暖气团向冷气团移动时，暖气团由于比重小，沿着锋面在冷气团上滑行，从而形成云系，产生降雨（图 2-12）。暖锋面较平缓，上升冷却慢，所以暖锋雨的降雨强度小，历时长，雨区范围大，暖锋雨多发生在锋前。

②对流雨　冷暖空气上下对流形成的降雨为对流雨。在夏季当暖湿空气笼罩在一个地区时，由于地面受热，下层热空气膨胀上升，上层冷空气下降，形成对流。此时气温由下向上的递减率大，气流垂直上升速度快，大气稳定性低。上升的空气迅速冷却后形成降雨，这种降雨常出现在酷热的夏季午后，特点是降雨强度大、历时短、降水笼罩面积小，常伴有雷电。在赤道地区常年都有对流雨发生。

③地形雨　水平运动的空气遇到高山等大地貌阻挡时，气流被迫沿迎风坡抬升，气

流在抬升过程中所含的水汽因冷却凝结形成降雨，称为地形雨。地形雨的性质受空气的温湿度、气流前进的速度及地形特点的影响。山体坡度越陡，气流前进速度越快，气流被迫抬升的速度就越快，也就越容易形成强度较大的降雨。地形雨发生在山体的迎风坡。在背风坡因气流下沉，温度不断升高，空气中的水蒸气难以饱和，形成温度高、湿度低的焚风，因此背风坡降水较少，是雨影区。

④台风雨　台风又称热带风暴。台风登陆后，将强大的海洋湿热气团带到大陆，造成狂风暴雨，这种由台风过境形成的降雨称为台风雨。台风雨的特点是强度大、雨量大，很容易造成大的洪水灾害。台风区内水汽充足，气流的上升运动强烈，因此降水量大、强度大，多属阵性降水。台风登陆常常产生暴雨，少则 200~300 mm，多则 1 000 mm 以上。我国台湾新寮在 1967 年 11 月 17 日受到 6721 号台风影响，1d 的降水量高达 1 672 mm，2d 总降水量达 2 259 mm。台风登陆后，若维持时间较长，或由于地形作用，或与冷空气结合，都能产生大暴雨。我国东南沿海是台风登陆的主要地区，台风雨所占比重相当大。

2.3.2　降水的基本要素

降水的基本要素是描述降水的基本指标，包括降水量、降水历时、降水时间、降水强度和降水面积。

(1)降水量

降水量是指一定时间段内降落在某一面积上的总水量，单位为 mm。描述降水量的指标有次降水量、日降水量、月降水量、年降水量、最大降水量、最小降水量等。

次降水量指一次降水开始到结束时所降的水量；日降水量指一日的降水量；月降水量指一月的降水总量；年降水量指一年的降水总量；最大降水量是指一次、一日、一月或一年降水的最大量；最小降水量是指一次、一日、一月或一年降水的最小量。

(2)降水历时和降水时间

降水历时是指一场降水从开始到结束所经历的时间，一般以小时和分钟表示。降水时间是指对应于某一降水量的时长，一般是人为划定的，如一日降水量、一月降水量，此时的一日、一月即为降水时间。

降水历时和降水时间的区别在于降水时间内降水并不一定连续，而在降水历时内降水一定是连续的。

(3)降水强度

降水强度指单位时间内的降水量，降雨强度简称雨强，单位为 mm/min 或 mm/h。

(4)降水面积

降水面积指某次降水所笼罩的水平面积，单位为 km^2。

2.3.3　降水特征指标

反映降水随时间变化规律及降水空间分布的指标为降水特征指标，主要包括降水过程线、降水累积曲线、等降水量线、降水强度历时曲线、平均雨深面积曲线和雨深面积历时曲线。

(1) 降水过程线

降水过程线是以时间为横坐标、降水量为纵坐标绘制成的降水量随时间的变化曲线（图 2-13）。降水过程线能够反映降水量随时间的变化过程，在该图上能够确定某一时刻或某一时段的降水量，但降水过程线不能反映出降水面积的大小。

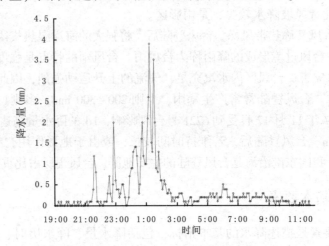

图 2-13　北京林业大学山西吉县生态站
（2006 年 6 月 2～3 日的降水过程线）

(2) 降水累计曲线

以降水时刻为横坐标、以到某一时刻的总降水量为纵坐标绘制成的曲线称为降水累计曲线（图 2-14）。降水累计曲线是一条递增的曲线或折线。在累计曲线上可以明确表达出降水历时、降水总量以及到某一时刻为止的降水总量。累计曲线上任一点的斜率就是该点所对应时刻的降水强度。降水累计曲线不能反映出降水面积的大小。

(3) 等降水量线

某一区域内降水量相等的点连成的曲线称为等降水量线。与等高线一样，等降水量

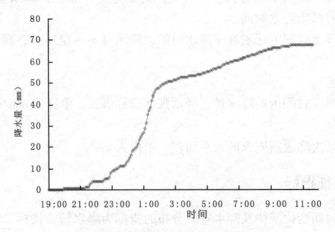

图 2-14　北京林业大学山西吉县生态站
（2006 年 6 月 2～3 日的降水累计曲线）

线是一些闭合的曲线(图 2-15)。等降水量线反映区域内降水的空间分布与变化规律,通过等降水量线图可以得到区域内各地的降水量和某次的降水面积,但无法确定降水历时和降水强度。

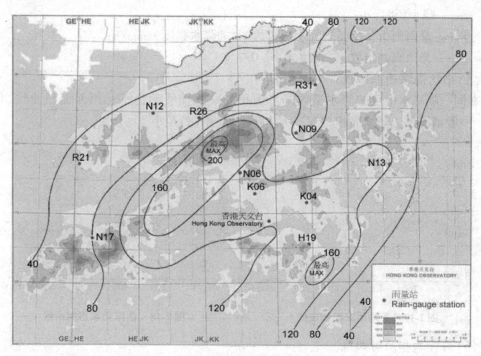

图 2-15 等降水量线示意

(4)降水强度历时曲线

在同一场降水中反映降水强度随降水历时的变化曲线称为降水强度历时曲线(图 2-16)。一般情况下,降水强度与降水历时呈反比,二者的关系可用下式表示:

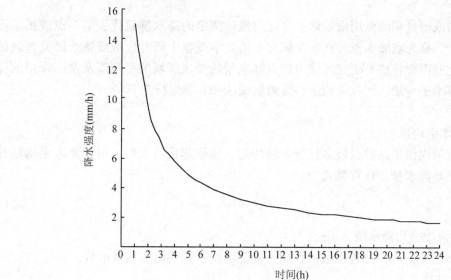

图 2-16 降水强度历时曲线

$$i_t = \frac{S}{t^n} \tag{2-20}$$

式中 i_t——降水强度 mm/h;

t——降水历时,h;

S——暴雨雨力,相当于降水历时为 1h 的降水强度,mm/h;

n——暴雨衰减指数,一般为 0.5~0.7。

(5) 平均雨深面积曲线

在同一场降水中反映降水量与降水面积的关系曲线称为平均雨深面积曲线(图 2-17)。一般情况下,降水面积越大,平均降水量(雨深)越小。

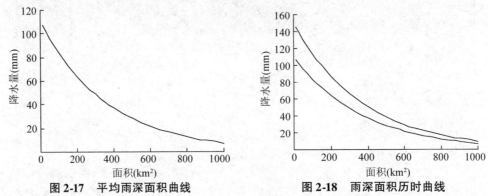

图 2-17 平均雨深面积曲线　　图 2-18 雨深面积历时曲线

(6) 雨深面积历时曲线

在同一场降水中反映降水量、降水历时和降水面积三者相互关系的曲线称为雨深面积历时曲线(图 2-18)。它是以雨深、降水面积、降水历时为参数绘制成的曲线。一般情况下,当面积一定时,历时越长,平均雨深越大;历时一定时,面积越大,平均雨深越小。

2.3.4 平均降水量的计算

在气象站或雨量观测点用雨量筒、自记雨量计测定的降水量只代表某一点或某一小范围的降水量,称为点降水量。在水文研究中需要掌握整个研究区域或整个研究流域的降水情况,此时需要将整个研究区域内的点降水量转换成区域的平均降水量。常用的计算方法有:算术平均法、加权平均法、等雨量线法和客观运行法。

2.3.4.1 算术平均法

当研究流域内雨量站数量较多且分布较均匀、地形起伏不大时,可用算术平均法计算出流域的平均降水量。计算公式为:

$$P = \frac{1}{N}(P_1 + P_2 + \cdots + P_n) \tag{2-21}$$

式中 P——流域平均降水量,mm。

$P_1, P_2, \cdots, P_n$——各雨量站在同一场降雨中观测到的实测降水量,mm;

N——站数,个。

2.3.4.2 加权平均法

在对研究流域基本情况如面积、地类、坡度、坡向、海拔等进行勘察的基础上，选择有代表性的地点作为降水观测点，每个测点都代表具有一定面积的某一地类，把每个测点控制的地类面积作为各测点降水量的权重，按式(2-22)计算流域平均降水量：

$$P = \frac{1}{A}(A_1 P_1 + A_2 P_2 + \cdots + A_n P_n) \quad (2\text{-}22)$$

式中　P——流域平均降水量，mm；

　　　A——流域面积，hm^2 或 km^2；

　　　A_1，A_2，$\cdots$，A_n——每个测点控制的面积，hm^2 或 km^2；

　　　P_1，P_2，$\cdots$，P_n——每个测点观测的降水量，mm。

2.3.4.3 泰森多边形法

当研究流域内雨量站分布不均或流域周边有可以利用的雨量观测点时，可以采用泰森多边形法计算流域的平均降水量。具体方法为：首先把流域内及流域周边可以利用的各雨量站标注在地形图上，然后把每3个雨量站用虚线连接起来，形成多个三角形。在每个三角形各边上做垂直平分线，所有的垂直平分线及流域边界构成一个多边形网，这些多边形将全流域分成 N 个多边形，每个多边形内有一个雨量站(图2-19)。

图 2-19　泰森多边形法示意

假定流域的面积为 A，每个雨量站控制的面积为流域内多边形的面积 A_i($i=1, 2, \cdots, n$)，各雨量站观测的降水量为 P_i($i=1, 2, \cdots, n$)，则流域平均降水量 P 为：

$$P = \frac{1}{A}(A_1 P_1 + A_2 P_2 + \cdots + A_n P_n) \quad (2\text{-}23)$$

泰森多边形法是在假设各测站间的降水量的变化是线性的，因此没有考虑地形对降水的影响。如果各观测站稳定不变，使用该方法很方便，精度也较高。但某一测站出现漏测时，则在计算时必须重新绘制多边形并计算出各测站的权重系数后，才能计算出全流域的平均降水量。

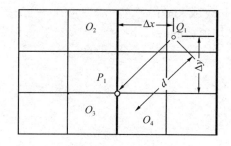

图 2-20　客观运行法示意

2.3.4.4 客观运行法

客观运行法在美国广泛采用。具体做法是：

第一，先将研究区域(或流域)划分为若干网格，得出很多格点(交点)，并在网格上标出各雨量站的具体位置(图2-20)。

第二，用各雨量站的降水资料确定各格点的降水量。

第三,将计算出的各格点的降水量取算术平均值,即为流域的平均降水量。

各格点降水量的确定:以格点周围各雨量站到该格点距离平方的倒数作为权重,用各站权重系数乘各站的同期降水量,然后求和得到各格点的降水量。可见,雨量站到格点的距离越近,其权重越大,即对该格点降水量的贡献越大。若距离为 d,则权重为 $W=1/d^2$,若以雨量站到某格点横坐标差为 Δx,纵坐标差为 Δy,则 $d^2=\Delta x^2+\Delta y^2$,计算格点雨量的公式为:

$$P_j = \frac{\sum_{i=1}^{n} P_i W_i}{\sum_{i=1}^{n_j} W_i} = \sum_{i=1}^{n_j} W_i P_i \tag{2-24}$$

式中 P_j——第 j 个格点的降水量,mm;
n_j——参加第 j 个格点降水量计算的雨量站站数,个;
P_i——参加 j 点降水量计算的各雨量站的降水量,mm;
W_i——各雨量站对于第 j 个格点的权;
n——区域内格点总数,mm。

区域平均降水量 P 的计算公式为:

$$P = \frac{1}{N} \sum_{j=1}^{N} P_j \tag{2-25}$$

式中,各符号意义同前。

2.3.4.5 等雨量线法

对于地形变化较大、有足够多雨量站的研究区域,可以根据观测到的降水资料结合地形变化制出等雨量线图,然后利用等雨量线图计算流域平均降水量。步骤是:

第一,绘制降水量等值线图。

第二,用求积仪或地理信息系统等方法测算出相邻等雨量线间的面积 A_i,用 A_i 除以流域总面积 A,得出各相邻等雨量线间面积的权重。

第三,以各相邻等雨量线间的雨深平均值 P_i 乘以相应的权重,得到加权雨量。

第四,将各相邻等雨量间面积上的加权雨量求和,得到研究区域的平均雨量,公式如下:

$$P = \frac{1}{A}(A_1 P_1 + A_2 P_2 + \cdots + A_n P_n) \tag{2-26}$$

式中 $A_1,A_2,\cdots,A_n$——相邻等雨量线间的面积,hm^2 或 km^2;
$P_1,P_2,\cdots,P_n$——相邻等雨量线间的雨深平均值,mm;
A——流域总面积,hm^2 或 km^2;
P——流域平均降水量,mm。

2.3.5 影响降水的因素

2.3.5.1 地理位置

降水是在地理位置、大气环流、天气系统、下垫面等因素共同作用下形成的,这些影响因素的不同组合形成了不同特性的降水。研究影响降水的因素对掌握降水特性、分析不同地区河川径流的水情、预测预报洪水的特点和判断水文资料的合理性都具有非常重要的作用。

降水量的多少取决于空气中水汽的含量，而空气中水汽的含量取决于气温的高低和距离海洋的远近。一般来说，一个地区降水的多少与其所处的地理位置有着密切联系。低纬度地区空气中水汽含量多，降水也多；而高纬度地区空气中水汽含量少，降水也少。地球上降水的分布趋势是：由赤道向两极递减；南北回归线两侧、大陆西岸降水少，大陆东岸降水多；温带的沿海地区降水量充沛，愈向内地降水量愈少，如我国青岛市年降水量为 646 mm，济南市为 621 mm，西安市为 566 mm，而兰州市只有 325 mm。华北地区因距热带海洋气团源地远，降水较华南地区少，如台湾平原上平均年降水量在 2 000 mm 以上，有些山地年降水量可达 4 000~5 000 mm，其中东北部的火烧寮年降水量达到 8 408 mm。北京市年降水量为 650~750 mm，北京市南部地区为少雨区，年降水量为 400~500 mm。

2.3.5.2 地形

山脉对降水有很大影响，这是由于山脉迫使气流抬升，气流在抬升过程中部分水蒸气冷却凝结形成降水，从而使迎风坡的降水增加；在背风坡则形成焚风，降水少，成为雨影区。离海洋较近的地区，空气中水蒸气含量高，在地形的影响下降水量增加较多；而在离海洋较远的地区空气中水蒸气含量少，在地形的抬升作用下增加的降水量相对较少。如位于台湾岛的中央山脉，因受湿热气流的影响最强，海拔每升高 100 m，年降水量可增加 105 mm；而位于内陆的甘肃省祁连山，由于当地水汽含量少，海拔每升高 100 m，年降水量仅增加 7.5 mm。

山地抬升气流增加降水的作用与坡度有关。当空气中水蒸气含量一定时，山脉的坡度越陡，抬升作用越强，增加的降水越多。地形增加降水的作用有一定的限度，并不能无限度增加。当空气中的水蒸气含量降低到某一值时，随着地形的抬升降水不会再增加，甚至减少。山脉的缺口和海峡是气流的通道，由于在这些地方有加速作用，气流运动速度快，水汽难以停留，降水机会少。如台湾海峡、琼州海峡两侧与该地其他地区相比降水量偏低，阴山山脉和贺兰山山脉之间的缺口使鄂尔多斯和陕北高原的雨量减少。

2.3.5.3 气旋和台风途径

我国的降水主要由气旋和台风形成，气旋和台风的路径是影响降水的主要因子。春夏之际气旋在长江流域和淮河流域一带盘旋，形成持续的阴雨天气，即梅雨季节。7、8 月锋面北移进入华北、西北地区，从而使华北和西北地区进入雨季。

台风对东南沿海地区的降水影响很大，是这一地区雨季的主要降水形式。影响我国的台风多数在广东、福建、浙江、台湾等省登陆，登陆后有的绕道北上，在江苏北部或山东沿海再进入东海，有的可深入到华中内陆地区，减弱后变为低气压。台风经常登陆和经过的地方容易造成暴雨或大雨。

2.3.5.4 森林

森林对降水的影响是人们争论的一个焦点，有人认为森林能够增加降水，也有人认为森林不能增加降水。目前，已经普遍得到认可的是森林能够增加水平降水。由于森林有着较大的蒸发作用，同时被林木拦蓄的大部分降水重新通过林木的枝叶蒸发到空气中，从这一点上说，森林通过其强大的蒸发作用增加了林区的空气湿度。另外，正因为森林通过其强大的蒸发作用增进了林区的空气湿度，这些蒸发出来的水蒸气进入了内陆的水分循环，从而促进了内陆水分的小循环，这就有可能增加其他周边地区的降水。因此，森林虽然不能直接增加林区的降水，但它可以提高水分的循环次数，为内陆其他地区输送更多的水蒸气。

森林对降水的影响极为复杂，至今还存在着各种不同的看法。如法国学者 F·哥里任斯基对美国东北部大流域进行研究后指出，在大流域上森林覆盖率增加 10%，年降水量将增加 3%。前苏联学者在林区与无林区进行对比观测后得出，森林能直接增加降水量，如在马里波尔平原林区上空所凝聚的水平降水，平均可达年降水量的 13%。我国吉林省松江林业局通过对森林区、疏林区及无林区的对比观测，发现森林区的年降水量分别比疏林区和无林区高出约 50 mm 和 83 mm。

另外，一些学者认为森林对降水的影响不大。如 K·汤普林认为森林不会影响大尺度的气候，只能通过森林中的树高和林冠对气流的摩擦阻力作用起到微尺度的影响，它最多可使降水增加 1%~3%。H·L·彭曼收集亚洲、非洲、欧洲和北美洲 14 处森林的多年观测资料，经分析也认为森林没有明显地增加降水作用。

第三种观点认为森林不仅不能增加降水，还可能减少降水。如我国著名的气象学者赵九章认为，森林能抑制林区日间地面温度升高，削弱了对流，从而可能使降水量减少。据实测，森林全年截留的水量可占降水量的 10%~20%，这些被林冠枝叶截留的降水最终以蒸发的形式回到大气，从而减少了到达林地的降水量。

2.3.5.5 水面

江河、湖泊和水库等水域对降水的影响，主要是由于水体上空水汽的运动状态与陆面上空水汽的运动状态存在显著差异引起的。湖泊和大型水库的水面蒸发量大，对促进水分的内陆循环有积极作用，但是水面上很容易形成逆温，不利于水汽的上升，因此不易形成降水。如夏季在太湖、巢湖及长江沿岸地带存在不同程度的少雨区。但在一些大型水库或湖泊周边的迎风坡，从水体输送来的水汽因地形抬升作用的影响，降水会有一定程度的增加。

2.3.5.6 人类活动

人类活动对水文现象的影响有正反两方面的作用，人类不可能大范围地影响与控制天气系统，只是通过改变下垫面的性质间接影响降水，而且这种间接影响的范围和程度十分有限。水土保持、植树造林、修建塘坝、大面积灌溉等增加蒸发的措施有利于提高水分循环的次数，增加大气中的水汽含量，有可能增加降水；相反，水土流失等有利于径流的人为活动，使到达地面的降水重新回到了江河湖泊或海洋，相当于减少了蒸发量，参与内陆水分循环的水汽量相对较少，降水量就有可能减少。随着城市化规模的不断扩大，城市热岛效应不断加强。在热岛效应的作用下，城区以上升气流为主，在夏季易形成对流雨。人工降雨可增加小范围的降水量，但有可能减少其他地区的降水。

2.3.6 我国降水的特征

2.3.6.1 我国降水的地理特征

我国大部分地区受到东南和西南季风的影响，因而形成了东南多雨、西北干旱的特点。多年平均年降水量小于 400 mm 的地区是干旱半干旱地区。从全国多年平均年降水量等值线图上可以看出，400 mm 等值线从东北到西南斜贯我国大陆，我国西北 45% 的国土处于干旱半干旱地带，农业产量比较低；东南为湿润多雨地区，是我国主要的农业区，尤其是秦岭—淮河以南，更是我国农业生产发达和高产的地区。

2.3.6.2 我国降水的年内变化特征

我国降水在时间上的分布也不均等。冬季，我国大陆受到来自西伯利亚的冷气团控制，气候寒冷、降水稀少；春暖以后，暖湿气流逐渐北上，降水自南向北推进，各地雨量也自南向北迅速增加，夏季全国处于主汛期。长江以南地区雨季较长，多雨期为 3~6 月或 4~7 月，正常年份，最大 4 个月雨量约占全年降水量的 50%~60%，5、6 月容易出现洪涝，而 7、8 月受台风影响易旱涝。华北和东北地区雨季为 6~9 月，正常年份最大 4 个月雨量约占全年降水量的 70%~80%。华北地区雨季最短，大部分集中在 7、8 月，且多以暴雨形式出现，因此春旱秋涝现象特别严重。西南地区受西南季风影响，年内旱季和雨季明显，一般 5~10 月为雨季，11~4 月为旱季。四川省、云南省和青藏高原东部 6~9 月降水量约占全年的 70%~80%，冬季则不到 5%，也是春旱比较严重的地区。新疆维吾尔自治区西部的伊犁河谷、准噶尔盆地西部以及阿尔泰地区，终年在西风气流控制下，水汽来自大西洋和北冰洋，虽因远离海洋降水量不算丰沛，但四季分配比较均匀。此外，台湾省的东北端受到东北季风的影响，冬季降水约占全年的 30%，也是我国降水年内分配比较均匀的地区。

2.3.6.3 我国降水的年际变化特征

我国降水的年际间变化很大，常有连续几年雨量偏多或偏少的现象发生。年降水量越少的地区，年际变化越大。如果以历年年降水量最大值与最小值之比 K 来表示年际变化，西北地区 K 值可达 8 以上，华北为 3~6，东北为 3~4，南方一般为 2~3，西南最小，一般在 2 以下。

月降水量的年际变化更大。有的地区汛期最大月降水量常是不同年份同月降水量的几倍、几十倍甚至几百倍以上。可见季节性降水的年际变幅比年降水量大得多。

2.4 蒸发与蒸发散

蒸发是水分循环的重要环节,蒸发耗热是估算某一地区热量平衡的重要指标,蒸发量是一个地区水分收支平衡中的主要支出项。因此,蒸发是水量平衡分析、热量平衡分析、水资源评价中必须考虑的因子,更是水文与水资源学的主要研究内容。

蒸发是液态水或固态水表面的水分子能量足以超过分子间吸力,不断地从水体表面逸出的现象。根据蒸发面的不同,蒸发可以分为水面蒸发、土壤蒸发和植物蒸发散。蒸发面是水面的称为水面蒸发;蒸发面是土壤表面的称为土壤蒸发;蒸发面是植物体的称为蒸发散。森林蒸发散包括植物群落中全部的物理蒸发和生理蒸腾,由林地蒸发、林冠截留水分的蒸发和森林植物的蒸腾三部分组成。土壤蒸发和植物蒸发散合称陆面蒸发。流域内陆面蒸发与水面蒸发之和称为流域总蒸发。

2.4.1 水面蒸发

水面蒸发是液体水或固态水变成气态水的过程,在蒸发过程中体现了热量的交换过程与水量的交换过程。水面蒸发是水文站的基本测验项目。

2.4.1.1 水面蒸发的机制

在太阳辐射或其他能量作用下,水分子的运动速度加快,动能增加,当水分子所获得的动能大于水分子之间的内聚力时,就能突破水面而跃入空中,由液态变为气态;同时空气中某些能量较低的水分子因能量降低、受到水面水分子的吸力作用重新凝结返回水体,由气态变为液态。当从水体中进入空气的水分子数与从空气中进入水体的水分子数达到平衡时,空气湿度达到饱和,蒸发与凝结达到动态平衡。温度越高,自水面逸出的水分子越多,蒸发量越大。在蒸发过程中,水分子吸收热量使水体温度降低。单位水量从液态变为气态所吸收的热量称为蒸发潜热或汽化潜热。在凝结时,水分子要释放热量。在凝结时释放的凝结潜热与蒸发潜热相同。蒸发潜热的计算公式为:

$$L = 595 - 0.52T \tag{2-27}$$

式中 L——蒸发潜热,cal^*/g;

T——水温,℃。

蒸发量(蒸发率)是指单位时间内从水面跃出的水分子数量与返回水面的水分子数量之差,即单位时间内从蒸发面蒸发的水量,单位为 mm/d。

在蒸发过程中水体温度越高,水分子运动越活跃,从水面进入空中的水分子也就越多,水面上空气中的水汽含量也越多。根据理想气体定律,在恒定的温度和体积下,气体的压力与气体的分子数成正比,因而水汽压也就越大。但随着水汽压的增大,空气中水分子返回水面的机会也增多。当出入水面的水汽分子数相等时,空气达到饱和,有效蒸发量为零。此时的水汽压称为饱和水汽压,即达到"饱和平衡状态"时的水汽压力。

---

* 1cal = 4.186 8J。

$$e_s = e_0 \times 10^{\frac{7.45}{235+t}} \tag{2-28}$$

式中 e_s——温度 t℃时水面上的饱和水汽压，hPa；
e_0——0℃时水面上的饱和水汽压，$e_0 = 6.1$ hPa。

2.4.1.2 影响水面蒸发的因素

(1) 太阳辐射

太阳辐射是水面蒸发的能量来源，是影响蒸发的主要因素。太阳辐射强的地区，水面蒸发量大；太阳辐射较弱的地区，水面蒸发量小。一年中蒸发量的年内变化、年际变化与太阳辐射量直接相关。

(2) 饱和水汽压差

饱和水汽压差是指水面的饱和水汽压与蒸发面上空实际水汽压之差。饱和水汽压差越大，蒸发越强烈；反之越小。当饱和水汽压为零时，蒸发量也为零。

(3) 温度

气温和水温对水面蒸发有很大的影响。气温决定空气中能容纳水汽含量的能力和水汽分子扩散的速度。气温高时，蒸发面的饱和水汽压较大，空气中能够容纳较多的水汽分子，从而易于蒸发；反之则较小。水面温度直接与太阳辐射强度有关，反映水分子运动能量的大小。水温越高，水分子运动能量就越大，逸出水面的分子就越多，蒸发也越强烈。当水温高于气温时，水面附近的薄层空气较暖而轻，易于上升，加速了蒸发的作用；反之蒸发就较慢。

(4) 风

风加强了气流的乱流交换作用，使水面上蒸发出的水分子不断被移走，从而使蒸发面上空始终保持一定的水汽压差，保证了蒸发的持续进行。风速越大，水面的蒸发速率越高。在一定温度下，风速增加到某一数值时，蒸发量不再增加，达到最大值，这是因为在一定温度下，单位时间内从水体中蒸发出的最多水汽分子数是一定的。

(5) 水质和水面情况

不同水质对水面蒸发的影响不同，水中的溶解质会减少蒸发，混浊度(含沙量)会影响反射率，因而影响热量平衡和水温，间接影响蒸发。蒸发表面是水分子在汽化时必须经过的通道，若表面积大，则蒸发面大，蒸发作用进行得快。此外，水体的深浅对蒸发也有一定的影响。浅水水温变化较快，与水温关系密切，对蒸发的影响比较显著；深水水体因水面受冷热影响时会产生对流作用，使整个水体的水温变化缓慢，深水水体中能够蕴藏的热量较多，对水温起一定的调节作用，因而蒸发量在时间上的变化比较稳定。

2.4.1.3 水面蒸发的测定

水面蒸发量是指一定口径的蒸发器中，在一定时间间隔内因蒸发而失去的水层深度，单位为 mm。水面蒸发常用器测法测定。测量蒸发量的仪器有口径 20cm 的蒸发皿、口径 80cm 的蒸发器和 E-601B 型蒸发器。蒸发器的安装有地面式、埋入式和漂浮式 3 种。地面式蒸发器易于安装和维护，但蒸发器四周接受太阳辐射，与大气间有热量交换，测量结果偏大。埋入式蒸发器虽然消除了蒸发器与大气间的热量交换，但蒸发器与土壤之间仍然存在热量交换，且不易发现蒸发器的漏水问题，也不易安装和维护。水面漂浮式蒸发器的测定值更接近实际值，但观测困难，设备费和管理费昂贵。

蒸发器安装好以后，于每日 20:00 进行观测。用口径 20 cm 的蒸发皿观测时，用雨量杯在测量前一天的 20:00 注入 20 mm 清水（原量），24h 后用雨量杯测定蒸发皿中剩余的水量（余量），然后倒掉余量，重新量取 20 mm 清水注入蒸发皿内。

$$日蒸发量 = 原量 + 降水量 - 余量$$

用蒸发器观测时，先将蒸发器埋入地下，在蒸发器和其外围的保护圈中加入一定深度的水，用测针读取蒸发器中水的深度。24h 后再用测针重新读取水的深度。目前大多数蒸发器已经可与水位计相连，从而实现蒸发量的自动观测。在无降水情况下两次读取的水的深度之差即为蒸发量，在有降水的情况下，蒸发量 = 前一日水深 + 降水量 - 测量时水深。

用蒸发器测定水面蒸发时，因蒸发器表面积较小，测定结果与实际值有一定差距。根据国内观测资料的分析，当蒸发器的直径大于 3.5 m 时，蒸发器观测的蒸发量与天然水体的蒸发量才基本相同。因此，用直径小于 3.5 m 的蒸发器观测的蒸发量，必须乘一个折算系数（蒸发器系数），才能作为天然水体蒸发量的估计值。折算系数可通过与大型蒸发池（如面积为 100 m^2）的对比观测资料确定。折算系数与蒸发器的类型、大小、观测时间和观测地区有关。

2.4.2 土壤蒸发

土壤是一种多孔介质，具有吸收和保存水分的能力。保存在土壤中的水分一部分在重力作用下向深层运动，一部分被植物体吸收利用，还有一部分在太阳辐射作用下散失到大气中。土壤中的水分离开土壤表面向大气中逸散的过程就是土壤蒸发。

2.4.2.1 土壤蒸发过程

土壤蒸发是土壤失去水分的过程。根据蒸发过程中土壤含水量的变化，土壤的蒸发过程大体上分为三个阶段。

(1) 第一阶段

当土壤含水量大于田间持水量时，土壤十分湿润，土壤中存在重力水，土层中的毛细管处于连通状态。表层土壤蒸发消耗的水分，可通过毛细管作用由下层土壤得以补充，土壤表层可保持湿润状态，此时的蒸发速度稳定，其数值等于或接近于土壤蒸发能力，即充分供水条件下的最大蒸发速度。此时土壤蒸发速率只受控于近地面的气象条件。

(2) 第二阶段

当土壤含水量小于田间持水量以后，土壤中毛细管的连通状态逐渐遭到破坏，部分毛细管断裂，通过毛细管作用上升到土壤表层的水分逐渐减少。在此阶段中，土壤蒸发的供水条件不充分，随土壤蒸发过程的持续土壤含水量逐渐降低，上升到土壤表层的毛管水越来越少，表层土壤逐渐干化，蒸发强度逐渐降低。在第二阶段中，蒸发量和蒸发强度主要取决于土壤的含水量，气象因素退居次要地位。

(3) 第三阶段

当土壤含水量减少至毛管断裂含水量以后，土壤蒸发进入第三阶段。此时土壤蒸发在较深的土层中进行，水分只能以薄膜水或气态水的形式向土层表面移动，蒸发出的水汽以分子扩散作用通过土壤表面的干涸层进入大气，其速度极为缓慢。此时，不论气象因素还是土壤含水量对土壤蒸发的作用都不明显，蒸发量小而稳定。

2.4.2.2 影响土壤蒸发的因素

影响土壤蒸发的因素主要有：气象因素、土壤自身因素、土壤表层的覆盖状况。气象因素对土壤蒸发的影响与对水面蒸发的影响一致。影响土壤蒸发的自身因素主要包括以下各个方面。

(1) 土壤含水量

土壤含水量是决定蒸发过程中水分供给量的重要因素。当土壤含水量大于田间持水量时，土壤的供水能力最大，土壤的蒸发能力也大，基本上能够达到自由水面的蒸发速度，此时的蒸发可视为充分供水条件下的蒸发。在特定气象条件下充分供水时的蒸发量称为蒸发能力，又称最大可能蒸发量或潜在蒸发量。蒸发能力的大小取决于气象条件。当土壤含水量降低到田间持水量以下、凋萎含水量以上时，土壤蒸发随着土壤含水量的逐渐降低而减小，此时的蒸发为不充分供水条件下的蒸发。不充分供水条件下的蒸发量是气象条件和土壤水分条件共同作用的结果。

(2) 地下水位

地下水位通过控制地下水面以上土层中含水量的分布影响土壤蒸发。地下水埋藏深度越浅，在毛细管作用下水分越容易到达地表，蒸发量越大，甚至能达到与水面蒸发量相同的程度。如果地下水的埋藏深度小于水在毛细管中的上升高度，即在毛细管作用下地下水可源源不断地到达地表，此时土壤蒸发则持久而稳定。当地下水埋藏很深时，地下水在毛细管作用下很难到达地表，此时地下水对土壤蒸发的作用较小。因此，地下水对土壤蒸发的影响取决于地下水的埋藏深度。

(3) 土壤质地和结构

土壤质地和结构决定了土壤孔隙的多少和土壤孔隙的分布特性，从而影响土壤的持水能力和输水能力。具有团粒结构的土壤，毛细管处于不连通的状态，毛细管的作用小，水分不易上升，故土壤蒸发小；无团粒结构的细密的土壤（黏土）则相反，毛细管作用旺盛，蒸发容易。砂土孔隙大，毛细管孔隙少，蒸发量较黏土少。

(4) 土壤颜色

土壤的颜色不同，吸收的热量也不同。土壤颜色也影响土壤表面的反射率，即影响土壤表面吸收的太阳辐射量。土壤颜色是通过影响蒸发面的温度而影响蒸发量。一般情况下土壤颜色越深，温度升高越快，蒸发量也越大；反之，则相反。

(5) 土壤表面特征

土壤表面特征通过影响风速、地表吸收的太阳辐射、地面温度等因素对土壤蒸发产生影响。如地表有覆盖物的土壤蒸发小于裸露地；粗糙地表的蒸发量要大于平滑地面，因此，在干旱地区对土壤表面进行有效覆盖，是减少土壤无效蒸发、保水蓄墒的有效措施。坡向不同，地表吸收的太阳辐射不同，地表温度也不同，因此，阳坡土壤蒸发明显大于阴坡。

(6) 植物

有植物覆盖时，土壤的直接蒸发将显著减小，因为植物能使土壤不易受热，降低了近地面的风速。故有植被的地面温度较裸露的地面温度低、风速小，土壤的蒸发小。

总之，土壤蒸发取决于两个条件：土壤蒸发能力和土壤的供水条件。土壤蒸发的量取决于以上两个条件中较小的一个，并且大体上接近于这个较小值。

2.4.3 植物蒸发散

植物的蒸发是指植物枝叶表面吸附水分及植物体内水分的散失，蒸腾是指植物在生长期内水分通过枝叶表面的气孔进入大气的过程。二者合称为蒸发散。通过植物体表面的蒸发量很小，而通过气孔散失的水汽量较大，是蒸发散的主要组成部分。

2.4.3.1 植物蒸腾的机制

植物根细胞液的浓度与土壤水浓度之间存在差值，在根细胞内外产生一个渗透压，使土壤水分通过根细胞膜进入根细胞内。水分进入根内以后，在蒸腾拉力和根压的共同作用下通过根、茎、枝、叶柄、叶脉到达叶面，然后通过开放的气孔逸出进入大气，这就是蒸腾。在进行蒸腾的同时，植物体内的水分可以直接通过其表面进行蒸发。进入植物体内的水分只有很少一部分参与光合作用，绝大部分最终通过叶子表面的气孔散失到大气中。

靠近叶表面的叶肉细胞蒸腾失水后水势降低，便从相邻的水势较高的细胞吸水，后者照此依次吸水，最后与输水组织相接的细胞直接从导管或管胞中吸水，并使其内的水柱向上提升。这一提水动力称为蒸腾拉力。在蒸腾拉力作用下根部细胞持续从土壤中吸水，构成土壤—植物—大气连成一体的水分流动系统。

2.4.3.2 影响植物蒸发散的因素

植物的蒸发散是一种生物物理过程，是水分通过土壤—植物—大气系统的一种连续运动变化过程，既服从物理蒸发规律，也受植物生理作用调节，同时还受气候因素的影响和土壤供水能力的限制。因此，植物蒸发散受植物的生理条件、气候因素和土壤水分条件的影响。

(1) 植物的生理条件

植物的生理条件主要指植物的种类和不同生长阶段的生理差别。不同植物叶片的大小、质地，特别是气孔的分布、数目及形状有很大的差别。气孔大、数目多的植物蒸发散量大，如阔叶树的蒸发散较针叶树大；深根植物的蒸发散较浅根植物均匀。同一树种在不同的生长阶段蒸发散也不一样，春天的蒸发散较冬天大。旱生植物叶片小、气孔少，接受的太阳辐射少，蒸散消耗的水分少，适宜生长在干旱地区；而湿生植物叶片较大、气孔多，蒸散消耗的水分也多，只能生长在湿润地区。

(2) 气候因素

气候因素主要包括温度、湿度、日照和风速。当气温在4.5℃以下时，植物几乎停止生长，蒸发散极少；在4.5℃以上时，蒸发散随着气温升高而递增的规律类似于水面蒸发，每增加10℃散发量约增加1倍左右，超过40℃时植物的气孔失去调节功能而全部打开，散发大量的水分，植物体也因严重脱水生理活动受到限制。土壤温度较高时，从根系进入植物的水分增多，蒸发散加强；土壤温度较低时，蒸发散减小。蒸发散随着光照时间和光照强度的增强而增大。气孔在白天开启，夜晚关闭，因此，蒸发散主要发生在白天，白天的蒸发散量约占90%。风能加速植物的蒸发散，但它不直接影响蒸发散，而是移走从叶片蒸发出的水汽，使叶面和大气之间保持一定的水汽压差。

(3) 土壤水分

土壤水分是植物蒸发散的水源，但蒸发散与土壤水分的关系受植物生理机能的制约。当土壤含水量高于毛管断裂含水量时，植物的蒸发散随着土壤含水量的变化幅度较小；当土壤含水量降低到凋萎含水量以下时，植物将不能从土壤中吸取水分以维持正常的生理活动而逐渐枯萎，蒸发散也随之停止；当土壤含水量在毛管断裂含水量与凋萎含水量之间时，蒸发散随着土壤含水量的减少而减少。当土壤长时间积水时，土壤中的根系因无法正常呼吸而停止吸收水分，蒸腾作用也随之停止。

2.5 下 渗

2.5.1 下渗的基本概念

下渗是指水分通过土壤表面垂直向下进入土壤和地下的运动过程。

下渗将地表水、土壤水和地下水联系起来，是径流形成过程和水分循环的重要环节。下渗水量是径流形成过程中降雨损失的主要组成部分，它不仅直接影响地面径流量的大小，而且影响土壤水分及地下水的增长。

2.5.2 下渗的物理过程

下渗是在重力、分子力和毛管力的综合作用下进行的。下渗过程就是这3种力的平衡过程。整个下渗过程按照作用力的组合变化和运动特征，可以划分为3个阶段：渗润阶段、渗漏阶段和渗透阶段。

(1) 渗润阶段

降水初期土壤相对较干燥，落在干燥土面上的雨水首先受到土粒的分子力作用，在分子力作用下下渗的水分被土粒吸附形成吸湿水，进而形成薄膜水。

(2) 渗漏阶段

当表层土壤中薄膜水得到满足后，影响下渗的作用由分子力转化为毛管力和重力。在毛管力和重力的共同作用下，下渗水分在土壤孔隙中做不稳定运动，并逐步充填毛管孔隙和非毛管孔隙，使表层土含水量达到饱和。

(3) 渗透阶段

在土壤孔隙被水分充满达到饱和状态后，水分主要在重力作用下继续向深层运动，此时下渗的速度基本达到稳定。水分在重力作用下向下运行，称为渗透。

2.5.2.4　下渗过程中土壤含水量的垂直分布

在土壤剖面上，根据土壤含水量的多少和变化情况，可以把土壤剖面划分为4个层次。

(1) 饱和层

在下渗过程中，土壤水分不断增加，在表层形成一个饱和层，饱和层的厚度一般不超过1.5cm。

(2) 过渡带

在饱和层下方，土壤含水量随着深度的增加急剧减少。

(3) 传递带

过渡带下方为水分传递带，传递带的厚度随着供水时间的增长而逐渐增加，其含水量为饱和含水量的60%~80%。该带内毛管势的梯度极小，含水量的变幅较小，水分传递主要是靠重力作用。因此，在均质土壤中，下渗率接近一个常数，即到达稳渗。

(4) 湿润带

在水分传递带下方形成一个湿润带，湿润带内土壤含水量向深层递减。湿润带的前缘称为下渗锋面，它是湿土与下层干土间明显的交界面。湿润带的水分梯度很大，随着时间的推移，湿润锋不断下移，但梯度越来越缓。

2.5.2.5　土壤水分再分配

当地表停止供水和地表积水消耗完以后，水分入渗过程结束，但土壤剖面中的水分在水势作用下仍继续向下运动。原先饱和层中的水分逐渐排出，含水量逐渐降低，而原先干燥层中的水分逐渐增加，这就是土壤水分的再分配。

(1) 再分配的驱动力

对于均质土壤，渗透停止后，土壤剖面中的水分在重力势和基质势梯度的作用下进行再分配，剖面上部的水分不断向下移动，湿润锋以下较干燥的土壤不断吸收水分，湿润锋不断下移，湿润带厚度不断增加。

(2) 再分配过程中土壤水的运动速度

再分配过程中土壤水的运动速度取决于再分配开始时上层土壤的湿润程度和下层土壤的干燥程度(水势梯度)以及土壤的导水性质。

若开始时上层土壤含水量高而下层土壤又相当干燥，则吸力梯度较大，土壤水的运动速度快；反之，则吸力梯度小，再分配主要在重力作用下进行，速度慢。

再分配速度总是随着时间而减小，同时湿润锋的清晰度也越来越低，并逐渐消失，最终趋于均一。

(3) 土壤类型对再分配的影响

不同的土壤水力特性不同，土壤水分的再分配速度也有差别。较细的土壤非饱和导水率小，随土壤含水量的减少速度较慢，水分再分配速度慢，持续的时间较长。粗质土壤非饱和导水率大，且随土壤含水量的减少而迅速降低，土壤水分再分配过程持续的时间较短。

土壤水分的再分配对土壤中水分总量和土壤剖面上的水分含量影响很大，同时对降水后期土壤的蒸发也有较大影响。

2.5.2.6 下渗公式

(1) 菲利浦下渗公式

$$F(t) = S_t - 1/2 + A \quad 或 \quad f(t) = 1/2 S_t - 1/2 + A \tag{2-29}$$

式中 $F(t)$——某时段内的下渗量，mm；

$f(t)$——某时刻的下渗率；

t——下渗时间，h；

A——常数；

S_t——该时段或该时记得的吸水系数。

当时间 $t \to \infty$ 时，下渗率 $f(t) \to A$，即随着时间的延长，下渗率将达到一个稳定值。当时间 $t \to 0$ 时，下渗率 $f(t) \to \infty$。在实际情况中，初渗速率不是一个无限值，而是一个有限的数值，这是菲利浦公式最大的缺陷。但大量试验结果表明，该公式与试验结果比较一致。

(2) 霍顿(R. E. Horton)下渗公式

$$f(t) = f_c + (f_0 - f_c) e^{-kt} \tag{2-30}$$

式中 f_0——初渗率；

f_c——稳渗率；

k——常数；

t——时间，h；

e——自然常数。

1940年，霍顿在下渗试验资料的基础上，根据实测资料用曲线拟合方法得到了经验公式。该公式是在充分供水时下渗能力随时间变化的经验公式。霍顿认为，下渗强度是逐步随时间递减的，并最终趋于稳定，因此，下渗过程是一个土壤水分的消退过程，其消退速率为 df/dt。即

$$\frac{df}{dt} = k(f - f_c) \tag{2-31}$$

该式两边积分后便可得到霍顿下渗方程。

(3) 霍尔坦(H. N. Holtan)公式

美国农业部的霍尔坦认为，下渗率 f 是土壤缺水量的函数，其公式形式为：

$$f = f_c + a(\theta_0 - F)^n \tag{2-32}$$

式中 a——系数；

θ_0——表层土壤可能的最大含水量，%；

F——累计下渗量或土壤初始含水量，mm；

n——指数，对特定的土壤为常数，一般取1.4。

在降雨期间，由于累积下渗逐渐增加，土壤中缺水量 $(\theta_0 - F)$ 逐渐减少，下渗率 f

趋近于 f_c。在实际应用中，这种公式便于考虑前期含水量对下渗的影响，如降水强度小于下渗能力的情况以及间歇性降水等。

(4) 考斯加柯夫公式

考斯加柯夫根据对灌溉条件下水下渗的分析，得出如下公式：

$$F = at^n \tag{2-33}$$

式中　F——下渗量，mm；
　　　n——渗透速度随时间减小的程度，与土壤性质有关，一般情况下为 1/2；
　　　a——系数，代表开始时段内下渗的数量，取决于土壤结构状况、起始土壤含水量和供水条件；
　　　t——时间，h。

经验系数 a 和 n 必须经过试验测得。

下渗率计算公式如下：

$$f = \frac{dF}{dt} = ant^{n-1} \tag{2-34}$$

从下渗率公式可以看出，当时间 $t \to \infty$ 时，$f \to 0$（因 $0 < n - 1 < 1$），这与实际情况不符。另外，$t \to 0$ 时，$f \to \infty$，这与实际情况也不相符。

2.5.3　影响下渗的因素

在天然条件下，实际的下渗过程远比上述理想模式要复杂得多，往往呈现不稳定和不连续性。整个流域的实际下渗量的平面分布极不均匀，流域中下渗性能的空间分布特征是目前水文学研究中重点之一，影响下渗的因素有以下 4 个方面。

(1) 土壤特性

土壤的透水性能及前期含水量对下渗的影响最大。透水性能与土壤的质地、孔隙的多少与大小有关。土壤颗粒越粗，孔隙直径越大，透水性能越好，土壤的下渗能力也越大；土壤的前期含水量越高，下渗量越少，下渗速度越慢。

(2) 降水特性

降水特性包括降水强度、降水历时和降水过程。

降水强度直接影响土壤下渗强度和下渗水量。降水强度小于下渗强度时，降水全部渗入土壤，下渗过程受降水过程制约，下渗强度随降水强度的增大而增大（例外：在裸露的土壤上，强雨点可将土粒击碎并堵塞土壤孔隙，导致下渗率减少）；降水强度大于下渗强度时，部分降水渗入土壤，下渗过程受土壤特性制约。

降水的时程分布对下渗也有一定的影响，如在相同条件下，连续性降水的下渗量要小于间歇性下渗量。

(3) 流域植被和地形条件

植被及地面上的枯枝落叶具有增加地表糙率、降低流速的作用，增加了径流在地表的滞留时间，从而减少了地表径流，增大了下渗量。植物根系改良土壤的作用使土壤孔隙状况明显改善，从而增大下渗速度和下渗量。

当地面起伏较大、地形比较破碎时，水流在坡面的流速慢，汇流时间长，下渗量大。地面坡度大时，水流流速快，历时短，下渗量小。

(4) 人类活动

人类活动既可增加下渗，也可减少下渗。如各种坡地改梯田、植树造林、蓄水工程均增加水的滞留时间，从而增大下渗量。反之，砍伐森林、过度放牧、不合理的耕作则加剧水土流失，从而减少下渗量。在地下水资源不足的地区采用人工回灌，是有计划、有目的地增加下渗水量；在低洼易涝地区开挖排水沟渠，则是有计划有目的地控制下渗，控制地下水的活动。

2.6 径 流

径流是水分循环的基本环节，又是水量平衡的基本要素，它是自然地理环境中最活跃的因素。从狭义的水资源角度来说，在当前的技术经济条件下，径流是可资长期开发利用的水资源。河川径流的运动变化，又直接影响着防洪、灌溉、航运和发电等工程设施。因而，径流是人们最关心的水文现象。

2.6.1 基本概念

径流是指沿地表或地下运动汇入河网向流域出口断面汇集的水流。

根据运动场所划分：沿地表运动的水流为地表径流；在土壤中的相对不透水层上运动的水流为壤中流；沿地下岩土空隙运动的水流称为地下径流。

根据降水的类型划分：由降雨形成的径流为降雨径流；由冰雪水融化形成的径流为融雪水径流。

径流常用流量、径流总量、径流深、径流模数、径流系数和径流的模比系数等指标表示。

①流量(Q)　指单位时间内通过某一断面的水量，单位为 m^3/s，分为日平均流量、月平均流量、年平均流量、最大流量和最小流量等。

②径流总量(W)　时段 T 内通过河流某一断面的总水量，单位为 m^3 或 $\times 10^8\ m^3$。在流量过程线上，时段 T 内流量过程线以下的面积，即为时段 T 的径流总量。有时也用其时段平均流量与时段的乘积表示，即 $W = Q \times T$。

③径流深(R)　将径流总量平铺在整个流域面积上所求得的水层厚度，单位为 mm。

$$R = \frac{QT}{1\ 000F} \tag{2-35}$$

式中　R——径流深，mm；

F——流域面积，km^2；

Q——时段 T 内的平均流量，m^3/s。

④径流模数(M)　流域出口断面流量与流域面积的比值，即单位时间单位面积上产生的水量。

⑤径流系数(α)　同一时段内径流深与降雨深的比值，$0<\alpha<1$。径流系数反映了流域降水转化为径流的比率，综合反映了流域自然地理因素和人为因素对降水径流的影响。如果 $\alpha\to 0$，说明降水主要用于流域内的各种消耗，其中最主要的消耗为蒸发。如 $\alpha\to 1$，说明降水大部分转化为径流。

⑥径流的变率或模比系数(K)　某一时段的径流量与同一时段多年平均径流量之比。该值反映某一时段内径流量偏丰($K>1$)或偏枯($K<1$)的程度。

2.6.2　径流的形成过程

径流形成过程是指由降水开始到水流流经流域出口断面的整个物理过程。降水的形式不同，径流的形成过程也各异。径流形成过程是一个非常复杂的物理过程，根据各个阶段的特点，可把径流形成划分为3个过程：流域蓄渗过程、坡面汇流过程和河网汇流过程(图2-21)。

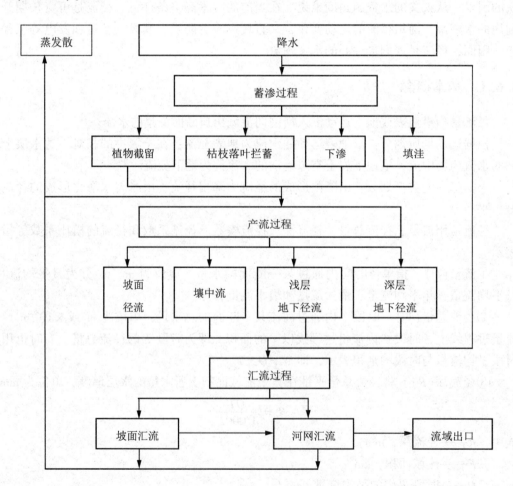

图2-21　径流形成过程示意

2.6.2.1 流域蓄渗过程

降水开始时，除少部分降落在河床上的水直接进入河流形成径流外，大部分降水并不立刻产生径流，而是首先消耗于植物截留、枯枝落叶吸水、下渗、填洼与蒸发。这个消耗过程就是蓄渗过程。

(1) 植物截留

①植物截留　降雨过程中植物枝叶拦蓄降水的现象。

②截留量　降雨过程中植物枝叶吸附的水量。

③截留过程　在降雨开始阶段，枝叶比较干燥，截留量随降水量呈正比增加。经过一段时间后，截留量将不再随降水量的增加而增加，而是稳定在某一个值，此时达到最大截留量。截留过程贯穿在整个降水过程中，积蓄在枝叶上的水不断被新的水替代。降水停后截留水量最终耗于蒸发。

④穿透降水　降水过程中穿过植物枝叶空隙直接到达地面的降水。

⑤滴下降水　由枝叶表面滴下到达地面的降水。

林内降水由穿透降水和滴下降水组成。

植物截留量与降水量、降水强度、风、植被类型和郁闭度等有关。一般情况下，降水量越大，植物截留量越大；降水强度越强，截留量越小；风越大，截留量越小；不同的植被有着不同的截留量，郁闭度越高，整个林分的截留量越大。

林冠截留量可以达到年降水量的30%，在湿润地区，截留量对减少地表径流的形成有积极作用。但是在干旱地区，如何调节截留量，使更多的水到达地面，进入土壤，用于林木生长是干旱区造林工作面临的新课题。

(2) 枯枝落叶吸水

穿过林冠层的降水到达地表之前，还要遇到枯枝落叶层的阻拦。枯枝落叶层一般都较为干燥，具有较强地吸收水的能力。

枯枝落叶层吸收水的能力取决于枯枝落叶的特性和含水量大小。枯枝落叶层越干，吸收的水量越大。

枯枝落叶不但可以吸收水，而且可以减缓地表径流流速，促使更多的径流渗入土壤，同时还可以过滤地表径流中携带的泥沙。

(3) 下渗

当雨水穿过枯枝落叶层到达土壤表面时，水分开始下渗。下渗发生在降水期间和降水停止后地面尚有积水的地方。

当降水强度大于土壤的入渗强度时，多余水便在地表形成地表径流(超渗雨)，这种产流方式称为超渗产流。

当降水强度小于土壤的入渗强度(能力)时，所有到达地表的水全部渗入土壤之中，当土壤中所有孔隙都被水充满后，多余的水分在地表形成径流，这种产流方式称为蓄满产流。

下渗强度的空间变化很大，有些地方下渗能力强，有些地方下渗能力弱。如果下渗强度大于降水强度，有可能形成蓄满产流，反之形成超渗产流。

(4) 填洼

因为流域中各处的土壤特性、土层厚度、土壤含水量、地表状况等因素各不相同，所以，流域内各点出现超渗产流或蓄满产流的时间不同。

首先出现产流的地方，水在流动过程中还要填满流路上的洼坑，称为填洼。这些洼坑积蓄的水量称为填洼量。

对于山区流域来说，一次暴雨洪水过程中填洼量所占比重不大，它最终将耗于蒸发及入渗，因此在实际计算中往往被忽略。但在平原或坡度平缓的地面，由于地面洼坑较多，填洼量较大，流域填洼过程在径流形成过程中的作用十分显著。它不仅影响到坡面漫流过程，同时也影响到径流总量，因此不容忽视。在一次降水过程中，当降水满足了流域上各处蓄渗量以后，便形成了地表径流。

流域上各处蓄渗量及蓄渗过程的发展是不均匀的，因此，地表径流产生的时间有先有后，先满足蓄渗的地方先产流。如何定量描述流域蓄渗过程的空间变异性是建立流域产流模型的关键。

随着降水过程的持续，渗入土壤的水分不断增加，当某一界面以上的土壤达到饱和时，在该界面上就会有水分沿土层界面侧向流动，形成壤中流。

当降水继续进行，下渗水分到达地下水面后，以地下水的形式沿坡地土层汇入河槽，形成地下径流。

在流域蓄渗过程中产生 3 种径流形式：地表径流、壤中径流和地下径流。因此，蓄渗过程也是流域的产流过程。

在流域蓄渗过程中，降水必须满足 4 种损失：植物截留损失、枯枝落叶吸收损失、下渗损失和填洼损失。因此，流域的蓄渗过程也称损失过程。

2.6.2.2 坡面汇流过程

扣除植物截留、入渗、填洼后的降水，在坡面上以片状流、细沟流的形式沿坡面向溪沟流动的现象为坡面漫流。坡面漫流首先在蓄渗容易得到满足的地方发生。在坡面漫流过程中，坡面水流一方面继续接受降水的直接补给而增加地表径流；另一方面又在运行中不断地消耗于下渗和蒸发，使地表径流减少。

地表径流的产流过程与坡面汇流过程是相互交织在一起的，前者是后者发生的必要条件，后者是前者的继续和发展。

壤中流及地下径流也同样沿坡地土层进行汇流。它们都是在有孔介质中的水流运动，因此流速要比地表径流慢。壤中流和地下径流所通过的介质性质不同，所流经的途径各异，沿途所受的阻力也有差别，因此，壤中流和地下径流的流速不等。

壤中流主要发生在近地面透水性较弱的土层中，它是在临时饱和带内的非毛管孔隙中侧向运动的水流，比地下径流流速快得多。壤中流的运动服从达西定律，通常壤中流汇流速度比地表径流慢，但比地下径流快得多，有些学者称其为快速径流。

壤中流在总径流中的比例与流域土壤和地质条件有关。当表层土层薄而透水性好、下伏有相对不透水层时，可能产生大量的壤中流，壤中流的数量可以增加很多，成为河流流量的主要组成部分。壤中流与地表径流有时可以相互转化。

地下径流因埋藏较深，受地质条件的影响运动缓慢，变化也慢，对河流的补给时间长，补给量稳定，是构成基流的主要成分。地下径流是否完全通过本流域的出口断面流出，取决于地质构造条件。

地表径流、壤中流、地下径流的汇流过程，构成了坡地汇流的全部内容。就其特性而言，它们之间的量级有大小、过程有缓急、出现时刻有先后、历时有长短之差别。应当指出，对一个具体的流域而言，它们并不一定同时存在于一次径流的形成过程中。

在径流形成中，坡地汇流过程对各种径流成分在时程上进行第一次再分配。降水停止后，坡地汇流仍将持续一定时间。

2.6.2.3 河网汇流过程

河网汇流过程是指各种径流成分经过坡地汇流注入河网后，沿河网向下游干流出口断面汇集的过程。

河网汇流过程自坡地汇流注入河网开始，直至将最后汇入河网的降水输送到出口断面为止。坡地汇流注入河网后，使河网水量增加、流量增大、水位上涨，成为流量过程线的涨洪段。在涨洪段，由于河网水位上升速度大于其两岸地下水位的上升速度，当河水与两岸地下水之间有水力联系时，一部分河水补给地下水，增加两岸的地下蓄水量，这称为河岸容蓄。同时，在涨洪阶段，出口断面以上坡地汇入河网的总水量必然大于出口断面的流量，因河网本身可以滞蓄一部分水量，称为河网容蓄。当降水和坡地汇流停止时，河岸和河网容蓄的水达最大值，而河网汇流过程仍在继续进行。

当上游补给量小于出口排泄量时，即进入一次洪水过程的退水段。在退水段，河网蓄水开始消退，流量逐渐减小，水位相应降低，涨洪时容蓄于两岸土层的水量又补充入河网，直到进入河道的水全部从出口断面流出为止。此时河槽泄水量与地下水补给量相等，河槽水流趋向稳定。

河网调蓄是对净雨量在时程上的又一次再分配，故出口断面的流量过程线比降水过程线平缓得多。

河网汇流的过程是河槽中不稳定水流的运动过程，是洪水波的形成和运动过程。而河流断面上的水位、流量的变化过程是洪水波通过该断面的直接反映。当洪水波全部通过出口断面时，河槽水位及流量恢复到原有的稳定状态，一次降水的径流形成过程即结束。

径流形成中的流域蓄渗过程，称为产流过程。坡地汇流与河网汇流合称为汇流过程。

径流形成过程的实质是水在流域上的再分配与运行过程。产流过程中水以垂向运行为主，它构成降水在流域空间上的再分配过程，是构成不同产流机制和形成不同径流成分的基本过程。汇流过程中水以水平侧向运动为主，水平运行机制是构成降水在时程上再分配的过程。

2.6.3 影响径流的因素

影响径流的因素主要包括气候因素、流域下垫面因素和人类活动因素。

2.6.3.1 气候因素

气候因素包括降水、蒸发、气温、风和湿度等。

降水是径流的源泉,径流过程通常是由流域上降水过程转换来的。降水和蒸发的总量、时空分布、变化特性,直接导致径流成分的多样性和径流变化的复杂性。气温、温度和风是通过影响蒸发、水汽输送和降水而间接影响径流的。因此,人们称"河流是气候的产物"是不无道理的。

(1) 降水

径流是降水的直接产物,因此,降水的形式、总量、强度、降水过程及降水在流域空间上的分布对径流有直接影响。

出口断面流量过程线是流域降水与流域下垫面因素、人为因素综合作用的直接后果,相同时空分布的降水,在不同流域所产生的流量过程具有完全不同的特性。

①降水形式　不同的降水形式形成的径流过程完全不同。由降雨形成的径流主要发生在雨季,其过程一般陡涨陡落、历时短;而由融雪水形成的径流一般发生在春季,其过程较为平缓,历时较长。

②降水量　河川径流的直接和间接来源都是降水。径流量与降水量呈正比。

③降水强度　暴雨强度越大,植物截留、下渗损失越小,雨水能够在较短时间内向河槽汇集形成较大的洪水。降水强度对径流的形成起决定作用。

④降水过程　如果降水过程(雨型)先小后大,则降水开始时的小雨使流域蓄渗达到一定程度,后期较大的降水几乎全部形成径流,易形成洪峰流量较大的洪水;如果降水过程先大后小,则情况正好相反。不同的降水过程形成的径流过程不同。

⑤降水空间分布　如果暴雨中心自上游向下游移动,由上游排泄出的洪水与下游形成的洪水叠加在一起,很容易形成较大的洪峰流量;反之,其洪峰流量较小。

(2) 蒸发

蒸发是影响径流的重要因素,大部分的降水都以蒸发的形式损失掉,而没能参与径流的形成。在北方干旱地区,80%~90%的降水消耗于蒸发,在南方湿润地区约为30%~50%。

根据水量平衡方程,在一个较长的时间范围内,蒸发量越大,径流量越小。对于某一次降水来说,如果降水前蒸发量大,土壤含水量相对较低,水的下渗强度较大,土壤中可容纳的水量相对较多,则径流量相应较少。另外,降水前蒸发量大,林冠层、下层植被和枯枝落叶层相对干燥,降水过程中植物截留量和枯枝落叶拦蓄量大,降水损失大,径流量就小。

2.6.3.2 流域下垫面因素

(1) 地理位置

流域的地理位置不同,其气候条件差别很大,因此,受气候条件制约的径流当然有其特殊性。

(2) 地形地貌

地形地貌一方面通过影响气候因素间接影响径流;另一方面通过直接影响流域的汇

流条件来影响径流。如在迎风坡，降水量增加，径流也相应增加；高程增高，气温降低，蒸发减少，径流量增加；坡度大，径流的流速大，水下渗的机会就少，径流量大。

(3) 流域的面积

较大的流域径流量大，但变化较小。流域面积越大，自然条件越复杂，单个因素的影响力降低。各种因素对径流的影响有可能相互抵消，也有可能相互增长。

(4) 流域的形状

流域的形状主要影响径流过程线的形状。如扇形流域，洪峰流量大，流量过程线尖瘦；而羽状流域，洪峰流量小，流量过程线扁平。

(5) 地质条件和土壤特性

地质条件和土壤特性决定流域的入渗能力、蒸发潜力和最大的可能蓄水量。如果某一流域有着较为发达的断层、节理和裂隙，水分的下渗量就大，径流量小。如岩溶地区有着较大的地下蓄水库，因此地下径流量很大。土壤性质主要通过直接影响下渗和蒸发来影响径流，渗透性能好的土壤，下渗量大而径流量小。

(6) 植被

①森林对径流的影响　森林有减少地表径流量的作用。一方面森林蒸发散量大，河川径流量小；另一方面，由于植物截留、枯枝落叶层对雨水的吸收以及森林土壤有很好的下渗能力，在径流形成过程中降水损失量大。

正因为森林有较强的下渗能力，使较多的水渗入地下以地下径流的方式慢慢补给河川径流，因此，森林能够增加河川枯水期的径流量。但是，森林增加的枯水期径流量是否同减少的地表径流量相抵消，不同的研究人员持有不同的看法。

美国和日本对森林砍伐后和砍伐前的径流量进行对比研究后指出，砍伐森林能够增加流域的产水量，也就是森林能减少流域产水量。而在前苏联，有人通过对有林流域和无林流域的产水量进行长期对比观测，认为森林能够增加流域产水量。

a. 森林植被增加年径流量：根据俄罗斯斯莫列斯克、季洛夫、伏尔加河左岸的统计资料表明，在相同的气候条件下，有林流域较无林流域径流量增加114 mm，即森林覆盖率每增加1%，年径流量增加1.1 mm。

金栋梁认为：长江流域森林覆盖率高的流域比森林覆盖率低的流域、有林地比无林地流域河川年径流量均有所增加，其增加幅度在21.8%~32.8%。中国林学会森林涵养水源考察组在华北进行的流域对比分析表明，森林覆盖率每增加1%，径流深增加0.4~1.1 mm。张天曾及马雪华等也得出相似结论。

b. 森林植被减少年径流量：美国和日本的学者通过比较无林流域和有林流域或同一个流域采伐前和采伐后的径流状况，得出森林植被减少年径流量的结论。

②森林对枯水径流的调节作用　枯水径流是指一年中主要由地下水补给时的产流。

部分学者认为，森林能增加枯水径流量，因为有林地包气带土层比无林地疏松，降水容易渗入土壤，促使地表径流转化成土壤水、壤中流和地下径流，从而起到蓄水的作用。枯水季节降水减少，河川径流主要靠流域蓄水补给，森林土壤含蓄的水分可以增加流域的枯水径流量，使河流径流量保持均匀、稳定。如从川西高原原始林区有林沟和采伐沟的对比研究中可以看出，有林沟冬季(1~3月)的平均枯水流量很稳定，保持在54~

65L/s，而采伐沟冬季的月平均枯水流量只有 13~21L/s。

南非的一些研究表明，以松树和桉树为主的森林，由于枯水期蒸发增加，枯水径流明显减少。Scott 指出，在以大叶桉为主的研究区，植树后第 9 年径流完全消失；当桉树生长到 16 年时进行皆伐，皆伐 5 年后年径流量也没有恢复。

周延辉的研究表明，森林覆被率与枯水径流呈显著的负相关。

所以，造林不一定增加枯水径流，而林种、林型、林区的管理等因素对枯水径流的影响可能更大。

③森林对削减洪峰的作用　据何固心报道，美国韦勒克河流域在暴雨量相当的情况下，森林衰落以后洪水总量减小，洪峰流量增大，洪峰出现时间提前。孙铁珩、裴铁璠等在辽宁东部山区抚顺县两个对比流域观测到"辽宁 95・7 暴雨径流全过程"。总降水量 450.6 mm，森林流域洪峰流量比皆伐迹地流域削减 35.2%，峰现时间推迟 1h，径流历时延长 76 h。

森林拦蓄洪水的作用是有限的，有时甚至会起到"帮凶"的作用。中野秀章认为，在降水强度较小的情况下，森林对洪水的影响较大；对于长时间的大雨，其影响逐渐减弱，甚至接近于零；连续性大雨雨量超过 400 mm 时，森林与洪水径流已无关系。

据刘志韬对黄土高原管涔山林区北石河岔上流域历次暴雨洪水资料的分析，森林对洪水的影响，视暴雨量和流域前期的土壤含水量而不同。在林地，当暴雨强度大、历时短、量级小且前期流域干旱的情况下，森林能显著削峰、减洪和拦沙；但当暴雨量级大，前期流域已经蓄满后，其削减洪水的作用即行减弱且将起到增加产流量的作用。当森林滞蓄出流而与新的暴雨洪水遭遇时，森林导致的洪水叠加，其总水量比无林区还要迅猛。如岔上流域 1967 年 9 月的降水量是 87.9 mm，而产流量却达到 178.1 mm，即属于森林对洪水的这类影响。

(7) 湖泊和水库

湖泊和水库通过蓄水量的变化调节和影响径流的年际和年内变化。在洪水季节，大量洪水进入水库和湖泊，水库和湖泊的蓄水量增加；在枯水季节，水库和湖泊中蓄积的水慢慢泄出，其蓄水量减少。因此，如果流域中有水库或湖泊，能够消减洪水，使洪水过程线变得平缓。

流域因素在空间上的随机组合构成了下垫面条件的差异，这种差异导致了流域产流方式及产流条件上的差异。

流域下垫面因素是一个缓变的因素。出口断面流量过程线是流域降水与流域下垫面因素、人为因素综合作用的直接后果，相同时空分布的降水，在不同流域所产生的流量过程具有完全不同的特性。

总之，影响径流的自然因素中，除了降水，另一个重要因素就是流域下垫面因素。

2.6.3.3　人为因素

人类活动对径流的影响主要是通过改变下垫面条件，直接或间接地影响径流。人为活动对径流有正反两方面的影响。

人类可以通过修建各种水利和水土保持工程措施，拦蓄地表径流、消减洪峰流量、调节径流。如通过减缓原地面的坡度、增加地表糙率，从而增加下渗量，延长汇流时间，削减洪峰，使流量过程线变得平缓。人类还可以通过植树造林保持水土、涵养水源、增加枯水径流来调节径流。

过度砍伐森林、陡坡开荒、无序开采地下各种资源等都能造成严重的水土流失；另外，任意排放工业生产废弃物和生活垃圾、农业生产中无节制使用各种农药和化肥，不但会破坏土壤对径流的调节作用，还会严重污染水质。因此，我们必须保护森林，保护生存环境。

本章小结

水分循环是自然界最主要的物质循环。在水分循环的作用下，地球上各个圈层成为一个动态系统，并深刻影响着全球的气候、自然地理环境的形成和生态系统的演化。在水分循环的各个环节中，水分的运动始终遵循物理学中的质量和能量守恒定律，表现为水量平衡原理和能量平衡原理。水量平衡原理是水文、水资源研究的基本原理。借助该原理可以对水分循环现象进行定量研究，并建立各水文要素间的定量关系，在某些要素已知的条件下可以推求其他水文要素，因此对水量平衡具有重大的实用价值。本章还介绍了各水文要素如降水、蒸发、下渗、径流的基本概念、影响因素和基本方程。

思考题

1. 什么是水分循环？水分循环的分类有哪些？水分循环的4个阶段分别是什么？水分循环有何意义？
2. 影响水分循环的因素有哪些？各因素如何影响水分循环？
3. 什么是水量平衡原理？分别写出闭合流域和非闭合流域的水量平衡方程。
4. 描述流域特征的指标有哪些？
5. 降水类型的划分及主要依据是什么？各种降水的主要特点是什么？影响降水的主要因素有哪些？
6. 影响降水的主要因素有哪些？
7. 平均降水量的计算方法有哪些？分别阐述每种方法的优缺点。
8. 影响土壤蒸发的主要因素有哪些？土壤蒸发如何测定？
9. 蒸发散的物理机制是什么？影响植物蒸发散的因素有哪些？
10. 什么是土壤水分的再分配？影响土壤水分再分配的因素有哪些？
11. 描述下渗的基本方程及其适用范围。
12. 论述径流的形成过程及影响径流的因素。
13. 阐述森林与水的关系。
14. 根据径流形成过程，阐述水土流失防治措施。

第 3 章
流域产流与汇流

3.1 概　述

流域产流与汇流是降雨径流形成的两个主要过程，产汇流理论是水文学的核心理论。由降雨（或融雪）到水流汇集至河流出口断面的整个物理过程，称为径流形成过程。径流形成是一个相当复杂的物理过程，在径流形成过程中，由于降水、蒸发以及土壤含水量存在时间和空间上分布的不均匀性，产流和汇流在流域中的发展也具有不均匀性和不同步性。为了便于说明这个过程，我们把它概化为产流过程和汇流过程。实际上，在流域降雨径流形成过程中，产流和汇流过程几乎是同时发生的。在这里提到的所谓产流阶段和汇流阶段并不是时间顺序含义上的前后两个阶段，仅仅是对流域径流形成过程的概化，以便根据产流和汇流的特性，采用不同的原理和方法分别进行计算。

所谓产流，是流域上各种径流成分的生成过程，也就是流域下垫面（地面及包气带）对降雨的再分配过程。不同的下垫条件具有不同的产流机制，不同的产流机制又影响着整个产流过程的发展，呈现不同的径流特征。所谓汇流，是流域上各种径流成分从其产生的地点向流域出口断面的汇集过程。流域汇流过程又可以分为两个阶段，由净雨经地面或地下汇入河网的过程称为坡面汇流；进入河网的水流自上游向下游运动，经流域出口断面流出的过程称为河网汇流。

本章详细阐述了地表径流、壤中流、地下径流和回归流等产流机制，对坡面径流数学模型 Green-Ampt 入渗模型、菲利浦下渗公式、霍顿下渗公式和霍尔坦公式等 4 种入渗模型作了详细介绍，对流域产流过程的发生机制和影响因素进行分析，介绍流量过程线中的不同组成成分及其特点。流域水文模型则是在对流域水文循环过程详细分析的基础上，通过对自然界流域尺度主要水文过程进行概化和抽象，采用公式描述这些水文过程并计算流域产汇流量。本章介绍了水文模型的分类及各类水文模型的特点，并详细介绍了新安江模型、萨克托模型、水箱模型和以 SWAT 为代表的基于物理过程分析式水文模型的模型结构和计算方法，并对地理信息和遥感技术在水文模拟中的应用进行了初步介绍。

3.2 产流机制

3.2.1 包气带和饱和带

设想在流域上沿深度方向取一剖面（图 3-1）。可以看出，以地下水面为界可把该剖面划分为两个不同的含水带:地下水面以下,土壤处于饱和含水状态,是土壤颗粒和水分组成的二相系统,称为饱和带或饱水带;地下水面以上,土壤含水量未达饱和,是土壤颗粒、水分和空气共存的三相系统,称为包气带或非饱和带。在包气带中,水压力小于大气压,而在饱和带中则相反,只有在地下水面处,水压力才正好等于大气压力。

有时剖面上并不显示出地下水面,因此也就不存在饱和带,不透水基岩以上的整个土层全部属于包气带。对于地下水面出露地面,或不透水基岩出露地面的情况,包气带厚度为0,或认为不存在包气带。

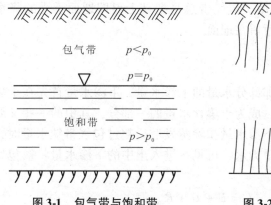

图 3-1 包气带与饱和带

p. 水压力 p_0. 大气压力

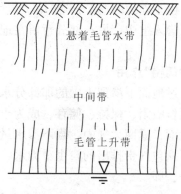

图 3-2 包气带中的水分带

包气带又可划分为3个水分带(图3-2):接近地下水面处为毛管上升带;接近地面处为悬着毛管水带;两者之间为中间带。在毛管上升带中,虽然水压力也小于大气压力,但由于毛管力和重力正好抵消,所以毛管上升带中的水一般不能流入地下水中。毛管上升带在包气带中的位置随地下水位的变动而变化。悬着毛管水带只有在地面供水以后才出现,并随着地表以下形成的饱和含水层厚度的增加而不断下移。

包气带的上界直接与大气接触,它既是大气降水的承接面,又是土壤中水分蒸发的蒸发面。因此,包气带是土壤水分变化最剧烈的土壤层。当包气带生长着植物而存在根系层时,包气带土壤水分的变化还会更复杂。由于这些情况主要发生在悬着毛管水带,因此,通常把悬着毛管水带称为影响土层。

3.2.2 包气带对降雨的再分配作用

3.2.2.1 "筛子"作用

地面犹如一面"筛子"。地面的下渗能力好比"筛孔",下渗能力大,表示筛孔也大,因此,可以把大的雨强"筛入"土中。下渗能力小,表示筛孔也小,只能把小的雨强"筛入"土中。由于下渗能力随着土壤含水量的增加而逐渐减小,直至达到稳定下渗率。因此,更确切地说,地面像一面筛孔会逐渐变小的"筛子"。

根据下渗率、下渗能力和降水强度三者之间的关系,若某时刻降水强度大于地面下渗能力,则地面这面筛子将把降水强度以地面下渗能力筛入土中,而将剩余的降水强度暂留在地面上。当某时刻降水强度等于和小于地面下渗能力时,全部降水将被筛入土中。对于一场降水过程，筛入（即下渗）到土中的总水量如式（3-1）所示，而暂留在地面的总水量 R_s 应为：

$$R_s = \int_{i>f_p} (i - f_p) \, dt \tag{3-1}$$

按照质量守恒定律，降水量 P、下渗到土中的水量 I 和暂留在地面的总水量 R_s 必然满足下列关系：

$$P = I + R_s \tag{3-2}$$

因此，由于地面的"筛子"作用，包气带总是把其上界即地面承受的降水分成两部分：一部分渗入土中；另一部分暂留在地面。

3.2.2.2 "门槛"作用

降水通过地面下渗到土中的那部分水量即下渗水量。下渗水量首先在土壤吸力作用下被土壤颗粒吸附、保持、储存，成为土壤含水量的一部分，其中的一些又要以蒸发散形式逸出地面，返回大气中。当下渗水量扣除蒸发散后超过包气带缺水量时，余下的部分将成为可从包气带排出的自由重力水。可见，进入土中的下渗水量将被包气带土层划分成三部分，即

$$I = E + D + R_{\text{sub}}$$

但知

$$D = W_f - W_o$$

故最终有

$$I = E + (W_f - W_o) + R_{\text{sub}} \tag{3-3}$$

式中　D——包气带缺水量，mm；

W_f——包气带达到田间持水率时的土壤含水量，%；

W_o——降水开始时包气带的土壤含水量，即初始土壤含水量，%；

R_{sub}——包气带中自由重力水量，mm；

E——蒸发散量，mm。

如果下渗水量扣除蒸发散后等于或小于包气带缺水量，则包气带中自由重力水为零，且降水终止时包气带含水量不能达到田间持水量。这时，式（3-3）变为

$$I = E + (W_e - W_o) \tag{3-4}$$

式中　W_e——降水终止时包气带含水量；

其余字母意义同前。

由上述分析可知，在包气带土层对下渗水量的再分配过程中，就包气带中是否有自由重力水排出而言，田间持水量起着控制作用。它好像"门槛"一样，当出现式（3-3）的情况时，包气带中有自由重力水"溢出"。当出现式（3-4）的情况时，包气带中就没有自由重力水产生。

3.2.3　包气带水量平衡方程

将上述包气带对降雨再分配的"筛子"和"门槛"作用合起来，就可得到包气带的水量

平衡方程式。事实上，对 $I-E>D$ 的情况，由式(3-3)和式(3-4)，得

$$P = E + (W_f - W_o) + R_s + R_{sub} \tag{3-5}$$

对于 $I-E \leq D$ 的情况，由式(3-2)和式(3-4)，得

$$P = E + (W_e - W_o) + R_s \tag{3-6}$$

式(3-5)和式(3-6)即为适用于两种不同情况的包气带水量平衡方程式。

如果把包气带划分成层次(图3-3)，则可对各分层写出水量平衡方程式：

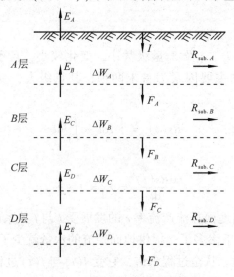

图 3-3 包气带分层水量平衡

$$\begin{cases} \Delta W_A = I - E_A - F_A - R_{sub,A} \\ \Delta W_B = F_A - E_B - F_B - R_{sub,B} \\ \Delta W_C = F_B - E_C - F_C - R_{sub,C} \\ \Delta W_D = F_C - E_D - F_D - R_{sub,D} \\ \cdots\cdots \end{cases} \tag{3-7}$$

式中　ΔW——各分层时段初末土壤含水量之差，%；

　　　F——各分层之间下渗水的交换量，mm；

　　　A,B,C,D——变量的脚标，表示分层的次序；

　　　其余字母意义同前。

3.3　坡面产流

3.3.1　地表径流产流

地表径流产流不只是一个产水的静态概念，而是一个具有时空变化的动态概念，包括产流面积在不同时刻的空间发展及产流强度随着降水过程和土壤入渗的时程变化。地表径流产流是地表的供水与下渗、蒸发等消耗综合作用后的地面积水。其水量平衡方程为：

$$Rs(t) = \int_0^t I \mathrm{d}t - \int_0^t I_n \mathrm{d}t - \int_0^t e \mathrm{d}t - \int_0^t S_d \mathrm{d}t - \int_0^t f \mathrm{d}t \tag{3-8}$$

式中 $Rs(t)$——地表产流，mm；

I——降水强度，mm/h；

f——入渗强度，mm；

I_n——植物截留率；

e——蒸发散率；

S_d——填洼率。

在一次降水过程中，I_n、e 及 S_d 量级甚小，变化较小，且不直接参与径流形成，可以忽略。参与径流形成的主要因素为首末两项，其量级大，变化较大。于是可简化式(3-8)为：

$$Rs(t) = \int_0^t I \mathrm{d}t - \int_0^t f \mathrm{d}t \tag{3-9}$$

微分上式可得：

$$\frac{\mathrm{d}Rs(t)}{\mathrm{d}t} = r_s = I - f \tag{3-10}$$

从式(3-10)不难看出地面径流产流率 r_s 的发展受 I 与 f 关系的制约，是供水与下渗消长发展的产物(图3-4)。下渗多了，提供地面径流的水量就少了。只有当 $I > f$ 时才能产生剩余降水，即地面径流。从全过程来讲，它受 $I(t)$ 与 $f(t)$ 过程所制约。在天然降水的情况下，I 与 f 关系交错出现下列情况：当 $I > f$ 时，$Rs > 0$；当 $I \leq f$，则 $Rs = 0$。

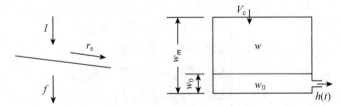

图3-4 包气带与饱和带　　图3-5 包气带中的水分带

在降水过程中，依据新安江二水源模型，下垫面包气带的水量平衡关系为

$$\begin{cases} w = w_0 + \int f \mathrm{d}t & (w < w_m) \\ w = w_m & (w \geq w_m) \end{cases} \tag{3-11}$$

式中 w_0——初始土壤含水量，%；

w——土壤含水量，%；

w_m——土壤最大蓄水量，即田间持水量，%。

下垫面包气带可以看作一个最大容量为 w_m、初始水量为 w_0 的水箱(图3-5)，水箱下开一孔，为包气带排水率 $h(t)$。入渗是水箱水源的主要补充，土壤含水量 w 在达到田间持水量 w_m 以前，入渗水量 F 一部分被土壤吸收，成为薄膜水和张力水，另一部分通过水箱底孔泄漏，成为地下水；在土壤含水量 w 达到 w_m 以后，水箱即满，土壤的下渗率为稳

定下渗率 f_c，稳定下渗量 F_c 补充浅层地下水，形成地下潜流。

地表径流产流机制可以分成两大产流模式，即蓄满产流模式与超渗产流模式。在包气带土壤含水量达到田间持水量以后产流的称为蓄满产流；在包气带未蓄满前因雨强大于渗强而产流的称为超渗产流。

(1) 超渗地面径流

早在1953年，霍顿就认为降雨径流的产生受控于两个条件：降雨强度超过地面下渗能力，包气带的土壤含水量超过田间持水量，也就是说受控于前节讨论的包气带对降雨的"筛子"和"门槛"作用。超渗地面径流产生的条件是降雨强度大于地面下渗能力。根据这一条件，只要已知任一时刻的降雨强度和地面下渗能力，就可判定该时刻是否产生超渗地面径流，并可按式(3-1)计算超渗地面径流过程。

(2) 饱和地面径流

在很长的一段时间里，人们发现，对于表层透水性很强的包气带，如具有枯枝落叶腐殖质覆盖的林地，由于地面的下渗能力很大，以致实际发生的降雨强度几乎不可能超过它，但有地面径流产生。这是超渗地面径流机制不能解释的。直到20世纪六七十年代，赫魏尔特和邓尼等方在大量的室内实验和野外观测基础上证实，除了霍顿提出的超渗地面径流机制外，还存在饱和地面径流机制。

事实上，在表层土壤具有很强透水性的情况下，虽然降雨强度几乎不可能超过地面下渗能力，但因为下层为相对不透水层，因此，降雨强度大于下层下渗能力的情况是常会发生的。按照前述壤中径流的形成机制，这时首先会在上、下层界面上出现临时饱和带。临时饱和带随着降雨的继续将逐步向上发展，并有可能到达地面。后续降雨就会有相当多的部分积聚在地面上，不再表现出壤中径流的特点，而成为一种地面径流，这就是饱和地面径流，也称为蓄满产流。式(3-12)为饱和地面径流量的计算公式：

$$R_{sat} = \int_{i > (r_{int}+f_{pB})} [i - (r_{int} + f_{pB})] dt \tag{3-12}$$

式中　R_{sat}——饱和地面径流量，mm；
　　　r_{int}——壤中径流强度，mm；
　　　其余字母意义同前。

在山区比较陡峻的坡地上，由于一般不存在常年性潜水位，包气带的下界常为不透水基岩，这时 $f_{pB}=0$，式(3-12)简化为：

$$R_{sat} = \int_{i > r_{int}} (i - r_{int}) dt \tag{3-13}$$

应用式(3-12)和式(3-13)确定饱和地面径流量，应从上层土壤达到饱和含水率开始。

饱和地面径流总是与壤中径流相伴发生的，也就是说，在产生饱和地面径流的地方，必有壤中径流伴随。

3.3.2　壤中流

壤中流是指水分在土壤内的运动，包括水分在土壤内的垂直下渗和水平侧流。任何一场降水，至少有一部分甚至全部水分将沿着土壤内的孔隙入渗到土壤内部形成土壤水，土壤水在土壤内的流动形成壤中流。壤中流的作用，首先是在流域面上建立土壤水分的分布。其次，壤中流的侧向流直接形成流域的洪水过程和枯季流量。它与地表径流和地下径流一起构成流域的径流过程，在某些情况下，壤中流甚至可以形成洪水的洪峰。再次，壤中流通过改变土壤内的水分含量，影响地表径流和地下径流的形成与变化。由此可见，壤中流作为水分在土壤中再分配与水分循环的一个重要环节，对整个流域径流产生及洪水预报、流域水文循环的计算都具有相当重要的作用。虽然壤中流研究在理论上和应用上均有重要作用，但由于问题的复杂性，在相当长的时期内，壤中流只能处于定性的描述或用各种经验的方法处理生产实践中不断遇到的土壤水问题，伴随着土壤水分研究的发展而发展。

3.3.2.1 层次包气带的情况

假设包气带由两种不同性质的土壤叠成（图3-6），上层土壤的质地较粗，为 A 层；下层土壤的质地较细，为 B 层。两者分界面为 AB。由于 B 层透水性比 A 层差，故 AB 称为相对不透水面。这种情况下包气带上层的稳定下渗率显然大于下层的稳定下渗率，所以在降水下渗过程中，如果 A 层土壤已达到田间持水率，则其稳定下渗率就成为对 AB 界面供水强度的上限。此后，当降水强度介乎上、下两层稳定下渗率之间时，则降水强度扣除 AB 界面下渗能力后的剩余部分将积聚在该界面上，形成临时的饱和带；当降水强

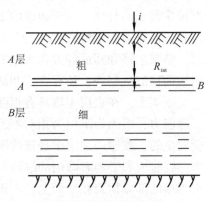

图 3-6 壤中流产生机制

度大于上层稳定下渗率时，也要以上、下两层稳定下渗率之差值作为补给强度积聚在 AB 界面上形成临时饱和带；唯当降水强度不超过 AB 界面的下渗能力时，降水才全部通过 AB 界面进入 B 层，而没有水分在 AB 界面上积聚。这种积聚在包气带中相对不透水面上的自由重力水就是壤中径流。一场降水产生的壤中径流可按式(3-14)计算：

$$R_{\text{int}} = \int_{f_{cA} \geq i \geq f_{PB}} (i - f_{PB}) \mathrm{d}t + \int_{i > f_{cA}} (f_{cA} - f_{PB}) \mathrm{d}t \tag{3-14}$$

式中 R_{int} ——壤中径流，mm；

A，B ——变量的脚标，表示包气带的上层和下层；

其余字母意义同前。

3.3.2.2 包气带土壤质地随深度渐变的情况

当组成包气带的土壤质地沿深度由粗逐渐变细时，相应的稳定下渗率也沿深度由大逐渐变小（图3-7）。如果某时刻包气带在深度 Z_i 以上的土层已达到田间持水率，且相应于 Z_i 的稳定下渗率为 f_{c_i}。当降水强度一直等

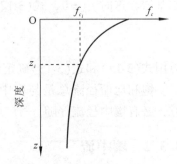

图 3-7 土壤质地沿深度渐变的情况

于 f_{c_i} 时，经过一定时间就能在 Z_i 深度处形成临时饱和带。因此，此种情况下形成壤中径流的位置并非固定不变，而是随着降水强度的变化而变化。降水强度大，形成的壤中径流的位置就浅；反之则较深。

根据所依据的主要原理，国内外壤中流模型可以分为 3 大类：Rihcards 模型、动力波模型和贮水泄流模型。

(1) Richards 模型

该模型由 Richards 在 1933 年提出，是从微观的角度进行分析，根据土壤水运动的连续性原理（又称均衡原理）和达西定律相结合而得出的。方程的基本形式为：

$$\nabla(K_s K_r \nabla h) = c\frac{\partial \Psi}{\partial t} - Q \tag{3-15}$$

式中　∇——哈密顿算子，既是微分运算符号，又是矢量；
　　　K_s——饱和渗透系数；
　　　K_r——相对渗透系数；
　　　h——总水头（$h = \Psi + Z$），m；
　　　Ψ——压力水头，m；
　　　Z——重力水头，m；
　　　c——比持水量（$c = \theta/\Psi$）；
　　　θ——体积含水量，%；
　　　t——时间，h；
　　　Q——任意流出流入源项。

式 (3-15) 是一个非线性方程，要对其进行解析求解几乎是不可能的，因而只能对它进行数值求解，或进一步简化后求其数值解或某些情况下的级数解或解析解。根据求解过程中对 Richards 方程简化的程度，可将其分为一维 Richards 模型、二维 Richards 模型和三维 Richards 模型。

(2) 动力波模型

动力波模型由 Beven 提出，并作了以下假设：不透水或准不透水边界上饱和区域内流线平行于底板（或基岩），且水力梯度等于基岩坡度。该模型的形式如下：

$$\begin{cases} q = K_s H_x \sin\alpha \\ c\dfrac{\partial H_x}{\partial t} = -K_s \sin\alpha \dfrac{\partial H_x}{\partial x} + i \end{cases} \tag{3-16}$$

式中　q——单宽泄流量，mm；
　　　H_x——不透水边界上饱和区域的厚度，cm；
　　　α——理想坡面倾角，°；
　　　i——单位面积内从非饱和区域向饱和区域的输水速度，m/h；
　　　c——比持水量（$c = \partial\theta/\partial h$）；
　　　其余字母意义同前。

该模型在以后的研究中又被扩展成包括非饱和区域的饱和非饱和流模型，并且模型

中的 K_s 已作为随深度变化的物理量，采用 Beven 经验公式：

$$K_s = K_0 e^{-f} \tag{3-17}$$

式中　K_0——土壤表面饱和渗透系数；

　　　f——常数；

　　　其余字母意义同前。

(3) 贮水泄流模型

该模型由 Sloan 等提出，基本原理是从宏观方面进行研究，利用整个山坡的水量平衡（如质量连续性方程）原理对壤中流进行研究，并假设这一理想山坡有一不透水边界或底板。模型的基本形式为：

$$\frac{v_2 - v_1}{t_2 - t_1} = iL - \frac{q_2 - q_1}{2} \tag{3-18}$$

式中　v——单位宽度饱和区域内可排放的水的体积，m²；

　　　t——时间，h；

　　　i——单位面积内从非饱和区域向饱和区域的输水速度，m/h；

　　　L——坡长，m；

　　　q——坡面中单宽排水率；

　　　下标 1、2——分别为时段的开始和结束；

　　　其余字母意义同前。

根据对饱和土壤水水面及水力坡度的不同假设，该模型又可以分为动力贮水泄流模型和 Boussinesq 贮水泄流模型。

3.3.3　地下径流

地下水径流产生的条件是整个包气带达到田间持水率。在下渗过程中，包气带自上而下依次达到田间持水率。整个包气带达到田间持水率意味着整个土层达到稳定下渗，此后包气带中的自由重力水便可从地面一直下渗到地下水面。因此，当整个包气带达到田间持水率时，就会出现这样的情况：当降水强度大于包气带的稳定下渗率时，降水强度中等于稳定下渗率的部分将以自由重力水形式到达地下水面，成为地下水径流，余下部分成为包气带达到田间持水率后的超渗地面径流；当降水强度小于或等于包气带稳定下渗率时，全部降水成为地下水径流。

如图 3-8 所示，若在 t_1 时刻整个包气带已达到田间持水率，即自此以后下渗趋于稳定阶段，则在该阶段如果有降水就一定有地下水径流产生，且其量可用下式计算：

$$R_g = \int_{i>f_c} f_c \mathrm{d}t + \int_{i \leqslant f_c} i \mathrm{d}t \tag{3-19}$$

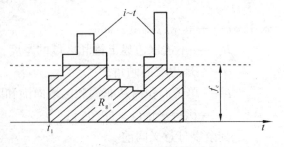

图 3-8　霍顿地下水径流的形成

式中 R_g——地下水径流量，mm；

f_c——稳定下渗率；

其余字母意义同前。

(1) 均质土壤地下径流

由于不存在相对不透水层，包气带的土壤含水量达到最大持水量，下渗水量必然全部转化为地下径流：

$$r_g = f \tag{3-20}$$

如果包气带含水量达到饱和含水量，这时土壤下渗率达到饱和下渗率 f_c。由水量平衡原理，此时的下渗率 f_c 应等于地下径流的产流率 r_g，即

$$r_g = f_c \tag{3-21}$$

(2) 非均质层次土壤地下径流

包气带含水量达到田间持水量而小于饱和含水量，由于土层内部产生了侧向流动的壤中流 r_{sb}，地下径流产流率为：

$$r_g = f - r_{sb} \tag{3-22}$$

如果包气带含水量达到饱和含水量，则地下径流产流率为：

$$r_g = f_c - r_{sb} \tag{3-23}$$

可见地下径流的产流也同样取决于供水与下渗强度的对比，其产流条件基本与壤中流相同，只是发生的界面是包气带的下界面。

在天然条件下地下水位较高时，壤中流与地下径流实际难以截然分开，通常将两者合并作为地下径流考虑。有些地区土层较厚，相对不透水层不止一个，可能会形成近地表的快速壤中流和下层的慢速壤中流。从实用的角度出发，要视具体情况和要求，有时把快速壤中流并入地表径流计算，称为直接径流；把慢速壤中流并入地下径流计算，称为地下径流。只有在壤中流丰富的流域，为了提高径流模拟的精度，才有必要将壤中流单独划分出来。

3.3.4 回归流

在山坡上，由于地形坡度的起伏、转折，其产流过程与前述略有不同。这主要是因为在降水产流过程中，具有一定坡度的相对不透水面上形成的临时饱和带的厚度沿坡度呈不均匀分布。在湿润地区或湿润季节，坡脚经常处于饱和含水率状态，坡顶则处于含水量较小的状态。这样，山坡上的临时饱和带与非饱和带的交界面就会与山坡面形成相交，该相交面处势必成为一个薄弱地带，很易被沿坡流动的壤中径流穿透，于是原先为壤中径流的水流，在此处就会渗出地面成为饱和地面径流，这就是回归流现象。因此，回归流主要出现在山坡土壤中径流较发育、坡脚处又易形成能达到地面的临时饱和带的情况。在降水过程中，山坡上发生回归流的区域将会不断扩大(图3-9)。

回归流并不是一种原生径流成分，而是从壤中径流派生出来的次生径流成分。在坡脚和河边，它常与饱和地面径流混合而难以区分。

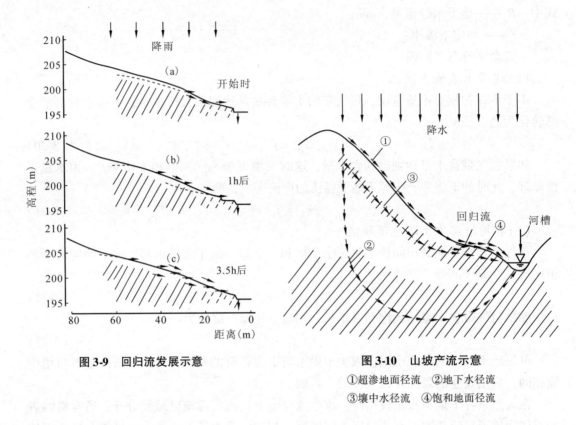

图 3-9　回归流发展示意

图 3-10　山坡产流示意
①超渗地面径流　②地下水径流
③壤中水径流　④饱和地面径流

3.3.5　山坡产流过程

所谓产流过程，是指在一定的降水条件与入渗条件下，水分沿土层的垂向和侧向运行中，各种径流成分的产生过程。径流成分主要包括地表径流、壤中流和地下径流，它们具有不同的产流机制。

邓尼于 1979 年描述了典型的山坡产流过程。现引述如下（图 3-10）：当降水到达山坡地面后，即遇到在确定山坡径流形成机制中起重要作用的"筛子"作用。当降水强度大于地面下渗能力时，不能被土壤吸收的那部分超渗雨成为地面径流。这就是超渗地面径流，又称霍顿坡面流，如迹线①所示。如果降水被土壤吸收，那么它可能储蓄在土壤中，也可能以不同的路径进入河槽。如果土壤和岩石覆盖深厚，而且具有均匀透水性，则土壤中水分可以垂直向下运动到饱和带，然后以曲线路径进入邻近的河道，如迹线②所示。但地质结构的不均匀性可以破坏这种简单的水流路径。由于地下水的流速通常很小，而且路径很长，所以大部分地下水只能贡献给两次暴雨之间的基流，只有一小部分地下水流贡献给河流的洪水过程线。这部分水流与其他来源的径流一起加入到河道水流中，对洪峰流量的确定很重要。在透水性很好的岩石（如石灰岩）和具有大断裂系统的基岩中，地下洞穴中的水的流速可能很大，以致河道水流中相当大的一部分来自地下水。然而，一般在地下取很长径的水流控制着河流的基流，而并非暴雨径流。如果在土壤及岩石的浅层处，渗透水遇到一阻水层，则一部分水将改变流向，以较短的路径到达河槽，如迹线③所示。这种水流称为壤中流，不仅流程短，而且流速大，因此它到达河槽比上述地下水要快得多，通常对洪水过程线有较大贡献。在山坡的某些部分，垂直和水平渗透可以使土壤成为饱和状态。当这种情况出现时，一部分沿浅层壤中流轨迹运动的水流将从土壤表层出露，并以地面径流的形式到达河槽。这种径流成分称为回归流。麦斯格莱夫（Masgrave）和霍坦（Holtan）曾把它定义为一种返回到地面并以地面径流形式离开山坡进入河槽的壤中径流。降落在饱和面积上的雨水不能下渗，但能沿地面流动，称为直接降雨。它对饱和面积的贡献是很难从回归流中分离出来的。因此，这种原因形成的暴雨径流有时一并称为饱和地面径流，如图迹线④所示。这种在地面上流动的水流可以获得相当大的速度，在暴雨期间即可到达河槽，所以源于这种机制的径流对暴雨洪水过程是有贡献的。

3.3.6 坡面产流模型

坡面径流形成过程就是降水在坡面上再分配与运动过程，从实质上讲，它是降水在下垫面垂向运动中，在各种因素综合作用下的发展过程，不同的下垫面条件具有不同的产流机制，不同的产流机制又影响着整个产流过程的发展，呈现出不同的产流特征。从坡面水流情形看，它是由许多时合时分的细小、分散水流组成，在平整坡面或大暴雨时可绵延成片状流或沟状流，水极浅（一般只有几毫米），且坡面流的坡度较一般河渠陡得多，边界条件也更为复杂。这些特点使得对坡面水流的研究相当困难。

对坡面径流的数学描述，一般采用一维圣维南方程组式(3-24)和式(3-25)。

连续方程：
$$\frac{\partial q}{\partial x} + \frac{\partial h}{\partial t} = r \tag{3-24}$$

动量方程：
$$u\frac{\partial u}{\partial x} + \frac{\partial u}{\partial t} + g\frac{\partial h}{\partial x} = g(i_0 - i_f) - \frac{ur}{h} \tag{3-25}$$

式中 q——单宽流量，m^2/s；

h——水深，m；

u——流速，m/s；

i_0——坡面坡降，%；

i_f——阻力坡降，%；

r——净降水量，mm/h；

x——距离，m；

t——时间，h；

g——重力加速度，m/s^2。

但由于该方程求解复杂，20世纪60年代后期 Woolhjiser 和 ligget 将运动波模型引入坡面水流研究，大大简化了计算工作。圣维南方程可简化为：

连续方程：
$$\frac{\partial q}{\partial x} + \frac{\partial h}{\partial t} = i - f = r \tag{3-26}$$

动量方程：
$$q = bh^m \tag{3-27}$$

式中 q——坡面流单宽流量，m^2/s；

x——沿水流方向距坡顶距离，m；

h——坡面流水深，m；

i——降雨强度，m/s；

f——入渗强度，m/s，可取 $f = f_c + (f_0 - f_c)e^{-kt}$（$f_0$ 为初始入渗率，f_c 为稳定入渗率，k 为系数，不同土地利用方式各参数取值不同）；

r——净雨强，m/s；

b——运动波阻力参数；

m——经验常数。

坡面径流由于受地表糙度和降水等影响较大，一般表现为紊流流态，故 $b = S^{0.5}/n$，$m = 5/3$，其中：n 为曼宁糙度系数；S 为坡降。

运动波模型从一维圣维南方程简化而来，基本假设是水流的坡面坡降 i_0 和阻力坡降 i_f 相等，并借助 Chezy 阻力公式得到流量和水深的关系。Woolhiser 和 Ligget 的研究结果表明，在运动波数 $k > 10$ 时，运动波模型可以很好地描述坡面水流运动。而实际坡面流的运动波数一般远大于10。因此，运动波近似是一种较好的数学描述方式。

在坡面产流过程中，土壤的入渗过程尽管不直接参与坡面流动，却直接影响坡面产流过程。由于影响坡面水文过程的各种因素存在时空变异性，因此，降雨径流过程是一种随时空变化、非均匀的现象，其中以产流的空间变异性影响最大。坡面产流过程取决于土壤的水文条件，包括产流的起始条件如降水过程和土壤前期含水量，以及产流的边界条件如土壤饱和导水率和土壤容重。不同的降水过程—入渗过程的耦合过程，形成不同的产流时间、产流历时和产流量过程。其基本特征是：土壤前期含水量越小，产流时间越长；坡面产流量的空间变化随坡面尺度增大，时分时合的坡面漫流集聚的机会增大，从而产流时间缩短，产流量增大；坡面产流量的时间变化随着降水—入渗的耦合过程的变化而变化。从入渗理论出发，具有代表性的入渗模型有 Green-Ampt 模型、菲利浦下渗公式、霍顿下渗公式和霍尔坦公式，具体参见第 2 章相关内容。

3.4 流域汇流

3.4.1 流域汇流过程与汇流时间

超渗产流或蓄满产流是在地表各处形成径流，而汇流是将流域内各地产生的径流按一定的速度、方向和路径汇集到河流，再经河道断面变成出口的流量。流域汇流过程是指在流域各点产生的净雨，经过坡地和河网汇集到流域出口断面，形成径流的全过程。也就是说，地表径流的汇集包括坡面漫流和河槽集流两个相继发生的过程。坡面漫流的路程一般不长，多不超过数百米。因此，净雨在向流域出口汇集的过程中，处于坡面漫流阶段的时间是不长的。河槽集流过程，包括从雨水汇入河网起，直到它们全部流出出口断面为止的整个过程，因为河槽的长度可达几十、几百千米，甚至更长，所以河槽集流过程的历时也可以是很长的。在同一流域内，河槽集流的历时比净雨历时和坡面漫流历时都要长得多。所以，在分析和计算地面径流的汇集过程时，将坡面漫流和河槽集流合并在一起进行处理，也是可行的简化。此时，可将整个过程称为流域汇流过程。地面径流过程常用等流时线法和单位线法来进行分析。

同一时刻在流域各处形成的净雨距流域出口断面远近、流速不相同，所以不可能全部在同一时刻到达流域出口断面。但是，不同时刻在流域内不同地点产生的净雨，却可以在同一时刻流达流域的出口断面，如图 3-11 所示。等流时线法设想在流域上存在等流时线，降落在

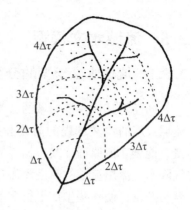

图 3-11 等流时面积分布示意

同一条等流时线上的雨滴经过相同的汇流时间将同时刻到达流域出口断面。这样，只要找出了流域的等流时线，就可完成由流域上一场暴雨过程推求其形成的流域出口断面洪水过程的计算任务。流域汇流时间(τ_m)是指流域上最远点的净雨流到出口的历时。汇流时间(τ)则是指流域各点的地面净雨流达出口断面所经历的时间。等流时面积 $dF(\tau)$ 是指同一时刻产生且汇流时间相同的净雨所组成的面积。

单位线法是先定义一条流域单位线。所谓单位线就是指流域上分布均匀的单位时段内强度不变的 1 个单位的净雨量所形成的流域出口断面流量过程。应用这条单位线处理流域出口断面洪水过程计算的基本思路是：如果单位时段内强度不变的净雨量不是 1 个单位，而是 n 个单位，那么其所形成的流域出口断面的洪水过程为单位线的 n 倍，这叫做倍比性假设。如果一场暴雨的历时不只是 1 个单位时段，而是 m 个单位时段，那么其所形成的流域出口断面洪水过程就是各个单位时段净雨形成的流域出口断面洪水过程之同时刻流量之和，这叫做叠加性假设。因此，只要找到了流域单位线，就可以根据倍比性和叠加性假设，完成推求流域上一场暴雨所形成的流域出口断面洪水过程的计算任务。

3.4.2 流域汇流的影响因素

流域汇流的影响因素包括降水特性和下垫面因素两大类。降水特性是指降水的时空分布和降水强度的变化。降水在时空分布上的不均匀，决定了流域上产流的不均匀和不同步。水流流程的长短和沿程承受调节作用的大小直接影响流域汇流过程。若暴雨中心在上游，则出口断面的洪水过程的洪峰出现时间较迟，洪水过程线峰形也较平缓；反之，若暴雨中心在下游，则洪水过程线峰形尖瘦，洪峰出现时间较早。下垫面因素主要是指流域坡度、河道坡度、水系形状、河网密度及土壤和植被等。当水系呈扇状分布时，因沿程水量注入比较集中，其洪水过程线的起落较陡。在森林或植被较好的流域，水流阻力大，汇流速度降低，洪水过程也较平缓。

3.5 流域水文模型

3.5.1 流域水文模型的分类及特点

同任何其他科学领域的数学模型一样，流域水文模拟模型是使用数学符号对自然界流域尺度的水文过程的简化和抽象。简单地讲，水文模型就是根据生态系统质量、动量、能量守恒原理，或根据经验观测，采用数学公式表达整个水分循环过程，包括从大气降水至流出流域的时空动态过程。随着现代系统理论和计算机技术的发展，两者的结合与开发，使一些生产上行之有效或传统的预报方法逐渐向水文系统模拟的方向发展，建立了流域水文模型。

单一水文过程的数学模型较为简单。如经典的描述植被蒸发散模型的 Penman-Monteith 方程，描述降水入渗和土壤水分再分布的 Richard's 方程及描述地下水运动的 Darcy 定律都属早期开发的在很大程度上有物理意义的水文模型。一个完整的流域水文模型就是把这些单一过程模型整合起来，综合表达大气降水在植被、土壤、岩石层中的传输动态过程，及各种状态(State)水分在流域中的时空分布。水文模型模拟中最主要的水文变量(Variable)包括：林冠降水截留、林木蒸腾、土壤含水量、地下水位深度和某一河流断面径流流量。这些变量比较容易观测，因此也常用于模型校正(Model Calibration)和模型验证(Model Validation)。模型校正是指通过调整不随时间变化的模型参数(Parameters)，使模型模拟的变量结果与观测数据匹配达到最佳。而模型验证是指采用另外一组新的独立观测数据对已经校正好，参数已优化的模型进行检验，以确定模型的精度和可靠性。模型敏感性检验(Sensitivity Analysis)就是检查输入(Inputs)变量和模型参数对模型输出(Outputs)结果的相对影响力。敏感的模型输入变量或参数在模拟资料的准备工作中最为重要。

从 20 世纪 60 年代中期以来，随着计算机在水文科学领域应用的普及，世界各地开发了数目种类繁多的流域模型。了解流域模型分类方法有助于正确选择和使用模型(表 3-1)。

一个流域的水文过程是十分复杂的，迄今还难以用准确的物理定律完善而精确地解释自然界的宏观水文现象。借助现代系统理论和计算机技术，用系统模拟方法，可在一定精度范围内对宏观水文现象进行定量描述。按系统输入—输出变量之间的数学关系，水文系统可归纳为 3 类：确定性的、拟随机的和随机的。目前在短期水文预报工作中使用最多的是确定性概念模型，即把预报对象的自然水文过程抽象为一个系统，根据对系统行为物理过程的概化，用一系列数学方程式来描述，进而由系统的输入作出对输出的数字模拟，这就是流域水文模型。

降雨径流流域水文模型是以流域为系统，模拟流域上降雨径流形成过程。系统的输入是降雨量和蒸发量，输出为流域出口断面的流量过程。一个水文系统可包括若干个子系统，各有相应的输入和输出，分别模拟各个子过程。常用的流域模型有产流和汇流两个子系统，可以看作前述产、汇流模型的组合。两个子系统又可分为多个下一级的子系

表 3-1　流域水文模型类型及特点

分类方法	模型类型		特　点
按主要研究领域	森林水文模型		森林占土地利用的主体；考虑到森林林冠截留、林地土壤大空隙、管流等林地特殊水文过程；Hortonian 地表径流非主要产流机理；模型多基于 Hewlett "变水源概念"
	农业水文模型		农地占土地利用的主体；Hortonian 地表径流多为主要产流机理
	城市水文模型		透水性差的城市用地占土地利用的主体；Hortonian 地表径流为暴雨洪水产流机理；包括城市排水系统汇流过程
	水质(泥沙、养分)模型		比单纯水量模型更复杂；主要目的是模拟径流污染物浓度和排放总量；这类模型同样需要正确模拟水文过程
	生态系统模型		主要目的是模拟生态系统生产力、碳氮循环及蒸发散；流域产水量多定义为径流流出根系层的水分总量，不考虑地下水和沟道汇合过程
按模拟空间和时间尺度	空间	集总式(Lumped)	假定流域空间性质均一；所需模型参数较少，但必须校正
		分布式(Distributed)	考虑流域空间异质性，将流域网格化处理
	时间	日或更短时段	用于模拟洪峰或日水量平衡；需要日或更短时段气象输入数据
		月	主要用于区域或全球长时间水量平衡计算
		年	用于长时间区域或全球水资源计算
按模拟手段	基于自然规律和水文过程机理的理论模型(Process-based, theoretical)		构建较复杂；有物理意义；有利于揭示影响大气—土壤—水文要素之间的因果关系
	经验性，基于历史资料(Empirical)		较简单，需要流域参数少；预测结果较好，但是不能反映变化条件下的水文规律
按模型参数	确定性（Deterministic）		模型输入和输出结果确定；可以基于物理过程也可是经验性，如回归模型
	随机，非确定性（Stochastic）		模型输入和输出结果有随机性；包含概率分布

统。如产流模型，模拟流域坡面上(水平向和垂直向)各种水分的活动与交换；以水量平衡为基础，又分为蒸发散、土壤水、地表流、壤中流和地下水流等子系统。又如，流域汇流模型，模拟净雨量汇集至出口断面的自然过程；以流域调蓄为核心，又分为各种水源的坡面汇流及河槽汇流等子系统。这些子系统都有相应的数学方程作出数字模拟。

系统数学模型表示为一套计算机程序和一组参数。程序是以数学方程式为核心，按照模型结构的内在联系组合起来。程序中特定的常数即模型参数。所以，一个模型是由系统的结构和参数构成。

系统模拟技术可以使模型比过去的方法考虑更多的因素，使用与实际水文过程尽可能接近的数学函数和更短的计算时段，因此加快了计算速度，提高了模拟精度。然而，模型的潜力还不止于此。由于模型的输出产生出流断面的流量过程，据此可取得日平均流量，一次洪水流量过程以及年、月、次产流量等基本资料，因此可用于插补短缺资料。对人类活动的水文效应可以通过改变模型参数以模拟流域的未来情况而加以预测，原则上属于无资料情况。对于无实测水文资料的流域，可根据对该流域水文物理过程的认识建立模型，当结构已定，关键是定参数值。概念性模型的参数大多具有物理意义，可由流域的水文特性和气象与自然地理等资料分析确定,进而对无水文实测资料的流域开展预报。这是模型途径与经验相关法之间的根本区别。由于这个特点,模型还用于水文预报以外的其他学科中。①在设计项目中作为计算的工具。如天然流域及进入水库的洪水分析、城市排水系统的设计等。②在控制问题中作为检测的工具。如水库、水库群、城市暴雨排水管理等。当系统已知,输出固定,要求模型的输入,用以作为决策控制运用的依据。③在规划问题中作为识别的工具。如规划河川流域的开发与利用,都市化及土地利用等。此时系统已定,改变参数,对比不同参数值下系统的输入与输出,作为方案选择的依据。

据上所述,一个概念性模型为了最大限度地发挥作用,应满足以下条件:①水文过程的重现(一定精度内);②大多数参数具有明确的物理概念;③参数易于率定,并且与流域的地理因素相关联。

3.5.2 集总式水文模型

集总式水文模型把整个流域当成一个整体,各因素的输入参数通常为流域平均值,不考虑流域内部各地理要素的空间变化。集总式水文模型本质上只反映有关因素对径流形成过程的平均作用,无法充分精细反映流域下垫面条件和流域水文循环各要素的空间分布不均性及其对水文系统特征的影响规律,使得其在流域降雨径流模拟中存在一定的局限性。根据水文循环规律,采用概念化和推理的方法,对流域水文现象进行数学模拟,具有代表性的模型有新安江模型、萨克拉门托模型和水箱模型等。概念性降雨径流模型用于洪水预报时,一般只用于较小的支流流域,如 2 000 km² 以下的流域。对于大流域,河道汇流是主要的,从支流流域模型产生的输出可视作流域干流的各入流量,可用干流河道的洪水演算模型模拟。

3.5.2.1 新安江模型
(1)模型结构与计算方法

新安江模型是分散性模型,它把全流域分成若干单元流域,对每个单元流域分别作产汇流计算,得出各单元流域的出口流量过程,再分别进行出口以下的河道洪水演算至流域出流断面,把同时刻的流量相加即求得流域出口的流量过程。

设计分散性模型的主要原因是考虑降水分布不均和下垫面条件不一致的影响,尤其是有大中型水库等人类活动的影响。降水分布不均对产流和汇流都产生明显的影响,特别是降水分布很不均匀时,若采用集总性模型,用全流域平均雨量进行计算,误差可能很大,且是系统的。

新安江模型通常以一个雨量站为中心,按泰森多边形法划分计算单元。这种方法主要考虑降水分布不均。如有必要,也可以用其他划分的方法。如有大型水库,将水库的集水面积作一个计算单元。每单元流域的计算流程如图 3-12 所示。图中在方框内的是状态变量,方框外的是模型参数。

该模型的产流采用蓄满产流模型,增加了一个参数 IMP,是流域不透水面积占全流域面积之比。这个参数在湿润地区不重要,可不用;但半湿润地区由于经常干燥,此参

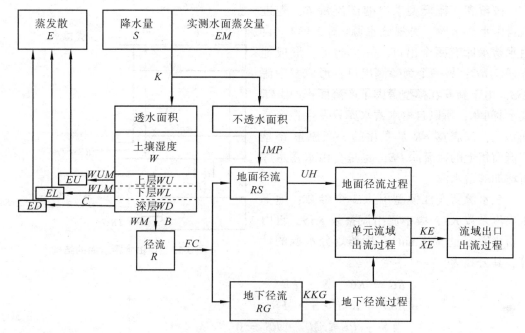

图 3-12 二水源新安江模型流程图

数有必要使用。增加这个参数后，二水源的新安江模型只需修改下列两式：

$$W'_{mm} = \frac{1+B}{1-IMP} \cdot WM \tag{3-28}$$

$$\left. \begin{array}{l} RG = FC \cdot (R - IMP \cdot PE)/PE \\ RS = R - RG \end{array} \right\} \tag{3-29}$$

模型的蒸发散部分采用三层蒸发散模型；河道洪水演算采用马斯京根法线性解。在流域汇流中，地面径流采用经验单位线，并假定每个单元流域上的无因次单位线都相同，使结构比较简单。无因次单位线与地面径流深和流域面积相乘，就得到单元流域的出流过程。

要使各个单元流域的无因次单位线相同，首先要求其地形条件一致，其次要求流域面积相近。因此，在划分单元流域时，应尽可能使各单元的面积相差不要太大。

地下径流的汇流速度很慢，可按线性水库计算。它的河道汇流阶段可以忽略，降水在面上分布不均的影响也可以忽略。

目前常用的是 20 世纪 80 年代初提出的三水源新安江模型，它克服了二水源新安江模型对水源不合理地划分；在地面径流中包含了不同大小的壤中流，因而单位线的非线性变化较大。

在二水源新安江模型中，稳定下渗量 FC 立即逝入地下水库，没有考虑包气带调蓄作用，这与霍顿概念有关。霍顿理论是无积水的，时段降水量或耗于下渗，或形成地面径流，土壤层中没有界面积水，故不可能产生壤中流，也就没有包气带的调蓄作用，这是欠合理的。三水源模型设置了一个自由水蓄水库代替原先 FCB 的结构，以解决水源划分问题。

按蓄满产流模型求出的产流量 R，先进入自由水蓄水库，再划分水源(图 3-13)。自由水蓄水库有两个出口，一个向下，形成地下径流 RG；另一个为旁侧出口，形成壤中流 RSS。由于新安江模型考虑了产流面积(用 FR 表示)问题，所以自由水蓄水库只发生在产流面积上，其底宽 FR 是变化的。产流量 R 是产流面积上的径流深 PE，也是自由水蓄水库所增加的蓄水深。

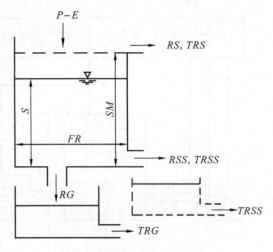

图 3-13 自由水蓄水库的结构

三水源新安江模型引入 3 个参数：地下水出流系数 KG，壤中流出流系数 KSS，自由水蓄水库容量 SM(mm)，用作划分水源的计算，其公式为：

$$\left.\begin{array}{l} RG = KG \cdot S \cdot FR \\ RSS = KSS \cdot S \cdot FR \\ \text{当 } S + PE \leq SM \quad RS = 0 \\ \text{当 } S + PE > SM \quad RS = (S + PE - SM) \cdot FR \end{array}\right\} \quad (3\text{-}30)$$

式中 S——自由水蓄水深，mm。

据式(3-30)求得的 RG 是进入地下水库的水量，再经过地下水库消退(用消退系数 KKG 计算)，即为地下水对河网的总入流 TRG。据式(3-30)求得的 RSS 是壤中流对河网的总入流 $TRSS$。图 3-13 上还设置了一个壤中流水库，适用于壤中流受调蓄作用大的流域，可再作一次调蓄计算，一般不需要，故用虚线表示。

地下水的河网汇流阶段可以忽略不计，所以地下水总入流 TRG 可认为与地下水出流流量 QRG 相同。

$$QRG(T) = QRG(T-1) \cdot KKG + RG(T) \cdot (1 - KKG) \cdot U \quad (3\text{-}31)$$

式中 U——换算系数，即流域面积(km^2)/3.6Δt (h)。

地面径流的坡地汇流时间也可以忽略不计，地面径流产流量 RS 可认为与地面径流的总入流 TRS 相同。这样，可列出三水源新安江模型的流程图(图 3-14)。

三水源模型中，蒸散发从张力水中消耗，自由水全部产流。二水源新安江模型的蓄量是张力水蓄量，自由水包括在产流总量 R 之中。因此，二水源新安江模型中的产流总量计算部分与蒸发散计算部分可用于三水源模型，只要让求得的 R 进入自由水蓄水库就可以了。汇流计算部分中，地面径流与地下径流的算法也完全不变，壤中流的河网汇流阶段不能忽视。

在产流面积 FR 上，要考虑自由水的蓄水容量在面积上的不均匀分布，即 SM 为常数不太合适，实际上是饱和坡面流的产流面积不断变化的问题。对此，采用抛物线表示自由水蓄水容量曲线，即

$$\frac{f}{F} = 1 - \left(1 - \frac{SM'}{SMM}\right)^{EX} \quad (3\text{-}32)$$

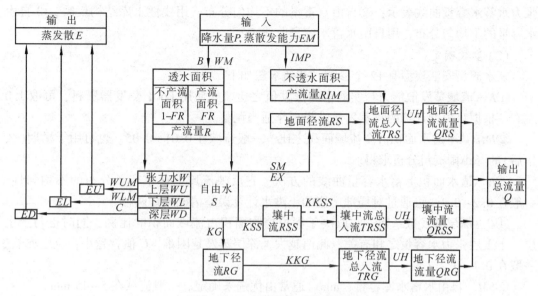

图 3-14 三水源新安江模型流程

求得:

$$SMM = (1 + EX) \cdot SM \tag{3-33}$$

$$AU = SMM\left[1 - \left(1 - \frac{S}{SM}\right)^{\frac{1}{1+EX}}\right] \tag{3-34}$$

当 $PE + AU < SMM$

$$RS = \{PE - SM + S + SM[1 - (PE + AU)/SMM]^{1+EX}\}FR \tag{3-35}$$

当 $PE + AU \geqslant SMM$

$$RS = (PE + S - SM) \cdot FR \tag{3-36}$$

因此,三水源新安江模型与蓄满产流模型相似,不同的是地面径流 RS 只产生在产流面积 FR 之上。

在对自由水蓄水库作水量平衡计算中,有一个差分计算误差问题必须重视。即常用的计算程序把产流量放在时段初进入水库,而实际上它是在时段内产生的,因而有向前差分误差。这种误差有时很大,要设法消去。处理的办法之一是:把每时段的入流量,按 5 mm 为一段(时间步长)分成 G 段并取整数,计算时段也相应分成 G 段,以 G 个时间步长进行计算,这样差分误差就很小了。各时段入流量不相等,G 值可不同。

三水源新安江模型中的出流系数、消退系数等参数都是以天(24 h)为时段长定义的。如一天分为 D 个时段,则需转换成以时段长 D 定义的出流系数和消退系数。如一个时段内分成若干个计算步长,则需要转换成以步长定义的参数。这种转换要按线性水库的退水规律进行。

自由水蓄水库的两个出口是并联的,当时段长改变后,要符合两个条件:地下水与壤中流的出流系数之和要符合线性水库出流系数时段转换规律;两个出流系数之比值应当不变。

三水源新安江模型考虑了 3 个因素的不均匀分布:①张力水蓄量的不均匀分布,用张力水蓄水容量曲线表示；②自由水蓄量的不均匀分布，用线性水库结构反映；③自由水容量的不均匀分布，用自由水蓄水容量曲线表示。

(2) 参数确定

三水源新安江模型有 12 个参数，初值求法如下。

①K　流域蒸发散能力与实测水面蒸发值之比。如使用 E601 蒸发器资料，可取 1.0 左右，根据日模型计算的年蒸发量结果再作适当调整。

②IMP　不透水面积占全流域面积之比。一般流域在 0.01 ~ 0.05。也可用干旱期（久旱后）的降小雨资料分析求得。

③B　透水面积上蓄水容量曲线的方次。它反映流域上蓄水容量分布的不均匀性，一般在 0.2 ~ 0.4。可通过对局部产流的小洪水计算误差情况进行调整。

④C　深层蒸发散系数。它取决于深根植物面积占流域面积的比例，同时也与上土层、下土层张力水容量之和有关。此值越大，深层蒸发越困难，C 值就越小；反之亦然。一般在 0.1 ~ 0.2 之间。

⑤SM　自由水蓄水库容量，mm。通常由优选来确定。一般流域在 5 ~ 45 mm。

⑥EX　自由水蓄水容量曲线的方次。常取 1.5 左右。

⑦WM　流域平均蓄水容量，mm。这是流域干旱程度的指标。找久旱后下大雨的资料，可认为雨前蓄水量为 0，雨后已蓄满，则此次洪水的总损失量就是 WM。WM 分为 3 层：WUM（上土层蓄水容量）5 ~ 20 mm；WLM（下土层蓄水容量）可取 60 ~ 90mm；WDM（深土层蓄水容量），$WDM = WM - WUM - WLM$。

⑧KG　自由水蓄水库补充地下水的出流系数。它反映流域地下水的丰富程度。

⑨KSS　自由水蓄水库补充壤中流的出流系数。$KG + KSS$ 影响直接径流的退水天数，一般为 3d 左右，$KG + KSS$ 之值应在 0.7 左右。

⑩KKG　地下水库消退系数。可以从久晴后的流量过程线中分析得出。一般在 0.95 ~ 0.995。

⑪$KKSS$　壤中流消退系数。一般在 0.3 ~ 0.8。

⑫UH　单位线，通过优选确定。

以上参数用于单元流域，单元流域出口至全流域出口的河网汇流采用马斯京根分段流量演算。参数有每个单元流域出口至流域出口的演算段数（单元河段数）n，每个单元河段的马斯京根法系数 X_e 和 K_e。一般根据流域内水文站资料的分析或用水力学方法计算求得。

新安江模型软件一般有日模型和次洪模型两个。日模型以日（24h）为时段长进行模拟，采用日雨量、日蒸发量和日平均流量资料，进行连续多年模拟。根据模拟的日径流、月径流和年径流与实测值比较，调整模型参数，直到满意为止。次洪模型用于模拟一次洪水过程，时段长一般在 1 ~ 6h，根据流域面积确定。由于时段较短，降水的均化作用得以克服。可以根据模拟的流量过程与实测过程的误差调整模型参数，达到最优。次洪水模拟的初始值可以从日模型结果取得。

应当指出，目前国内的新安江模型应用软件有多种版本，基本原理一致，但在某些环节上有明显差别。使用者一定要仔细加以区分，尽量采用成熟可靠的软件。

3.5.2.2 萨克拉门托模型

由美国萨克拉门托(Sacramento)河流预报中心提出，于1973年开始使用至今。该模型是在斯坦福(Standford)Ⅳ号模型的基础上发展起来的，并声称主要环节都以物理实验结果为依据。模型结构如图3-15所示。流域分为不透水、透水和变动的不透水三部分，以透水面积为主体；径流来源于不透水面积的直接径流，透水面积上的地面径流、壤中流、浅层与深层地下水，变动的不透水面积上的直接径流与地面径流；模型还设置了流域不闭合结构。

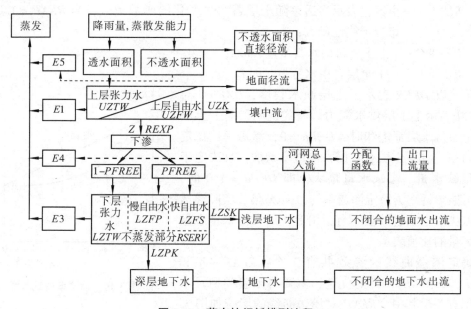

图3-15 萨克拉门托模型流程

(1) 产流结构及计算方法

模型将土层分为上下两层，每层蓄水量又分为张力水与自由水。降水先补充均匀分布的上土层张力水，再补充上土层自由水。张力水的消退为蒸发散，自由水用于向下土层渗透及产生侧向的壤中流。

当上土层张力水和自由水全部蓄满，且降水强度超过壤中流排出率和向下土层渗透率时，产生饱和坡面流(此时下土层张力水不一定蓄满)，即地面径流，因而模型可以模拟超渗产流。壤中流由上土层自由水横向排出，其蓄泄关系为线性水库。上土层自由水向下土层的渗透率由渗透曲线控制，是模型的核心部分。渗透水量以一定比例($PFREE$)分配给下土层自由水，其余部分($1 - PFREE$)补充下土层张力水耗于蒸发。当下土层张力水蓄满后，渗透水量全部补充下土层自由水。补充下土层自由水的水层分别进入浅层地下水库和深层地下水库，两者的分配比例与它们的相对蓄水量成反比。浅层地下水水库的消退产生浅层地下水(或称快速地下水)，深层地下水水库的消退产生深层地下水(或称慢速地下水)，二者蓄泄关系都采用线性水库的关系。久旱时，下土层自由水也可能因毛细管作用补充下土层张力水耗于蒸发，但下土层自由水总有一个固定比例

(RSERV)的水量不被用于蒸发。

渗透曲线采用霍尔坦(Holtan)模型,表示为渗透率与土层缺水量的关系,计算公式为

$$RATE = PBASE(1 + Z \cdot DEFR^{REXP}) \cdot \frac{UZFWC}{UZFWM} \qquad (3-37)$$

式中 $RATE$——渗透率;

$PBASE$——稳定渗透率;

Z——系数,决定下土层最干旱时的最大渗透率;

$REXP$——指数,表示渗透率随土层蓄水量变化的函数形式,当 $REXP = 1.0$ 时,相当于线性函数;

$UZFWC$——上土层自由水蓄水量,mm;

$UZFWM$——上土层自由水容量,mm。

公式以 $DEFR$ 表示下土层缺水程度,$UZFWC$ 与 $UZFWM$ 表示上土层供水能力。公式说明,当上土层和下土层蓄水层都饱和时,$DEFR = 0$,渗透率达稳定值 $PBASE$。如下土层有亏损,渗透率增加,且决定于下土层缺水量。当缺水量最大,即 $DEFR = 1.0$ 时,最大可能渗透率为稳定渗透率的 $(1+Z)$ 倍,实际渗透率还取决于上土层供水能力,用上土层自由水蓄水量占其容量的比值表示。

确定渗透曲线的参数共有 3 个:$REXP$、Z 和 $PBASE$。Z 和 $REXP$ 都需优选,主要与土壤类型及水源比例有关。其中,$REXP$ 对渗透曲线的影响如图 3-16 所示。

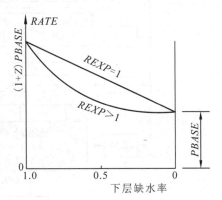

图 3-16 渗透率曲线示意

$PBASE$ 不是一个独立的参数,其值由下式决定。

$$PBASE = LZFPM \cdot LZPK + LZFSM \cdot LZSK \qquad (3-38)$$

式中 $LZFPM, LZFSM$——分别是深层地下水和浅层地下水的容量,mm;

$LZPK, LZSK$——分别是相应的日出流系数。

上式为两个线性水库出流量计算式,式中蓄水量都是容量,计算的流量为地下水出流最大值,其值应等于土层蓄水量饱和时上土层至下土层的稳定渗透率,即 $PBASE$。

壤中流也采用线性水库出流,其出流系数为 UZK,则出流量为:

$$Q = UZFWC \cdot UZK \qquad (3-39)$$

(2)蒸发散量计算

共计算 5 种蒸发散量,分述如下:

①上土层张力水蒸发量 $E1$

$$E1 = EM \frac{UZTWC}{UZTWM} \qquad (3-40)$$

②上土层自由水蒸发量 $E2$　早期版本有此一项,后期版本取消了。
③下土层张力水蒸发量 $E3$

$$E3 = (EM - E1)\frac{LZTWC}{UZTWM + LZTWM} \tag{3-41}$$

④水面蒸发量 $E4$　流域内的水面积上的蒸发,按 EM 计。
⑤变动的不透水面积上的蒸发量 $E5$

$$E5 = \left[E1 + (EM - E1)\frac{ADIMC - E1 - UZTWC}{UZTWM + LZTWM}\right] \cdot ADIMP \tag{3-42}$$

式中　$UZFWC$,$LZTWC$——上、下土层张力水蓄水量,mm;
　　　$UZTWM$,$LZTWM$——上、下土层张力水容量,mm;
　　　$ADIMP$——变动不透水面积占流域面积的比例,%;
　　　$ADIMC$——蓄水量,mm。

(3) 参数确定

模型共有 15 个参数,大多数具有明确的物理含义,可根据流域有关资料初定。

①$PCTIM$——河槽及其邻近的不透水面积占全流域面积的比例,常取 0.01。
②$ADIMP$——变动不透水面积占全流域面积的比例,常取 0.01。
③$SARVA$——水面积的比例,常取 0.01。
④$UZTWM$——上土层张力水容量,相当于最大初损值,常取 10~30 mm。
⑤$UZFWM$——上土层自由水容量,相当于三水源新安江模型中的 SM,常用值 10~45 mm。
⑥UZK——壤中流日出流系数,难以估算,通过优选确定,常用值 0.2~0.7。
⑦Z——渗透参数,相当于最干旱时渗透率对稳渗率的倍数,常取 8~25。
⑧$REXP$——渗透指数,决定渗透曲线的形状,通过优选确定,常用值 1.4~3.0。
⑨$LZTWM$——下土层张力水容量,常用值 80~130 mm。
⑩$LZFSM$——浅层地下水容量,由大洪水的流量过程线退水段分析求出,常用 10~30 mm。
⑪$LZFPM$——深层地下水容量,从汛后期大洪水的流量过程线退水段分析求出,即把过程线点绘于半对数坐标纸上,将地下水退水段向上延长至洪峰,得最大深层地下水流量,用出流系数除之即得 $LZFPM$ 值,取 50~150 mm。
⑫$LZPK$——深层地下水日出流系数,从流量过程线上分析得出,常取 0.005~0.05。
⑬$LZSK$——浅层地下水日出流系数,常取 0.1~0.3。
⑭$PFREE$——从上土层向下土层渗透水量中补给下土层自由水的比例,常取 0.2~0.4。
⑮$RSERV$——下土层自由水中不蒸发部分的比例,常取 0.3。

河网汇流曲线采用分配函数。

本模型在美国应用较多。因其参数较多,且调试较困难,在我国应用不多。本模型的一些处理技巧较好,如为了消除差分误差,将一个时段雨量按 5mm 分为若干个步长计算,以及设置上土层自由水的思路等,被三水源新安江模型所采用。

3.5.2.3 水箱模型

水箱模型于 1961 年由日本国立防灾研究中心菅原正己博士提出,在日本应用较多。模型的基本单元结构是水箱,将流域降雨径流过程模拟为若干个水箱的组合调蓄作用(图3-17)。水箱侧孔表示出流,底孔表示下渗,假定出流和下渗都为水箱蓄水深 H 的线性函数。

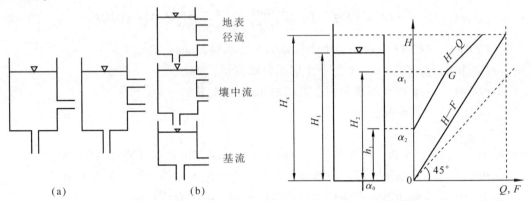

图 3-17　湿润地区水箱模型示意
(a) 单一水箱　(b) 多层直列式水箱

图 3-18　水箱模型 $H-Q$、$H-F$ 关系

(1) 单一水箱蓄水量与时段出流量和时段下渗量的关系

设 H_1 为时段初的水箱蓄水深,Q_1 为时段出流量,F_1 为时段下渗量,都以深度表示(图3-18)。α 为各孔时段出流系数,其中 α_0 为下渗孔的出流系数,h 为侧孔高度。

出流量:

$$Q_1 = \begin{cases} 0 & (H_1 \leq h_1) \\ (H_1 - h_1)\alpha_1 & (h_2 \geq H_1 > h_1) \\ (H_1 - h_1)\alpha_1 + (H_1 - h_2)\alpha_2 & (H_1 > h_2) \end{cases} \tag{3-43}$$

下渗量:

$$F_1 = \begin{cases} H_1\alpha_0 & (H_1 < H_s) \\ H_s\alpha_0 & (H_1 \geq H_s) \end{cases} \tag{3-44}$$

式中　H_s——水箱的饱和深度,mm。

当 H 达 H_s 后,下渗量达饱和值 F_s,即

$$F_s = H_s\alpha_0 \tag{3-45}$$

设本时段末的蓄水深为 H_2,时段降水量为 P,时段蒸发散量为 E,则

$$H_2 = H_1 + P - E - Q_1 - F_1 \tag{3-46}$$

H_2 即为下一时段初蓄水层。重复以上过程,即可得出流量及下渗量过程。

由图 3-18 可见,若水箱有 2 个侧孔,当 H 大于 h_2(与图示 G 点相应)时,径流将加速增长,$H-Q$ 关系在 G 点转折,流量与蓄量的关系不再是线性的。因此,增加出流孔数可以模拟 Q 与 H 间的非线性关系。

(2) 湿润地区的简单水箱模型

①模型结构　湿润地区常年有雨，地下水丰富，常用图 3-18(b) 所示的几个垂直串联的直列式水箱模拟降雨径流关系。一般认为，顶层水箱相应于地表结构，产生地面径流；第二层水箱相应于壤中流；第三、四层水箱相应于地下径流。通常情况下，顶层水箱设置 2 个或 3 个侧向出流孔。其他层水箱每层只设 1 个出流孔，最底层水箱的出流孔常安排在与水箱底同一水平上。将各层水箱侧孔的出流量相加，即为河网总入流过程。为考虑河网调蓄作用，可以再并联一个水箱，令由以上计算的出流量再经过一次线性水库的调蓄，即得流域出口断面流量过程。若流域面积小，河网调蓄作用不大，可将各水箱侧孔出流量之和视作流域出口断面流量。

有效降水首先注入顶层水箱中，当蓄水深超过侧孔高时，出流孔开始产流。下渗则与降水注入同时发生，并由底孔渗出。上一层水箱的下渗量即下一层水箱的入流量。

②蒸发散量计算　大多数河流采用以下的简单方法：年内各天蒸发量都用常数值。此值约为蒸发皿观测值的 70%～80%。如果雨量小于蒸发量，剩余蒸发量从顶层水箱的蓄水深中扣除；当顶层水箱蓄水量不够时，从下渗量中扣除；再不够，从下一层水箱的蓄水深中扣除。无雨时，蒸发量从顶层水箱蓄水深开始扣除，其余同上。

(3) 非湿润地区的并联水箱模型

在日本，因雨量丰沛土壤经常是湿润的，通常不考虑土壤水分对产流的影响，采用单列水箱即可。但在其他国家，土壤水分状况对产流影响很大。非湿润地区水箱模型结构与湿润地区的不同是：①考虑土壤含水量的影响，可在顶层水箱底部设置土壤含水量的结构。②考虑产流面积的不均一，可在流域上分带。在非湿润流域，可能部分地区湿润，其余地区干旱，在湿润面积上才产生地面径流，在干旱面积上的全部雨量被土壤吸收，很难产生地面径流。雨季开始后，湿润面积沿河谷从坡脚向山脊逐渐扩展。为模拟这种变化，把流域从河岸到山脊分成几个带 (图 3-19)。

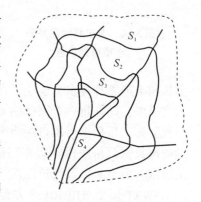

图 3-19　流域分带

每一带用多层直列水箱模拟，其中顶层水箱具有两层土壤的含水量结构，该结构各带可以不同。顶层以下，各带同层次水箱的结构相同，如此形成了由 n(垂向水箱数)×m(分带数) 个水箱组成的并联水箱模型 (图 3-20)。

顶层水箱中构成土壤含水量的水分称封存水，其他称自由水。自由水沿水平和垂直两个方向运动。同带各层水箱之间，水分由上层向下层流动，同时，考虑到毛细管作用，在顶层与下一层水箱之间设置一个向上的输送水结构，即当上土层含水量(封存水) 未达饱和时，下层水箱自由水传递补充给顶层封存水。水平方向上，各带同层水箱侧孔出流水量由分水岭逐带向下流出。顶层水箱设有两种出流孔，A 型孔出流量直接进入河网，B 型孔出流量进入下一带顶层水箱。

当流域上无雨时，水分干化过程是靠近山脊的最高带先变干，然后第二、第三、第四带依次干旱。这是由于自由水流向河谷的水平运动，使最高带消退最快。当下一层水箱没有自由水补充封存水时，顶层土壤含水量开始由于蒸发散而减少，最高带首先干化，较低带因接受上一带的水平向来水，不易干旱。同理，湿化过程则反之，最低带首先湿润，然后逐级向上发展。

蒸发散计算与湿润地区模型基本相同，由于有土壤结构，上、下土层间有水分交换，且下层水箱向顶层水箱输送水层，故略有不同。

为了考虑河网汇流的作用，有时在总出流（图3-21中的$\sum S_i$）之后，再设置一个并联水箱，总出流量进入该水箱再作一次调蓄。

水箱模型的结构不固定，参数没有地区规律，确定参数主要靠试算，这与使用者的水平、经验关系极大。图3-20所示的分带方法显然只适用于小流域。

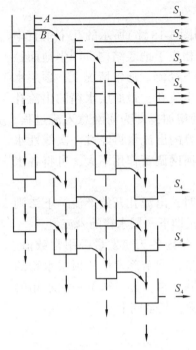

图 3-20　非湿润地区并联水箱模型示意

3.5.3　分布式水文模型

3.5.3.1　SWAT 水文模型

1998年，美国农业部农业研究中心开发了分布式水文模型SWAT模型，并在随后的应用中不断增加完善新的功能模块，模型中涵盖了气候、水文、土壤、植被生长和土地管理等多个模块，在全世界范围内得到广泛应用。SWAT属于第二类分布式水文模型，即在每一个网格单元（或子流域）上应用传统的概念性模型推求净雨，再进行汇流演算，最后求得出口断面流量。它明显不同于SHE模型等第一类分布式水文模型，即应用数值分析来建立相邻网格单元之间的时空关系。SWAT具体计算涉及地表径流、土壤水、地下水以及河道汇流，模型结构框如图3-21所示。

SWAT模型是由701个方程、1 013个中间变量组成的综合模型体系，可以模拟流域内的多种水文物理过程，如水的运动、泥沙的输移、植物的生长及营养物质的迁移转化等。整个模型的模拟过程可以分为两部分：子流域模块（产流和坡面汇流部分）和流路演算模块（河道汇流部分）。前者控制每个子流域内主河道的水、沙、营养物质和化学物质等的输入量；后者决定水、沙等物质从河网向流域出口的输移运动及负荷的演算汇总过程。子流域水文循环过程包括8个模块：水文过程、气象、泥沙、土壤温度、作物生长、营养物质、杀虫剂和农业管理。SWAT采用先进的模块化设计思路，水循环的每一个环节对应一个子模块，十分方便模型的扩展和应用。根据研究目的，模型的诸多模块既可以单独运行，也可以组合其中几个模块运行模拟。

（1）水循环的陆面部分

流域内蒸发量随着植被覆盖和土壤的不同而变化，可通过水文响应单元（HRU）的划分来反映这种变化。每个HRU都单独计算径流量，然后演算得到流域总径流量。在实际计算中，一般要考虑气候、水文和植被覆盖这3个方面的因素。

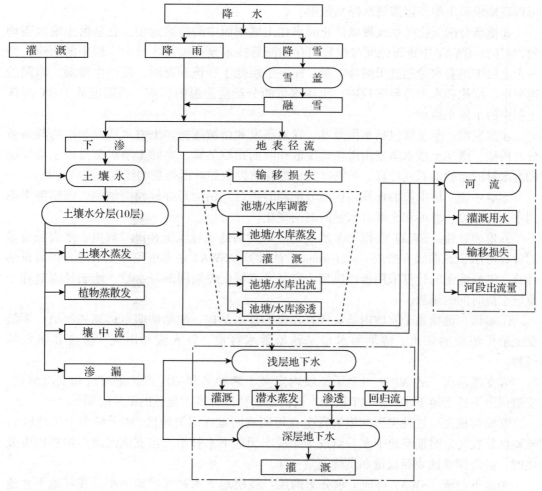

图 3-21 SWAT 模型结构示意

(2) 气候因素

流域气候(特别是湿度和能量的输入)控制着水量平衡,并决定了水循环中不同要素的相对重要性。SWAT 所需要输入的气候因素变量包括:日降水量、最高最低气温、太阳辐射、风速和相对湿度。这些变量的数值可通过模型自动生成,也可直接输入实测数据。

(3) 水文因素

降水可被植被截留或直接降落到地面。降到地面上的水一部分下渗到土壤中,一部分形成地表径流。地表径流快速汇入河道,对短期河流响应起到很大贡献。下渗到土壤中的水可保持在土壤中,被后期蒸发掉,或者经由地下路径缓慢流入地表水系统。

① 冠层蓄水 SWAT 有两种地表径流的计算方法。当采用 Green-Ampt 方法时,需要单独计算冠层截留。计算主要输入参数为冠层最大蓄水量和时段叶面指数(LAI)。当计算蒸发时,冠层水首先蒸发。

② 下渗 计算下渗时要考虑两个主要参数:初始下渗率(依赖于土壤湿度和供水条件)和最终下渗率(等于土壤饱和水力传导度)。当用 SCS 曲线法计算地表径流时,由于

计算时间步长为日，不能直接模拟下渗，下渗量的计算基于水量平衡。Green-Ampt 模型可以直接模拟下渗，但需要次降水数据。

③重新分配　指降水或灌溉停止时水在土壤剖面中的持续运动，它是由土壤水不均匀引起的。SWAT 中重新分配过程采用存储演算技术预测根系区每个土层中的水流。当一个土层中的蓄水量超过田间持水量，而下土层处于非饱和态时，便产生渗漏。渗漏的速率由土层饱和水力传导率控制。土壤水重新分配受土温的影响，当温度低于 0℃ 时该土层中的水停止运动。

④蒸发散　蒸发散包括水面蒸发、裸地蒸发和植被蒸腾。土壤水蒸发和植物蒸腾被分开模拟。潜在土壤水蒸发由潜在蒸发散和叶面指数估算。实际土壤水蒸发用土壤厚度和含水量的指数关系式计算。植物蒸腾由潜在蒸发散和叶面指数的线性关系式计算。

⑤壤中流　壤中流的计算与重新分配同时进行，用动态存储模型预测。该模型考虑到水力传导度、坡度和土壤含水量的时空变化。

⑥地表径流　SWAT 模拟每个水文响应单元的地表径流量和洪峰流量。地表径流量的计算可用 SCS 曲线方法或 Green-Ampt 方法计算。SWAT 还考虑到冻土上地表径流量的计算。洪峰流量的计算采用推理模型。它是子流域汇流期间的降水量、地表径流量和子流域汇流时间的函数。

⑦池塘　池塘是子流域内截获地表径流的蓄水结构。池塘被假定远离主河道，不接受上游子流域的来水。池塘蓄水量是池塘蓄水容量、日入流和出流、渗流和蒸发的函数。

⑧支流河道　SWAT 在一个子流域内定义了两种类型的河道：主河道和支流河道。支流河道不接受地下水。SWAT 根据支流河道的特性计算子流域的汇流时间。

⑨输移损失　这种类型的损失发生在短期或间歇性河流地区（如干旱半干旱地区），该地区只在特定时期有地下水补给或全年根本无地下水补给。当支流河道中输移损失发生时，需要调整地表径流量和洪峰流量。

⑩地下径流　SWAT 将地下水分为两层：浅层地下水和深层地下水。浅层地下径流汇入流域内河流，深层地下径流汇入流域外河流。

(4) 植被因素

SWAT 利用一个单一的植物生长模型模拟所有类型的植被覆盖。植物生长模型能区分一年生植物和多年生植物，被用来判定根系区水和营养物的移动、蒸腾、生物量和产量。

(5) 水循环的水面部分

水循环的水面过程即河道汇流部分，主要考虑水、沙、营养物(N、P)和杀虫剂在河网中的输移，包括主河道和水库的汇流计算。

(6) 主河道(或河段)汇流

主河道的演算分为 4 个部分：水、泥沙、营养物和有机化学物质。在进行洪水演算时，若水流向下游流动，一部分被蒸发和通过河床流失，另一部分被人类取用。补充的来源为直接降水或点源输入。河道水流演算多采用变动存储系数模型或 Muskingum 方法。

(7) 水库汇流演算

水库水量平衡包括入流、出流、降水、蒸发和渗流。在计算水库出流时，SWAT 提供 3 种估算出流量的方法以供选择：需要输入实测出流数据；对于小的无观测值的水库，需要规定一个出流量；对于大水库，需要一个月的调控目标。

3.5.3.2 地理信息系统和遥感技术在分布式模型中的应用

(1) 地理信息系统 GIS 在模型中的应用

分布式水文模型对流域水文过程的物理描述要求模型的输入数据能够充分反映流域空间的水文异质性，再加上分布式水文模型的输出结果不仅是传统降水产生的径流量，其输出更多的是流域内不同深度的土壤含水量、地下水埋深或者污染物浓度以及水质水环境状况等空间分布式信息，这些都不是传统的数据管理和处理方法所能解决的，只有应用 GIS 技术才能够达到目的。

GIS 技术的日趋完善和强大的功能极大地促进了分布式水文模型的发展，是当今水文学界特别是水文模型研究和应用的一个热点。Maidment(1993、1996) 和 Devantier (1993) 回顾了 GIS 在水文中的应用。何延波、李纪人等在讨论了水文模型的分类系统之后，论述了分布式水文模型迅速发展的原因，展示了地理信息系统在水文模型研究中的广阔应用前景。综合来说，GIS 在水文模型中具有以下作用：①管理空间数据。GIS 能够统一管理与分布式水文模型相关的大量空间数据和属性数据，并提供数据查询、检索、更新以及维护等方面的功能。②由基础数据提取水文特征。如利用地形数据计算坡度、坡向、流域划分以及河网(沟谷)提取等，后面两项功能尤为常见。③自动获取模型参数和准备模型所需要的数据，即利用 GIS 的空间分析和数据转化功能，生成分布式水文模型要求的流域内土壤类型图、土壤深度图、植被分布图以及地下水埋深图等空间分布性数据。

当前以数据采集、储存、管理和查询检索功能为主的 GIS 不能满足包括水文模型在内的许多应用模型在空间分析、预测预报、决策支持方面的要求。要提高 GIS 的应用效率，扩展应用领域，摆脱单纯的查询、分析和检索等功能，必须加强 GIS 与应用模型(水文模型)的集成研究。分布式水文模型与 GIS 的集成其实就是以数据为通道，以 GIS 为核心的开发过程。模型通过数据交换与 GIS 联系在一起，以空间的联系为基础。

分布式与地理信息系统的集成主要有两大作用：①利用 GIS 技术(格网自动生成算法)实现分布式水文模型对地理空间的离散(生成模型的计算网格)，用于水文模型数值求解。②用于水文模型输出结果的可视化与再分析。分布式水文模型的输出结果多是空间分布型信息，这些结果或者是以模型特定的数据格式，或者是以某些 GIS 系统的数据格式，如 ArcView 的 ASCII 的 GRID 格式输出。只有应用 GIS，才能对这类结果进行显示、查询和再分析，有助于分析者交互地调整模型参数。

GIS 与分布式水文模型的集成需要综合考虑模型、GIS 和数据等多方面的问题，建立可运行的、综合的和统一的集成环境。这一方面要求 GIS 人员了解模型的需要，把更多地理建模和数值求解方法直接纳入 GIS 中；另一方面要求建模人员熟悉 GIS 的功能，充分考虑 GIS 的数据结构，从而在两者之间找到共同的基础，实现 GIS 与分布式水文模型的集成。

Kovar 等(1996)论述了集成 GIS 与水文模型的不同方法。国内万洪涛、朱雪芹等都曾对地理信息系统技术与水文模型集成研究作过述评。按一般的理解，地理信息系统和水文模型主要有以下4种集成方式。

①模型嵌入 GIS 平台　比较典型的是 SWAT 模型，它作为一个扩展模块镶嵌在 ARCview 系统中。

②GIS 嵌入模拟模型　如 TOPMODEL 水文模型基于 Windows 平台，可视化程度较高。而且都采用了可视化数据输入和模拟结果表达，大大提高了模型识别、验证与应用的效率。不过，用这种集成方式处理空间数据的能力有限，还需要借助其他 GIS 软件工具。

③模型和 GIS 松散耦合　应用现有的概念模型在每个网格单元（子流域）上进行产流计算，然后再进行汇流演算，最后求出出口断面流量。它通过特殊的数据文件进行数据交换，常用的数据文件为二进制文件，用户必须了解这些数据文件的结构和格式，数据模型之间的交叉索引非常重要。通过相对较小的编程努力，得到的结果比独立应用稍好些。

④模型和 GIS 紧密耦合　应用数值分析建立相邻网格单元之间的时空关系。这种方法为基于物理的分布式水文模型所应用。MIKESHE 分布式水文模型系统就是采用这种方式开发的。

（2）遥感技术在水文模型中的应用

遥感是一种宏观的观测与信息处理技术，范围广，周期短，信息量大，成本低，是一种很重要的信息源。遥感技术可提供精确的背景观测数据，可以提供土壤、植被、地质、地貌、地形、土地利用和水系水体等许多流域下垫面条件的有关数据，也可以测定估算蒸发散和土壤含水量。借助遥感获得的上述信息、能够确定流域产汇流特性或模型参数。遥感应用于水文模型时具有下述特点：

①提高模型输入数据质量和模拟结果精度。遥感技术获得的是面上观测数据而不是点上的观测数据。如在计算流域面平均降水时，雷达估测的子流域面雨与雨量计估测的子流域面雨有显著的差异：雨量计估测的面雨用雨量计单点降水值代替，雷达估测的面雨是子流域内栅格降水量的平均。流域降水的空间变化显著，降水是一种强时空变化的天气现象。很显然雷达估测的降水数据更贴近实际，能大大提高径流模拟精度。

②可收集和存储同一地点不同时间的全部信息，即多时相信息，也可提供时间或空间高分辨率的信息。方秀琴等在处理黑河流域分布式水文模型的一个重要输入项——植被叶面积指数（LAI）的空间分布数据时，在详尽的野外观测数据基础上，提出了黑河地区 LAI 估算及其空间分布的遥感制图方案。

③遥感数据不仅是可见光的信息，更是多光谱的信息，有利于利用其中与水文地质有关的谱段信息。借助遥感还可获得遥远的、无人可及的偏僻区域的地理信息。如通过对遥感数据的分析可以获得地下地形、地质以及地下水的埋深等数据。

④遥感数据与地理信息系统相结合，可将经校正、增强、滤波和分类等处理后的遥感数据输入到地理信息系统中，在计算单元离散之后，自动获取水文参数和水文变量，为分布式水文模型建模和参数率定提供数据支持。如遥感技术可为离散网格提供高程数据、模拟计算需要的网格糙率系数等。

遥感的栅格式数据与分布式流域水文模型的数据格式具有一致性，这给概念理解和使用都带来了方便。从目前国内外的研究进展来看，遥感在水文模型中的应用主要还是集中在信息提供和数据支持上，遥感正在从描述性研究向定量研究转变，遥感应用于分布式水文模型有广泛的前景。

本章小结

产汇流理论是水文学的核心理论。本章详细介绍了坡面产流类型、机制和过程以及流域汇流的过程和影响因素，在对流域水文循环过程详细分析的基础上，采用数学公式，根据质量、动量、能量守恒原理，或根据经验观测，对自然界流域尺度主要水文过程进行概化和抽象，构建流域水文模型。随着计算机技术的发展，水文模型的种类越来越多，本章讨论了流域水文模型的分类及特点，并且详细说明了新安江模型、萨克托模型、水箱模型和以 SWAT 为代表的基于物理过程分析式水文模型的模型结构和计算方法，同时对地理信息和遥感技术在水文模拟中的应用进行了基本介绍。

思 考 题

1. 简述坡面产流模式。
2. 简述流域汇流过程。
3. 简述流域水文模型的分类。
4. 简述新安江模型的结构与计算方法。
5. 简述遥感与地理信息系统在水文模拟中的应用。

第4章

流域侵蚀与产沙输沙

4.1 概述

流域侵蚀与产沙输沙是流域内的岩土在水力、风力和重力等外营力作用下发生的侵蚀和输移的过程。在多数地区，水力侵蚀是流域产沙的主要形式。被侵蚀的岩土经过输移过程中的冲淤变化，到达流域出口断面的泥沙数量称流域产沙量。岩土侵蚀量通常用单位面积上岩土的侵蚀数量即岩土的侵蚀模数（t/km^2）表示。流域产沙量则用重量（t）或输沙率（t/s）表示。流域产沙使耕田面积缩小，耕作层和肥分流失，毁坏农田，使河道、水库和渠道淤积，降低甚至丧失功能。泥沙还是各种污染物的载体。

4.2 坡面侵蚀

4.2.1 坡面侵蚀类型

土壤侵蚀是地表土壤及其母质及其他地面组成物质在水力、风力、冻融及重力等外营力作用下的破坏、剥蚀、搬运和沉积过程。

由于坡面土壤、地质、地形、植被和水流作用力的方式及大小等差异，导致水力侵蚀产生多种形式。流域坡面发生的土壤侵蚀主要类型有溅蚀、面蚀和沟蚀。

(1) 溅蚀

溅蚀是指裸露的坡地受到雨滴的击溅而引起的土壤侵蚀现象。它是一次降雨中最先导致的土壤侵蚀。

裸露的坡地受到较大雨滴打击时，表层土壤结构遭到破坏，土粒溅起，溅起的土粒落回坡面时，坡下比坡上落得多，因而土粒向坡下移动。随着雨量的增加和溅蚀的加剧，地表往往形成一个薄泥浆层，再加之汇合成小股地表径流的影响，很多土粒随径流而流失。溅蚀破坏土壤表层结构，堵塞土壤空隙，阻止雨水下渗，为产生坡面径流和层状侵蚀创造了条件。

(2) 面蚀

面蚀是指由分散的地表径流冲走坡面表层土粒的侵蚀现象，它是土壤侵蚀中最常见的一种形式。凡是裸露的坡地表面，都有不同程度的面蚀存在。由于面蚀面积大，侵蚀的又都是肥沃的表土层，所以对农业生产的危害很大。根据面蚀发生的地质条件、土地利用现状及其表现的形态差异，可以分为层状面蚀、鳞片状面蚀、砂砾化面蚀和细沟状面蚀。

(3) 沟蚀

沟蚀是指由汇集在一起的地表径流冲刷破坏土壤及其母质,形成切入地表以下沟壑的土壤侵蚀形式。面蚀产生的细沟在集中的地表径流侵蚀下继续加深、加宽、加长,当沟壑发展到不能为耕作所平复时,即变成沟蚀。沟蚀形成的沟壑称为侵蚀沟。根据沟蚀强度及表现的形态,可以分为浅沟侵蚀、切沟侵蚀和冲沟侵蚀等类型。

沟蚀虽不如面蚀的涉及面广,但其侵蚀量大、速度快,且把完整的坡面切割成沟壑密布、面积零散的小块坡地,使耕地面积减小,对农业生产的危害也十分严重。

4.2.2 坡面侵蚀机理

4.2.2.1 雨滴击溅侵蚀

水力侵蚀从地表土壤颗粒消耗雨滴击溅的能量开始。当坡面还未形成具有一定厚度的径流时,雨滴所携带的能量直接作用于表层土壤,导致两个作用相反的结果。一方面,雨滴的冲击力直接导致土壤微结构破坏,土壤颗粒发生分离,为进一步的径流侵蚀提供了物质基础;另一方面,在雨滴的击打夯实作用下,表层土壤容重增加,同时一些细小颗粒填塞表层土壤孔隙,从而形成结皮。这些降雨初期形成的结皮同样具有两个相反的作用:在结构上充当了其下土壤的保护层,减小溅蚀量;阻碍坡面水流下渗,使超渗径流量增加,又利于侵蚀的发生。

(1) 雨滴特性

雨滴特性包括雨滴形态、大小、降落速度、接地时冲击力、降水量、降水强度和降水历时等。一般情况下,小雨滴为圆形,稍大的雨滴因下降时受空气阻力作用而呈扁平形。小雨滴直径约为 0.2 mm,大雨滴直径约为 7 mm,其降落时的终点速度随雨滴直径增加而变大。

雨滴降落时,因重力作用而逐渐加速,但由于周围空气的摩擦阻力产生向上的拉力也随之增加,当此二力趋于平衡时,雨滴即以固定速度下降,此时的速度即为终点速度。雨滴的终点速度越大,对地表的冲击力也越大,对地表土壤的溅蚀能力也随之加大。

(2) 溅蚀形成过程

雨滴在高空形成后即具有质量和高度,因而即获得势能。其势能的大小随雨滴质量、位置高度而异,如下式所示。

$$E_p = mgh \tag{4-1}$$

式中 E_p——雨滴势能,J;

m——雨滴质量,g;

g——重力加速度,m/s²;

h——雨滴高度,m。

当雨滴落下时,其位能即逐渐转变为动能。可由式(4-2)表示:

$$E_k = \frac{1}{2}mv^2 \tag{4-2}$$

式中　E_k——雨滴动能，J；
　　　m——雨滴质量，g；
　　　v——终点速度，m/s。

势能与动能的消长关系可由式(4-3)表示：

$$mg(h_1 - h_2) = \frac{1}{2}m(v_2^2 - v_1^2) \tag{4-3}$$

当雨滴降落接地的瞬间，雨滴原有势能全部转化为动能对地表做功，使土壤颗粒破碎分离、飞溅，至此一个雨滴对地表产生的溅蚀过程完成。理论上讲，在特定范围内的一次降雨总能量可由单个雨滴能量相加而得，但实践中这是不可行的，因为我们不可能知道每个雨滴的终点速度和质量，为此美国学者威斯曼(Wischmeier)和史密斯(Smith)建立了一个经过简化的计算降雨动能的经验公式，即

$$E = 210.2 + 89\lg I \tag{4-4}$$

式中　E——降雨动能，J/(m²·cm)；
　　　I——降雨强度，cm/h。

降雨时直径 6 mm 的雨滴能以高达 32 km/h 的速度撞击土壤表面，一般情况下降雨强度越大，雨滴直径也越大，所产生的动能也随之变大。按自由落体计算，直径 6 mm 的雨滴降落时具有的动能为 4.67×10^4 尔格(1 尔格 = 10^{-7} J)，可产生将 46.7g 的物体上举 1 cm 高度所做的功。当然，动能还与雨滴速度有关。所谓雨滴速度，一般是指雨滴在降落过程中重力与空气阻力平稳时所达到的终点速度。终点速度随雨滴的增大而增长，一般增至 6.5 mm 左右为止。通常是不存在更大的雨滴直径，这是由于随着雨滴增大，制约雨滴变形的空气阻力也增大，大雨滴变形可以导致其未达到相应的终点速度时就已分裂。

4.2.2.2　地表径流侵蚀作用

地表径流是最主要的外营力之一。它在流动过程中不仅能侵蚀地面，形成各种形态的侵蚀沟谷，同时又能将被侵蚀的物质沿途堆积。地表径流主要来自大气降水，同时也接受地下水或融冰融雪水的补给。

(1) 水流特性

①层流与紊流　水流的基本流态可以分为层流和紊流。

层流的水质点有一定的轨迹，与邻近的质点作平行运动，彼此互不干扰。这种流动仅可能在水库及含沙量高的浑水中遇到，在坡面及沟槽中很少发生。由于层流没有垂直于水流方向的向上分力作用，所以一般不能卷起泥沙。

紊流的水质点呈不规则的运动，并且互相干扰，在水层与水层之间夹杂了大小不一的旋涡运动。旋涡的产生，是由于上下各水层流速不同，分解面上形成相对运动；这种流速的分界面极不稳定，很容易造成微弱的波动；波动逐渐发展，最后在交界面上形成一系列的旋涡。紊流内部主要由许多不同类型的旋涡构成。

层流水是否失去稳定性取决于作用于水体的惯性力与黏滞力的对比关系。惯性力有使水体随着扰动而脱离、破坏规则运动的趋向，而黏滞力有阻滞这种扰动、使水体保持

规则运动的作用。因此，惯性力越大，黏滞力越小，层流越容易失去其稳定性而成为紊流；反之，则水流容易保持层流状态。作用于单位水体的惯性力可以用 $\rho v^2 L^{-1}$ 度量。其中 ρ 为水的密度，v 为水的平均流速，L 为某一代表长度。作用于单位水体的黏滞力可用 uvL^{-2} 表示，其中 u 为水的黏性系数。两者的比值表示惯性力与黏滞力的对比关系：

$$\frac{\rho v^2 L^{-1}}{uv L^{-2}} = \frac{\rho vL}{u} \tag{4-5}$$

式中 $\dfrac{u}{\rho} = g$——运动黏滞系数。

于是式(4-5)可简化为：

$$\frac{\rho vL}{u} = \frac{vL}{g} = R \tag{4-6}$$

这就是习惯用的雷诺数。雷诺数小，表示黏性超过惯性，水流属层流范畴；雷诺数大，则属紊流范畴。

对明渠水流来说，临界雷诺数的下限约为 500。水的运动黏滞系数一般为 10^{-2} cm/s，那么，厚度为 0.2 cm、流速为 25 cm/s 的薄层水流便不再保持层流流态。因而一般沟槽、河道中的水流总是属于紊流性质，只有坡面薄层缓流才是层流。

②坡面水流　坡面薄层水流的流动情况十分复杂，沿程有下渗、蒸发和雨水补给，再加上坡度的不均一，使得流动总是非均匀的。为了使问题简化，不少学者在人造的坡面上，用人工降雨的方法，研究了下渗稳定以后的坡面水流情况，得到不少坡面水流的流速公式。这些公式大都可以化成如下形式：

$$v = kq^n J^m \tag{4-7}$$

式中　q——单宽流量，m²/s；

　　　J——坡面坡度，%；

　　　n, m——指数；

　　　k——系数。

公式中采用 q 和 J 作为自变量，而不是像一般常用的那样，以 h 和 J 作为自变量。原因是坡面水层厚度 h 极小，而坡面又总是高低不平，h 值几乎无法量测，而在试验中单宽流量却比较容易测定。

(2) 水流的侵蚀作用

水流侵蚀也就是地表泥沙被水流带走，因而，可以根据泥沙起动条件判断是否发生侵蚀。

【例 4-1】　图 4-1 砾石三轴长分别为 a、b、d，其上受到 3 个方向的作用力，分别是重力 G、水流推移力 P_x 和上举力 P_y。

$$G = (g_M - g_w)abd \tag{4-8}$$

式中　g_M——砾石的容重，g/cm³；

　　　g_w——水的容重 ($g_w = \gamma_g$)，g/cm³。

$$P_x = L_x ab \frac{\gamma v^2}{2} \tag{4-9}$$

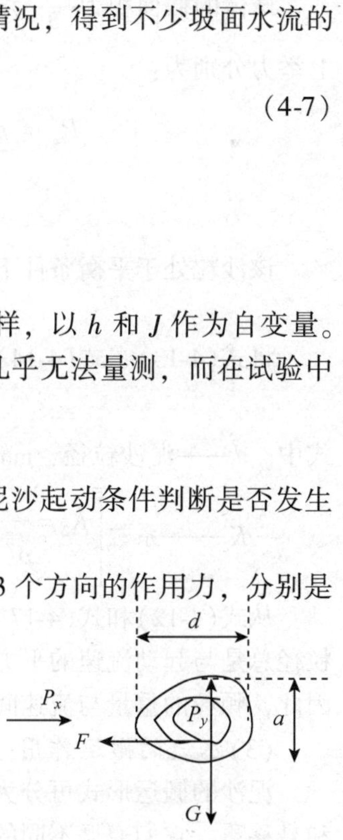

图 4-1　河底砾石受力情形

$$P_y = L_y ab \frac{\gamma v^2}{2} \tag{4-10}$$

在水流流动时,砾石顶部和底部水流流速不同。根据伯努利定律,顶部流速高,压力小;底部流速低,压力大。这样造成的压差产生了上举力P_y,方向朝上,并通过颗粒重心。

式(4-9)和式(4-10)中L_x和L_y分别为推移力和上举力系数。砾石开始起动时,应满足平衡方程:

$$f(G - P_y) = P_x \tag{4-11}$$

式中 f——摩擦系数。

将式(4-8)、式(4-9)、式(4-10)分别代入式(4-11),整理后得滑动起动流速v_d:

$$v_d = K_1 \sqrt{d} \tag{4-12}$$

式中 K_1——系数,$K_1 = \sqrt{\dfrac{2f(g_M - g_w)}{(fL_y + L_x)\gamma}}$。

沙粒的滚动情况如图4-2所示。球形沙粒在水中的自重:

$$G = \frac{\pi}{b} d^3 (\gamma_M - \gamma_w) \tag{4-13}$$

球体的截面积为$\dfrac{\pi d^2}{4}$,由于沙粒受到水流的推移力和上举力分别为:

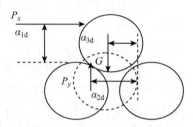

图4-2 泥沙滚动时的受力情况

$$P_x = g_x \frac{\rho d^2}{4} \frac{\gamma v^2}{2} \tag{4-14}$$

$$P_y = g_y \frac{\rho d^2}{4} \frac{\gamma v^2}{2} \tag{4-15}$$

该沙粒处于平衡条件下需满足:

$$P_x a_1 d + P_y a_2 d = G a_3 d \tag{4-16}$$

将式(4-13)、式(4-14)、式(4-15)代入式(4-16),整理后得滚动起动流速v_{d_0}:

$$v_{d_0} = K_2 \sqrt{d} \tag{4-17}$$

式中 d——泥沙粒径,mm;

K_2——系数$\left[K_2 = \dfrac{a_3(g_M - g_w)}{\rho(a_1 L_x + a_2 L_y)\dfrac{L}{4}} \right]$。

从式(4-12)和式(4-17)可看出,沙砾在水流作用下,无论是滑动还是滚动,沙砾的粒径总是与起动流速的平方成正比。而泥沙的体积或重量又与其粒径的三次方成正比,因此,颗粒的重量与流速间有$G \propto v_d^6$的关系。这就是山区河流能搬运粗大的砾石的原因。

(3) 水流的搬运作用

泥沙的搬运形式可分为推移和悬移两大类。这两种运动形式的泥沙分别称为推移质和悬移质,它们遵循不同的规律。

① 泥沙的搬运方式 泥沙起动以后,在水流上举力作用下,可以跳离床面,与速度

较高的水流相遇，被水流挟带前进。但泥沙颗粒比水重，又会逐渐落回到床面上，并对床面上泥沙有一定冲击作用，作用的大小取决于颗粒的跳跃高度和水流流速。如果沙粒跳跃较低，由于水流临底处流速较小，泥沙自水流中取得的动量也较小，在落回床面以后不会再继续跳动；如果沙粒跳跃较高，自水流中取得的动量较大，则落于床面以后还可以重新跳起。流速继续增加，紊动进一步加强，水流中充满大小不同的旋涡，这时泥沙颗粒自床面跃起后，有可能被旋涡带入离床面更高的流区中，随着水流以相同速度向前运动，这样的泥沙称为悬移质(图4-3)。

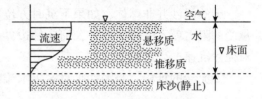

图 4-3 河流中的泥沙随水深

推移质和悬移质之间，以及它们与河床上的泥沙之间存在不断的交换现象。各部分泥沙之间的交换作用，使含沙量(单位体积浑水中所含的沙量，以 p_s 表示，单位为 kg/m³)在垂线上分布成为一条连续曲线。如果泥沙较细，紊动较强，则泥沙分布也比较均匀；如果颗粒粗，紊动较弱，则更多的泥沙集中于河床附近的区域。

对于任何一颗推移质来说，它的运动行程是间歇的。它被水流搬运一定距离以后，便在床面静止下来，转化为床沙的一部分，然后等待合适的时机，再一次开始第二个行程。在泥沙运动强度不大时，一颗沙粒停留在床面的时间远较它在运动中的时间长得多。

②水流挟沙力 在一定的水流条件下，水流能够挟运泥沙的数量，称为挟沙力。它的单位与含沙量 p_s(kg/m³)相同，以符号 p_0 表示。如果上游来水的含沙量小于该水流的挟沙力，水流就有可能从本段河床上获得更多的泥沙，造成床面的冲刷。反之，将发生沉积。如果来水的含沙量等于这一流段的挟沙力，那么来沙量可以全部通过，河床不冲不淤。这种不冲不淤的含沙量，就是当时水流条件和泥沙条件下的挟沙力。

(4) 水流的堆积作用

①泥沙的沉速 粒径为 D 的圆球在静水中因受重力 G 的作用而下沉：

$$G = (g_M - g_w)\frac{\rho D^2}{6} \tag{4-18}$$

在下沉过程中，要受到水流的阻力 F：

$$F = L_x \cdot \frac{\rho D^2}{4} \cdot \frac{\gamma^2 w}{2} \tag{4-19}$$

式中 w——球体的运动速度，m/s；

L_x——阻力系数。

在开始下沉时，球体的运动速度较小，重力大于阻力，这时圆球以加速度前进，球体所承受的阻力在行进中不断加大。经过一定距离以后，阻力大到和重力相等，此后球体即在 F 恒等于 G 时，得到沉速公式如下：

$$w^2 = \frac{4}{3} \cdot \frac{1}{L_x} \cdot \frac{g_M - g_w}{\gamma} \cdot D \tag{4-20}$$

式中 L_x——雷诺数(wD/g)的函数。

当雷诺数 $R<0.4$ 时,由于泥沙下沉引起水体加速度运动的作用远小于水流黏滞性的作用,沙粒周围的水流运动形式。随着雷诺数的加大,水流的惯性渐趋重要,在球体的上端产生尾迹,由此不断产生旋涡。当雷诺数 $R>10^3$ 以后,黏滞力可以不计。

天然泥沙并非球体,如果下沉时方位不同,则在下沉方向上的投影面积也不同,所承受的阻力就不一样。此外,河床的边界条件、水流含沙浓度和水流的紊动等因素都会对泥沙沉速产生影响。

②泥沙的堆积 当泥沙来量大于水流的挟沙力时,多余的泥沙就沉积下来。

4.3 河流泥沙

4.3.1 泥沙的水力特性

泥沙的沉降速度是泥沙重要的水力特性。泥沙的沉降速度是指泥沙在静止清水中作等速沉降时的速度,它与泥沙的颗粒大小、形状、容重和水的黏滞性及泥沙沉降时的运动状态有关。

4.3.1.1 泥沙的粒径与级配

(1) 泥沙的粒径

河流泥沙颗粒的形状各式各样。较粗的颗粒,由于经常沿河底运动相互碰撞和摩擦的机会较多,呈圆形或椭圆形;较细的颗粒,因经常悬浮于水中,相互碰撞和摩擦的机会较少,同时大多数又是较粗颗粒破碎后的坚硬部分,难于磨损,往往具有极不规则的棱角形状。中等的和较大的颗粒近于球体,因此可以近似地用球体代替真实的泥沙形状,即以相等颗粒容积球体直径(称等容粒径)表示泥沙颗粒的大小。即

$$D = (6V/\pi)^{1/3} \tag{4-21}$$

式中 D——泥沙的等容粒径,mm;

V——泥沙颗粒的体积,mm^3。

实际上采用泥沙颗粒的长轴 a、中轴 b 和短轴 c 的算术平均值或几何平均值,即

$$D = \frac{1}{3}(a+b+c) \text{ 或 } D = (abc)^{1/3} \tag{4-22}$$

山区河流比降大、流速快,能够推动直径达几米的大石块,而平原河流比降小,只能挟运直径几毫米的细沙。河流一般上游比降大,挟运的泥沙粒径较大;下游一般比降小,挟运的泥沙粒径较小。

(2) 泥沙颗粒级配

天然泥沙很少是均匀的,它们是由大小不一、形状各异的颗粒组成的群体。研究泥沙群体的平均特性,对于生产实践来说,比研究单个泥沙颗粒的特性更为重要。研究泥沙群体的平均特性,就要用泥沙颗粒分析所求得的泥沙颗粒级配曲线来表示河流泥沙颗粒组成的特性。此曲线的横坐标为泥沙颗粒直径,纵坐标为小于此种粒径的泥沙在全部泥沙中所占的百分数。

4.3.1.2 泥沙的比重和干容重

(1) 泥沙的比重

泥沙的比重 γ_s 是指泥沙沙样中各个颗粒的实有重量之和 W_s 与所有沙粒的实际体积 V 之比,也就是单位体积无孔隙的泥沙重,又称泥沙比重,即

$$\gamma_s = \frac{W_s}{V} \tag{4-23}$$

泥沙比重随沙粒成分而变,变化范围大致在 2.60~2.70 g/cm³ 之间。实际应用中可取平均值 2.65 g/cm³。

(2) 泥沙的干容重

单位体积(包括孔隙)烘干泥沙的重量称干容重(或容重)γ_0。

比重 γ_s 和容重 γ_0 的关系可用式(4-24)表示:

$$\gamma_0 = \frac{\gamma_s}{1+e} \tag{4-24}$$

式中 e——孔隙比,即沉积物中孔隙体积与颗粒体积之比。

4.3.1.3 泥沙的分类

(1) 按粒径大小分类

按粒径大小可分为块石、卵石、砾石、砂、粉砂和黏土等级别。有些地区规定:砂的粒径是 0.2~2.0 mm,粉砂是 0.02~0.002 mm,小于 0.002 mm 的是黏土。

(2) 按泥沙运动状态分类

按泥沙运动状态可分为悬移质和推移质两大类。

(3) 按河床冲淤情况分类

按河床冲淤情况可分为冲泻质(非造床泥沙)和床沙质(造床泥沙)两大类。

4.3.1.4 泥沙的沉降速度

观察球体在静水中匀速下沉运动规律时,可发现球体大小不同,运动规律也不同。若用沙粒雷诺数 $Re_d = \omega d/v$ 来综合反映泥沙粒径 d 的沉降速度 ω 和水的黏滞系数 v 对沉速规律的影响,则当 Re_d 较小时(约 <0.5),球体基本沿铅垂线下沉,周围水体不发生紊乱现象,球体主要受到水的黏滞阻力,绕流属于层流状态;当雷诺数 Re_d 较大时(约大于 1 000 时),球体下沉轨迹呈螺旋形,球体后部产生边界层的分离现象,压强降低,球体所受阻力主要是形状阻力,绕流属于紊流状态;当 $0.5 < Re_d < 1 000$ 时,球体下沉属于过渡状态,黏滞阻力和形状阻力都起作用。

泥沙的水力特性通常用泥沙在静水中的均匀沉速 ω 表示,也称水力粗度。ω 值与粒径、泥沙容重、水的容重及水的温度有关。计算公式为:

$$\omega = \sqrt{\frac{4gd}{3C_d}\left(\frac{\gamma_s}{\gamma} - 1\right)} \tag{4-25}$$

式中 γ_s——泥沙的容重,g/cm³;

γ——水的容重，g/cm^3；

d——泥沙粒径，mm；

C_d——阻力系数，与水的流态有关。

对于不同的绕流状态，由于 C_d 有不同的表达形式，沉降速度公式不同。

(1) 层流状态

当水流处于层流状态时，应用著名的斯托克斯公式：

$$\omega = \frac{gd^2}{18v}\left(\frac{\gamma_s}{\gamma} - 1\right) \tag{4-26}$$

式中　v——液体黏滞系数；

其余字母意义同前。

(2) 紊流状态

当水流处于紊流状态时，应用冈查罗夫公式：

$$\omega = 33.1\sqrt{\frac{\gamma_s - \gamma}{10\gamma} \cdot d} \tag{4-27}$$

式中　各字母意义同前。

(3) 过渡区状态

当水流处于过渡区状态时，应用冈查罗夫公式：

$$\omega = 6.77\frac{\gamma_s - \gamma}{\gamma}d + \frac{\gamma_s - \gamma}{1.92\gamma}\left(\frac{T}{2.6} - 1\right) \tag{4-28}$$

式中　T——温度，℃；

其余字母意义同前。

通常当粒径 $d \leq 0.1$ mm 时，采用层流状态下的公式；当 $d = 0.15 \sim 1.5$ mm 时，采用过渡区状态下的公式；当 $d > 1.5$ mm 时，采用紊流状态下的公式。

在我国影响较大的沉降速度公式还有张瑞瑾及窦国仁公式。张瑞瑾根据阻力叠加原则及大量试验数据，得出了同时满足层流区、紊流区及过渡区的沉降速度公式：

$$\omega = \sqrt{\left(13.95\frac{v}{d}\right)^2 + 1.09\frac{\gamma_s - \gamma}{\gamma}gd} - 13.95\frac{v}{d} \tag{4-29}$$

窦国仁也根据层流阻力和紊流阻力叠加原则，得出了理论性更强但结构形式更复杂的沉降速度公式。

4.3.1.5　泥沙的群体沉降

在多沙浑水中，泥沙颗粒的沉降性会发生较大变化，远较清水或低含沙浑水中的情况复杂。此时泥沙颗粒下沉时并不是互不干扰以单粒形式下沉，而是彼此互相干扰，部分颗粒或全部颗粒成群下沉，其下沉速度称为群体沉速。确定群体沉速对于研究多沙水流的挟沙特性具有重要意义。在黄河上，钱意颖、杨文海、赵文林等学者的研究是很有意义的。20 世纪 80 年代初张红武在前人研究成果的基础上进行初步探索，之后又采用大量实测资料加以改进，得出一个更有实用价值的群体沉降速度计算公式：

$$\omega_s = \omega_0 \left(1 - \frac{S_v}{2.25\sqrt{d_{50}}}\right)^{3.5}(1 - 1.25S_v) \tag{4-30}$$

式中 ω_s——泥沙的群体沉速，m/s；

ω_0——清水沉速，m/s；

S_v——体积含沙量，kg/m³；

d_{50}——悬沙中径，mm。

4.3.2 推移质运动

4.3.2.1 泥沙的起动

在研究河床冲刷时，首先需要确定泥沙的起动条件。若河床由粗细不均的泥沙组成，细粒泥沙将被冲走，留下粗沙形成一覆盖层，待其达到一定厚度以后，即可保护下层泥沙不再被冲走，冲刷停止。若河床泥沙组成较细，泥沙可全部起动，冲刷将会迅速发生。当冲刷达到一定深度后，水深增加，流速减小，致使水流条件不足以使泥沙继续起动，冲刷将自动停止。在对上述过程进行定量分析时，需要确定泥沙的起动条件。

泥沙的起动条件是指床面上的泥沙开始发生运动的水流条件，是泥沙将动而未动时的临界水流条件。泥沙颗粒的起动是其所受作用力综合作用的结果，因此，其起动条件与受力状况密切相关。

(1) 起动流速 (V_c)

起动流速是指促使床面上泥沙颗粒由静止转入运动状态的临界流速。断面平均流速的大小与河水深度 h 及水力半径 R 有关。在质地相似的条件下，泥沙有效重力 G 取决于颗粒直径 d，所以国内外学者提出了起动流速 V_c 与上述参数之间的经验公式。如前苏联学者沙莫夫提出适用范围 $d \geq 0.2$mm 的经验公式：

$$V_c = 4.6 d^{\frac{1}{3}} h^{\frac{1}{2}} \tag{4-31}$$

张瑞瑾也提出了如下公式(适用于均质沙)：

$$V_c = \left(\frac{h}{d}\right)^{0.14} \sqrt{1.8 \frac{\gamma_s - \gamma}{\gamma} gd + 6.05 \times 10^{-7} \frac{10 + h}{d^{0.72}}} \tag{4-32}$$

式中 h——河水深度，m；

d——泥沙颗粒直径，mm；

其余字母意义同前。

(2) 止动流速 (V_h)

止动流速是指泥沙由运动状态转为静止状态的临界流速。由于泥沙止动时无需克服摩擦力和黏着力，所以止动流速一般小于起动流速，其经验系数约为 0.71~0.83。

(3) 扬动流速 (V_f)

当水中流速达到一定数值后，水流的脉动强度足以克服泥沙的沉降时，由河床面上跃起的泥沙颗粒不再回落床面，而是随水浮运，形成此种现象的临界流速称为扬动流速。计算公式为：

$$V_f = 0.812 d^{\frac{2}{5}} w^{\frac{1}{5}} h^{\frac{1}{5}} \tag{4-33}$$

显然，一般情况下，扬动流速应大于起动流速。但实验表明，当床面上泥沙粒径 $d<0.08$ mm 时，由于泥沙间黏着力强，起动时要求较大流速。一旦起动后，因泥沙颗粒细、沉降速度小，极小的水流脉动强度就可以使之长久悬浮，因而此时的扬动流速小于起动流速。

4.3.2.2 沙波运动

在一定流速条件下，推移质常呈"沙波"运动，并构成河床地形的基本单位。沙波按其平面形态可分为带状沙波、蛇曲状沙波及新月形沙波三类。其中新月形沙波最为常见，其外形与风所形成的沙丘相似。这种波的长度范围从 20～30 cm 至上千米，波高范围从几厘米至数米。

沙波在河底的推移与水流在沙波面上的流速分布有关。据观测，沙波迎水面为水流加速区，波峰处流速最大，越过波峰水流发生分离，在波谷处产生漩涡，流速出现负值，这样迎水面泥沙不断被水流推移，越过波峰顶后落入背水面沙谷中，沙波随之向前移动。

沙波的形成对河床阻力的变化有很大影响。根据国内对天然河道的研究，在沙波充分发展的情况下，床面糙率可增加为沙粒糙率的 3 倍。此外，沙波还能影响水位—流量关系和推移质输沙率。在水不深的条件下，还有可能根据沙波推移情况计算推移质输沙率。

4.3.3 悬移质运动

悬移质运动是河流泥沙的主要运动形式之一。江河输送泥沙，悬移质占主要部分。在研究河床演变、引水排沙、引洪淤地等工程实际问题时，常需要了解含沙量沿水深的分布规律和悬移质输沙的能力。

4.3.3.1 悬移质运动特点

被水流悬浮挟运的泥沙称为悬移质。泥沙悬浮于水中，是水流紊动作用的结果。紊流的脉动分速时正时负，其均值为零。由于河水上下水层的含沙量差别较大，脉动分速自下而上挟带的泥沙比自上而下沉降的泥沙多，所以河水中总有相当数量的泥沙随水流浮运。

对于一颗沙粒而言，由于水流脉动强度忽大忽小，当脉动分速减小时，沙粒随时可由悬浮状态转为推移运动，甚至停留于河床上；而当脉动强度增大时，沙粒又可由推移运动转为悬浮状态。因此，悬移质与推移质之间并无绝对的界线。对于粒径细小的泥沙，由于沉降速度很小，一般不会沉降河底；而对于部分粗砂，由于自重较大，脉动分速无法使之浮运。通常情况下，这两种泥沙颗粒在总沙量中所占比重很小。一般将经常与床沙发生交换的那部分泥沙称为床沙质或造床质，将不落淤的泥沙称为非造床质或冲泻质。

4.3.3.2 含沙量的分布与变化

含沙量是指单位浑水体积内沙样的重量,一般用绝对重量表示:

$$\rho_A = \frac{W}{V} \quad (4-34)$$

式中 ρ_A——含沙量,kg/m³;
W——泥沙重量,kg;
V——体积,m³。

也可用相对重量表示:

$$\rho_B = \frac{W}{W_N} \quad (4-35)$$

式中 ρ_B——含沙量,kg/m³;
W——泥沙重量,kg;
W_N——泥水总重,kg。

(1) 含沙量沿水深、断面与河长的分布

含沙量沿水深的变化远比沿流速方向的变化大。一般含沙量自水面向河底迅速增大,而且上下水层含沙量差异悬殊,有时甚至可达上千倍。含沙量的分布规律除了与水流紊动强度有关,还与泥沙粒径有关,颗粒越粗,上下水层含沙量差别越大。

含沙量沿横向断面的分布较为复杂,通常主流和局部冲刷处含沙量大。若河道顺直,断面规则,则含沙量横向分布较均匀;反之,含沙量横向分布往往很不规则。

含沙量沿纵向的变化主要取决于河流比降、流量的沿程变化以及河段两岸产沙条件,含沙量可能逐渐增大,也可能逐渐降低。如黄河自源头起,随着水量逐渐增大,含沙量相应增加;中游流经水土流失严重的黄土高原,龙门、三门峡陕州两站含沙量达最大值;其下游形成地上河,比降减小,泥沙大量落淤,沿程各站含沙量逐渐降低。

(2) 含沙量的时间变化

河流含沙量的时间变化非常明显,汛期含沙量往往比枯水期含沙量高出几倍甚至几十倍,其基本规律与流量的时程变化相对应。但由于含沙量还与流域产沙及输沙条件密切相关,因此,含沙量与流量之间并非呈简单的正相关关系。一般来说,初次洪水由于有汛前流域上堆积的大量风化物的供给,含沙量往往较高,此后即使流量增大,含沙量不一定增加,甚至可能减少。这也是月含沙量最大值常出现在最大月平均流量之前的原因。

4.3.3.3 水流挟沙能力

水流挟沙能力通常是指悬移质中床沙质部分的饱和含沙量,是用来判断河床冲淤情况的重要指标。如果上游来沙中床沙质含量已超过本河段水流挟沙能力,河槽将发生淤积;反之,则发生冲刷。

根据维里康诺夫的重力理论,水流挟沙能力的计算式为:

$$S = K\frac{V^3}{gh\omega} \quad (4-36)$$

式中　S——水流挟沙能力，kg/s；
　　　V——断面平均流速，m/s；
　　　ω——泥沙沉降速度，m/s；
　　　h——水深，m；
　　　g——重力加速度，m/s²；
　　　K——系数。

由于含沙量的大小与流速、水深、泥沙沉降速度紧密相关，所以实际工作中常根据实测资料寻求它们之间的关系，建立经验公式。其一般形式是：

$$S = K \frac{V^m}{h^n \omega^r} \tag{4-37}$$

式中　K, m, n, r——经验系数，视各河流具体情况而定；
　　　其余字母意义同前。

【例 4-2】 根据对黄河多年的实测资料得到：$K = 1.07$，$m = 2.26$，$n = 0.74$，$r = 0.77$。代入式(4-37)，得出黄河挟沙能力的计算公式为：

$$S = 1.07 \frac{V^{2.26}}{h^{0.74} \omega^{0.77}}$$

4.3.3.4　高浓度输沙

高含沙量的河流在洪水期常出现高浓度输沙现象。在这种状态下，泥沙的悬浮不再是分散的单个颗粒的悬移，而是与水体絮凝组成结构体，呈群体运动。而且含沙量无论是沿垂线，还是沿断面上的分布都比较均匀。悬移质泥沙的粒径比较粗，当含沙量达到某一临界值以后，整个水体成为均匀浆体。在这个过程中，水流中的流速分布、黏滞特性以及阻力等因素不同于一般水流。泥沙依次地从自由沉降，逐步转为干扰沉降。

其中对于粗颗粒、均匀沙的群体沉速 W_s 可用如下经验公式估算：

$$W_s = W(1 - S_v)^m \tag{4-38}$$

式中　W_s——群体沉速，m/s；
　　　W——单颗粒自由沉速，m/s；
　　　S_v——体积比含沙量，kg/m³；
　　　m——与泥沙粒径有关的系数(表 4-1)。

表 4-1　系数 m 值与泥沙粒径的关系

粒径(mm)	<0.05	0.1	0.25	0.5	1.0	≥2.86
m 值	4.91	4.8	4.38	3.57	2.92	2.25

注：引自天津师范大学地理系《水文学与水资源概论》，1986。

由上式(4-38)可知，群体沉速随含沙量的增加而急剧减小，所以高浓度输沙可以挟带粒径比较粗的泥沙，大量输送至下游河段，且有"多来多排""粗来粗排"的特性。

在高浓度输沙情况下，水流的挟沙能力可用下式表示：

$$S = K \frac{g_m}{g_s - g_m} \cdot \frac{V^3}{gHW_s} \tag{4-39}$$

式中　g_m——浑水的容重，$g_m = g(1-S_v) + g_s S_v$，g/cm^3；
其余字母意义同前。

4.4　流域产沙与输沙

4.4.1　流域产沙

4.4.1.1　泥沙来源

河流中泥沙的来源分为两类：一类来自流域地表的冲蚀，被冲蚀的土壤及沙石随地面水汇入河流；另一类来自河床本身的冲刷，包括河岸的崩塌。在运动过程中，两者有置换作用。从流域冲蚀下来的泥沙一部分沉积在河床上，而原来河床上的泥沙也有一部分被新来的泥沙所置换。从河流形成的整个历史过程看，泥沙都是从流域地表冲蚀而来的。这些泥沙经过河流搬运，沿途又有冲刷和沉积，大部分汇流入海。内陆河流分散沉积在冲积平原和灌区，或者汇入湖泊洼地。

流域产沙是指某一流域或某一集水区内的侵蚀物质向出口断面的有效输移过程。移动到出口断面的侵蚀物质的数量，称为产沙量。这里的"有效输移"不包括雨滴导致的土壤颗粒的溅散量等。即侵蚀发生时，不一定有产沙发生；但产沙时必伴有侵蚀，流域产沙最终来源于流域内的土壤侵蚀。

使侵蚀物质有效移动的作用力如果由径流引起，称为水力产沙；如果由风引起，则称为风力产沙。人类活动如开矿、修路等直接向沟道内倾倒矿渣、土体也可引起产沙。

由于侵蚀物质在输移过程中不可避免地发生沉积，因此，在有限的某一时段内，并不是全部土壤侵蚀量都能汇集到集水区的出口断面。一般情况下，侵蚀量与产沙量是不相等的，产沙量可能只是侵蚀量的一部分。

4.4.1.2　影响流域产沙的因素

1) 影响坡面侵蚀产沙的因素

影响坡面侵蚀产沙与输沙的因素，主要有降水、地形、土壤特性(包括含水量、粒径大小、黏粒含量和内摩擦角等)、植被以及人为活动等。

(1) 降水

降水对坡面侵蚀产沙的影响主要体现在3个方面：首先，降水影响坡面径流量的大小；其次，降水对土粒的溅散成为坡面产沙的来源；再次，雨滴的击溅作用加强了坡面径流的紊动性，使径流的输沙能力提高。

研究表明，影响坡面径流量和土粒击溅量的降水因子主要是降水强度。在下垫面条件一定时，降水强度成为影响径流量大小及流速的主要因素。显然，降水强度越大，径流量和流速也越大，对地表的冲刷作用越强。刘善建对中国黄土地区的降雨与土壤侵蚀之间关系的研究表明，坡面土壤侵蚀与降雨强度的2.05次方成正比。

当下垫面条件和降水强度一定时，坡面径流量的大小主要取决于降水量。因此，降水量的大小也成为影响坡面径流侵蚀力的主导因素。

雨型对雨滴溅散量的大小影响也较大，在其他条件一定的情况下，一场降雨中大雨强的雨量占全部雨量的比例越大，土壤侵蚀量越大；历时较短的阵性降雨常造成更大的侵蚀危害。另外，在一场降雨中，雨滴的中值粒径越大，土粒的溅散量越大。

雨滴的击溅作用不仅提供了坡面产沙的物质来源，而且通过增加坡面径流的紊动性，使坡面径流的侵蚀能力增强。根据吴普特的试验研究，消除雨滴打击影响后，坡面径流侵蚀量平均降低63.45%，最高可达83.9%。但雨滴对于坡面径流紊动性的影响随坡度、径流流态等发生变化，即雨滴存在对增大坡面径流输移能力或侵蚀量作用的大小，仍有待于进一步研究。

(2) 地形

在通用土壤流失方程式(USLE)中，将坡长与坡度归并为地形因子，以 LS 表征，其计算式为：

$$LS = \left(\frac{l}{22.1}\right)^m \frac{0.43 + 0.30J + 0.043J^2}{6.574} \tag{4-40}$$

式中　l——坡长，m；
　　　J——坡度，%。
　　　m——系数。

$J<4\%$ 时，$m=0.3$；$J=4\%$ 时，$m=0.4$；$J>4\%$ 时，$m=0.5$。

坡长和坡度对坡面侵蚀量的影响具有交互作用。在坡度一定的条件下，随着坡长增加，径流深增加，其冲刷量随之增大；但当坡长一定时，随着坡度增加，承雨面积减小，径流量减小，径流的冲刷能力降低。因此，在一定条件下，坡长与坡度是坡面径流侵蚀产沙过程中相互制约的主要因素。

①坡度　坡度的大小决定了坡面径流水力比降的大小。在一定的水深条件下，坡度越大，水力比降也越大，水流对地表的切应力更大，亦即对土粒的分散能力更强；而且，坡度越大，土粒在顺坡方向的分力越大，其稳定性降低，易遭受侵蚀搬运。多数学者认为，在一定的坡度范围内，坡度越大，坡面径流的冲刷量也越大，土壤冲刷量与坡度呈指数关系。

坡度对径流水力特性的影响较为复杂，在不同的坡度范围内，对于不同流态及有无降水的情况，坡度对径流水力阻力的作用差异，会造成坡度对坡面径流流速及其侵蚀力的差异。理论分析和试验观测均证明，在一定的坡长条件下，当坡度大于某一临界值后，坡面侵蚀量会随坡度增大而减少。蒋定生、黄国俊根据室内模拟试验研究，认为坡度在0°~20°范围内土壤冲刷量随坡度增加而增加，每增大1°，土壤冲刷量约增加0.007 kg；坡度达20°时，随着坡度增加，土壤冲刷量增率减缓，每增加1°冲刷量相应约增加0.001 6 kg；当坡度超过25°以后，冲刷量反而减少。陈法扬研究认为，18°~25°是土壤冲刷量剧增的坡度范围，当坡度大于25°以后，土壤冲刷量随坡度增加而减少。但据R. E. Horton的研究，当坡度达到40°时，坡面径流的侵蚀力达到最大值；其后随着坡度增大，侵蚀力降低。

虽然不同学者得出的临界坡度不一样，但临界坡度显然是存在的。临界坡度存在的原因，除水力阻力随坡度变化的基本规律之外，还与坡面承雨面积有关。坡长一定时，坡度越大，承雨面积越小，形成的径流量也较小。因此，临界坡度的存在是承雨面积、坡面径流流速、切应力和水力阻力等水力要素相互叠加的结果。

②坡长 一般随着坡长的增加，坡面上径流的侵蚀能力增加，因此单位面积上土壤流失量往往随着坡长的增加而增加。但在坡度较缓的坡面上，坡长增加，土壤流失量增加不明显。因为坡长的增加在一定程度上使径流流速增加，而径流深的较大累积反过来对雨滴打击起到缓冲作用。因此，当坡长大于某一值后，土壤侵蚀量增加并不明显。

在黄土地区的观测研究表明，坡长对坡面径流侵蚀产沙作用的影响还受制于降水条件。对于雨量在10 mm以上、雨强超过0.5 mm/min的特大或较大暴雨，坡长与径流量、产沙量均呈正相关；对于雨强较小或雨强较大而持续时间较短的降雨，坡长与径流量呈负相关；在一次降雨量很小(只有3~5 mm)、强度很小、历时很短的情况下，坡长与径流量和产沙量呈负相关。这主要应归结为土壤入渗的结果。在雨强较小或历时较短时，随着坡长增加，下渗量沿程增加，产流量则减少。

在地形因子中，除坡度和坡长外，坡形、坡向及侵蚀基准面等因素对坡面侵蚀产沙也有一定影响。

(3) 土壤特性

土壤具有可蚀和抗蚀的两重特性。两者的强弱决定了土壤侵蚀的强弱，而两者的强弱取决于土壤性质，如母岩特性、土壤质地、有机质含量和土壤水分含量等。

①母岩特性 母岩的机械性质、渗透性、矿物组成和化学特性等对土壤侵蚀强度和侵蚀速率都有影响。母岩的重率越大，抗蚀性越强。如由不易发生水蚀的石英和长石等岩石风化而成的土壤，就具有较强的抗蚀性。

②土壤质地 一般沙土易遭降水侵蚀，特别是粉沙含量高的土壤更易被侵蚀，黏土往往不易遭受侵蚀，壤土的抗蚀性介于两者之间。

③有机质含量 土壤有机质含量高，易形成稳定的土壤团聚体，其抗蚀性较强。

④土壤水分含量 在黄土高原，大部分地面物质为黄土。黄土的主要成分是粉砂壤土，抗冲蚀性能很弱，遇水易分散，易遭降水侵蚀。黄土遇水引起的结构破坏及其中黏土矿物的吸水膨胀，是导致黄土崩解分散的主要原因。因此，其抗剪强度随含水量的增加而降低。

(4) 植被

植被对坡面径流侵蚀的影响主要表现在两个方面，一方面通过植物地上部分截留削弱部分降水动能，使土壤表面免于雨滴的直接溅蚀；另一方面通过枯落物增加地表糙率和土壤下渗量，使径流总量减少，径流速度降低，从而减轻土壤侵蚀。

植被截留降水、降低径流速度作用的大小与植被覆盖度、植被类型等因素有关。在其他条件基本一致的情况下，植被覆盖度越大，截留降水的作用越大，雨滴对地面的击溅侵蚀作用越弱，径流流速及产流量越小。

E. L. Noble(1965)对美国犹他州小流域的土壤侵蚀与植被覆盖度关系的研究结果表明，表土侵蚀量与植被覆盖度之间呈指数关系。随着地表植被覆盖度的减小，侵蚀作用迅速增加。当植被覆盖度低于8%时，植被对控制土壤侵蚀的作用较小；当植被覆盖度达到60%时，继续增加植被覆盖度，对减少土壤侵蚀的作用不明显。有关中国黄土地区的研究也表明，土壤侵蚀量与植被覆盖度之间具有指数函数关系。

因此，在水土流失严重地区进行植被建设时，为做到经济合理，考虑植被对控制侵蚀效应的界限非常必要。R·D·罗杰斯和S·A·舒姆通过人工降雨模拟试验，对稀疏植被覆盖度与侵蚀产沙的关系的研究表明，在干旱和半干旱地区增加少量植被或维护小于15%的植被覆盖度，对控制土壤侵蚀作用甚微，而成本甚高。张胜利对北洛河流域土壤侵蚀模数与林地覆盖度关系的研究表明，当林地覆盖度小于30%时，侵蚀模数急剧增加；林地覆盖度低于30%时，控制土壤侵蚀的作用较小。另外，K. F. Wiersum研究了人造刺槐林对面蚀的影响，认为林木减蚀量的大小主要取决于枯枝落叶及林下植物状况，其减蚀作用比树冠强。因此，保留枯枝落叶和增加林下植物对减小侵蚀极为重要，在估算林木的减蚀效益时，应当考虑林下地表状况。

地表植被还可以增加地表糙率，从而降低径流速度并减少径流总量，减轻土壤侵蚀。同时，结构松软良好的枯枝落叶层还有较大的吸水能力，可以减少地面径流流量。植物根系腐败后遗留的孔道，还可以有效增加土壤的通气透水性能。

(5) 人为活动

在短期内，无人类扰动的自然环境的演变是非常有限的。在人类扰动条件下，自然环境可能发生较大的变迁。如不合理的人类活动，可以造成土地退化、资源破坏等，而与自然环境相协调的人类活动则可以改善局地生态环境。人类对流域自然环境演变的参与，也会改变自然条件下流域的侵蚀产沙过程，这种影响发生的程度与人类活动的强度及方式有关。

土地耕作制度及方法对土壤侵蚀有直接的影响。当土壤中根系或土壤表面作物残茬的数量减少时，土壤侵蚀往往加剧；反之则减轻。因此，收获作物后，留有残茬覆盖地表，可以保护土壤免受雨滴的直接溅蚀，并降低径流速度。等高耕作和修筑梯田，通过截短坡长和减小坡度改变地表径流流速和流量，起到减轻土壤侵蚀的作用。

草地的过度放牧会引起鳞片状面蚀的发展。林草地植被遭到破坏后，易引起土壤理化性状恶化，减弱其抗蚀性能。根据唐克丽等的研究，林地耕垦10年后，耕层土壤有机质、非毛管孔隙度、大于0.25 mm的水稳性团聚体及土壤稳渗速率较开垦前分别降低了84.2%、44.0%、56.8%和76.9%；土壤崩解率和冲刷量分别为林地的20倍和16倍。在黄土高原，不合理的人为活动是加剧土壤侵蚀、导致土地退化和生态恶化的主要原因。因此，应改变传统的耕作制度和方法，制止毁林、毁草和陡坡开荒等破坏植被的不合理现象，封山育林育草，恢复重建植被，提高土壤抗蚀能力，减少人为因素造成的侵蚀产沙。

2) 影响沟道侵蚀产沙的因素

沟道侵蚀产沙过程是流域系统内能量集中释放的表现，主要为径流动能和重力势能。影响沟道侵蚀产沙与输沙的主要因素包括降水、地质地貌及人类活动等。

(1) 降水

降雨径流是伴随沟道发育全过程的主要侵蚀因素，几乎所有自然形成的侵蚀沟最初都由径流冲刷而成。即起初因降雨径流形成细沟，细沟进一步汇集，并伴随重力侵蚀作用形成浅沟，再进一步发育为切沟、冲沟等。在黄土地区，降水量越大、在时空上越集中的降水，对沟道所起的侵蚀作用越大。如黄河中游黄土高原沟壑区和黄土丘陵沟壑区的年均降水量分别为 200~650 mm 和 400~700 mm，沟壑密度分别为 1.3~2.7 km/km² 和 1.8~7.0 km/km²。高强度的降水所形成的径流多为具有较大动能的洪水，对地表的冲刷作用和挟带泥沙的能力很强。黄土地区的降水一般多以暴雨形式出现，因此降水时往往出现大雨大滑塌、小雨小滑塌的现象。暴雨所形成的径流，一方面加强了沟道的下切作用，另一方面，地表水沿垂直节理入渗不断溶蚀黄土中的钙、镁等离子，减小了黄土的黏滞力，软化和润滑了土层中的软弱结构面，造成土层塑性流动，大大促进了沟坡的变形破坏过程，增加了产沙及输沙量。

降水形成山洪后，对沟道的侵蚀产沙作用更强。因为山洪往往挟带大量坡面固体物质泄入沟道，使沟道水流流量及流速骤增，水头可高达数米，汹涌奔流，具有很强的冲击力和负荷，可将沿途崩落、滑塌下来的物质挟带运移，输出沟口。

进入沟道内挟带有大量固体物质的山洪的动能，比径流量和流速相同的清水径流的动能更大。

对于含有泥沙、体积为 V 的洪水，动能 E_m 的计算式为：

$$E_m = \frac{1}{2}(\rho_s V_s + \rho V_r)v^2 \tag{4-41}$$

式中　ρ_s——泥沙的密度，kg/m³；

　　　ρ——水的密度，kg/m³；

　　　V_s——单位洪水水体中泥沙的体积，m³；

　　　V_r——单位洪水水体中水的体积，m³；

　　　v——山洪的平均流速，m/s。

对于不含泥沙、流速相同、体积为 V 的洪水，动能 E_0 的计算式为：

$$E_0 = \frac{1}{2}V\rho v^2 \tag{4-42}$$

由于 $\rho_s > \rho$，因此 $E_m > E_0$。由以上公式还可以看出，山洪中泥沙所占的体积越大，山洪的动能越大，冲击力越大，对沟道的冲刷和破坏作用就越大。

根据子午岭林区的径流小区观测研究，沟坡在接收坡面来水来沙情况下的侵蚀量是不接收坡面来水来沙情况下侵蚀量的 2 倍以上。全沟坡的侵蚀产沙量，在坡面来水来沙影响下增加 10%~35%；沟坡侵蚀产沙量占总侵蚀产沙量的 53% 左右，其中约有 20% 的侵蚀产沙量是由于坡面径流下切而造成。另外，根据黄土丘陵沟壑区实测暴雨径流资料统计，受上部坡面径流影响的沟道径流和泥沙，分别为不受坡面径流影响的 2.4 倍和 4.5 倍，即在相同的边界条件下，当坡面径流控制后，沟道不受上部来水来沙的影响，其径流和泥沙可分别减少 58.9% 和 77.7%。

在沟道发育的不同阶段，径流对沟道的侵蚀作用不同。在沟道形成初期，由于汇集到沟槽内的股流的水平分力大于土壤的抗蚀力，水流主要促使侵蚀沟向长发展。在沟头处，坡度常常局部变陡，水流冲刷能力较大，使沟头逐渐变成跌水状。跌水一旦形成，水流经过跌水下落形成旋涡后有力地冲淘沟头基部，从而引起沟头土体的崩塌，促使沟顶溯源侵蚀的加速进行。随着沟头迅速伸展，更多的水流进入沟内，沟底母质不断遭受破坏，往往在沟底纵断面某些转折点上形成新的甚至多个跌水。在此情况下，不仅沟头以较快的速度向前发展，而且水流对沟底的下切作用，也在多处力图减缓沟底，与侵蚀基底之间的高差进一步加大。在沟底下切过程中，水流冲刷沟底，使两侧沟坡迅速形成并扩展。沟岸的扩张速度取决于组成沟岸的母质的性质和沟底下切作用的发展程度。当母质为疏松的沙质黄土时，因其崩塌作用较活跃而使沟岸扩张较快；而当母质为黏质土壤时，沟岸扩张较慢。

当沟底下切和沟头前进最活跃的时候，也是沟岸全线剧烈扩张的时期。此时水流的作用主要是迅速将沟岸扩张所形成的堆积物输运至下游，为新的沟岸扩张创造条件。

在沟头前进及其分支的形成过程中，随着侵蚀沟下游沟底纵坡的减缓，进入沟头的水流流速也减缓，侵蚀沟的侵蚀曲线逐渐形成下凹的弧形。最后，侵蚀沟的沟头溯源前进逐渐停止，沟底下切也基本停止，沟口附近出现淤积，在沟口以外多形成冲积扇。至此，水流对沟道的侵蚀作用相对减弱，侵蚀沟的纵剖面达到相对平衡状态。

(2) 地质地貌

①岩性与构造　水分下渗所造成的土体体积膨胀、水分沿岩土体结构面运动是引起沟道边坡变形破坏、发生块体运动的主要原因。因此，沟坡岩土体的岩性组成、节理发育状况和亲水性能等对沟道的侵蚀有很大影响。如在黄土地区，地面组成物质主要是黄土，质地疏松，垂直节理发育，多孔隙，湿陷性很强，且土中易溶盐含量较高，普遍含量达 10%~15.5%，遇水很容易溶解，地表水易于入渗。黄土中黏土矿物含量较高，特别是蒙脱石、伊利石和高岭石等矿物，晶形扁平，内摩擦角较小，且亲水性很强，吸水后体积膨胀，失水后体积收缩，易使土体破裂松散，易发生滑坡、泻溜等重力侵蚀。从构造来看，黄土高原在新生代以来曾多次间歇性抬升，使局部基准面下沉，各级沟道下切较深，沟坡多为 50°以上的陡壁，为重力侵蚀的发生提供了条件。

②沟坡结构　沟坡结构特征对重力侵蚀的形成有较大影响，各种块体运动的发生，往往与不同方位的结构面有关。以黄土地区为例，在黄土地区不同时代的黄土中，或多或少都存在古土壤层，而且黄土土层之间以及黄土与基岩之间，都存在不同时期的结构面和剥蚀面，即使在基岩中也往往有泥岩、页岩及煤系岩层相夹，破坏了岩土体的连续完整性。这些结构面极易形成滑落面和破裂面。

对于坡度在 55°以上的陡峻沟坡，不同时代地层之间的剥蚀面比较平缓，大致成平行状态，在黄土地区多分布在塬区和地形相对平缓的地区(如沟掌地)，这类沟坡常易形成崩塌。对于坡度在 35°~55°之间相对较缓的沟坡，剥蚀面一侧倾向沟道，这类沟坡常易形成滑坡。主要由黄土和红土组成、下部为 45°左右的红土坡，其上部往往为直立的陡壁，这类沟坡的泻溜作用最为活跃。坡度在 50°~70°之间的沟坡，主要由基岩组成，黄土仅在半坡上有零星分布。这类沟坡由于黄土厚度较小，在剥蚀面上物质特性发生突变，常使地下水聚集，形成穿洞，在坡度较陡的地方常易形成小型错落。主要由基岩组成的沟坡，一般比较稳定。但黄土高原的基岩大都由泥质砂岩、泥质灰岩与泥岩、页岩等组成，抗风化性能不同，在陡壁上常形成基岩泻溜和崩塌，在黄土与基岩接触带上常有地下水富集，在露头点形成泉水，易形成泥流。

③地貌条件　影响沟道重力侵蚀的地貌条件主要是沟坡坡度、坡形及沟道下切特征。重力侵蚀发生的条件是要有一定高度的临空面或一定的地形高差。一般沟道下切越

深,沟坡越陡,块体移动发生的概率越高。黄土地区地形破碎,沟道下切较深,沟坡坡度多在45°以上,极易发生重力侵蚀。

④植被状况　植被在沟道侵蚀中的影响作用是不容忽视的,即使在同一流域,由于植被条件不同,其沟道侵蚀程度也有明显的差别。众所周知,在林草茂盛、植被覆盖率高的地方,土壤侵蚀发生概率小,沟道侵蚀程度很轻;而在林草稀疏、覆盖率较低的地方,土壤侵蚀程度严重,沟蚀现象普遍,切沟、冲沟均有发生。特别是沟床上有生长良好的乔灌木的冲沟,沟床下切明显较轻,沟道发育主要以扩张为主。植被减轻沟蚀发展的作用主要表现在:植被可以对坡面暴雨径流过程进行调节,减小洪峰流量,从而降低径流对沟道的冲刷能力;它还可以增加沟道床面的阻力,降低沟道水流流速,减小径流的冲刷力及推移力;同时,植被根系可以固结沟道边坡,减少沟坡重力侵蚀的发生概率。如在黄土高原砒砂岩区,种植在沟床上的沙棘可以逐渐衍生到沟坡上,与同类型的无植被的沟道相比,具有明显的控制沟岸扩张的作用。在沟床上种植乔灌草植被,还可以起到滞流拦沙作用,形成"柔性坝",抬升沟床床面,抬高侵蚀基准面,从而减缓沟头的溯源侵蚀速度。

(3)人类活动

黄土地区人为加速沟道侵蚀的现象非常严重,主要表现在开挖矿藏、修路、建窑等建设活动,特别是陡坡开荒、顺坡耕作及植被破坏,不仅大大增加了坡面径流侵蚀作用,而且由于坡面径流汇集泻入沟道,大大加剧了沟道侵蚀作用。在山丘区,开山填沟造田等人类活动,使斜坡坡脚遭受开挖失稳,破坏山坡的土体平衡;人为倾入沟道内的土体矿渣等影响沟道的行洪排水,给沟道重力侵蚀、山洪及泥石流的发生创造了条件。因此,控制人类活动对沟道土壤侵蚀的影响,是沟道侵蚀控制的重要方面。

4.4.1.3　流域产沙量的计算

土壤侵蚀是一个极其复杂的物理过程(甚至还涉及化学、生物过程),它受到许多自然因素的制约(如气候、地形、地质、土壤、植被等),同时又受到人类活动的干扰,各因素之间存在着错综复杂的相互作用。根据不同的流域基础资料,流域产沙量的计算方法包括水文法、淤积法、示踪法、侵蚀强度分级法、相邻流域观测资料分析法和模型法等。

(1)水文法

水文资料法以实际观测的长期水文泥沙资料为基础,分析计算某流域在某时段土壤流失量的平均、最大和最小特征值。它通过测量断面控制范围内的产沙量来研究土壤侵蚀情况。由于目前水文泥沙测量技术的不完善,往往漏测了通过断面的推移质泥沙,所以求得的结果往往是相对产沙量。如果要用某一流域内悬移质泥沙量来求该流域的侵蚀量,首先要解决泥沙输移比的问题。研究证明,黄土高原小流域尺度上的泥沙输移比接近于1。所以在了解流域泥沙输移比的前提下,利用各水文站的长期观测资料来研究该流域的产沙量是可行的。

(2)淤积法

淤积法是采用小型水库或塘坝淤积量测量法,推算水库和塘坝控制面积内的土壤侵蚀量，是一种具有一定精度，又比较简单的方法。其原理是：土壤水蚀所产生的泥沙被地表径流带入水库、塘坝淤积起来，只要按一定条件测出泥沙的淤积量和淤积时间，就可计算出水库和塘坝控制范围内的土壤侵蚀强度。但是这种方法的野外实测工作量仍然太大，应用时仍有相当的局限性。

利用淤积法确定流域产沙量，要特别注意拦蓄年限内的情况调查，如拦蓄时间、集流面积、有无分流、有无溢流损失、蒸发、渗透及利用消耗等。对于水库淤积调查，若有多次溢流，或底孔排水、排沙，就难以取得可靠的数据。

(3) 示踪法

放射性同位素^{137}Cs是大气核试验的产物，具有全球分布的特征，其以核尘埃的方式降落地表后，被表层土壤中的黏粒和胶粒牢固吸附，很难被淋滤掉，其运动方式主要是结合土壤颗粒的物理运动。由于^{137}Cs在自然界无别的来源，且半衰期长(30.2年)，因而^{137}Cs成为土壤侵蚀、泥沙运移研究中良好的人工示踪元素。^{137}Cs方法引起国内外研究者的广泛重视，国内已在黄土侵蚀区进行过尝试，取得良好效果。^{137}Cs方法适用于以面蚀为主的各种岩性侵蚀区。

(4) 侵蚀强度分级法

在没有流域水文、泥沙资料时，可依据水利部《土壤侵蚀分类分级标准》(SL 90—2007)，对流域内各小斑地块按其土地类型、植被度、地面坡度逐块进行对照，确定其侵蚀强度级数，并进行计算、汇总、分析，计算出流域平均侵蚀模数，进一步计算流域产沙量。这种方法有很大的人为指定性。

(5) 相邻流域观测资料分析法

当流域无实测资料时，可利用相邻的有实测资料的流域资料，在分析流域一致性的基础上进行产沙量计算。流域产沙条件一致性主要包括降水特征、地形、植被、水土保持和土地利用等条件。

(6) 模型法

流域产沙模型分为经验模型、概念性模型、动力学模型和随机模型。

4.4.2 流域输沙

4.4.2.1 泥沙输移比

汇集到集水区某一断面或流域出口断面的侵蚀量，称为输沙量。在一定的侵蚀量条件下，输沙量越多，表明流域的产沙强度越高。为表征流域的产沙强度，将流域产沙量(或输沙量)与土壤侵蚀量之比定义为泥沙输移比，即

$$DR = \frac{Y}{We} \tag{4-43}$$

式中 DR——泥沙输移比；

Y——流域产沙量(或输沙量)，一般用产沙模数或输沙模数[t/(km²·a)]表示；

We——土壤侵蚀量，用侵蚀模数[t/(hm²·a)]表示。

由式(4-43)可知，$DR \le 1$，泥沙输移比越大，水流输沙能力越强。

我国对泥沙输移比的研究最早始于黄河流域。20世纪五六十年代有人认为，黄河流

域侵蚀量是河道输沙量的2~3倍；后来又有人认为，侵蚀量比河道输沙量大30%~40%。20世纪70年代以来，龚时旸等研究认为，在黄河泥沙主要来源区的河口镇至龙门区间的黄土丘陵沟壑区，土壤侵蚀量为1t，进入黄河的泥沙也大致为1t，即泥沙输移比接近于1。20世纪80年代末，景可等在前人研究的基础上，对黄河流域黄土地区的泥沙输移比展开了进一步研究，认为黄土高原绝大部分地区泥沙输移比接近于1，只有渭河下游、河套谷地、汾河的中下游以及晋西北宽谷区的泥沙略有沉积。但从国外及长江流域的研究结果看，泥沙输移比远远小于1。

事实上，泥沙输移比的大小因空间和时段而变化。对于不同的流域，由于其水文、水力及下垫面条件的差异，泥沙输移比不同。即使是某一特定流域，从多年平均情况看，泥沙输移比可能是一个比较稳定的值，但序列较短时，其值也是不稳定的。此外，对于同一沟道，观测断面不同，输移比大小也不同。有研究表明，窟野河神木以上河道多年平均泥沙输移比接近于1，而温家川附近的泥沙输移比则小于1；秃尾河高家堡以上河道多年泥沙输移比小于1，而高家川附近则接近于1。一般流域面积越小，侵蚀、产沙环境因子的区域性差异越小，泥沙输移比则相对稳定；反之，流域内不同区域的泥沙输移比相差较大。因此，应分流域、区域或分时段来确定泥沙输移比的大小。景可等认为，应以两个水文系统年为时间序列，以中小流域或者侵蚀地貌发育阶段相似的流域为空间范围，作为确定泥沙输移比的标准，并定义泥沙输移比为一定时间和空间范围内，流域某过水断面输出小于某一粒级的泥沙与该断面以上流域侵蚀的同粒径泥沙量之比。但如何确定这些标准，使其更为合理，还有待进一步研究。

泥沙输移比的大小受流域内地貌、环境和人类活动等因素的影响，如沙源的种类、范围和位置，地形和地面特征，流域形状和沟道条件，径流特征，植被，土地利用情况，土壤结构、侵蚀物质的粗细等。

一般来说，地质构造凹陷区属于泥沙堆积环境，处于此区内的河流属于淤积性的，泥沙输移比小于1；反之，在构造抬升区发育的河流均属于侵蚀性河流，河道以冲刷为主，泥沙输移比接近于1。地质构造性质对泥沙输移比的影响，是通过地貌形态表现出来的。构造抬升区发育的河谷一般纵坡比降大，具有较高的势能，水流输移泥沙能力强，输移比较大；而构造凹陷区内发育的河流，泥沙不易被输送，输移比较低。

国内外不少学者认为，泥沙输移比随流域面积增大而迅速递减，即泥沙输移比随流域面积的 $-1/8$ 次幂而变化。1979年，罗宾逊认为，泥沙输移比与流域面积的0.2次幂成反比；牟金泽、尹国康等也认为，这种反比关系确实存在。如牟金泽等提出的泥沙输移比计算式为：

$$D_R = 1.29 + 1.37R_c - 0.025\ln A \tag{4-44}$$

式中 R_c——沟壑密度，km/km²；

A——流域面积，km²。

关于径流因素对泥沙输移比的影响，学者有不同的看法。有人认为，泥沙输移比与流域地貌系统特征值（如沟壑密度、沟床比降等）关系密切，与水流条件关系较小，即强调流域地貌系统特征是径流塑造的结果。在长时期内，流域地貌变化（如侵蚀、沉积等）规律总是与流域的水文、气象条件相适应，从统计观点看，径流特征对泥沙输移比的影响要比流域地貌系统特征小得多。也有人认为，径流是影响泥沙输移比的主要因素，即强调径流是流域侵蚀及侵蚀物质运动的主要动力因素。如果形成径流的降水强度大、历时长，洪峰流量也大，水流挟沙能力就大，泥沙输移比就高；反之，泥沙输移比则小。

影响泥沙输移比大小的侵蚀物质的特征主要是级配及容重。侵蚀物质粒径越小，容重越低，就越容易被水流所挟带，输移比就越高；反之，则易发生淤积，输移比越低。

泥沙输移比是产沙量与土壤侵蚀量的相对比值，人类活动对其中任何一个因素的改变都会引起输移比的变化；或者两个因素同时受到人类活动的影响，但这种影响一般是不平衡的，输移比仍会发生变化。如开矿、修路等人类活动，会使侵蚀量增加；同时，由于开矿等活动会使泥沙颗粒变粗，容重增大，推移质增多，又会造成大量粗沙落淤在床面上，使床面糙率增大，比降变缓，从而导致泥沙输移比减小。

估算泥沙输移比时，流域侵蚀量应当为全流域的侵蚀总量。若输沙观测断面在流域出口，流域侵蚀量为坡面、沟坡、沟床以及沟口的侵蚀量之和；若输沙观测断面在河道的某一处，则断面以上流域的侵蚀量除上述各项外，还应加上断面以上的河道侵蚀量。在计算一次降水的泥沙输移比时，其侵蚀量应为本次降水的侵蚀量，即侵蚀量与产沙量应是同一时段内的。估算泥沙输移比应考虑时间尺度和空间范围。

4.4.2.2 悬移质输沙量计算

1) 具有长期资料

当某断面具有长期实测流量及悬移质输沙量资料时，可直接用这些资料算出各年的悬移质年输沙量，然后用下式计算多年平均悬移质年输沙量。

$$\overline{W} = \frac{1}{n} \sum_{i=1}^{n} W_{si} \tag{4-45}$$

式中　$\overline{W}$——多年平均悬移质年输沙量，kg；

　　　W_{si}——各年的悬移质年输沙量，kg；

　　　n——年数，a。

2) 资料不足情况

当某断面的悬移质输沙量资料不足时，可根据资料的具体情况采用不同的处理方法。

当某断面具有长期年径流量资料和短期悬移质年输沙量资料序列，且足以建立相关关系时，可利用这种相关关系，由长期年径流量资料插补延长悬移质年输沙量序列，然后求其多年平均年输沙量。若当地汛期降雨侵蚀作用强烈或平行观测年数较短，上述年相关关系并不密切，则可建立汛期径流量与悬移质年输沙量的相关关系，插补延长悬移质年输沙量序列。

当年径流量与年输沙量的相关关系不密切，而某断面的上游或下游测站有长序列输沙量资料时，也可绘制该断面与上游(或下游)测站悬移质年输沙量相关图，如相关关系较好，即可用以插补展延系列。但须注意两测站间应无支流汇入，河槽情况无显著变化，自然地理条件大致相同。

当悬移质输沙量实测资料序列只有两三年，不足以绘制相关线时，可粗略地假定悬移质年输沙量与年径流量比值的平均值为常数,于是多年平均悬移质年输沙量 W_S 可由多年平均年径流量 $\overline{W}$ 推算,即

$$\overline{W}_S = \alpha_S \overline{W} \tag{4-46}$$

式中　$\overline{W}$——多年平均年径流量,m^3；

　　　α_S——实测各年的悬移质年输沙量与年径流量比值的平均,kg/mm。

3) 资料缺乏情况

当缺乏实测悬移质资料时,多年平均年输沙量只能采用下述粗略方法进行估算。

(1) 侵蚀模数分区图

输沙量不能完全反映流域地表被侵蚀的程度,更不能与其他流域的侵蚀程度相比较。因为流域有大有小,若它们出口断面所测得的输沙量相等,则小的流域被侵蚀程度一定比大的流域严重。因此,为了比较不同流域表面侵蚀情况,判断流域被侵蚀的程度,必须研究流域单位面积的输沙量,这个数值称为侵蚀模数。多年平均悬移质侵蚀模数可由下式算得:

$$M_S = \frac{\overline{W}_S}{F} \tag{4-47}$$

式中　M_S——多年平均悬移质侵蚀模数,t/km^2；

　　　F——流域面积,km^2；

　　　$\overline{W}_S$——多年平均悬移质年输沙量,t。

在我国各省的水文手册中,一般均有多年平均悬移质侵蚀模数分区图。设计流域的多年平均悬移质侵蚀模数可以从图上所在的分区查出,将查出的数值乘以设计断面以上的流域面积,即为设计断面的多年平均悬移质年输沙量。必须指出,下垫面因素对河流泥沙径流的特征值影响很大。采用分区图算得的成果必然是很粗略的,而且这种分区图多系按大、中河流的测站资料绘制出来的,应用于小流域时,应考虑设计流域的下垫面特点,并对小河流含沙量与大中河流含沙量的关系作适当修正。

(2) 沙量平衡法

设 $\overline{W}_{S,上}$ 和 $\overline{W}_{S,下}$ 分别为某河干流上游和下游站的多年平均年输沙量,$\overline{W}_{S,支}$ 和 $\overline{W}_{S,区}$ 分别为上、下游两站间较大支流断面和除去较大支流以外的区间多年平均年输沙量,ΔS 表示上、下游两站间河岸的冲刷量(为正值)或淤积量(为负值),则可写出沙量平衡方程式:

$$\overline{W}_{S,下} = \overline{W}_{S,上} + \overline{W}_{S,支} + \overline{W}_{S,区} \pm \Delta S \tag{4-48}$$

当上、下游或支流中的任一测站为缺乏资料的设计站,而其他两站具有较长期的观测资料时,即可应用式(4-48),推求设计站的多年平均年输沙量。而 $\overline{W}_{S,区}$ 和 ΔS 可由历年资料估计,如果数量不大也可忽略不计。

(3) 经验公式法

当完全没有实测资料,而且以上的方法都不能应用时,可由经验公式进行粗估,如

$$\rho = 10^4 \alpha \sqrt{J} \tag{4-49}$$

式中　ρ——多年平均含沙量,g/m^3；

　　　J——河流平均比降,‰；

α——侵蚀系数，它与流域的冲刷程度有关，拟定时可参考下列数值：冲刷剧烈的区域 $\alpha=6\sim8$，冲刷中等的区域 $\alpha=4\sim6$，冲刷轻微的区域 $\alpha=1\sim2$，冲刷极轻的区域 $\alpha=0.5\sim1$。

4.4.2.3 推移质输沙量计算

许多山区河流坡度较陡，加之山石破碎，水土流失严重，推移质来量往往很大，故对推移质的估计必须重视。

由于推移质泥沙的采样和测验工作尚存在许多问题，它的实测资料比悬移质泥沙更为缺乏。为此，推移质泥沙的估算不宜单以一种方法为准，应采用多种方法估算，经过分析比较，给出合理的数据。

1) 利用采样器测定资料推求

用采样器测定推移质，输沙率的计算方法分为图解法与分析法两种。这两种方法均须首先计算各取样垂线的单位宽度推移质输沙率，也即推移质基本输沙率。

(1) 垂线基本输沙率的计算公式

$$q_b = \frac{100 W_b}{t b_k} \tag{4-50}$$

式中 q_b——垂线基本输沙率，$g/(s \cdot m)$；
   W_b——干沙重，g；
   t——取样历时，s；
   b_k——取样器口门宽度，cm。

(2) 断面输沙率的计算

① 图解法 该法便于了解推移质基本输沙率沿断面的分布情况，对于新开展推移质测验的测站，宜采用此法。作法是以各垂线基本输沙率 q_b 为纵坐标，以垂线起点距为横坐标，绘制推移质基本输沙率沿断面的分布曲线。

图4-4中左、右分界点为输沙率零之处，如果未能测到边界点位置，可在线两端按趋势延长绘出。在图中应并绘出底速分布曲线。

用求积仪或数方格法量出基本输沙分布曲线与水面线所包围的面积，按纵横比例尺换算，即得修正前断面推移质输沙率。

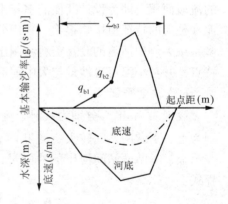

图4-4 图解法计算输沙率

实际断面推移质输沙率按下式计算：

$$Q_b = k Q'_b \tag{4-51}$$

式中 Q_b——断面推移质输沙率，kg/s 或 t/s；
   Q'_b——修正前断面推移质输沙率，kg/s 或 t/s；
   k——修正系数，采样器采样效率的倒数，通过率定样器效率系数求得。

如果修正系数 k 未知，可先不加修正，但应在资料中加以说明。

②分析法　先按下式计算修正前断面推移质输沙率：

$$Q'_b = 0.001\left(\frac{q_{b1}}{2}b_0 + \frac{q_{b1}+q_{b2}}{2}b_1 + \cdots + \frac{q_{bn-1}+q_{bn}}{2}b_{n-1} + \frac{q_{bn}}{2}b_n\right) \quad (4-52)$$

式中　Q'_b——修正前断面推移质输沙率，kg/s；

　　　q_{b1}，q_{b2}，…，q_{bn}——各垂线基本输沙率，g/(s·m)；

　　　b_1，b_2，…，b_{n-1}——各取样垂线间距，m；

　　　b_0，b_n——两端取样垂线与推移质移动地带边界的距离，m。

实际断面推移质输沙率仍按式(4-51)计算。

2) 利用已有资料推求

当缺乏实测推移质资料时，目前采用的方法都不太成熟。常用的方法有系数法和利用水库、塘坝淤积资料计算。

考虑到推移质输沙量与悬移质输沙量之间具有一定的比例关系，此关系在一定的地区和河道水文地理条件下相当稳定，可用系数法公式计算：

$$\overline{W}_h = \beta \overline{W}_s \quad (4-53)$$

式中　$\overline{W}_h$——多年平均推移质年输沙量，t；

　　　$\overline{W}_s$——多年平均悬移质年输沙量，t；

　　　β——推移质输沙量与悬移质输沙量的比值。

根据相似河流已有短期的实测资料估计 β 值，一般情况下可参考下列数值：平原地区河流 $\beta = 0.01 \sim 0.05$；丘陵地区河流 $\beta = 0.05 \sim 0.15$；山区河流 $\beta = 0.15 \sim 0.30$。

从已建水库淤积资料中，根据泥沙的颗粒级配，区分出推移质的数量。一般的方法是把悬移质级配中大于97%的粒径作为推移质粒径下限，直接估算推移质输沙量。

为了探索推移质泥沙变化规律及推移质输沙率的计算，国内外不少学者根据实验室的试验研究结果，提出推移质输沙率的计算公式，促进了推移质泥沙研究工作的开展。但受实验室条件以及某些推理或假设的限制，计算结果往往不能反映天然河流的实际情况，推移质输沙率的计算仍是一个亟待研究解决的问题。

4.5　流域泥沙模型

坡面产流产沙是流域泥沙过程的起点，相应的坡面模型一方面提供流域面上的分布式结果，如径流深、侵蚀模数等；另一方面为重力侵蚀和沟道水沙演进等后续模型提供输入条件，因此，坡面产流产沙模型是整个模型系统的基础。

坡面侵蚀产沙模型建立在地表径流的基础上，将水流强度作为土壤剥离的动力因素，以关键参数的形式考虑土壤可蚀性和微地貌形态的影响，建立求解坡面产沙的计算式。

土壤侵蚀研究可以追溯到19世纪末期。20世纪30年代，现代数学引入到土壤侵蚀的相关研究中，土壤侵蚀从定性研究走向定量研究阶段。土壤侵蚀模型可以分为经验模型、物理过程模型和动力学模拟模型等。

4.5.1 经验模型

国外土壤侵蚀经验模型，主要以通用土壤流失方程（Universal Soil Loss Equation，USLE）和修正的通用土壤流失方程（Reversed Universal Soil Loss Equation，RUSLE）为代表。Wischmeier 和 Smith 分析全美各地径流泥沙观测资料，提出经验性的通用土壤流失方程 USLE：

$$A = RKLSCP \tag{4-54}$$

式中　A——单位面积上土壤流失量，t；
　　　R——降雨侵蚀力因子；
　　　K——土壤可蚀性因子；
　　　L——坡长因子；
　　　S——坡度因子；
　　　C——作物覆盖和管理因子；
　　　P——水保措施因子。

刘宝元等以 USLE 为蓝本，利用黄土丘陵沟壑区安塞、子洲、离石、延安等径流小区的实测资料，建立了中国土壤流失预报方程：

$$A = RKLSBET \tag{4-55}$$

式中　A——多年平均土壤流失量，t；
　　　R——降雨侵蚀力（$R = EI_{30}$），J·mm/h；
　　　K——土壤可蚀性因子；
　　　L——坡长，m；
　　　S——坡度，%；
　　　B——水土保持生物措施因子；
　　　E——水土保持工程措施因子；
　　　T——水土保持耕作措施因子。

尹国康等认为，气象—水文因素和包括人类活动影响在内的地表物理性质因素，是控制土壤侵蚀的两个重要方面。因此，降水和径流、流域面积、流域地面沟壑密度、流域高差比、地面沟壑切割深度、流域植被与治理度、地面岩石抗蚀性等因素，是选择指标的主要对象，通过分析筛选和回归计算，提出小流域宏观产沙模型：

$$\frac{M_{sa}}{M_{wa}} = 31.82 I^{0.83} \tag{4-56}$$

式中　M_{sa}——年产沙模数，kg/(s·km²)；
　　　M_{wa}——年径流模数，kg/(s·km²)；
　　　I——流域地表综合特性指标。

其中：

$$I = R_h^{0.5} D_h^{0.2} R_p^{-0.8} R_s^{-3.5}$$

式中　R_h——流域高差比；
　　　D_h——地面崎岖度，%；

R_p——淤地坝等治理措施的有效面积与流域总面积之比；
R_s——地面组成物质的抗蚀性和渗透性。

4.5.2 物理过程模型

物理过程模型是通过对降水所形成的侵蚀产沙过程进行分析的一种模型。物理过程模型的目的是阐明侵蚀产沙规律。20 世纪中叶以前，学者从降水、植被和坡度等方面对土壤侵蚀进行了单因素分析，为后来的土壤侵蚀模型研究奠定了基础。从 20 世纪中叶以来，依赖于信息技术和现代数学理论的不断发展，土壤侵蚀模型研究进入了多因素时代。Negev 在考虑传统的降雨、植被恢复、坡度和坡长等因子外，还将薄层水流泥沙输移纳入模型之中。

梅耶在 Negev 的基础上，提出了细沟土壤侵蚀平衡方程。目前国外研究中，运用较广的模型是 WEPP 水蚀模型和欧洲土壤侵蚀模型。

WEPP 模型是基于侵蚀过程的模型，模型能较好地反映侵蚀产沙的时空分布，外延性较好，易于在其他区域应用。但由于 WEPP 模型对侵蚀过程的描述比较简单，只考虑细沟间侵蚀和细沟侵蚀，没有涉及沟蚀及重力侵蚀，因而不能预报沟蚀量。

谢树楠等从泥沙运动力学基本理论出发基于 9 个基本假定：暴雨产生的径流按坡面一维流动考虑，压强按静水压强分布，流动中的能量系数按常量考虑，坡面角度不变，坡面土层的组成是均匀的，泥沙不考虑黏性，在计算时段内降雨强度和渗透率不变，沟道泥沙的输移比为 1，不考虑前期含水量的影响。将计算流域按自然水系划分为若干个子流域，再将各个子流域按地貌微观结构分成若干个基本单元，同时将流域内所有雨量站按泰森多边形划分成不同的控制区，以雨量站的降雨代表控制区内所有计算单元的降雨，建立适用于大、中、小流域的暴雨产沙模型，分产流和产沙计算两部分。产沙量的计算是根据水流连续方程、运动方程、泥沙连续方程和挟沙力公式联立，求解得到单位面积单位时间产沙量 E 的计算公式：

$$E = 0.832 C_A C_E f_I^{1.675} L^{0.175} S_0^{1.272} D_{50}^{-0.658} \tag{4-57}$$

式中 C_A，C_E——分别为单位面积裸露率和侵蚀因子；
f_I——单位时间单位面积斜坡上由降雨产生的径流量，mm；
L——坡长，m；
S_0——坡度，%；
D_{50}——泥沙中径，mm。

蔡强国建立了一个有一定物理基础的表示侵蚀—输移—产沙过程的次降雨侵蚀产沙模型。它由 3 个子模型构成：坡面子模型、沟坡子模型、沟道子模型。模型考虑了降雨入渗、径流分散、重力侵蚀、洞穴侵蚀及泥沙输移等侵蚀过程，从侵蚀机理上对影响侵蚀过程的因子进行定量分析，从而建立了黄土丘陵区侵蚀产沙过程模型。这是利用 GIS 的空间分析功能对侵蚀产沙的过程进行量化研究的较为成功的尝试。由于这是一个侵蚀产沙的过程模型，旨在从理论上阐明坡面侵蚀产沙规律，因此，模型结构尤其是坡面子模型较复杂，在推广应用时受到模型参数的限制。同时，在沟道子模型中，还是以经验方程为主。

4.5.3 动力学模拟模型

动力学模拟模型是根据动力学理论解释侵蚀产沙过程。该类模型可以较好地了解时间序列、微观运移和流域下垫面对侵蚀产沙的影响,因此运用价值较广。目前,CSU 模型是具有代表性的动力学模拟模型,该模型由 Simons 和 Li 提出。CSU 模型利用网格系统将一个流域系统分为多个子系统。子系统使用坡面汇流公式计算。水流挟沙能力则采用 Duboys 公式计算,悬移质计算采用 Einstein 公式,径流分离量使用泥沙连续方程。从 CSU 模型来看,网格划分可以较好地简化流域下垫面带来的复杂程序,各类指标的计算也多以前人的成果为基础。但是该模型难以真实地反映流域下垫面的情况,因此,结果的真实性受到了一定的质疑。

4.6 侵蚀与泥沙观测

4.6.1 坡面侵蚀观测

降水由坡面向沟道汇流,因而坡面侵蚀成为产流、产沙的重要来源。坡面侵蚀观测主要包括侵蚀小区径流泥沙观测、雨滴溅蚀和细沟侵蚀观测,及各影响因子配置观测等内容。

4.6.1.1 侵蚀小区径流泥沙观测

侵蚀小区径流泥沙观测是坡面水蚀测验的基本方法,在小区集中地又称径流场观测。目前,各国径流场的分类和面积大小不一,但规划布设及观测设施、方法、内容基本一致。我国一般设置的标准径流小区面积为 5 m × 20 m。

目前,小区径流泥沙多为雨后总量观测。若径流泥沙数量不大,可采用集流池或集流桶收集。用集流桶收集径流泥沙时,可用 1 个或 2 个(甚至 3 个、4 个)集流桶连接方式收集;若径流泥沙总量大,采用集流桶加分流箱收集。

4.6.1.2 雨滴击溅侵蚀观测

雨滴降落到地面,其具有的动能使表层土壤团粒分散,打击土粒从而产生击溅侵蚀。

雨滴击溅侵蚀量(简称溅蚀量)的观测有 2 种方法,即溅蚀杯法和溅蚀板法。

(1)溅蚀杯测定溅蚀量

常用 Ellison 溅蚀杯监测。溅蚀杯是一个直径 80 mm、高 50 mm、面积 50 cm^2 的圆筒,筒底为焊接的铜丝网。测定时,在网上铺一薄层棉花,再将土装满圆筒,并置于贮水的盘中使其吸水饱和,然后放在雨滴下使其产生溅蚀,收集溅出杯的土粒,烘干称重,得到 50 cm^2 面积的溅蚀量。

(2)溅蚀板测定溅蚀量

溅蚀板是一个收集溅移泥沙的板状装置。地上部分板高 40~60 cm,板宽取 30 cm 即可，要表面光滑质地坚硬，多用薄不锈钢板或镀锌铁皮制成。地下部分要与地上部分连成一体，立面呈梯形，板的两侧焊接有两块与地下部分板面相同大小的隔板，中缝宽约 1 cm，形成土粒与雨水收集薄箱。在梯形面的底边与所夹的底角两面，各焊接一个孔嘴，以便引导收集箱体的土粒和雨水至收集瓶，二者用软塑管连接，收集瓶埋入土体中。

4.6.1.3 坡面细沟侵蚀观测

细沟是坡面上发生沟蚀的最初雏形，沟深、沟宽均细小。由于细沟出现的临界距离（即沟头至分水岭距离）仅数米到十几米，在布设的径流小区中就能出现，且一旦出现细沟侵蚀量剧增，成为坡面侵蚀主要产沙方式（当然还有浅沟），因而细沟侵蚀观测研究较多。

细沟侵蚀观测因研究目的不同，采用的方法也不同。当研究细沟的发生、发展变动即动态监测时，用立体摄影法；当研究细沟侵蚀量时，常用断面测量法。

细沟断面测量法是依据细沟发生、发展规律，在小区内从坡上到坡下，布设若干施测断面，测量每一断面细沟的深度和宽度（精确到 mm），并累加求出该断面总深度和总宽度，直至测完每个断面。计算侵蚀量如下：

若等距布设断面

$$V_{总} = \sum (\omega_i h_i) L \tag{4-58}$$

若不等距布设断面

$$V_{总} = \sum (\omega_i h_i L_i) \tag{4-59}$$

式中　$V_{总}$——细沟侵蚀总体积，m^3；

ω_i，h_i——某断面细沟的总宽度和总深度，m；

L，L_i——等距布设断面细沟长和不等距布设断面代表区的细沟长度，m。

4.6.2 小流域输沙的观测

4.6.2.1 泥沙测验

河流中挟带不同数量的泥沙，泥沙淤积河道，使河床逐年抬高，容易造成河流的泛滥和游荡，给河道治理带来很大的困难。黄河因含沙量大，下游泥沙的长期沉积形成了举世闻名的"悬河"；水库的淤积缩短了工程寿命，降低了工程的防洪、灌溉和发电能力；泥沙还可以加剧水力机械和水工建筑物的磨损，增加维修和工程造价的费用等。泥沙也有其有利的一面，粗颗粒是良好的建筑材料；细颗粒泥沙用来进行灌溉，可以改良土壤，使盐碱沙荒变为良田；抽水放淤可以加固大堤，从而增强抗洪能力等。

对于一个流域或一个地区，为了达到兴利除害的目的，就要了解泥沙的特性、来源、数量及其时空变化，为流域的开发和国民经济建设提供可靠的依据。为此，必须开展泥沙测验工作，系统地搜集泥沙资料。

河流泥沙按其运动形式可分为悬移质、推移质和河床质。悬移质是指悬浮于水中，随水流一起运动的泥沙；推移质是指在河底床表面，以滑动、滚动或跳跃形式前进的泥沙；河床质是组成河床活动层，处于相对静止的泥沙。

因为泥沙运动受到本身特性和水力条件的影响，各种泥沙之间没有严格的界限。当流速小时，悬移质中一部分粗颗粒可能沉积下来成为推移质或河床质。反之，推移质或河床质中的一部分可能在水流的作用下悬浮起来成为悬移质。随着水力条件的不同，它们之间可以相互转化，这也是泥沙治理困难的关键原因所在。

目前进行的泥沙测验主要是针对悬移质和推移质泥沙而言。

4.6.2.2 悬移质泥沙的测验

1) 悬移质泥沙在断面内的分布

悬移质含沙量在垂线上的分布，一般从水面向河底呈递增趋势。含沙量的变化梯度还随泥沙颗粒粗细的不同而不同。颗粒越粗，变化越大；颗粒越细，梯度变化越小。这是细颗泥沙属冲泻质，不受水力条件影响，能较长时间漂浮在水中不下沉所致。由于垂线上的含沙量包含所有粒径的泥沙，故含沙量在垂线上的分布呈上小下大的曲线形态。

悬移质含沙量沿断面的横向分布，随河道情势、横断面形状和泥沙特性而变。如河道顺直的单式断面，水深较大时，含沙量横向分布比较均匀。在复式断面上，或有分流漫滩、水深较浅、冲淤频繁的断面上，含沙量的横向分布将随流速及水深的横向变化而变化。一般情况下，含沙量的横向变化较流速横向分布变化小，如岸边流速趋近于零，含沙量却不趋近于零。这是由于流速等水力条件主要影响悬移质中的粗颗粒泥沙及床沙质的变化，而对悬移质中的细颗粒(冲泻质)泥沙影响不大。因此，河流的悬移质泥沙颗粒越细，含沙量的横向分布就越均匀，否则相反。

河流中悬移质的多少及其变化过程是通过测定水流中的含沙量和输沙率来确定的。

含沙量是指单位体积水样中所含干沙的重量。计算公式如下：

$$C_s = \frac{W_s}{V} \tag{4-60}$$

式中　C_s——含沙量，kg/m^3 或 g/m^3；
　　　W_s——水样中干沙的重量，g 或 kg；
　　　V——水样的体积，m^3。

含沙量是一个泛指名词，它可以是瞬时、日、月、年平均，也可以是单沙、相应单沙、测点、垂线平均、部分及断面平均含沙量，视所处的条件而定，单位都是一样的。

输沙率是指单位时间内通过某一过水断面的干沙重量，是断面流量与断面平均含沙量的乘积，即

$$Q_s = QC_s \tag{4-61}$$

式中　Q_s——断面悬移质输沙率，t/s 或 kg/s；
　　　Q——断面流量，m^3/s。
　　　C_s——含沙量，kg/m^3 或 g/m^3；

悬移质泥沙测验的目的在于测得通过河流测验断面悬移质的输沙率及变化过程。由于输沙率随时间变化，要直接测获连续变化的过程无疑是困难的。通常利用输沙率(或断面平均含沙量)和其他水文要素建立相关关系，由其他水文要素变化过程的资料，通

过相关关系求得输沙率变化过程。我国绝大部分测站的实测资料分析表明，一般断面平均含沙量与断面上有代表性的某垂线或测点含沙量(即单位含沙量，简称单沙)存在较好的相关关系。测量断面输沙率的工作量大，测量单沙简单。可用施测单沙以控制河流的含沙量随时间的变化过程。以较精确的方法，在全年施测一定数量的断面输沙率，建立相应的单沙断沙关系，然后通过相关关系由单沙过程资料推求断沙过程资料，进而计算悬移质的各统计特征值。因此，悬移质测验的主要内容除了流量外，还必须测定水流含沙量。悬移质泥沙测验包括断面输沙率测验和单沙测验。

2) 悬移质泥沙测验仪器和测验方法

目前悬移质泥沙测验仪器分为瞬时式、积时式和自记式3种。为了正确地测取河流中的天然含沙水样，必须对各种采样器性能有所了解，通过合理使用取得正确的水样。

(1) 悬移质泥沙采样器的技术要求

a. 仪器对水流干扰要小；仪器外形应为流线型，器嘴进水口设置在扰动较小处。

b. 尽可能使采样器进口流速与天然流速一致。当河流流速小于 5 m/s 和含沙量小于 30 kg/m³ 时，管嘴进口流速系数在 0.9~1.1 之间的保证率应大于 75%；含沙量为 30~100 kg/m³ 时，管嘴进口流速系数在 0.7~1.3 之间的保证率应大于 75%。

c. 采取的水样应尽量减少脉动影响。采取的水样必须是含沙量的时均值，同时取得水样的容积还要满足室内分析的要求，否则就会产生较大的误差。

d. 仪器能取得接近河床床面的水样。用于宽浅河道的仪器，其进水管嘴至河床床面距离宜小于 0.15 m。

e. 仪器应减少管嘴积沙、器壁黏沙。

f. 仪器取样时，应无突然灌注现象。

g. 仪器应具备结构简单、部件牢固、安装容易、操作方便，对水深和流速的适应范围广等特点。

(2) 常用采样器结构形式、性能特点及采样方法

① 横式采样器 横式采样器属于瞬时采样器，器身为一圆管制成，容积为 500~3 000 mL，两端有筒盖，筒盖关闭后，仪器密封(图 4-5)。取样时张开两盖，将采样器下放至测点位置，水样自然地从筒内流过，操纵开关，开关形式有拉索、锤击和电磁吸闭3种。

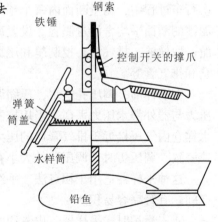

图 4-5 横式采样器结构图

横式采样器的优点是仪器的进口流速等于天然流速，结构简单，操作方便，适用于各种情况下的逐点法或混合法取样。其缺点是不能克服泥沙的脉动影响，且在取样时严重干扰天然水流，采样器关闭时口门击闭影响水流，加之器壁黏沙，使测取的含沙量系统偏小，据有关试验，其偏小程度为 0.41%~11.0%。

取样方法：横式采样器应主要考虑脉动影响和器壁黏沙。在输沙率测量时，因断面内测沙点较多，脉动影响相互可以抵消，故每个测沙点只需取一个水样即可。在取单位

水样含沙量时，采用多点一次或一点多次的方法，总取样次数应不少于 2~4 次。多点一次是指在一条或数条垂线的多个测点上，每点取一个水样，然后混合在一起，作为单位水样含沙量。一点多次是指在某一固定垂线的某一测点上，连续测取多次混合成一个水样，以克服脉动影响。为了克服器壁黏沙，在现场倒过水样并量过容积后，应用清水冲洗器壁，一并注入盛样筒内。采样器采取的水样应与采样器本身容积一致，其差值一般不得超过 10%，否则应废弃重取。

②普通瓶式采样器 普通瓶式采样器使用容积为 500~2 000 mL 的玻璃瓶制成，瓶口加有橡皮塞，塞上装有进水管和出水管(图 4-6)。调整进水管和出水管出口的高差 ΔH，和选用粗细不同的进水管和出水管，可以调整进口流速。采样器最好设置有开关装置，否则不适于逐点法取样。瓶式采样器结构简单，操作方便，属于积时式的范畴，可以减少含沙量的脉动影响。但也存在一些问题：当采样器下放到取样位置时，瓶内的空气压力是一个大气压 P_0，内外压力不等。假设这时进水管口和排气管口处的水深分别为 H_1 和 H_2，在进水管口处的静水压力是 P_1 = $P_0 + H_1$，排气管口处的静水压力是 $P_2 = P_0 + H_2$。

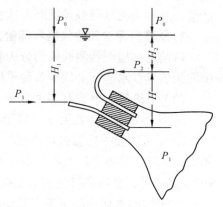

图 4-6 瓶式采样器

由于取样器内部压力小于外部压力，在打开进水口和排气口的瞬间，进水口和排气口都迅速进水，出现突然灌注现象。在极短的时段内，进口流速比天然流速大得多。进入取样器的水样含沙量与天然情况差别很大，水深越大，误差越大。所以该仪器不宜在大水深中使用。该仪器仅适用于水深为 1.0~5.0 m 双程积深和手工操作取样。

③调压积时式采样器 调压积时式采样器适用于缆道上同时进行测流、取沙。在一次行车过程中，测量断面内每个预定测点的流速，同时用全断面混合法一次完成悬移质泥沙的断面平均含沙量测验。设置调压系统，有开关控制，主要由头仓、铅鱼体、调压舱、取样舱、排气管、控制舱和尾翼等部分组成。调压系统包括调压孔、调压仓、水样仓和排气管等。

在取样前，调压孔进水，压缩调压仓内空气经连通管至水样仓，使水样仓内的空气压力与器外静水压力平衡。当用控制系统打开进水管开关取样时，排气管开始排气，使水样仓内气压接近于排气管口的压力(静水压力和动水压力之和)，使进口流速与天然流速一致。调压历时与调压孔的大小有关，一般为 5 s。

这种采样器适用于积点法、垂线混合法和积深法取样，也适用于缆道测流取沙。存在问题有管嘴容易积沙。

④皮囊积时式采样器 皮囊积时式采样器借助皮囊容器的柔性，以传导和调整仪器内压力与仪器外静水压力使其平衡，不另设调压系统。采样器主要由取水系统和铅鱼体壳两大部分组成。取水系统包括管嘴、进水管、电磁开关和皮囊。铅鱼体壳侧面设有弧形活门和若干进水小孔。取样前，将皮囊内空气排出，并用电磁铁将管道封闭。取样时，电磁铁通一电流，开启管道，水样在动水作用下即可通过管道注入可以张开的皮囊

容器内，皮囊内外始终保持压力平衡。皮囊积时式采样器是利用柔性极强的乳胶皮囊作盛水容器，仪器本身可保证内外静水压强相等，没有排气孔，也不需要设置调压舱，就可达到瞬时调压的目的。

该仪器结构简单，操作方便，同调压积时式一样能克服脉动影响，不干扰天然水流，进口流速接近天然流速，适用于高流速、大含沙量和不同水深条件下的积点法，垂线混合法和积深法取样等。

⑤同位素测沙仪 同位素测沙仪是利用 γ 射线穿过水样时，强度将发生衰减的原理制成的。其衰减程度与水样中的含沙量有关，从而可利用 γ 射线衰减的强度反求含沙量。γ 射线穿过物质时，其强度衰减可用下式表示：

$$I = I_0 C^{-\mu d} \tag{4-62}$$

式中 I_0，I——γ 射线穿过介质前、后的强度；

μ——物质对 γ 射线的总吸收系数；

d——介质厚度，mm。

设 d 为 γ 射线穿过的含沙浑水厚度，并用脉冲探测器的脉冲计数率表示 γ 射线的强度，则上式可改写为

$$N = N_0 e^{-(\mu_w d_w + \mu_s d_s)} \tag{4-63}$$

式中 N，N_0——分别为 γ 射线穿过浑水厚度前、后的脉冲计数率；

μ_ω，μ_s——分别为水和沙对 γ 射线的吸收系数；

d_w，d_s——浑水厚度中，分别为水和沙所占的部分，二者之和等于浑水厚度 d，mm。

由上述原理制成的同位素测沙仪包括测量探头和计算器两部分，测量由放射源（铯、铟、镉等同位素）和闪烁探测器组成。放射源安放在铅鱼内，γ 射线经由准直孔射出而直指闪烁探测器，放射源管道和准直孔均严格止水，信号由电缆送至计数器。

测沙前应进行比测试验：即同时测出某一含沙量及其相应的脉冲计数率，建立脉冲计数率与含沙量的相关曲线。

测沙时，将仪器下放至测点位置，打开仪器，测出脉冲计数率（一般取数次计数率的平均值），在率定曲线上读出含沙量即得。

同位素测沙仪可以在现场测得瞬时含沙量，可省去水样的采取及处理工作，操作简单，测量迅速。其缺点是放射性同位素衰变的随机性对仪器的稳定性有一定影响，探头的效应、水质及泥沙矿物质对施测含沙量会产生一定误差。另外，对技术水平和设备条件要求较高。

⑥光电测沙仪 光电测沙仪就是利用光电原理测量水体中含沙量的仪器。当光源透过含有悬移质泥沙的水体后，一部分光能被悬沙吸收，一部分光能被悬沙散射，因此透过浑水的光能只是入射光能的一部分。利用悬移质沙的这种消光作用，使光能透过悬移质沙的衰减转换成电流值，从而测定含沙量。光学中的比尔定律描述了光线通过介质时的吸收效应：

$$\Phi = \Phi_0 e^{-kL} \tag{4-64}$$

式中 Φ——透射光通量，lm；

Φ_0——入射光通量，lm；

L——光通过的路程，km。

当光线通过含沙水体时表现为：

$$\Phi_i = \Phi_0 e^{-kANL} \tag{4-65}$$

式中 Φ_i——光电器件通过清水的光通量，lm；

Φ_0——光电器件通过悬移质水体的光通量，lm；

A——泥沙颗粒投影面积，m^2；

N——单位体积水体中泥沙的颗粒数，个；

L——透过水体的厚度，mm；

k——消光系数（颗粒的几何横截面与有效横截面之比，它与辐射波长 λ、颗粒的折光系数 m、颗粒的粒径 d 等因素有关）。

把 $A = \dfrac{bv}{d}$，$N = \dfrac{Q}{\lambda v}$ 代入式（4-65），则有

$$\Phi_i = \Phi_0 e^{-kb\frac{C_s}{\gamma d}L} \tag{4-66}$$

式中 b——形状系数；

v——颗粒体积，m^3；

γ——颗粒比重；

C_s——悬移质含沙量，kg/m^3。

利用光电器件通过清水的光通量 Φ_0 转换为电流量 I_0，通过悬移质水体的光通量 Φ_i 转换为电流量 I_i，相应的光通量公式变为

$$\frac{I_i}{I} = e^{(-k\frac{C_s}{d})} \tag{4-67}$$

将上式取对数，便可推求含沙量。光电测沙仪可采用激光或红外光，尽管采用的光源不同，基本原理是相同的。一般光电测沙仪将光通量转换成相应的电流量，并不直接测量光通量，而是通过测量电流获得含沙量。光电测沙仪测量成果受水深、含沙量、粒径大小和泥沙颜色等众多因素影响。由于现在光电器件稳定性能好，还可以利用光电通讯技术，减少光电测沙仪受外部条件的影响，有利于仪器的进一步发展。

⑦振动管测沙仪 振动管测沙仪是测定金属传感器的振动频率，从而确定流经金属棒体内水体的悬移质泥沙含沙量。这种金属传感器是用一种特殊材料制成的振动管，振动管的管壁厚度、直径、长度和管两端的连接方式都是确定的。当液体流经振动管时，振动管的振动频率发生变化。

⑧超声波测沙仪 超声波在含沙水流中传播时，其衰减规律与浑水中悬浮颗粒浓度有关，可根据这一原理实现对水体含沙量的测量。

4.6.2.3 推移质泥沙的测验

1）推移质泥沙测验的目的和工作内容

(1) 推移质泥沙测验的目的

推移质泥沙运动是河流输送泥沙的另一种基本形式，泥沙的推移质数量一般比悬移质少，但在一些上游山区河流，其推移量往往很大。由于推移质泥沙颗粒较粗，常常淤

塞水库、灌渠及河道，不易冲走，对水利工程的管理运用、防洪航运等影响很大。为了研究和掌握推移质运动规律，为修建港口、保护河道、兴建水利工程、大型水库闸坝设计、管理等提供依据，为验证水工物理模型与推移质理论公式提供分析资料，开展推移质测验具有重要意义。

(2) 推移质输沙率测验的工作内容

a. 在各垂线上采取推移质沙样。

b. 确定推移质移运地带的边界。

c. 采取单位推移质水样。

d. 进行各附属项目的观测，包括取样垂线的平均流速，取样处的底速、比降、水位及水深，当样品兼作颗粒分析时加测水温。

e. 推移质水样的处理，当推移质测验与流量、悬移质输沙率测验同时进行时，上述大多数附属项目可以从流量成果中获得。

(3) 推移质泥沙测验存在的问题

目前，国内外推移质测验普遍存在测验仪器不完善、测验方法不成熟的问题。同时由于推移质运动形式极为复杂，它的泥沙脉动现象远比悬移质大得多。在不同的水力条件下，推移质颗粒变化范围很大，小至 0.01 mm 的细沙，大至数十千克的卵石。运动形式随着流速的不同也不断变化，当流速小时，推移质停顿下来成为河床质；流速较大时，又可以悬浮起来变为悬移质，这一切都给推移质测验带来很大困难。

2) **推移质泥沙测验仪器及测验方法**

(1) 推移质泥沙测验仪器

对推移质泥沙采样器的性能要求：

a. 仪器进口流速应与测点位置河底流速接近。

b. 采样器口门要伏贴河床，对附近床面不产生淘刷或淤积。

c. 取样效率高，效率系数稳定，进入器内泥沙堆沙部位合理。

d. 外形合理，有足够的取样容积，并有一定的自重以保持取样位置不因水流冲击改变。

e. 结构简单、牢固，操作方便灵活。

推移质泥沙采样器按其用途可分为卵石推移质采样器和沙质推移质采样器两类。

①卵石推移质采样器

a. 64 型卵石推移质采样器：仪器底网用钢丝编织而成，尾翼为双直向尾翼，可控制仪器正对水流方向，加重铅块附在仪器两侧，形成封闭环境（图 4-7）。适用于中等粒径的卵石，取样效率系数为 10%。

b. 80 型卵石推移质采样器：该仪器是在 64 型采样器的基础上作了改进，如仪器口门改成向外倾斜，骨架迎水面为唇刀形，加重铅块呈流线形，网底改用许多小钢板连接而成并适当加重底网重量，减少底网表面的粗糙度等（图 4-8）。平均取样效率系数为 55%。

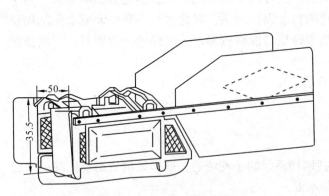
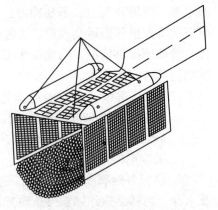

图 4-7　64 型卵石推移质采样器　　　　图 4-8　80 型卵石推移质采样器

c. 大卵石推移质采样器：适用于粒径较大的卵石（粒径 10~300 mm）推移质测验。根据采样器口门形状不同，又可分成矩形、倾口形和梯形 3 种。仪器口门宽 60 cm、高 50 cm、长 120 cm。器身上部两侧和尾部（1/2 器身）由 3~5 cm 孔径的金属链编成柔度较大的软底，能较好地与河底吻合，同时器顶无盖减少了采样器对水流的阻力，加载铅块固定在器顶两侧。取样效率系数为 30%。

②沙质推移质采样器（压差式采样器）　压差式采样器的设计原理是在采样器的出口处制造一个压力差，来抵消仪器进口处因阻力引起的能量损失。具体做法是将采样器的器身制造成向下游方向扩散的形式，使仪器尾门所承受的压力比进口处低，形成压力差。

a. 黄河 59 型推移质采样器：采样器的器身是一个向后方扩散的方匣，水流进入器内后，流速减小，有利于泥沙的沉积。该仪器存在的问题是口门不易吻贴河床，致使附近河床产生局部冲刷。

b. 长江大型沙质推移质采样器（Y78-1 型）：该仪器的特点是有合理的外形、阻水较小，器内集沙稳定，仪器前半身装有加重铅块，尾部装有浮筒，在口门底部装有托板，可防止因仪器头部加重而下陷，托板前沿做成向前倾斜的刀口形（简称唇刀），使口门较好吻贴河床，仪器出口面积比进口面积大 30%，由此形成的压力差可调节仪器近口流速接近于天然流速。该仪器目前被国内外一致认为是一种较理想的性能良好的沙质推移质采样器。

采样器效率系数需要进行率定。采样效率系数指仪器测得的与河流实际的推移质输沙率的比值。率定效率系数的方法通常有两种：一种是在天然河道（或渠道）用仪器做取样试验，以标准集沙坑测得的推移质输沙率为标准；另一种是在人工大型水槽中用仪器（或模型）做取样试验，以坑测法测定水槽实际推移质输沙率作标准，进行比较。

两种率定方法都存在一些问题，在天然水流中测定标准移质输沙率尚无理想的方法，而水槽率定的结果又不能完全反映和代表天然河流的真实情况。同时还因天然河道水流情况及河床地形千差万别，在实际应用时，所率定的采样器效率系数还会因各种因素的影响而改变。对这些问题还有待进一步研究解决。

(2) 推移质泥沙测验的其他方法

①坑测法 在天然河道河床上设置测坑以测定推移质。这是目前直接测定推移质输沙率最准确的方法，主要用来率定推移质采样器的效率系数。坑测法有以下形式：

a. 在卵石河床断面上设置若干测坑，坑沿与河床高度齐平。洪水后，测量坑内推移质淤积体积，计算推移质量。

b. 在沙质河床断面上埋设测坑，用抽泥泵连续吸取落入坑内的推移质。此法可施测到推移质输沙率的变化过程。

c. 沿整个河槽横断面设置集沙槽，槽内分成若干小格，利用皮带输送装置，把槽内的推移质泥沙输送到岸上进行处理。

坑测法效率高、准确可靠，但投资大、维修困难，适用于洪峰历时短、推移量不大的小河。

②沙波观测法 沙质河床的推移质常以轮廓分明的沙波形式运动，可用超声波测深仪连续观测断面各垂线位置高度的变化，可以测定沙波的平均移动速度和平均高度，推算单位宽度移质输沙率。

$$q_b = \alpha \rho_s \frac{h_b L}{t} \tag{4-68}$$

式中　q_b——单位宽度推移质输沙率，kg/s；

　　　α——形状系数；

　　　ρ_s——推移质泥沙容重，g/cm³；

　　　h_b——沙波高度，m；

　　　L——t 时间内沙峰移动距离，m；

　　　t——两次观测时间间隔，h。

该法的优点是对推移质运动不产生干扰，不需在河床上取样。但由于沙波的发育、生长与消亡与一定水流条件有关，沙波法一般只局限于沙垄和沙纹阶段，无法获得全年各个时间的推移质泥沙，再加上公式的一些参数难以确定，如形状系数、容重等，在使用时受到很大限制。

间接测定推移质的方法还有体积法、紊动水流法、水下摄影和水下电视、示迹法、岩性调查法、音响测量法等。这些方法都有很大的局限性，效果也不太理想。

(3) 推移质输沙率测验方法

用采样器施测推移质，因仪器不够完善，测验工作还缺乏可靠的基础，而且测沙垂线的布设、取样历时、测次等尚无成熟经验。现只能根据少数站开展推移质测验的情况，提出一些基本要求。

①测次与取样垂线 推移质输沙率的测次主要布设在汛期，应能控制洪峰过程的转折变化，并尽可能与悬移质、流量、河床质测验同时进行，以便于资料的整理、比较和分析。取样垂线应布设在有推移质的范围内，以能控制推移质输沙率横向变化、准确计算断面推移质输沙率为原则。推移质取样垂线最好与悬移质输沙率取样垂线重合。

②取样历时与重复取样次数 为消除推移质脉动影响，需要有足够的取样历时并应重复取样。对于沙质推移质，每条垂线需重复取样 3 次以上，每次取样历时少于 3～

5 min，推移量很大时，也不应少于 30 s。对卵石推移质强烈推移带，每条垂线重复取样 2~5 次，累计取样历时不少于 10 min，其余垂线可只取样 1 次，历时 3~5 min。每次取样数量以不装满采样器最大容积的 2/3 为宜。

③推移质运动边界的确定　一般用试深法确定推移质运动的边界。将采样器置于靠近垂线的位置，若 10 min 以上仍未取到泥沙，则认为该垂线无推移质泥沙，然后继续向河心移动试探，直至查明推移质泥沙移动地带的边界。对于卵石推移质，还可用空心钢管插入河中，俯耳听声，判明卵石推移质移动边界。该法适用于水深较浅、流速较小的河流。

④采取单位推移质输沙率　为建立单位推移质输沙率与断面推移质输沙率的相关关系，便于用较简单的方法控制断面推移质输沙率的变化过程，可在断面靠近中泓处选取 1~2 条垂线，作为单位推移质取样垂线，该垂线最好与断面推移质取样垂线重合。这样在进行推移质测验时，可不再另取单位推移质沙样。

本章小结

本章从坡面侵蚀、河流泥沙、流域产沙与输沙、流域泥沙模型、侵蚀与泥沙观测五个方面对流域侵蚀与产沙输沙进行介绍。坡面侵蚀主要介绍了其类型和机理。泥沙的水力特性通过泥沙粒径与级配、比重和干容重、分类以及泥沙的沉降速率等计算来确定。流域产沙与输沙主要通过流域产沙量、泥沙输移比、悬移质输沙量、推移质输沙量进行描述。其中，流域产沙量主要介绍了水文法、淤积法、示踪法、侵蚀强度分级法、相邻流域观测资料分析法和模型法这六种计算方法。随着现代数学引入，土壤侵蚀从定性研究走向定量研究阶段，土壤侵蚀模型主要可以分为经验模型、物理过程模型和动力学模拟模型等。侵蚀与泥沙观测主要分为坡面侵蚀观测和小流域输沙的观测，分别对其观测内容、测验仪器及测验方法进行了介绍。

思 考 题

1. 阐述泥沙的起动流速、止动流速和扬动流速的含义及计算方法。
2. 阐述推移质和悬移质的运动特点。
3. 简述河流泥沙的来源。
4. 试述泥沙输移比的含义及其影响因素。
5. 试述影响坡面侵蚀产沙与输沙的因素。
6. 试述影响沟道侵蚀产沙与输沙的因素。
7. 悬移质泥沙测验常用哪些采样器？怎样采样？
8. 简述推移质泥沙测验的主要仪器及测验方法。
9. 如何计算流域的输沙量？

第 5 章 水文统计

5.1 概 述

降水量、径流量和蒸发量等重要的水文变量都具有时空上的随机性,所以用统计概率理论来研究水文过程是必然的选择。本章以相关的统计学知识为基础,介绍了其在水文学中的应用形式,如皮尔逊Ⅲ型曲线、重现期、适线法等。最后介绍了水文过程研究的两种统计学手段:相关分析和随机模拟。

水文现象是一种自然现象,在其发生、发展中包含着必然性,也包含着偶然性。如河流任一断面的年径流量值,由于每年有降水发生,必有径流量发生,这是必然性;然而每年径流量的数值受到流域上许多因素的影响,即使年降水量相同,年径流量数值也不完全相同,这就是偶然性。

某事件在相同条件下重复试验,它可能发生,也可能不发生,事先不能肯定,在数理统计中称该事件为随机事件。与随机事件相联系的现象称为随机现象。年径流量数值就是一种随机现象。同理,每年的最大流量值、洪水总量值等水文特征值都是随机现象。

由于水文现象是随机现象,在水文计算中运用数理统计方法是合理的,也是必要的。如流域开发需弄清河流未来的径流量;设计拦河坝、堤防需预估未来时期河流洪水的大小。这些都要求对未来长期径流情况做出估计。但影响径流的因素众多,难于应用成因方法对径流做出长期的时序定量预报。基于水文现象的统计规律性,可进行概率预估以满足规划设计的需要。

5.2 随机变量及其概率分布

5.2.1 随机变量

随机变量是指表示随机试验结果的一个数量。也就是说,随机事件每次的试验结果可用一个数 x 表示,x 的数值随试验结果不同而不同。但在一次试验中,究竟出现哪一个数值是随机的,称这种变量为随机变量。水文现象中的随机变量,一般是指某种水文特征值,如某站的年降水量、年径流量和年最大流量等。

若随机变量仅能取得区间内某些间断的离散数值,则称为离散型随机变量;若随机变量可以取得一个有限区间内的任意数值,则称为连续型随机变量。

为叙述方便,用英文大写字母代表随机变量,其取值用相应的小写字母来代表。如某随机变量为 X,而其可能的取值记为 $x_i(i=1,2,\cdots)$。

5.2.2 随机变量的概率分布

随机变量可以取得所有可能值中的任何一个。如随机变量 x 可能取 x_1 值,也可能取 x_2 值、x_3 值等。但是取某一可能值的机会不同,有的机会大,有的机会小。这就是说,随机变量是以一定概率来取某一可能值的,即随机变量 X 的取值与其概率有一一对应关系。随机变量 X 与其概率有下列对应关系:

$$P(X=x_1)=p_1;P(X=x_2)=p_2;\cdots;P(X=x_n)=p_n \tag{5-1}$$

式中 $p_1,p_2,\cdots,p_n$——分别表示随机变量 x 取值 $x_1,x_2,\cdots,x_n$ 所对应的概率。

这种关系客观地表示随机变量的可能值与该可能值所对应的概率之间的关系,如图 5-1 所示。一般将这种对应关系称为随机变量的分布律。

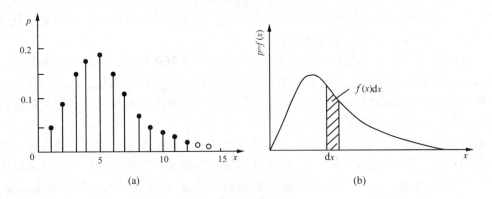

图 5-1 随机变量的概率分布
(a)离散型分布 (b)连续型概率密度分布

上面引出的分布律,只有离散型随机变量才有,连续型随机变量是没有的。因为后者有无限个可能值,而且这些可能值完全充满某一区间,无法编出一个表格把所有变量的可能值都列出来。另外,离散型随机变量可以取得个别值的概率;而连续型随机变量取得任何个别值的概率几乎等于 0。因此,无法讨论个别值的概率,只能研究某个区间的概率。

设有连续型随机变量 X,其取值 x,今研究 X 的取值等于或大于 x 的概率,一般将此概率表示为 $P(X \geqslant x)$。同样,也可以研究 X 的取值均小于 x 的概率,即 $P(X<x)$ 两者是可以互相转换的。因此,只需要研究一种就够了。在数学上研究后者,但在水文学上习惯研究前者,本书遵从水文学的习惯,把 $P(X \geqslant x)$ 这个函数称为随机变量 X 的分布函数,记 $F(x)$,即 $F(x)=P(X \geqslant x)$。它代表 X 等于或大于某一取值 x 的概率。其几何曲线如图 5-2 所示,在数学上称为分布曲线。

图 5-2 表示某雨量站的年降水量分布曲线。若 $z=80$ mm,由分布曲线知 $P(X \geqslant 800)=0.6$,说明从该站的年降水量多年平均情况来看,等于或超过 800 mm 的可能性是 60%。

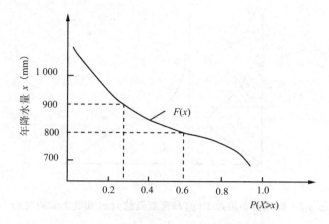

图5-2 某雨量站的年降水量分布曲线

或许有人提问,该站年降水量在 800~900 mm 的概率有多大呢? 下面来讨论这个问题。

由概率加法定理,随机变量 X 落地区间 $(x, x+\Delta x)$ 内的概率可用下式表示:

$$P(X \geq x + \Delta x) = P(X \geq x) - P(x + \Delta x > X \geq x) \tag{5-2}$$

从图5-2 得 $F(800) = 0.60$,$F(800+100) = 0.26$,所以 $P(900 > X \geq 800) = 0.34$。即某站年降水量落在 800~900 mm 的可能是34%。

现在利用式(5-2)研究随机变量 X 落入区间 $(x, x+\Delta x)$ 的概率与区间长度(Δx)之比值,这个比值为:

$$\frac{F(x) - F(x + \Delta x)}{\Delta x}$$

上述表示 X 落入区间 $(x, x+\Delta x)$ 的平均概率,而

$$\lim_{\Delta x \to 0} \frac{F(x) - F(x + \Delta x)}{\Delta x} = -\lim_{\Delta x \to 0} \frac{F(x + \Delta x) - F(x)}{\Delta x} = -F'(x) \tag{5-3}$$

式中 $F'(x)$——分布函数 $F(x)$ 的一阶导数,引入符号 $f(x) = -F'(x)$。

该函数 $f(x)$ 描述了概率密度的性质,所以称为概率密度函数,或简称为密度函数。密度函数 $f(x)$ 的几何曲线称为密度曲线,如图5-1(b)所示。

通过 $f(x)$ 可以方便地求出随机变量 X 落在区间 dx 上的概率,显然等于 $f(x)dx$。$f(x)dx$ 称为概率元素,即 $f(x)dx = dp$,在几何上的意义就是图5-1(b)所示的阴影面积。

概率分布函数 $F(x)$ 同样可通过密度函数得到,即

$$F(x) = P(X > x) = \int_x^\infty f(x)dx \tag{5-4}$$

式中 X——随机变量,其最大上限一般为无穷大(∞)。

$F(x)$ 的几何意义就是表示位于 X 轴上边的密度曲线所包围的面积,如图5-3 所示。

由此可见,对于连续型随机变量,密度函数和分布函数从不同角度完善地描述了随机变量的概率分布规律,所以它们是随机变量的基本特征。

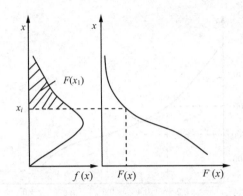

图 5-3 概率分布函数 $F(x)$ 和密度函数 $f(x)$ 曲线之间的关系

5.2.3 常用的概率分布曲线

连续型随机变量的分布可以用概率密度函数或分布函数表示。现进一步讨论这些函数的具体形式。

5.2.3.1 正态分布

如测量误差是个连续型随机变量，其概率分布规律可以用下列密度函数描述：

$$f(x) = \frac{1}{\sigma\sqrt{2\pi}} l^{-x^2/2\sigma^2} \tag{5-5}$$

式中 $f(x)$——测量误差取值 x 的概率密度值；
l——常数，一般取 e；
x——测量误差（随机变量的可能取值）；
σ——反映测量误差分布规律的参数。

此概率密度曲线的形状见图 5-4。由于它是单峰、对称对配、两端 x 值趋于 $\pm\infty$ 的曲线，故称为正态概率密度曲线，简称正态曲线。

正态分布一般的公式为

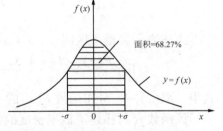

图 5-4 $f(x)$ 正态概率密度曲线

$$f(x) = \frac{1}{\sigma\sqrt{2\pi}} l^{\frac{-(x-\mu)^2}{2\sigma^2}} \tag{5-6}$$

式中 l——常数，一般取 e；
μ——平均值或期望值；
σ——标准差。

正态分布密度函数中只包含 2 个参数，因此若某个随机变量呈正态分布，只要求出它的 μ 和 σ，其分布便完全确定了，所以正态分布常用记号 $X \sim N(\mu, \sigma^2)$ 表示。

5.2.3.2 皮尔逊Ⅲ型分布

英国生物学家皮尔逊注意到在物理、生物、经济学方面有些随机变量不具有正态分布，因此致力于探求各种非正态的分布曲线，最后提出13种分布曲线的类型。其中第Ⅲ型曲线在水文水资源计算中应用较广。

皮尔逊Ⅲ型曲线是一条一端有限一端无限的不对称单峰曲线，如图5-5所示，其概率密度函数为：

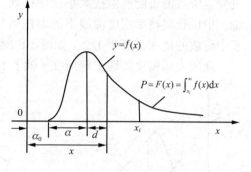

图 5-5　皮尔逊Ⅲ型曲线

$$f(x) = \frac{\beta^{\alpha}}{\Gamma(\alpha)}(x-\alpha_0)^{\alpha-1}l^{-\beta(x-\alpha_0)} \qquad (5-7)$$

式中　α，β，α_0——曲线的3个参数；

　　　l——常数，一般取 e；

　　　$\Gamma(\alpha)$——α 的伽玛函数。

如果3个参数值确定，该密度函数即随之确定。图5-5中 α_0 为 x 的最小可能值，$\bar{x}$ 为 x 的平均值，$1/d = \beta$，$\alpha/d = \alpha - 1$。

5.2.4　随机变量的分布参数

随机变量的概率密度函数及分布函数完整地描述了随机变量。但在实际工作中有时并不要求知道完全的分布函数，而只要知道其某些特征参数即可。描写随机变量的特征参数有很多种，常用的而且主要反映随机变量本质的特征参数有2种：说明随机变量的集中位置的"位置参数"和表示随机变量的离散程度的"离散参数"。

5.2.4.1　位置特征参数

位置特征参数是描述随机变量在数轴上位置的特征数，主要有平均值（或平均数）、中位数及众数。

平均数是一个加权平均数。加权系数与每值的概率有关。常用 $E(X)$、μ 或 $\bar{x}$ 表示平均数。

离散型变量的平均数为：

$$E(X) = \mu = \sum_{i=1}^{n} x_i p_i \qquad (5-8)$$

式中　x_i——第 i 个离散值；

　　　p_i——相应 x_i 点的概率函数值。

对于连续型随机变量，可用类似的方法求出平均数，即

$$E(X) = \mu = \int_{a}^{b} x f(x) \mathrm{d}x \qquad (5-9)$$

式中　b，a——分别为 X 取值的上、下限。

平均数是一个非常重要的参数，是分布的重心，能代表整个随机变量的水平。如某站的多年平均年降水量这个特征数字就是显示年降水量分布的主要特征参数。它反映该地年降水量的多少，给出一个大致的定量概念。

中位数是把概率分布分为两个相等部分的数，记为 x_{50}。对于离散型随机变量，将随

机变量所有的可能取值按大小次序排列，位置居中的数就是中位数。对于连续型随机变量，中位数将概率密度曲线下的面积划分为等于 1/2 的两个部分，即随机变量大于或小于中位数的概率都等于 1/2，如图 5-6 所示。

众数表示密度曲线上峰所在 x 轴上的位置，记为 $x_众$，如图 5-7 所示。

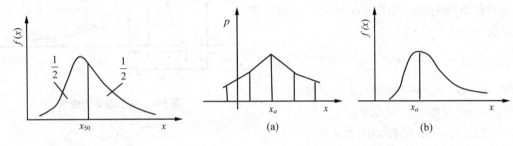

图 5-6　中位数示意　　　　图 5-7　众数示意

(a) 离散型　(b) 连续型

5.2.4.2　离散特征参数

离散特征参数是刻画随机变量分布离散程度的特征，这种类型的参数常有以下几种。

(1) 标准差(均方差)

离散特征参数可用相对于分布中心的离差 $(X-\mu)$ 计算。随机变量 X 的取值有些大于 μ，有些小于 μ，故离差 $(X-\mu)$ 有正有负，其平均值为 0，用离差本身的平均值来说明离散程度是无效的。为使离差的正值和负值不致相互抵消，常取 $(X-\mu)$ 平方的平均数，然后开方作为离散程度的计量标准，称为标准差，记为 σ 或 $\sqrt{D(X)}$。对离散型随机变量有：

$$\sigma^2 = D(X) = E[(X-\mu)^2] = \sqrt{\sum_i (x_i-\mu)^2 \cdot p_i} \tag{5-10}$$

式中　$D(X)$——随机变量 X 的方差。

对于连续型随机变量，方差为

$$D(X) = \int_{-\infty}^{\infty} (x-\mu)^2 f(x) \mathrm{d}x \tag{5-11}$$

标准差的单位与 X 的单位相同。显然，分布越分散，标准差越大；分布越集中，标准差越小。图 5-8 表示标准差对密度曲线的影响。

(2) 离势系数(离差系数、变差系数)

标准差虽然说明随机变量分布的离散程度，但对于两个不同的随机变量分布，如果它们的平均数不同，用标准差来比较这两种分布的离散程度就不合适了。如甲地区的年降水量分布，其均值 $x_1 = 1\,200$ mm，标准差 $\sigma_1 = 360$ mm；乙地区的年降水量分布，其均值 $x_2 = 800$ mm，标准差 $\sigma_2 = 320$ mm，这时就难以用 σ 判断这两个

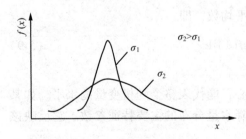

图 5-8　标准差对密度曲线的影响

地区年降水量分布的离散程度,因为尽管 $\sigma_1 > \sigma_2$,但是 $x_1 > x_2$,所以应从相对观点来比较它们的离散程度。现用一个无因次的数来衡量分布的相对离散程度,即

$$C_v = \frac{\sigma}{E(X)} = \frac{\sigma}{\bar{x}} \tag{5-12}$$

C_v 称作离势系数,为标准差与平均数之比。由上式可得上述两地区的年雨量的离势系数 $C_{v1} = 0.30$,$C_{v2} = 0.40$,这说明甲地区的年降水量离散程度比乙地区小。C_v 对密度曲线的影响见图 5-9。

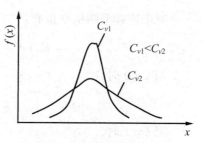

图 5-9　C_v 对密度曲线的影响

(3) 偏态系数(偏差系数)

对于随机变量的分布,平均数刻画出集中的特征,离势系数显示出离散的特征,而这两个参数均不足以说明分布对中心(平均数)是否对称。所以需要一个参数来反映分布是否对称的特征。现用一个无因次的数来衡量分布的对称性,即

$$C_s = \frac{E\{[X - \bar{x}]^3\}}{\sigma^3} \tag{5-13}$$

C_s 称作偏态系数。当密度曲线对 X 对称时,$C_s = 0$;若不对称,当正离差占优势时,$C_s > 0$,称为正偏;当负离差占优势时,$C_s < 0$,称为负偏。

5.2.4.3　矩(动差)

上述有些参数可以用矩来表示。矩的概念及其计算在水文水资源中经常遇到,这里作概括介绍。

在力学中,常用矩来描述质量的分布,而在统计数学中常用面积矩来描述随机变量分布的特征。在这里,矩可分为原点矩和中心矩两种。

(1) 原点矩

随机变量 X 对原点的离差 k 次幂的期望 $E[X^k]$,称为随机变量的 k 阶原点矩,以符号 v_k 表示,即

$$v_k = E[X^k] \quad (k = 0, 1, 2, \cdots) \tag{5-14}$$

对于离散型随机变量,k 阶原点矩为:

$$v_k = E[X^k] = \sum_{i=1}^{n} x_i^k p_i \tag{5-15}$$

对于连续型随机变量,k 阶原点矩为:

$$v_k = E[X^k] = \int_{-\infty}^{\infty} x^k f(x) \mathrm{d}(x) \tag{5-16}$$

当 $k = 0$ 时,$v_0 = E[X^0] = \sum_{i=1}^{n} p_i = 1$,即零阶原点矩就是随机变量所有可能取得的概率之和,其值等于 1。

当 $k = 1$ 时,$v_1 = E[X^1] = \sum_{i=1}^{n} x_i^1 p_i = \mu$。

(2) 中心矩

随机变量 X 对分布中心 $E(X)$ 的离差的 k 次幂的期望值 $E\{[X - E(X)]^k\}$,称为 X 的

k 阶中心矩,以符号 μ_k 表示。

对于离散型随机变量有:

$$\mu_k = E\{[X - E(X)]^k\} = \sum_{i=1}^{n} [x_i - E(X)]^k p_i \tag{5-17}$$

对于连续型随机变量有:

$$\mu_k = E\{[X - E(X)]^k\} = \int_{-\infty}^{\infty} [x_i - E(X)]^k f(x) \mathrm{d}x \tag{5-18}$$

当 $k = 0$ 时,

$$\mu_0 = \int_{-\infty}^{\infty} [x_i - E(X)]^k f(x) \mathrm{d}x = \int_{-\infty}^{\infty} f(x) \mathrm{d}x = 1$$

当 $k = 1$ 时,

$$\mu_1 = \int_{-\infty}^{\infty} [x_i - E(X)]^k f(x) \mathrm{d}x$$
$$= \int_{-\infty}^{\infty} x f(x) \mathrm{d}x - E(X) \int_{-\infty}^{\infty} f(x) \mathrm{d}x = 0$$

当 $k = 2$ 时,

$$\mu_2 = \int_{-\infty}^{\infty} [x_i - E(X)]^k f(x) \mathrm{d}x = D(X) = \sigma^2$$

这样可以清楚地看到,平均数、离势系数和偏态系数都可用各种矩表示。

5.3 经验频率曲线

5.3.1 频率分布

某站观测得到 $n = 62$ 年的降水资料。现将这 62 个年降水量数值按大小分组,统计各组出现的次数、频率、累积次数、累积频率及组内平均频率密度,见表 5-1 所列。表 5-1 第 3 栏为各组内出现的次数,第 4 栏为将第 3 栏自上而下逐组累加的次数,它表示年降

表 5-1 某站年降水量分组频率计算

年降水量 x(mm) 分组组距 $\Delta x = 200$		次数 $m(a)$		频率 $P(\%)$ $P = m/n \times 100$		组内平均频率密度 $\Delta P/\Delta x$(1/mm)
组上限值	组下限值	组内	累计	组内	累计	
1	2	3	4	5	6	7
2 299	2 100	1	1	1.6	1.6	0.000 08
2 099	1 900	2	3	3.2	4.8	0.000 16
1 899	1 700	3	6	4.8	9.6	0.000 24
1 699	1 500	7	13	11.3	20.0	0.000 56
1 499	1 300	13	26	21.0	41.0	0.001 05
1 299	1 100	18	44	29.1	71.0	0.001 46
1 099	900	15	59	24.2	95.2	0.001 21
899	700	2	61	3.2	98.4	0.000 16
699	500	1	62	1.6	100.0	0.000 08
总计		62		100.0		

水量大于或等于该组下限值 x 的次数。第 5、6 栏分别是将第 3、4 栏相应各数值除以总次数 62，即化算为相应的频率。第 7 栏是将第 5 栏的组内频率 ΔP 除以组距 Δx（本例为 200 mm），它表示频率沿 x 轴上各组分布的密集程度。

以表 5-1 第 7 栏各组的平均频率密度值 $\Delta P/\Delta x$ 为横坐标，以年降水量 x（各组下限值）为纵坐标，按组绘成直方图，如图 5-10(a)所示。各个长方形面积表示各组的频率，所有长方形面积之和等于 1。这种频率密度随随机变量取值 x 而变化的图形，称为频率密度图。频率密度值的分布情况，一般是沿纵轴 x 数值的中间区段大，而上下端逐渐减小。如果资料年数无限增多，分组组距无限缩小，频率密度直方图就会变成光滑的连续曲线，频率趋于概率，称为随机变量的概率密度曲线。如图 5-10(a)中虚点线所示铃形曲线。

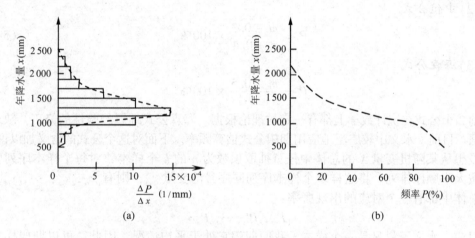

图 5-10 某站年降水量频率密度和分布曲线
(a)频率密度 (b)频率分布

以表 5-1 第 6 栏的累积频率 P 为横坐标，以年降水量的各组下限值 x 为纵坐标，绘成如图 5-10(b)所示的虚折线，表示大于或等于 x 的频率随随机变量取值 x 而变化的图形，称为频率分布图。其一般形状是沿纵轴 x 的中间区段虚折线坡度平缓。因为频率密度大，频率增长得快，而上下两端虚折线坡度较陡，频率增长得慢。同样地，如果资料年数无限增多，组距无限缩小，虚折线就会变成 S 形的光滑连续曲线，频率趋于概率，称为随机变量的概率分布曲线。

上述绘制频率密度图及频率分布图的方法，对于样本容量很大的情况是合适的。根据数理统计的概念，须样本容量 $n \to \infty$。若所掌握的资料是总体，用式 $P = m/n \times 100\%$ 计算频率并无不合理之处。但水文观测资料的样本容量 n 一般较小，有时难于绘制出图 5-10 的图形。即便能绘制出来，图形的稳定性是较差的。而且用式 $P = m/n \times 100\%$ 计算频率，当 $m = n$ 时（这里的 m 即表 5-1 中第 4 栏的各组数值），最末项的累积频率 $P = 100\%$，这就是说样本末项为总体中的最小值。一般来说，这是不符合事实的，因为今后仍可能出现比样本最小值更小的数值。因而在样本容量不大的情况下，须探求一种合理的估算经验频率的公式及绘制频率分布曲线的方法。

5.3.2 经验频率曲线

5.3.2.1 经验频率公式

将某水文变量 x 由大到小排列，排列中的序号 m 不仅表示排列大小次序，而且表示变量自大到小(大于或等于某变量)的累积次数，如表 5-1 中第 4 栏的各组数值。由于用式 $P = m/n \times 100\%$ 计算大于或等于某取值的频率，对于样本来说是不太合适的。因此，有人提出了较为合理的计算经验频率的公式，主要有：

(1) 数学期望公式

$$P = \frac{m}{n+1} \times 100\% \qquad (5\text{-}19)$$

(2) 中值公式

$$P = \frac{m - 0.3}{n + 0.4} \times 100\% \qquad (5\text{-}20)$$

(3) 海森公式

$$P = \frac{m - 0.5}{n} \times 100\% \qquad (5\text{-}21)$$

前 2 个公式在统计数学上都有一定的理论根据。海森公式纯属经验性的修正，缺乏理论根据。目前，水文中较广泛地应用期望公式估算频率。下面对这个公式的含义加以说明。

设想从某随机变量 X 的总体中任意抽取项数为 n 的 k 个样本，对每个样本序列中的变量按大小顺序排列。将这样多个样本序列同序号的变量 x_m，则有 $_1x_m, _2x_m, \cdots, _kx_m$，它们在总体中都有一个对应的出现概率：

$$_1P_m, _2P_m, \cdots, _kP_m$$

目前，水文资料只是一个样本，我们期望它处于平均情况。因此，可以期望样本某一项的频率是许多样本中同序号概率的均值，即

$$P = \frac{1}{k}(_1P_m + _2P_m + \cdots + _kP_m)$$

当 k 较大时，可以证明 $P = m/(m+1)$，故称式(5-19)为期望公式。

利用式(5-19)计算某站年最大流量的经验频率，可在概率格纸上点绘经验频率曲线，如图 5-11 所示。概率格纸是在水文计算中绘制频率曲线专用的一种格纸。其纵坐标为均匀分格，表示变量。而横坐标频率的分格是按能连正态曲线绘成直线设计的，故横坐标的中间部分线条较密，左右两端线条渐稀，代表单位频率的间隔离中线越远则变得越大。通常非正态概率分布曲线绘在这种格纸上，两端曲线坡度也会大大变缓，这样对曲线外延较为方便。

5.3.2.2 重现期

由于频率这个名词较抽象，为便于理解，有时使用重现期这个词汇。重现期是指在许多试验里，某一事件重复出现的时间间隔的平均数，即平均的重现间隔期。

频率与重现期的关系有两种表示法。

(1) 当研究暴雨洪水时

$$T = \frac{1}{P} \qquad (5\text{-}22)$$

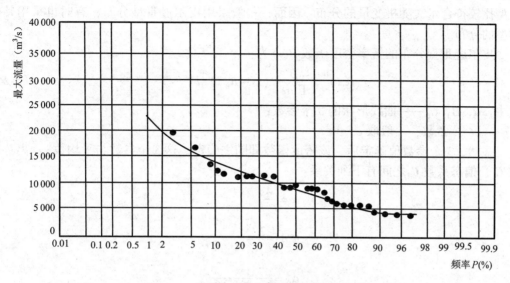

图 5-11 某站年最大流量的经验频率曲线

式中 T——重现期，a；

P——频率，%。

如当洪水的频率采用 $P=1\%$ 时，代入上式得 $T=100$ a，意指等于或大于此洪水的机遇为百年一遇，故简称此洪水为百年一遇的洪水。

（2）当研究枯水问题时

$$T = \frac{1}{1-P} \tag{5-23}$$

如对于 $P=80\%$ 的枯水流量，代入上式得 $T=5$ a，意指小于此流量的机遇为 5 年一遇。

由于水文现象一般并无固定的周期，所谓百年一遇的洪水是指等于或大于这种洪水在长期内平均 100 a 可能发生 1 次，而不能认为隔 100 a 必然遇上 1 次。

还必须指出，经验频率曲线在实用性上有一定的局限性。第一，该曲线的上端及下端的经验频率值与资料序列容量 n 有关，如果某水利工程设计所需洪水频率为百年或千年一遇，那么，在经验频率曲线上就无法查得 $P=1\%$ 或 0.1% 相应的洪水流量值；第二，该曲线只表示某河某水文特征要素，各条河流各站的经验频率曲线形状不相同，难于比较相互间的异同。为了实用及理论上的研究，人们提出用数学方程（即概率分布函数）来表示频率曲线，该方程所表示的曲线图形称为理论频率曲线。

5.4 水文随机变量概率分布的估计

5.4.1 水文随机变量总体分布的线型

水文随机变量究竟服从何种分布类型，目前还没有充足的论证。因为水文现象非常复杂，已掌握的资料较少，难以从理论上推断。不过，从现在掌握的资料来看，皮尔逊

Ⅲ型比较符合水文随机变量的分布。因而，一般采用皮尔逊Ⅲ型分布，有时也采用其他类型的分布。

皮尔逊Ⅲ型分布的概率密度函数 $f(x)$ 为：

$$f(x) = \frac{\beta^\alpha}{\Gamma(\alpha)} (x - \alpha_0)^{\alpha-1} l^{-\beta(x-\alpha_0)} \tag{5-24}$$

式中 α，β，α_0——曲线形状的3个参数；

l——常数，一般取 e。

显然，3个参数值确定后，该密度函数即随之确定。这3个参数与平均数 $\bar{x}$、离势系数 C_v、偏态系数 C_s 之间有下列关系：

$$\alpha = \frac{4}{C_s^2}$$

$$\beta = \frac{2}{\bar{x} C_v C_s}$$

$$\alpha_0 = \frac{\bar{x}}{1 - 2C_v/C_s}$$

使用以上水文随机变量的概率分布，一般需要求出与指定概率 P 相应的随机变量取值 x_p，即 $P(X \geq x_p) = P$

或

$$P = P(X \geq x_p) = \int_{-\infty}^{\infty} f(x) \mathrm{d}x = \frac{\beta^\alpha}{\Gamma(\alpha)} \int (x - \alpha_0)^{\alpha-1} l^{-\beta(x-\alpha_0)} \mathrm{d}x \tag{5-25}$$

显然，当 α、β 和 α_0 3个参数已知时，x_p 只取决于 P 值。从式(5-24)可知，α、β、α_0 值与 $\bar{x}$、C_v 和 C_s 有关。$\bar{x}$、C_v 和 C_s 值一经确定，x_p 仅与 P 有关。但是直接由式(5-25)求解 x_p 是非常繁杂的。通过查算制成的专用表可以使计算工作大大简化。

取标准化变量 $\Phi = (x - \bar{x})/\bar{x}C_v$（常称 Φ 为离均系数），Φ 的平均值为0，标准差为1，便于制表。通过演算式(5-25)，简化为：

$$P(\Phi \geq \Phi_p) = \int_{\varphi p}^{\infty} f(\Phi, C_s) \mathrm{d}\Phi \tag{5-26}$$

式(5-26)中，被积函数只含有一个参数 C_s，因而只要给定 C_s 值，就可算出 Φ_p 与 P 的对应值。对于若干给定的 C_s 值，Φ_p 与 P 的对应数值表已由美国工程师福斯特和前苏联工程师雷布京制定出。

当给定 C_s 及 P 后，可从《水文手册》中福斯特—雷布京表查出 Φ_p，通过下式便可算出 x_p 值：

$$x_p = (1 + \Phi_p C_v) \bar{x} \tag{5-27}$$

因此，已知 $\bar{x}$、C_v、C_s，就可求出各种 P 值相应的 x_p 值，也可以绘制皮尔逊Ⅲ型概率分布曲线。

5.4.2 统计参数的估算

概率密度函数或分布函数都包含一些参数，如皮尔逊Ⅲ型分布函数中包含有 $\bar{x}$、C_v 和 C_s 3个参数。为了具体确定概率分布，就得估算这些参数。一般情况下，随机变量的总体是不知道的，或者不必要取得，这需要在总体不知的情况下估算参数。当总体不知或无须取得时，总体的分布参数可以通过随机抽出的样本加以估算。

与随机变量总体中的概率分布参数类似，样本也有分布参数。

(1) 样本的平均数 $\bar{x}$

这一参数与总体的平均数(期望值)相对应，按下式计算：

$$\bar{x} = \frac{1}{n}\sum_{i=1}^{n} x_i \tag{5-28}$$

(2) 样本标准差 S

这一参数与总体标准差 σ 相对应，按下式计算：

$$S = \sqrt{\frac{\sum (x_i - \bar{x})^2}{n-1}} \tag{5-29}$$

(3) 样本离势系数 C_v

这一参数与总体的离势系数相对应，按下式计算：

$$C_v = \frac{S}{\bar{x}} = \sqrt{\frac{\sum_{i=1}^{n}\left(\frac{x_i}{\bar{x}}-1\right)^2}{n-1}} = \sqrt{\frac{\sum K_i^2 - n}{n-1}} \tag{5-30}$$

式中 $K_i = x_i/\bar{x}$，称为模比系数。

(4) 样本偏态系数 C_s

这一参数与总体的偏态系数相对应，按下式计算：

$$C_s = \frac{\sum_{i=1}^{n}(K_i - 1)^3}{(n-3)C_v^3} \tag{5-31}$$

式(5-28)至式(5-31)称为不偏估值公式。

在总体中，任意抽取相同容量 n 的样本，可以抽很多个。各个样本的平均数、方差、离势系数、偏态系数不会相同，因此这些参数都是随机变量。设某个参数记为 θ，它是随机变量，有自己的概率分布。

虽然应用不偏估值的公式去估算样本的各种参数值，但由于水文序列较短，样本参数对于总体参数而言总是有一定的误差，这种由于随机取样引起的误差称为抽样误差。以样本参数估算相应总体参数时必须考虑这一误差。

当总体为皮尔逊Ⅲ型分布(C_s 为 C_v 的任意倍数)时，样本参数($\bar{x}$、σ、C_v、C_s 等)的均方误差计算公式如下：

$$\sigma_{\bar{x}} = \frac{\sigma}{\sqrt{n}} \tag{5-32}$$

$$\sigma_{\sigma} = \frac{\sigma}{\sqrt{2n}}\sqrt{1 + \frac{3}{4}C_s^2} \tag{5-33}$$

$$\sigma_{C_v} = \frac{C_v}{\sqrt{2n}}\sqrt{1 + 2C_v^2 + \frac{3}{4}C_s^2 - 2C_v C_s} \tag{5-34}$$

$$\sigma_{C_s} = \frac{C_v}{\sqrt{2n}}\sqrt{\frac{6}{n}\left(1 + \frac{3}{2}C_s^2 + \frac{5}{16}C_s^4\right)} \tag{5-35}$$

表5-2是$C_s=2C_v$时,根据式(5-32)、式(5-34)和式(5-35)计算得出的样本参数均方误差(相对值)。由表中可见,$\bar{x}$和C_v的误差小,而C_s的误差很大。当$C_v=0.7$及$n\leqslant100$时,C_s的均方误差在40%~126%。由于水文资料一般只有几十年,由此计算出的C_s值由抽样引起的误差太大。故实用上不采用矩法,即不用式(5-31)算得的C_s值,而用适线法确定。

表5-2 样本参数的均方差   %

误差	参数											
	$\bar{x}$				C_v				C_s			
	100	50	25	10	100	50	25	10	100	50	25	10
0.1	1	1	2	3	7	10	14	22	126	178	252	390
0.3	3	4	6	10	7	10	15	23	51	72	102	162
0.5	5	7	10	12	8	11	16	25	41	58	82	130
0.7	7	10	14	22	9	12	17	27	40	56	80	126
1.0	10	14	20	23	10	14	20	32	42	60	85	134

必须指出,上述具有概率概念的均方误差方式,只是许多容量相同的样本的平均情况。至于某个实体样本的误差,可能小于或大于这些误差,不是由公式能估算的。样本实际误差的大小要视样本对总体的代表性高低而定。

用式(5-28)、式(5-30)和式(5-31)计算参数的方法,常称为参数的矩法估计。只有用矩法计算得到的参数值,其均方误差才能用式(5-32)、式(5-34)和式(5-35)估算。经验表明,矩法估计参数,除存在抽样引起的误差外,还具有计算上的系统误差。因此,在实际工程水文计算中,不宜直接使用矩法估计参数,而是用适线法确定参数值。

5.4.3 适线法

适线法的依据是认为经验频率点据分布较可靠,而且水文特征值的总体分布已基本了解,因而样本的经验频率分布的统计参数可以通过理论频率曲线与经验频率点据分布的曲线拟合来确定。具体步骤如下:

(1) 点绘经验频率点据

先把样本序列各项由大到小排序,应用式(5-19)计算x_i相应的p_i值。若序列具有相当的代表性,或其均值的抽样误差小于5%,也可把x_i转化为模比系数$K_i=x_i/\bar{x}$。以纵坐标表示x_i或K_i,横坐标为对应的经验频率,点绘在概率格纸上,便可得到经验频率点据的分布。

(2) 选定总体分布线型

一般选用皮尔逊Ⅲ型分布,有时也可选用其他类型的分布。

(3) 初定参数

先把矩法计算的C_v值作为C_v的初估值。至于C_s,因其抽样引起误差及计算矩的误差较大,一般用经验来确定$C_s=BC_v$中的B值。如对于年径流序列,B值为2~3;对于年最大流量序列,B值为2~6。

(4) 据初定C_v和C_s值进行适配

根据初定C_v和C_s值,查模比系数K_p值,可得到皮尔逊Ⅲ型的理论频率曲线K_p-P。

将此曲线画在绘有经验频率点据的图上，看与经验点据配合的情况。若不理想，则另设参数值，再进行适配。

(5) 选择采用曲线

求总体参数的估值，最后根据理论频率曲线与经验频率点据的配合情况，从中选择一条与经验频率点据配合最佳的曲线作为采用的曲线，该曲线相应的参数便是总体参数的估值。

在适线过程中，为避免修改参数的盲目性，需要了解参数 $\bar{x}$、C_v 和 C_s 值对理论频率曲线形状的影响。图 5-12 表示 $C_s = 1.0$ 时，不同 C_v 值对频率曲线的影响（为消除均值的影响，图中纵坐标为模比系数）。由图 5-12 可看出，$C_s = 1.0$ 时，随着 C_v 增大，曲线变陡。图 5-13 表示 $C_v = 0.1$ 时，不同 C_s 值对频率曲线的影响。显然，当 C_s 增大时，曲线上段变陡而下段趋于平缓。

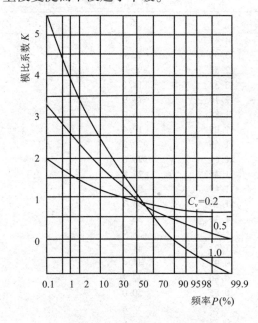

图 5-12　$C_s = 1.0$ 时，不同 C_v 值对频率曲线的影响　　　　图 5-13　$C_v = 0.1$ 时，不同 C_s 值对频率曲线的影响

为了阐明适线法的步骤及有关问题，现举例如下：

【例 5-1】　某站有 35 年最大流量资料，试求最大流量的理论频率曲线及相应于 $P = 1\%$ 和 $P = 0.1\%$ 的最大流量值。

计算步骤如下：

① 将已审核的最大流量序列按大小递减次序排序，填入表 5-3 中第 2 栏。计算序列的平均值为：

$$\bar{Q} = \frac{1}{n}\sum_{i=1}^{n} Q_i = (1/35) \times 308\,810 = 8\,823\,(\mathrm{m^3/s})$$

② 将表 5-3 中第 2 栏各个流量除以均值，得模比系数 K_i，即

$$K_i = \frac{Q_i}{Q}$$

填入第 3 栏。

③计算 K^2，填入第 4 栏，则

$$C_v = \frac{\sigma}{Q} = \sqrt{\frac{\sum k^2 - n}{n-1}} = \sqrt{\frac{40.91 - 35}{34}} = 0.42$$

④由式(5-19)计算经验频率 P，填入第 5 栏。

⑤根据第 3、第 5 栏的对应值，以 K 为纵坐标，P 为横坐标，点绘在概率格纸上，如图 5-14 所示。

表 5-3 某站年最大流量经验频率计算

序号 m	最大流量 Q_m(m³/s)	模比系数 K	K^2	$P = m/(n+1) \times 100\%$	备注
1	2	3	4	5	6
1	18 500	2.10	4.41	2.8	
2	16 500	1.87	3.50	5.6	
3	13 900	1.59	2.53	8.3	
4	13 300	1.52	2.31	11.1	
5	12 800	1.45	2.10	13.9	
6	12 100	1.37	1.88	16.7	
7	12 000	1.37	1.88	19.4	
8	11 500	1.30	1.69	22.2	
9	11 200	1.27	1.61	25.0	
10	10 800	1.22	1.49	27.8	
11	10 800	1.22	1.49	30.6	
12	10 700	1.21	1.46	33.3	
13	10 600	1.2	1.44	36.1	
14	10 500	1.19	1.42	38.9	
15	9 690	1.10	1.21	41.7	
16	8 500	0.96	0.92	44.4	
17	8 220	0.93	0.86	47.2	
18	8 150	0.92	0.85	50.0	
19	8 020	0.91	0.83	52.8	
20	8 000	0.91	0.83	55.6	
21	7 850	0.89	0.79	58.3	
22	7 450	0.84	0.70	61.1	
23	7 290	0.83	0.69	63.9	
24	6 160	0.70	0.49	66.7	
25	5 960	0.68	0.46	69.4	
26	5 950	0.67	0.45	72.2	
27	5 590	0.63	0.40	75.0	
28	5 490	0.62	0.38	77.8	
29	5 340	0.60	0.36	80.6	
30	5 220	0.59	0.35	83.3	
31	5 100	0.58	0.34	86.1	
32	4 520	0.51	0.26	88.9	
33	4 240	0.48	0.23	91.7	
34	3 650	0.41	0.17	94.4	
35	3 220	0.36	0.13	97.2	
总计	308 810	35.00	40.91		

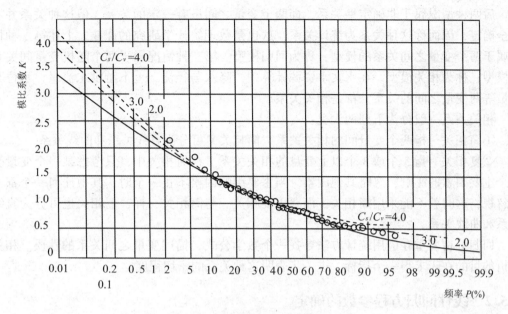

图 5-14 某站年最大流量频率曲线

⑥根据统计参数 $\bar{Q} = 8\ 823\ \text{m}^3/\text{s}$，$C_v = 0.42$，$C_s$ 试定为 C_v 值的 2 倍、3 倍及 4 倍，并将理论频率曲线绘在图 5-14 上。

⑦适点配线情况说明：$C_s = 2C_v$ 的曲线在头部与两个点子离得稍远些，其他部位与点子配合尚好。$C_s = 4C_v$ 的曲线与头部一点配合较好，但尾部脱离开好几个点。而 $C_s = 3C_v$ 的一条在头尾部与点子配合均较好。因此，从点子配合情况看，选用 $C_s = 3C_v$ 时的理论频率曲线合适。故采用的统计参数为 $\bar{Q} = 8\ 823\ \text{m}^3/\text{s}$，$C_v = 0.42$，$C_s = 3C_v$。从《水文手册》中可查得，$K_{p=1\%} = 2.34$，$K_{p=0.1\%} = 3.04$，于是得百年一遇的最大流量 $Q_{p=1\%} = 2.34 \times 8\ 823 = 20\ 640(\text{m}^3/\text{s})$，千年一遇的最大流量 $Q_{p=0.1\%} = 3.04 \times 8\ 823 = 26\ 820(\text{m}^3/\text{s})$。

必须说明，适线法得到的成果仍具有抽样误差的统计特性，目前难以估算。因此，对于工程上最终采用的理论频率曲线及其相应的统计参数值，不仅要从水文统计方面分析，而且要密切结合水文现象的物理成因及地区分布规律进行综合分析。

5.5 水文相关分析

5.5.1 概　述

前文所述的只是一个随机变量的频率分布及其特征参数的估计。在实际问题中，还经常遇到多个变量同处于一个过程之中，需要了解这些变量之间的相互依存关系。从变量本身性质来看(以两个变量为例)，依存关系基本有3种情况：

①两个变量都是非随机变量，属于确定性函数关系或两者无关；

②因变量是随机变量，自变量是非随机变量(模型Ⅰ)；

③两个变量都是随机变量(模型Ⅱ)。

后两种情况属于非确定性关系,即两个变量之间虽有一定的关系,但这种关系并不完全确定,因而称这种关系为统计关系,这也是数理统计学研究的课题。上述第二种情况属于两个变量之间关系的模型,称为回归模型。第三种情况属于两个随机变量间关系的模型,称为相关模型。在水文水资源计算中,降水与径流、上下游洪水流量、水位与流量等两变量之间的关系,都是相关关系。

相关关系一般分为下列两大类:

① 简相关 指两个变量间的相关关系。简相关又可分为直线关系和曲线关系。

② 复相关 指3个或3个以上变量的相关关系。在简相关中,只考虑某一个变量受一个主要因素的影响,忽略其他因素。当主要影响因素不止一个时,其中任何一个都不宜忽视,这时就不能采用简相关,而要用复相关。与简相关一样,复相关也可分为直线关系和曲线关系。

回归分析着重在应用统计方法寻找一个数学公式,描述变量之间关系的性质。相关分析的目的在于求得一个指标,进一步表明这种关系的密切程度。

5.5.2 线性回归方程参数的确定

设研究的对象能用下式进行近似描述。

$$Y = \alpha + \beta X + \varepsilon \tag{5-36}$$

当 X 取某一定值时,相应的 y 值为 (y/x_i)。故有

$$\frac{y}{x_i} = \alpha + \beta x_i + \varepsilon_i$$

现对 y 取期望值,即

$$E\left(\frac{y}{x_i}\right) = E(\alpha) + x_i E(\beta) + E(\varepsilon_i)$$

由于 ξ_i 服从于正态分布 $N(0, \sigma^2)$,所以 $E(\xi_i) = 0$,因而有

$$\hat{Y} = E\left(\frac{y}{x_i}\right) = \hat{\alpha} + \hat{\beta} x_i \tag{5-37}$$

如果令 a 表示 $\hat{\alpha}$,b 表示 $\hat{\beta}$,则有

$$\hat{Y} = a + bX \tag{5-38}$$

上式称为回归直线方程。

回归直线方程中 b 称为回归系数,它是回归直线的斜率。a 称作常数项,它是回归直线纵坐标的截距。求直线回归方程可归结为确定系数 a 和 b。参数 a 和 b 可以通过一系列的观测数据对 (x_i, y_i) 来确定,从而得到一个描述研究对象的直线方程。

设 x_i,y_i 代表两序列的观测值,共计有 n 对。把对应值点绘于方格纸上,称之为散布图。如果散布图的平均趋势近似于直线,则可用式(5-38)近似地代表。若点据分布集中,可以直接利用解析几何的作图方法求出回归直线,这称作图解法。该法简便实用,一般情况下可望得到满意的结果。若点据分布较分散,难以目估定线,最好采用最小二乘法来确定回归直线方程中的参数 a 和 b。

5.5.3 简单相关系数及直线回归方程的误差

5.5.3.1 简单相关系数

回归直线只代表两变量间存在线性依存关系，不能直接说明相关程度密切与否。

当两变量毫无关系时，X 变化时，Y 不随其变化，即 $\theta=0°$，$\tan\theta=0$；反之，Y 变化，X 也不随其变化，即 $\gamma=0°$，$\tan\gamma=0$。

当两变量有函数关系时，$X=a'+b'Y$ 与 $Y=a+bX$ 两条回归直线重合，此时，$b'=b$，或者 $\gamma=90°-\theta$，或 $\theta=90°-\gamma$，即 $\tan\gamma=\tan\theta$。

当两变量有统计关系时，两者依存关系的密切程度可用 $r^2=\tan\gamma\cdot\tan\theta$ 表示，r^2 称为相关指数。当两变量有函数关系时，$r^2=1$。当两变量毫无关系时，$r^2=0$。统计关系（或称相关关系）时，r^2 在 $0\sim1$ 之间。一般以 $r^2\geq0.7$ 为相关密切的标准。r 称为简单相关系数，其表达式为：

$$r^2=\tan\gamma\cdot\tan\theta=\frac{\sum x'y'}{\sqrt{\sum(x')^2(y')^2}}$$

$$=\frac{\sum(x_i-\bar{x})(y_i-\bar{y})}{\sqrt{\sum(x-\bar{x})^2\sum(y-\bar{y})^2}}=\frac{L_{xy}}{\sqrt{L_{xx}L_{yy}}} \tag{5-39}$$

样本序列的方差计算公式为：

$$S_y^2=\frac{\sum(y_i-\bar{y})^2}{n-1},\quad S_x^2=\frac{\sum(x_i-\bar{x})^2}{n-1}$$

故有：

$$r=\frac{\sum_{i=1}^{n}(x_i-\bar{x})(y_i-\bar{y})}{(n-1)S_xS_y} \tag{5-40}$$

$$b'=r\frac{S_x}{S_y} \tag{5-41}$$

$$b=\frac{\sum_{i=1}^{n}(x_i-\bar{x})(y_i-\bar{y})}{\sum_{i=1}^{n}(x_i-\bar{x})^2}=\frac{(n-1)rS_xS_y}{(n-1)S_x^2}=r\frac{S_y}{S_x} \tag{5-42}$$

由此，回归方程可写成：

$$\hat{Y}-\bar{y}=r\frac{S_y}{S_x}(X-\bar{x}) \tag{5-43}$$

必须指出，简单相关系数 r 不是从物理成因导出，而是从直线拟合点据的误差概念推导得出。因此，当 r 接近于 0 时，只表示两变量无直线关系存在，但仍可能存在非直线关系。

5.5.3.2 回归直线的误差估计

回归直线只是对观测点据的一条最佳配合线。当 x_i 为一定值时,条件期望值 $\hat{Y}_i$ 与观测值 y_i 之间有误差。这种误差由 x 变量以外的各种因素引起,以 ε_i 表示。y_i 的变动性由方差 $D(Y)$ 表示。

5.5.4 相关分析应用

应用相关分析方法时,首先需对研究变量作成因分析,研究变量间是否具有物理上的联系。相关分析的先决条件是变量间确实存在着关系。切忌把物理上毫无关系的两个随机变量作相关分析。其次是将两个变量的观测数据点绘于坐标图上,判断相关点据的分布是否呈直线趋势,如果呈现直线趋势,并能从物理成因上说明确有直线关系,则可以考虑绘制回归直线(图解法或计算法均可)。应用相关方程插补展延水文资料时,只能内插不宜外延,特别不能做过多的外延。

有一些水文现象并不表现为直线关系而是一种曲线关系。这时,可凭经验选配一种曲线函数形式,通过函数转换将原变量转换成新变量。若新变量在图上显示出直线关系,则仍然可以利用直线相关法进行计算。在实际工作中,多用幂函数($y = ax^b$)和指数函数($y = ae^{bx}$)两种曲线函数。

如对于幂函数,等式两边取对数可得 $\lg y = \lg n + b\lg x$,令 $\lg y = Y$ 和 $\lg x = X$,再令 $\lg a = A$,则有 $Y = A + bX$。Y 和 X 便是直线关系,就可进行直线回归分析。

5.5.5 复相关

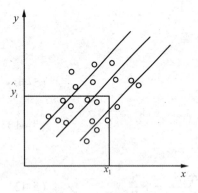

图 5-15 复直线相关

复相关的计算,在实际工作中多采用图解法选配相关线。如图 5-15 中倚数 y 受自变数 x 和 z 两变量的影响,这时,可根据实测资料点绘 y 与 z 的对应值于方格纸上,并在各点据旁注明"z 值等值线",即可近似地得出多元相关关系。除图 5-15 所示的复直线相关图外,还有复曲线相关图,它也是一种复相关图,只不过考虑的是曲线关系。

应用复相关图时,由已知的自变量 x_i 和 z_i 可以在图上求得对应的 y_i 值。

如果要用数学方程表达相关图中的关系,则有
$$Y = \beta_0 + \beta_1 X + \beta_2 X_2 + \varepsilon, \quad \varepsilon \sim N(0, \sigma^2) \tag{5-44}$$

此外,Y 为依变量,X_1、X_2 为自变量,β_0、β_1、β_2 及 σ^2 均为不依赖于 X_1、X_2 的未知参数。Y 的条件期望值为
$$\hat{Y} = b_0 + b_1 X_1 + b_2 X_2 \tag{5-45}$$

此式称为多元线性回归方程。式中的回归系数可以根据样本序列(X_{1i}、X_{2i}、Y_i)($i = 1, 2, \cdots, n$),按照最小二乘法原理确定。

$$Q = \sum_{i=1}^{n} (Y_i - \hat{Y}_i)^2 = \min \tag{5-46}$$

多元线性回归方程回归效果的好坏，可用下式分析。

$$\text{总平方和 } L_{yy} = \text{残差平方和 } Q + \text{回归平方和 } U \tag{5-47}$$

对于一定的样本观测值，L_{yy} 是个常量，所以 $Q + U$ 也是一个常量，Q 大则 U 小，Q 小则 U 大。因此，Q 与 U 都可以衡量回归的效果，但是 Q 和 U 都是有因次的，不便于判别。为此，采用下述指标：

$$R_{\text{复}} = \sqrt{\frac{U}{L_{yy}}} = \sqrt{1 - \frac{Q}{L_{yy}}} \tag{5-48}$$

式中 $R_{\text{复}}$——复相关系数，是衡量回归效果好坏的一个指标，数值变化在 0~1。

显然，复相关系数越接近于 1，回归效果越好。

5.6 水文过程的随机模拟

5.6.1 水文过程

水文变量随时间的变化过程称为水文过程。在水利水保工程的规划、设计和运用上常需了解长时间内水文变化过程的特性，以便合理确定水库的有效库容、防洪库容等内容。

水文变量随时间的变化极为错综复杂，既含有确定性成分，又含有随机性成分。前者表现为水文现象有成因联系的周期变化和趋势变化等；后者表现为水文现象不确定的纯随机和相依性的变化。尤其是后者，使水文过程具有随机性的特点。如多年期间内的月径流、日径流的变化过程，既受季节变化的影响而呈现出周期性，又受多年期间内气候、地质变动或人类活动的影响而呈现出趋势或突变的暂态性；同时，又受到流域内许多偶然因素的综合影响而显示出纯随机性以及受流域内各种调蓄因素的影响而呈现出前后期径流之间的相依性变化。

鉴于上述，水文变量 X_i 可看成由多种成分组成的变量。假定这些成分是线性叠加，则 X_i 可用下式表示：

$$X_i = N_i + P_i + D_i + \varepsilon_i \tag{5-49}$$

式中 N_i——确定性的暂态成分，包含趋势性 T_t、突变性 C_t、跳跃性 K_t 等成分；

P_i——确定性的周期成分；

D_i——随机性的相依成分；

ε_i——随机性的纯随机成分。

水文过程中，当 i 取全体实数时，称为连续过程；当 i 只取整数时，称为离散过程。离散的水文过程常称为水文时间序列。

年最大流量、年最小流量和年降水量序列一般是纯随机序列。此时有：

$$X_i = \varepsilon_i \tag{5-50}$$

对于年径流量序列，如果其中周期成分及暂态成分的影响很小，则有：

$$X_i = D_i + \varepsilon_i \tag{5-51}$$

当水文时间序列以随机成分为主，即确定性成分极小时，该种序列称为随机序列。

随机序列可用概率论概念来描述和表达。

5.6.2 随机过程

在相同的试验条件下，独立重复多次的随机试验，每一次试验结果都是时间 t 的某种函数，其函数形式各次不同，且事先无法确定。对于多次试验结果是一组时间 t 的函数，每次试验结果，即组中每一个函数称为随机函数的一个现实或样本函数。可见，随机函数就是所有现实或样本函数的集合（图5-16）。

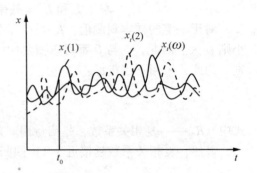

图 5-16 时间 t 的随机过程
（注：ω 为试验次数的序号）

当随机函数随时间 t 连续地取有限区间内的值，称为随机过程。当随机函数随时间 t 取离散值，称为随机序列或时间序列。今后用记号 $\{X_t(\omega); t \in T\}$ 表示随机过程。它是关于 t，ω 的二元函数，即 $X(t) = X_t(\omega) = X(t, \omega)$。若 ω 固定，$X_t(\omega)$ 就是定义在 T 上的普通函数，即一个样本函数或一个现实。对于一个固定的时刻 $t_0 \in T$，$X_{t_0}(\omega)$ 是一个随机变量[通常略去 ω 而记为 X_{t_0} 或 $X(t_0)$]。当 t 取不同值时，就有一串随机变量 $X(t_1)$，$X(t_2)$，…。习惯上称随机变量 $X(t_0)$ 是随机过程 $X(t)$ 在时刻 $t = t_0$ 的截口随机变量。因此，也可以把所有截口随机变量的总体称为随机过程。

5.6.3 纯随机序列的随机模拟

随机序列的模拟以纯随机变量的模拟为基础，随机模拟的方法称为统计试验方法或蒙特卡洛法。

关于纯随机序列的随机模拟，先研究一个例子。如何随机模拟某站行使皮尔逊Ⅲ型分布的年最大流量（Q_m）序列，方法步骤如下：

①实测（包括调查历史洪水）年最大流量序列，按常规水文计算方法确定其频率曲线 $Q_m - P$（即为估计的总体概率分布曲线）；

②用适当方法随机地模拟频率，$P_i(i = 1, 2, \cdots)$，再由 P_i 通过 $Q_m - P$ 曲线查出年最大流量 Q_{mi}，这就是随机模拟的符合皮尔逊Ⅲ型分布的年最大流量序列（实际上这就是在总体中随机抽取样本）。

由此例看出，纯随机序列的随机模拟方法之一，就是要解决如何模拟 P_i，以及由 P_i 如何转换为指定分布序列的两个问题。

统计试验法就是解决这类问题的方法。首先应模拟（0，1）区间上均匀分布的纯随机序列（简称随机数，相当于上例中模拟的频率 P_i 值），再通过包括上例在内的一些方法，将随机数转换为指定分布的纯随机序列，即为随机模拟的纯随机序列。

由于平稳随机过程各截口随机变量的均值、方差等特征参数是相同的，即特征参数与时间无关，所以随机的时间序列常称为随机序列或随机系列。因此，以下主要是讨论平稳随机序列。

下面主要讨论指定分布的纯随机序列的模拟，目的是把（0，1）均匀分布的随机数转化成所需的概率分布的随机变量,如正态、皮尔逊Ⅲ型等。

转化方法有变换法和舍选法。在变换法中包括解析法、图解法或概率表法。

当指定的一维概率分布的参数已知时,则该分布的纯随机变量 x 与概率 P 一一对应。如皮尔逊Ⅲ型($\bar{x}$, C_v, C_s)。于是可利用$(0,1)$均匀分布所抽取大量的随机数 u_i(即 P_i),便可在皮尔逊Ⅲ型概率分布曲线上查得相应 P_i 的 x_i 值,这种方法称图解变换法,如图 5-17 所示。

当随机变量 X 的分布函数 $F(x)$ 已知时,可令 $F(x_i) = P(X \geqslant x_i) = u_i$,解方程 $F(x_i) = u_i$ 得随机变量值,这种方法称为公式变换法或解析法。

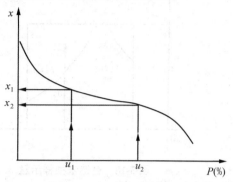

图 5-17 图解变换示意

当直接将各种概率分布表(如正态、皮尔逊Ⅲ型 ϕ 值表)输入计算机内存,让机器去内插查算,这种方法称为概率表法。

正态分布纯随机序列的模拟常用公式变换法,变换公式如下:

$$\begin{aligned} \xi_1 &= \sqrt{-2\ln\mu_1}\cos 2\pi\mu_2 \\ \xi_2 &= \sqrt{-2\ln\mu_1}\sin 2\pi\mu_2 \end{aligned} \tag{5-52}$$

式中 ξ_1, ξ_2——相互独立的标准正态分布 $N(0,1)$ 的变量。

因为 $\xi = (x_i - x)/\sigma$,故有正态分布变量:

$$x_i = \bar{x} + \xi_i \sigma \quad (i = 1, 2, \cdots) \tag{5-53}$$

此法计算工作量小、精度较高,被广泛采用。

舍选法的实质是从许多均匀随机数中选出一部分,使之成为具有给定分布的随机数。舍选的意义是把符合条件的随机数 u_i 选出来应用,不符合条件的随机数则丢弃。如设待抽样的随机变量 x 在有限区间 (a,b) 上取值,其密度函数 $f(x)$ 在 (a,b) 上取有限值,且 $f_0 = \sup f(x)$(图 5-18)。今把抽取的均匀随机数两两一组,即 u_1, u_2; u_3, u_4; …。令 $x = a + (b-a)u_1$ 及 $y = f_0 u_2$。若 $f(x_1) < y_1$,弃掉 u_1, u_2;若 $f(x_1) > y_1$,则取用 $u_1 > u_2$。然后考察下一组 u 值,如此继续下去,即 x 的抽样方式如图 5-19 所示。图 5-18 舍选法意义图 1 点符合条件,2 点不符合条件。

用舍选法模拟皮尔逊Ⅲ型分布纯随机序列的方法步骤如下:

①根据观测序列 $\{x_i\}$,分析合适线,算出估计总体的统计参数 $\bar{x}$、C_v、C_s。

②应用舍选法模拟公式:

$$x_i = a_0 + \frac{1}{\beta}\left(-\sum_{k=1}^{[a]}\ln\mu_k - B_i\ln\mu_i\right) \tag{5-54}$$

式中 $a_0 = \bar{x}(1 - 2C_v/C_s)$,$\beta = 2/(\bar{x}C_v C_s)$,$a = 4/C_s^2$;参数 B_i 按下式计算

$$\begin{aligned} B &= \frac{\mu_1^{1/r}}{\mu_1^{1/r} + \mu_2^{1/r}} \\ r &= a - [a] \\ s &= 1 - r \end{aligned} \tag{5-55}$$

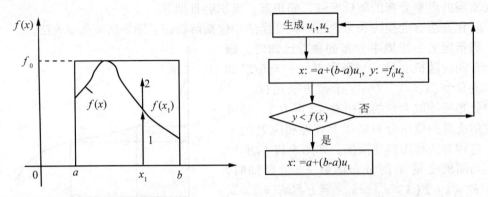

图 5-18　舍选法抽样示意

图 5-19　舍选法模拟皮尔逊Ⅲ型
分布纯随机序列的过程

$[a]$ 为等于或小于 a 的最大整数。如 $a=3.14$ 时，$[a]=3$；如 $a=1.14$，$[a]=1$；如 $a=0.75$，$[a]=0$。u_1 和 u_2 为一对随机数。舍选条件：必须使 $Q=u_1^{1/r}+u_2^{1/s}\leqslant 1$。

③模拟按程序框图进行。

【例 5-2】　当 $a=3.14$ 时，$[a]=3$，令 $a'=[a]=3$，则 $r=0.14$，$s=0.86$。把每 3 个抽取的随机数为 1 组，模拟过程如图 5-20 所示。

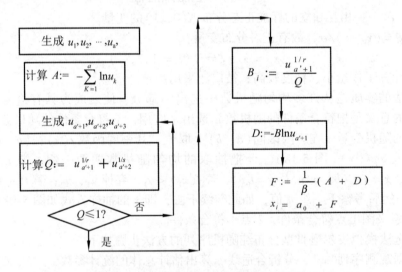

图 5-20　皮尔逊Ⅲ型分布舍选法模拟过程

5.6.4　年序列的随机模拟

5.6.4.1　模拟模型

水文变量的年序列，是指年最大流量、年最小流量、年降水量和年径流量等年时序系列。一般来说，对于年序列，当确定性的暂态成分 N 和周期成分 P_t 的影响趋于极小时，则有

$$X_t = D_t + \varepsilon_t \tag{5-56}$$

式中　D_t——随机相依成分；
　　　ε_t——纯随机成分。

对于以随机性影响为主、能表达水文变量时序统计规律的模型，一般推荐自回归模型。其中一阶自回归模型的应用最为广泛，确有实用价值。

一阶自回归模型表达式为：

$$X_t = \hat{X}_t + \varepsilon_t = \bar{x} + b_1(x_{t-1} - \bar{x}) + \varepsilon_t \tag{5-57}$$

式中　$\hat{X}_t$——随机相依成分；
　　　ε——纯随机变量，它是白噪声，即 ε 是均值为0，方差为 σ_ε^2 的正态变量；
　　　b_1——一阶自回归系数，其值小于1和大于0才有意义；
　　　$\bar{x}$——$\{X_t\}$ 的均值。

上式只适用于平稳随机过程。

5.6.4.2　一阶自回归模型的参数

一阶自回归模型的参数有 x、σ_ε^2 和 b_1。

变量 X 的均值计算公式如下：

$$\bar{x} = \frac{1}{N}\sum_{t=1}^{N} X_t \tag{5-58}$$

一阶自回归系数计算公式为：

$$b_1 = r_1 \tag{5-59}$$

式中　r_1——X_t 与 X_{t-1} 两个变量序列间的相关系数。

由于 X_t 与 X_{t-1} 的时差为1，所以 r_1 是滞时为1的自相关系数。两变量线性相关系数计算公式为：

$$r_1 = \frac{\sum_{t=1}^{N-1}(x_t - \bar{x})(x_{t-1} - \bar{x})}{\sum_{t=1}^{N-1}(x_t - \bar{x})^2} \tag{5-60}$$

白噪声方差的 σ_ε^2 估值按下式计算：

$$s_t^2 = s_x^2(1 - r_1^2) \tag{5-61}$$

另外，由于标准正态变量 $\xi = \dfrac{\varepsilon - \bar{\varepsilon}}{\sigma_\varepsilon} = \dfrac{\varepsilon}{\sigma_\varepsilon}$，故有：

$$\varepsilon = \xi s_\varepsilon = \xi s_x \sqrt{1 - r_1^2} \tag{5-62}$$

式中　s_x^2——X 变量的方差 σ_x^2 的估值。

5.6.4.3　年序列的随机模拟

根据自回归模型中参数的表达式，可把式(5-57)化为

$$x_i = \bar{x} + r_1(x_{i-1} - \bar{x}) + \xi_i s_x \sqrt{1 - r_1^2} \tag{5-63}$$

式中　脚注 i、$i-1$ 是离散时间，以 $t=i$，$t=i-1$ 表示。

对于式(5-63)的时间序列，一般用下列步骤进行模拟：①计算观测资料（时间序列

样本)的 $\bar{x}$、s_x 和 r_1,即可确定式(5-63)的模型;②选择 x 的适当初值 x_0,一般令 $x_0 = \bar{x}$,生成随机数、模拟逐次 x 的时间序列 $\{x_i; i=1, 2, \cdots\}$。为了获得不受初始值影响的资料,模拟开始时的适当个数($10^1 \sim 10^2$ 位)要除去不用。

(1) 模拟正态分布的时间序列

由于 ξ 是服从标准正态分布 $N(0, 1)$ 的独立随机变量,因此,可用式(5-52)进行模拟。由模拟的 ξ_i 代入式(5-63),即可模拟出 x_i,如图 5-21 所示。

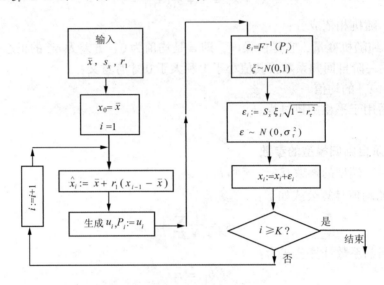

图 5-21 用自回归模型模拟正态序列

(2) 模拟皮尔逊Ⅲ型分布的时间序列

对于服从皮尔逊Ⅲ型分布的变量 x,当其 $C_{s_x} \leq 3$ 时,可用下列公式模拟:

$$x_i = \bar{x} + r_1(x_{i-1} - \bar{x}) + \Phi_i s_x \sqrt{1 - r_1^2} \tag{5-64}$$

$$\Phi_i = \frac{2}{C_{s_\varepsilon}} \left(1 + \frac{C_{s_\varepsilon}}{6} - \frac{C_{s_\varepsilon}^2}{36}\right) - \frac{2}{C_{s_\varepsilon}} \tag{5-65}$$

$$C_{s_\varepsilon} = \frac{(1 - r_1^3)}{(1 - r_1^2)^{3/2}} C_{s_x} \tag{5-66}$$

必须指出,自回归模型的理论是基于正态随机过程。但为了实用,威尔逊和希尔福迪(Wilson-Hilfenty)两人提出了 φ 与 ξ 的变换公式(5-65),而且当 $r_1 \leq 0.34$ 时,可使用 $C_s \leq 3$ 的情况。

本章小结

本章通过统计概率理论来研究水文过程,以相关的统计学知识为基础,介绍了其在水文学中的应用形式,介绍了随机变量的概念及其概率分布以及常见的概率分布类型,体现随机变量特征的分布参数。说明了在水文中应用广泛的皮尔逊Ⅲ型曲线,以及用水文方法描述洪水或者枯水的程度。并用适线法求最大流量的理论频率曲线及相应于 P =

a%和 P=b%的最大流量值。此外，水文的相关分析是对于多个变量进行分析，因此引入了相关系数来表征相关关系的密切程度。最后介绍了水文过程的随机模拟，通过了解水文过程变化特性，为后续的水利工程运转提供支持。

思 考 题

1. 水文现象中，大洪水出现的机会比中、小洪水小，其频率密度曲线为( )。
   a. 负偏　　　　b. 对称　　　　c. 正偏　　　　d. 双曲函数曲线
2. 在水文频率计算中，我国一般选配皮尔逊Ⅲ型曲线，这是因为( )。
   a. 已从理论上证明它符合水文统计规律
   b. 已制成该线型的 Φ 值表供查用，使用方便
   c. 已制成该线型的 K_p 值表供查用，使用方便
   d. 经验表明该线型与我国大多数地区水文变量的频率分布配合良好
3. 百年一遇洪水是指 ( )。
   a. 大于等于这样的洪水每隔 100 年必然会出现一次
   b. 大于等于这样的洪水平均 100 年可能出现一次
   c. 小于等于这样的洪水正好每隔 100 年出现一次
   d. 小于等于这样的洪水平均 100 年可能出现一次
4. 如何根据 C_s 值判断随机序列是否对称？如果一个系列不对称，如何根据 C_s 值判断该序列中大于均值的数多？还是小于均值的数多？
5. 水文计算中常用的频率曲线的含义是什么？它与统计学中的频率曲线有什么区别？
6. 简述适线法进行总体参数估计的步骤、该方法存在的问题及应对策略。
7. 简述皮尔逊Ⅲ型密度曲线的特点。
8. 如何计算暴雨洪水和枯水的重现期？$P=80\%$ 枯水年的重现期是多少年？该重现期的实际意义是什么？
9. 简述统计参数 $\bar{x}$、C_v、C_s 含义及其对频率曲线的影响。
10. 某城区 A 位于甲乙两河会合处，假设其中任意一条河流泛滥都将导致该城区淹没。如果每年甲河泛滥的概率为 0.3，乙河泛滥的概率为 0.4，当甲河泛滥而导致乙河泛滥的概率为 0.55，求：
    (1) 任一年甲乙两河都泛滥的概率？
    (2) 该地区被淹没的概率？
    (3) 由乙河泛滥导致甲河泛滥的概率？
11. 某地区有 4 座小型水库，设各座水库每年溢洪道溢流的概率分别为 1/100、1/90、1/88、1/85，设各水库间溢流的发生是相互独立的，求在一年内该地区恰有 2 个水库溢流的所有可能概率是多少？（可以只列出计算式，不计算结果）
12. 已知某站年最大洪峰流量序列的 $\bar{x}=825$ m³/s，$C_v=0.4$，$C_s=1.0$，求 $P=1\%$ 的设计值。
13. 某站年径流深(R)序列符合皮尔逊Ⅲ型分布，已知该序列的 $\bar{R}=650$ mm，$\sigma=162.5$ mm，$C_s=2C_v$，试结合下表计算设计保证率 $P=90\%$ 的设计年径流深。

C_s	0.2	0.3	0.4	0.5	0.6
Φ	-1.26	-1.24	-1.23	-1.22	-1.20

第 6 章

水文计算

6.1 概 述

水文计算是为防洪、水资源开发和某些工程的规划、设计、施工和运行提供水文数据的各类水文分析和计算的总称。

6.1.1 水文计算主要内容

(1) 流域产、汇流分析计算

即从定量上研究降雨形成径流的原理和计算方法，是由暴雨资料推求设计洪水、降雨径流预报等内容的基础，是进行水文计算的准备工作。

(2) 设计年径流分析与计算

即估算符合设计标准的通过河流某一指定断面的全年和各时段径流量及其月旬分配，为水资源开发利用规划和工程设计提供科学依据。

(3) 设计洪水分析与计算

即计算符合某一地点指定防洪设计标准的洪水数值，为防洪规划或防洪工程设计提供可靠水文数据。

(4) 其他水文计算

由于暴雨产生的地面径流不能及时排出而产生涝灾，从而造成财产甚至生命损失，为了减少损失，针对城市及农业区进行排涝水文计算；枯水流量往往制约城市发展规模、灌溉面积、通航容量和时间，同时也是决定水电站能否发电的重要因素，故需针对枯水流量进行干旱水文计算；对北方结冰河流，要估算水工建筑物施工和运行时期可能出现的河流冰情；对水质要求较高的工程，要估算工程运行时期内的水质状况；在潮水河中修建水工建筑物时，要推求设计最高、最低潮水位和潮型；在农业规划和灌溉工程设计中，要估算某一地区的蒸发量；在地下水资源利用规划中，要估算地下水可利用量和埋藏状况等；在所有与水文有关的规划和设计工作中，都必须预估人类活动对未来水文情势的影响，因为人类活动是决定工程未来能否正常发挥预期效益的重要因素。

6.1.2 水文计算基本方法

计算方法主要是根据水文现象的随机性质，应用概率论、数理统计的原理和方法，通过对实测水文资料的统计分析，估算指定设计频率的水文特征值。在实际计算(或称频率分析)中,水文资料条件大致有较长实测水文资料和短缺实测水文资料两种情况。

在有较长实测水文资料时,可直接用频率分析方法计算。在有短缺实测水文资料时,主要依据水文现象之间的某些客观联系,再按不同情况采用不同方法,常用方法有相关分析法、等值线图法、经验公式法、水文比拟法和水文调查法等。

上述两种水文资料条件之间无明确界限,且相对于频率分析的要求现有资料年限长度还不足。所以即使在有较长实测水文资料条件下,也要广泛运用后者的各种方法,进行分析论证。

6.2 流域产、汇流分析计算

第 2 章和第 3 章已对径流的形成过程做了定性的描述,本节从定量的角度阐述降雨形成径流的原理和计算方法,它是以后学习由暴雨资料推求设计洪水、降雨径流预报等内容的基础。主要涉及内容为产、汇流计算过程中的相关资料的整理与分析、流域产流分析计算、汇流分析计算、河道洪水演算和洪水淹没分析。产流计算是扣除降雨的各种损失,推求净雨过程的计算;汇流计算是利用净雨过程推求径流过程的计算。

6.2.1 基本资料的整理与分析

产、汇流计算的基本资料主要包括降水资料、蒸发资料、径流资料。其中降水部分,需要将各水文站观测得到的点雨量转换为流域面平均降水量,具体方法已在第 2 章涉及。本小节主要介绍径流量的分割、流域前期影响雨量的计算。

6.2.1.1 径流的分割

若流域内发生一场暴雨,则可在流域出口断面观测到其形成的洪水过程线。实测的洪水过程中,包括本次暴雨所形成的地表径流、壤中流、浅层地下径流以及深层地下径流和前次洪水尚未退完的部分水量。产流计算需要将本次暴雨所形成的径流量独立分割开来并计算其径流深。

从径流形成过程分析可知,地表径流与壤中流汇流情况相近,出流快、退尽早,并在洪水总量中占比例较大,故常将两者合并分析计算,称之为地面径流。地面径流退尽后,洪水过程线只剩浅层地下径流和深层地下径流,流量明显减小,会使过程线退水段上出现一拐点。由于地下径流出流慢、退尽也慢,所以洪水过程线尾部呈缓慢下降趋势,常造成一次洪水尚未退尽,又遭遇另一次洪水的情况。所以,要想把一次降雨所形成的各种径流分割独立开,需要两种意义的分割:次洪水过程的分割与水源划分,如图 6-1 所示。

一次洪水流量过程 { 地面径流、壤中流 } 地面径流 } 本次洪水形成
地下径流
前期洪水未退完的部分水量 } 割除
非本次降雨补给的深层地下径流

图 6-1 次洪水水源组成及分割

(1) 次洪水过程的分割

次洪水过程分割的目的是把几次暴雨所形成的、混在一起的径流过程线独立分割开来。次洪水过程的分割常利用退水曲线进行。分割时,可将流域地下水退水曲线在待分割的洪水过程线的横坐标上水平移动,尽可能使某条地面退水曲线与洪水退水段吻合,沿该线绘出分割线即可。注意:洪水过程线的纵、横坐标比例应与退水曲线一致。具体作图成果如图 6-2 所示,图中 $aekdc$ 所包围的面积即为分割之后的本次洪水总量。

那么,什么是退水曲线呢?退水曲线是反映流域蓄水量消退规律的过程线,可按下述方法综合多次实测流量过程线的退水段求得:取若干条洪水过程线的退水段,采用相同的纵、横坐标比例尺,绘在透明纸上。绘制时,将透明纸沿时间坐标轴左右移动,使退水段的尾部相互重合,作出一条光滑的下包线,该下包线即为地下水退水曲线,反映地下径流的消退规律。

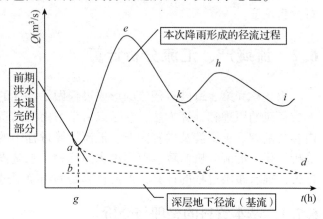

图 6-2 次洪水分割过程

深层地下径流由承压水补给形成,其特点是小而稳定,常称为基流,用 Q_0 表示。可以通过分析、调查径流资料合理选定。选定基流流量后,可在洪水过程线底部用平行线割除基流,该线以下径流即为深层地下径流,此种分割径流的方法为水平线分割法。

(2) 水源划分

次洪水过程的分割完成后,再进行地面径流、浅层地下径流的划分,即按水源进一步划分径流。

地面径流与浅层地下径流的分割有水平线分割法与斜线分割法。其中斜线分割法最为常用,其思路是:用退水曲线确定洪水退水段上的拐点 c,从洪水起涨点 a 向 c 点画一斜线,该线以上为地面径流,该线与水平线所包围的面积为浅层地下径流(图 6-3)。

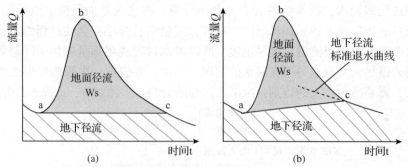

图 6-3 水平线分割法及斜线分割法
(a) 水平线分割法示意 (b) 斜线分割法示意

(3) 径流量的计算

分割完成后,各种径流过程即可独立,可计算其径流量,即求各自的面积。

关于地面径流量计算,即推求从 a 点至 c 点斜线以上洪水过程线包围的面积。关于浅层地下径流量计算,可推求斜线、平行线及两条退水曲线之间的面积。

径流量有时需要用径流深表示,径流深是把径流量平铺到流域面积上得到的水深,由求得的径流量除以流域面积即得径流深。计算公式如下:

$$R = \frac{3.6 \sum Q \Delta t}{F} \tag{6-1}$$

式中 R——次洪径流深,mm;

Q——每隔一个 Δt 的流量值,m^3/s;

Δt——计算时段,h;

F——流域面积,km^2;

3.6——单位换算系数。

6.2.1.2 前期影响雨量的计算

降雨开始时,流域内包气带的土壤含水量是影响本次降雨产流量的一个重要因素,常用前期影响雨量 P_a 和初始土壤含水量 W_0 表示。前期影响雨量 P_a 反映本次降雨发生时,前期降雨滞留在土壤中的雨量。对于湿润地区来说,包气带较薄,故 P_a 有一上限值 I_m,I_m 称为流域最大蓄水容量,等于流域在十分干旱情况下,大暴雨产流过程中的最大损失量,包括植物截留、填洼及渗入包气带被土壤滞留下的雨量。

(1) I_m 的确定

I_m 可由实测雨、洪资料中选取久旱不雨,突然发生的大暴雨资料,计算其流域平均雨量及其所产生的径流深。因为久旱不雨可以认为 $P_a = 0$,由流域水量平衡方程式求得:

$$I_m = P - R - E \tag{6-2}$$

式中 P——流域平均降水量,mm;

R——P 产生的总径流深,mm;

E——雨期蒸发,mm,如降雨时间短可忽略不计。

一个流域的最大蓄水量是反映该流域蓄水能力的基本特征,我国大部分地区的经验表明,I_m 一般为 80~120 mm,例如:广东 95~100 mm,福建 100~130 mm,湖北 70~110 mm,陕西 55~100 mm,黑龙江 140 mm 等。流域的实际蓄水量 W 在 0~I_m 之间变化。

(2) 消退系数 K

消退系数 K 综合反映流域蓄水量因流域蒸发散而减少的特性,通常采用气象因子确定。土壤含水量的消耗取决于流域的蒸发散量。流域日蒸发散量 Z_t 是该日气象条件(气温、日照、温度、风等)和土壤含水量 P_a 的函数。假定 t 日的蒸发散量 Z_t 与流域土壤含水量 $P_{a,t}$ 为线性关系,因为 $P_a = 0$ 时,$Z_t = 0$;$P_a = I_m$ 时,$Z_t = Z_m$(最大日蒸发能力),故:

$$\frac{Z_t}{Z_m} = \frac{P_{a,t}}{I_m} \quad \text{或} \quad Z_t = \frac{Z_m}{I_m} P_{a,t} \tag{6-3}$$

又
$$Z_t = P_{a,t} - P_{a,t+1} = (1-K)P_{a,t} \tag{6-4}$$

解联立方程式(6-3)、式(6-4),可得:

$$K = 1 - \frac{Z_m}{I_m} \tag{6-5}$$

式(6-5)中,流域日蒸发能力并无实测值,经实际试验资料分析,80 cm 口径套盆式蒸发皿的水面蒸发量的观测值可作为 Z_m 的近似值,此项蒸发量随着地区、季节、晴雨等条件不同而不同,一般按晴天或雨天采用月平均值计算 K 值。

(3) P_a 值的计算

P_a 值的大小取决于前期降雨对土壤的补给量和蒸发对土壤含水量的消耗量,计算通常以 1d 为时段,逐日递推,一直计算到本次降雨开始前的 P_a 值为止。计算公式如下:

$$P_{a,t+1} = K(P_{a,t} + P_t - R_t) \tag{6-6}$$

式中 $P_{a,t}$ ——t 日开始时刻的土壤含水量,mm;

$P_{a,t+1}$ ——$t+1$ 日开始时刻的土壤含水量,mm;

P_t ——t 日降水量,mm;

R_t ——t 日产流量,mm;

K ——土壤含水量的日消退系数。

如 t 日无雨,则式(6-6)可写成:

$$P_{a,t+1} = KP_{a,t} \tag{6-7}$$

如 t 日有雨而不产流,则式(6-6)可写成:

$$P_{a,t+1} = K(P_{a,t} + P_t) \tag{6-8}$$

若计算过程中发现 $P_{a,t+1} > I_m$,则取 $P_{a,t+1} = I_m$,认为超过 I_m 的部分已变为产流量。即作一次误差清除,使误差不致连续累积。

采用上述计算公式计算本次降雨开始时的 P_a,还需确定 P_a 从何时起算。一般根据两种情况确定:当前期相当长一段时间无雨时,可取 $P_a = 0$;若一次大雨后产流,可取 $P_a = I_m$,然后以该 P_a 值为起始值,逐日往后计算至本次降雨开始这一天的 P_a 值,就是本次降雨的 P_a 值。

【例 6-1】 试求某流域 5 月 28 日和 6 月 3 日两次降雨的 P_a 值。

经分析,该流域 $I_m = 100$ mm,平均日蒸发能力 Z_m 在 5 月晴天取 5 mm/d,雨天取晴天的一半,为 2.5 mm/d;6 月晴天取 6.2 mm/d,雨天取 3.1 mm/d,由此计算各天的 K 值和 P_a 值,见表 6-1。

表 6-1 P_a 值计算

年.月.日	降水量 P (mm)	平均日蒸发能力 Z_m (mm)	消退系数 $K = 1 - \dfrac{Z_m}{I_m}$	土壤含水量 P_a (mm)
1965.5.18	78.2	2.5	0.975	
19	35.6	2.5	0.975	
20	15.1	2.5	0.975	100.0

(续)

年.月.日	降水量 P (mm)	平均日蒸发能力 Z_m (mm)	消退系数 $K = 1 - \dfrac{Z_m}{I_m}$	土壤含水量 P_a (mm)
21	1.2	2.5	0.975	100.0
22		5.0	0.950	98.7
23		5.0	0.950	93.8
24		5.0	0.950	89.1
25		5.0	0.950	84.6
26		5.0	0.950	80.4
27		5.0	0.950	76.4
28	21.4	2.5	0.975	72.6
29	35.3	2.5	0.975	91.6
30	0.8	2.5	0.975	100.0
31		5.0	0.950	98.3
6.1		6.2	0.938	93.4
2		6.2	0.938	87.6
3	8.5	3.1	0.969	81.5
4	49.7	3.1	0.969	86.4
5	16.8	3.1	0.969	100.0

由资料可知，5月18~20日3d雨量很大，土壤完全湿润，产生了径流，可以取20日的 P_a 为 $I_m = 100$ mm，其后逐日的 P_a 值计算如下：

5月21日 $P_a = 0.975 \times (100 + 15.1) > 100$ (mm)，取 100 mm

5月22日 $P_a = 0.975 \times (100 + 1.2) = 98.7$ (mm)

5月23日 $P_a = 0.950 \times 98.7 = 93.8$ (mm)

……

直到5月28日的 $P_a = 72.6$ mm 就是5月28~30日这场雨的 P_a 值。同理，6月3日的 $P_a = 81.5$ mm，就是6月3~5日这场雨的 P_a 值。

6.2.2 流域产流分析与计算

6.2.2.1 蓄满产流的计算方法

本小节主要介绍蓄满产流常用的计算方法——降雨径流相关图法。

(1) 原理及数学模型

该法基于湿润地区流域产流方式为蓄满产流，根据流域能蓄满和地表不易超渗的实际情况假定：只有全流域蓄满才会产流，未蓄满则不产流。由水量平衡原理，得数学模型：

$$R = P - I = P - (I_m - P_a) \tag{6-9}$$

式中 I——降雨总损失量，mm；

其余字母含义同前。

(2) 降雨径流相关图的绘制

一次总降水量为 P 的降雨所产生的总径流深 R 的数值大小主要与土壤湿度有关，工程上习惯用前期影响雨量 P_a 来表示土壤的湿润程度。图 6-4 为实际应用中常用的 $P - P_a - R$ 相关图，这是三变量的复相关问题，可采用图解法：以 R 为横坐标、P 为纵坐标，可在方格纸上点绘每次暴雨径流对应点据，把相应的 P_a 值标注在点据旁，分析 P_a 等值线，即得降雨径流相关图。为了应用的方便，也有 $(P + P_a) - R$ 相关图。

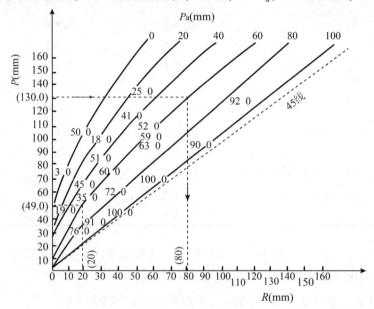

图 6-4　P-P_a-R 相关图

(3) 产流量计算

利用降雨径流相关图，不仅可以计算一次降雨所产生的总径流量（总净雨量），而且可推求出净雨过程。

产流量计算步骤：

a. 由初始土壤含水量 W_0（或 P_a），唯一的确定降雨径流相关曲线。

b. 求逐时段累积降水量。

c. 在降雨径流相关曲线上查出累积降水量所对应的累积径流量。

d. 由逐时段累积径流量反推时段径流量。

设本次降雨共 3 个时段。首先由 P_a 确定降雨径流相关线，然后根据各雨量站观测的资料，求出各时段的流域平均降水量 P_1、P_2、P_3 及各时段的累积雨量 $\sum P_1 = P_1 \sum$、$\sum P_2 = P_1 + P_2$、$\sum P_3 = P_1 + P_2 + P_3$；然后在降雨径流相关图上查出 $\sum P_1$、$\sum P_2$、$\sum P_3$ 相应的 $\sum R_1$、$\sum R_2$、$\sum R_3$，就是各相应累积时段的径流深。各时段的径流分别是

$R_1 = \sum R_1, R_2 = \sum R_2 - \sum R_1, R_3 = \sum R_3 - \sum R_2$;总径流量 $R = \sum R_3$。具体计算可列表。查用 $P - P_a - R$ 相关图时,若图上无计算的 $P_a P_a$ 等值线,可内插出一条。

【例 6-2】 图 6-4 为某流域按蓄满产流建立的降雨径流相关图 $P - P_a - R$,已知该流域一次降雨过程见表 6-2,5 月 10 日前期影响雨量 $P_a = 60$ mm,试求:

(1)该次降雨的净雨过程;
(2)该次暴雨总损失量是多少?

表 6-2 该次降雨过程

时间(月.日.时)	5.10.14 ~ 5.10.20	合计
雨量(mm)	81	130

解:(1)按前述降雨径流相关图法求解步骤列表如下,次净雨过程即为径流过程,见表 6-3 中(4)栏。

表 6-3 降雨径流相关图法求解过程表

时间(月.日.时)		5.10.8 ~ 5.10.14	5.10.14 ~ 5.10.20	合计
雨量(mm)	(1)	49	81	130
累积雨量(mm)	(2)	49	130	—
累积径流(mm)	(3)	20	80	—
时段径流深(mm)	(4)	20	60	80

(2)该次暴雨总损失量为降水量减去径流量,即 $130 - 80 = 50$(mm)。

6.2.2.2 超渗产流的计算方法

在干旱和半干旱地区,地下水埋藏很深,流域的包气带很厚,缺水量大,降雨过程中下渗的水量不易使整个流域包气带达到田间持水量,所以通常不产生地下径流,地面径流仅当降雨强度大于下渗强度时才有可能产生,这就是超渗产流。超渗产流常发生于干旱半干旱地区、湿润地区久旱不雨后的大暴雨情况。本小节主要介绍超渗产流常用的计算方法——初损后损法。

该法把下渗曲线拉伸成一条水平线,使两线对角所对应的面积尽量保持不变,超渗产流量可表示为下渗曲线上雨量过程线下所包围的面积,如图 6-5 所示,理论上来说,简化后的下渗曲线并未改变超渗产流量的大小。

初损后损法将产流损失分成两部分,产流前的损失称为初损,以 I_0 表

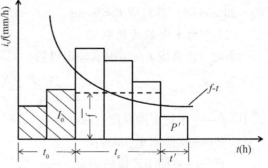

图 6-5 初损后损法示意

示；产流后的损失称为后损，后损为产流历时内平均下渗强度$\bar{f}$与产流历时t_c的乘积$\bar{f}t_c$与后期不产流的雨量P'之和。因此，流域内一次降雨所产生的径流深可用下式表示：

$$R = P - I_0 - \bar{f}t_c - P' \tag{6-10}$$

利用上式进行产流计算，关键是要确定初损量I_0和流域平均下渗强度$\bar{f}$。

(1) 初损量I_0的确定

一次降雨的初损值I_0，可根据实测雨洪资料分析求得。对于小流域，由于汇流时间短，出口断面的流量过程线起涨点处可以作为产流开始时刻，起涨点以前雨量的累积值为初损，如图6-6所示。对较大的流域，可分成若干个子流域，按上述方法求得各出口站流量过程线起涨前的累积雨量，并以其平均值或其中的最大值作为该流域的初损量。

各次降雨的初损值I_0的大小与降雨开始时的土壤含水量W_0有关，W_0大，I_0小；反之则大。因此，可根据各次实测雨洪资料分析得来的W_0、I_0值，点绘两者的相关图。如关系不密切，可加降雨强度作参数，雨强大，易超渗产流，I_0就小；反之则大。也可用月份为参数，这是考虑到I_0受植被和土地利用的季节变化影响。

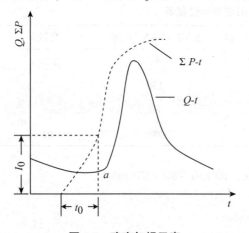

图 6-6　确定初损示意

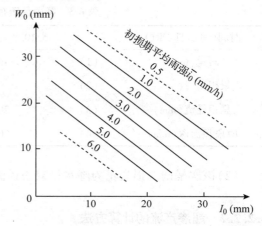

图 6-7　以初始雨强i_0为参数的$W_0 - I_0$相关图

【例 6-3】 已知湟水流域 5 月有一次暴雨，其$W_0 = 20$ mm，$i_0 = 4$ mm/h，求该场暴雨产流的初损值I_0。

解：根据初始雨强$i_0 = 4$ mm/h，确定$W_0 - I_0$相关线（图 6-7），在相关线上查出，$W_0 = 20$ mm 时，其对应$I_0 = 9$ mm。

(2) 平均下渗强度的确定

平均下渗强度$\bar{f}$在初损量确定以后，可用下式进行计算：

$$\bar{f} = \frac{P - R - I_0 - P'}{t - t_0 - t'} \tag{6-11}$$

式中　$\bar{f}$——平均下渗强度，mm/h；

P——次降水量，mm；

P'——后期不产流的雨量，mm；

T, t_0, t'——降雨总历时、初损历时、后期不产流的降雨历时，h。

对多次实测雨洪资料进行分析,便可确定流域下渗强度f的平均值。

【例6-4】 已知某流域面积为100 km^2,该流域一次实测降雨径流资料见表6-4,试分析该场暴雨洪水的初损和平均下渗强度。

表6-4 流域实测降雨洪水资料

时间		实测流量 Q(m^3/s)	地下径流 Q_g(m^3/s)	地面径流 Q_s(m^3/s)	流域面雨量(mm)
日	时				
(1)		(2)	(3)	(4)	(5)
8	0:00	20			15
8	6:00	10	10	0	50
8	12:00	23	10	13	8
8	18:00	60	10	50	
9	0:00	40	10	30	
9	6:00	20	10	10	
9	12:00	10	10	0	
9	18:00	10	10		
合 计				103	

解 (1)从洪水过程线上找出起涨时刻为8日6:00,以此作为产流开始时刻。该时刻以前的降水量为本次降雨的初损值,即$I_0 = 15$ mm。

(2)采用水平分割法,从流域出口断面的洪水过程中割去深层地下径流,得地面径流过程,见表6-4第(4)栏,并由此计算出地面径流深,得

$$R = \frac{3.6 \sum Q_s \Delta t}{F} = \frac{3.6 \times 103 \times 6}{100} = 22.5 (\text{mm})$$

(3)试算产流历时内的平均下渗强度。设第3时段的降水量(8日12:00~18:00)不产流,则$P' = 8$mm,$t' = 6$ h,则$t_R = t - t_0 - t' = 6$ h,利用式(6-11)计算平均下渗强度,得

$$\bar{f} = \frac{\sum P - R - I_0 - P'}{t - t_0 - t'} = \frac{(15 + 50 + 8) - 22.5 - 15 - 8}{6} = 4.62(\text{mm/h})$$

因第2时段$i = 8.33$ mm/h,$i > \bar{f}$,且第3时段$i = 1.33$ mm/h,$i < \bar{f}$,故假设第3时段雨量不产流正确。本次降雨平均下渗强度为4.62 mm/h。

(3)初损后损法产流量计算

有了初损、后损有关数值后,就可由已知的降雨过程推求净雨过程。

【例6-5】 已知降雨过程及降雨开始时的$P_a = 15.4$ mm,查$P_a - I_0$图,得$I_0 = 31.0$ mm,又知该流域的平均下渗强度$\bar{f} = 1.5$ mm/h,可列表进行产流计算,见表6-5。说明如下:先扣I_0,从降雨开始向后扣,扣够31.0 mm为止。9:00~12:00段后损量为$2 \times 1.5 = 3.0$ mm,21:00~24:00段后损量等于降水量,其余时段后损量为$3 \times 1.5 = 4.5$(mm)。最后求得本次净雨深(即径流深)为29.4 mm,净雨R过程见表6-5。

表 6-5　初损后损法产流量计算表

时间	P(mm)	I_0(mm)	$\bar{f}t$(mm)	P'(mm)	R(mm)
3:00~6:00	1.2	1.2			
6:00~9:00	17.8	17.8			
9:00~12:00	36.0	12.0	3.0		21.0
12:00~15:00	8.8		4.5		4.3
15:00~18:00	5.4		4.5		0.9
18:00~21:00	7.7		4.5		3.2
21:00~24:00	1.9			1.9	0
合计	78.8	31.0			29.4

6.2.3　流域汇流分析与计算

在流域各点产生的净雨,经过坡地和河网汇集到流域出口断面,形成径流的全过程称为流域汇流。同一时刻在流域各处形成的净雨距流域出口断面的距离、流速各不相同,所以不可能全部在同一时刻到达流域出口断面。但是,不同时刻在流域内不同地点产生的净雨,却可以在同一时刻流达流域的出口断面。本小节主要介绍地面径流汇流常用的计算方法——时段单位线法和瞬时单位线法。

6.2.3.1　时段单位线法

(1)相关概念与基本假定

流域上单位时段内均匀分布的单位地面净雨,汇流到流域出口断面处所形成的地面径流过程线,称为时段单位线。单位净雨深一般取 10 mm。单位时段 Δt 可根据资料取 1 h、3 h、6 h 等,应视流域汇流特性和精度要求来确定,一般取径流过程涨洪历时的 $1/2 \sim 1/4$ 为宜,时段单位线纵坐标通常用 $q(t)$ 表示,以 m^3/s 计。

时段单位线有如下基本假定:

a. 倍比假定。如果单位时段内的地面净雨深不是一个单位,而是 n 个,则它所形成的流量过程线,总历时与时段单位线底长相同,各时刻的流量则为时段单位线的 n 倍。

b. 叠加假定。如果净雨历时不是一个时段,而是 m 个,则各时段净雨深所形成的流量过程线之间互不干扰,出口断面的流量过程线等于 m 个部分流量过程错开时段叠加之和。

(2)用时段单位线推求地面径流过程线

根据时段单位线的定义与基本假定,只要流域上净雨分布均匀,不论其强度与历时如何变化,都可以利用时段单位线推求其形成的地面径流过程线。

【例 6-6】 已知某流域次地面净雨过程 $P(t)$ 和流域的 6 h 时段单位线 $q(t)$,见表 6-6,试推求该次降雨的地面径流过程,并计算其流域面积。

6.2 流域产、汇流分析计算

表 6-6 时段单位线 $q(t)$ 及地面净雨 $P(t)$

时段 $\Delta t=6h$	0	1	2	3	4	5	6	7	8	9
$q(t)(m^3/s)$	0	90	150	230	300	250	180	90	60	0
$P(t)(mm)$		60	25							

解 首先计算流域面积,根据时段单位线的定义,时段单位线 $q(t)$ 与时间轴所包围的面积为流出出口断面的总水量,将总水量平铺到流域面积上之后应为 10 mm。

$$F = \frac{3.6 \times \Delta t \times \sum_{i=0}^{9} q_i}{10} = 2\,916(\text{km}^2)$$

利用时段单位线法进行汇流计算,计算表格见表 6-7。

表 6-7 用时段单位线推求地面径流过程线计算表

时段 $\Delta t=6$ h	净雨深 $h(t)$(mm)	单位线 $q(t)(m^3/s)$	部分径流(m^3/s)		$Q(t)(m^3/s)$
			h_1	h_2	
(1)	(2)	(3)	(4)	(5)	(6)
0	60	0	0		0
1	25	90	540	0	540
2		150	900	225	1 125
3		230	1 380	375	1 755
4		300	1 800	575	2 375
5		250	1 500	750	2 250
6		180	1 080	625	1 705
7		90	540	450	990
8		60	360	225	585
9		0	0	150	150
10				0	0
合计	85	1 350 折合 10 mm			11 475 折合 85 mm

说明如下:

单位时段 Δt 取 6 h,已知各时段地面净雨深列入表 6-7(2)栏,已知 6 h 的单位线纵坐标值列入(3)栏。利用倍比假定求得的各部分径流过程分别错开一个时段列入(4)、(5)栏;利用叠加假定将同时刻部分径流量相加,求得总的地面径流过程 $Q(t)$,列入(6)栏。总的地面径流深 $R = 3.6\Sigma Q \cdot \Delta t/F = 3.6 \times 11\,475 \times 6/2\,916 = 85$ mm,等于地面净雨深,正确。

必须注意,用时段单位线推流时,净雨时段长与所采用时段单位线的时段长要相同。

(3) 时段单位线存在的问题

① 时段单位线的非线性问题　时段单位线基本假定认为一个流域的时段单位线是不变的，可以根据时段单位线的倍比假定和叠加假定来推流，这与实际情况不能完全相符。实际上，由各次洪水分析得到的时段单位线并不相同，说明时段单位线是变化的，即时段单位线存在非线性的问题。这是由于水流随水深、比降等水力条件不同，汇流速度呈非线性变化所致。一般雨强大，洪水大，汇流速度快，由此类洪水分析得出的时段单位线洪峰较高，峰现时间较早；反之，时段单位线的洪峰较低，峰现时间滞后。必须指出：净雨强度对时段单位线的影响是有限度的，当净雨强度超过一定界限后，汇流速度趋于稳定，时段单位线的洪峰不再随净雨强度增加而增加。

对此问题，一般是将时段单位线进行分类综合，供合理选用。即按降雨强度大小分级，每种情况定出一条时段单位线，使用时根据降雨特性选择相应的时段单位线。由设计暴雨或可能最大暴雨推求设计洪水或可能最大洪水时，应尽量采用实测大洪水分析得出的时段单位线推流。

② 时段单位线的非均匀性问题　时段单位线定义中"均匀分布的净雨"也与实际情况不完全相符。天然降雨在流域上分布不均匀，形成的净雨分布也不均匀。当暴雨中心在下游时，由于汇流路程短，河网对洪水的调蓄作用小，分析的时段单位线峰值较高，峰现时间较早；若暴雨中心在上游时，河网对洪水的调蓄作用大，由此种洪水分析的时段单位线峰值较低，峰现时间推迟。若暴雨中心移动的速度和方向与河槽汇流一致时，则时段单位线峰值更高，峰现时间更早。

时段单位线的非均匀性问题，常用以下措施加以处理，以期减小对于洪水预报的误差：在设计洪水的推求过程中，采用最不利的暴雨分布情况分析单位线；按暴雨中心的位置分几种情况推求单位线，供设计时选用；将流域分成若干单位流域，认为各流域单元上降雨均匀，再进行汇流计算，最后将各流量过程相加，得流域的总出流过程。

6.2.3.2　瞬时单位线法

当净雨历时缩短到无限小时，在出口断面处形成的地表径流过程线，称为瞬时单位线，或称河网汇流曲线。

假设流域的净雨过程是流域最上断面的一个入流过程，流域内的河网为由 n 个串联水库所组成，每一水库的蓄泄关系为等系数的线性关系，应用水库调洪计算原理，经过数学推导，可以求得瞬时单位线的基本公式为：

$$u(t) = \frac{1}{K\Gamma(n)} \left(\frac{t}{K}\right)^{n-1} e^{-\frac{t}{K}} \tag{6-12}$$

式中　$u(t)$——t 时刻的瞬时单位线纵坐标值；

K——反映流域汇流时间的参数，或称调蓄参数；

n——调节次数，或称调节参数；

$\Gamma(n)$——n 的 Γ 函数；

e——自然常数。

公式中有 n 和 K 两个参数，这两个参数可通过径流过程和净雨过程的面积矩来推算，它们直接反映了瞬时单位线的形状。由于汇流过程是一个十分复杂的过程，要想用 n 个水库的线性调节来人工表示汇流过程，就会与实际情况有出入，因此，在设计条件下，必须对参数 n 和 K 进行非线性校正。

用参数 n 和 K 查 $S(t)$ 曲线查用表(见《水文手册》)，经 $S(t)$ 曲线的转换，可以求出时段单位线，然后根据净雨过程，即可推求出径流过程线。由净雨推求径流过程线的方法与时段单位线法同。

6.2.4 河道洪水演算

河道洪水演算(flood routing)也称河道汇流计算，其主要内容就是由已知河段的上断面洪水过程，推算下断面洪水过程。河道洪水演算主要有两类方法：一类是水力学方法，即以圣维南方程组为依据的演算；另一类是水文学方法，即以水量平衡方程和槽蓄方程联立求解为依据的演算。本小节主要介绍常用的水文学方法——马斯京根演算法。

6.2.4.1 河道洪水波

在无雨条件下，河道中的水流呈稳定流状态，当流域发生暴雨时，大量的地表径流汇入河道，河道流量急剧增大，使得原来的水体因受到干扰而形成洪水，洪水从上游向下游运动，这就是洪水波(flood wave)。由于突然注入一定水量而在河道内增加的流量称为波流量，波流量从上游向下游移动就产生了洪水波运动。少数情况下，河道洪水波则是由上游闸坝放水或偶发溃坝而形成。

(1) 洪水波特征

① 洪水波的形态特征 洪水波的形态特征包括波体、波高、波峰和波长。波体是在原稳定流水面之上附加的水体，如图6-8中的 $A_1S_1C_1A_1$ 中的水体。波体的最高点 S_1 叫波峰，波峰至稳定流水面的高度 h_1 称波高。波体的底宽称为波长，图6-8中 A_1C_1 线段的长度即为波长。洪水波的波长比波高大数千倍乃至数万倍，所以洪水波向下游运动属于缓变不稳定流。以波峰为界，位于波峰前部的波体称为波前，位于波峰后部的波体称为波后，图6-8中的 S_1C_1 部分为波前，A_1S_1 部分为波后。

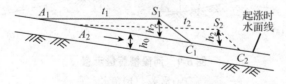

图6-8 河道洪水波的传播与变形

② 洪水波的运动特征 洪水波的运动特征有附加比降、相应流量和波速等。洪水波轮廓线上任一点的相对位置，就是该点的位相。洪峰位于轮廓线上的最高点，因此波峰就是一个位相。同样，洪水波的波谷位于波体高度的最低点，也是一个位相。洪水波波体上某一位相所对应的流量称为相应流量，又称传播流量。同一次洪水的河段上、下游断面的洪峰流量便是同位相的相应流量。虽然与相应流量对应的位相在洪水波运动过程

中是不变的,但相应流量的数值一般并非固定不变,随着洪水波的传播相应流量也随之变化。洪水波波体上某一位相点沿河道的运动速度称为该位相的波速。或者说,波速就是相应流量沿河道的运动速度。如果只考虑一维水流情况,则波速可表示为

$$C_k = \frac{dx}{dt} \tag{6-13}$$

式中　C_k——波速,m/s;

　　　dx——洪水波在微小时段 dt 内传播的距离,m。

洪水波的水面比降 s 与稳定流的水面比降 s_0 的差值 $s_\Delta = s - s_0$,称为洪水波的附加比降。在河槽断面沿程变化不大的情况下,稳定流水面比降 s_0 近似等于河底比降(天然河道属宽浅型河槽,一般满足此近似条件)。由于洪水波波前水面比稳定流水面陡,所以,波前附加比降为正;洪水波波后水面比稳定流水面缓,所以,波后附加比降为负。

6.2.4.2　马斯京根演算法

马斯京根演算法是 G·T·麦克锡于 1983 年提出的,最早在美国马斯京根河上使用,因此称为马斯京根法。

(1) 基本原理

当洪水波经过河段时,由于附加比降的影响,洪水涨、落时的槽蓄量有两部分组成:①柱蓄,即同一下断面水位的稳定流水面线以下蓄量;②楔蓄,即稳定流水面线与实际水面线之间的蓄量,如图 6-9 所示的阴影部分。

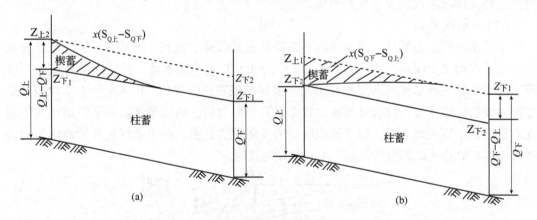

图 6-9　河段槽蓄量示意

(a) 涨水　(b) 落水

为了建立槽蓄方程,令 x 为流量比重因素,$S_{Q\text{上}}$、$S_{Q\text{下}}$ 分别为上、下断面在稳定流情况下的槽蓄量,S 为河段的总蓄量(包括柱蓄和楔蓄两部分)。于是可以建立蓄量关系:

a. 涨水情况下,$S = S_{Q\text{下}} + x(S_{Q\text{上}} - S_{Q\text{下}})$。

b. 落水情况下,$S = S_{Q\text{上}} + x(S_{Q\text{上}} - S_{Q\text{下}})$。

无论是涨水还是落水,以上两式是相同的,均可表达成:

$$S = xS_{Q\text{上}} + (1-x)S_{Q\text{下}} \tag{6-14}$$

在稳定流情况下,河段槽蓄量与流量存在线性关系,即:$S_{Q上} = KQ_{上}$ 及 $S_{Q下} = KQ_{下}$,将其代入式(6-14),得马斯京根蓄泄方程:

$$S = K[xQ_{上} + (1-x)Q_{下}] \tag{6-15}$$

令

$$Q' = xQ_{上} + (1-x)Q_{下} \tag{6-16}$$

则得槽蓄方程:

$$S = KQ' \tag{6-17}$$

式中 Q'——示储流量,m³/s;

K——稳定流情况下的河段传播时间,s。

(2)演算公式

对一特定河段,在 dt 时段内其入流水量 $I(t)dt$ 与出流水量 $O(t)dt$ 之差应等于河段的蓄水增量 $dW(t)$,即

$$I(t) - O(t) = \frac{dW(t)}{dt} \tag{6-18}$$

式(6-18)即为河段的水量平衡方程,其可写为 $I(t)dt - O(t)dt = dW$。如果流量在 dt 时段内呈直线变化,则又可写成

$$\frac{\Delta t}{2}(Q_{上,1} + Q_{上,2}) - \frac{\Delta t}{2}(Q_{下,1} + Q_{下,2}) = S_2 - S_1 \tag{6-19}$$

式中 $Q_{上,1}$, $Q_{上,2}$——上断面时段初、末的流量,m³/s;

$Q_{下,1}$, $Q_{下,2}$——下断面时段初、末的流量,m³/s;

Δt——计算时段,s。

联立求解式(6-15)与式(6-19)得

$$Q_{下,2} = C_0 Q_{上,2} + C_1 Q_{上,1} + C_2 Q_{下,1} \tag{6-20}$$

其中

$$C_0 = \frac{0.5\Delta t - Kx}{K(1-x) + 0.5\Delta t}, \quad C_1 = \frac{0.5\Delta t + Kx}{K(1-x) + 0.5\Delta t}, \quad C_2 = \frac{K(1-x) - 0.5\Delta t}{K(1-x) + 0.5\Delta t} \tag{6-21}$$

式中 C_0, C_1, C_2——演算系数,三者之和等于1。

对某一河段而言,只要确定了 K、Δt 和 x 值,C_0、C_1、C_2 就可以求得,从而由上断面的入流洪水过程和初始条件,通过逐时段演算即可求得下断面的出流洪水过程。

应用马斯京根演算法的关键是如何确定合适的 K、x 值,目前一般由实测资料通过试算求出。也就是对某一次具体洪水,假定不同的 x 值计算 Q',并做出 W 与 Q' 的关系曲线,其中能使两者成为单一直线的 x 即为所求,而该直线的斜率即为 K 值。取多次洪水进行分析计算,就可以确定出 K、x 值。

【例6-7】 根据某河段一次实测洪水资料(表6-8),用马斯京根法进行河段洪水演算。

表 6-8 马斯京根法 S 与 Q' 值计算表

时间 (月.日.时)	$Q_上$ (m³/S)	$Q_下$ (m³/S)	$q_区$ (m³/s)	$Q_上 + q_区$ (m³/s)	$Q_上 + q_区 - Q_下$ (m³/s)	ΔS (m³/s)·12h	S (m³/s)·12h	Q'(m³/s) $x=0.2$	Q'(m³/s) $x=0.2$
(1)	(2)	(3)	(4)	(5)	(6)	(7)	(8)	(9)	(10)
7.1.0:00	75	75	0	75	0		0	75	75
7.1.12:00	370	80	37	407	327	164	164	145	178
7.2.0:00	1620	440	73	1693	1253	790	954	691	816
7.2.12:00	2210	1680	110	2320	640	947	1901	1810	1870
7.3.0:00	2290	2150	73	2363	213	427	2328	2190	2210
7.3.12:00	1830	2280	37	1867	-413	-100	2228	2200	2160
7.4.0:00	1220	1680	0	1220	-460	-437	1791	1590	1540
7.4.12:00	830	1270		830	-440	-450	1341	1180	1140
7.5.0:00	610	880		610	-270	-355	986	826	799
7.5.12:00	480	680		480	-200	-235	751	640	620
7.6.0:00	390	550		390	-160	-180	571	518	502
7.6.12:00	330	450		330	-120	-140	431	426	414
7.7.0:00	300	400		300	-100	-110	321	380	370
7.7.12:00	260	340		260	-80	-90	231	324	316
7.8.0:00	230	290		230	-60	-70	161	278	272
7.8.12:00	200	250		200	-50	-55	106	240	235
7.9.0:00	180	220		180	-40	-45	61	212	208
7.9.12:00	160	200		160	-40	-40	21	192	188

解 (1) 根据河段和资料情况，取时段长 $\Delta t = 12h$。

(2) 将河段实测洪水资料列于表 6-8 中的第 (2) ~ (4) 栏。因区间无实测值，将河段入流总量与出流总量差值作为区间入流总量，其流量过程近似地按入流过程的比值分配到各时段中去。

(3) 按水量平衡方程式，分别计算各时段槽蓄量 ΔS[表 6-8 中第 (7) 栏]，然后逐时段累加 ΔS 得槽蓄量 S[表 6-8 中第 (8) 栏]。

(4) 假定 x 值，按 $Q' = xQ_上 + (1-x)Q_下$ 计算 Q' 值。本例分别假设 $x = 0.2$ 和 $x = 0.3$，计算结果列于表 6-8 中第 (9)、(10) 栏。

(5) 按第 (9)、(10) 两栏的数据，分别点绘两条 $S - Q'$ 关系线，其中以 $x = 0.2$ 的关系线近似于直线 (图 6-10)，该 x 值即为所求。该直线的斜率 $K = \Delta S/\Delta Q' = 800 \times$

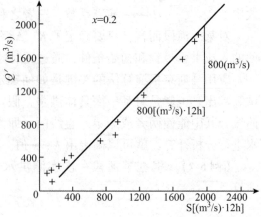

图 6-10 马斯京根法 $S - Q'$ 关系曲线图

$12/800 = 12(\mathrm{h})$。

(6) 将 $x=0.2$，$K=12\mathrm{h}$ 以及 $\Delta t=12\mathrm{h}$，代入式(6-21)得：$C_0=0.231$，$C_1=0.538$，$C_2=0.231$，而且 $C_0+C_1+C_2=1.0$，计算无误。因此，该河段的洪水演算方程为：

$$Q_{下,2}=0.231Q_{上,2}+0.538Q_{上,1}+0.231Q_{下,1}$$

(7) 根据本河段另一场洪水的上断面流量资料[表6-9中第(2)栏]，用上述洪水演算方程，可算出河段下断面的流量[表6-9中第(6)栏]。

表6-9 马斯京根洪水演算表

时间 （月．日．时）	$Q_{上}$	$C_0Q_{上,2}$	$C_1Q_{上,1}$	$C_2Q_{下,1}$	$Q_{下,2}$
(1)	(2)	(3)	(4)	(5)	(6)
6.10.12:00	250				250
6.11.0:00	310	72	135	58	265
6.11.12:00	500	116	167	61	344
6.12.0:00	1 560	360	269	79	708
6.12.12:00	1 680	388	839	164	1 391
6.13.0:00	1 360	314	904	321	1 539
6.13.12:00	1 090	252	732	356	1 340
6.14.0:00	870	201	586	310	1 097
6.14.12:00	730	169	468	253	890
6.15.0:00	640	148	393	206	747
6.15.12:00	560	129	344	173	646
6.16.0:00	500	116	301	149	566

(3) 有关问题的讨论

① K 值的综合 从计算 $K=\Delta S/\Delta Q'$ 可知，K 具有时间因次，它基本上反映了河道稳定流的传播时间。理论和实践证明，K 随 Q 的增大而减小，因此当各次洪水分析的 K 值变化较大时，可建立 K 与 Q 的关系。应用时，根据不同的 Q 选不同的 K 值。

② x 的综合 流量比重因素 x 主要反映楔蓄在河槽调蓄作用中的影响。对于一定的河段，x 在洪水涨落过程中基本稳定，但也有随流量增加而减小的趋势。天然河道的 x，一般是从上游向下游逐渐减小，介于 0.2~0.45 之间，特殊情况下也有小于 0 的。实用中，当发现 x 随流量变化较大时，也可建立 $x-Q$ 关系线，对不同的流量取不同的 x 值。

③ Δt 的选取与连续演算 Δt 的选取涉及演算的精度。为使摘录的洪水值能比较真实地反映洪水的变化过程，首先 Δt 不能取得太长，以保证流量过程线在 Δt 内近于线性；其次，为了计算中不漏掉洪峰，选取 Δt 时最好等于河段的传播时间 T。这样，上游在时段初出现的洪峰 Δt 后就正好出现在下断面，而不会卡在河段中。但有时为了照顾前面的要求，也可 Δt 等于 1/2 或 1/3 的 T，这样计算洪峰的精度就差了一些，但能保证不漏掉洪峰。若使两者都兼顾，则可把河段划分成许多子河段，使 Δt 等于子河段的传播时间，然后进行连续演算，推算出下断面的流量过程。

④ 非线性问题 前面介绍的马斯京根法属于线性方法，其特点是两个基本方程式均

为线性,两个参数 K 和 x 均为常数,这在许多情况下与实际不符,如考虑 K 和 x 不为常数,则成为非线性的马斯京根法。关于非线性马斯京根法的处理有多种,例如,非线性马斯京根法的槽蓄方程可表示为:$W = K[xI + (1-x)O]^m$。其中,m 为反映非线性槽蓄关系的指数。此时,马斯京根法就有三个参数 K、x、m 需要估计,估计的方法显然不可以用试算法,但可以用最小二乘法、遗传算法、混沌模拟退火算法等。

6.2.5 洪水淹没分析

我国是一个洪水灾害十分频繁的国家,洪水的淹没范围和淹没区水深分布的确定,对防洪减灾、洪水风险分析和灾情评估都具有重要的意义。本小节主要介绍基于由 DEM 生成的格网模型进行洪水的淹没分析,并给出给定洪水水位和给定洪量两种条件下的洪水淹没分析方法,并给以实例讲解。

洪水淹没是一个很复杂的过程,受多种因素的影响,其中洪水特性和受淹区的地形地貌是影响洪水淹没的主要因素。对于一个特定防洪区域而言,洪水淹没可能有两种形式:一种是漫堤式淹没,即堤防并没有溃决,而是由于河流中洪水水位过高,超过堤防的高程,洪水漫过堤顶进入淹没区;另一种是决堤式淹没,即堤防溃决,洪水从堤防决口处流入淹没区。无论是漫堤式淹没还是决堤式淹没,洪水的淹没都是一个动态变化的过程。

针对目前防洪减灾的应用需求,对于洪水淹没分析的要求可以概化为两种情况:一是在某一洪水水位条件下,它最终会造成多大的淹没范围和怎样的水深分布,这种情况比较适合于堤防漫顶式的淹没情况;另一种情况是在给定某一洪量条件下,它会造成多大的淹没范围和怎样的水深分布,这种情况比较适合于溃口式淹没。对于第一种情况,需要有维持给定水位的洪水源,这在实际洪水过程中是不可能发生的,处理的办法是可以根据洪水水位的变化过程,取一个合适的洪水水位值作为淹没水位进行分析。对于第二种情况,当溃口洪水发生时,溃口大小是在变化的,导致分流比也在变化。另外,一般都会采取防洪抢险措施,溃口大小与分流比在抢险过程中也在变化,洪水淹没并不能自然地发生和完成,往往有人为防洪抢险因素的作用,如溃口的堵绝、蓄滞洪区的启用等。这种情况下要直接测量溃口处进入淹没区的流量是不大可能的,因为堤防溃决的位置不确定,决口的大小也在变化,测流设施要现场架设是非常困难也是非常危险的。所以实际应用时,考虑使用河道流量的分流比来计算进入淹没区的洪量。

归根到底,洪水淹没的机理是由于水源区和被淹没区有通道(如溃口、开闸放水等)和存在水位差,就会产生淹没过程,洪水淹没最终的结果应该是水位达到平衡状态,这个时候的淹没区就应该是最终的淹没区。基于水动力学模型的洪水演进模型可以将这一洪水淹没过程模拟出来,即在不同时间的洪水淹没的范围,这对于分析洪水的淹没过程是非常有用的。洪水演进模型虽然能够较准确地模拟洪水演进的过程,但由于洪水演进模型建模过程复杂,建模费用高,通用性不好,一个地区的模型不能应用到另外一个地区。特别是对于江河两侧大范围的农村地区模型的边界很难确定。所以上述两种概化的处理方法也是常用的。

6.2.5.1 基于格网模型的淹没分析思想

  基于 DEM 的洪水淹没分析可以解决上述两种洪水最终淹没范围和水深分布的问题，但由于 DEM 数据量大，对于较大范围的洪水淹没分析，在目前的计算机硬件技术水平上还不能较快地计算出结果，对于防洪减灾决策实施等方面，这种计算速度是不能忍受的。格网模型的思想很早就已经提出，并且在各个领域得到广泛的应用，如有限元计算的离散单元模型，目前所能见到的较先进的洪水模拟演进模型也是一种格网化的模型，基于空间展布式社会经济数据库的洪涝灾害损失评估模型也是基于格网模型的思想。由于格网本身对模型概化的优越性，同时考虑到与洪水演进和洪涝灾害损失评估模型更好地结合，所以采用基于格网的洪水淹没分析模型是比较好的选择。

  由 DEM 可以较方便地生成 TIN 模型。生成的 TIN 模型，其三角格网的大小分布情况反映了高程的变化情况，即在高程变化小的区域其三角格网大，在高程变化大的区域其三角格网小，这样的三角格网在洪水淹没分析方面具有以下优点：

  ①洪水淹没的特性与三角格网的这种淹没特性是一致的，即在平坦的地区淹没面积大，在陡峭的区域淹没面积小，所以采用这种格网更能模拟洪水的淹没特性。

  ②洪水的淹没边界和江河边界等都是非常不规则的，采用三角形格网模型比规则的四边形格网模型等更能够模拟这种不规则的边界。

  ③三角形格网大小疏密变化不一致，既能满足模型物理意义上的需求，也能节省计算机的存储空间，提高计算速度。

6.2.5.2 基于三角格网模型的淹没分析方法

  针对一个特定地区的洪水淹没分析，为了减少数据量和便于分析，一般根据洪水风险，预先圈定一个最大的可能淹没范围，并且将沿江河两岸分成左右两半分别进行处理分析，靠江河边的边界处理为淹没区的进水边界。这样处理对于防洪减灾来说是合理的，一般在防洪区域，沿江河两岸堤防建设的洪水保证率是不一样的，有重点地保护一些地区和放弃一些地区，所以需要将两岸分开处理。

  目前国家测绘局能够提供七大江河周边地区 1:1 万的 DEM 数据，在实际应用中需要根据特定的防洪区域的微地形修正该 DEM 数据，以保证地形数据的准确，根据实测微地形(如堤防、水利工程等)数据修正 DEM 的 GRID 栅格高程值。将修正后的 DEM 数据用上面提到的洪水最大可能淹没范围进行剪裁，得到的区域就是所需要进行淹没分析研究的范围。

  将 DEM 转换为 TIN 模型，提取三角格网，并对每个三角格网赋高程值，高程值按三个顶点从 GRID 上取得的高程值的平均求得。该三角格网就是要进行洪水淹没分析的格网模型，如图 6-11 所示。

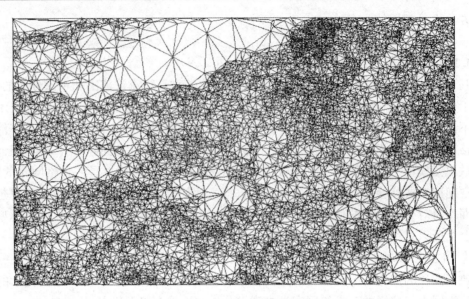

图 6-11　三角形格网模型

(1) 给定洪水水位(H)下的淹没分析

选定洪水源入口，设定洪水水位、选出洪水水位以下的三角单元，从洪水入口单元开始进行三角格网连通性分析，能够连通的所有单元即组成淹没范围，得到连通的三角单元，对连通的每个单元计算水深 W，即得到洪水淹没水深分布，如图6-12所示。

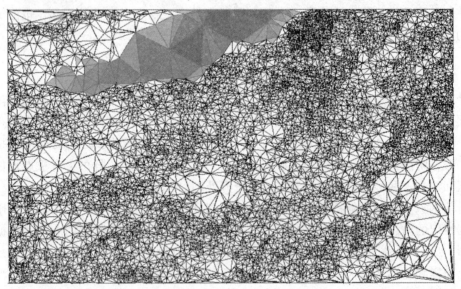

图 6-12　三角单元水深分布图

单元水深的计算公式见式(6-22)。

$$W = H - E \tag{6-22}$$

式中　W——单元水深，m；

H——水位，m；

E——单元高程,m。

(2) 给定洪量 Q 条件下的淹没分析

在进行灾前预评估分析时可以根据可能发生的情况给定一个洪量,或者取洪水频率对应的流量的百分数。在灾中评估分析时 Q 值可以根据流量过程曲线和溃口的分流比计算得到,有条件的地方,可以实测,不能实测的可以根据上下游水文站点的流量差,并考虑一定区间来水的补给误差计算得到。

在上述 H 分析方法的基础上,通过不断给定 H 条件下求出对应淹没区域的容积 V 与 Q 的比较,利用二分法等逼近算法,求出与 Q 最接近的 V,V 对应的淹没范围和水深分布即为淹没分析结果:

一般:

$$V = f(H) \qquad (6-23)$$

简化计算式:

$$V = \sum_{i=1}^{m} A_i \cdot (H - E_i) \qquad (6-24)$$

式中 V——连通淹没区水体体积,m³;
A_i——连通淹没区单元面积,由连通性分析求解得到,m²;
E_i——连通淹没区单元高程,由连通性分析求解得到,m;
M——连通淹没区单元个数,由连通性分析求解得到,个。

定义函数:

$$F(H) = Q - V = Q - \sum_{i=1}^{m} A_i \cdot (H - E_i) \qquad (6-25)$$

显然该函数为单调递减函数,函数变化趋势如图 6-13 所示。

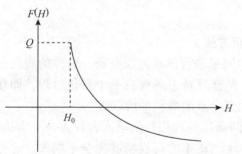
图 6-13 $F(H)$ 函数变化趋势

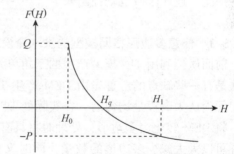
图 6-14 H_q 求解示意

已知 $F(H_0) = Q$,H_0 为入口单元对应的高程,要求得一个 H,使得 $F(H) \to 0$。为利用二分逼近算法加速求解,在程序设计时考虑变步长方法进行加速收敛过程,需要预先求得一 H_1 使 $F(H_1) < 0$。H_1 的求解可以设定一较大的增量 ΔH 循环计算,直到 $F(H_1) < 0$,($H_1 = H_0 + n\Delta H$)。再利用二分法求算 $F(H)$ 在 (H_0, H_1) 范围内趋近于 0 的 H_q。H_q 对应的淹没范围和水深分布即为给定洪量 Q 条件下对应淹没范围和水深,如图 6-14 所示。

(3) 洪水淹没连通区域算法

对洪水淹没区域连通性的考虑,在一些淹没分析软件中,仅考虑高程平铺的问题,即在任何地势低洼的区域都同时进水,实际上从洪水本身淹没的角度来说这是不准确的，洪水首先是从洪水源处开始向外扩散淹没，只有水位高程达到一定程度之后，洪水才能越过某一地势较高的区域到达另一个洼地。洪水淹没的连通性算法可以从投石问路法的原理来理解。

假定有一个探险家，他带着一个高程标准(水位高程)需要将这一高程以下所有能够相互连通的区域探寻出来，假定这片区域由不同大小的格网组成，格网是由边数一样多(当然也可以不一样多，但那样会使问题更复杂)的多边形组成，这里为讨论问题的方便我们假定为四边形(其他格网单元的多边形可作类似考虑)，探险家前进的方向即为投石问路的石子，探险家背着一个袋子，袋子里装着前进方向的石子。开始，探险家只有一颗石子，某一个表明能够进入的边界单元的石子，能够从这一边界单元进入的条件是，他所带的高程标准表明这一单元的高程比高程标准低。探险家投出这颗石子从这一边界单元进入，进入该单元后(对该单元做标记，表明已经走过)，又得到三颗石子，即三个可能前进的方向，需要对这三颗石子检验是否可以继续用于投石问路，首先检验石子指明方向的单元是否具有已走过的标志，如果有则丢弃之，如果没有则保留，继续下一步检验。继续检验的条件是石子指明前进方向的单元高程比所带的高程标准是高还是低，如果高则该石子不合格，丢弃之，是低则合格，放入袋子中，袋中石子个数自动增加。检验完后，判断袋子中的石头个数，如果不为零，则可以继续往下探寻，再从袋子中取出一颗石子(袋中石子个数减1)，继续投石问路，直到袋子中没有石子为止。这样就能遍历整个区域，找出与入口单元相连的满足高程标准的连通区域。

从问题的收敛性上来看，这种算法是完全可以收敛的，因为探险家开始的本钱只有一颗石子，每前进一步，得到的石子个数可能为0、1、2、3(别的多边形数目可能不一样，一定包括0)，但他一定得消耗一颗用于探路的石子，所以如此不断探寻下去，最后石子用完，连通区域也就找出来了。

6.2.5.3 任意多边形格网模型的洪水淹没分析方法

前面谈到利用TIN模型产生的三角单元格网来进行洪水淹没分析，这样的淹没分析方法是有一些缺点的，首先由DEM产生TIN模型时对于高程有一个概化过程，即在三角单元内认为高程是均匀的，在实际处理时由三个点的高程平均取得。

将DEM转化为多边形，处理时将具有相同高程并且相邻的单元合并为一个多边形，这样可以大大减少多边形的数量，同时又能保证DEM的高程精度完全不损失。这样得到的格网模型比较三角单元格网模型，单元数量要多得多，但单元的高程精度要比三角单元高，所以三角单元的格网模型可以用于较粗精度的分析，由DEM直接转化为多边形的格网模型可以用于较高精度的分析。

任意多边形格网模型的洪水淹没分析方法与三角单元格网模型相似，也可以采用投石问路算法，但相对于三角单元格网模型在算法上略作一些技巧上的处理，因为每一个单元相邻的单元数量是不确定的，在算法上将每个单元的相邻单元编号预先生成一个序列，在对每一个单元进行投石问路时，从预先生成的序列中提取出相邻单元的编号，完成投石问路的整个算法过程，每个单元的相邻单元数量虽然是不确定的，但是有限的，所以投石问路算法一定可以收敛。图6-15是任意多边形格网模型洪水淹没分析的一个例子。

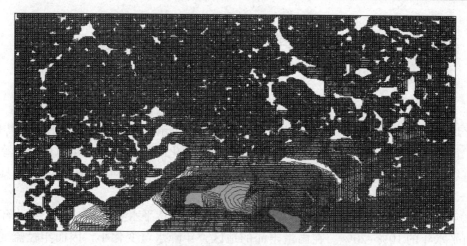

图 6-15 任意多边形格网模型洪水淹没分析结果

6.2.5.4 遥感监测淹没范围水深分布分析

遥感监测的手段对于洪水淹没范围的确定是非常有效的,对于水深的分布情况通常是很难确定的。

由 DEM 生成任意多边形格网模型,该模型保证了格网单元上的高程是均等的,将遥感监测洪水淹没范围与该多边形格网模型叠加,认为淹没边界线所在的单元水深为零,淹没边界线以内的单元水深即为边界单元高程减去所在单元的高程值(这种做法是在假定淹没边界单元上的高程是相等的,实际上可能不是这样,这时可以考虑求每一个淹没边界单元相对于该单元产生的水深,然后再用距离倒数平方和加权求得该点的水深)。图 6-16 是这种方法的一个实例,洪水遥感监测的淹没范围通过圈定一个范围来模拟,粗线为模拟的洪水遥感监测的淹没范围,淹没范围内水深分布通过颜色梯度表现。

图 6-16 遥感监测淹没范围水深分布分析结果

6.3 设计年径流分析与计算

6.3.1 年径流变化特征

在一个年度内，通过河川某一断面的水量，称为该断面以上流域的年径流量。它可用年平均流量、年径流深、年径流总量或年径流模数表示。年径流变化具有如下特性：

①径流具有大致以年为周期的汛期与枯季交替变化的规律，但各年汛期、枯季历时有长有短，发生时间有早有迟，水量有大有小，基本上年年不同，从不重复，具有偶然性。

②年径流年际变化很大，有些河流丰水年径流量可达平水年的2~3倍，枯水年径流量只有平水年的10%~20%。在雨量丰沛的地区，年降水量变化小，因而年径流变化也小；而在雨量相对较少且在时间分配上相当集中的地区，降水量年际变化大，径流量年际变化也大。

③年径流在多年变化中有丰水年组和枯水年组交替出现的现象。如黄河陕县站曾出现过连续11年(1922—1932年)的少水年组，而后的1935—1949年基本是多水年组；松花江哈尔滨站1927年以前的30年基本是少水年组，而后的1928—1966年基本是多水年组；浙江新安江水电站也曾出现过连续13年的少水年组。这说明河流年径流量具有或多或少的持续性，即逐年径流量之间并非独立，而是具有一定相关关系。

针对年径流变化的特性，在水利水保工程规划设计阶段，要分析研究年径流量的年际变化和年内分配规律，提供工程设计的主要依据——来水资料，从而确定工程规模。

6.3.2 具有长期实测径流资料时设计年径流计算

有长期实测资料的含义是：设计代表站断面有实测径流序列，其长度不小于20年。

径流资料分析计算一般有3个步骤。首先，应对实测径流资料进行审查；其次，选配频率曲线，确定统计参数，运用数理统计方法推求设计年径流量；最后，用代表年法推求径流年内分配过程。

6.3.2.1 水文资料审查

水文资料是水文分析计算的依据，直接影响工程设计精度。因此，对于所使用的水文资料必须慎重审查。这里所谓的审查是鉴定实测年径流量序列的可靠性、一致性和代表性。

(1) 资料可靠性审查

径流资料是通过采集和处理取得的。因此，可靠性审查应从测验方法、采集成果、处理方法和处理成果着手。一般可从以下几个方面进行。

①水位资料审查　检查原始水位资料情况并分析水位过程线形状，从而了解当时的观测质量，分析有无不合理现象。

②水位流量关系曲线审查　检查水位流量关系曲线绘制和延长的方法，并分析历年

水位流量关系曲线变化情况。

③水量平衡审查 据水量平衡原理，下游站径流量应等于上游站径流量加区间径流量。通过水量平衡检查即可衡量径流资料精度。

1949年前的水文资料质量较差，审查时应特别注意。

(2) 资料一致性审查

应用数理统计法的前提是统计序列具有一致性，即要求组成序列的每个资料具有同一成因，不同成因的资料不得作为一个统计系列。就年径流量序列而言，其一致性建立在气候条件和下垫面条件的稳定性上。当气候条件或下垫面条件有显著变化时，资料一致性就遭到破坏。一般认为气候条件变化极其缓慢，可认为相对稳定，但下垫面条件可由于人类活动而迅速变化，在审查年径流量资料时应考虑到这点。《水利水电工程水文计算规范》(SL 278—2002) 规定："人类活动使径流量及其过程发生明显变化时，应进行径流还原计算。还原水量应包括工农业及生活耗水量、蓄水工程的蓄变量、分洪溃口水量、跨流域引水量及水土保持措施影响水量等项目，应对径流量及其过程影响显著的项目进行还原。"如在测流断面上游修建了水库或引水工程，则工程建成后下游水文站实测资料一致性就遭到破坏，引用该水文站资料时，必须进行合理修正，还原到修建工程前的同一基础上。常用水量平衡法、降雨径流相关法进行修正还原。一般来说，只要下垫面条件变化不是非常显著，就可以认为径流序列具有一致性。

(3) 资料代表性审查

应用数理统计法进行水文计算时，计算成果精度取决于样本对总体的代表性，代表性高，抽样误差就小。因此，资料代表性审查对衡量频率计算成果精度具有重要意义。

样本对总体代表性的高低可以理解为样本分布参数与总体分布参数的接近程度。由于总体分布参数未知，样本分布参数代表性不能就其本身获得检验，通常只能通过与更长序列的分布参数作比较来衡量。

某设计站具有1991—2010年共20年年径流量(以下称设计变量)序列，为了检验这一序列代表性，可选择与设计变量有成因联系、具有长序列的参证变量(如具有1951—2010年共60年序列的邻近流域年径流量)进行比较。首先，计算参证变量长序列(1951—2010年)的分布参数。然后，计算参证变量1991—2010年序列的分布参数。假如两者分布参数值大致接近，就可认为参证变量短序列(1991—2010年)具有代表性，从而与参证变量有成因联系的设计变量的1991—2010年序列也具代表性。

显然，应用此法应具有两个条件：①设计变量与参证变量时序变化同步；②参证变量长序列本身具有较高代表性。

在实际工作中如果没有恰当的参证变量，也可通过降水资料及历史旱涝现象的调查和气候特性的分析，论证年径流量序列代表性。

6.3.2.2 设计时段径流量计算

(1) 计算时段确定

计算时段是按工程要求考虑的。设计灌溉工程时，一般取灌溉期作为计算时段。设计水电工程时，因为枯水期水量和年水量决定发电效益，所以采取枯水期或年作为计算时段。

(2) 频率计算

当计算时段确定后，就可根据历年逐月径流量资料统计时段径流量。若计算时段为年，则按水文年或水利年统计年、月径流量。水文年是据水文循环特性划分的，水利年是通过工程运行特性划分的。二者有时一致，有时不一致。一般根据研究对象设计要求，综合分析选择水文年或水利年。将实测年、月径流量按水文年或水利年排列后，计算每一年的平均径流量，并按大小次序排列，即构成年径流量计算序列。如果选定计算时段为最枯3个月，则据历年逐月径流量资料，统计历年最枯3个月水量，不固定起讫时间，可不受水利年分界的限制，同时把历年最枯3个月的水量按大小次序排列，即构成计算序列。

《水利水电工程水文计算规范》(SL 278—2002)规定，径流频率计算依据的资料系列应在30年以上。

有了年径流量序列或时段径流量序列，即可推求指定频率的设计年径流量或设计时段径流量。

配线时要考虑全部经验点据，如果点据与曲线拟合不佳，应侧重考虑中、下部点据，适当照顾上部点据。

年径流频率计算中，C_s/C_v 值按具体配线情况而定，一般可采用2~3。

(3) 成果合理性分析

成果分析主要对径流序列均值、C_v 及 C_s 进行合理性审查，可通过影响因素的分析和径流地理分布规律进行。

① 多年平均径流量的检查 影响多年平均径流量的因素是气候因素，而气候因素具有地理分布规律，所以多年平均径流量也具有地理分布规律。将设计断面与上、下游站和邻近流域的多年平均径流量进行比较，便可判断所得成果是否合理。若发现不合理现象，应检查原因，作进一步分析论证。

② 年径流量 C_v 的检查 反映径流年际变化的年径流量 C_v 值也具有一定的地理分布规律。我国许多单位对一些流域绘有年径流量 C_v 等值线图，可据以检查其合理性。但这些等值线图一般是根据大中流域资料绘制，对某些具有特殊下垫面条件的小流域年径流量 C_v 值可能并不适合，在检查时应进行深入分析。一般来说，小流域调蓄能力较小，年径流量变化比大流域大。

③ 年径流量 C_s 的检查 基于大量实测年径流资料的频率计算结果表明：年径流量 C_s 在一般情况下为 C_v 的2倍。若设计采用的 C_s 偏离2倍，则要结合设计流域年雨量变化特性、下垫面条件和原始资料状况作全面分析。

6.3.2.3 设计年径流量年内分配计算

河川径流量在一年内的变化称为年内分配。不同分配形式的年径流量对工程设计影响不同，因此，在求得设计年径流量或设计时段径流量后，还需根据径流分配特性和水利计算要求，确定其分配。

在水文计算中，一般采用缩放代表年径流过程线的方法来确定设计年径流量年内分配，方法如下。

(1) 代表年选择

从实测历年径流过程线中选择代表年径流过程线，可按下列原则进行。

① 径流量相近原则　选取年径流量接近设计年径流量的代表年径流过程线。

② 对工程不利原则　选取对工程较不利的代表年径流过程线。年径流量接近设计年径流量的实测径流过程线，可能不止一条。这时，应选取其中较不利的，使工程设计偏于安全。究竟哪条为宜，往往要经过水利计算才能确定。一般来说，对于灌溉工程，选取灌溉需水季节径流比较枯的年份；对于水电工程，则选取枯水期较长、径流又较枯的年份。

(2) 径流年内分配计算

将设计时段径流量按代表年的月径流过程进行分配，有同倍比和同频率两种方法。

① 同倍比法　常见的同倍比法有按年水量控制和按供水期水量控制的两种方法分别用设计年水量与代表年的年水量的比值，或用设计供水期水量与代表年供水期水量的比值。即

$$K_{年} = \frac{Q_{年,p}}{Q_{年,代}} \quad \text{或} \quad K_{供} = \frac{Q_{供,p}}{Q_{供,代}} \tag{6-26}$$

对整个代表年的月径流过程进行缩放，即得设计年内分配。

② 同频率法　同倍比法在计算时段确定上较困难，且当用水流量不同时，计算时段随之变化，代表年选择也将不同，实际工作中颇为不便。为了克服选定计算时段的困难，避免由于计算时段选取不当而造成误差，在同倍比法的基础上又提出了同频率法。

同频率法的基本思想是使所求的设计年内分配各时段径流量频率都符合设计频率，可采用各时段不同倍比缩放代表年逐月径流，以获得同频率的设计年内分配，计算步骤如下。

a. 根据要求选定几个时段，如最小 1 个月、最小 3 个月、最小 6 个月和全年 4 个时段。

b. 作各时段水量频率曲线，并求得设计频率的各时段径流量，如最小 1 个月设计流量、最小 3 个月设计流量，…。

c. 按选代表年的原则选取代表年，在代表年逐月径流过程线上，统计最小 1 个月流量 $Q_{1,代}$、最小 3 个月流量 $Q_{3,代}$，…，并要求长时段的水量包含短时段的水量，即 $Q_{3,代}$ 应包含 $Q_{1,代}$，$Q_{7,代}$ 应包含 $Q_{3,代}$，如不能包含，则应另选代表年。

同倍比法是按同一倍比缩放代表年的月径流过程，求得的设计年内分配仍保持原代表年分配形状；而同频率法由于分段采用不同倍比缩放，求得的设计年内分配有可能不同于原代表年分配形状，这时应对设计年内分配作成因分析，探求其分配是否符合一般规律。实际工作中为了使设计年内分配不过多改变代表年分配形状，计算时段不宜过多，一般选取 2~3 个时段。

以上是设计时段径流量按代表年的月径流过程进行分配。对一些涉水工程，如仅具日调节能力的水电站，月径流过程不能满足计算要求，而需要日径流过程。这时，可类似地按推求月径流过程的方法推求日径流过程，不同之处只是前者设计代表年的径流过

6.3.3　具有短期实测径流资料时设计年径流计算

短期实测资料是指仅有几年或十几年的实测资料，且资料代表性较差。此时，如果直接根据这些资料计算将会产生很大误差，因此，计算前须把资料序列延长，提高其代表性。

延长资料的方法主要是相关分析，即通过建立年径流量和与其密切相关的要素(称为参证变量)之间的相关关系，利用有较长观测序列的参证变量展延设计变量年径流量序列。

6.3.3.1　参证变量选择

展延观测资料序列的首要任务是选择恰当的参证变量，参证变量好坏直接影响结果精度高低。一般参证变量应满足以下条件：

①参证变量与设计变量在成因上有联系。当需借助其他流域资料时，参证流域与设计流域也需具备同一成因的共同基础。

②参证变量序列比设计变量系列长。

③参证变量与设计变量具有一定的同步系列，以便建立相关关系。

当有几个参证变量可选时，可首选与设计变量关系最好的，也可同时选择几个参证变量，建立设计变量与所选参证变量间的多元相关关系。总之，以设计成果精度高低作为评判参证变量选择好坏的标准。

目前，水文上常用的参证变量是年径流量资料和年降水量资料。

6.3.3.2　利用年径流资料展延插补资料序列

在设计流域附近有长期实测年径流量资料，或设计断面上、下游有长期实测年径流量资料，经分析证明其径流形成条件相似后，可用两者的相关方程延长插补短期资料。当资料很少，不足以建立年相关时，可先建立月相关，展延插补月径流量，然后计算年径流量。

6.3.3.3　利用年降水资料展延插补资料序列

一般降水资料易取得，资料序列也较径流资料长，当不能用径流资料延长时，可用流域内或流域外降水资料进行展延插补，但须分析降水与径流关系的好坏。一般在湿润地区降水充沛，径流系数大，径流量与降水量间相关关系较密切。而在干旱或半干旱地区蒸发量大，大部分降水消耗于蒸发，年径流量与年降水量关系不够密切，此时可适当增加参证变量，如降雨强度等。当资料很少时，也可通过建立月降水量与月径流量间的相关关系，推算年径流量。

6.3.4　缺乏实测径流资料时设计年径流计算

由于我国水文站网还不是很完善，只在一些较大河流上有水文观测站，而在实际工作中常遇到的中小流域根本无径流量观测资料，甚至连降水资料也没有。因此，在计算设计年径流量时，需要用特殊方法，通过其他间接资料确定统计参数 C_v、C_s 和多年平均径流量。常用的方法有等值线图法、水文比拟法、径流系数法和水文查勘法。

6.3.4.1 等值线图法

(1) 多年平均径流深等值线图

闭合流域多年平均径流量的主要影响因素是气候因素，而气候因素具有地区性，即降水量与蒸发量具有地理分布规律。因此，受降水量和蒸发量影响的多年平均径流量也具有地理分布规律。利用这一特点绘制多年平均径流量等值线图，并用它推算无实测资料地区的多年平均径流量。

由于径流量的多少与流域面积大小有直接关系，为消除这项影响，多年平均径流量等值线图一般以径流深或径流模数为度量单位。

河川任一断面径流量由该断面以上流域面积上各点的径流汇集而成，所以不能将多年平均径流深值点绘在该断面处，而应点绘在与多年平均径流深最接近的那点。实际工作中，一般点绘在流域形心处。在山区径流量有随高程增加而增大的趋势，因此应将多年平均径流深值点绘在流域平均高程处。目前各地区编制的水文手册一般都绘有本地区多年平均径流深和各种频率的年径流深等值线图。

应用等值线图推求多年平均径流深时，先在图上勾绘出流域分水线，再找出流域形心，根据等值线内插读出形心处多年平均径流深值。若流域面积较大或地形复杂，等值线分布不均，也可用加权平均法推算，即

$$Y_0 = \frac{y_1 f_1 + y_2 f_2 + \cdots + y_n f_n}{F} \tag{6-27}$$

式中　y_i——相邻两等值线代表径流深的平均值($i=1, 2, \cdots, n$)，mm；

　　　f_i——相邻两等值线间面积($i=1, 2, \cdots, n$)，m^2；

　　　F——流域面积，m^2；

　　　Y_0——多年平均径流深，mm。

用等值线图推求多年平均径流深的方法一般对大中流域结果精度较高。对小流域，因其可能不闭合和河槽下切不深，不能汇集全部地下径流，所以使用等值线图可能导致结果偏大，应结合具体条件加以修正。

(2) 年径流量 C_v 等值线图

年径流量 C_v 值主要取决于气候因素变化程度和其他自然地理因素对径流的调节程度。气候因素具有缓慢变化的地区分布规律，是绘制和使用年径流量 C_v 值等值线图的依据。

一般流域机构和省都绘制有年径流量 C_v 等值线图，但 C_v 与流域面积有关，其他条件相同时，流域面积越大，其调节性能越大，C_v 越小。而 C_v 等值线图一般是用较大流域资料绘制的(因为小河目前尚缺乏较长实测资料)，因此，使用 C_v 等值线图时要注意流域面积是否在使用面积范围之内。如果将使用面积在范围以外的小流域直接在图上查得 C_v 值，必然比实际偏小，必须修正。

6.3.4.2 水文比拟法

水文现象具有地区性,若某几个流域处在相似自然地理条件下,则其水文现象具有相似的发生、发展、变化规律和特点。与设计流域有相似自然地理特征的流域称为相似流域(参证流域)。水文比拟法就是以流域间相似性为基础,将相似流域水文资料移用至设计流域的一种简便方法。

其中移用相似流域资料的方法较多,如选择相似流域径流模数、径流深度、径流量、径流系数及降水径流相关图等。但两个流域不可能完全一致,或多或少存在差异,若相似流域与设计流域仅个别因素有差异,可考虑用不同修正系数加以修正。

若设计流域与相似流域的气象条件和下垫面因素基本相似,仅面积有所不同,这时只考虑面积的影响,则设计流域与相似流域多年平均径流有如下关系:

$$\frac{Q_设}{F_设} = \frac{Q_参}{F_参} \tag{6-28}$$

式中 $F_设$——设计流域的面积,m^2;

$F_参$——参证流域的面积,m^2。

若使用径流深或径流模数,则不需修正即可直接使用。

若两流域年降水量不同,则

$$\frac{Q_设}{P_设} = \frac{Q_参}{P_参} \tag{6-29}$$

式中 $P_设$——设计流域年降水量,mm;

$P_参$——参证流域年降水量,mm。

在缺乏实测资料时,也可设法直接移用邻近测站年径流量 C_v 值,但要注意参证流域气候、自然地理条件应与设计流域相似。如不符上述条件,会造成很大误差。

水文比拟法是在缺乏等值线图时一个较有用的方法。即使在有等值线图,而设计流域面积较小的条件下,其年径流量受流域自身特点影响很大,因而对设计流域影响水文特征值的各项因素进行分析,可避免盲目使用等值线图而未考虑局部下垫面因素产生的较大误差。因此,对于较小流域,水文比拟法更有实际意义。

6.3.4.3 径流系数法

当小流域内(或附近)有年降水量资料,且雨量与径流关系密切时,可利用多年平均降水量与径流量的定量关系计算年径流量,即用年降水量多年平均值乘以径流系数推求多年平均径流量。由下式计算:

$$W = 1\,000CPF \tag{6-30}$$

式中 W——多年平均径流量,m^3;

C——年径流系数,与该地区植被、地形、地质和主河道长度等因素有关,可通过调查并参考《水文手册》确定;

P——多年平均降水量,mm,可从《水文手册》查出,或向附近水文站和雨量站查询;

F——集水面积，km^2。

本方法计算成果准确程度取决于径流系数，如果所选径流系数精度较高可获得较准确的结果。

6.3.4.4 水文查勘法

对完全无资料，也找不到相似流域的小河或间歇性河流，可进行水文查勘，收集水文资料，进行年径流量估算。这项任务一般是通过野外实地查勘访问，了解多年期间典型水位过程线和河道特性，建立水位流量关系曲线，从而推算近似的流量过程线，并估算年径流量。水文查勘工作不仅对完全无资料的小河有必要，对有资料的大流域也不可缺少。

除了上述几种方法，还可利用经验公式推求年径流量与 C_v。经验公式都是根据各地实测资料分析得出的，有一定局限性。经验公式一般可在当地《水文手册》中查得。

需指出的是，为满足工程设计或规划的需要，慎重起见一般不只用一种方法，往往运用几种方法推算的成果相互验证，以保证计算成果的精度。

缺乏资料地区年径流量 C_s 值的估算，一般通过 C_v 与 C_s 的比值确定。多数情况下，采用 $C_s/C_v=2$。对于湖泊较多的流域，因 C_v 较小，可采用 $C_s<2C_v$；半干旱及干旱地区常用 $C_s \geqslant 2C_v$。

缺乏资料时径流年内分配计算，一般据气候及自然地理因素相似，选择具有充分资料的测站作为参证站，移用参证站典型年的年内分配，然后按本站各种指定频率的流量值进行分配。

6.4 设计洪水分析与计算

6.4.1 设计洪水及设计标准

在水利、水保工程规划设计中，确定拦洪、泄洪设备能力时所依据的洪水称为设计洪水。若设计洪水定量过大，会使工程造价增加很多，但在水利、水保工程安全上承担的风险要小一些；反之亦然。合理分析计算设计洪水是正确解决工程规划设计中安全和经济矛盾的重要环节。由于近代大坝日益增高，一旦失事将会造成毁灭性灾害，所以决定设计洪水是一个非常严峻的任务。

设计洪水是确定拦洪、泄洪设备能力即工程规模和尺寸的依据，也称为标准，这种标准的确定是非常复杂的问题。首先年最大洪水年际变化很大，如某站 1923—1970 年共有断续的实测洪峰流量资料 33a，在此 33a 中年最大洪峰流量为 9 200 m^3/s(1956 年)，最小为 78 m^3/s(1965 年)，相差 118 倍。洪峰流量年际变化具有明显的随机性，不可能确切知道今后工程运行期间将要发生洪水的大小。另外，进行经济分析时，有时也很难估计大坝破坏的损失。因此，如何确定设计标准使工程既经济又安全，一直是正在研究解决的问题。

过去工程设计时，曾以历史上发生过的最大一次洪水作为设计洪水。我国 20 世纪

50年代初期即以历史最大洪水再加安全值作为设计依据。但这种做法有缺陷：如果当地洪水资料较多则可能包括较大洪水，所得出的设计洪水可能大些，据此设计的工程就会安全一些；反之资料短缺时，未包括大洪水的可能性就大一些，工程安全程度就可能低一些。另外，工程重要性不同，洪水期运行方式不同，对安全和经济考虑的侧重也有所不同，一律采用历史最大洪水作为设计洪水就不能考虑这些区别。目前我国水利工程设计大多按工程重要性，指定不同频率作为设计标准。

在《防洪标准》（GB 50201—2014）中明确了两种防洪标准的概念，分别为防护对象防洪标准（即地区防洪标准）和水工建筑物设计洪水标准。前者按防护对象重要性而制定标准，对于水利水电工程建筑物设计及洪水标准则取决于建筑物等级，分等指标见表6-10、表6-11。

表6-10 防洪、治涝工程的等别

工程等别	防洪		治涝
	城镇及工矿企业的重要性	保护农田面积（$\times 10^4$ 亩[①]）	治涝面积（$\times 10^4$ 亩）
I	特别重要	≥500	≥200
II	重要	<500，≥100	<200，≥60
III	比较重要	<100，≥30	<60，≥15
IV	一般	<30，≥5	<15，≥3
V		<5	<3

①注：1 亩 = 666.7 m^2，下同。

表6-11 供水、灌溉、发电工程的等别

工程等别	工程规模	供水			灌溉	发电
		供水对象的重要性	引水流量（m^3/s）	年引水量（$\times 10^8 m^3$）	灌溉面积（$\times 10^4$ 亩）	装机容量（MW）
I	特大型	特别重要	≥50	≥10	≥150	≥1200
II	大型	重要	<50，≥10	<10，≥3	<150，≥50	<1200，≥300
III	中型	比较重要	<10，≥3	<3，≥1	<50，≥5	<300，≥50
IV	小型	一般	<3，≥1	<1，≥0.3	<5，≥0.5	<50，≥10
V			<1	<0.3	<0.5	<10

设计永久性水工建筑物所采用的洪水标准，又分为正常运用（设计标准）和非常运用（校核标准）两种情况。正常运用洪水标准较低（出现概率较大），称为设计洪水，用来决定工程设计洪水位和设计泄洪流量等。正常运用时，工程遇到设计洪水应能保持正常运用。

当然，河流还可能发生比设计洪水更大的洪水，《水电枢纽工程等级划分及设计安全标准》（DL 5180—2003）规定，对特别重要的工程以可能最大洪水作为校核标准。工程遇到校核标准洪水，主要建筑物仍不得破坏，但允许一些次要建筑物损毁或失效，这种情况称为非常运用。校核洪水大于设计洪水，但工程设计时对两种情况采用不同安全系数和超高，有时设计洪水反而控制工程某些尺寸。所以，水文计算中一般应提出两种标

表 6-12　水库工程水工建筑物防洪标准　　　　　年

水工建筑物级别	防洪标准(重现期)				
	山区、丘陵区			平原区、滨海区	
	设计	校核		设计	校核
		混凝土坝、浆砌石坝及其他水工建筑物	土坝、堆石坝		
1	500~1 000	2 000~5 000	可能最大洪水或 5 000~10 000	100~300	1 000~2 000
2	100~500	1 000~2 000	2 000~5 000	50~100	300~1 000
3	50~100	500~1 000	1 000~2 000	20~50	100~300
4	30~50	200~500	300~1 000	10~20	50~100
5	20~30	100~200	200~300	10	20~50

准的洪水,永久性水工建筑物正常运用和非常运用洪水标准,见表6-12。

需指出的是,所谓工程破坏是指工程不能按设计要求正常工作,而并非必定使工程毁坏。对堤防、桥梁、涵洞和水库下游防护河段而言,是指遇到超标准洪水时流量超过安全泄量,以致漫溢成灾,或水位超过控制水位。对水库本身而言,是指超标准洪水入库后使蓄水量超过调洪库容,水库被迫抬高水位呈超高状态,以致一些水工建筑物被淹或冲垮,最恶劣的情况是出现大坝失事。造成水库破坏的原因很复杂,上面只是从水文角度讲,事实上出现超过设计标准的特大洪水时,水库未必被破坏。因为汛前水库蓄水量、当时的风浪、水库管理运用情况,特别是当地水文气象预报警报系统工作情况等,都直接影响水库安全;反之,未出现超标准洪水时,水库也可能被破坏,如受到地震、工程质量和管理运用不当等因素影响。

6.4.2　设计洪水计算内容和方法

设计洪水一般包括设计洪峰流量、不同时段设计洪量(如最大 1d、最大 3d、最大 7d 设计洪量)和设计洪水过程线。但对于具体工程,因其特点和设计要求不同,设计计算内容和重点也不同。对于无调蓄能力的堤防、桥涵、灌溉渠道等,因对工程起控制作用的是洪峰流量,所以只要计算设计洪峰流量;蓄洪区主要计算设计洪水总量;水库工程洪水的峰、量、过程对它都有影响,因此,不仅需计算设计洪峰及不同时段设计洪量,还需计算设计洪水过程线;施工设计还要求计算分期(季或月)设计洪水;对于大型水库,有时还需推求入库洪水等。

目前我国计算设计洪水的方法,根据资料条件和设计要求,可大致分为以下几种类型:

(1)由流量资料推求设计洪水

此方法与由径流资料推求设计年径流量及其年内分配大体相似。先对洪峰流量及各种历时洪水总量进行频率分析,求出符合设计频率的特征值。然后选定一条实测洪水过程线作为洪量在时程上分布的典型,一般认为这样求出的设计洪水过程线符合设计频率要求。再用此洪水过程线按预定调洪规程进行调洪计算,得出的调洪库容频率与设计频率相同。这样就把求调洪库容频率曲线问题，转化为求若干个洪水特征值的频率曲线问题了。一般为洪水过程线的特征值选配一条理论频率曲线较易，并且还可通过历史洪水调查的途径，把洪水特征值序列间接展延到较长年代，从而减少频率曲线外延误差。

(2) 由暴雨资料推求设计洪水

由于流量资料太短或无实测流量资料，不能直接按流量资料进行设计时，可由暴雨资料通过频率计算先求出设计暴雨，再经产流计算推求设计净雨过程，然后经汇流计算推求设计洪水过程线。

此外，还可根据水文气象资料，用成因分析法推求最大可能暴雨，然后经产汇流计算得出最大可能洪水。

(3) 利用简化公式或地区等值线图估算设计洪水

对于缺乏实测资料的地区，通常只能利用暴雨等值线图和一些简化公式等间接方法估算设计洪水。有关这类图、公式或一些经验数据，在各省编印的暴雨洪水图集中均有刊载，可供中小流域无资料地区查用。我国计算小流域洪水的途径和方法可归纳为两种：经验公式和推理公式。

①经验公式　通过对小流域实测雨洪资料的分析，建立洪峰流量与其主要影响因素间的经验关系，然后选配适当数学公式，并确定有关经验参数以备本地区无资料小流域查用。

②推理公式　从洪水成因出发建立起来的，但公式中有关参数是以地区实测雨洪资料为依据分析定量的。

(4) 利用水文随机模拟法推求设计洪水

用前述几种方法求设计洪水虽易操作，但存在许多假设(如各区洪水同频率、不同时段流量同频率等)与实际情况不太相符的情况，因而造成误差。随机模拟法是利用实测资料建立数学模型，然后模拟出大量洪水序列，模拟序列统计参数与实测序列统计参数一致。

6.4.3　由流量资料推求设计洪水

当设计流域具有一定数量实测洪水资料时，可直接由流量资料通过频率计算推求设计洪水。表征洪水流量的特征值有洪峰流量和各种时段洪水总量。洪水资料选择原则是满足频率计算关于独立随机选择的要求，并符合安全标准。

6.4.3.1　洪水选样方法

洪水频率计算的选样方法与年径流不同。任何一个断面，每年通过的年径流量只有一个数值，但洪水不同。每年在断面上出现很多次大大小小的洪水，各次洪水的洪峰流量、洪水总量、洪水过程线形状等不同，各年发生的洪水次数也不同。在进行频率计算时，要挑选洪水组成样本即所谓选样问题。

(1) 洪峰流量选样

按年最大值法选择的原则：每年选出最大的一次洪峰流量，称为年最大洪峰流量。如果有几十年实测资料，则一共可选出几十个最大洪峰流量组成样本。

(2) 洪量选样

①最大统计时段确定　洪水历时是一项很重要的洪水要素，推求设计洪水须明确设计洪水历时。

设计洪水多为大洪水或特大洪水，对指定流域形成大暴雨的气候条件有一定规律。如何统计各次大暴雨历时，使各次大洪水历时也不致相差很大？从这点出发，选取能概括代表本流域大洪水历时的时段作为设计洪水历时，称为最大统计时段或设计时段。

最大统计时段的确定，除考虑具有代表性外，还与工程规模有关。图 6-17 中 $Q-t$ 曲线为设计洪水过程线。若水库最大下泄流量为 q_1，则水库蓄水量为 W_1，蓄水时间为 T_1；若水库最大下泄流量为 q_2，则水库蓄水量为 W_2，蓄水时间为 T_2。可见，水库下泄流量小，库容大，最大统计时段要长。大水库可以为 30 d，以至 60 d，而中小水库取 3 d、7 d、15 d 等。

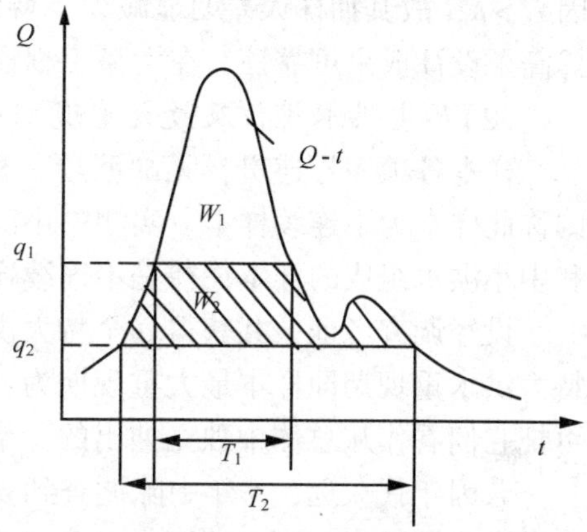

②洪量的统计与选样　选定最大统计时段 T 以后，逐年统计计算最大 T 时段的洪水总量 W_{mT} 组成样本。

当采用同频率放大法推求设计洪水过程线时，还要确定几个控制时段，分别统计各控制时段的年最大洪量。如最大统计时段为 5 d，除了逐年统计最大 5 d 洪量 W_{m5} 外，还要统计最大 1 d、3 d 的洪量 W_{m1}、W_{m3} 等。

图 6-17　最大统计时段示意

6.4.3.2　洪水资料审查和分析

选取洪水资料是进行频率计算的基础，是决定成果精度的关键，必须充分重视洪水资料审查和分析。审查内容包括资料可靠性、一致性和代表性。

通过古洪水研究、历史洪水调查、历史文献考证和序列插补延长等加大洪水序列长度增添信息量，是提高代表性的基本途径。

6.4.3.3　历史洪水调查与特大洪水处理

(1) 历史洪水调查

我国大部分测站是 1949 年后设立的，目前河流实测流量资料一般都不长，即使插补展延资料长度也仅 40~60 年。根据这样短的序列推算百年以上一遇洪水，抽样误差可能较大。尤其在设计洪水计算时多用频率曲线上部，故上部位置正确与否显得格外重要。

历史洪水调查方法主要是通过访问和踏勘进行考证，根据洪水痕迹高程和河道纵横断面测量结果，用水力学谢才流量公式求各次调查洪水的洪峰流量。

$$Q_m = FC\sqrt{Ri} \tag{6-31}$$

式中　Q_m——历史洪峰流量，m³/s；

　　　F——沟床过水断面面积，m²；

　　　R——水力半径，m；

C——谢才系数;

i——沟床坡度,%。

其中:$R = F/X$,X 为湿周,m;$C = \frac{1}{n}R^{\frac{1}{6}}$,$n$ 为沟床糙率。

设在 n 年实测期以前的 $(N-n)$ 年中,调查得历史上曾经发生的 a 个特大洪水可连续排位。那么由 a 个特大洪水和 n 个实测中小洪水组成一个特殊样本,其最大重现期为 N,因 $N > n$,故其抽样误差明显减少。特别是这些特大洪水能使频率曲线上部位置较准确,提高了设计成果可靠性。在大型工程设计中,历史洪水调查与处理是必不可少的工作。

(2) 历史洪水排位及最大重现期确定

样本各项序号连贯,无缺漏项,称为连续样本。各项序号不连贯,其间有缺漏项,则称此样本为不连续样本。实测中小洪水组成样本一般是连续样本,而由几个特大洪水和中小洪水组成的样本往往是不连续样本。

设经调查考证,共获得 a 个特大洪水的洪峰流量,没有遗漏更大的洪水,则首要项特大洪水重现期即样本最大重现期为:$N = $ 设计计算年份 - 调查考证期最远年份 + 1,故可把它们看作从总体中独立抽出的一个连续样本,其最大重现期为 N,容量为 a。

若因年代久远,N 年中除调查到 a 个特大洪水,其间可能还有遗漏,即 a 个特大洪水是不连续样本,则可据调查考证情况分别将其在不同调查期内排位,即相当于拆成几个不同的连续样本。若某项洪水可同时在两个连续样本中排位,取抽样误差较小者。

【例 6-8】 湖南站自 1933 年至 1977 年共有 45a 实测洪峰流量资料,经调查考证获得有关特大洪水资料见表 6-13,试确定它们的排位及重现期。

表 6-13 湖南站特大洪水调查资料

年份	洪峰流量(m³/s)	说明
1795	8 000	1795 年以来最大,调查
1954	5 960	1923 年以来最大,实测
1942	5 560	1923 年以来第二位,实测
1923	5 420	1923 年以来第三位,调查

1795 年洪水为该年至 1977 年中的最大值,故其重现期 $N_1 = 1977 - 1795 + 1 = 183$ a,排位序号为 1。

1954 年洪水是调查和实测资料中的第二位,但 1795—1923 年虽没有发生比 1795 年更大的洪水,却不能断定没有比 1954 年洪水更大的洪水,故上述 4 次洪水不能在 183a 中统一连续排位。因其余 3 次洪水是 1923 年以来最大的 3 次洪水,能连续排位,故组成第二个连续样本,最大重现期 $N_2 = 1977 - 1923 + 1 = 55a$,排序位号连续为 1、2、3。

1954 年和 1942 年洪水还可在实测期(1933—1977 年)中统一排位。

(3) 不连续样本的经验频率

设有 a 个连续大洪水,最大重现期为 N,另有 n 项实测中小洪水,共同组成一个不连续样本。则 a 个特大洪水经验频率按下式计算:

$$P_M = \frac{M}{N+1} \times 100\% \tag{6-32}$$

式中 P_M——特大洪水经验频率；

M——特大洪水序位，$M=1, 2, \cdots, a$。

实测中小洪水经验频率按下式计算：

$$P_m = \frac{m}{n+1} \times 100\% \tag{6-33}$$

若在实测期有 l 个大洪水可与 $a-l$ 个历史大洪水在 N 年中统一排位，则实测 l 个特大洪水同时可获得两个经验频率；一般采用式(6-7)计算结果，抽样误差较小。

6.4.3.4 洪峰流量与时段洪水总量频率计算

(1) 统计参数初估

有特大洪水参加的不连续样本，用矩法计算统计参数的公式与连续样本一样。假定在 N 年中除 a 个特大洪水，其余洪水都是中小洪水，即缺漏年份洪水统计参数与 n 年实测洪水统计参数相同，则

$$\overline{Q} = \frac{1}{N}\left(\sum_{j=1}^{a} Q_j + \frac{N-a}{n-l}\sum_{i=l+1}^{n} Q_i\right) \tag{6-34}$$

式中 $\overline{Q}$——不连续样本洪峰流量均值，m^3/s；

a——特大洪水项数，次；

Q_j——特大洪水的洪峰流量 $(j=1, 2, \cdots, a)$，m^3/s；

l——发生在实测序列中特大洪水的项数，次；

n——实测洪水项数，次；

Q_i——实测洪水洪峰流量 $(i=l+1, l+2, \cdots, n)$，m^3/s；

N——不连续样本的最大重现期，a。

同理，可推得 C_v 的计算公式：

$$C_v = \sqrt{\frac{1}{N-1}\left[\sum_{j=1}^{a}(K_j-1)^2 + \frac{N-a}{n-l}\sum_{i=l+1}^{n}(K_i-1)^2\right]} \tag{6-35}$$

式中 K_j——特大洪水洪峰流量模比系数，$K_j = \dfrac{Q_j}{\overline{Q}}$；

K_i——中小实测洪水洪峰流量模比系数，$K_i = \dfrac{Q_i}{\overline{Q}}$。

各时段洪量统计参数可仿照式(6-34)和式(6-35)计算。

C_s 根据地区统计资料，凭经验初步假定 C_s/C_v 值，最后通过图解适线法确定。

(2) 频率分析成果合理性检查

对洪峰流量及各种历时洪量的频率计算成果，包括各项统计参数采用值和各种频率的设计值，应进行合理性检查。检查时，一方面据邻近地区河流一般规律检查本站成果有无偏大偏小，从而发现问题，必要时修正；另一方面注意本站与邻站可能存在差别，要注意分析。在自然地理条件比较一致的地区，一般随流域面积增大，洪水峰量多年平均值及某一频率的设计值都将有所增大，C_v 将减小。

表6-14列出汉水安康至碾盘山各站30 d洪量的 C_v 值。对同一测站，也可对洪峰与

各种历时洪量频率分析成果进行检查。

从表6-15所列某站各种统计对象C_v和C_s/C_v计算成果,可看出洪峰的C_v和C_s/C_v值最大,而年径流C_v和C_s/C_v值最小,其他各时段洪量C_v和C_s/C_v值处于两者之间,并随时段增长而减小。

表6-14 汉水各站30 d洪量C_v值

站名	控制面积(km²)	C_v	站名	控制面积(km²)	C_v
安康	41 400	0.63	丹江口	95 200	0.56
白河	59 100	0.59	襄阳	103 300	0.55
十堰市勋阳区	74 900	0.57	碾盘山	142 300	0.53

表6-15 某站各种统计对象C_v及C_s/C_v值

	洪峰	各时段洪量				年径流量
		5 d	10 d	20 d	30 d	
C_v	0.43	0.39	0.39	0.36	0.35	0.27
C_s/C_v	4	3.5	3	3	2.5	2

6.4.3.5 设计洪水过程线推求

设计洪水过程线是推算水库调洪库容必需的资料。推求设计洪水过程线的基本方法是在实测洪水资料中按一定原则选出典型洪水过程线,再经放大求得。

(1)典型洪水过程线选择

通过对形成洪水的天气条件、过程线形状特征及洪水发生季节等统计分析,初步确定一些符合流域一般特性的大洪水供挑选。典型洪水须是峰高量大的实测洪水,其洪峰流量或洪量接近设计值,其形状对工程威胁大,如主峰靠后、洪量集中等。如果难以挑选同时符合上述条件的洪水,可选几次洪水作典型,分别经放大后得到几条设计洪水过程线,最后经调洪演算决定取舍。

(2)典型洪水过程的放大

①同倍比法 有些工程如桥梁、涵洞、排洪沟等,决定其断面尺寸的主要因素是洪峰流量,即所谓以洪峰控制,典型洪水放大倍比值为:

$$K_Q = \frac{Q_{mp}}{Q_{md}} \tag{6-36}$$

式中 K_Q——以峰控制的同倍比放大倍比值;

Q_{mp}——设计洪峰流量,m³/s;

Q_{md}——典型洪水洪峰流量,m³/s。

有些具有径流调节作用的水利工程,其建筑物尺寸主要取决于一定时段设计洪水总量,如水库库容主要由设计洪量决定,即所谓以量控制,其放大比值为:

$$K_W = \frac{W_{Tp}}{W_{Td}} \tag{6-37}$$

式中　K_W——以量控制的同倍比放大倍比值；

　　　W_{Tp}——T 时段设计洪量，m^3；

　　　W_{Td}——T 时段典型洪水洪量，m^3。

求出放大倍比值后，用它乘以典型洪水各时刻流量 Q_{Td}，即得各时刻设计洪水流量 Q_{Tp}：

$$Q_{Tp} = K Q_{Td} \tag{6-38}$$

同倍比法简单，放大出来的设计洪水过程线与典型洪水过程线形状基本相似，但设计洪水过程线可能只有洪峰流量符合设计标准，或某时段洪量符合设计标准，而其余各时段洪量和洪峰流量都不符合设计标准。不同典型洪水放大出来的设计洪水过程线，差别可能较大。

②同频率法　推求洪峰流量放大倍比值可用式(6-36)。

最大 1 d 洪量放大倍比值为：

$$K_{W1} = \frac{W_{1p}}{W_{1d}} \tag{6-39}$$

设计洪水过程线的最大 3 d 洪量一定要包括最大 1 d 洪量，故 3 d 中其余 2 d 洪量放大倍比值为：

$$K_{W3-1} = \frac{W_{3p} - W_{1p}}{W_{3d} - W_{1d}} \tag{6-40}$$

同理，最大 7 d 洪量中除去最大 3 d 洪量，其余 4 d 洪量放大倍比值为：

$$K_{W7-3} = \frac{W_{7p} - W_{3p}}{W_{7d} - W_{3d}} \tag{6-41}$$

典型洪水过程线放大时按如下次序：首先按 K_Q 放大典型洪水洪峰流量，然后用 K_{W1} 乘以典型洪水过程线最大 1 d 洪量范围内各流量值，再用 K_{W3-1} 乘以最大 3 d 洪量范围内其余 2 d 各流量值，依此类推，总之先放大核心部分，再逐步放大长时段流量。

由于各时段放大倍比值不同，处在时段交界处的流量可同时按两个放大倍比值放大，以致整个流量过程线不连续，须加以人为修匀，使其成为光滑曲线。修匀原则是修匀后各时段洪量仍等于设计洪水总量，误差不超 1%。

需说明，各种时段的洪量选样按独立的原则进行，并不要求长时段一定包含短时段。而在同频率法中，却一定要按长包短原则进行。前者是为了使样本真正符合年最大的条件，使频率计算成果偏于安全。长包短放大法简便，同时可使放大出来的过程线洪量集中，使成果偏于安全。

【例 6-9】　由频率计算得某站 $P = 1\%$ 的设计洪峰流量为 7 100 m^3/s，设计 1d 洪量为 30 340×10^4 m^3，设计 3d 洪量为 41 000×10^4 m^3。选定某年 7 月洪水作典型洪水，用同频率法推求设计洪水过程线(表 6-16)。

由典型洪水过程统计得到最大洪峰流量为 5 950 m^3/s，最大 1 d 洪量为 26 676×10^4 m^3，最大 3 d 洪量为 32 994×10^4 m^3，故放大倍比分别为：

$$K_Q = \frac{7\ 100}{5\ 950} = 1.19$$

$$K_{W1} = \frac{30\ 340 \times 10^4}{26\ 676 \times 10^4} = 1.14$$

$$K_{W3} = \frac{10^4 \times (41\ 000 - 30\ 340)}{10^4 \times (32\ 994 - 26\ 676)} = 1.69$$

表 6-16 某年某站 $P=1\%$ 设计洪水过程线计算   m³/s

月.日.时	典型流量	放大倍比	放大流量	修匀流量
7.12.0:00	176	1.69	297	297
7.12.3:00	350	1.69	592	592
7.12.6:00	350	1.69	592	592
7.12.9:00	900	1.69/1.14	1 521/1 030	1 260
7.12.12:00	1 850	1.14	2 110	2 110
7.12.15:00	5 950	1.19	7 080	7 080
7.12.18:00	5 800	1.14	6 610	6 610
7.12.21:00	3 900	1.14	4 450	4 450
7.13.0:00	3 100	1.14	3 530	3 530
7.13.3:00	2 000	1.14	2 280	2 280
7.13.6:00	1 200	1.14	1 370	1 700
7.13.9:00	900	1.14/1.69	1 030/1 521	1 300
7.13.12:00	720	1.69	1 220	1 000
7.13.15:00	580	1.69	980	850
7.13.18:00	470	1.69	794	700
7.13.21:00	400	1.69	676	650
7.14.0:00	340	1.69	575	575
7.14.3:00	300	1.69	507	507
7.14.6:00	270	1.69	456	456
7.14.9:00	245	1.69	414	414
7.14.12:00	215	1.69	363	363
7.14.15:00	198	1.69	335	335
7.14.18:00	181	1.69	306	306
7.14.21:00	167	1.69	282	282
7.15.0:00	152	1.69	256	256

设计洪水过程线如图 6-18 所示，经校核，修匀后各时段洪量与设计洪量误差小于 1%。

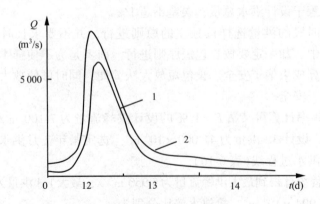

图 6-18 某站 $P=1\%$ 的设计洪水过程线

1. 典型洪水过程线   2. 放大并修匀后的设计洪水过程线

6.4.4 由暴雨资料推求设计洪水

由暴雨资料分析设计洪水是目前推求设计洪水的主要途径。由于水文测站数目远小于雨量站数目，或流量资料太短，不能直接根据流量进行设计洪水推求。如果具较长雨量资料，可据雨量资料推求设计洪水。由暴雨资料推求设计洪水包含设计暴雨计算、产流计算和汇流计算3个主要环节。

6.4.4.1 设计暴雨计算

(1) 暴雨资料较充分时设计暴雨计算

所谓暴雨资料较充分，是指设计流域内雨量站较多、分布较均匀，且各站都有较长周期的观测资料，可得出一个较长的年最大面平均雨量资料序列作为频率计算样本。直接把面雨量作为研究对象，选取每年各种时段的年最大面雨量，组成不同时段样本系列，分别进行频率计算，从而求得不同时段面暴雨量。

频率计算时应考虑特大暴雨资料。若本流域无特大暴雨资料，可进行暴雨调查，或移用邻近流域已发生的特大值。特大值经验频率计算方法与6.4.3.3介绍的相同。

暴雨统计参数计算方法与6.4.3.4介绍的相同。应从下列几个方面对计算成果进行合理性检查：各种历时的暴雨频率曲线在综合图上不应相交，长历时暴雨频率曲线应在短历时的上面；暴雨 C_v 值一般有随历时增加而减小的趋势，若遇反常情况，要检查分析；各种频率设计暴雨量的计算数据应与邻近已出现的特大暴雨记录比较，以检查设计数据是否安全可靠。

(2) 暴雨资料短缺时设计暴雨计算

当流域内雨量站较少或各雨量站资料长短不齐时，难以求出满足要求的面雨量系列。此时可先求流域中心设计点雨量，再通过点面关系求设计面雨量。

若流域中心处有雨量站且序列足够长，则可用该站暴雨资料进行频率计算，求得设计点暴雨量。如果流域中心附近没有这种测站，可先求出所在流域及附近各测站设计暴雨量，再进行地理插值，求出流域中心设计暴雨量。我国许多省已将各时段年最大暴雨量均值、C_v 及 C_s/C_v 的分区图编入水文手册，缺少资料的地区可用其推求设计点暴雨量。

拟定设计暴雨在时间上的分配过程也要先确定典型，再按典型放大。典型暴雨过程从历年各次大暴雨面雨量过程资料中选取。选择典型的原则也是首先考虑典型暴雨降雨量要接近设计暴雨，雨峰数目、主雨峰位置和降雨历时等均应是大暴雨中常见情况。在满足这些条件的前提下，也可适当偏安全考虑对工程不利的典型，即雨量分配较集中、主雨峰位置偏后的典型。

典型选定后，即可按同倍比法或同频率法将其放大。当前主要采用同频率法。在这种情况下，要选定几种控制雨量的历时，求出其相应于设计频率的暴雨量，再分段放大，具体做法在设计径流量年内分配与设计洪水过程线中介绍过。

6.4.4.2 设计净雨推求

求得设计暴雨之后还要推求净雨过程。从降雨形成径流的物理过程可以看出，降落到地面的雨量并非全部产生径流，其中有一部分雨水消耗于蒸发、散发和入渗等损失。

从降雨中扣除这部分水量，余下的雨量称为净雨。相应于设计暴雨产生的净雨称为设计净雨。设计净雨的计算，实际上是解决从设计暴雨中扣除损失的问题，也就是产流计算问题，计算方法参见6.2.2节内容。

6.4.4.3 设计洪水推求

设计洪水的推求，实际上是由设计净雨过程计算设计洪水过程的问题，也就是汇流计算问题，计算方法参见6.2.3节内容。

【例6-10】 某流域 $F=4\,200\ \text{km}^2$，为了解决下游洪水灾害问题，拟修一水库防洪，需要指定频率为百年一遇的设计洪水。该设计流域具有4 a实测流量资料(1959—1962年)，并且有其他有关流域自然地理情况及气象资料等。

上述资料情况属于流量资料不足而具有充分暴雨资料的条件，故可应用由设计暴雨推求设计洪水的方法求出百年一遇的设计洪水，过程如下：

(1) 设计暴雨的推求

首先对本流域面雨量资料序列进行频率计算，求得百年一遇的各种时段设计值(计算过程从略)，成果见表6-17。其次根据流域中某测站的各次大暴雨过程资料选择典型，经过比较分析选定暴雨核心部分出现较迟的1955年的一场暴雨作为典型。暴雨过程见表6-18，统计该典型的暴雨特征见表6-17，最后按同频率法计算各个阶段的放大倍比进行放大，成果见表6-17。

表6-17 放大倍比计算

统计时段		$t(\text{d})$	1	3	7	15
典型暴雨过程的时段雨量及其差额(mm)	雨量 $P_{典}$		63	108	149	183
	差额 $\Delta P_{典}$		63	45	41	34
设计暴雨过程的时段雨量及其差额(mm)	雨量 P_P		108	181	270	328
	差额 ΔP_P		108	72	88	58
放大倍比	$K=\Delta P_P/\Delta P_{典}$		1.71	1.63	2.20	1.71

表6-18 设计暴雨计算

	日期	1	2	3	4	5	6	7	8	9	10	11	12	13	14	15
典型暴雨过程(mm)		6.0	15.0	5.0				13.8	6.1	20.0	0.2	0.9	63.2	44.4		8.0
各种统计时段内雨的放大倍比 K	最大1d												1.71			
	最大3d											1.63	1.71	1.63		
	最大7d							2.20	2.20	2.20	2.20	1.63	1.71	1.63		
	最大15d	1.71	1.71	1.71	1.71	1.71	1.71	2.20	2.20	2.20	2.20	1.63	1.71	1.63	1.71	1.71
设计暴雨过程(mm)		10.3	25.7	8.6				30.4	13.4	44.0	0.4	1.5	108.0	72.4		13.7

6.4 设计洪水分析与计算

(2) 设计净雨过程的推求

由 4 a 相应的流量与雨量的分析,得出 $P + P_a - R$ 相关图(图 6-19)。

设计 P_a 的确定:根据流域的气候情况得知该流域处于湿润地区,汛期雨水充沛,另外设计标准较高,故可假定在设计暴雨开始时,前期影响雨量 $P_a = I_m = 100$ mm。

根据 $P + P_a - R$ 相关图与设计 P_a,可求得设计净雨过程。计算结果见表 6-19。

(3) 由设计净雨过程推求设计洪水过程线

用单位线法求设计洪水过程线。根据 4 a 降雨与流量资料,分析出各时段净雨的单位线,最后选定 24 h 单位线,见表 6-20。由设计净雨过程和单位线即可求得设计洪水过程线。由于分析和绘制降雨径流相关图时都已割去基流,因此,在推求设计洪水过程线时应该加回基流。显然各次洪水的基流是不相同的,一般取平均值作为设计基流,现取设计基流为 100 m³/s。

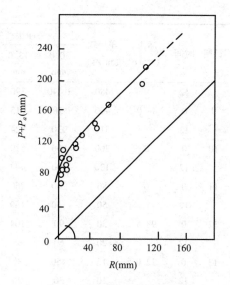

图 6-19 某流域降雨径流相关图

表 6-19 净雨过程计算

项 目	日 期							备 注
	7	8	9	10	11	12	13	
设计暴雨过程(mm)	30.4	13.4	44.0	0.4	1.5	108.0	72.4	$P_{a,t+1} = K(P_{a,t} + P_t)$
各日初始时刻的 P_a 值	100.0	100.0	100.0	100.0	92.4	86.4	100.0	$K = 0.92$
设计逐日净雨量(mm)	30.0	13.0	44.0	0	0	98.5	72.0	

表 6-20 24 h 10 mm 净雨单位线(每 12 h 取一个数值)

时间(h)	0	12	24	36	48	60	72	84	96	108	120	132	144	156	168
流量(m³/s)	0	300	550	480	400	310	200	130	80	50	30	20	15	10	0

(4) 列表推算设计洪水过程线

设计洪水过程推算具体见表 6-21,并作图 6-20。

表 6-21 设计洪水过程计算

日期	时间	净雨 (mm)	单位线 (m³/s)	各净雨产生的地面径流(m³/s)					总地面径流 (m³/s)	基流 (m³/s)	设计洪水过程线 (m³/s)
				30.0 mm	13.0 mm	44.0 mm	98.5 mm	72.0 mm			
7	0	30.0	0	0					0	100	100
	12		300	900					900	100	1 000
8	0	13.0	550	1 650	0				1 650	100	1 750

(续)

日期	时间	净雨 (mm)	单位线 (m³/s)	各净雨产生的地面径流(m³/s)					总地面径流 (m³/s)	基流 (m³/s)	设计洪水 过程线 (m³/s)
				30.0 mm	13.0 mm	44.0 mm	98.5 mm	72.0 mm			
	12		480	1 440	390				1 830	100	1 930
9	0	44.0	400	1 200	715	0			1 915	100	2 015
	12		310	930	624	1 320			2 876	100	2 974
10	0	0	200	600	520	2 420			3 540	100	3 640
	12		130	390	403	2 110			2 930	100	3 030
11	0	0	80	240	260	1 760			2 260	100	2 360
	12		50	150	169	1 360			1 579	100	1 679
12	0	98.5	30	90	104	880	0		1 074	100	1 174
	12		20	60	65	572	2 960		3 657	100	3 757
13	0	72.0	15	450	39	352	5 420	0	5 856	100	5 956
	12		10	30	26	220	4 730	2 160	7 166	100	7 266
14	0		0	0	20	132	3 940	3 960	8 052	100	8 152
	12				13	242	3 050	3 460	6 765	100	6 865
15	0				0	66	1 970	2 880	4 916	100	5 016
	12					44	1 280	2 230	3 554	100	3 654
16	0					0	788	1 440	2 228	100	2 328
	12						493	936	1 429	100	1 529
17	0						296	576	872	100	972
	12						197	360	557	100	657
18	0						148	216	364	100	464
	12						98	144	242	100	342
19	0						0	103	103	100	208
	12							72	72	100	172
20	0							0	0	100	100

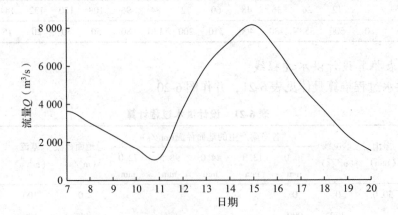

图 6-20 某河某站百年一遇设计洪水过程线

根据该设计断面处的洪水调查资料,在 1908 年发生过一次特大洪水,洪峰流量为 10 000 m³/s,估计其重现期为百年一遇。与上述设计成果 max = 8 152 m³/s 比较,二者相当接近,为计算成果的可靠性提供了一些论据。

6.4.5 小流域设计洪水计算

小流域设计洪水计算广泛应用于中小型水利和水土保持工程中,如修建农田水利工程的小水库、撇洪沟,渠系上交叉建筑物如涵洞、泄洪闸等,铁路、公路上的小桥涵设计,城市和工矿地区的防洪工程,都必须进行设计洪水计算。与大中流域相比,小流域设计洪水具有以下三方面的特点。

①在小流域上修建的工程数量很多,往往缺乏暴雨和流量资料,特别是流量资料。

②小型工程一般对洪水的调节能力较小,工程规模主要受洪峰流量控制,因而对设计洪峰流量的要求高于设计洪水过程。

③小型工程的数量较多,分布面广,计算方法应力求简便,使广大技术人员易于掌握和应用。

小流域设计洪水计算工作已有 100 多年的历史,计算方法在逐步充实和发展,由简单到复杂,由计算洪峰流量到计算洪水过程。归纳起来,有经验公式法、推理公式法、综合单位线法以及水文模型等方法。本小节主要介绍推理公式法和经验公式法。

6.4.5.1 推理公式法

推理公式法是由暴雨推求小流域设计洪峰流量的一种简化计算方法,尤其适用于数十平方千米的小流域,因为只有在这些地区,一些假定条件才相对比较符合实际情况。

我国水利水电部门应用最广泛的推理公式,是水利水电科学研究院水文研究所 1959 年提出的。经过 30 多年的使用和改进,积累了丰富的经验,并提出了不少改进意见。1998 年,由河海大学华家鹏提出的改进方法更接近实际情况,计算方法更加合理,现介绍如下:

推理公式采用超渗产流的概念,并假定设计暴雨的时空分布为均匀的常数,即净雨历时 t_c 内的净雨强度 a 为常数,根据等流时线法得出。公式仅给出了洪峰流量 Q_m 的推求方法。

当 $t_c \geq \tau$ 时,

$$\begin{cases} Q_m = 0.278 \left(\dfrac{S_p}{\tau^n} - \mu \right) F \\ \tau = 0.278 \dfrac{L}{mJ^{1/3} Q_m^{1/4}} \end{cases} \tag{6-42}$$

当 $t_c < \tau$ 时,

$$\begin{cases} Q_m = 0.278 \left(\dfrac{n S_p t_c^{1-n}}{\tau^n} \right) F \\ \tau = 0.278 \dfrac{L}{mJ^{1/3} Q_m^{1/4}} \end{cases} \tag{6-43}$$

式中 t_c——净雨历时，h；

τ——汇流历时，h；

S_p——频率为 p 的雨强，mm/h；

n——暴雨衰减指数；

μ——平均下渗强度，mm/h；

F——流域面积，km²；

L——沿流程长度，km；

m——汇流参数；

J——沿流程的平均纵比降，以小数表示，%。

此公式在推导中引进了两个假定：第一，净雨历时 t_c 内的净雨强度 a 为常数；第二，在 $t_c < \tau$ 时引进了流域矩形化的假定，如图 6-21 所示。两个假定与实际情况不符，往往使推求的洪峰流量偏小。中外公式只能计算洪峰流量，而不能推求洪水过程。设计洪水过程靠概化过程线法来推求，而概化过程线是由地区各流域的实测洪水过程，综合分析得出的一条具有一定代表性的洪水过程线。一般概化过程线是三角形或五边形，过程线过于简单，往往不能满足规划设计和管理部门的需要。

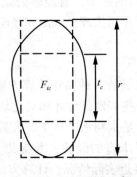
图 6-21 矩形流域示意

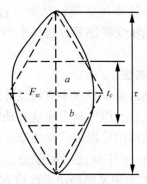
图 6-22 菱形流域示意

改进推求小流域设计洪水过程线的方法，是采用蓄满产流模型，考虑雨量时间分布上的不均匀及流域形状不同。一般来讲，流域形状可概化成各种形状，大多数流域更接近菱形和椭圆形。此处以菱形和椭圆形为例，分别导出推求洪峰流量公式和洪水过程线的方法。

（1）菱形流域

当 $t_c < \tau$ 时，一般称为部分面积汇流，洪峰流量 Q_m 由全部净雨与相应 t_c 时间内的最大共时径流面积 F_{tc} 组成，如图 6-22 所示。

$$\frac{b}{a} = \left(\frac{1}{2}\tau - \frac{1}{2}t_c\right) \Big/ \left(\frac{1}{2}\tau\right) \quad F = \frac{1}{2}a\tau v_\tau \quad v_\tau = 0.278\frac{L}{\tau}$$

$$F_{tc} = F - \frac{1}{2}b(\tau - t_c) \times 0.278\frac{L}{\tau} = F - 0.278\frac{aL(\tau - t_c)^2}{2\tau^2} \tag{6-44}$$

式中 a——流域概化为菱形后的最大宽度（或流域最大宽度），m；
　　b——共时径流面积上底和下底的宽度，m；
　　F——流域面积，m²；
　　L——流域长度，km；
　　t_c——净雨历时，h；
　　τ——流域汇流历时，h。

由式(6-44)可看出，当已知流域面积 F、流域汇流历时 τ、净雨历时 t_c、流域最大宽度 a 和流域长度 L 时，即可求出最大共时径流面积 F_{tc}。

当 $t_c < \tau$ 时，最大洪峰流量可由下式求出：

$$Q_m = 0.278 \frac{H_{RP}}{t_c} F_{tc} \tag{6-45}$$

式中 H_{RP}——设计暴雨的净雨深，mm。

将式(6-44)代入式(6-45)可得：

$$\begin{cases} Q_m = 0.278 \dfrac{H_{RP}}{t_c}\left[F - \dfrac{0.278 aL(\tau - t_c)^2}{2\tau^2} \right] \\ \tau = 0.278 \dfrac{L}{mJ^{1/3} Q_m^{1/4}} \end{cases} \tag{6-46}$$

由式(6-46)可采用图解法或迭代法求解 Q_m。

在小流域设计洪水过程线的计算中，用概化的三角形或五边形过程线过于简单，既没有考虑雨量在时间上分布的不均，也没有考虑流域形状的影响。因此用水文手册查出 1d 暴雨参数资料，由参数可推出各种历时的设计暴雨值。目前雨量站较多，自记水平较高，可以从流域内或附近雨量站中选择典型暴雨，按同频率放大法推求出设计小流域的设计暴雨过程。由水文手册查得的平均下渗强度 μ，可将设计暴雨过程划分成设计地面净雨和地下净雨过程。各时段地面净雨按等流时线原理，由不同流域形状和上述推出的推理公式，推求出各时段地面出流过程。地下出流可采用简化三角形法推求其过程。

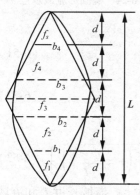

图 6-23　等流时线示意

① 设计地面径流计算　分时段推求地面出流过程，一般各时段净雨历时 $t_c < \tau$，根据式(6-46)采用图解法或迭代法，可求出各时段地面净雨相应的 Q_m 和 τ。由等流时线原理可将流域划分成 $n = \tau/t_c$ 块等流时面积，如图 6-23 所示。等流时线间距为 $d = 1/n$。因最大共时径流面积处在中间位置，所以 n 一般取奇数。以 $n = 5$ 为例，由等流时线原理可知，$Q_1 = 0.278 rf_1$，$Q_2 = 0.278 rf_2$，$Q_3 = 0.278 rf_3$，$Q_4 = 0.278 rf_4$，$Q_5 = 0.278 rf_5$。在各时段内可视产流强度 $r = \alpha - \mu$ 为稳定不变的常数，其中 α 为时段内的暴雨强度，μ 为稳定下渗率。在上述某等流时线中，f_3 为最大共时径流面积 F_{tc}，t_c 为时段净雨历时，则 Q_3 即 Q_m，可由式(6-46)求出。$Q_i/Q_m = f_i/F_{tc}$，求出相应的比值，则可由 Q_m 求出各等流时线面积形成的 Q 值。

$$F_{tc} = d(a + b_{\frac{n-1}{2}})/2 \qquad f_i = d(b_i + b_{i-1})/2$$

$$\frac{f_i}{F_{tc}} = (b_i + b_{i-1})/(a + b_{\frac{n-1}{2}}) = \left(1 + \frac{b_{i-1}}{b_i}\right) \Big/ \left(\frac{a}{b_i} + \frac{b_{\frac{n-1}{2}}}{b_i}\right) \tag{6-47}$$

其中 $\dfrac{b_{i-1}}{b_i} = \dfrac{(i-1)d}{id} = \dfrac{i-1}{i}$，$\dfrac{b_{\frac{n-1}{2}}}{b_i} = \dfrac{\frac{n-1}{2}}{i} = \dfrac{n-1}{2i}$，$\dfrac{a}{b_i} = \dfrac{\frac{n-1}{2}d + \frac{d}{2}}{id} = \dfrac{n}{2i}$，代入(6-47)式，整理后可得：

$$\frac{Q_i}{Q_m} = \frac{f_i}{F_{tc}} = \frac{4i-2}{2n-1} \tag{6-48}$$

$$T = \tau + t_c \tag{6-49}$$

由式(6-46)、式(6-48)和式(6-49)可求出各时段地面出流过程，总地面出流过程可由各时段出流过程叠加得到。

②设计地下径流计算　地下出流过程在设计洪水过程中占的比重较小，可采用简化三角形法计算。地下径流历时可视为地面径流历时的2倍，即 $T_g = 2T_s$，式中 T_s 为地面出流总历时，地下出流峰值

$$Q_{gm} = \frac{R_g F}{1.8 T_g} \tag{6-50}$$

式中　R_g——地下径流总量，mm，在净雨分割中已算出。

总出流过程可由地面出流过程与地下出流过程叠加得到。

(2) 椭圆形流域

更多流域形状接近椭圆形，如图6-24所示，流域长为 L(椭圆长轴)，流域最大宽度为 a(椭圆短轴)，b 为共时径流面积的最大宽度。

当 $t_c < \tau$ 时，洪峰流量 Q_m 由全部净雨与相应净雨历时 t_c 时间内的最大共时径流面积 F_{tc} 组成。由图6-24可知，最大共时径流面积 F_{tc} 为椭圆面积(流域面积 F)减去两侧弓形面积。

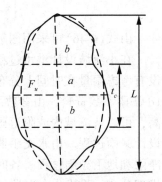

图6-24　椭圆形流域示意

$$F_{tc} = F - 2s = F - 2\left(\frac{aL}{4}\arccos\frac{x}{L/2} - xy\right) \tag{6-51}$$

$$y = \frac{a}{2}\sqrt{1 - x^2/\left(\frac{L}{2}\right)^2} \quad x = \frac{L}{2} - \frac{\tau - t_c}{2} \tag{6-52}$$

将式(6-52)代入式(6-51)，整理后得：

$$F_{tc} = F - \left[\frac{aL}{2}\arccos\left(1 - \frac{\tau - t_c}{L}\right) - \frac{1}{2}a(L - \tau + t_c)\sqrt{1 - \left(1 - \frac{\tau - t_c}{L}\right)^2}\right] \tag{6-53}$$

由式(6-53)看出，当已知流域面积 F、汇流历时 τ、净雨历时 t_c、流域长度 L 和流域最大宽度 a 时，即可求出最大共时径流面积 F_{tc}。

当 $t_c < \tau$ 时，求最大洪峰流量的方法同式(6-45)。

将式(6-53)代入式(6-45)可得：

$$\begin{cases} Q_m = 0.278 \dfrac{H_{RP}}{t_c}\left\{F - \left[\dfrac{aL}{2}\arccos\left(1 - \dfrac{\tau - t_c}{L}\right) - \dfrac{1}{2}a(L - \tau + t_c)\sqrt{1 - \left(1 - \dfrac{\tau - t_c}{L}\right)^2}\right]\right\} \\ \tau = 0.278 \dfrac{L}{mJ^{1/3}Q_m^{1/4}} \end{cases} \quad (6\text{-}54)$$

由式(6-54)可采用图解法或迭代法求解 Q_m。

同样,根据等流时线原理,将各时段地面净雨分别求出出流过程,然后叠加求出总地面出流过程,地下出流仍按前面所述简化三角形法推求。

同理,分时段推求地面出流过程。一般各时段净雨历时 $t_c < \tau$,根据式(6-54)采用图解法或迭代法,求出各时段地面净雨相应的 Q_m 和 τ。由等流时线原理可将流域分成 $n = \tau/t_c$ 块等流时面积,如图 6-25 所示。同理,各等流时线内产生的洪峰流量 Q_i 与 Q_m 之比,为等流时线面积之比 $Q_i/Q_m = F_i/F_{tc}$。由 Q_m 可求出各等流时线面积形成的 Q_i 值。弓形面积为:

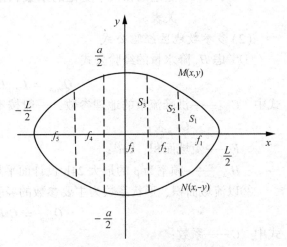

图 6-25 等流时线示意

$$S = \dfrac{aL}{4}\cos\dfrac{2x}{L} - xy \quad (6\text{-}55)$$

$$y = \dfrac{a}{2}\sqrt{1 - \dfrac{4x^2}{L^2}} = \dfrac{a}{2L}\sqrt{L^2 - 4x^2} \quad (6\text{-}56)$$

将式(6-56)代入式(6-55)得:

$$S = \dfrac{aL}{4}\cos\dfrac{2x}{L} - \dfrac{ax}{2L}\sqrt{L^2 - 4x^2} \quad (6\text{-}57)$$

F_i 相应的 x 值为 $x_i = L/2 - id$,弓形面积可由式(6-57)求出 S_i,则等流时面积 $f_i = S_i - S_{i-1}$,由式(6-53)可求出 F_{tc},则 $Q_i = (f_i/F_{tc})Q_m$。又 $T = \tau + t_c$,则可求出各时段地面出流过程,总地面出流过程可由各时段出流过程叠加得到。

地下出流用简化三角形方法(同前),总出流过程由地面与地下出流过程叠加得到。

6.4.5.2 经验公式法

经验公式法是指省级和地区水文站对实测流量资料和洪水调查资料进行综合分析,找出设计洪峰流量与主要影响因素如流域面积(F)、最大24h设计净雨量(I_{24})、流域形状系数等之间的关系,以数学形式表示。地区经验公式主要是对该地区设计洪峰流量进行计算,方法简单,应用方便,有一定的精度,各省和地区水文手册中都有本地区的经验公式和使用方法。

由于经验公式地区性强,使用时必须注意该公式的适用范围和条件,不可随意搬用。

(1) 以流域面积 F 为参数的地区经验公式

$$Q_{m,p} = C_p F^n \tag{6-58}$$

式中　$Q_{m,p}$——频率为 p 的设计洪峰流量，m³/s；

　　　F——流域面积，km²；

　　　C_p，n——随地区和频率变化的系数和指数，可查各省级和地区的水文手册中有关表。

(2) 多参数地区经验公式

①考虑 H_{24} 降水量的经验公式

$$Q_{m,p} = C_{1,p} H_{24,p} F^{2/3} \tag{6-59}$$

式中　$C_{1,p}$——洪峰流量的地理参数，一般按不同地质地貌分区确定，查地区水文手册 $C_{1,p}$ 表；

　　　F——流域面积，km²；

　　　$H_{24,p}$——频率为 p 的最大 24h 设计面平均雨量，mm。

②以流域面积、形状系数为主要参数的经验公式

$$Q_{m,p} = C f F^{0.5} T L \tag{6-60}$$

式中　C——系数；

　　　T——相应于频率 p 的重现期，a；

　　　f——流域形状系数；

　　　F——流域面积，km²；

　　　L——流域长度，km。

(3) 相似流域对比法

选择已知洪峰流量的相似流域，用下式估算研究流域的设计洪峰流量。

$$Q_p = k_p F^n \tag{6-61}$$

式中　k_p——相似流域频率为 p 的洪峰流量模数，m³/(s·km²)；

　　　F——流域面积，km²；

　　　n——指数，一般取 0.67 左右。

6.5　排涝水文计算

6.5.1　概　述

6.5.1.1　涝灾的形成

因暴雨产生的地面径流不能及时排除，使得低洼区淹水造成财产损失，或使农田积水超过作物耐淹能力，造成农业减产的灾害，称为涝灾。

降雨过量是发生涝灾的主要原因，灾害的严重程度往往与降雨强度、持续时间、一次降雨总量和分布范围有关。我国南方地区的降雨总量大、频次高，汛期容易成涝致灾。北方年雨量虽然小于南方，但雨期比较集中，降雨强度相对较大，因此北方形成的涝灾程度也非常严重。

涝灾最易发生在地形平坦的地区，分为平原坡地、平原洼地、水网圩区及城市等易涝区。

(1) 平原坡地

平原坡地主要分布在大江大河中下游的冲积平原或洪积平原，地域广阔、地势平坦，虽有排水系统和一定的排水能力，但在较大降雨情况下，往往因坡面漫流缓慢或洼地积水而形成灾害。属于平原坡地类型的易涝地区主要是淮河流域的淮北平原，东北地区的松嫩平原、三江平原与辽河平原，海滦河流域的中下游平原，长江流域的江汉平原等。其余零星分布在长江、黄河及太湖流域。

(2) 平原洼地

平原洼地主要分布在沿江、河、湖、海周边的低洼地区，其地貌特点接近平原坡地，但因受河、湖或海洋高水位的顶托，丧失自排能力或排水受阻，或排水动力不足而形成灾害。沿江洼地如长江流域的江汉平原，受长江高水位顶托，形成平原洼地；沿湖洼地如洪泽湖上游滨湖地区，自三河闸建成后由湖泊蓄水形成洼地；沿河洼地如海河流域的清南清北地区，处于两侧洪水河道堤防的包围之中。

(3) 水网圩区

在江河下游三角洲或滨湖冲积平原、沉积平原，水系多为网状，水位全年或汛期超出耕地地面，因此必须筑圩（垸）防御，并依靠动力排除圩内积水。当排水动力不足或遇超标准降雨时，则形成涝灾，如太湖流域的阳澄淀泖地区，淮河下游的里下河地区，珠江三角洲，长江流域的洞庭湖、鄱阳湖滨湖地区等，均属于这一类型。

(4) 城市地区

城市面积远小于天然流域集水面积，一般需划分为若干管道排水片，每个排水片由雨水井收集降雨产生的地面径流。因此，城市雨水井单元集流面积是很小的，地面集流时间在 10 min 之内；管道排水片服务面积也不大，一个排水片的汇流时间一般不会超过 1 h，加之城市地势平坦、不透水面积大，短历时高强度的暴雨会在几十分钟造成城市地面严重积水。

6.5.1.2 排水系统

在平原地区，排水系统是排除地区涝水的主要工程措施，分为农田排水系统和城市排水系统两大类。

(1) 农田排水系统

农田排水系统的功能是排除农田中的涝水及坡面径流，减少淹水时间和淹水深度，为农作物的正常生长创造一个良好的环境。农用排水系统按排水功能，可分为田间排水系统和主干排水系统。田间排水系统包括畦、格田和排水沟等单元，这些排水单元本身具有一定的蓄水容积，在降雨期可以拦蓄适量的雨水，超过大田蓄水能力的涝水通过田间排水系统输送至主干排水系统。主干排水系统的主要功能是收集来自田间排水系统的出流及坡地径流，迅速排至出口。主干排水系统与田间排水系统相对独立，基本单元是排水渠道，根据区域排水要求，还可能具备堤防、泵站、水闸和涵洞等单元。

(2) 城市排水系统

城市排水系统的功能是排除城市或村镇涝水，保证道路通畅和居民正常生活。按排水功能，城市排水系统可分为雨水排水系统和河渠排水系统。雨水排水系统主体单元为雨水口、检查井、排水管网、提升泵站和出水口等，主要功能是收集城市地面的雨水，排入河渠排水系统。河渠排水系统的功能及组成与主干排水系统相似，主要功能是收集来自雨水排水系统的出流，迅速排至出口。

在我国平原地带，尤其是沿江、沿河和滨湖地区地势平坦，由于汛期江河水位经常高于地面高程，常圈堤筑圩(垸)形成一个封闭的防洪圈。由于常受外部江河高水位顶托，圩内涝水不能自流外排，必须通过泵站强排。因此，圩(垸)是由堤防、水闸和排水泵站组成的独立排水体系，在遭遇暴雨时的排涝模式为：当圩外河道水位低于圩内水位时，打开水闸将圩内的涝水自排出去；当外河水位高于圩内水位时，关闭水闸，开启排水泵站，依靠动力向圩外河道排除涝水。

6.5.1.3 排涝标准

排涝标准是排水系统规划设计的主要依据，有两种表达方式：一是以排除某一重现期的暴雨所产生的涝水作为设计标准，如 10 年一遇排涝标准表示排涝系统在保护区不受灾的前提下，可靠地排除 10 年一遇暴雨所产生的涝水；二是不考虑暴雨的重现期，以排除某一量级降雨所产生的涝水作为设计标准，如江苏省农田排涝标准采用的是 1 日 200mm 降水量不受涝。第一种表达方式以暴雨重现期作为排涝标准，频率概念比较明确，易对各种频率暴雨产生的涝灾损失进行分析比较，但需要收集众多降水量资料来推求设计暴雨；第二种表达方式直接以敏感时段的暴雨量为设计标准，比较直观，且不受水文气象资料序列变化的影响，但缺乏明确的涝灾频率概念。应该注意的是，在确定排涝标准时，系统的排涝时间非常重要。排涝时间是指设计条件下排水系统排除涝水所需的时间。如 1 日降水量产生的涝水是 2 日排出还是 3 日排出，这是两个不同的标准，显然前者标准高，设计排涝流量大，农田可能的淹水历时短，排涝工程规模和投资高。据调查，我国农村地区的排涝标准一般为 5~20 年暴雨重现期。

城市排水片集水面积小、汇流时间快，城市管道排水标准把短历时暴雨重现期作为设计标准。设计暴雨重现期根据排水片的土地利用性质、地形特点、汇水面积和气象特点等因素确定，一般为 0.5~2 年。对于重要干道、立交道路的重要部分、重要地区或短期积水即能引起严重损失的地区，可采用较高的设计重现期，一般选用 2~5 年。城市排水系统设计暴雨重现期较低，且一个城市包含有较多排水片，每年会发生多次排水片地面积水状况。由于城市地区设计条件下不允许地面积水，且城市地区河道调蓄能力相对较小、排涝历时短，尽管设计暴雨重现期低，但设计排涝模数远大于农村。

6.5.2 城市排涝计算

城市地区土地覆盖类型复杂，不透水面积比重较大。在城市排水系统的规划设计中，产流计算一般采用径流系数法。对于调蓄能力较小的管道排水系统，设计规模受最大流量控制，只需推求设计流量。如果在规划设计中需考虑排水系统的调蓄功能，需要推求设计流量过程线。

6.5.2.1 设计暴雨计算

(1)设计暴雨强度

城市不允许地面积水,雨水必须及时排入河渠,径流汇集时间短。城市雨水排水系统设计暴雨历时较短,一般以 min 或 h 为单位,如 5min、10min、30min、45min、60min 和 120min;城市河渠排水系统具有一定调蓄能力,一般取为 1h、3h、6h、12h 和 24h 等。

设计雨量计算可以根据第 6.3.4 节中推求设计暴雨的方法进行。但在大部分情况下,城市设计雨量计算采用暴雨强度公式。由于城市地面排水系统设计重现期较低,推求城市暴雨公式的选样方法采用年多次法或超定量法,一般平均每年选取 3~5 次降雨的时段雨量。

(2)设计暴雨过程

在城市排水系统的规划与设计中,有时需考虑排水系统的调蓄功能,如排水系统优化设计、超载状态分析、溢流计算、调节池及河湖设计等,这就需要知道设计暴雨过程,以便推求设计流量过程线。原则上当已知设计雨量时,可以由典型暴雨采用同频率缩放方法推求设计暴雨过程。由于一般采用暴雨公式推求城市排水区域的设计雨量,此时可以采用瞬时雨强公式推求设计暴雨过程。由瞬时降雨强度过程线可转换为时段雨强过程线,得出的暴雨过程的各时段的雨量频率均满足设计频率的要求。

6.5.2.2 设计流量计算

(1)管道设计流量

在雨水排水系统设计中,管道的尺寸是依据设计暴雨条件下通过的最大流量确定的。通常采用推理公式推求设计流量。

(2)设计流量过程线

在排水系统的优化设计、超载分析、溢流计算、调节池设计和圩区排涝计算中,需推求设计流量过程线。由设计净雨推求设计流量过程线的计算方法有等流时线方法、综合单位线方法和水文水力模型等,但这些方法对资料要求高且计算比较复杂。常用的比较简单的方法有概化三角形法、概化等流时线法和三角形单位线法。

6.5.2.3 城市圩(垸)排涝模数计算

对于城市雨水管道的出流,可以按照管道设计最大流量为上限控制进入河道,得出河渠排水系统的入流过程线。由于设计条件下城市不允许地面积水,除河渠排水系统储蓄部分水量,其余涝水必须及时排除出圩外。根据入流过程线,以河渠排水系统调蓄库容为控制,确定城市圩(垸)的设计排涝流量 Q,推求排涝模数 M。

$$M = \frac{W_T - V}{3\,600TF} \tag{6-62}$$

式中 M——排涝模数,$m^3/(km^2 \cdot s)$;

F——汇水面积,km^2;

V——调蓄库容，m^3；

T——调蓄库容蓄满历时，h；

W_T——在蓄满历时 T 内入流总量，m^3。

为了及时腾空调蓄库容，预防下次暴雨洪涝，城市圩内河渠排水系统滞留的涝水一般需在 24h 内全部排出。

6.5.3 农业区排涝计算

平原地区河道坡度平缓，流向不定，又经常受人为措施如并河、改道、开挖、疏浚和建闸的影响，水位和流量资料的一致性遭到破坏，无法直接根据流量资料通过频率计算来推求设计排水流量，通常由设计暴雨推求设计流量。

6.5.3.1 设计暴雨计算

设计暴雨计算首先必须选择合适的设计暴雨历时，应根据排涝历时、地面坡度、土地利用条件、暴雨特性及排水系统的调蓄能力等情况决定。以农业为主的排水区水面率相对较高，沟塘和水田蓄水能力较强，农作物一般具有一定的耐淹能力，涝水可以在大田滞蓄一段时间，设计暴雨历时可以取得长一些，一般以 d 为单位。根据我国华北平原地区的实测资料分析，对于 $100 \sim 500 \ km^2$ 的排水面积，洪峰流量主要由 1d 暴雨形成；对于 $500 \sim 5\ 000 \ km^2$ 的排水面积，洪峰流量一般由 3d 暴雨形成。在上述两种情况下，应分别采用 1d 和 3d 作为设计暴雨历时。对于具有滞涝容积的排水系统，则应考虑采用更长历时的暴雨。我国绝大部分地区设计暴雨历时为 $1 \sim 3d$。

在推求设计暴雨时，当排水面积较小时，可用点雨量代表面雨量；当排水面积较大时，需要采用面雨量计算。设计暴雨具体计算方法见第 6.3.4 节。

6.5.3.2 入河径流计算

在缺乏资料的条件下，由设计暴雨推求设计排涝水量时，也可以采用比较简单的降雨径流相关法，具体计算方法及参数可以在当地水文手册上查到。但是，平原区人类活动频繁，土地利用性质多样，水文特性也比较复杂，这种方法比较粗糙，且无法推求入河流量过程。如果水文、气象及农业试验资料比较充分，可将下垫面划分为水面、水田、旱地及非耕地等土地利用类别，通过产流、坡面汇流或排水计算得出河渠的径流量。各种类别土地利用面积上进入河渠径流量之和即为入河径流总量。

(1) 水面产流

水面产流采用水量平衡方程计算，即降水量与蒸发量之差。

$$R = P - E_0 \tag{6-63}$$

式中 R——水面产流量，mm；

P——降水量，mm；

E_0——水面蒸发量，mm。

水面产流量直接进入排水河渠。

(2) 水田入河流量

设水稻生长的适宜水深范围为 $H_1 \sim H_2$，雨后水田最大允许蓄水深为 H_3。在正常情况下，水田引排水的一般方式为：当由于水田蒸发散使蓄水深度 $H < H_1$ 时，水田引水灌溉至 H_2；当降雨期 $H > H_3$ 时，水田以最大排水能力 H_e 为上限排水；当 $H_1 \leq H < H_3$ 时，水田不引不排以减少动力消耗。因此，水田引排水量表达为：

$$R = \begin{cases} H - H_2 & (H < H_1) \\ 0 & (H_1 \leq H < H_3) \\ H - H_3 & (0 < H - H_3 < H_e) \\ H_e & (H - H_3 \geq H_e) \end{cases} \quad (6\text{-}64)$$

计算结果 $R > 0$，表示水田排水；$R < 0$，表示水田引水。水田 $t+1$ 日初始水深采用水量平衡方程逐日递推：

$$H_{t+1} = H_t + P_t - E_t - I_t - R_t \quad (6\text{-}65)$$

式中 I——水田下渗量，mm；

E——水田蒸发散量，mm。

水田蒸发散量与水稻生长季节、气象条件、土壤条件和水稻品种等有关。可是具体地区，分水稻生长季节或分月与水面蒸发值建立相关。

$$E = cE_0 \quad (6\text{-}66)$$

在水田产流计算公式中，共有 H_e、H_1、H_2、H_3、I 和 c 6 个参数。其中，H_e 反映了农田的排水能力，其他 5 个参数与当地水文、气象、土壤、水稻品种及生长季节有关。一般以本地农业试验资料为基础，结合实测灌溉和排水资料综合分析确定。

由式(6-64)可知，暴雨期水田产流量是指已经排出水田的水量，直接进入圩内排水河渠。

如果不考虑水田逐日排水过程，也可以采用式(6-67)简单计算水田产流量：

$$R = P - E - \Delta H \quad (6\text{-}67)$$

式中 P——降水量，mm；

E——水田蒸发散量，mm；

ΔH——水田允许蓄水增量，等于雨后水田最大蓄水深与平均适宜水深之差，mm。

(3) 旱地及非耕地入河流量

易涝地区多属于湿润地区，根据近年的科学研究和生产实践，可以采用新安江模型推求产流量及入河径流过程。模型参数根据实测水文和气象资料率定，缺乏实测流量资料的地区可以采用地区综合参数。新安江模型已经考虑了坡面汇流计算，模型的输出流量就是入河径流过程。

如果资料条件不足以采用新安江模型进行产流计算，也可以简单计算旱地产流量。

$$R = P - I \quad (6\text{-}68)$$

式中 P——降水量，mm；

I——次降水损失，mm，可以由水文手册提供的方法推求。

6.5.3.3 圩(垸)排涝模数计算

设计排涝模数是设计排涝流量与排水面积的比值。

$$M = \frac{Q}{F} \tag{6-69}$$

式中 M——设计排涝模数，$m^3/(s \cdot km^2)$；
Q——设计排涝流量，m^3/s；
F——排水面积，km^2。

如果已知设计排涝模数，则可得出设计排涝流量，作为设计排水沟渠或排涝泵站的依据。计算公式为：

$$Q = MF \tag{6-70}$$

排涝模数主要取决于设计条件下的入河流量及圩内沟渠调蓄库容。为了保证圩区沟渠具有一定的调蓄库容以降低排涝动力，在汛期需预降圩内沟渠水位，圩内沟渠调蓄库容等于沟渠水面率与预降水深的乘积。

在以农业为主的排水区，农作物有水稻、旱作物和经济作物等，大部分农作物具有一定的耐淹能力，故暴雨形成的涝水可以在农作物耐淹期限内滞留在农田中。如果允许的耐淹时间为 T 日，则暴雨产生的涝水在 T 日内排出，农作物基本不受灾。农业圩的排涝模数可按 t 日暴雨 T 日排出计算，而沟渠调蓄库容中的涝水可在 T 日后排出，计算公式为：

$$M = \frac{R - \alpha \Delta Z}{3.6KT} \tag{6-71}$$

式中 M——设计排涝模数，$m^3/(s \cdot km^2)$；
R——t 日暴雨产生的涝水总量，mm；
α——圩内水面率；
ΔZ——圩内沟渠预降水深，mm；
K——日开机时间，h/d；
T——排涝天数，d。

农作物的受淹时间和淹水深度有一定的限度，超过这个范围，农作物正常的生长就会受到影响，造成减产甚至绝收。在产量不受影响的前提下，农作物允许的受淹时间和淹水深度称为农作物的耐涝能力或耐淹时间、耐淹深度。对于小麦、棉花、玉米、大豆和甘薯等旱作物，一般当积水深 10 cm 时，允许的淹水时间应不超过 1~3d。而蔬菜和果树等经济作物耐淹时间更短。水稻虽然是喜水好湿作物，大部分生长期内适于生长在一定水层深度的水田里，在耐淹水深范围内数天对生长影响不大。但如果水田积水深超过水稻的耐淹能力，同样会造成水稻的减产，其中以没顶淹水危害最大。除返青外，没顶淹水超过 1d 就会造成减产。因此，在制定农业区排涝标准时，对于旱地设计排涝历时取值为 1~3d，水田为 3~5d。一般圩区平均排涝时间不宜大于 3d，有条件的地区应该适当缩短排涝时间。

为了及时腾空圩内调蓄库容，预防下次暴雨，圩内沟渠及农田中滞留的涝水需在一定时限内全部排出，圩内沟渠恢复到雨前水位。按此要求计算得到一定设计标准下的最低排涝模数。

$$M_0 = \frac{R}{3.6KT_m} \tag{6-72}$$

式中　M_0——最小排涝模数，$m^3/(s \cdot km^2)$；
　　　T_m——排涝时限，d。

【例6-11】　某圩位于湿润地区，地势平坦，汇水面积为12 km^2，其中水面占8%，水田占48%，其余为旱地和非耕地。排涝标准为1d 200 mm暴雨2d排出，每日排涝泵站开机时间为20 h。已知水田适宜水深为30~60 mm，雨后最大蓄水深为120 mm，旱地和非耕地设计条件下的降雨损失量按30 mm计，忽略降雨日的蒸发散量，试推求该圩设计排涝模数。

①水面产流量按式(6-63)推求。

$$R_1 = 200 \text{mm}$$

②水田产流量按式(6-67)推求。

$$R_2 = 200 - \left(120 - \frac{30+60}{2}\right) = 125 \text{ (mm)}$$

③旱地及非耕地产流量按式(6-68)推求。

$$R_3 = 200 - 30 = 170 \text{ (mm)}$$

④总产流量为各类土地产流量的面积权重和。

$$R = 0.08 \times 200 + 0.48 \times 125 + (1 - 0.08 - 0.48) \times 170 = 150.8 \text{ (mm)}$$

⑤可调蓄水深按0.5m计，按式(6-71)计算得到设计排涝模数。

$$M = \frac{150.8 - 0.08 \times 500}{3.6 \times 20 \times 2} = 0.769 \left[m^3/(s \cdot km^2) \right]$$

6.5.3.4　区域排涝模数计算

动力排水系统的建设及运行费用较高，如果排水区域地势较高，应尽可能采用自排方式。对于排水面积较大的区域，一般不可能对区域涝水全部采用泵站强排模式，此时区域排涝干河的规模取决于设计条件下排水区最大涝水流量，不宜采用式(6-71)直接计算区域排涝模数。

影响平原地区最大涝水流量的主要因素有设计暴雨径流深、排水面积、流域形状、地面坡度、地面覆盖、河网密度和排水沟渠特性等。在生产实践中，人们根据实测暴雨径流资料分析，得出排涝模数的经验公式。

$$M = CR^m F^n \tag{6-73}$$

式中　M——排涝模数，$m^3/(km^2 \cdot s)$；
　　　R——设计暴雨径流深，mm；
　　　F——排水面积，km^2；
　　　C——综合系数；
　　　m——峰量指数；
　　　n——递减指数。

在式(6-73)中，综合系数 C 反映除设计径流深 R 和排水面积 F 以外的其他因素对排涝模数的影响，如地面坡度、地面覆盖、河网密度、排水沟渠特性和流域形状等；峰量指数 m 反映排水流量过程的峰与量的关系；递减指数 n 一般为负值，反映了随着排涝面积的增大排涝模数的减少。

必须指出，式(6-73)将很多因素的影响都综合在 C 值中，造成 C 值的不稳定。一般规律是，暴雨中心位于流域上游，净雨历时长，地面坡度小，流域形状系数小，河网调蓄能力强，则 C 值小；反之则大。因此，应根据流域、水系和降雨特性对 C 值进行适当修正。

6.6 干旱水文计算

枯水流量是河川径流的一种特殊形态。枯水流量往往制约着城市的发展规模、灌溉面积、通航的容量和时间，同时也是决定水电站保证出力的重要因素，故需针对枯水流量进行干旱水文计算。干旱水文计算主要任务是设计枯水径流量分析计算。

枯水径流的广义含义是枯水期的径流量。这样的含义非常模糊，枯水期的流量尽管总趋势平稳，但仍然是缓慢变化的。枯水期流量是指该时期什么特征的流量？为了科学地回答这一问题，必须明确两点：一是何种特性的流量；二是时段的长短，是以日、旬还是以月作为时段。本书中定义枯水期流量为最小流量，至于时段按需要分别采用日、旬和月等时段，为日平均最小流量、旬平均最小流量等。这些特殊时段的最小流量与一个涉水工程的水利规划设计有很大关系，受到普遍关注。

下面分别叙述有无径流资料情况下枯水径流量的计算。

6.6.1 具有实测径流资料时枯水流量计算

当设计代表站有长序列实测径流资料时，可按年最小选样原则，因枯期最小一般就是年最小，选取一年中设计时段的平均最小流量，组成样本序列。

枯水流量采用不足概率 q，即以不大于该径流的概率表示，它和年最大值的频率 p 有 $q = 1 - p$ 的关系。因此，在序列排队时按由小到大排列。此外，年枯水流量频率曲线的绘制与时段径流频率曲线的绘制基本相同，也常采用 P-Ⅲ 型频率曲线适线。

对于枯水流量频率曲线，在某些河流上，特别是在干旱或半干旱地区的中、小河流上，还会出现时段流量为零的现象。此时按期望公式计算经验频率会得到不合理的结果，为了改进经验频率的计算方法，此处介绍一种简易的实用方法。

该序列的全部项数为 n，其中非零项数为 k，零值项数为 $n-k$。首先把 k 项非零序列视作一个独立序列，按一般方法求出其频率，然后通过下列转换关系即可求得全部序列的频率。

$$p_s = \frac{k}{n} \cdot p_f \tag{6-74}$$

式中　p_s——全序列的设计频率，%；

　　　p_f——非零序列的频率，以期望值公式计算，%。

在枯水流量频率曲线上，可能会出现在两端接近 $p=20\%$ 和 $p=90\%$ 处曲线转折现象。在 $p=20\%$ 以下的部分，河网及潜水逐渐枯竭，径流主要靠深层地下水补给。在 $p=90\%$ 以上部分，可能是某些年份有地表水补给，枯水流量偏大所致。

6.6.2 短缺实测径流资料时枯水流量计算

当设计断面具有短径流资料时，设计枯水流量的推求方法与 6.2.3 节所述方法基本相同，主要借助于参证站延长序列。但枯水流量与固定时段的径流相比，其变化更为稳定。因此，在设计依据站与参证站建立枯水流量相关时，效果会更好一些。或者说，建立关系的条件可以适当放宽，如用于建立关系的枯水期流量平行观测期的长度可以适当短一些。

在设计完全没有径流资料或资料较短无法展延时，常用水文比拟法方法。必须指出，为了寻求最相似的参证流域，要把分析的重点集中到影响枯水径流的主要因素上，如流域的补给条件。当影响枯水径流的因素有显著差异时，必须采用修正移置。此外，对某些特殊情况，若条件允许，最好现场实测和调查枯水流量。如在枯水期施测若干次流量，就可以和参证站的相应枯水流量建立关系，依此展延序列或作为修正移置的依据。

本章小结

水文计算主要内容包括流域产、汇流，设计年径流，设计洪水的分析与计算以及其他水文计算。其中流域产汇流分析计算可以分为产流计算和汇流计算。产流计算可以分为蓄满产流的计算方法、超渗产流的计算方法。汇流计算主要包含时段单位线法和瞬时单位线法。设计年径流分析与计算可以分为具有长期实测径流资料时设计年径流计算、具有短期实测径流资料时设计年径流计算、缺乏实测径流资料时设计年径流计算。设计洪水分析与计算可以分为由流量资料推求设计洪水、由暴雨资料推求设计洪水、利用简化公式或地区等值线图估算设计洪水、利用水文随机模拟法推求设计洪水。干旱水文计算是以设计枯水径流量分析计算为主要任务的一种水文计算，本章分别叙述了有无径流资料情况下枯水径流量的计算。

思 考 题

1. 什么是退水曲线？如何获取？
2. 何为前期影响雨量？简述其计算方法与步骤。
3. 降雨径流相关图如何绘制？如何用其进行产流计算？
4. I_0、f 的含义是什么？如何确定？
5. 时段单位线的定义及基本假定是什么？如何用其进行汇流计算？
6. 时段单位线在应用中存在什么问题？如何解决？
7. 马斯京根演算法的基本原理是什么？

8. 水文资料审查包括哪几个方面？各自的含义是什么？
9. 缺乏实测径流资料时，如何计算设计年径流量及其年内分配？
10. 什么是设计洪水？设计洪水包括哪三个要素？
11. 推求设计洪水有哪几种途径？
12. 已知设计暴雨过程 $P(t)$ 和流域的时段单位线 $q(t)$ 见表 6-22，并确定 $I_0 = 80$ mm，$\bar{f} = 2$ mm/h，基流为 6 m³/s。试推求设计洪水过程线并计算该流域面积。

表 6-22 设计暴雨过程 $P(t)$ 及流域 6h 时段单位线 $q(t)$

时段 $\Delta t = 6h$	0	1	2	3	4	5	6	7	8	9
$q(t)$ (m³/s)	0	100	150	350	300	250	180	100	50	0
$P(t)$ (mm)		65	90	30	10					

13. 已知某水库设计和典型洪峰、洪量资料（表 6-23），采用同频率法推求 $P = 1\%$ 设计洪水过程线。

表 6-23 某水库设计和典型洪峰、洪量资料

项目	洪峰(m³/s)	洪量[m³/(s·h)]		
		1d	3d	7d
设计值($P=1\%$)	3 530	42 600	72 400	117 600
典型值	1 620	20 290	31 250	57 620
起讫日期	21日9:40	21日8:00~22日8:00	19日21:00~22日21:00	16日7:00~23日7:00

广东省某圩汇水面积为 8 km²，其中水面占 0.9 km²，水田占 5.2 km²。设计雨量为 240 mm，按 2 d 排出，每日排涝泵站开机时间为 22 h。设计条件下雨前水田水深为 40 mm，雨后最大蓄水深为 80 mm；旱地及非耕地径流系数为 0.75；降雨日的蒸发散量忽略。试推求该圩设计排涝模数。

第7章

生态水文

7.1 概 述

生态建设与水文水资源有非常密切的关系,生态建设中的水科学问题及其研究已成为生产实践中急需解决的问题。然而由于问题的复杂性和资料的有限性、方法的不成熟性,其研究有待进一步科学化和系统化。生态水文学一词的英文为 Eco-hydrology,是由 ecology(生态学)和 hydrology(水文学)两词组合而成,它大约在 20 世纪 80 年代开始出现。在我国,刘昌明等 1997 年主编的《中国水文问题研究》一书中使用了"生态水文"一词。近几年,生态水文一词频频出现,已成为一些大学或研究所的研究领域和方向。英国学者 R. L. Wilby 等 1997 年出版了 *Eco-hydrology* 专著,该书重点讨论湿地生态系统中植物与水分的关系。Zalewski 在 1997 年的一份水文学技术报告中指出,生态水文学概念是关于水生资源可持续利用的一个新转变,把生态水文学主界定在水生物学方面。

尽管"生态水文学"已在国内外各种报告中频繁出现,但还没有一个明确的定义。鉴于它的研究仍处于新发展状态,可以这样认为:在科学体系上,生态水文学属于地球科学范畴,是水文学的一个分支,是生态学与水文学的交叉学科。生态水文学就是将水文学知识应用于生态建设和生态系统管理的一门科学,主要研究生态系统内水文循环与转化和平衡的规律,分析生态建设、生态系统管理与保护中与水有关的问题,如生态系统结构变化对水文系统中水质、水量和水文要素的平衡与转化过程的影响,生态系统中水质与水量的变化规律及其预测预报方法,水文水资源空间分异与生态系统对位关系。

长期以来,尽管人们一直在研究生态过程与水文过程的相互作用,但各自分属不同的学科领域,未形成统一的学科体系。按照不同的空间尺度,生态水文的研究内容可分为 3 个方面。第一,以 SPAC 为基础的植物与水分关系的研究,形成生态水文的微观机理研究。伴随着土壤水动力学发展及 SPAC 概念的提出,特别是 20 世纪 80 年代以来,在国际地圈生物圈计划(IGBP)的推动下,这方面研究非常活跃,并取得了较大进展。第二,以 SVAT(Soil-Vegetation-Atmosphere-Transfer)为基础的中尺度植被与水文研究,早期主要研究不同植被类型及结构内的水文规律,形成农田水文学、森林水文学和草地水文学等,重点研究不同植被群落中水量平衡、水分循环、水质及其变化的规律,以及不同植被类型对水文系统、水行为的作用和影响。自 20 世纪 80 年代 SVAT 概念提出,特别是 1991 年国际大气土壤植被关系委员会(ICASCR)成立以来,人们更加重视植被(而非植物)、大气与土壤界面之间的水文过程,并把三者作为一个系统开展更深入、尺度较大的研究。第三，是中大尺度地表覆盖变化的水文系统研究。现代社会中，大尺度流域或区域内是不存在单纯的一种植被的，实际是由林、草、农田等不同植被复合而成。由于植被类型、土壤及气候(特别是降水)的空间变异特征，不同组合条件下流域或区域产流和汇流过程不同，其水量平衡、水质及水循环模式也有很大差异。因此，如何把小尺度、特定植被的水文行为放大到大尺度，研究不同植被覆盖下大尺度水文系统变化是当前国内外研究热点。

按照研究目的，生态水文的研究可分为良性生态系统中水文规律的认知研究和生态建设中的水问题研究。前者探索生态与水文过程相互作用的规律，研究二者相互作用机理，同时为生态建设提供参照和参考，属于认识世界的范畴。生态建设中的水问题研究具有明确的应用目的，是生态水文学研究热点之一。一方面要研究和认识生态建设中生态水分条件和生态水资源背景，如何开发和利用有利的水分条件，促进和加速生态恢复；另一方面，就是生态建设的水文效应研究。研究重点是评价流域或区域生态建设对水文系统的单项或综合影响；预测不同建设模式对水文系统的影响，确定和选择好的模式。

7.2 森林水文

森林和水是人类生存与发展的重要物质基础，也是森林生态系统的重要组成部分。前者是陆地生态系统的主体，后者是生态系统物质循环和能量流动的主要载体，二者之间的关系是当今林学和生态学领域研究的核心问题。森林水文学就是研究森林与水之间关系的科学。

古代因掠夺森林而产生的环境灾害已使人们注意到森林与水的关系，并获得了"治水必治山"等实践经验，但这仅是对森林与水的关系的感性认识。把森林水文作为一门科学进行实际观测和分析研究，始于19世纪末20世纪初欧美国家的"森林的影响"研究。美国凯特里奇(Joseph Kittredge)于1948年首次提出"森林水文学"一词。他认为，"森林影响的重要方面是对水的影响，如对降水、土壤水、径流和洪水的影响，最好称为森林水文学"。1969年，美国休利特(John D. Hewlett)提出另一定义："森林水文学是水文学的一个分支，研究森林和有关的荒地植被对水循环的作用，包括对侵蚀、水质和水气候的影响。"1980年，美国李(Richard Lee)认为："森林水文学是研究森林覆被所影响的有关水现象的科学。"最新定义是1982年西德人布莱克泰尔(H. M. Brechtel)提出的，将其分为林地水文学(Woodland-hydrology)和森林水文学(Forest-hydrology)。前者是林地流域的水文科学，在总体上定量研究林地植被和森林经营的水文效应，并与其他类型的植物群落和土地管理的水文效应作比较；后者是森林水分收益(water yield)管理的科学。目前森林水文学还没有统一公认的定义。1981年，中国学者对此也有过激烈争论，但因缺乏数据而无法定论。

森林水文学是陆地水文学与森林生态学交融形成的一门新型交叉学科。它研究森林植被结构和格局对水文生态功能和过程的影响，包括森林植被对水分循环和环境的影响，以及对土壤侵蚀、水的质量和小气候的影响。自20世纪80年代以来，森林水文学进入一个新的研究阶段，森林水文作用被划分为 3 个相互联系的领域：森林对水文循环量、质的影响；森林对水文循环机制的影响；以及建立基于森林水文物理过程的分布式参数模型，为资源管理和工程建设服务。

7.2.1 森林水文过程

森林水文过程是指在森林生态系统中水分受森林的影响而表现出的水分分配和运动过程，包括降水、降水截留、树干茎流、蒸散和地表径流等。这是当前森林水文学研究的一个重要方面。由于森林植被的存在，森林生态系统的外貌与结构发生了很大的变化，使得森林生态系统内的水文过程发生了变化，因此森林生态系统表现出不同于其他生态系统的水文过程特征和水文效应。

7.2.1.1 森林对降水的影响

森林对降水的影响，是森林水文学领域争论的焦点问题之一。争论的原因可归结为两个方面，一是森林对大气温度、湿度、风向和风速的影响，是否有促进水蒸气凝结作用，也就是森林是否有增雨作用；二是由森林截留而蒸发以及森林抑制地面温度而削弱对流，是否有减雨作用。从世界各国研究结果来看，虽然森林对水平降水有明显的影响，但其所占比例小，一般认为森林对降水量的影响程度有限。

森林把降水分为林冠截留量、穿透降水量和树干茎流量三部分。林冠截留和截留雨量的蒸发在森林生态系统水文循环和水量平衡中占有重要地位。林冠截留是森林对降水的第一次阻截，也是对降水的第一次分配。一般来说，林冠截留损失比灌木和草本植物截留损失大，一是因为林冠具有较大的截留容量，二是因为林冠具有较大的空气动力学阻力，从而增加截留雨量的蒸发。林冠截留降水的能力因不同树种、不同器官有很大差异，主要与林冠层枝叶生物量及其枝叶持水特性有关。一般来说，森林的郁闭度大、叶面积指数高，林分结构好，雨前树冠较干，则截留量大。同时，雨量大、雨强小、历时长的降雨类型有利于树冠截留。对于次降水，林冠截留量随着降水量增加而增加，但两者不是直线关系。穿透降水量与林分密度成反比，随着林冠截留量增加而减少，随着离树干距离增大而增加，数值上等于降水量减去林冠截留量与树干茎流量之和。而树干茎流量仅占 0.3%~3.8%，在水量平衡中可以忽略不计。

7.2.1.2 林下植被层对降水的截留

降水通过林冠层到达林下植被层时再次被截留，从而使雨滴击溅土壤的动能大大减弱，但因林下植被截留难于准确测定且截留量少，常在计算截留时忽略不计。目前国内外还没有一种理想的直接测定林下植被截留的方法，都是用间接方法估算林下植被截留量。林下植被的种类和数量受林分结构的影响，使得不同林分林下植被层的持水性能存在差异。一般以林下植被层的最大持水量表示林下植被层持水功能的大小。林下植被层持水量是林下灌木层持水量和草本层持水量之和。不同森林类型林下植被层持水量变化较大。通常情况下，天然林林下植被层的持水量较大。这是因为天然林受人为干扰较少，易形成复层林，林冠层疏开，郁闭度降低，林下的光照条件好，林下植被繁茂，林下植被层生物量一般较高。

7.2.1.3 森林枯落物层与林地土壤对水分的涵蓄

森林枯落物层的截留第三次改变了到达土壤表面的自然降水过程和降水量。枯落物层对森林涵养水源具有重要作用。一方面，枯落物层具有保护土壤免受雨滴冲击和增加土壤腐殖质和有机质的作用，并参与土壤团粒结构的形成，有效地增加了土壤孔隙度，减缓地表径流速度，为林地土壤层蓄水、滞洪提供了物质基础；另一方面，枯落物层具有较大的水分截留能力，影响穿透降水对土壤水分的补充和植物的水分供应。此外，枯落物层具有比土壤更多更大的孔隙，水分更易蒸发。森林枯落物层截留呈现 3 条规律：①其截留量与枯落物的种类、厚度、干重、湿度及分解程度有密切关系；②随着降水强度增加，其截留量的百分比相应减少；③其截留量有一定的限度。枯落物层持水量的动态变化对林冠下大气和土壤之间的水分和能量传输有重要影响。一般其吸持水量可达自身干重的 2~4 倍，各种森林枯落物最大持水率平均为 309.54%。枯落物层吸持水能力的大小与森林流域产流机制密切相关，并受枯落物组成、林分类型、林龄、枯落物分解状况、积累状况、林地水分状况和降水特点的影响。由于枯落物层的氮化和矿化速率随着含水量的增加而提高，同时枯落物层含水量具有明显的时空变异性，因此研究的难度较大。枯落物层截留量的现场测定也非常困难，通常是选取样本由室内实验测定。

土壤是森林生态系统水分的主要蓄库，系统中的水文过程大多通过土壤作为媒介而发生，土壤水分与地下水相互联系，加大了森林生态系统中土壤水分蓄库的调蓄能力。经过截留到达地面的净降水通过表层土壤的孔隙进入土壤中，再沿土壤孔隙向深层渗透和扩散。森林中透过林冠层的降水量有 70%~80% 进入土壤，进行再次分配。林地土壤水分对植物—大气、大气—土壤和土壤—植物三界面的物质和能量的交换过程有重要的控制作用，影响气孔开合、渗透、蒸发、蒸腾和径流的产生。一般来说，森林庞大的根系通过改善土壤结构，增加重力水入渗和土壤水向根系的运动，因而森林土壤的入渗率比其他土地类型高，良好的森林土壤的稳定入渗率高达 8.0 cm/h 以上。森林土壤贮水量常因森林类型和土壤类型不同而异，最大贮水量与土壤结构和土壤孔隙度密切相关。森林土壤层非毛管贮水量表征了土壤在短时间里贮存水分能力的大小，也是降水进入土壤层的主要表征指标之一。非毛管孔隙是降水进入土壤的主要通道，表层土壤的非毛管贮水量对森林土壤层蓄水功能的充分发挥起到了特别重要的作用。表层土壤的非毛管贮水量如果不能得到充分利用，就会导致土壤下层巨大的贮水空间在降水时不能得到充分利用。森林对地下水的直接影响并不明显，它是通过对土壤结构和土壤水分的作用间接地影响地下水文过程。

7.2.1.4 林地蒸发散

林地蒸发散是森林生态系统的水分循环中最主要的输出项，由于在蒸发过程中要消耗大量热能，因此，它又是森林生态系统热量平衡中最主要的过程，这也是森林能调节局域温度和湿度的机理所在。林地蒸发散包括森林群落中全部物理蒸发和生理蒸腾，由林地蒸发、林冠截留水分蒸发和森林植物蒸腾三部分组成。一般认为，森林具有比其他植被更大的蒸腾量。森林冠层和枯落物层截留损失也是影响森林水文效应的主要因素，因此，准确测定或计算林地蒸发散的时空变化，对于评价森林水文循环影响机理以及制订合理的森林经营方案具有十分重要的意义。但是，由于影响森林生态系统蒸发散的因素众多，而且具有极大的时间变异性和空间异质性，用小尺度的田间试验结果外推到大尺度的流域范围会影响其准确性。

自 1802 年 Dalton 提出道尔顿蒸发定律到通过地表能量平衡方程得到的波文比能量平衡法，1948 年 Penman 提出"蒸发力"的概念和计算公式到 Swinbank 用涡度相关法直接测量并计算各种湍流通量，计算蒸发散方法众多而且涉及不同学科领域。

林地蒸发散受树种、林龄、海拔、降水量及其他气象因子的影响，随着纬度降低和降水量增加，林地蒸发散略呈增加趋势，相对蒸发散则减少。

7.2.2 森林对径流的影响

早期森林与水的关系的科学研究内容主要是森林变化对河川径流量的影响。森林与径流的关系一直是国内外学术界长期争论的一个问题，争论焦点是森林植被的存在能否提高流域的径流量。一种观点认为，森林可以增加降水和河水流量；另一种观点则认为，森林不具备增加降水的作用，森林采伐后，河水的流量不是增加而是减少。

迄今为止，森林拦蓄洪水的作用在定性上是明确的，但对森林削减洪水灾害作用的定量分析方面尚有不同的观点。世界各国的研究结论表明，森林对削减洪峰和延长洪峰历时具有一定的调节作用，对洪水灾害的减弱程度则与暴雨输入大小和特性有关。就小暴雨或短历时暴雨而言，森林具有较大的调节作用；但对特大暴雨或长历时的连续多峰暴雨来说，森林的调蓄能力是有限的，因为森林的拦蓄容量已为前一次暴雨占去大部分，再次发生暴雨时森林的拦蓄作用会大大降低。森林蓄水容量与森林类型、特征、土壤层厚度及地质、地貌等条件有关。因此，不同自然地理区及不同水文区中森林与洪水的关系不能一概而论。

7.2.3 森林对径流泥沙和水质的影响

防止土壤侵蚀和减少径流泥沙是森林重要的水文生态功能之一。在森林生态系统中，由于林冠层及地表物的存在减少了落到地面雨滴的动能，同时减缓了地表径流的形成，并降低了地表径流的侵蚀力，因此能够有效地防止土壤侵蚀，减少径流中的泥沙含量。同时，森林对防止水库和湖泊淤积，延长水库使用年限都有良好的作用。研究结果表明，在黄土高原森林覆盖率达 30% 的流域较无林地流域输沙量减少 60%；岷江上游原始森林的采伐导致河流年平均含沙量增加 1~3 倍；海南岛尖峰岭热带季雨林地的耕地径流含沙量较有林地高 3 倍。

森林能改变水质，维持生态系统养分循环。降水在经过森林生态系统时，与系统发生化学元素的交换。如由于土壤、岩石风化物和各种有机物质等的淋溶作用，水中各种化学成分增加。同时，降水在通过森林生态系统时，其中的元素也可能被植被吸收、土壤吸附或通过离子交换而除去。国内外研究表明，采伐破坏了森林生态系统的养分循环,尤其破坏了树木生长对氮的吸收,使河水中的氮含量显著增加,同时对其他化学组分产生一定影响。

7.3 湿地水文

湿地是指陆地上常年或季节性积水或过湿的土地与生长栖息于其上的生物种群构成的生态系统。湿地生态系统具有独特的水文特征,既不同于排水良好的陆地生态系统,也不同于开放式的水生生态系统。据初步统计,全世界有湿地 $8.6 \times 10^6 \ \text{km}^2$,占世界陆面的 6.4%。湿地与人类的生存、繁衍和发展息息相关,是自然界最富生物多样性的生态系统和人类最重要的生存环境之一,它不仅为人类的生产和生活提供多种资源,而且具有巨大的生态环境功能和效益,在抵御洪水、调节径流、蓄洪防旱、降解污染、调节气候、控制土壤侵蚀、促淤造陆和美化环境等方面具有其他系统不可替代的作用,被誉为"地球之肾"。

湿地水文研究大气降水、蒸发、蒸腾、地表水流与地下水流时空变化及其与其他生境(包括生物与非生物)因素的相互作用。湿地发育于水、陆环境的过渡地带,水文过程在湿地的形成、发育、演替直至消亡的全过程中都起着直接而重要的作用。水文过程通过调节湿地植被、营养动力学和碳通量之间的相互作用,影响湿地地形的发育和演化,改变并决定湿地下垫面性质及特定的生态系统响应。同时,湿地的植被群落特征、地貌、下垫面性质和地质背景影响着湿地的水文过程。如在能量低的地方,沉积物和有机质的沉积影响水文。黏土颗粒沉积于湿地的底层,会使湿地的下垫面渗透性变差。同样,有机质的积累也会改变湿地的储水能力。湿地的植被通过拦蓄沉积物、给地表水遮阴和蒸腾作用调节湿地的水文过程功能。另外,气候变化和人类活动等都以不同方式影响湿地的水文系统和生态功能。研究湿地水文在流域水资源管理、生物多样性保护以及全球气候变化等方面有极其重要的意义。

7.3.1 湿地—大气界面水文过程

植被对降水的再分配和蒸发散作用是湿地水分和能量在土壤—植被—大气界面交换的主要途径。土壤—植被—大气界面水文过程直接制约着与湿地的生态系统结构密切相关的地表水深度和量,是影响湿地水量平衡的一个重要环节。

7.3.1.1 湿地降水的再分配——净降水、降水截留和茎流

湿地植被类型和分布影响湿地的降水形式和时空分配特征,调控湿地的水分和营养平衡。湿地上空的降水在植被影响下分成净降水、茎流和植被截留三部分。植被冠层截留量一般占总降水量的 10%~35%,是湿地水分损失的一个重要途径。植被对降水的截留损失受植被的类型、结构特征、密度、枯落物层及降水形式和时空分布等多方面的影响。

茎流是降水通过植被枝干或茎部进入地表的部分,它以点的形式补给土壤部分水分

和养分以供植物生长需要，是测定湿地水平衡和养分平衡的一个重要参数。茎流沿树干到达地面后，以树干为中心迅速扩散入渗，补给植被茎干周围的土壤，造成降水在湿地内部空间的高度不均匀分布。

7.3.1.2 湿地蒸发散作用

蒸发散作用是湿地水分和热量输出的一个重要途径，尤其在干旱地区，蒸发散作用是湿地水分消耗的主要方式。理论上，蒸发散量不应超过潜在的开阔水体的蒸发量，但是许多研究结果表明常年积水湿地中水生植物的蒸发散量大于开阔水体的蒸发量。

7.3.2 湿地地表径流、地下径流及其相互作用

7.3.2.1 湿地明渠流和湿地片流

明渠流和流过浓密植被的片流是湿地主要的地表径流形式。沟渠植被相对较少，水流方向循着主要的泥沼河道方向，而且明渠流的速度比片流的速度快。而片流的方向和速度由多个因素控制，包括地形坡度、水深、植被类型、植被密度、土壤基底的厚度、与沟渠的距离、降水和蒸发散作用等，因此片流水文过程的模拟和计算相对复杂。

7.3.2.2 湿地地下水与地表水之间的水文联系

季节性积水的湿地或多或少都依赖于地下水，地下水和地表水存在明显的相互补给关系，尤其是地下水对湿地具有重要的顶托作用，因此地下水位的变化明显影响这一类湿地的生态系统。但是，对于泥炭沼泽湿地来说，由于有机质的高阳离子交换能力、强烈的生物作用和土壤结构特征，地下水的水文过程就变得复杂得多。关于泥炭沼泽是否存在垂直方向的水力联系一直没有定论。

7.3.3 湿地水文过程对湿地生态系统的影响

水是湿地生态系统中最重要的物质迁移媒介，水文过程如降水、地表径流、地下水、潮汐及河道的溢流水将能量和养分传输至湿地或由湿地带走。水深、流况（流量和流速）、延时及洪水频率等湿地水文条件是水文过程的结果表征，能够决定湿地土壤、水分和沉积物的物理与化学性质，进而影响物种的组成和丰富度、初级生产力、有机物质的积累、生物分解和营养循环及使用，进一步影响湿地生态系统的结构和功能。

7.3.3.1 对湿地生态系统组分的影响

湿地生态系统的组成要素包括生物要素和非生物要素两大部分。生物要素主要指湿生、中生和水生植物，动物和微生物；非生物要素包括水、大气和土壤等。湿地水文对湿地生态系统的影响主要表现在对其组分、结构和功能的控制作用上，与湿地生态系统其他组分相互作用（图7-1）。

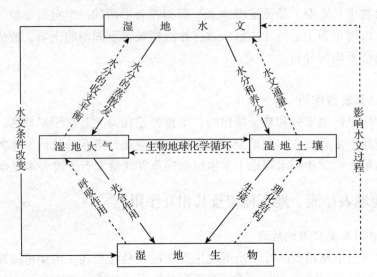

图 7-1 湿地水文与生态系统其他组分的相互作用机制

7.3.3.2 对湿地生态系统功能的影响

湿地水文过程可直接改变湿地环境的理化性质,特别是氧的可获得性和相关化学性质,如营养盐的可获得性、pH 值和硫化氢等物质的产生;同时,水文过程也包括向湿地输入和从湿地输出各种物质,包括沉积物、营养物质以及有毒物质等,影响湿地的理化环境和湿地功能。

7.4 荒漠水文

荒漠一般是指绿洲与沙漠之间的过渡带。最早关于荒漠的定义是在 20 世纪 60 年代末和 70 年代初,非洲西部撒哈拉地区连年严重干旱,造成空前灾难,使国际社会密切关注全球干旱地区的土地退化。此次将荒漠定义为由于气候变化和人类不合理的经济活动等因素,使干旱、半干旱和具有干旱灾害的半湿润地区的土地发生了退化。"荒漠化"名词于是开始流传开来。1992 年 6 月,世界环境和发展会议已把防治荒漠化列为国际社会优先发展和采取行动的领域,并于 1993 年开始了《联合国关于发生严重干旱或荒漠化国家(特别是非洲)防治荒漠化公约》(以下简称《公约》)的政府间谈判。1994 年 6 月 17 日,公约文本正式通过。1994 年 12 月,联合国大会通过决议,从 1995 年起,把每年的 6 月 17 日定为"全球防治荒漠化和干旱日",向群众进行宣传。《公约》将荒漠定义为"气候干旱、降水稀少、蒸发量大、植被匮乏的地方"。1996 年 6 月 17 日是第二个世界防治荒漠化和干旱日,联合国防治荒漠化公约秘书处发表公报指出:当前世界荒漠化现象仍在加剧。全球现有 12 亿多人受到荒漠化的直接威胁,其中有 1.35 亿人在短期内有失去土地的危险。2017 年 9 月 15 日,在我国举行的《联合国防治荒漠化公约》第十三次缔约方大会认为:荒漠化、土地退化和干旱阻碍全球可持续发展,会造成并加剧环境、经济和社会问题,如导致贫困、健康状况恶化、危及粮食安全、生物多样性丧失、水资源匮乏、抵御气候变化能力降低以及被迫迁徙等。在地理学上，荒漠是"降水稀少，植物很稀疏，因此限制了人类活动的干旱区"。生态学上将荒漠定义为"由旱生、强旱生低矮木本植物，包括半乔木、灌木、半灌木和小半灌木为主组成的稀疏的群落"。到目前为止，全世界受荒漠化影响的国家有 100 多个，尽管各国人民都在进行着同荒漠化的抗争，但荒漠化却以每年 $5\times10^4 \sim 7\times10^4 \text{ km}^2$ 的速度扩大，相当于爱尔兰的面积。到 21 世纪末，全球将损失约 1/3 的耕地。在人类当今诸多的环境问题中，荒漠化是最为严重的灾难之一。对于受荒漠化威胁的人们来说，关键是解决荒漠地区供水不足与植被对水分消耗的矛盾，恢复植被，保护脆弱的荒漠生态环境。

荒漠水文学是一门荒漠学、生态学、环境学和水文学等相互交叉的学科。它主要以研究保护荒漠区生态环境为出发点，以天然荒漠植被耗水机理和湖泊耗水及河道生态径流研究为中心，揭示地表水、地下水、大气降水和凝结水等可利用水资源的有效利用形式，并从宏观角度研究荒漠生态环境保护与绿洲经济发展的科学。荒漠水文学是研究荒漠地区水的形成、运动、数量和质量以及水在时间和空间上分布变化、循环等变化规律，并运用这些规律为荒漠生态系统服务的一门学科。荒漠水文学研究的对象主要为大气、植被、地表、河流、湖泊、土壤及含水层中的水分运移和相互间的水分转化。荒漠水文是从荒漠水循环、水物理和水化学论证其理论基础；从地表水、土壤水、地下水运动与转化动态来研究其运移机制与规律；从荒漠区各种耗水条件、干旱分析和水盐动态等论证水量分配问题。因此，荒漠水文学主要是研究绿洲内部的水资源转化、水量平衡、水盐动态等水的运移与转化。荒漠水文学从水量水质运移规律研究地表水、地下水、土壤水和大气水等"四水转化"规律；从供水和需水对于水资源分配的影响的角度研究分析地表水平衡、地下水平衡、耗水平衡和供需平衡等"四水平衡"；从荒漠安全体系与协调发展，研究水土、水盐、供与需、耕地与生态面积等"四个平衡点"。

荒漠区降水、地下水和土壤水通过相互转化对生态系统的生物分布和格局产生影响。荒漠地区降水稀少且变异大。中国的大部分荒漠区降水量接近于零，由于受东南季风和蒙古冷高压的控制，干燥少雨，日照强烈，温差大，风沙多，而且西部干旱。荒漠地区的降水量一般在 30～150 mm，其中吐鲁番盆地的托克逊多年平均降水量仅 3.9 mm；在年内分配上，降水分布不均衡，夏季降水量多集中在每年的 7～9 月，占全年的 60%～80%，冬季大部分地区的降水量不足 10%（王根绪，2005）。当降水量不足 400 mm 时，乔木就不能生长，120 mm 的等雨线是草原荒漠植被的界限，70 mm 的等雨线是盖度不足 10% 的稀疏矮小灌木低洼集水地段生长的集聚植被的分界线。

荒漠地区是绿洲与沙漠之间的过渡带，是生态环境保护的主要区域。该地区气候干燥，降水极少，蒸发强烈，植被缺乏，物理风化强烈，风力作用强劲，是蒸发量超过降水量数倍乃至数十倍的流沙、泥滩和戈壁分布的地区。荒漠区水量主要来自经绿洲引用后的河道下泄水量、地下水侧向排泄量和降水量。该地区内陆河流域水循环中径流最终都要通过蒸发散逸空中。从耗散地域来看，径流消耗于绿洲内或荒漠区；从消耗目的来看，径流满足于生产需水或生态需水，两者必须平衡。随着人口的迅速增长和经济的发展，特别是大规模的土地开发过程，主要通过修建水利工程增加引水、蓄水能力来缓解荒漠地区供水矛盾。在经济发展的大背景下，人们更多地注重经济效益，为满足经济用水而忽略了生态需水要求，造成绿洲截流比例过大，经济用水挤占荒漠生态用水，生态用水受到损害。因此，许多河流下游生态环境发生了巨大变化，如河道断流、湖泊干涸、荒漠植被衰退严重、在荒漠生态环境被逐渐破坏的压力下，荒漠生态水文学逐渐受到人们的重视。当前对荒漠水文学的研究热点主要集中在水文和生态综合监测网的建立、生态耗水机理的定量研究与实践两个方面。荒漠水文学主要研究降水、径流和蒸散等水分运动规律，这个过程不仅涉及水动力过程，还涉及各类物理化学物质在区域或水体中的运动转化。荒漠生态过程的水文机制研究涉及许多物理、化学和生物过程，而且荒漠生态系统复杂多样，生态环境脆弱，受干扰因子多样，其生态水文过程具有明显的区域性，影响因子多样，相互作用机理复杂。荒漠生态水文学是一门新兴交叉学科，很多科学问题还有待进一步探讨和研究。如开展荒漠水文过程机理研究，测定和评估荒漠生态环境需水量，研究荒漠干旱周期和供需矛盾等，这对于认识荒漠生态演化过程，指导荒漠生态保护、恢复和管理具有重要意义。

7.4.1 荒漠地区的水文过程

荒漠生态系统水热平衡问题是研究荒漠水文生态形成及其变化机制的重要问题，也是维持现有生态水文系统平衡稳定以及退化生态系统恢复的关键，而且对防治荒漠化起着重要作用。在荒漠生态水文中，水分与系统大多数性质和过程都有直接或间接的关系，它不仅是该系统植被生长发育的主要限制因子、植物种群组成与分布，甚至动物种群及其生活习性在时间和空间上的差异也都与其密切相关。充分、合理地利用该系统有限的水资源，对提高系统生物多样性、荒漠化防治以及合理开发和利用荒漠化土地具有重要意义，而研究掌握该系统水资源状况、水循环特点以及水量平衡规律与水分传输等一系列问题是关键。

7.4.1.1 水分的循环

水循环是指地球上不同地方的水，通过吸收太阳的能量，改变状态到地球另外一个地方。荒漠生态水文水循环是多环节的自然过程，涉及蒸发、大气水分输送、地表水和地下水循环以及多种形式的水量。贮蓄降水、蒸发和径流是水循环过程的3个主要环节，这三者构成的水循环途径决定整个荒漠生态系统的水量平衡和一个地区的水资源总量(邓慧平，2010)。

荒漠地区的水分运动是一个永不停息的动态系统。在太阳辐射和地球引力的推动下，水在水圈内各组成部分之间不停运动，构成系统范围的水分循环(小循环)，并把各种水体连接起来，使得各种水体能够长期存在。在太阳能的作用下，荒漠生态系统植被、土壤、湖泊或流域表面的水蒸发到大气中形成水汽，水汽随大气环流运动，一部分进入陆地上空，在一定条件下形成雨雪等降水；大气降水到达地面后转化为地下水、土壤水和地表径流，地下径流和地表径流最终又回到地表，由此形成淡水的动态循环(图7-2)。

荒漠生态系统蒸发是水循环最重要的环节之一。由蒸发产生的水汽进入大气并随大气活动而运动。大气中的水汽主要来自荒漠植被、土壤，一部分还来自湖泊或流域的蒸

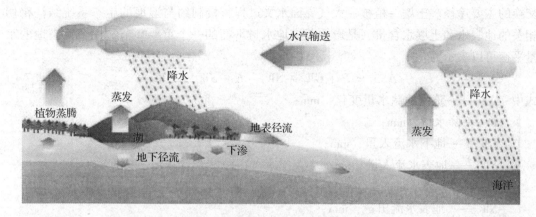

图 7-2　荒漠生态水分循环示意

发散。大气层中水汽的循环是蒸发—凝结—降水—蒸发的周而复始的过程。荒漠湖泊或流域上空的水汽可被输送到裸地上空凝结降水,称为降水。在水循环中,水汽输送是最活跃的环节之一。径流是一个荒漠地区(流域)的降水量与蒸发量的差值。荒漠地区年径流量较小,多年平均的荒漠水量平衡方程为:降水量 = 径流量 + 蒸发量。在范围较大的荒漠地区,降水量和蒸发量的地理分布不均匀,这是因为不同地域的小气候差异较大。地下水的运动是多维的,主要与分子力、热力、重力及空隙性质有关。地下水通过土壤和植被的蒸发、蒸腾向上运动可成为大气水分;通过入渗向下运动可补给地下水;通过水平方向运动又可成为河湖水的一部分。地下水储量虽然很大,但是经过长年累月甚至上千年蓄积而成的,水量交换周期很长,循环极其缓慢。地下水和地表水的相互转换是水量关系研究的主要内容之一,也是现代水资源计算的重要问题。

　　水循环使荒漠地上各种形式的水以不同的周期或速度更新。水的这种循环复原特性,可以用水的交替周期表示。由于各种形式水的贮蓄形式不一致,各种水的交换周期也不一致。水的交换周期也称为水文周期。荒漠水文周期是指荒漠地表和土壤水位升降变化的时间模式。任何一个荒漠地都有水文周期,周期的长短取决于该荒漠地水分进入和输出的综合时间,同时其变化受到荒漠地本身特征和外界环境因子的影响。荒漠地水文周期是荒漠地水文的时间格局,它综合了湿地水量平衡的所有方面。不同荒漠地具有特定的水文周期,这是由于不同荒漠类型或干旱条件存在较大差异造成的。荒漠水文周期的长短可以通过荒漠地区气候条件和水分运动规律来确定。

7.4.1.2　水量的平衡

　　水量平衡是指在一个足够长的时期里,全球范围的总蒸发量等于总降水量。荒漠水量平衡是指在一定的时空内,水分的运动保持质量守恒,或输入的水量与输出的水量之间的差额等于系统内蓄水的变化量。目前的研究指出,荒漠会增加或减少水文循环的特定部分,可以说荒漠地的存在显著改变了所在流域或区域的水循环。水量平衡是荒漠水文现象和水文过程分析研究的基础,也是荒漠地水资源计算和评价的依据。

　　荒漠植被对降水的再分配和蒸散作用是荒漠地水分和能量在土壤—植被—大气界面

交换的主要途径。土壤—植被—大气界面水文过程直接制约与湿地的生态系统结构密切相关的地表水和土壤水含量，是影响荒漠地水量平衡的一个重要环节。一个荒漠地的水量平衡可以表示为：

$$\Delta Sw = P + GW_i + SW_i - E - SW_O - GW_O \tag{7-1}$$

式中　ΔSw——荒漠地储水量变化，mm；

P——降水量，mm；

GW_i——地下水流入量，mm；

SW_i——地表水流入量，mm；

E——蒸发量，mm；

SW_O——地表水流出量，mm；

GW_O——地下水流出量，mm。

在闭合荒漠生态系统内，一般把大气降水视为荒漠生态系统的水分输入量，把生态系统蒸发蒸腾及各种径流作为水分的输出量。此时，水量平衡方程式如下：

$$P = E + \Delta W + R$$
$$E = Et + Ea + Eb + Ec$$
$$R = Ra + Rb + Rc \tag{7-2}$$

式中　P——大气降水量，mm；

E——蒸发散量，mm；

Et，Ea，Eb，Ec——分别为植物蒸腾、树冠及林下植被蒸发、枯落物截留蒸发和降水蒸发，mm；

ΔW——土壤储水量变化量，mm；

R——径流量，mm；

Ra，Rb，Rc——分别表示地表径流、壤中流和地下径流，mm。

另外，对于一次降水，在荒漠植物林冠层又有：

$$P = I + T + S \tag{7-3}$$

式中　I——林冠截留量，mm；

T——林内雨量，mm；

S——树干茎流，mm。

通过水量平衡公式，分析荒漠地各水分变量和变化规律，以及其对荒漠化进程的影响。降水和蒸发系数具有强烈的地区分布规律，可以综合反映湿地内的干湿程度，是自然地理分布的重要指标。荒漠地水量平衡的基本原理是质量守恒定律。荒漠生态水循环把水圈中的所有水体联系在一起，它直接涉及自然界中一系列物理的、化学的和生物的过程。水循环对于人类社会及生产活动具有重要的意义。水循环的存在使人类赖以生存的水资源得到不断更新，成为一种再生资源，可以永久使用；使各个荒漠地区的气温和湿度等环境因素不断得到调整。此外，人类的活动也在一定的空间和尺度上影响着水循环。研究水循环与人类的相互作用和相互关系，对于合理开发水资源，管理水资源，进而改造大自然具有深远的意义。

7.4.2 自然因子的荒漠水文效应

荒漠生态水文效应主要指荒漠地区水分运动对动植物、微生物生长，和流域或湖泊分布的影响。因此，水分运动控制了许多基本生态学格局和生态过程，特别是控制了基本的植被分布格局。

荒漠植被与水关系的研究始于 20 世纪初，早期的荒漠植被与水关系的研究重点是荒漠的变化。研究表明，荒漠植被对荒漠生态系统水分循环有着重要的调节作用。荒漠的水文效应是生态系统中荒漠和水相互作用及其功能的综合体现。在不同的荒漠地区，由于气候、地质条件、土壤和地形等因素的综合影响，荒漠植被的存在和变化将呈现出不同的水文功能。荒漠植被变化对荒漠水文过程的影响将会改变水量平衡的各个环节，影响荒漠的水分状况和河川径流。大量的荒漠植被变化的水文效应研究发现：荒漠植被砍伐或火灾引起的荒漠覆盖度下降会导致林冠截留率、凋落物对降水的截留能力和蓄水能力、土壤的渗透和蓄水能力降低。不同荒漠地区荒漠植被的变化对径流的影响幅度相差较大，在有些荒漠砍伐会降低植被层的蒸发散，增加河川径流；反之，会减少河川径流量。

7.4.2.1 植被冠层对荒漠水文的影响

荒漠对水文的影响主要表现在通过对冠层蒸散和对大气降水的重新再分配，影响荒漠的水量平衡，从而对荒漠生态系统和流域的水分循环产生影响。荒漠植被林冠截留是荒漠的重要生态功能，是荒漠蒸发散的组成部分。林冠截留量与降水量存在正相关关系，但不同荒漠类型由于林冠结构不同，两者的相关关系也不尽相同。林冠截留降水量一般是降水量的对数函数，截留量随着降水增加而减缓。林冠截留量与降水量和季节有较大关系，难以在不同类型的荒漠间进行比较。林冠截留率能较好地表现荒漠的截留效能，它与荒漠的结构和乔木层优势树种的构型关系密切。与林冠的截留量相反，林冠截留率随着雨量的增加而减少。林冠的截留率与降水量呈紧密的负相关关系，多数情况下表现为负幂函数关系。统计表明，在相似密度的荒漠覆盖度下，林冠截留率一般规律是：针叶林＞阔叶林，落叶林＞常绿林，复层异龄林＞单层林。荒漠砍伐引起的荒漠覆盖度下降会导致林冠截留率降低。有研究发现，荒漠盖度每降低 10%，林冠截留率平均降低 3.0% 左右。

7.4.2.2 凋落物层对荒漠水文的影响

荒漠凋落物层具有较强的截留水分和蓄水的性能，凋落物截留和蓄水量取决于凋落物的现存量及凋落物的持水能力。凋落物的现存量又取决于不同荒漠的生产力和分解能力，而凋落物的持水能力（通常用最大持水力表示）通常与物种、厚度、湿度、分解程度和成分等有密切关系。凋落物最大持水量与其现存量呈极显著的正相关关系，即荒漠生态系统中枯落物的现存量越大，截留的水量越大。寒温带区气候寒凉，凋落物不易分解，故死地被物积累量大，凋落物持水能力也较强。而热带、亚热带荒漠由于水热条件适宜，枯枝落叶分解快，林分凋落物少，林内凋落物持水能力较弱。凋落物对降水的截留能力也较高，凋落层对水分的吸收是不可低估的。荒漠凋落物最大持水量是一个理论值，实际持水量还与降水量和荒漠的盖度有很大关系。荒漠砍伐会增加林内的光照和提高凋落层的温度，使凋落层分解加速，现存量降低，从而显著降低凋落层的持水能力。

7.4.2.3 生物土壤结皮对荒漠水文的影响

生物土壤结皮(biological soil crust)作为荒漠生态系统的重要组成成分，是由蓝藻、荒漠藻、地衣、苔藓和细菌等相关生物体与土壤表面颗粒胶结形成的特殊复合体。其对降水入渗的截留作用显著地改变降水入渗过程和土壤水分的再分配格局，在一定条件下可减少降水对深层土壤的有效补给。如当次降水量 < 10 mm 时，地表发育良好的结皮可使入渗深度局限在 20 cm 的土层以内。固沙植被中生物土壤结皮的水文物理特性具有典型的微地域差异性，且随着土壤含水率的变化表现出非线性特征。其既具有较强的水分保持能力，同时当其非饱和水力传导度随土壤含水率降至一定值时，将出现回升并能够维持在一个较高的水平，这一点明显区别于流动沙丘。生物土壤结皮能够改善土壤水分的有效性和荒漠地区土壤微生境，显著地改变浅层土壤的水力特性，使土壤非饱和导水率的变化维持在相对平稳阶段，增强土壤的水分保持能力，增大土壤孔隙度，提高水分有效性，进而有利于所在生态系统的主要组分浅根系草本植物与小型土壤动物生存繁衍。随着固沙植被的演替，水分和养分的表聚行为导致了植被系统的生物地球化学循环发生浅层化。针对水循环演变过程的特点，生态修复过程中生物群落采取了以低等植物多样性恢复快于高等植物、土壤微小动物多样性高于大型土壤动物且集中在土壤浅层的恢复和适应对策。与国际相关研究相比，我国温性荒漠生物在荒漠生态水文功能方面的特点主要体现在生物土壤结皮对荒漠水文过程的影响。

生物土壤结皮对荒漠水文过程的影响主要体现在对降水入渗、地表蒸发和凝结水捕获等水文过程重要环节的影响，对受水分胁迫的荒漠区生态系统显得尤为重要。生物土壤结皮对降水入渗的影响是取决于降水强度、区域的降水量和结皮层下土壤基质的理化性质以及隐花植物组成差异的综合评价观点，从而解释了国际上来自不同研究区的长期争论。不同类型的生物土壤结皮对地表蒸发的影响不同，随着地衣结皮和藓类结皮的形成，结皮层和其下的亚土层增厚，土壤容重下降，土壤持水能力增加，结皮土壤的持水能力依次是藓类结皮 > 地衣结皮 > 藻类结皮 > 蓝藻结皮 > 流沙土壤。室内蒸发法和野外观测表明，当待测土壤样品完全饱和后，有结皮的土样蒸发量均高于无结皮的土样，但是其蒸发过程表现出明显的阶段性：在蒸发初阶段，即蒸发速率稳定阶段，生物土壤结皮的存在均有效地提高了蒸发；当处于蒸发速率下降阶段时，结皮的存在却抑制蒸发。这一发现很好地解释了生物土壤结皮具有较高的持水能力，且在降水事件发生后其存在促进了蒸发，尔后又开始对蒸发起到抑制作用，延长了水分在浅层土壤中的保持时间。尤其当出现干旱胁迫时，结皮增加浅层土壤水分有效性的功能显得尤为重要，保证有限水分的维持，对活动在浅层土壤的高等植物的萌发、定居和存活具有重要的意义，也是驱动荒漠生态系统生物地球化学循环浅层化的一个重要原因。

此外，结皮影响水文过程的另一重要环节，即在荒漠区对凝结水的捕获，均得到了不同区域研究者的肯定。凝结水为结皮中的隐花植物和其他微小的生物体提供了珍贵的水资源，激活了生物体的活性，使其开始短时间的光合作用以及固氮过程（如蓝藻和一些地衣种）。生物土壤结皮表面凝结水形成量随着结皮的发育程度呈现增长趋势。物理结皮是生物土壤结皮形成的最初阶段，由于大气降尘对土壤细粒物质的作用，使其黏粒和粉粒含量大大高于流沙，因此，在其表面形成的凝结水高于流沙。而且，由于生物土壤结皮黏附大量微生物有机组分，使得苔藓与藻类结皮表面凝结水量大幅度增加，日均值高达 0.15 mm 左右，最大值接近 0.5 mm。结皮对荒漠区，特别是年降水 < 200 mm 沙区生态与水文过程的重要影响在于促使了沙地土壤有效水分含量的浅层化，这一影响深刻地改变了沙地原来的水循环，影响了沙地植被的组成和格局，较好地揭示了我国沙区人工植被演变的基本规律，即向特定生物气候区地带性植被的演替。

综上所述，生物土壤结皮的生态与水文功能在于通过改变水分在荒漠生态系统中的循环和时空分布调控资源的有效性，驱动和调控荒漠植被的格局和过程，是理论识别荒漠化发生、发展或逆转的重要指标，也是荒漠生态系统碳和氮的重要来源（苏延桂等，2017）。

7.4.2.4 植被变化对土壤水文的影响

荒漠土壤疏松，物理结构好，孔隙度高，具有较强的透水性。荒漠植被破坏后，凋落物减少，还会影响土壤微生物的活动和土壤的孔隙度等物理结构，从而影响土壤渗透性和土壤的蓄水、保水能力。

荒漠植被变化对土壤渗透的影响是荒漠水文特征的重要反映，土壤渗透能力主要取决于非毛管孔隙度，通常与非毛管孔隙度呈显著正线性相关关系。土壤渗透的发生及渗透量取决于土壤水分饱和度与补给状况，不同的土壤类型和荒漠生态系统类型决定着土壤的渗透性能。荒漠破坏会降低根系的活动，加之凋落物减少和土壤孔隙度降低，使土壤的渗水性能降低。荒漠植被砍伐后进行复垦或耕作会增加土壤的渗透率，尤其是上层土壤。这是由于表层耕垦增加了土壤孔隙度，而底土层渗透性恶化，加之垦地径流多，底土地上层补给水相应减少，深层渗透量下降。

荒漠植被变化会对土壤蓄水量产生影响。荒漠土壤是涵养水源的主要场所，土壤蓄水量与土壤的厚度和孔隙状况密切相关。其中，土壤非毛管孔隙是土壤重力水移动的主要通道，与土壤蓄水能力更为密切，不同荒漠类型土壤的蓄水能力大相径庭。荒漠植被破坏后，植物根系分布较浅，土壤孔隙特别是非毛管孔隙明显减少，持水力下降，土壤蓄水量减少。

7.4.3 人为活动对荒漠水文的影响

7.4.3.1 过度开采对荒漠水文的影响

荒漠植被砍伐对径流量的影响是荒漠水文学长期以来关注的问题，早在 20 世纪初，欧洲就有研究荒漠砍伐和未砍伐荒漠产水量的流域对比试验，后来流域自身对比法也得到广泛应用，丰富了该领域的研究资料。我国从 20 世纪 60 年代开始也进行了大量的类似研究，研究表明不同地区荒漠植被变化对径流的影响幅度相差较大。荒漠植被破坏引起荒漠覆盖度降低，一般会导致径流量增加，蒸发散降低。这主要是由于荒漠砍伐降低了植冠层的蒸腾，使收入的水分增大，增加了产流量，河川径流增加，蒸发散降低。荒漠地区气候较干旱，年降水量一般少于 250 mm，土壤蒸发强烈，土层深厚，土质疏松，透水性能强。有资料表明，荒漠植被恢复后会显著减少流域的降水量，这说明在黄土高原区荒漠盖度增加会降低流域的径流量。荒漠覆盖率增加引起径流量降低，可以解释为荒漠覆盖度增加引起的流域蒸发大于荒漠增加降水的效应产生的结果。然而，有些荒漠地区在土层浅薄的石质山地上，浅薄的土壤遇水容易饱和，并且在相对不透水的岩石界面上极易产生壤中径流。在这种情况下，荒漠植被覆盖率增加并不减少地表径流与壤中流，而是有利于径流的形成，使得径流量比周围非林区大。荒漠植被变化的水文效应是一个非常复杂的问题，只有在不同地区进行具体分析才能把握荒漠的水文功能，从而为荒漠生态工程的建设提供依据。

7.4.3.2 人为火灾对荒漠水文的影响

荒漠火灾是荒漠中一项重要的干扰事件，可引起荒漠覆盖度大幅降低，从而导致河流径流量的变化。火灾引起的荒漠覆盖度降低可能导致河川径流量的增加，其原因是火灾发生后初期，林木蒸发散大幅降低，降水分配少了林冠截留和地被层蒸发环节，林地蒸发量增加不足以抵消径流的增加量，从而引起径流量增加。同时，在荒漠发生火灾后，而植被尚未完全恢复前，火灾迹地融雪径流增加，这也是河川径流增加的一个原因。有观测资料表明，在火灾发生当年，集水区径流明显减少，随后有逐年增加的趋势，当植被得到充分恢复后，又有下降的趋势。火灾发生后，随着植被的恢复，因植被根系分布较浅，植物蒸腾大量消耗土壤上层的水分，加上林冠逐渐郁闭，林冠蒸散增大，从而使集水区产流量逐渐减少。可见，上述现象是荒漠植被变化调节荒漠蒸发散和降水在荒漠中分配的结果。荒漠火灾使河川径流增加，这在火灾后短期内较明显，而长期的影响表现为径流量减少。

火灾和荒漠植被砍伐引起的荒漠覆盖度降低的水文效应是有区别的。火灾会大面积摧毁冠层植被，火灾迹地荒漠的更新速度快于砍伐迹地，而且根系发生是逐渐向土壤深层延伸的发育过程，植物在幼年期蒸腾较强烈，且消耗浅层(产流层)水分，到此阶段容易产生径流下降的情况。但随着荒漠演替的更进，林木根系向下层土壤延伸，深层土壤水分用于蒸腾量增大，又可以使径流量得到恢复，并逐渐恢复到火灾前的原生状态。而荒漠砍伐是对上层乔木的采伐，灌木层对深层水分的利用依然较强，浅层土壤水分利用并不强烈，这是因为灌木层对更新进程有一定的障碍作用，更新层发育较弱。因此，采伐迹地荒漠更新是一个长期过程，其径流量的变化不如火灾迹地那样强烈。

7.4.4 当前荒漠水文的研究重点

7.4.4.1 解决过度放牧与植被恢复的难题

长期以来，只提供初级畜产品的放牧畜牧业是荒漠边缘地区草原牧民的唯一产业。草原生产能力的下降与牲畜饲草需求的增加之间的矛盾日益尖锐，可能会直接导致草原面积不断缩小，牧草质量进一步退化。10 年来，荒漠边缘地区全面实施"生态移民"政策，使过度放牧的现象得到初步遏制。但纵观全局，由于移民问题历时长、移民基数大、移民转移安置难度高,造成目前过度放牧的现象依然比较严重。除此之外,有些地方群众面对禁牧和移民政策带来的暂时性利益损失过于计较,行动上不能积极配合,这也直接或间接阻碍了植被恢复政策的落实,给荒漠植被恢复工作的顺利进行增加了难度。并且以往10多年治理的一般是便于治理且交通和水源条件较好的地方,这些地方一般处于荒漠化边缘,植被恢复相对较易。未来植被恢复要进军荒漠化核心地段,这些地段荒漠化面积更大,荒漠化程度更高,相应的交通和用水的难题也表现得更加突出。

7.4.4.2 解决荒漠水文治理资金缺口

  荒漠化治理成本高,专项资金缺口大是目前荒漠水文面临的主要困难之一。自沙源治理工程启动以来,荒漠地区地理位置特殊、自然状况多变和生态环境脆弱等一系列困难也逐渐显露。目前荒漠化治理的规模和速度与构建京北绿色生态屏障的愿景要求还有很大差距。特别是前期采取的是"先易后难,由近及远"治理原则,接下来治理的区域转向了交通更加不便、地理条件更加恶劣的远山大荒漠,而受种苗、劳力和运输等价格上涨等困难的限制,营林造林等治理成本进一步增加。在这种情况下,原来各地政府投入的资金数额已很难适应实际需要,其他原因造成的困难也在一定程度上影响了治理工程的进一步推进。同时,对于繁多的治理环节、各部门工作资金配额以及不同群体的搬迁落实等,都需要做好资金的科学预测和合理配置。

7.4.4.3 培养荒漠生态水文专业研究人员

  长期以来,虽然国内外荒漠水文相关研究取得不少成果,也不乏一些具有很强指导性质的理论和观点,但与荒漠化水文的巨大工程需求相比,专业人才队伍仍然不足。据调研,荒漠区成立数年以上的研究机构并不算少,但真正取得的成果数量与质量难以满足实际的需求,真正能付诸实践的研究相对较少,特别是能有效达到荒漠生态水文效益的方案并能大面积推广的系统性成果数量非常欠缺。毋庸置疑,荒漠水文效益研究中能否培养高素质的稳定的研究人员队伍将成为荒漠化治理进程的瓶颈。如何吸引一批高新技术人才走进艰苦地区,鼓励他们将实践与理论在实际中有效结合,成为荒漠化治理工作的当务之急。

7.5　农田水文

  目前全球水资源的70%用于农业生产,一方面,未来随着工业和城市化发展,农业可供水量逐渐减少;另一方面,人口的增加需要更多的粮食。如何解决水资源不足和食品生产的矛盾,成为世界关注的焦点。"让每一滴水生产出更多的粮食",也就是提高农业水资源利用效率,解决全球缺水问题,在各国科学家中形成共识。根据研究目前世界范围平均三大主要作物稻谷、小麦和玉米的水分生产效率分别为$1.09 kg/m^3$、$1.09 kg/m^3$和$1.80 kg/m^3$,而目前这三种作物水分利用效率最高水平可达$1.60 kg/m^3$、$1.70 kg/m^3$和$2.70 kg/m^3$,具有巨大的提升潜力,提高水分利用效率,发展高效用水农业,对解决全球缺水问题具有重要作用。农业用水最终消耗在田间,通过各种农艺节水措施提高田间水分利用效率是节水农业的重要内容,国内外已经开展了大量研究工作并取得显著效果,但对农田水文的多方位的掌握仍然任重道远。

7.5.1 农田水文特性

农田又称为农耕地,在地理学上是指可以用来种植农作物的土地,农田水文可以理解为认识水分利用并将水运用到农田的一门科学。

7.5.1.1 农田分类

根据地貌,中国的农田可分为以下类型。

(1) 梯田

梯田是在丘陵山地为保持水土、发展农业生产,将坡地沿等高线辟成阶梯状田面的农田,大多分布在西北黄土高原及南方丘陵山区(图7-3)。修筑梯田是治理坡农耕地水土流失的有效措施,蓄水、保土和增产作用十分显著。梯田的通风透光条件较好,有利于作物生长和营养物质的积累。按田面坡度不同可以分为水平梯田、坡式梯田和复式梯田等。梯田的宽度根据地面坡度大小、土层厚薄、耕作方式、劳力多少和经济条件而定,与灌排系统和交通道路一起统一规划。修筑梯田时宜保留表土,梯田修成后,配合深翻、增施有机肥料、种植适当的先锋作物等农业耕作措施,加速土壤熟化,提高土壤肥力。

(2) 坝地

坝地是在水土流失地区的沟道里,采用筑坝修堰等方法拦截泥沙淤出的农田(图7-4)。

图7-3 梯 田

图7-4 坝 地

(3) 平坝田

平坝田是位于山间盆地中部、开阔河谷的河漫滩与阶地,或湖滨冲积平原上的农田。平坝田一般地势平坦,田块完整,灌溉条件较好,土质肥沃,是中国南方稻田集中地区。

(4) 冲田

冲田是位于丘陵或山间较狭窄的谷地上的农田,一般由沟谷头顺天然地势向开阔平坝河谷呈扇形展开,是南方丘陵山区的重要农田。

(5) 圩田

圩田是在江湖冲积平原的低洼易涝地区，筑堤围垦成的农田，旱时可开闸引水灌溉，涝时关闸提水抽排（图7-5、图7-6）。

(6) 条田

条田为利于耕作、田间管理和轮作换茬以提高土壤肥力，在农田内部划分成的若干长方形田块。条田一般指由末级固定田间工程设施所围成的田块，它是农业生产中人畜及机械作业的基本单位，也是农田基本建设的最小单元。因此，在规划条田时，需根据地形、土壤、灌溉、排水、机耕、防风、作物种类及经营管理水平等条件，统筹兼顾，综合考虑。

(7) 水田

水田是筑有田埂，可以经常蓄水，用以种植水生作物的农田。因天旱暂时改种旱作物或实行水旱轮作的农田，仍视作水田。

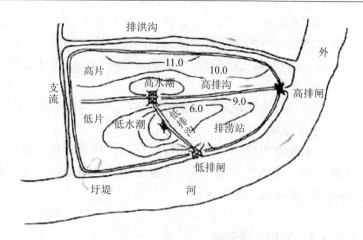

图7-5 圩区高低地分片排水图

1. 在海岸的泥沙地上，用木材和铁丝建造栅栏

2. 在栅栏周围填积更多泥沙，使其逐渐长出青草

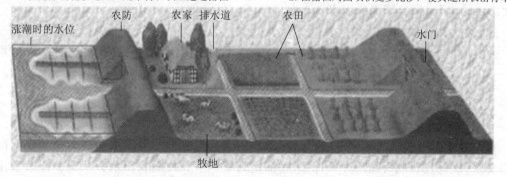

3. 建筑堤防，并在许多地方挖建水门。涨潮时，关闭水门以防止海水进入；退潮时，则开启水门排水，然后再向更外围的海滩建造栅栏，扩建另一个圩田

图7-6 圩区排水

(8) 水浇地

水浇地是有水源及灌溉设施,能进行灌溉的农田。在农业生产上积极开发利用地表水、地下水资源,改旱地为水浇地,是合理利用土地、提高单位面积产量的有效措施。

(9) 旱地

旱地是无灌溉设施,靠天然降水栽培作物的农田。

(10) 台地

台地是高出地面、四周有沟、形如台状的田块。修筑台地是一种除涝、治碱的土地改良工程。在地势低洼、排水不畅的易涝易碱地区,在田间开挖沟洫,利用挖沟的土垫高田面,并可降低地下水位。

7.5.1.2 农田水分来源

农田水分存在 3 种基本形式,即地面水、土壤水和地下水,而土壤水是与作物生长关系最密切的水分存在形式。土壤水按其形态不同可分为气态水、吸着水、毛管水和重力水等。

(1) 气态水

气态水是存在于土壤空隙中的水汽,有利于微生物的活动,对植物根系有利。由于数量很少,在计算时常略而不计。

(2) 吸着水

吸着水包括吸湿水和薄膜水两种形式。吸湿水被紧缚于土粒表面,不能在重力和毛管力的作用下自由移动,吸湿水达到最大时的土壤含水率称为吸湿系数。薄膜水吸附于吸湿水外部,只能沿土粒表面进行极慢的移动,薄膜水达到最大时的土壤含水率称为土壤的最大分子持水率。

(3) 毛管水

毛管水是在毛管作用下土壤能保持的那部分水分,即在重力作用下不易排除的水分中超出吸着水的部分,分为上升毛管水和悬着毛管水。上升毛管水指地下水沿土壤毛细管上升的水分。悬着毛管水指不受地下水补给时,上层土壤由于毛细管作用所能保持的地面渗入的水分(来自降水或灌水)。

(4) 重力水

重力水是土壤中超出毛管含水率的水分,在重力作用下很容易排出,这种水称为重力水。

7.5.2 不同类型地区的农田水资源

农田水资源用水分状况来表述,指农田地面水、土壤水和地下水的多少及其在时间上的变化。一切农田水利措施,归根结底都是为了调节和控制农田水分状况,以改善土壤中的气、热和养分状况,并给农田小气候以有利的影响,达到促进农业增产的目的。因此,研究不同地区的农田水分状况对于农田水利的规划、设计及管理工作有十分重要的意义。

7.5.2.1 旱作地区农田水资源

旱作地区的各种形式的水分，并不能全部被作物直接利用。如地面水和地下水必须适时适量地转化成为作物根系吸水层(可供根系吸水的土层，略大于根系集中层)中的土壤水，才能被作物吸收利用。通常地面不允许积聚水量，以免造成淹涝，危害作物。地下水一般不允许上升至根系吸水层以内，以免造成渍害，因此，地下水只应通过毛细管作用上升至根系吸水层，供作物利用。这样，地下水必须维持在根系吸水层以下一定距离处。在不同条件下，地面水和地下水补给土壤水的过程不同：

当地下水位埋深较大和土壤上层干燥时，如果降水(或灌水)，地面水逐渐向土中入渗。降水开始时，水自地面进入表层土壤，使其接近饱和，但下层土壤含水率仍未增加。降水停止后，达到土层田间持水率后的多余水量将在重力(主要的)及毛管力的作用下，逐渐向下移动，再过一定时期土层中水分向下移动趋于缓慢，上部各土层中的含水率均接近于田间持水率。在还未受到地面水补给的情况，当有地面水补给土壤时，首先在土壤上层出现悬着毛管水。地面水补给量愈大，入渗的水量所达到的深度愈大，直至与地下水面以上的上升毛管水衔接。当地面水补给土壤的数量超过了原地下水位以上土层的田间持水能力时，即将造成地下水位的上升。在上升毛管水能够进入作物根系吸水层的情况下，地下水位的高低直接影响根系吸水层中的含水率。在地表积水较久时，入渗的水量将使地下水位升高到地表与地面水相连接。作物根系吸水层中的土壤水中，以毛管水最容易被旱作物吸收，这是对旱作物生长最有价值的水分形式。超过毛管水最大含水率的重力水，一般都下渗流失，不能被土壤保存，因此很少被旱作物利用。同时，如果重力水长期保存在土壤中，也会影响到土壤的通气状况，对旱作物生长不利。所以，旱作物根系吸水层中允许的平均最大含水率，一般不超过根系吸水层中的田间持水率。

当根系吸水层的土壤含水率下降到凋萎系数以下时，土壤水分也不能被作物利用。当植物根部从土壤中吸收的水分来不及补给叶面蒸发时，便会使植物体的含水量不断减少，特别是叶片的含水量迅速降低。这种由于根系吸水不足破坏植物体水分平衡和协调的现象，称为干旱。由于产生的原因不同，干旱可分大气干旱和土壤干旱两种情况。农田水分尚不妨碍植物根系的吸收，但由于大气的温度过高和相对湿度过低，阳光过强，或遇到干热风造成植物蒸腾耗水过大，都会使根系吸水速度不能满足蒸发需要，这种情况称为大气干旱。我国西北和华北地区均有大气干旱。大气干旱过久会造成植物生长停滞，甚至使作物因过热而死亡。若土壤含水率过低，植物根系能从土壤中吸取的水量很少，无法补偿叶面蒸发的消耗，则形成土壤干旱的情况。短期的土壤干旱会使产量显著降低，干旱时间过长，会造成植物死亡，危害性比大气干旱更严重。为了防止土壤干旱，最低的要求是使土壤水的渗透压力不小于根毛细胞液的渗透压力，凋萎系数便是这样的土壤含水率临界值。土壤含水率减小，使土壤溶液浓度增大，从而引起土壤溶液渗透压力增加。因此，土壤根系吸水层的最低含水率，还必须能使土壤溶液浓度不超过作物在各个生育期所容许的最高值，以免发生凋萎。

7.5.2.2 水稻地区农田水资源

由于水稻的栽培技术和灌溉方法与旱作物不同，因此农田水分的存在形式也不相同。我国传统的水稻灌水技术，采用田面建立一定水层的淹灌方法，故田面经常（除烤田外）有水层存在，并不断向根系吸水层入渗，供给水稻根部以必要的水分。根据地下水埋藏深度、不透水层位置和地下水出流情况（有无排水沟、天然河道、人工河网）的不同，地面水、土壤水与地下水之间的关系也不同。当地下水位埋藏较浅，又无出流条件时，由于地面水不断下渗，原地下水位至地面间土层的土壤空隙达到饱和，此时地下水便上升至地面并与地面水连成一体。当地下水埋藏较深，出流条件较好时，地面水虽然仍不断入渗并补给地下水，但地下水位常保持在地面下一定的深度。此时，地下水位至地面间土层的土壤空隙不一定达到饱和。水稻是喜水喜湿性作物，保持适宜的淹灌水层能为稻作水分和养分的供应提供良好的条件，同时能调节和改善湿、热及气候等其他状况。但过深的水层（不合理的灌溉或降水过多造成的）对水稻生长也不利，特别是长期的深水淹灌会引起水稻减产，甚至死亡。因此，淹灌水层上下限的确定具有重要的实际意义，通常与作物品种发育阶段、自然环境及人为条件有关，应根据实践经验来确定。

7.5.2.3 农田水资源的调节措施

在天然条件下，农田水分状况和作物需水要求通常是不相适应的。在某些年份或一年中某些时间，农田常会出现水分过多或水分不足的现象。农田水分过多的原因一般包括以下几个方面：降水量过大；河流洪水泛滥，湖泊漫溢，海潮侵袭和坡地水进入农田；地形低洼，地下水汇流和地下水位上升；出流不畅等。而农田水分不足的原因包括降水量不足；降水形成的地表径流大量流失；土壤保水能力差，水分大量渗漏；蒸发量过大等。农田水分过多或不足的现象，可能是长期的也可能是短暂的，而且可能是前后交替的。同时，造成水分过多或不足的原因在不同情况下可能单独存在，也可能同时产生影响。

农田水分不足，通常称为"干旱"；农田水分过多，如果是由于降水过多，使旱田地面积水，稻田淹水过深，造成农业歉收的现象，则称为"涝"；由于地下水位过高或土壤上层滞水，因而土壤过湿，影响作物生长发育，导致农作物减产或失收现象，称为"渍"；因河、湖泛滥而形成的灾害，则称为"洪灾"。当农田水分不足时，一般应增加来水或减少去水、增加农田水分最主要的措施是灌溉，按时间不同，可分为播前灌溉、生育期灌溉和为了充分利用水资源提前在农田进行储水的储水灌溉。此外，还有为其他目的而进行的灌溉，如培肥灌溉（借以施肥）、调温灌溉（借以调节气温、土温或水温）及冲洗灌溉（借以冲洗土壤中有害盐分）等。

减少农田去水量的措施也是十分重要的。在水稻田中，一般可采取浅灌深蓄的办法，以便充分利用降水。旱地上也可尽量利用田间工程进行蓄水或实行深翻改土、免耕、塑料膜和秸秆覆盖等措施，减少棵间蒸发，增加土壤蓄水能力。无论水田还是旱地，都应注意改进灌水技术和方法，以减少农田水分蒸发和渗漏损失。当农田水分过多时，应针对不同的原因，采取相应的调节措施。排水(排除多余的地面水和地下水)是解决农田水分过多的主要措施之一，但是在低洼易涝地区，必须与滞洪滞涝等措施统筹安排。

7.5.3 农田生态水文过程及特点

生态水文过程是指水文过程与生物动力过程之间的功能关系，它是揭示生态格局和生态过程变化水文机理的关键。农田生态水文是以 SVAT (Soil-Vegetation-Atmosphere-Transfer) 为基础的中尺度植被与水文研究，其早期主要研究不同植被类型及结构内的水文规律形成，重点研究不同植被群落中水量平衡、水分循环、水质及其变化等方面的规律，研究不同植被类型对水文系统、水行为的作用和影响。农田生态水文过程的水资源包括自然条件下的降水、地下水和人工灌溉带来的水分。水资源经过分配进入农田被作物吸收和土壤蓄积，并形成水汽，通过蒸腾和蒸发作用进入大气后再形成自然降水，并和人工灌溉一起再次进入土壤，往复循环(图 7-7)。

生态水文过程涉及的内容较复杂，和传统的生态水文过程研究相比，它有以下两个基本特点：

①重视生态过程和水文过程关系研究 水文学研究特别注重水文循环的物理过程，在研究一系列水文问题时，将不同生态系统内的生物用地表特征参数进行处理。如研究河流廊道中水文过程时，将河道中的植物当作粗糙系数考虑。而生态水文过程研究非常重视不同的生物(特别是植被)与水文过程之间相互影响和耦合关系的探讨，除重视物理过程外还重视水文循环过程中生物的作用。水文过程—生态系统的稳定性和水文过程—生态系统协调机制之间的关系组成了基本的生态水文关系，通过这种关系的研究可以为生态水文布局及其动态平衡的维持提供理论依据，为生态演替和水文循环变化及其相互关系提供合理的解释和有效的预测。

②尺度性 传统水文学中的尺度概念十分淡漠，在模拟水文过程时，一般不考虑尺度效应及不同尺度间的联系和转换。因此，生态水文学中的尺度更多是源于生态学中的

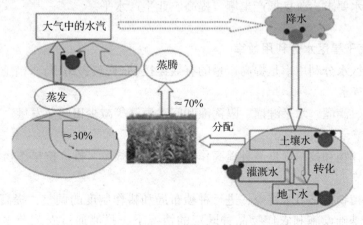

图 7-7 农田生态水文循环过程

尺度思想及现代水文学中开始重视尺度研究。生态水文过程的尺度体现在时空两个方面。空间尺度可以分为小尺度(如个体和群落)、中尺度(如集水区和小流域)和大尺度(如区域和全球);时间尺度跨越了以秒为单位到月、年以及百万年,甚至更长。空间尺度上,一般的生态水文过程研究都是在小区上进行的。时间尺度上,短时间的人类活动可能并没有立即的生态水文响应,但一定时间后就会表现出来。可以说尺度在生态水文过程研究中随处可见。

7.5.4 农田水资源的水利建设及提高水分利用效率的措施

农业仍然是中国保持经济发展和社会稳定的基础,仍然要始终把农业放在发展国民经济的首要位置,仍然要保护和提高粮食生产能力。21世纪,保障粮食安全是中国农业现代化的首要任务。人口与农耕地和粮食的矛盾是农业资源优化配置的最大障碍。中国在相当长的时间内,粮食生产将仍然是农业的主体,农业现代化进程包含着粮食安全水平的提高,粮食安全水平的提高是农业现代化的重要组成部分。在中国,没有国家粮食安全及其水平的提高,就不可能实现农业现代化。粮食安全水平也是衡量中国农业现代化的重要标志。

7.5.4.1 农田水利建设

农田水利建设就是通过兴修为农田服务的水利设施,包括灌溉、排水、除涝和防治盐渍灾害等,建设旱涝保收、高产稳产的基本农田。

农田水利建设主要内容包括整修田间灌排渠系,平整土地,扩大田块,改良低产土壤,修筑道路和植树造林等。小型农田水利建设的基本任务是通过兴修各种农田水利工程设施和采取其他措施,调节和改良农田水分状况和地区水利条件,使其满足农业生产发展的需要,促进农业的稳产高产。

农田水利建设采取蓄水、引水、跨流域调水等措施调节水资源的时空分布,为充分利用水、土资源和发展农业创造良好条件;采取灌溉、排水等措施调节农田水分状况,满足农作物需水要求,改良低产土壤,提高农业生产水平。

7.5.4.2 提高干旱区水分利用效率

提高干旱区水分利用率是提高产量的有效途径(张喜英,2013)。措施有:

(1) 工程节水

利用管灌、滴灌、水平畦灌、隔沟灌和间歇灌溉等减少田间蒸发量。

(2) 生物节水

利用抗旱作物和抗旱优良品种提高作物水分利用效率(推广抗旱作物和抗旱品种)。

(3) 农艺节水

利用不同植物抗旱节水特点,进行种植布局和耕作制度的调整,提高农田水分利用效率。在农田基础设施和农作物品种既定的情况下,只能通过农艺节水来提高水分利用率。

7.5.5 农田水资源法律法规的管理措施

在水土保持方面，我国总是涌现新的问题，特别是因为人为因素而导致的水土流失有增无减。还有一些地区因为产业结构的问题基本农田减少，且人们依旧在不适合耕作的农田中耕作，导致水土流失情况更加严重。有些人更是因为缺乏水土保持意识进而无视水土保护原则肆意进行项目建设(申端锋，2011)，甚至不惜占用基本农田，最终导致农田水土流失。

投入不足是造成农田水利建设落后的主要原因。为此，2013年中央"1号文件"第一次提出从土地出让收益中提取10%用于农田水利建设。土地出让收益是政府出让国有土地使用权取得的土地出让收入，扣除当年从地方国库中实际支付的征地和拆迁补偿支出、土地开发支出等相关成本性支出项目后的部分。

相关法律和法规性文件不仅规定了农耕地保护目标责任制的内容，还对农耕地保护目标责任制的考核和处罚作出了明确规定。按照依法行政的要求，法律法规有明确规定的，各级人民政府必须严格执行，否则就是失职渎职，就是没有履行法律法规赋予的职责。落实农耕地保护目标责任制是落实科学发展观的要求。建立和落实农耕地保护责任制对促进土地的集约高效利用是有利的。落实农耕地保护目标责任制。

7.6 草地水文

草地水文学，也称草地流域水管理学，是一门研究草地区域生态系统的水文原理的边缘学科，介于生态学和水文学之间。它的一个重要研究方向是在不同时空尺度上和一系列环境条件下探讨草地生态水文过程。虽然世界上天然草地分布在不同的气候带，但全世界约40%的陆地表面是天然草地，其中80%分布在干旱和半干旱地区，因此更多草地水文学家注重研究干旱和半干旱地区的草地水文学。通常这些地区与湿润地区草地丰富的地表水资源相比具有十分独特的水文循环特征，如降水稀少、蒸发量大、水资源储量低和季节性径流有许多不同的特点等。由于天然草地本身包括了非常大的流域面积，所以研究者越来越关注放牧强度对天然草地的降水、植被截流、土壤渗透、地表径流、土壤侵蚀、蒸散和草地积雪等功能的影响。草地水文学作为生态水文学的一个分支，最终目标是在保持生物多样性、保证水资源的数量和质量的前提下，提供一个环境健康、经济可行和社会可接受的草地水资源持续管理模式。

在生态环境保护成为社会关注热点的今天，人们越来越认识到与自然生态系统协调对人类可持续发展的重要性。在自然生态系统与人类的众多复杂关系中，水是最为活跃和最具决定性的因素，水资源开发利用导致的区域草地水文过程变化，将不可避免地影响区域生态环境体系。而区域生态环境恶化，尤其是草地生态系统的变化，将势必对区域草地水文过程和功能产生作用，这也正是水循环生物学计划的核心所在。随着水文循环的生物圈部分和国际教科文组织主持的国际水文计划等国际项目的实施，草地生态水文过程研究得到迅速发展和广泛重视。

7.6.1 草地水文过程规律

草地生态水文变化的一个主要原因是放牧对草地植被覆盖和土地利用变化的驱动。从水分行为的角度来说,草地水文过程可以分为草地水文的物理过程、化学过程和生态效应三部分。草地水文物理过程主要是指草地植被覆盖和土地利用对降水、径流和蒸发等水分要素的影响;草地水文化学过程是指水质性研究;而水分生态效应主要指水分行为对草地植被生长和分布的影响。

7.6.1.1 草地水文物理过程

不同的景观都有一些相似的水文过程,而从独特的水文过程可以分析出景观的某些独特性质。其原因主要是景观中的植被可以在多个层次上影响降水、径流和蒸发,从而对水资源进行重新分配,并由此影响草地水文循环的全过程,而人类活动和气候变化放大了植被的生态水文效应。植被覆盖能有效地影响地表植被截流。森林林冠和草本植物截流的大部分雨量由蒸发返回大气,通过林冠和草本植物到达地表的雨量很小,时间上也滞后。

植被覆盖能够有效地减少地表径流和土壤侵蚀。在草原上,地表径流是一种最普遍的径流形式。Slatyer 和 Mabbutt 指出,在干旱、半干旱地区,草原由于土壤贫瘠、植被稀少,地表面只能贮存少量的降水,这时发生的径流速度很快,并且与湿润地区相比径流很少受到限制。因此,在降水停止时,径流会很快结束,这导致了径流汇集形成短暂洪水的现象。草地枯落物通过对降水的吸纳,使地表径流减少,并增加对土壤水的补给。

植被覆盖能够有效地影响地表反射率和地表温度,进而影响土壤蒸发和植物蒸腾。草地的蒸散量与降水量的比值比森林小,它是草地影响土壤水、地表水和地下水位的重要因素。在干旱、半干旱草地生态系统中,植被的蒸腾耗水也比较明显。一般天然草地的蒸散率和地下水位的深度有相关性,根系越深,水位也越深,其中生长的植物基本能保持潜在蒸散率,蒸散量也大。

总之,草地能在一定条件下通过改变水分在蒸发、渗透、径流和地下水间的分配,从而影响极端水文事件(洪水和干旱)的发生,增加区域的保水能力和对水土流失的绝对控制能力(黄明斌等,1999)。

7.6.1.2 草地水文化学过程

草地水文化学过程主要是指水文行为的化学方面,即水质性研究。人类耕作(特别是化肥和杀虫剂的使用)造成的点源、非点源污染和定居(城市污水)引起的生态水文变化已造成世界性的水污染,一个重要体现是淡水生态系统与营养负荷。水文过程可以通过多种水文要素(如水位、水力)影响营养物质在淡水生态系统内的分布与富集。植被对流域水质的影响也许是显著的。在植被遮盖的土壤表面有 Na 和其他可溶性盐积累,如在肉叶刺茎草下面。但在三齿蒿下邻近的土壤中可溶性盐是减少的,在土壤表面的盐很容易被地表径流带走。陆地治理措施对水质也有不利影响,如砍伐树木和使用限制植物生长的除草剂，增加了用水量，还导致饮用水中硝酸盐超出健康指标。

7.6.1.3 草地水文的生态效应

水文过程控制许多基本生态学格局和生态过程，特别是控制基本的植被分布格局，是生态系统演替的主要驱动力之一。利用调整水文过程的方法可以很好地控制植被动态，如水文过程可以调整和配置草地景观的"流"（包括营养物、污染物、矿物质和有机质），水质的恶化和水位（特别是地下水浅水位）变化、水化学特征及其变化影响草地植物的群落结构、动态、分布和演替。可以利用水的流量、流速和质量等水文要素对生境进行重塑并控制植被群落。

近年来，对土地利用强度的加大增加了植被对水分的获取程度，适合的群落易于入侵并成为优势种。Rodriguez 等人在南非 Nyisviey 稀疏草原的研究表明，虽然对水的利用不同，但在水胁迫下不同群落有一些相同的响应方式；在美国得克萨斯州的研究表明，植物根系的深度和年降水影响土壤动态和植物水分胁迫程度，树木和草本对水分胁迫的响应程度不同，在水胁迫下根系浅的植物对水的利用效率更高；在科罗拉多州稀疏草原的研究表明，不同的土壤结构条件下，在湿润季节适合某一植物生长的立地在干旱季节将变得不再适合其生长，这为解释"优势种"的出现提供了帮助。

除了以上基础研究外，草地水文过程研究的一个重要方向是草地水文模拟。水文条件本身的复杂性以及影响水文行为的要素时空分布的不均匀性和变异性（如离散性、周期性和随机性），增加了研究的难度，使草地水文变化难以直接量化。草地水文模型的出现，为计算和模拟草地生态水文变化提供了极大的帮助。

目前，主要有以下草地水文模型：①单元模型。如模拟土壤水分的 PHILIP 模型和 HOTTAN 模型等，模拟土地利用变化对水文过程影响的 LUCID 模型和径流模型等；②集总模型。如用于流域生态水文模拟的斯坦福水域模型、运动阶梯式模型、RHES 模型、融雪模型和犹他州大学模型等。

7.6.2 草地对降水的再分配

不同植被类型的条件组成不一样，结构存在差异，对降水的拦蓄能力也不同。这种差别是评价不同草地类型水源涵养功能的一个重要数量特征，也是区域内生态系统功能评价与维护的重要依据。

7.6.2.1 草地对降水的截留作用

草坪是高密度低修剪的植被群落，主要作用是为草地体育活动提供良好的运动场地或美化城市景观。良好的草坪冠层高度低，植株致密，枝叶纵横交错，恰似地上绿色植物组成的地毯。由于草坪具有以上特点，当次降水量较小时草坪冠层截留量相对较大。草坪冠层对水分的截留作用直接关系到草坪草对雨水和灌溉水的有效利用，影响草坪的养护和灌溉用水的合理利用。因此，研究草坪冠层截留过程中草坪草叶片对截留水分的吸收，对于深入理解植被与降水的相互作用机制和草地有效降水以及草坪水分利用效率均具有重要意义。

针对森林和乔灌木植被冠层对雨水的截留与消散的研究相对较多。而由于草本植物冠层低矮且致密，其水分截留量很难用降水量减去茎流量和穿透水量的差量法所得到，因此，学者应用了多种试验技术对草地降水截留进行研究。Clark (1940)将草本层下方收集区的土壤表面去掉并在漏斗上方覆盖薄膜，然后测定到达草本层下方收集区的水量。国内有相似的方法，就是将去掉土块的草皮块放置于雨量计上方的雨量筒内，喷水模拟降雨后测得集水器收集的渗透雨量。国外研究者将土壤表面用 Neoprene 封住后测定地表径流以确定截留的水量，这种方法的难点在于径流水分的坡面收集和避免水分向土壤下渗。梁曦将草坪草植株齐地表剪下，按照设定的密度插在土筛表面，接取流下的水分以确定截留的水量。这种方法比较少见，适用于较理想化的草坪冠层截留模拟。Beard (1956)将剪下的草屑放入特定的容器中，对其进行模拟降雨，这种方法将草坪冠层的截留量理解为湿润叶表面对水分的吸附力。后来这类方法演变为"浸水法"(或称"简易吸水法")，为国内外研究者所利用。由作物冠层截留研究演变的"擦拭法"也常用于草坪冠层截留水量的测定，主要利用高分子吸水棉吸收叶面截留的水分，然后称重确定水量。这种方法的优点在于吸取对象较符合冠层截留水分的定义，但其精确度有赖于擦拭技术和材料的吸水力及持水力，以及试验操作的熟练程度。

草被层的截留能力受种类组成、高度、盖度和单位盖度的密度等因素影响，这些因素与不同森林类型以及由该类型乔木层、灌木层形成的光照、湿度和养分小环境组合相关。草坪冠层水分截留量随着降水量的增大而增加，直至饱和。水分截留量又随着降水强度的增大而略有降低，因为在暴雨中叶片变得湿润而更重。由于禾本科草坪草直立生长，枝叶由叶片、叶鞘和叶舌构成，因此当雨滴截留在叶片表面时，叶片重量增加而被压弯，雨滴能够存留于叶片表面或叶片与叶鞘的缝隙中。叶倾角越大，截留的雨量越小。有研究证实，草坪类植物的水分储存能力与平均生产量和土地覆盖率成比例，降雨中实际的截留损失比植物的水分储存大。叶面积是表征截留能力的一个重要指标，常用叶面积指数(LAI)描述，冠层截留能力随着叶面积指数的增加而增强。

7.6.2.2 枯落物对降水的影响

草地枯落物具有较大的持水能力，从而影响林内降雨对土壤水分的补充和对植物的水分供应。枯落物一般吸持的水量可达自身干重的 2~4 倍，各种草地枯落物最大持水率平均为 309.54%。

枯落物的截留量表征指标有枯落物的最大持水量和枯落物的有效拦蓄量。枯落物的有效拦蓄量计算式为：

$$W = (0.85R_m R_0)M \tag{7-4}$$

式中 W——有效拦蓄量，mm；

R_m——最大持水量，%；

R_0——自然含水量，%；

M——枯枝落叶现存量，mm。

枯落物的截留量为最大持水量与自然含水量之差。

7.6.3 植被动态与生态水文过程的耦合效应

植被的退化和生态水文过程是双向耦联的。对于草原区，大气圈与生物圈、岩石圈的水文循环的作用界面——地表为草原植被占据，草原植被在持续的放牧压力下出现了大范围的退化演替，使得水文过程中水分交换最活跃的界面性质发生改变。这一改变，对地表水文过程和植被的进一步演替的影响都是深刻的。不论退化演替还是恢复演替，均形成一个正反馈调节（图7-8、图7-9）。当植被退化为裸地或恢复为顶极群落时，系统趋于稳定，反馈调节减弱或结束。

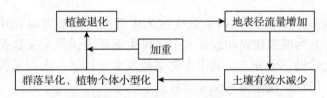

图7-8 植被退化过程与水文过程的正反馈调节模式

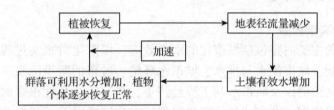

图7-9 植被恢复过程与水文过程的正反馈调节模式

7.6.4 当前草地水文的研究重点

草地水文过程研究是从复杂的草地生态水文结构到草地生态水文功能的机理性探讨，关键任务是研究水文过程和草地生物之间的功能关系，目的是增加对草地生态水文过程和功能的充分理解并更好地评价和利用它们，预测草地水文过程变化可能带来的后果，为良性草地水文的维持和草地水文恢复提供理论依据。在加强草地水文学基础理论研究、充分应用已经相对成熟的生态学和水文学理论的基础上，草地水文过程研究存在以下问题，这也是未来研究的热点。

(1) 尺度转换中的生态学方面的研究

在某一尺度上十分重要的参数和过程，在另一尺度上往往并不重要或是可预见的。多尺度草地水文过程研究带来的一个问题是尺度转换，特别是尺度的放大问题，尺度转换往往导致时空数据信息丢失。事实上，尺度问题已成为当今国际水科学研究的前沿和热点问题，也是开展区域水土保持和水环境效应研究的难点问题，目前已被众多水文学家确定为首要的研究问题。

(2) 草地水文模型的研究

虽然国外近些年对草地水文模型有一定研究，但主要在集总模型，如土壤—植被—

大气连续体模型发展了地块尺度上的一维 SVAT 模型,对二维和三维模型的研究很少。模拟面对的另一问题是数据的缺乏性和低质性,缺乏时空方法。

(3)草地水文恢复的研究

草地水过程研究要解决的一个重要问题是草地生态水文恢复。研究水分行为对植被覆盖度的敏感性和水分行为的生态效应,目的是为利用植被进行草地生态水文恢复提供理论依据。

7.7 城市水文

城市水文学(urban hydrology)研究发生在大中型城市环境内部和外部、受到城市化影响的水文过程,是为城市建设和改善城市居民生活环境提供水文依据的学科,又称都市水文学,是水文学的一个分支。城市水文学涉及水文科学、水利工程科学、环境科学和城市科学,是一门综合性很强的交叉学科。

7.7.1 城市水文学概述

7.7.1.1 城市水文学内容

城市水文学的主要内容包括城市化的水文效应、城市化对水文过程的影响、城市水文气象的观测实验、城市供水与排水、城市水环境、城市的防洪除涝、城市水资源、城市水文模型和水文预测以及城市水利工程经济等,是一门综合性很强的边缘学科。城市水文学对城市发展规划、城市建设、环境保护、市政管理以及工商企业的发展和居民生活都有重大意义。

城市水文学的主要特征是综合性和动态性。城市水文现象都是关于水的物理—化学—生物系统综合作用的结果。

7.7.1.2 城市水文学的学科发展

城市是人类文明的产物,也是人类活动最频繁的地方。城市的自然过程、生态过程、经济过程和文化过程异常活跃,构成了一个综合的、特殊的地理环境。现在全世界有 50% 的人口集中居住在仅占大陆面积 5% 的城市范围内,水资源是制约城市发展的重要因素。各城市通过制订实施工程措施和管理法规,处理城市水资源的供需矛盾,提高城市的生活质量和社会福利水平。

城市化的水文研究工作最初只是针对个别问题,简单地满足城市规划、设计和管理运用的需要,进行一些分析计算。随着研究的进展,城市化的水文研究工作逐渐发展形成了水文学的一个分支——城市水文学。其发展分为 3 个阶段:

(1)城市水文学分析方法的孕育阶段(1850—1966 年)

该阶段基本上是运用一些常规的水文学方法解决城市水文有关问题,如推理公式、下渗曲线和单位线等方法。

(2)城市水文学分析方法的研究阶段(1967—1974 年)

期间建立了一些具有特色的分析方法,先后提出了适用于不同问题、大型综合性的模拟模型。经过试用、修正形成了几个通用性很强的模型软件包,如 STORM、SWMM 和 ILLUDAS 等。这是城市水文学研究发展最快并逐渐形成独立学科的时期。

(3)城市水文学分析方法的推广应用阶段(1975 年以后)

该时期进入了较为定型的成熟阶段。主要工作是应用、推广和完善分析方法,资料更加细致,使得城市水文学物理过程的认识更加深入,因而有可能验证或修正模型建立时采用的一些假设,使模型更加符合客观实际,进一步提高模型的精度。

7.7.2 城市水文规律

城市化打乱了自然系统,除了不可渗透地表对径流的影响使其与自然环境有区别外,它还使水文状况复杂化。随着一个地区的城市化,规律性不强的河流渠道被重新规划路线或安装管道,还对管道进行铺筑,使排水类型发生了很大的转变。填埋的河流系统被排水沟和管道组成的巨大系统扩大化,与自然排水系统相比增强了排水的密度(排水管道和渠道的总长度除以排水面积)。图 7-10 比较了巴尔的摩现在的排水密度和现代降水系统被完全开发之前的自然水域状况。人工排水系统占的土地百分比高于自然条件下的百分比,永久地改变了陆地组成的水文循环。

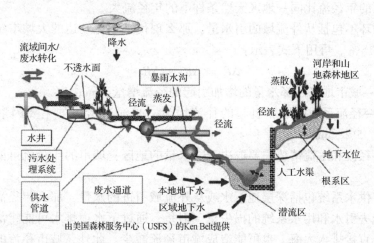

图 7-10　城市化排水系统和自然环境下的水文循环比较

7.7.2.1 城市水文循环

城市地区的水文特性取决于以下几种情况:

①城市地区的水文循环包含的水量有相当部分来自相邻流域或地下含水层,或者不经过河流而排泄。因此,不仅城市排水区参与了水文循环,其他地区的水量也参与了本市区的水蓄循环。

②城市地区流域下垫面条件发生了根本性的变化,加上修建引水、排水系统等,创造了一个新的径流形成条件,从而使天然径流流速加快。

③由于城市地貌的改变和空气的污染,造成降水和蒸发趋势的变化。

④由于不透水面积的比例较大,又开采大量地下水,从而影响了地表水和地下水的

相互转化。

⑤非净化和部分净化的污水集中排入天然水体。

⑥形成了新的人工地貌，改变了天然水体。

以上所有变化都取决于城市化面积、人口、工业发展水平、用水量和供水系统等条件。

7.7.2.2 城市水量平衡

为了计算分析城市和近郊地区的水量平衡，估算降水的增加量很重要。然而，应当指出，城市化地区降水量的增加可能仅是局部性的，不会扩展到很大的范围。大城市对降水的影响主要是降水量的再分配，一些地区降水量出现大幅增加时，另一些地区则减少。可谓此赢彼亏。

在城市化的条件下，蒸发的变化相当复杂。这是由于较大的受热量蒸发面积造成了蒸发能力的提高（约高 5%~20%）。然而，由于汇流迅速，城区可供蒸发的水量减少。作为粗略的近似，可假定城市与乡村蒸发散量的差别不超过蒸发散观测误差。当然也可能有例外，如在干旱和半干旱地区，修建水库和增加植被有可能造成蒸发量的提高。

城市地区的年径流比同一地区天然条件下的年径流大。

如果水循环不包括从外流域的引水量，那么现代工业化发达的大城市年径流量的增加量为 10%~15%。可用下式表示：

$$\Delta R = \Delta R_1 + \Delta R_2 \tag{7-5}$$

式中 ΔR_1——城市地区因降水量的增加引起的径流增量，mm；

ΔR_2——径流系数的增加引起的径流增量，是河流情势的主要因素，春汛可达 5%，mm。

一般在年径流和水流情势主要取决于降水量的地区，城市的年径流可能是天然流域的 2~2.5 倍。

如果城市供水系统包括深层地下水或从外流域引进的水量，那么年径流的额外增量等于引入量减去引水和用水系统的损失量。但是，通过下水道排水可能将部分水量输送到流域以外或直接排入大海，也可能造成城市径流减少。此外，城市径流的减少还可能是由于供水系统不可避免的水量蒸发，即主要由开敞水面和潮湿地表面蒸发造成的。

城市地区年径流量的一般表达式：

$$R = R_0 + R' - R'' + \Delta PC \pm \Delta E - L \tag{7-6}$$

式中 R——城市地区年径流总量，m^3；

R_0——非城市化流域多年平均径流量，mm；

R'——外流域引入水量或从与河流无水力联系的地下水的开采量，mm；

R''——输送到流域以外或直接排入大海的下水道排水量，mm；

ΔP——城市地区降水增量，mm；

C——年径流系数；

ΔE——城市化引起的蒸发量变量，mm；

L——供水、排水系统的损失量，mm。

7.7.2.3 城市水质情况

随着城市的发展，人们越来越重视环境影响，城市水质成为城市水文的另一研究项目。悬移沉积物的输送与流域侵蚀、受纳水体污染物沉积与环境美化有关。悬移沉积物对很多化学污染物，如微量金属、营养物、杀虫剂以及其他有机化合物和耗氧物质，起着传送作用。

无机化学成分包括营养物、微量金属和公路融雪用盐，可能从溶解状态随悬移物质输送。有关的微量元素在各种研究中可能是不相同的，要依据土地利用情况而定。

有机化学指标包括好氧物质和有毒物质，如杀虫剂和一些工业有机化合物等。由于清洁水条例和有毒物质控制条例的规定，在任何研究中都要对危险毒物（如杀虫剂和聚氯联苯）给予慎重考虑。其他分析指标包括最终的 BOD、COD、溶解有机碳和悬浮有机碳等。

细菌指标如大肠杆菌，可以指示病原体和引起疾病的病菌是否存在。如果城市径流中发现大量此类物质，可以使用自动采样器取样。但如果数量较低，在取样过程中可能出现明显污染。

7.7.3 城市建设中的水文效应

随着城市化的进程，城区土地利用情况的改变直接影响当地的雨洪径流条件，使水文情势发生变化（图 7-11）。

出现上述现象的原因可以归纳为以下两个方面：

一是流域部分地区被不透水面积覆盖，如屋顶、街道、人行道和停车场等。不透水区域的下渗几乎为零，洼地蓄水量大大减少。在两次暴雨之间，大气中沉降物和城市活

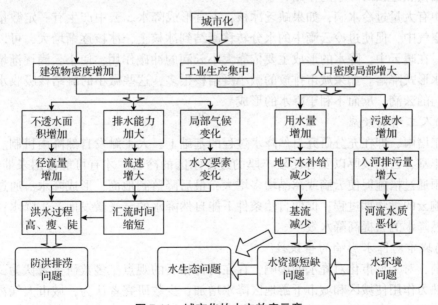

图 7-11 城市化的水文效应示意

动产生的尘土、杂质、渣滓及各类污染物积聚在不透水面积上，最后在降雨期被径流冲洗掉。没有被不透水物质覆盖的城市地区，一般都经过修饰装点，如覆盖草地、植物并施用肥料和杀虫剂。这些风景修饰往往增加坡面径流，进而促进污染物的冲洗，使城市地面径流中污染物浓度增加。

二是排水管道提高了汇流的水力效率。城市中的天然河道往往被裁弯取直、疏浚和整治，并设置道路的边沟、雨水管网和排洪沟，使河槽流速增大，导致径流量和洪峰流量增加，洪峰时间提前。城市雨洪径流增加后，已有的排水明沟、阴沟及桥涵过水能力变得不足，以至引起下游泛滥和交通中断，地下通道淹没，房屋和财产遭受破坏等。下渗量的减少使补给含水层的水量减少，使城市河道中的枯水基流有下降的趋势。

7.7.3.1 城市人类活动对降水的影响

(1) 城市热岛效应

城市有热岛效应，空气层结构不稳定，有利于产生热力对流。当产生的上空水汽充足时，容易形成对流云和对流性降水。研究表明，城区干湿球温度都比郊区高。由于热力的对流作用，城市地区出现降水，而附近郊区根本无雨。

(2) 城市阻碍效应

城市的粗糙度比附近郊区平原大，这不仅能引起湍流，而且对移动滞缓的降水系统（静止锋、静止切变线和缓进冷锋等）有阻碍效应，使其移动速度更缓慢，加长在城区的滞留时间，因而导致城区降水强度增大，降水时间延长，并且当有较强的城市热岛情况时，对降水地区分布有很大影响。

(3) 城市凝结核效应

城市区空气中凝结核比郊区多，城市工业区特别是钢铁工业区是冰核的良好源地。这些凝结核和冰核对降水的作用有争议。

云中有大量过冷水滴，如果缺乏冰核，不宜形成降水。云中产生有一定数量的冰核排放到空气中，促使过冷云滴中的水分转移凝结到冰核上，冰核逐渐增大，可以促进降水形成。在暖云中，降水的形成主要依靠大小云滴的冲碰作用，使小云滴逐渐增大，直至以降水形式降落。如果城市排放的微小凝结核很多，这些微小的凝结核吸收水汽形成大小均匀的云滴，反而不利于降水的形成。

(4) 人工增雨效应

人工增雨，即在充分研究自然降水过程的基础上，人工触发自然降雨机制。只有云水资源丰富、云层较厚以及有比较丰厚的过冷水区的冷云，才有可能被用来催化致雨。人工增雨通过措施促使云滴或冰晶增多增大，最后降落到地面，形成降水；通过撒播催化剂影响云的微物理过程，促使自然条件下能自然降水的云受激发而产生降水；也可为能够自然降水的云提高降水效率。

(5) 城市对降水影响的争议性

目前，对于城市化对降水的影响，存在两种相反的观点。多数研究者认为，城市的动力、热力作用使城区和城市下游地区降水增加；少数研究者认为，城市大气污染物的微物理过程使城市下游地区的降水减少。

7.7.3.2 城市人类活动对径流的影响

(1) 城市对径流形成过程的影响

城市化使得大片耕地和天然植被被街道、工厂和住宅等建筑物代替，下垫面的滞水性、渗透性和热力状况均发生明显的变化，集水区内天然调蓄能力减弱，这些都促使市区及近郊的水文要素和水文过程发生变化（图7-12）。

在自然流域内，部分降水通过植物截流、填洼、下渗后形成地表径流和地下径流，最终通过河川径流流出。汇流时间较长，洪峰流量偏低。

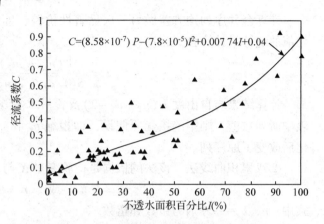

图7-12 径流系数与不透水面积百分比关系

而对于完全城市化的流域，城市化使得流域地表汇流呈现坡面和管道相结合的汇流特点，降低了流域的阻尼作用，汇流速度将大大加快。只有部分降水耗于填洼蓄存，完全以地表径流汇入河道，流量过程较尖瘦，峰高量大，汇流时间大大缩短。在城市化流域内，因填洼和下渗几乎为零，相对来说地表径流加快，使降落到城市流域的雨水很快填满洼地而形成地表径流，所有超渗水量增大了河流流量。

许多学者用试验模拟的方法，证实了不透水面积对洪水过程线的显著影响。结果表明，随着透水面积的减少，涨洪段变陡，洪峰滞时缩短，退水历时也有所减少（图7-13）。虽然很难在自然流域上进行上述试验，但不透水面积确实影响地表径流和汇流时间，这已被许多研究证实。

(2) 城市对年径流影响的分析方法

对比分析同一地区不同的城市化对径流影响的程度，目前多采用显著性统计检验法和双累积曲线法。

① 显著性统计检验（F 检验） 主要做法是：把年径流序列分成两个互不重复的子序列，如城市发展前和发展后两个不同时期，其相应序列样本容量分别为 n_1（发展前）和 n_2（发展后），分别计算各序列的均值和标准差。

方差分析：

设 $S_1^2 > S_2^2$，

则 $F = S_1^2 / S_2^2$ (7-7)

作为计算 F 检验用统计量，并与 n_1-1、n_2-1 及置信水平 $\alpha/2$ 的 F 表值作比较，一般取 $\alpha = 5\%$。如果计算 F 值超过表中所列数值，则拒绝接受原假设，即说明 $S_1 > S_2$，不是出自同一总体的方差。如果计算值小于表中所列数值，则接

图7-13 城市化对洪水过程线的影响

受原假设，合并序列估算方差由下式计算：

$$S^2 = \frac{(n_1 - 1)S_1^2 + (n_2 - 1)S_2^2}{n_1 + n_2 - 2} \tag{7-8}$$

计算合并序列均方差做另一次显著性检验，即应用于两个子序列均值 t 检验；检验均值的统计量计算公式为：

$$t = \frac{|(m_1 - m_2)|}{S(1/n_1 + 1/n_2)^{1/2}} \tag{7-9}$$

计算结果与自由度为$(n_1 + n_2 - 2)$及置信水平 $\alpha/2$ 的 t 值表相比较，如果计算值大于表中所列数值，则拒绝接受原假设，即拒绝 m_1 和 m_2 为出自同一总体的均值，说明城市化后改变了原序列。

②双累积曲线法　该法的依据是检验变量 X 与参证变量 Y 之间存在线性关系，即

$$Y = CX \quad 或 \quad Y = aX + b \tag{7-10}$$

式中　a，b——分别为系数和指数。

双累积曲线法目前多用于检验城市地区降水量的变化，即分析双累积曲线时注意分析双累积曲线斜率的变化(转折点)。该曲线就是根据检验变量的累积量与同期参证变量的累积量点绘相关线。如果资料成比例，则点据应为一直线；若其斜率有转折，则转折点说明了变化发生的时间。

此外，还应注意水文时间序列所固有的随机波动也会使累积曲线引起转折，一般可忽略持续时间短于 5 年的小曲折。

7.7.3.3　城市人类活动对水质的影响

城市化高度发展的流域，河流中悬移固体的来源，除了雨洪冲刷形成的泥沙颗粒外，还有大量工矿企业排放的废污水中夹带的固体颗粒，和城市生活污水中的固体颗粒。

(1) 城市水环境污染类型

污染水环境污染物可分为点源污染和非点源(面源)污染两大类。点源污染是指工业废水和生活污水，集中在若干地点排入受纳水体，这些污染物容易被观测和控制。非点源(面源)污染是指地表径流携带的地面污染物，不易控制。

面源污染物又可分为人为的和天然的两大类。前者指由于人类活动在地表面产生的污染物，如在农田耕作区施用的化肥和农药，在牧区、建筑工地、城市街区和露天采矿积聚的灰尘，以及工业废物和生活垃圾等。天然污染物又称背景污染，指天然地面形成的污染物，如土壤颗粒、枯枝落叶和野生动物粪便等。

(2) 城市水环境面源污染

雨洪径流中污染物的来源有三个方面：降水、地表污染物和下水道系统。

①降水　即降雨、降雪，对径流污染物的贡献包括降水淋洗空气污染物等。雨洪径流中有一部分污染物是由降雨带来的，尤其是工业区降雨中的硫很可能是雨洪径流的主要部分。

降水中污染物的含量由两部分组成，一部分是降水污染物背景值；另一部分为降水

通过大气引起的湿沉降。其中背景值一般比较稳定。降水通过大气引起的湿沉降量也可由大气中污染物的浓度估算。在降水期间，雨滴淋洗大气污染物的过程可由下式表示：

$$C_w = C_{w_0} e^{-\lambda t} \tag{7-11}$$

式中 C_w——雨后大气中污染物的浓度，mg/m^3；

C_{w_0}——雨前大气中污染物的浓度，mg/m^3；

e——自然常数；

t——降水时间，h；

λ——淋洗系数。

单位面积湿沉降量 D 为：

$$D = (C_{w_0} - C_w)H = C_w(1 - e^{-\lambda t})H \tag{7-12}$$

式中 H——污染物烟尘混合大气的厚度。淋洗系数 λ 的数量是 $10^{-4}/S$，为降水强度的函数；

其余符号意义同前。

②地表污染物　地表污染物可认为是雨洪径流污染物的主要部分。地表污染物以各种形式积蓄在街道、阴沟和其他排水系统直接连接的不透水面积上，如行人抛弃的废物，建筑和拆除房屋的废土、垃圾，粪便和随风抛洒的碎屑，汽车漏油，轮胎磨损和排出的废气，从空中干沉降的污染物等。

③下水道系统　下水道系统也对雨洪径流水质有影响，主要有沉积池中的沉积物和合流制排水系统漫溢出的污水。沉积池往往是提供"首次冲洗"，即污染物的第一个主要来源。前次径流过程遗留在沉积池里的水体很容易腐败。本次降水新形成的径流将替换沉积池内积存的污水。

7.7.4 城市水管理

城市化的发展影响城市的防洪、水资源保障和生态环境的保护等方面。从学科发展以及应用的角度来说，当前城市水文学面对很多科学问题，需要相应的对策。

7.7.4.1 亟待解决的科学问题

(1) 城市雨洪灾害

城市雨洪灾害频繁，下水道漫溢，低洼地段道路积水，交通车辆拥堵经常发生。我国城市现有的防洪标准偏低，一旦遭受洪灾，损失很难估算。特别是处在江河两岸的城市，往往由于局部侵占河滩地，造成行洪障碍，甚至破坏防洪设施。

(2) 超采地下水

我国许多城市特别是大城市，由于大量抽取地下水，形成大面积的地下水漏斗，并引起地面沉降。随着浅层地下水枯竭，有些城市转向开采深层地下水。超量开采地下水的严重后果已日趋明显，形成的地下水降落的海滨地区还会造成海水入侵，出现水质恶化的局面。超采地下水引起的地面沉降危及高层建筑物的安全，影响道路交通及上下水管路。

(3) 城市供水及调度

城市中工业和居民用水量很大，对水质也有一定要求。城市供水水源存在水资源量的估算、质的评价和供需平衡分析等问题，还要考虑如何重复使用水资源和探求最优的供水方式。特别是北方一些城市，城市发展已受到水荒限制，甚至一些水源充沛的城市也因水污染相继出现水源危机。为了保证城市的生产生活，不得不采取兴建蓄水工程、引水工程和开采地下水等措施。

(4) 城市污水排放

污水处理厂的出流就是点污染源的实例。非点污染源是城市污水处理中要着重研究的问题。城市污水排放造成河流及地下水的污染，使水质恶化。有些地区人口和工业区密集，但污水处理措施跟不上，大部分废污水通过蒸发和下渗消耗在流域内，而污水中夹带的大量难降解的污水物质逐年积存，使环境日趋恶化。

7.7.4.2 管理对策

(1) 技术支持措施

①普遍适用的控制管理城市径流污染的方法　工程方法是依靠兴建工程措施来控制污染，如修建沉淀池、渗漏坑、多孔路面、贮水池和处理污染的建筑物等。非工程方法是用加强管理来控制污染，包括控制大气污染、绿化、种草和清扫街道等。工程治理措施又可分为污染来源的控制和污染物流出下水道前的控制，如将污水集中处理后排放。非工程措施大多用于污染来源控制和污染物流出下水道前的控制；工程方法则是集中控制。

②推行清洁节水型生产工艺　推行清洁生产工艺是防止水污染和可持续发展的最佳途径。具体措施有以下3种：一是采用先进工艺技术，如以气冷设备代替水冷设备，以逆流漂洗系统代替顺流漂洗系统，以压力淋洗系统代替重力淋洗系统；二是发展工业用水的重复使用和循环使用系统；三是改进设备，加强管理，杜绝浪费。

③城市污水资源化再利用　大力发展城市污水资源化，可能比从丰水地区远距离引水更经济。城市污水通过有效净化手段可以使其再生且回用于某些用途，如用于农业灌溉，用作工业冷却用水、洗涤用水或工艺用水，用于市政如灌溉绿地和公园、浇洒道路、洗涤车辆、用作消防，也可用来补给地下水，防止地下水位的下降或海水的入侵等。

④研发新技术　依靠科技进步，积极研究并不断开发处理功能强、出水水质好、基础投资少、能耗及运行费用低、操作维护简单、处理效果稳定的污水处理新技术和新流程，这对于水污染防治具有至关重要的作用。

(2) 城市水环境政府管理监管

①走可持续发展之路，经济发展与资源、环境相协调　必须在全社会树立水资源与水环境的忧患意识，走可持续发展之路。使经济发展水平与资源条件和环境状况相适应。对污染严重地区，果断地关停严重污染环境的小企业，加大污染治理力度。

②健全水环境监测网络，实行动态监测、区域联防　水环境监测网络应该优先建设，先行发展。在有条件地区建设自动测报与预警系统。对跨界河流与重大污染事故实

行动态监测,定期向社会公布水环境信息。加强省际边界水体的监测,积极开展跨省的污染防治。

③建立流域与区域相结合的管理系统,实现水量水质统一管理　应加强流域水资源机构的作用,实行水利部门水量水质同步监测、统一管理、联合调度,改善流域水环境。

④实施总量控制,严格排污管理　减少污染物排放最有效的办法是根据流域水环境容量制订污染物允许排放量,控制进入江河湖库的污染物。将排污总量指标层层分解,组织制订辖区内排污总量控制计划,并将排污总量指标分解到每个排污单位,纳入目标责任制管理,同时加强对入河排污口的监督性监测与管理,控制废水中污染物总量不超过规定指标。

⑤依法治污,完善水环境治理的法规体系　依法治污是改善我国水环境的关键所在,应在《水法》《水污染防治法》的指导下,健全流域治理领导机构,制订流域及区域水污染规划及各种配套法规,使水环境工作法制化、制度化。设立专门机构,实施监督、执法的权利。

⑥团结协作,科学治理　水利、环保、农业、城建等部门团结协作,是治理水污染、改善水环境的组织保证。水环境是一个复杂的大系统,涉及自然、社会、环境诸多因素,增加治理措施的科技含量和理论依据是当务之急,应逐年安排关键问题和关键技术的科技攻关,指导治理工作。

7.8　生态水文模型

传统的水文模型主要研究区域的降水、陆地表面蒸发、地表径流、土壤水分变化及下渗等水分运动过程中的分配和反馈机制。随着生态水文学的兴起,生态水文过程的耦合研究日益重要,生态水文模型应运而生(苏凤阁等,2001)。

7.8.1　生态水文模型的分类及特点

生态水文模型是生态过程与水文过程的耦合模型,在模型计算中考虑林冠截留、植物蒸腾、土壤蒸发、入渗、地表径流、壤中流、植物生长等生态水文过程,并模拟植被与水的相互作用关系。生态水文模型主要侧重模拟水文过程对生态系统的结构和功能的影响以及生态过程对水文过程的反馈作用(贾仰文等,2005)。生态水文模型的实现可以是在水文模型的基础上,融入植被的动态过程的生物地球化学过程,或者是在生态模型的基础上,考虑水分在植被或生态系统内的循环过程(表7-1)。

7.8.2　集总式水文模型

集总式水文模型将流域概化为一个整体,忽略流域内部地质、地貌、土壤、植被等要素的局部不均性对水文循环的影响。该类模型的结构简单明晰且易通过计算机编程实现,在科学研究和工程应用领域受到广泛青睐。

表 7-1　部分生态水文模型及其应用领域

模型类别	生态水文模型	应用领域
经验模型	Rutter 模型、Gash 模型、Dalton 模型、DCA 模型、回归模型、Philip 模型	森林水文生态过程、植物水环境排序、预测与模拟植物对水文的影响过程
机理模型	Penman-Monteith 模型、Horton 模型、系统响应模型、透水系数模型、Pattern 模型、分布式水文模型、MARIOLA 模型、FOREST-BGC 模型	生态水文平衡要素测定、生态与水文耦合过程模拟与预测、植被的水文生态效应分析
随机模型	Monte Carlo 模型、马尔可夫模型	水文与生态过程的随机性模拟、参数与要素模拟
确定性模型	Darly-Richards 模型、Boussinesque 模型、Hagan-Poiseuille 模型、Laplace 模型、Manning 模型	土壤水流、河川径流运动与土壤侵蚀、溶质迁移过程、植被对河川径流的影响
集总模型	SVAT 模型、HYDROM 模型、SWIMV.2.1 模型、SHE 模型、新安江模型、SCS 模型、SPAC 模型、系统动力学模型、HYDRROM 模型等	土壤—植被—大气间物质能量传输过程、区域气候、径流、植被与土壤侵蚀之间的相互关系、不同自然条件下土壤水分、溶质传输过程、区域生态与水文耦合过程、流域水文循环与水文过程

7.8.2.1　集总式水文模型的建立和发展

集总式概念性水文模型的研究最早可追溯到 20 世纪 50 年代，比较有代表性的是由 Linsley 和 Crawford 提出的 Stanford 模型，该模型是水文模型研究领域具有里程碑意义的产物；随后，国内外水文学者相继提出了众多概念性水文模型，如美国的 Sacrament 模型、日本的 TANK 模型、爱尔兰的 SMAR 模型以及我国的新安江模型。

流域水文模型的研制和发展大体经历了"黑箱模型—集总式水文模型—分布式水文模型"3 个阶段。黑箱模型是最早的水文模型，它把流域看成黑箱，不考虑其内部结构和过程，只考虑输入和输出。基于长期水文观测建立的黑箱模型反映了特定流域地形、土壤、气候、植被等众多因素对径流的综合影响，但没有考虑流域内部的水文过程，而且很难应用于其他流域。随着对森林流域水分循环过程认识的深入，集总式模型开始逐步取代黑箱模型。

7.8.2.2　集总式水文模型的特点

集总式模型较黑箱模型进步的地方主要是其在模型的输入和输出之间加入了流域内的水文过程对流域水文的影响，对系统中植被截留、土壤入渗、水分在土壤中流动和地表径流以及坡面汇流的过程进行计算，能够模拟流域的径流过程。但集总式模型的最大问题是建立在假定系统内的植被、土壤、地形、地貌等在空间上完全均质的前提下，认为流域表面各点的水力学特征是均匀分布的，对于流域表面上任何一点的降水，其下渗、渗漏等纵向水流运动都是相同和平行的，不存在水平运动。这就使得集总式水文模型无法体现流域的空间异质性，无法模拟和预测流域内局部地区人为活动干预（如造林、砍伐、兴建水利工程等）或一些自然变化（如火灾、虫害、气候变化等）对流域水资源情况的影响。

集总式流域水文模型的最基本特征是将流域作为一个整体来模拟其径流形成过程。不同的集总式流域水文模型尽管具有不同的模型结构和参数，但其本身都不具备从机理上考虑降水和下垫面条件空间分布不均对流域径流形成影响的功能，模拟结果只求符合流域出口断面实际发生的流量过程，而不一定追求中间过程的真实性。

就模型结构而言，现有集总式流域水文模型绝大多数都是由概念性元素按径流形成过程组合而构成的。这些概念性元素可归纳为 6 类，即表示蒸发散作用的概念性元素、表示产流机制的概念性元素、表示下垫面特征不均匀性的概念性元素、表示坡面汇流的概念性元素、表示多孔介质水流汇集的概念性元素和表示河网汇流的概念性元素。不同的概念性集总式流域水文模型在结构上的区别，就在于采用的概念性元素及其组合方式的不同。

从确定总径流量及其组成成分看，现有集总式流域水文模型中概念性元素的组合方式几乎只有两类：一是先确定总径流量，然后划分径流成分，并按不同径流成分进行汇流计算，通过叠加得到流域响应；二是划分径流成分，与对不同径流成分的汇流计算同时进行，然后得到流域响应。对现有概念性集总式流域水文模型所包含的参数，可以按不同的观点进行分类。如果按参数所具有的意义，可以分为几何参数、物理参数和经验参数等；如果按参数在径流形成中所起的作用，可以分为蒸发散参数、产流参数、分水源参数和汇流参数等；如果按对流域响应计算精度的影响程度，可分为敏感性参数和不敏感参数；如果按确定参数的方法，可分为直接测量参数、试验分析参数和率定参数。现有概念性集总式流域水文模型所包含的参数，具有明确物理意义的较少，通过物理方法确定的更少，大多数参数都要依靠率定方法确定。目前率定参数的基本思想是：要求所确定的参数必须使计算的流域响应误差最小，或与实测的流域响应拟合最佳。

7.8.2.3 集总式水文模型的缺点

由上述不难看出，现有概念性集总式流域水文模型隐含着下列缺陷：

①构成模型的概念性元素一般只能模拟水文现象的宏观表现，而不能涉及水文现象的本质或物理机制。因此，现有概念性集总式流域水文模型的结构对径流形成过程的描述是近似的，甚至是粗略的，所包含的参数大多缺乏明确的物理意义。

②将事实上呈空间分布状态的降水输入当成模型的集总输入，这显然与流域径流形成是分散输入、集总输出的实际情况不符。

③有些模型虽然设法考虑下垫面条件空间分布不均对径流形成过程的影响，但由于采用统计分布曲线，因而无法同时考虑降水空间分布的影响。

④模型包含的参数中一般都有 2 个以上，甚至 10 多个要通过率定方法确定，即由实测水文气象资料反求。这种称为"反问题"的数学问题，在理论上完全依赖于目标函数、约束条件的拟定和实测水文气象资料条件，会出现"异参同效"现象，因此，很难保证解的唯一性和合理性。

7.8.2.4 SVAT 模型

陆面过程模型(也称陆面模型，Land Surface Models，LSM；或陆面方案，Land Surface Schemes，LSS)是地球物理学和气象学领域用来研究陆地—大气之间物质和能量交换过程的模型。概括地讲，陆面过程模型有"水桶"(Bucket)模型、土壤—植被—大气传输模型(Soil Vegetation Atmosphere Transfer, SVAT 模型)和砖块马赛克模型(Mosaic of tiles) 3 种。陆面过程中考虑植被在土壤—植被—大气系统各界面之间能量、物质传输和交换过程中重要作用的物理—化学—生物联合模型统称为 SVAT 模型，目前一般所说的陆面模型广义上是指 SVAT 模型。随着人们对土壤—植被—大气系统生物、物理和化学过程认识的不断深入，遥感技术在陆面过程参数化中的应用，以及模型在生产实践中的检验、完善和模拟预报，气象、气候、水文、生态、植物和水土保持等学科的专家学者对 SVAT 模型越来越感兴趣，并将其应用到各自的研究领域中。用 SVAT 模型来研究土壤—植被—大气系统中大气、植物、地表、土壤和地下水层中的水及其相互作用和相互关系(即五水转化)，是一个很有效的方法。模型对植物耗水过程与生态需水、生态系统与局地气候间的反馈机制、土壤水分与植被的相互作用机制、区域植被演替规律等方面的研究，以及生态环境的恢复与重建都具有十分重要的价值，也是进行广义水资源评价的基础。

1) SVAT 模型的建立和发展

为了给气候模型提供更恰当的大气底层边界条件，陆面过程参数化方案被引入大气模型，并提出和建立了多种形式的 SVAT 模型，用来描述土壤—植被—大气系统各界面能量、动量和物质的相互作用。模型的复杂程度也从最早的"水桶"方案(Bucket Scheme)发展到含有几个土壤层和植被层，涉及生物、物理和化学过程，考虑水平方向不均匀性，能够全面描述土壤—植被—大气相互作用的综合方案。SVAT 模型的建立和发展可分为以下 3 个阶段。

(1)"水桶"模型阶段(1956—1978 年)

M. I. Budyko 首先提出了孤立物理过程模型"水桶"模型(也称"水箱"模型)。S. Manabe 首次用"水桶"模型描述陆面水文过程，并应用于陆地大气环流模型(Land Circulation Model, LCM)。Deardorff 用"水桶"模型将表层土壤分成 2 层，采用强迫—恢复法(Force Restore Method, FRM)模拟土壤中热通量的日内及季节性分量。"水桶"模型没有或仅简单考虑植被的作用(严格地讲，这阶段的模型还不是真正意义上的 SVAT 模型)，使用简单指定的参数，未能考虑不同地区土壤质地和植被种类差异，以及土壤内部的水分传输，对蒸散过程描述的真实性较差；但由于其所需的陆面特征和物理参数少且易于确定，至今仍有使用。

(2)生物物理学模型阶段(1978—1996 年)

J. W. Deardorff 提出"大叶"概念，在陆面模型中加入一层植被，开始考虑植被的生态水文过程，从而形成了 SVAT 模型的雏形。"大叶"通常指具有单个敏感的"大气孔"，对周围环境条件十分敏感，不仅能控制蒸发散，还能重新分配植物所吸收的能量。反过来，环境条件也对叶面气孔生理机制有影响。R. E. Dickinson 提出的生物圈—大气圈交换方案 BATS(Biosphere Atmosphere Transfer Scheme)，P. J. Sellers 等建立的简单生物圈模型 SiB(Simple Biosphere Model)，以及 1989 年 J. Noilhan 等提出的土壤、生物圈和大气圈之间的相互作用模型 ISBA(Interaction Soil Biosphere Atmosphere)等，都以"大叶"概念为基础。这些模型引入植被层，利用生物物理学理论计算陆面—大气之间的通量，对土壤—植被大气系统边界层物理过程的模拟比"水桶"模型更符合实际，通量计算也更为准确。

(3) 生物化学模型阶段(1996年至今)

P. J. Sellers 等综合应用了地球生物圈的植被物理学、物候学和辐射传输的最新研究成果,将一层植被模型与植被微气象学、土壤消融过程、生长和生物量的新陈代谢联系在一起,于1996年设计了SiB2。R. E. Dickinson 于1998年提出 BATS2 模型,以光合作用、传导度结合起来描述植被叶子中水与碳的交换,将光合作用与水汽传输相耦合,实现了通过估算群落光合作用来推算冠层的气孔阻力,发展了植物生理—生物化学耦合模式。这类模型在生物物理模型的基础上,通过耦合植物生理、生化过程,系统地模拟了植物界面的光合作用、呼吸作用发生过程,以及植物生理生化过程对植被和生态系统水、热及其他物质循环的影响,为描述水、土、植物呼吸和生态系统与气候的耦合奠定了坚实的基础,比生物物理学模式更加完善。但大部分模型对冠层辐射输送过程的微观处理还不够重视,而这正是保证其他通量计算精度的根本所在。所以,关于植被对大气边界层的影响、土壤—植被—大气系统辐射、水分、热量、动量运移和贮存的模拟研究还有待进一步深化。

2) SVAT 模型结构

SVAT 模型的开发研究是随着全球大气环流模型(General Circulation Model,GCM)和区域大气环流模型(Regional Circulation Model,RCM)等各类气候模型研究对陆面水循环、能量循环与其他物质循环过程模拟的要求而逐步发展完善的。按其对植被冠层处理方式的不同,大致可分为单层模型、双层模型和多层模型3种。对应不同的模式,需要对不同分层列出各自对应的能量平衡和水量平衡方程,并分别求解其中的每一项,以此计算土壤—植被—大气系统的水热通量。单层模型和双层模型虽然对土壤和植被的通量进行了模拟,但对冠层内部过程的描述不够详尽,因此,在计算植被层的湍流交换系数和表面传导时比较困难。单层模型将下垫面看作一个整体,仅仅描述土壤—植被系统与大气圈的交换,不考虑土壤—植被系统内部能量和水分的相互作用过程,只能反映大气和下垫面间总的能量、动量和物质交换过程。这类模型忽略了植被冠层与土壤之间水热特性的差异,但因其计算简单而被广泛采用。常用的模型是 R. E. Dickinson 的单层大叶面模型 BATS,该模型将下垫面看作一个大叶片,首先由空气动力学阻抗及表面温度与气温的差值确定显热通量,然后由能量平衡方程计算蒸散量。双层模型将植被冠层与土壤分开,分别考虑各自的动量吸收、能量和物质转化传输过程,以及二者之间的相互作用,分别计算植被蒸腾与土壤蒸发,具有较清晰的物理含义,如 P. J. Sellers 等的 SiB2 模型。多层模型根据冠层微气候的差异将植被冠层分成若干层,高分辨地描述冠层小气候、辐射分布以及叶气界面水热交换过程,如 P. J. Sellers 等的多层大叶面模型 SiB。

3) SVAT 模型主要水热过程的参数化方案

(1) 土壤中热量传输的参数化

①能量平衡法　根据地面能量平衡(热平衡)方程,计算地表温度,通常采用 Taylor 展开式求其线性解。由于很难准确计算土壤热流量,采用了不同的处理方法:土壤绝热法(假定土壤热通量 $G=0$);感热相关法(建立土壤热通量 G 与感热通量 H 的经验关系,$G=CH$,其中 C 为经验常数);辐射相关法(采用土壤热通量与地面净辐射通量 R_{net} 的经验关系 $G=C_{R_{net}}$,其中 C 为经验常数),主要出现在早期的 GCM 中。CLASS(Canadian

Land Surface Scheme)模型采用能量平衡方程计算表面温度,采用热扩散方法计算土壤温度。

②求解热传导方程法 又称为土壤模式法或薄层法,采用 Fick 热扩散定理和有限差分方法进行求解。一维热传导方程为:

$$C_h \frac{\partial T}{\partial t} = \frac{\partial}{\partial z} \cdot \lambda \frac{\partial T}{\partial z} \tag{7-13}$$

$$C_h = f_q c_q + f_c c_c + f_o c_o + \theta_{cw} + f_a c_a \tag{7-14}$$

式中 C_h——土壤的热容,依赖于组成土壤的各种成分;

T——土壤温度,℃;

t——时间,h;

z——土层深度,m;

c,f——相应成分的热容与体积分数,下标 q、c、o、w、a 分别代表石英、黏土、有机质、水分、空气;

θ——土壤体积含水量,%;

λ——土壤的热导率,J/(cm·s·℃)。

该方法考虑了土壤水分对土壤热容和热导率的影响,而且具有明确的物理意义,得到广泛应用,如 CLASS、VIC-3L(Variable Infiltration Capacity-3 Layers)、LSM、MSiB(Modified SiB)等,但忽略了土壤水分运动对热扩散的直接影响。

③强迫—恢复法 热扩散方程是非线性的,直接求解计算量大且不稳定。为了提高计算效率,"强迫恢复法"经常被用来计算日内时间尺度下土壤中的热传导过程。该方法是基于热传导方程周期热源强迫情况下的解析得到的,简单易行,在模型中使用较多,方程式如下:

$$n \frac{\partial T_s}{\partial t} = \frac{2G}{C_h d_0} - \omega(T_s - T_2)$$

$$\omega = 2\pi/86\,400 \tag{7-15}$$

$$n = 1 + 0.943(d/d_0) + 0.223(d/d_0)^2 + 0.016\,8(d/d_0)^3 - 0.005\,27(d/d_0)^4 \tag{7-16}$$

式中 T_s——地表温度,℃;

d_0——温度日变化影响土壤深度,m;

T_2——表层土壤底部的温度,℃;

d——表层土壤的厚度,m;

n,ω——参数;

$\dfrac{2G}{C_h d_0}$——热传导通量产生的"强迫项";

$\omega(T_s - T_2)$——土层底部温度产生的"恢复项"(使地面温度向土层底部温度恢复)。

(2)土壤水分的参数化

①"水桶"模型 也称水桶型一层方案。对于单层土壤,水量平衡方程式为:

$$\rho_w z \frac{\partial w}{\partial t} = P_r - E_a - R - D_r$$

$$E_a = E_p(w/w_c)$$

$$R = \begin{cases} 0 & (w < w_c) \\ P_r - E - D_r & (w \geq w_c) \end{cases} \quad (7\text{-}17)$$

式中 ρ_w——水的密度，kg/m³；

z——土层厚（该方案中通常取 1 m），m；

w——土层的平均含水量，%；

P_r——降水量，mm；

R——地表径流量，mm；

D_r——排水量，mm；

E_a——实际蒸发量，mm；

E_p——潜在蒸发量，mm；

w_c——田间持水量，%。

在"水桶"模型中，如果土壤含水量小于田间持水量，则不产生径流；当土壤含水量大于田间持水量时，径流等于表面水通量。土壤湿度和蒸发的关系是直接的，不存在土壤水的传导过程（包括扩散和渗透）；但模型中蒸发和土壤水之间的反馈是单向的，土层内部的水力扩散过程和地下水补给被忽略，因此，不能充分描述表层土壤蒸发和水分的动态变化，只适用于较大的空间尺度。对植被的蒸腾过程考虑不够，势必影响对蒸发和土壤湿度关系的描述。

②强迫—恢复法 也称强迫—恢复型 2 层方案。VIC(Variable Infiltration Capacity)、ISBA 等对土壤水的描述采用了此方法。双层方案更加细致地考虑了土壤中水分的渗透、底层水分的补给，考虑了土壤水分在垂直方向的传导过程（包括扩散和渗透）和植被的蒸腾作用，强化了对土壤湿度和蒸发反馈作用的描述，包括快速响应的强迫项和来自深层扩散过程的慢速恢复项。强迫—恢复法中，土壤共分为 2 层：较薄的上层 d_1 和深层 d_2。模型具体表达为：

$$\frac{\partial W_1}{\partial t} = C_1 \frac{P_r - E_g}{\rho_w d_1} - C_2 \frac{W_1 - W_{geq}}{t}$$

$$\frac{\partial W_2}{\partial t} = \frac{P_r - E_g - E_{tr}}{\rho_w d_2} \quad (7\text{-}18)$$

式中 W_1——上层土壤体积含水量，%；

W_2——下层土壤体积含水量，%；

W_{geq}——重力和毛管力平衡时的土壤含水量，%；

E_g——裸地蒸发量，mm；

E_{tr}——植被蒸腾量，mm；

t——时间，h；

C_1，C_2——系数；

$C_1(P_r - E_g)/(\rho_w d_1)$——强迫项，描述 W_1 对降水和蒸发的迅速反映；

$C_2(W_1 - W_{geq})/t$——恢复项，反映深层土壤对水分的供应。

③Richards 扩散方程和 Darcy 定理　扩散型多层方案，通常用 Richards 方程来描述垂向一维土壤水运动，土壤各层间的水汽通量服从 Darcy 定律。扩散方程的应用以假定土壤均质为前提，在求解方程时不可避免地要选择模型的分辨率，也就是所分的土层数及土层厚度。大多数模式将土壤分为 3 层，如 BATS、CLASS 和 SSiB(Simplified Simple Bio-sphere model)等。刘和平等发展的 MSiB 模型中，土壤湿度采用水汽扩散方程和 Darcy 水流方程同时求解得到。

$$\frac{\partial \theta}{\partial t} = \frac{\partial}{\partial z}\left[D(\theta)\frac{\partial \theta}{\partial z}\right] + \frac{\partial K(\theta)}{\partial z} \tag{7-19}$$

式中　$K(\theta)$——土壤导水率，mm/s；
　　　$D(\theta)$——土壤水扩散率，mm/s。

Darcy 水流定理将垂直方向上土壤水流通量表示为：

$$q = -K\left[\frac{\partial(\psi+z)}{\partial z}\right] = -K\left(\frac{\partial \psi}{\partial z}+1\right) = -K\left(\frac{\partial \theta}{\partial \psi}\cdot\frac{\partial \psi}{\partial z}+1\right) \tag{7-20}$$

式中　K——土壤液态水传导率，mm/s；
　　　ψ——土壤水势，MPa。

多层扩散方案考虑了土壤湿度、植被根的分布和植被传输之间的耦合，深入地考虑了深层水的向上扩散，因此，多层扩散模型更能真实和详细地描述土壤内部的水文过程。

④Philip-de Vries 水热运动耦合方程　该方法考虑了均质土壤中液态水和气态水的传输过程，没有考虑滞后现象和空间异质性的影响。土壤水运动方程为：

$$\frac{\partial \theta}{\partial t} = \Delta \cdot [D(\theta)\Delta\theta] + \Delta \cdot (D_T\Delta T) + \frac{\partial K}{\partial z} \tag{7-21}$$

式中　D_T——土壤水在温度梯度下的扩散率。

除此之外，与土壤水传输密切相关的另一个问题是土壤液力传导率和土壤水势的计算。目前，土壤液力传输的模型主要有 Brooks-Corey、Clapp-Horn-berger、van Genuchten、Broad birdge-White 等，其中 Clapp-Hornberger 模型的应用最为广泛。

(3) 土壤蒸发的参数化

①潜在蒸发量的计算　模型计算潜在蒸发量主要有 3 种方法。总体动力学方法主要根据空气的紊动扩散理论来探讨可能蒸发，BATS、IS-BA、SSiB 等模型采用此方法。Penman-Monteith 方程根据空气动力学原理和地表能量收支平衡方程综合得出，COUP-MODEL(Coupled Heat and Mass Transfer Model for Soil-Plant-Atmosphere System)、VIC 等模型采用此方法。Priestley-Taylor 方程是 Penman-Monteith 方程的简化。

a. 总体动力学方法

$$E_p = \frac{q_s(T_{g1}) - q_a}{r_a} + \rho_a\frac{q_s(T_{g1}) - q_r}{r_s} \tag{7-22}$$

式中　ρ_a——空气密度，kg/m³；
　　　$q_s(T_{g1})$——表面温度为 T_{g1} 时的饱和比湿；
　　　q_a——空气的比湿；
　　　q_r——参考层的空气比湿；

r_a——空气动力学阻抗，Ω；

r_s——表面阻抗，Ω。

这种方法的优点在于所需参数少，但对下垫面的粗糙度和大气的稳定度要求极为严格，在平流逆温的非均匀下垫面、粗糙度很大的植物覆盖以及植物冠层内部情况下不适用。

b. Penman-Monteith 方程

$$E_p = \frac{\Delta R_n + \rho_a c_p [(e_s - e_a)/r_a]}{L[\Delta + \gamma(1 + r_s/r_a)]} \tag{7-23}$$

式中　R_n——可用于蒸发的净辐射通量，W；

c_p——空气定压比热容，J/(kg·℃)；

e_s——饱和水汽压，hPa；

e_a——实际水汽压，hPa；

L——蒸发潜热，kJ/mol；

Δ——平均气温时的饱和水汽压曲线斜率；

γ——干湿表常数。

Penman-Monteith 方程考虑了影响蒸散的大气因素和作物生理因素，在湿润或干旱半干旱地区都可以较准确地计算作物潜在蒸散量。这种方法的缺陷是需要的参数较多，参数取值直接制约结果的精度。

c. Priestley-Taylor 方程

$$E_p = m \frac{\Delta(R_a - G)}{L(\Delta + \gamma)} \tag{7-24}$$

式中　R_a——太阳辐射通量；

m——经验常数，取值 1.26~1.29。

该公式对 Penman-Monteith 方程中辐射项进行了修正，省略了空气动力学项，因而在干旱半干旱地区表现欠佳。

②实际蒸发量的确定　当土壤处于非充分供水状态时，土壤实际蒸发量的确定主要有 3 种方法：α、β 和 γ 法。

α 方法：　　　　　$E_a = \rho_a [\alpha \cdot q_{sat}(T_s) - q_a]/r_a$

β 方法：　　　　　$E_a = \beta E_p$ 　　　　　　　　　　(7-25)

γ 方法：　　　　　$E_a = \min(E_p, E_c)$

式中　$q_{sat}(T_s)$——地面温度 T_s 时的空气饱和比湿；

E_c——通过土壤表面的最大水分通量，mm/a；

α，β——土壤湿度的经验函数；

其余字母意义同前。

BATS 等采用 γ 方法，VIC 等采用 β 方法，而 ISBA、SSiB 等采用 α 方法。

③植被蒸散的参数化　大多数模型在处理植被蒸散时都考虑了冠层截留蒸发和叶面蒸腾。冠层截留水分蒸发量表示为：

$$E_W = \delta \rho_a [q_{sat}(T_c) - q_a]/r_b \tag{7-26}$$

式中　E_W——植被冠层截留蒸发量，mm；

δ——湿润叶面占整体叶片总面积的比例；

$q_{\text{sat}}(T_c)$——叶面温度 T_c 时的饱和比湿；

T_c——叶温，℃；

r_b——叶片总面积表面边界层阻抗，Ω。

对蒸腾的参数化中，引入了冠层阻抗来反映植物对水汽传输的效率，表达式为：

$$E_{tr} = \rho_a [q_{\text{sat}}(T_c) - q_a]/(r_b + r_c) \tag{7-27}$$

式中 r_c——总体气孔阻抗（或总体冠层阻抗），一般由单叶的气孔阻抗除以叶面指数而得到。

7.8.3 分布式生态水文模型

分布式水文模型是在分析和解决水资源多目标决策和管理中出现问题的过程中发展起来的。所有分布式水文模型都有一个共同点：有利于深入探讨在自然变化和人类活动影响下的水文循环与水资源演化规律。

7.8.3.1 分布式水文模型的特点

与传统模型相比，基于物理过程的分布式水文模型可以更加准确详细地描述流域内的水文物理过程，获取流域的信息更贴近实际（图 7-14）。二者的具体区别在于处理研究区域内时间和空间异质性的方法不一样。分布式水文模型的参数具有明确的物理意义，

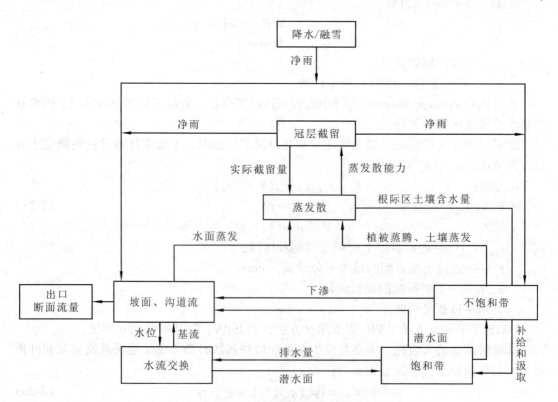

图 7-14 分布式水文模型水流运动数据流程

充分考虑了流域内空间的异质性，采用数学物理偏微分方程较全面地描述水文过程，通过连续方程和动力方程求解，计算得出其水量和能量流动。如用于坡面地表漫流和河道（明渠）流的圣维南（Saint Venant）方程组（通常是二维的）：

$$\begin{cases} \dfrac{\partial h}{\partial t} + \dfrac{\partial}{\partial x}uh + \dfrac{\partial}{\partial y}vh = i & (7\text{-}28) \\ S_{fx} = S_{ox} - \dfrac{\partial h}{\partial x} - \dfrac{u\partial u}{g\partial x} - \dfrac{\partial u}{g\partial t} - \dfrac{qu}{gh} & (7\text{-}29) \\ S_{fy} = S_{oy} - \dfrac{\partial h}{\partial y} - \dfrac{v\partial v}{g\partial y} - \dfrac{\partial v}{g\partial t} - \dfrac{qv}{gh} & (7\text{-}30) \end{cases}$$

式中　S_f——摩阻比降，%；
　　　S_o——坡度，%；
　　　u——x 方向流速，m/s；
　　　v——y 方向流速，m/s；
　　　h——水深，h；
　　　i——净流入量，mm。

用于描述非饱和带水流运动的土壤水分运动方程：

$$c\dfrac{\partial \varphi}{\partial t} = \dfrac{\partial}{\partial z}\left[k(\theta)_z \dfrac{\partial \varphi}{\partial z}\right] + \dfrac{\partial}{\partial x}\left[k(\theta)_x \dfrac{\partial \varphi}{\partial x}\right] + \dfrac{\partial}{\partial y}\left[k(\theta)_y \dfrac{\partial \varphi}{\partial y}\right] + \dfrac{\partial k(\theta)_z}{\partial z} - s \quad (7\text{-}31)$$

式中　c——比水容重，g/m³；
　　　φ——土壤基质势，Pa；
　　　θ——土壤体积含水率，%；
　　　k——非饱和导水率，%；
　　　x,y,z——水分运动方向；
　　　s——根系吸水项。

分布式物理模型已经有二十多年的历史，随着各种相关科学和技术的进步和完善，分布式水文模型已成为流域水文模拟的重要发展趋势，是建设"数字流域"的重要工具。相对于传统的水文模型，分布式水文模型是一种理论上的创新和进步。当然，由于受到技术等原因的制约，目前分布式水文模型的应用还存在一定的问题，如尺度转换、空间参数率定以及在实际流域模拟中的数值算法的有效性和稳定性等问题。这需要从事水文研究特别是水文模型研究的学者更加深入地学习和理解水文的过程机制，更细致完善地进行水文的过程描述，更加主动地学习与水文研究相关的科学和应用技术。

7.8.3.2　分布式水文模型的几个关键问题

（1）尺度问题、时空异质性及其整合

尺度问题指在进行不同尺度之间信息传递（尺度转换）时所遇到的问题。水文学研究的尺度包括过程尺度、水文观测尺度和水文模拟尺度。当3种尺度一致时，水文过程在测量和模型模拟中都可以得到比较理想的反应，但要想3种尺度一致是非常困难的。

尺度转换就是把不同的时空尺度联系起来，实现水文过程在不同尺度上的衔接与综合，以期水文过程和水文参数的耦合。尺度转换包括尺度的放大和缩小两个方面，尺度放大就是在考虑水文参数异质性的前提下,把单位面积上所得的结果应用到更大尺度范围的模拟上;尺度缩小是把较大尺度的模型的模拟输出结果转化为较小尺度信息。尺度转换容易导致时空数据信息丢失,这一问题一直为科学家所重视,却一直未能得到真正解决,也是当今水文学界研究的热点和难点。

尺度问题源于目前缺乏对高度非线性的水文学系统准确的表达式,于是对于一个高度非线性且没有表达式的系统,人们用"分布式"方法来"克服"它。然而事实上,无论是"subwatersheds"还是"Grid Cells",内部仍然是非线性且没有表达式的。但是,人们认为它们是"均一"的,于是产生了尺度问题。自然界中水文参数存在很大的时间和空间异质性,野外实验证明,传统上认为在"均一"单元,且属于同一土壤类型的小尺度土地上,其水力传导度的变化范围差异可以达到好几个数量级。

在分布式水文模型 MIKESHE 中,处理的最有代表性的尺度问题就是模拟不饱和带的垂向水分运动,Richards 方程用到的水力参数是由实验室对野外采集的少量未扰动的土壤样品测量得到。然而,对分辨率低(计算网格比较大)的单元格,用一个参数值来表示土壤的水力参数肯定是不够的,除非该网格内土壤质地绝对均一,而这显然不大可能。

解决尺度转换的问题还应该在以下几个方面进行深入研究:研究水文过程在不同尺度间的联系、影响与相互作用,以及不同尺度的水文循环规律,用不同分辨率的空间数据表达各个尺度水循环的物理过程;改良水文数据的获取方式和处理方法,提高数据的精度;研究水文过程在不同尺度上的适用性及其影响因素。

水文模型模拟的主要任务之一就是将小于模型计算空间尺度的水文异质性特征整合在计算单元格之中,以达到对水文物理过程的准确模拟。传统的集总式模型都建立在水文环境不变这一基本假设之上,而在分布式模型中,空间异质性通过模型深入探讨,水文参数的空间分布尺度不确定等。在当今的分布式水文模型中,各种参数由实验数据得来,每个计算单元的水文异质性特征被不同程度地概化或单一化处理,所以其"分布性"不彻底,水文物理过程的描述也不完全详尽,因此并未从根本上解决尺度的转换问题。

但是,能实时收集大容量面上信息的遥感技术和具有管理、分析、处理大容量空间属性数据的地理信息系统技术的发展,为找到适合不同尺度流域的分布式水文模型的模型结构及主要参数提供了可能,实现尺度转换也许只是时间问题。

(2) 分布式水文模型计算域的离散(计算单元的划分)

分布式水文模型计算域的离散,即对流域内空间异质性的描述方法,是为了更实际地反映流域整个水文循环的影响因素(地形、土壤类型、植被、降水、气温、辐射、人类活动、气候变化等),方便与 GIS 技术集成,从而有效地利用遥感(RS)数据。分布式水文模型将研究流域划分成若干单元(单元也可进一步细分),极大地方便了对水文过程数值的模拟和计算。王中根、张志强、万洪涛从不同的角度介绍了流域离散的基本原理,以及目前流行的水文模型离散计算单元的方法。

目前,划分基本计算单元的方法主要有栅格单元法(grid cell)、坡面单元法(hill-slop discretization element)、自然子流域单元法(subwatershed)以及响应单元法(hydrological response unit)。

①基于栅格单元(grid cell)的划分　将研究流域划分为若干个大小相同的矩形网格,并将不同参数赋予各网格单元,这种方法在分布式水文模型中应用比较普遍。网格的大小视情况而定,对于较小的实验流场或小流域直接用 DEM 网格划分,多为 20 m×20 m 或 50 m×50 m。该方法在一些小尺度的基于物理过程的分布式参数水文模型(SHE 模型、MIKESHE 模型等)中比较流行。针对数十万到数百万平方千米的大流域的一些大尺度分布式水文模型,通常将研究区域划分为 1 km×1 km 或更大的网格。每个网格单元根据 DEM 分辨率和模型精度要求,又可分为更小的网格即亚网格。以栅格单元划分流域,网格大小要符合流域实际(地形、地貌气候)输出结果的精度要求。如果单元格过小,单元格数量过多,会增加计算机负荷;如果单元格过大,分辨率降低,单元格上的代表值就不能完全覆盖整个单元格的信息,导致部分属性数据丢失。事实上,同尺度问题所述,各个尺度的网格都有异质性问题。如果无限划分亚网格,会对资料和数据提出更高的要求,这显然是不现实的。在流域详细资料短缺时,对亚网格尺度的异质性描述可采用统计特征分布的方法。

②基于坡面单元(hill-slop discretization element)的划分　此法将一个矩形坡面作为分布式水文模型的最小计算单元。首先,根据 DEM 进行河网和子流域的提取。然后,基于等流时线的概念,将子流域分为若干条汇流网带。在每个汇流网带上,围绕河道划分出若干个矩形坡面。在每个矩形坡面上,根据山坡水文学原理建立单元水文模型,进行坡面产汇流计算。最后,进行河网汇流演算。上文提到的 IHDM(Institute of Hydrology Distributed Model)模型的计算单元划分就是采用这种离散方法。

③基于自然子流域(subwatershed)的划分　将研究流域按自然子流域的形状进行离散,也是分布式水文模型中常用的做法。利用 GIS 软件能够自动、快速地从 DEM 中进行河网的提取和子流域的划分。将子流域作为分布式水文模型的计算单元,单元内和单元间的水文过程十分清晰,而且单元水文模型很容易引进传统水文模型,从而简化计算。依情况而定,子流域还可以根据需要进行更细的划分。

④水文响应单元方法(hydrological response unit)　除了上述 3 种最常见的流域离散方法,还有水文响应单元方法(hydrological response unit,HRU)。SWAT 模型是一个典型代表,该模型将大流域细分成性质相似的小区域,然后分析小区域与整体的相互作用和相互影响,用聚类方法从地图中消去小的或无关的地理特征,将详细的信息聚类成概化的值使整个流域概化成性质相近的子流域。以及分组响应单元 GRU(Grouped Response Unit)、聚集模拟单元(Aggregated Simulation Area)及水文相似单元 HSU(Hydrological Similar Unit)等多种,当然,根据需要也可以是相互间的多种组合,如自然子流域和单元网格相结合等。

7.8.3.3　分布式水文模型的参数率定

分布式水文模型的参数率定(parameters calibration)是在适当范围内,调整模型参数,使模型的预测结果更加接近观测数据。通常以流域出口断面流量为初步校准对象,通过调参,使出口断面流量模拟结果与实测数据接近,以期得到一套优化的参数,在此基础上模拟计算流域内各个水文过程,如非饱和带土壤水分动态变化、地下水运动等。

参数率定即通过率定校准模型的参数，主要解决空间异质性问题，有效观测尺度通常小于模型参数所在的尺度，如水力传导度(k)。过去关于参数校准的研究提出了许多关于最优参数的确定方法。参数率定的方法有两种：①人工调试法，比较常见，适合参数较少、计算单元简单的分布式水文模型；②按照一定的规则机制，采用目标函数法。人工调试法是依靠用户人为方法或某些计算最优法则，模型运行1次，参数值只调整1次，直到得到最优参数。在水文模拟参数校准过程中，目标函数法很常见，它是检测水文模型模拟结果与有效水文观测值吻合程度的一种方法，其本质是在由1个或多个目标函数共同构造的参数空间(超立方体、超椭球体)上寻求峰值，即各种目标函数的最佳交汇点。其中，多目标参数率定是用不同的目标函数衡量某个单独的水文过程描述。当然，由多个复杂目标函数构成的多维参数空间很难可视化，但往往能从中寻找到最接近事实的参数值。

Henrik在2003年对分布式水文模型MIKESHE进行了多目标参数率定，建立了一套通用的水文模型参数率定方法，即首先模型参数化，然后确定率定原则，选择合理的优化运算方法，再将多目标函数利用Pareto优化解分两步集成单目标函数，最后与人工经验率定参数模拟结果相比较。结果表明：对于径流模拟，这种优化解效果更好；而对于地下水模拟，二者差别不大。

目前，伴随模型方法、自动微分理论以及kalman滤波方法已经用于分布式水文模型的参数率定和实时更新。随着分布式水文模型被广泛地应用，参数校准成为一个必要课题，越来越受到学术界的重视。

模型的确认(model validation)是将一套新数据输入参数率定后的模型，进行模拟，更确切的说应该是模型的评价(model evaluation)或模型试验(model experience)。

7.8.3.4 分布式水文模型 MIKESHE 简介

对计算机技术、系统科学和大量水文模型方法的研究，使得对整个流域模拟成为可能。模拟流域整体水循环的分布式水文模型将为整个流域水资源的开发管理和利用提供更有效的工具。

MIKESHE系统是由丹麦水工试验所DHI(Danish Hydraulic Institute)在20世纪90年代初期开发的确定性的、综合性的、基于物理过程的、分布式参数流域水文系统模型，其总体结构如图7-15所示。

MIKESHE模型应用的尺度范围很广泛，大到整个流域小到一个土壤剖面都能应用。考虑到空间异质的处理和整合问题，该模型特别适用于小流域水循环的模拟。由于流域下垫面和气候因素具有时空异质性，为了提高模拟的精度，MIKESHE模型通常将研究流域离散成若干网格(grid)，具体情况视流域面积、下垫面的状况以及模拟要求的精度而定。

MIKESHE应用数值分析的方法建立相邻网格单元之间的时空关系，在平面上把流域划分成许多正方形网格，这样便于处理模型参数、数据输入以及水文响应的空间分布性；在垂直面上，则分成几个水平层，以便处理不同层次土壤的水运动问题。MIKESHE模型以模块化结构建立，最基本的模块是用于地表水和地下水系统描述与模拟的水流运

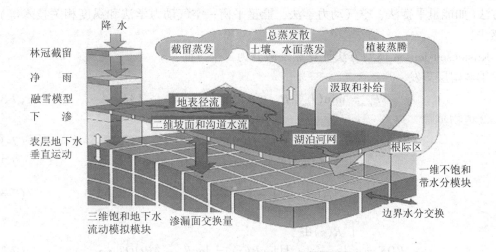

图 7-15 MIKESHE 模型结构示意

动模块(MIKESHE WM)。

1) 水流运动(MIKESHE WM)模拟原理和模块结构介绍

水流运动模块包括 7 个独立且相互联系的基于过程的子模块,每个子模块用于一个主要的水文过程的描述。根据不同的模拟和实验要求,这些模块可以互相分离也可以综合应用,分离开来可以分别描述水文循环的各个过程,综合起来就可以描述整个流域的水文循环过程。

(1) 林冠截留(canopy interception)模块

一般的,冠层是陆地上各个水分循环过程同大气接触的第一个层面,主要有截留和蒸发散的功能。冠层的截留能力和蒸发散能力与植被的种类和生长时段有关。目前,在水文模型模拟中,冠层水的平衡很少涉及内部水的水平传输,只是考虑垂直方向水分的运动。MIKESHE 模型提供修正的 Rutter 模型和 Kristensen-Jensen 模型(Kristensen 和 Jensen,1975)两种方法模拟截留过程、计算截留量。Kristensen-Jensen 模型采用林冠截留蓄水容量公式:

$$I_{max} = C_{int} \cdot LAI \tag{7-32}$$

式中 I_{max} ——最大截留量,mm;
C_{int} ——截留系数,mm;
LAI——叶面积指数。

C_{int} 植被冠层的截留蓄水能力,通常取 0.05,更精确的数值必须通过实验不断校准确定。

(2) 蒸发散(ET)模块

在森林流域,实际的蒸发散包括土壤和截留水面的蒸发以及植物的蒸腾。光合作用、土壤前期含水率、根系水分利用率、空气动力传输条件等影响流域的蒸发散能力。MIKESHE 模型提供以经验公式为基础的 Penman-Monteith 方程和 Kristensen-Jensen 模型方法,计算实际蒸发散量。在用 Kristensen-Jensen 模型计算蒸发散时,需要先确定潜在蒸发散 PET。关于 PET 的计算,一般可以采用经验公式法(Penman-Monteith 公式)、微气象学方法(如能量平衡法、空气动力学法、能量平衡—空气动力学法和涡度相关技术等)和遥感法。

Kristensen-Jensen 模型方法计算蒸发散分为 3 个方面：

① 截留层蒸发

$$E_{can} = \min(I_{max}, P_{ET} \cdot \Delta T); \quad I_{max} = C_{int} \cdot LAI \tag{7-33}$$

② 植物蒸腾

$$E_{at} = f_1(LAI) \cdot f_2(\theta) \cdot RDF \cdot P_{ET} \tag{7-34}$$

$$f_1(LAI) = C_2 + C_1 \cdot LAI \tag{7-35}$$

$$f_2(\theta) = 1 - \left(\frac{\theta_{FC} - \theta}{\theta_{FC} - \theta_W}\right)^{\frac{C_3}{P_{ET}}} \tag{7-36}$$

$$RDF = \frac{\int_{z_1}^{z_2} R(z) \mathrm{d}z}{\int_0^{L_R} R(z) \mathrm{d}z}, \text{且} \log R(z) = \log R_0 - AROOT \cdot z \tag{7-37}$$

③ 土壤蒸发

$$E_S = P_{ET} \cdot f_3(\theta) + [P_{ET} - E_{at} - P_{ET}f_3(\theta)] \cdot f_4(\theta) \cdot [1 - f_1(LAI)] \tag{7-38}$$

$$f_3(\theta) = \begin{cases} C_2 & (\theta \geqslant \theta_W) \\ C_2 \dfrac{\theta}{\theta_W} & (\theta_R \leqslant \theta \leqslant \theta_W) \\ 0 & (\theta \leqslant \theta_R) \end{cases} \tag{7-39}$$

$$f_4(\theta) = \begin{cases} \dfrac{\theta - \dfrac{\theta_W + \theta_{FC}}{2}}{\theta_{FC} - \dfrac{\theta_W + \theta_{FC}}{2}} & \left(\theta \geqslant \dfrac{\theta_W + \theta_{FC}}{2}\right) \\ 0 & \left(\theta \leqslant \dfrac{\theta_W + \theta_{FC}}{2}\right) \end{cases} \tag{7-40}$$

式中　P_{ET}——潜在蒸发散，mm；

　　　ΔT——时间步长，h；

　　　RDF——植物根分布函数；

　　　θ——土壤含水率，%；

　　　θ_{FC}——田间持水量，%；

　　　θ_W——凋萎系数含水量，%；

　　　θ_R——剩余含水量，%；

　　　f——函数；

　　　C_1，C_2，C_3——经验参数，一般取 0.3 mm/d、0.2 mm/d、20 mm/d；

　　　$AROOT$——描述根系主要分布的参数；

　　　z——垂直空间坐标，z_1、z_2 分别是所求土壤层垂直方向上的两端坐标；

　　　R——根的汲水量，mm；

　　　L_R——最大根深。

其中，土壤蒸发仅发生在表层的土壤上。

不管利用哪种方法，土壤根际区的土壤(体积)含水率和持水量都必不可少。根际吸水量与土壤作物和土壤物理特性(非饱和导水率、土壤水分特征曲线)有关。截留/蒸发散对整个水文循环过程的影响非常显著，截留量和蒸发散量的预测在水文与水资源研究中有很重要的地位，在MIKESHE模型中决定了非饱和带模块中补给地表水和地表漫流产生的时间和强度。

(3) 坡面流(overland flow)模块

坡面水流是在流域发生降水的情况下，降水量扣除植被冠层截留、填洼、下渗以及蒸发等损失后，到达地面并沿坡地地面流动的一种水流。图7-16为坡面流形成后某一时刻的情形。其中，$f(x)$为下渗强度，$y(x,t)$为水面高度(水深)，$i(x,t)$为净雨，L_0为坡长，θ为坡度，V为流速。

坡面流的解决方法有解析解法和数值解法，其中数值解法较常见。数值解是求解坡面上水平的两个互相垂直的方向上的水流运动连续方程和动量方程。数值解包括有限元和有限差分法，其中以有限差分法最为常见，可用于求解简单情况下的坡面流问题，特别适合求解变降雨强度和下渗率有时空变化时的坡面流问题。

当今的分布式水文模型大多用地表径流和河道(明渠)流的圣维南(Saint Venant)方程组(特别适合缓坡时，二维)描述坡面流，如式(7-41)所示。MIKESHE模型采用Saint Venant方程的二维扩散波近似[忽略对流加速导致的动量损失和旁侧入流的影响，即舍去式(7-42)、式(7-43)的后3项]地描述坡面漫流。

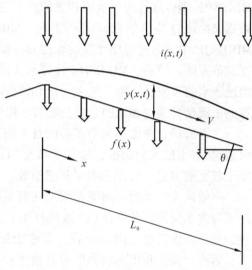

图7-16 坡面流示意

$$\frac{\partial h}{\partial t} + \frac{\partial uh}{\partial x} + \frac{\partial vh}{\partial y} = i \quad (7\text{-}41)$$

$$\begin{cases} S_{fx} = Sox - \dfrac{\partial h}{\partial x} \\ S_{fy} = Soy - \dfrac{\partial h}{\partial y} \end{cases} \quad \begin{array}{c}(7\text{-}42)\\ (7\text{-}43)\end{array}$$

因为，Strickler/Manning公式可知：

$$\begin{cases} S_{fx} = \dfrac{u^2}{k_x^2 h^{4/3}} \\ S_{fy} = \dfrac{v^2}{k_y^2 h^{4/3}} \end{cases} \quad (7\text{-}44)$$

可以得到坡面上水流速度和深度的关系式：

$$\begin{cases} uh = k_x \left(-\dfrac{\partial z}{\partial x}\right)^{1/2} h^{5/3} \\ vh = k_y \left(-\dfrac{\partial z}{\partial y}\right)^{1/2} h^{5/3} \end{cases} \quad (7\text{-}45)$$

式中 uh，vh——代表 x、y 方向单位面积的流量和糙率系数；

其余字母意义同前。

MIKESHE 系统提供改进的 Guass-Seidel 交替隐式有限差分法(ADI)求解上述方程的数值解。

(4) 湖泊河道流模拟(lake and river Channel flow)模块

MIKESHE 的重点在于模拟流域过程，对河流过程的描述功能相对一般，而 MIKE11 对河道过程有比较复杂的描述，二者具有很强的互补性。MIKE 产品提供 MIKE11 与 MIKESHE 耦合进行沟道水流相关的产汇流计算，两个模型的模拟同步进行，二者之间的数据交换通过共享的存储空间实现。MIKE11 计算出河道和洪积平原的水位，并传给 MIKESHE 中，通过对比计算的水位和存储在 MIKESHE 中的地表地形信息，绘制洪水深度和范围图。随后，MIKESHE 计算水文循环剩余部分的水流。两个模型之间的水分交换由地表水的蒸发、下渗、地表径流和河流/含水土层交换而产生。最后，用 MIKESHE 计算的水流量，通过 MIKE11 中圣维南方程组连续方程的汇(源)项与 MIKE11 进行交换。

二者的耦合考虑了两个主要的且不同于地表水与含水土层的水分交换机制：单纯的河道/含水土层水分交换，适用于线形河道；有淹没面积的洪水，用面的办法处理，适用于较宽的河道、大面积洪水和湖泊等。

一般认为，沟道、河流是固定在模型栅格之间的线，河道的宽度相对栅格较小。而河道与含水层的水分交换(渗透与补给)计算主要基于水头梯度。如果需要更精确的描述，就要考虑河道、洪积面积、蓄水土层和大气(表现为蒸发散)的关系，在这种情况下，对淹没面积和洪水动力的可靠描述就显得至关重要。

MIKE11 与 MIKESHE 耦合通过位于栅格单元之间的河道链接实现(图 7-17)，在 MIKE11 河道模拟中定义与 MIKESHE 耦合的河道(coupling reaches)，MIKESHE 只与这些耦合的河道发生水分交换。

在 MIKESHE 模型中，河道模拟采用 Saint Venant 完全动力方程(一维)描述一维渐变非恒定水流，应用隐式的有限差分法对该方程组计算求解。求解初始条件是 x 轴上各个

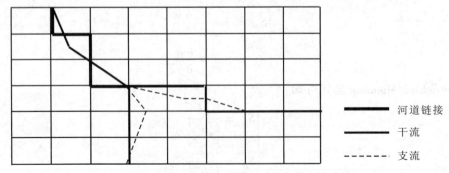

图 7-17　MIKE SHE 栅格中的河道链接与 MIKE11 的河流(干流、支流)

节点的流量或水位(水深)，上边界条件是 t 轴各节点的流量或水位(水深)，下边界条件是 $x=N$ 各个节点的流量或水位(水深)。

$$\begin{cases} \dfrac{\partial h}{\partial t} + \dfrac{\partial (uh)}{\partial x} = i & (7\text{-}46) \\ S_{fx} = Sox - \dfrac{\partial h}{\partial x} - \dfrac{u \partial u}{g \partial x} - \dfrac{\partial u}{g \partial t} - \dfrac{qu}{gh} & (7\text{-}47) \end{cases}$$

(5) 不饱和带水分 (unsaturated zone) 模块

不饱和带水流是包括 MIKESHE 模型在内的许多水文模型的核心模拟过程。不饱和带通常是非均质的，土壤的水分因为降水、蒸发散以及对地下水位的补给而变化，所以土壤不饱和层(包气带)的水分运动比较复杂。不饱和土壤含水量直接影响蒸发、下渗等过程，并决定降水中产生径流(地表径流、壤中流和地下径流)的比例，在形成径流的过程中，非饱和带是联结降水、下渗、蒸发和径流等水文环节的纽带。

MIKESHE 模型提供：①完全 Richards 方程(需要水分特征曲线和有效的水力传导度函数等)；②简化的重力流模拟(假设一个固定的水力梯度，忽略毛管吸力)；③简单的水量平衡 3 种方法，进行不饱和带水分的模拟。简单的水量平衡方法适合地下水埋深较浅、对地下水的补给主要受到根际区蒸发散影响的不饱和带水分运动，如湿地。简化的重力流模拟适合模拟基于在降水、蒸发散等条件下的不饱和带水分对地下水的补给，而非源自土壤的水动力。基于水流的水动力考虑，完全 Richards 方程是计算强度最大，也是精度最高的方法。

由于重力作用，在下渗过程中水流主要沿垂直方向运动。MIKESHE 用土壤水运动方程的简化形式，即一维(垂直方向)的 Richards 方程描述非饱和带水流运动：

$$c \frac{\partial \varphi}{\partial t} = \frac{\partial}{\partial z}\left(k \frac{\partial \varphi}{\partial z}\right) + \frac{\partial k}{\partial z} - s \tag{7-48}$$

并以隐含式有限差分方法对 Richards 方程求解。

边界条件：上边界在一段时间内固定的通量条件即到达地表的净雨量，或固定的压力水头条件即地表的蓄水位。当下渗能力超过地表储水时，上边界由压力条件转变为通量条件。

$$k(\psi)\left(\frac{\partial \psi}{\partial Z} - 1\right)_{z=o} = R(t) \quad (T > t > 0) \tag{7-49}$$

$$k(\psi)\left(\frac{\partial \psi}{\partial Z} - 1\right)_{z=o} = 0 \, ; \psi = \Delta Z_{N+1}(x=0,t) \quad (t > T) \tag{7-50}$$

式中 ψ——土水势，MPa；

$R(t)$——净雨量，mm；

$k(\psi)$——水力传导度，cm/h；

Z——垂直方向，向上为正。

下边界条件通常由地下水位高程决定。用处于水位处的计算节点的水势表示压力边界。计算节点在地下水位以上时，下边界为含水率条件 $\theta(H,t) = \theta_H^0$ (θ_H^0 是初始时刻 H 处的含水率)；计算节点在地下水位以下时，下边界是压力条件 $\psi = \psi_h$ (h 是节点到地下水位的距离)；当地下水位处于不透水层以下时(不饱和条件)，边界变为零通量条件，直到土壤从底层开始饱和。

初始条件：MIKESHE 假设没有水流情况下，均一的土壤含水率/压力条件产生的土壤水势（含水量）条件，$\psi_z = \psi_0$ 或 $\theta(z, 0) = \theta_0(z)$。

MIKESHE 模型还通过估算饱和带和非饱和带滞留水的交换量，对浅层地下水水位进行相应的调整。MIKESHE 模型的非饱和带模拟包括蒸腾、地表水和地下水交换、地下水排泄等环节，将其和不饱和带子模块进行过程耦合，得到比较精确的深层土壤的含水量和地下水位的动态变化。不饱和带水分模块在 MIKESHE 模型模拟水流运动中是个非常重要的子模块。

(6) 饱和地下水流动模拟(saturated zone)模块

地下水流在水文循环中有很大作用，干旱时期饱和壤中流能作为基流补给河水，而且是降水产流、地下水位变化和地表产流大小的影响因素。在 MIKESHE 系统中，地下三维水运动由以下偏微分控制方程(非线性)描述：

$$\frac{\partial}{\partial x} k_{xx} \frac{\partial h}{\partial x} + \frac{\partial}{\partial y} k_{yy} \frac{\partial h}{\partial y} + \frac{\partial}{\partial z} k_{zz} \frac{\partial h}{\partial z} + Q + S = \frac{\partial h}{\partial t} \tag{7-51}$$

式中　k_{xx}、k_{yy}、k_{zz}——渗透系数在 x、y、z 方向上的分量；

h——水头，m；

S——孔隙介质的储水系数；

t——时间，h；

Q——流进或来自源的水量，$m^3/(s \cdot m^2)$，包括与不饱和层和河道的交换、地下水补给、直接蒸发等，是联系地下水和地表水的纽带。

MIKESHE 系统模拟地下水时，地下水子模块需要包括上式中的 S、k_{xx}、k_{yy}、k_{zz} 在内的水文地质数据，这些数据需要经过前期处理。MIKESHE 系统提供改进 Guass-Seidel 交替隐式有限差分法(ADI)和 Preconditioned conjugated gradients (PCG)法两种思路，进行地下水流动的模拟求解，求得的解是数值解。在垂直方向上，算法依据三维河网或二维的地质分层(针对单层含水层)进行，水分的补给和交换在河网计算单元中都有发生。整体的描述有助于对流域内地上地下水位的综合考虑和理解，解决了地表水和地下水的结合问题，这是传统的地下水模型所不具备的。

模型应用与坡面流数值解法相同，用经改进的 Guass-Seidel 交替隐式有限差分法(ADI)进行地下水的数值求解。

(7) 融雪(snowmelt)模块

在海拔比较高的地带常年积雪，融雪也是河流补给的主要途径之一，因此有些流域在模拟径流量时，需要把积雪覆盖和融雪过程作为重要的因素加以考虑。在分布式水文模型中，融雪子模块的计算从输入的积雪层的总热通量开始，然后依据热通量计算融雪量，最后进行融雪径流演算。在 MIKESHE 中，融雪模块作为降水模块的一个选择项目出现，利用简单的度—日法(degree-day)，需要输入的数据为时变的温度，并设定雪层融化的临界温度参数(Threshold melting)。

2) MIKESHE 模型其他模块简介及应用领域

MIKESHE 模型除了能应用最基本的模块(MIKESHE WM)进行水流运动模拟外，还增加了用于溶解质平移扩散模块 MIKESHE AD、土壤侵蚀模块 MIKESHE SE 和灌溉研究的模块 MIKESHE IR，以及作物生长和根系区氮的运移模块 MIKESHE CN 等，可以模拟水质和泥沙输移，以及土壤侵蚀、氮元素在不同尺度的输移与转化等。

例如，用于模拟计算点源和非点源污染物的输移和扩散模块(MIKESHE AD)，可以利用地表、壤中以及地下水流的方程来描述各自水中溶质的输移和扩散。与 MIKESHE WM 相似，MIKESHE AD 也依据子模块建立，各子模块间通过耦合解决更深层次的问题。

20世纪90年代以来，MIKESHE 模型已经被许多组织机构(大学、研究机构、技术工程咨询公司)广泛应用于工程项目和咨询项目中，应用不同模块进行不同类型的模拟，主要包括潜在蒸发散估算、地下水与农业污染、土壤侵蚀、人类活动对洪水的影响、工程建设对地下水位的影响、抽取与补给地下水对河流(湿地)的影响、灌溉区水流和盐分输移的过程模拟等。

7.8.3.5 地理信息系统、遥感技术在分布式模型中的应用

(1) 地理信息系统在模型中的应用

分布式水文模型对流域水文过程的物理描述要求模型的输入数据能够充分反映流域空间的水文异质性，再加上分布式水文模型的输出结果不仅仅是传统的降水产生的径流量，其输出更多的是流域内不同深度的土壤含水量、地下水埋深或者污染物浓度以及水质水环境状况等空间分布式信息，这些都不是传统的数据管理和处理方法所能解决的，只有应用 GIS 技术才能够达到目的。

GIS 技术的日趋完善和强大的功能极大地促进了分布式水文模型的发展，是当今水文学界特别是水文模型研究和应用的一个热点。Maidment(1993，1996) Devantier(1993) 回顾了 GIS 在水文中的应用。何延波、李纪人等在讨论了水文模型的分类系统之后，论述了分布式水文模型迅速发展的原因，展示了地理信息系统(GIS)在水文模型研究中的广阔应用前景。综合地说，GIS 在水文模型中具有以下几大作用：①管理空间数据，GIS 能够统一管理与分布式水文模型相关的大量空间数据和属性数据，并提供数据查询、检索、更新以及维护等方面的功能。②由基础数据提取水文特征，如利用地形数据计算坡度、坡向、流域划分以及河网(沟谷)提取等，后面两项功能尤为常见。③自动获取模型参数、准备模型所需要的数据，即利用 GIS 的空间分析和数据转化功能生成分布式水文模型要求的流域内土壤类型图、土壤深度图、植被分布图以及地下水埋深图等空间分布性数据。

当前以数据采集、储存、管理和查询检索功能为主的 GIS 不能满足包括水文模型在内的许多应用模型在空间分析、预测预报、决策支持、方面的要求。要提高 GIS 的应用效率，扩展应用领域，摆脱单纯的查询、分析、检索等功能，必须加强 GIS 与应用模型(水文模型)的集成研究。分布式水文模型与 GIS 的集成其实就是以数据为通道，以 GIS 为核心的开发过程。模型通过数据交换和 GIS 联系在一起，以空间的联系为基础。

分布式与地理信息系统的集成主要有两大用处：①利用 GIS 技术(格网自动生成算法)实现分布式水文模型对地理空间的离散(生成模型的计算网格)，用于水文模型进行数值求解；②用于水文模型输出结果的可视化与再分析，分布式水文模型的输出结果多

的是空间分布型信息，这些结果或者是以模型特定的数据格式，或者是以某些 GIS 系统的数据格式，例如，ArcView 的 ASCII 的 GRID 格式输出，只有应用 GIS，才能对这类结果进行显示、查询和再分析，有助于分析者交互地调整模型参数。

GIS 与分布式水文模型的集成需要综合考虑模型、GIS 和数据等多方面的问题，才能建立可运行的、综合的、统一的集成环境。这就要求，一方面，GIS 人员必须了解模型的需要，把更多的地理建模和数值求解方法直接纳入 GIS 中；另一方面，建模人员必须熟悉 GIS 的功能，充分考虑 GIS 的数据结构，从而在彼此之间找到共同的基础，这样才能成功地实现 GIS 与分布式水文模型的集成。GIS 与分布式水文模型的成功集成，需要水文模型领域的专家和 GIS 开发人员共同努力。

Kovar 等(1996)论述了集成 GIS 与水文模型的不同方法。国内，万洪涛等朱雪芹等都曾对地理信息系统(GIS)技术与水文模型集成研究做过述评，按一般的理解，地理信息系统和水文模型主要有以下 4 种不同的集成方式：

①模型嵌入 GIS 平台　比较典型的是 SWAT 模型，它作为一个扩展模块镶嵌在 ARCview 系统之中。

②GIS 嵌入模拟模型　像 TOPMODEL 水文模型基于 Windows 平台，可视化程度较高。而且都采用了可视化数据输入和模拟结果表达，大大提高了模型识别、验证与应用的效率。不过，用这种集成方式处理空间数据能力有限，还需要借助其他 GIS 软件工具。

③模型和 GIS 松散耦合　应用现有的概念模型在每个网格单元(子流域)上进行产流计算，然后再进行汇流演算，最后求出出口断面流量。它通过特殊的数据文件进行数据交换，常用的数据文件为二进制文件，用户必须了解这些数据文件的结构和格式，而且数据模型之间的交叉索引非常重要。通过相对较小的编程努力，得到的结果比独立应用稍好些。

④模型和 GIS 紧密耦合　应用数值分析来建立相邻网格单元之间的时空关系，这种方法为基于物理的分布式水文模型所应用。本文的 MIKESHE 分布式水文模型系统就是采用这种方式开发的。

（2）遥感技术在水文模型中的应用

遥感是一种宏观的观测与信息处理技术，具有范围广、周期短、信息量大和成本低的特点，是一种很重要的信息源。遥感技术可提供精确的背景观测数据，可以提供土壤、植被、地质、地貌、地形、土地利用和水系水体等许多有关流域下垫面条件的数据，也可以测定估算蒸发散、土壤含水量。借助遥感获得的上述信息能够用来确定流域产汇流特性或模型参数，遥感应用于水文模型时具有下述特点：

①提高模型输入数据质量、模拟结果精度。遥感技术获得的是面上观测数据而不是点上的观测数据，比如，在计算流域面平均降雨时，雷达估测的子流域面雨与雨量计估测的子流域面雨有显著的差异；雨量计估测的面雨用雨量计单点降雨值代替，雷达估测的面雨是子流域内栅格降水量的平均。流域降雨的空间变化是显著的，降雨是一种强时空变化的天气现象。很显然雷达估测的降雨数据更贴近实际，无疑能大大提高径流模拟精度。

②可收集、存储同一地点不同时间的全部信息，即多时相信息，也可提供时间或空

间高分辨率的信息。方秀琴等在处理黑河流域分布式水文模型的一个重要输入项——植被叶面积指数（LAI）的空间分布数据时，在详尽的野外观测数据基础上，提出黑河地区LAI估算及其空间分布的遥感制图方案。

③遥感数据不仅是可见光的信息，更是多光谱的信息，有利于利用与水文地质有关的谱段信息，借助遥感还可获得遥远的、无人可及的偏僻区域的地理信息。比如通过对遥感数据的分析可以获得地下地形、地质以及地下水的埋深等数据。

④遥感数据与地理信息系统相结合，可将经校正、增强、滤波、分类等处理后的遥感数据输入地理信息系统中，再计算单元离散之后，自动获取水文参数和水文变量，为分布式水文模型建模和参数率定提供数据支持。例如，遥感技术可为离散网格提供高程数据、模拟计算需要的网格糙率系数等。

遥感的栅格式数据与分布式流域水文模型的数据格式有一致性，这给概念理解和使用上都带来了方便。从目前国内外的研究进展来看，遥感在水文模型中的应用主要还是集中在信息提供和数据支持上面，遥感正经历着从描述性研究向定量研究转变，无疑，遥感应用于分布式水文模型有很广泛的前景。

本章小结

生态水文学是水文学的一个分支，是生态学与水文学的交叉学科，是将水文学知识应用于生态建设和生态系统管理的一门科学。主要研究生态系统内水文循环与转化和平衡的规律，分析生态建设、生态系统管理与保护中与水有关的问题。

按照研究目的，生态水文的研究可分为良性生态系统中水文规律的认知研究和生态建设中的水问题研究。生态水文具体包括森林水文、湿地水文、荒漠水文、农田水文、草地水文与城市水文。本章介绍了各个生态水文的水文过程与对应的生态系统中主要组分与水文过程的相互影响。生态水文模型是生态过程与水文过程的耦合模型，主要包括集总式水文模型与分布式生态水文模型。

思 考 题

1. 以某一水文区域为例，分析该区域的水量平衡。
2. 荒漠水文的基本组成要素有哪些？它们与荒漠水文是什么关系？
3. 农田水利建设的主要内容是什么？
4. 试述当前农田水利的主要问题及建议。
5. 试述退耕还林还草应遵循的原则。
6. 试述我国水文水资源存在的问题。
7. 结合所学专业，谈谈如何做好草地水文的研究与应用。
8. 简述城市化的水文效应。
9. 试述我国城市水文学目前的问题及对策。
10. 简述生态水文模型的分类及应用领域。
11. 简述分布式水文模型的特点。

第 8 章
环境水文

8.1 概 述

8.1.1 环境水文的概念

20 世纪 50 年代，全球环境污染日趋严重，环境污染事件频频发生，从而引起了人类对环境保护研究的关注，环境科学应运而生。

1971 年，美国科学基金会提出的《环境科学——70 年代的挑战》报告中指出，环境科学应是以生态系统为核心，对围绕人类的水、大气、陆地、生命和能量等所有系统进行研究。联合国于 1972 年在瑞典斯德哥尔摩召开了人类环境会议，并随后出版著名的环境科学绪论性著作《只有一个地球》，进而推动形成了空前繁荣的关于环境问题的科学探索。

水是生态系统中物质循环和能量流动的重要载体，是最活跃的生态环境要素。随着环境科学的迅速兴起和传统水文学发展的迫切需求，在水资源与水环境等问题日益严峻的背景下，环境水文学作为一门新兴学科被提出，并明确其是环境科学和水文学的交叉学科，是从水环境角度深入探索水体水文现象的发生、发展和演变的过程，以及这些过程与水的质量之间的相互关系。它注重于水体中各种水文现象、水文过程与水环境之间的联系及因果关系，为水污染治理和保护提供最基本的水文学和环境科学知识和技术。环境水文学和普通水文学的不同之处在于其把水量和水质有机地结合起来。

8.1.2 环境水文的研究内容

世界水文科学的变革也推动了环境水文学研究的蓬勃发展。环境水文研究内容因研究对象与目标而异，是反映"人—工程设施—环境系统"各因素间的相互关系、相互影响的信息总体。其主要内容包括以下几个方面：

（1）流域区域水文情势变化对环境的影响

在人类对水资源开发利用不断增加的情况下，流域区域水文情势发生了一系列变化，对环境产生了有利和不利的双重影响。如中国海河流域为增加灌溉面积和提高下游的防洪能力，修建了许多水利工程，并大量开采地下水，使山前地区地表径流减少，地下水位下降，原有的盐碱地逐步得到改良；下游平原区的碱水也由于开发利用地下水，咸水的范围逐渐减小。但由于大量拦蓄地表水与增加灌溉用水量，下游河道洼淀干枯，入海水量减少，从而在一定程度上促使陆地水域的生态环境恶化，河道污染加重，内河航运中断，甚至可能促使土地沙化。

(2) 环境的变迁对水文情势的影响

人类对自然界的改造和对资源的开发利用改变了环境，对人类生存的陆地环境产生深远的影响。而砍伐森林、修建水利工程和城市建设等活动对水文情势产生极大的改变。砍伐森林可造成水土流失，洪涝灾害加剧；超量开采地下水会造成地下水位急剧下降，改变地面生态环境。此外，人类生产、生活过程中排放到自然界的废弃物，在水文循环作用下，对水体水质产生直接或间接影响，如工厂、汽车排入大气中的二氧化硫等物质被雨水淋洗形成酸雨，矿山和城市废弃物污染径流水质等。

(3) 水利工程对环境的影响

水利工程直接影响工程周围地区地表与地下的水文情势。如在河流上建坝，使上游流速减缓，水深增大，水体自净能力减弱；库区水体增多后，水温发生变化，对水体密度、溶解氧、微生物和水生生物都会产生影响；由自然的水文情势改成人为控制的情势，使下游河道的径污比和鱼类繁殖条件发生变化；水库蓄水后可引起周围地区的地下水位上升，导致土壤盐渍化与沼泽化等。对修建工程后水文、水质及其与生态变化的关系进行研究，确定环境用水要求，科学地制订环境库容和环境流量，使工程趋利避害，更好地发挥综合效益。

(4) 特殊地区的水文变化规律及其对环境的影响

特殊地区是指城市、矿区、土壤改良区、森林等地区。城市修筑大量建筑物与道路，改变了自然的水文循环过程。城市中不透水地面的扩大，使水的入渗量减少，径流总量与峰值增大，不利于下游防洪，并易造成次生污染和非点源污染、地下水超采、地面沉降等。城市地区要研究的环境水文学问题包括城市化对降水的影响及酸雨污染的时空分布规律，地表土壤自然状态改变引起的特殊暴雨径流关系，以及水污染源与水文情势改变引起的水质变化及其对环境生态的影响等。

8.1.3 环境水文的发展趋势

环境水文学诞生于社会需求之中，也在社会需求的促进下蓬勃发展，环境水文科学的基本研究与其在生产中的实际应用都具有重要的意义。面对当今复杂变化的自然环境和社会形势，环境水文学未来面临诸多机遇和挑战，特别是新理论、新方法的不断引入和学科间的进一步交互综合，致使其形成新的发展趋势。

(1) 持续加强环境水文基础理论方法研究

重点加强对水文生态过程的复杂性和不确定性的理论研究，其中复杂性包含混沌与分形，不确定性包含模糊与灰色系统等特性；寻求水文生态系统中不同尺度间环境水文规律的异同；加深对水文时间序列演变及环境影响机理的认识；改进产汇流理论与分布式水文模型；加强对水文过程的环境影响与环境需水的拓展性研究。同时，广泛开展环境水文信息技术(同位素示踪、环境水文遥感监测和 GIS 等)与环境水文分析方法(频率分析、参数估计等)的前瞻性研究，逐步建立健全水文—环境科学理论体系。

(2) 注重环境水文研究的整体性及其与其他学科的融合

利用系统论的观点，注重对环境水文的整体性分析，探讨全球气候变化与陆地生态系统对环境水文的综合影响。注重环境水文学与其他水文分支学科的交互发展，如水文气象学中对降水时空分布理论和气象—水文双向耦合模式的开发利用，水文地质学中向广义的地下水圈和与人类、生态相关的功能性地下水方向转变，生态水文学中关于大尺度生态效应、生态水文模型与生态恢复方案的探索，数字水文学中结合数字化信息技术、数字高程模型(DEM)与数理统计方法揭示水文规律，以及水文科学与其他自然科学和社会科学之间的交互。

(3) 加速环境水文科研成果转化与实际应用

应用环境水文规律和技术方法，优化水情预测预报的模式与精度；确保地区土地开发、水利工程建设与地表和地下水资源利用的安全、高效与可持续性；开发城市水文循环与水资源模型，探讨城市雨洪资源与非传统水资源利用方式及非点源污染物随水迁移转化规律；加强水环境保护与饮用水安全保障，维持河流生态健康；建立"水文—生态—经济—社会"耦合模型，使用现代信息技术提高管理效率，促进社会经济协调可持续发展，发挥环境水文科研成果的实用价值。

8.2 水 质

8.2.1 水质及其形成过程

水质是水体质量的简称，是水在环境作用下所表现出来的综合特征，即水的物理(色度、浊度、臭味等)、化学(无机物和有机物)和生物(细菌、微生物、浮游生物、底栖生物等)特性及其组成状况。

自然界的各种水体，尤其是地表水体，在太阳辐射作用下，蒸发变为水蒸气进入大气层，使空气具有一定湿度。这一过程中，蒸发的水汽很少携带盐类或其他成分。当大气中的水汽接近或达到饱和时，便以大气层中各种固体和液体微粒为核心，形成水汽凝结物，进而形成雾霜冰雨雪，并产生降水。这些凝结核不仅是降水的基本条件之一，也是降水的基本物质成分，从而构成自然界水循环过程的原始物质。此类凝结核包含两类物质：一类为吸湿性物质，即易溶于水的盐类及酸类质点；另一类为吸水性物质，即不溶于水但可吸附水分的固体微尘。其中，分布最普遍的是各种可溶性海盐，其次是各种强吸湿性的硫酸和磷酸质点，它们使降水微矿化并具弱酸性。降水在降落过程中，淋溶洗涤空气，吸收并吸附一定数量的大气物质，其淋洗程度取决于降水类型、降水特征及大气物质的性质。因此，大气降水具有丰富的 O_2、CO_2、N_2 及少量 NH_3 等大气成分，而溶解盐分很少。水中大量的溶解物质，主要是在降水后的循环过程中形成的。

由于降水中溶解物质少，O_2 和 CO_2 丰富，具有一定酸性，因此具有较强的氧化和溶解能力。降水到达地表产生径流，或渗入岩土层的空隙中，将岩土中的可溶解物质和风化产物冲刷溶滤并带走，这一过程既有简单的物理作用，又有较复杂的化学作用，岩土中的成分不断地成为水中物质，从而使水的物质成分和含量不断改变和增加，而水的物理和化学特性也随之不断变化。可见，水的理化特性与降水后遇到的介质的成分、结构、物理化学性质和溶解度、胶体性质及水循环的途径和强度均有密切关系。同时,溶解物质随水迁移的过程中,受水热条件和物理化学环境制约,不断发生溶解和沉淀、胶溶和凝聚、氧化和还原及离子交换等一系列作用,而生物的吸收、代谢、分解等生物化学作用也在不断进行,从而使水具有标志其形成环境和循环过程的物质成分和水质特征。而水中含有的溶解物质,直接影响天然水的许多性质,使水质有优劣之分。

8.2.2 天然水中的成分组成

天然水是包含离子成分、微量元素、气体成分和有机质的复杂的溶液系统。这个溶液系统在各种因素的影响下不断发生变化,保持系统内的化学平衡。

8.2.2.1 天然水中主要离子成分

Cl^-、SO_4^{2-}、HCO_3^-、CO_3^{2-}、Na^+、K^+、Ca^{2+}和Mg^{2+}为天然水中常见的八大离子,含量占天然水中离子总量的95%~99%。

(1)氯离子(Cl^-)

天然水中的Cl^-主要来自火成岩的风化产物和蒸发岩矿物。几乎所有天然水中都有Cl^-存在,其含量范围变化很大。在河流、湖泊、沼泽水中,Cl^-含量一般较低;而在海水、盐湖及某些地下水中,Cl^-含量可高达每升数十克。

(2)硫酸根离子(SO_4^{2-})

和Cl^-一样,SO_4^{2-}也是水中的主要阴离子成分。硫酸盐在自然界分布广泛,天然水中的SO_4^{2-}主要来自火成岩的风化产物、火山(温泉)气体、沉积中的石膏与无水石膏、含硫的动植物残体以及金属硫化物氧化等。天然水中的SO_4^{2-}含量不稳定,除取决于各类硫酸盐的溶解度外,还取决于环境的氧化还原条件、含硫植物及动物体的分解,浓度在每升几毫克到数千毫克之间。内陆湖中SO_4^{2-}含量一般高于河水,特别在干旱地区,地表水和地下水中SO_4^{2-}含量达到每升数千毫克;深海及氧气不足的水体中,由于还原作用,一般不含有SO_4^{2-}。

SO_4^{2-}易与某些金属阳离子生成络合物和离子对,如Ca^{2+}与SO_4^{2-}生成难溶的$CaSO_4$沉淀。

(3)碳酸氢根和碳酸根离子(HCO_3^-和CO_3^{2-})

HCO_3^-和CO_3^{2-}主要源于碳酸盐($CaCO_3$、$MgCO_3$)矿物的溶解,它们的存在决定了天然水一些重要的化学性质(如硬度、侵蚀性等)。$CaCO_3$和$MgCO_3$一般很难溶于水,只有在水中含有CO_2气体时才溶解,因此在Ca^{2+}为主要阳离子的水体中含量不高。在一般河水与湖水中,HCO_3^-和CO_3^{2-}含量不超过250 mg/L,地下水中略高。

(4)碱金属离子(Na^+、K^+、Ca^{2+}、Mg^{2+})

钠离子(Na^+)存在于大多数天然水中,主要来自火成岩的风化产物和蒸发岩矿物。天然水中的钠在含量很低时主要以游离态存在,在含盐量较高的水中可能存在多种离子和络合物。不同条件下天然水中Na^+含量差别悬殊,可从小于1 mg/L至500 mg/L以上。

钾离子(K^+)是植物的基本营养元素,主要来自火成岩的风化产物和沉积岩矿物。

尽管钾盐在水中有较大的溶解度，但因受土壤岩石的吸附和植物吸收与固定的影响，在天然水中 K^+ 的含量相对较低，一般为 Na^+ 的 4%~10%。只有在某些溶解性固体总量高的水与温泉中，钾的含量可达到每升几十至几百毫克。

钙离子（Ca^{2+}）广泛存在于各种类型的天然水中，主要来源于含钙岩石（如石灰岩）的风化溶解。不同条件下天然水中钙的含量差别很大，潮湿地区的河水中 Ca^{2+} 含量一般在 20 mg/L 左右。

镁离子（Mg^{2+}）主要是含 $MgCO_3$ 的白云岩和其他岩石的风化溶解产物。天然水中的镁以 $[Mg(H_2O)_6]^{2+}$ 的形式存在，含量一般在 1~40 mg/L 之间。Ca^{2+} 和 Mg^{2+} 是构成水中硬度的主要成分。

8.2.2.2 微量元素

微量元素在天然水中含量甚微，但是对有机体的发育生长有特别重要的作用。许多地域性疾病与环境中某些元素的过剩或不足有关。在天然水中发现了近 70 种元素，其中绝大部分是微量元素。下文以 N 和 P 为例。

天然水中 N 主要以 NO_3^-、NH_4^+ 形式存在，是动植物蛋白质分解的产物，一般情况下含量甚微，但当生产和生活活动引起污染时含量会大大增加。天然水中的 NH_4^+ 很不稳定，在氧化作用下可形成 NO_2^-，NO_2^- 也不稳定，经氧化可形成 NO_3^-。而 NO_3^- 在缺氧环境中，在去氮细菌作用下，可形成游离的 N_2。

天然水中 P 的化合物可分为无机磷和有机磷。离子形式的无机磷主要是 HPO_4^{2-}，各种磷酸根离子的含量与 H^+ 的浓度有关。环境中的磷对人类健康和生物的生长都有重要的影响。

8.2.2.3 气体成分

溶解于天然水中的气体主要有 O_2 和 CO_2。

(1) 氧气（O_2）

溶解于水中的氧称为溶解氧（DO），主要以分子状态存在。天然水中的溶解氧主要消耗于生物的呼吸作用和有机物的氧化过程，消耗的氧从水生植物的光合作用和大气中补给。如果有机物含量较多，其耗氧速度超过补给速度，则水中溶解氧量将不断减少。当水体受到有机物严重污染时，水中溶解氧甚至可能接近于零。

(2) 二氧化碳（CO_2）

CO_2 来源于有机物的氧化分解、水生动植物的新陈代谢作用及空气中 CO_2 的溶解。水中 CO_2 的含量较低，游离的 CO_2 浓度对水体中动植物、微生物的呼吸作用和水体中气体的交换产生较大影响，严重时有可能引起水生动植物和某些微生物的死亡。一般水中 CO_2 的浓度应不超过 25 mg/L。

水中还含有 N_2、H_2S、CH_4 和少量的惰性气体（He、Ne、Ar、Kr）。水中气体成分能够很好地反映地球化学环境，同时，某些气体含量会影响盐类在水中的溶解度及其他化学反应。

8.2.2.4 有机质

天然水中的有机质是各种复杂有机化合物的总称，包括各种挥发和不挥发的有机酸、腐殖酸、氨基酸、蛋白质、激素和维生素等。大部分有机质呈胶体状态，部分为真溶液，少部分为悬浮状态。有机质进入水体有两种途径：一是水生生物排泄产物及遗体；另一种是水经由地表、土壤及其他含有植物遗体的介质中溶滤产生。此外，现代工业"三废"和生活垃圾造成的水污染也是水中有机质的来源之一。有些有机质对生物的发育、生长有益，有些组分则有害。另外，腐殖质对水体中重金属等污染物的迁移转化影响较大。

8.2.2.5 水生生物

天然水中存在各种水生生物，包含细菌和藻类等。水生生物直接影响水中许多物质的存在，对天然水中的有机和无机化合物产生复杂的分解、合成作用，对天然水的化学性质有重要影响。

8.2.3 天然水水质标准

随着社会经济发展和人类文明进步，水资源日益短缺，水污染问题也更加突出。由于社会经济各部门对水的利用目的不同，水参与人们生产生活的方式各异，因此，不同部门对水质的要求也不一致，对水的质量标准也不尽相同。如饮用水主要考虑对人体健康是否有害；农田用水和水产养殖不仅要求保证其产量，也必须保证其质量；工业用水对水质要求的差异更大，主要在于用水目的、过程和工艺，有些符合一般水质标准即可，有些则要求经过高级处理才能使用。

评价水体质量的状况，通常按天然水的物理性质、化学成分、气体及生物等方面的检测分析结果来进行。由于水的成分十分复杂，为适用于各种供水目的，必须制订出各种成分含量的一定界限，这种数量界限称为水质标准。

国家和地方规定的各种用水标准，都是按照各种用水部门的实际需要制订的，它是水质评价的基础。

8.2.3.1 地表水环境质量标准

为保障人体健康，维护生态平衡，保护水源及控制污染，改善水质，促进经济发展，我国制订了适用于江、河、湖泊及水库的《地表水环境质量标准》(GB 3838—2002)，为地表水环境质量的正确评价奠定了基础。

依据地表水水域环境功能和保护目标，按功能高低依次划分为五类(表8-1)：

Ⅰ类：主要适用于源头水、国家级自然保护区；

Ⅱ类：主要适用于集中式生活饮用水地表水源地一级保护区、珍稀水生生物栖息地、鱼虾类产卵场、仔稚幼鱼的索饵场等；

Ⅲ类：主要适用于集中式生活饮用水地表水源地二级保护区、鱼虾类越冬场、洄游通道、水产养殖区等渔业水域及游泳区；

Ⅳ类：主要适用于一般工业用水区及人体非直接接触的娱乐用水区；

Ⅴ类：主要适用于农业用水区及一般景观要求水域。

同一水域兼有多类功能的，依最高功能划分类别，有季节性功能的，可分季划分类别。

表 8-1 地表水环境质量标准基本项目标准限值　　　　　　　　　　　　mg/L

序号	项目		分类				
			Ⅰ类	Ⅱ类	Ⅲ类	Ⅳ类	Ⅴ类
1	水温(℃)		人为造成的环境水温变化应限制在 周平均最大温升≤1 周平均最大温降≤2				
2	pH 值(无量纲)		6～9				
3	溶解氧	≥	饱和率90% (或7.5)	6	5	3	2
4	高锰酸盐指数	≤	2	4	6	10	15
5	化学需氧量(COD)	≤	15	15	20	30	40
6	五日生化需氧量(BOD_5)	≤	3	3	4	6	10
7	氨氮(NH_3-N)	≤	0.15	0.5	1.0	1.5	2.0
8	总磷(以 P 计)	≤	0.02 (湖、库0.01)	0.1 (湖、库0.025)	0.2 (湖、库0.05)	0.3 (湖、库0.1)	0.4 (湖、库0.2)
9	总氮(湖、库以 N 计)	≤	0.2	0.5	1.0	1.5	2.0
10	铜	≤	0.01	1.0	1.0	1.0	1.0
11	锌	≤	0.05	1.0	1.0	2.0	2.0
12	氟化物(以 F 计)	≤	1.0	1.0	1.0	1.54	1.5
13	硒	≤	0.01	0.01	0.01	0.02	0.02
14	砷	≤	0.05	0.05	0.05	0.1	0.1
15	汞	≤	0.00005	0.00005	0.0001	0.001	0.001
16	镉	≤	0.001	0.005	0.005	0.005	0.01
17	铬（六价）	≤	0.01	0.05	0.05	0.05	0.1
18	铅	≤	0.01	0.01	0.05	0.05	0.1
19	氰化物	≤	0.005	0.05	0.2	0.2	0.2
20	挥发酚	≤	0.002	0.002	0.005	0.01	0.1
21	石油类	≤	0.05	0.05	0.05	0.5	1.0
22	阴离子表面活性剂	≤	0.2	0.2	0.2	0.3	0.3
23	硫化物	≤	0.05	0.1	0.2	0.5	1.0
24	粪大肠菌群(个/L)	≤	200	2 000	10 000	20 000	40 000

8.2.3.2 地下水环境质量标准

为保护和合理开发地下水资源,防止和控制地下水污染,保障人民身体健康,促进经济建设,我国制定了《地下水质量标准》(GB/T 14848—1993),这一标准是地下水勘查评价、开发利用和监督管理的依据。

依据我国地下水水质现状、人体健康基准值及地下水质量保护目标,并参照生活饮用水、工业、农业用水水质最高要求,将地下水质量划分为五类(表8-2)。

Ⅰ类:主要反映地下水化学组分的天然低背景含量。适用于各种用途;

Ⅱ类:主要反映地下水化学组分的天然背景含量。适用于各种用途;

Ⅲ类:以人体健康基准值为依据。主要适用于集中式生活饮用水水源及工业、农业用水;

Ⅳ类:以农业和工业用水要求为依据。除适用于农业和部分工业用水外,适当处理后可作生活饮用水;

Ⅴ类:不宜饮用,其他用水可根据使用目的选用。

以地下水为水源的各类专门用水,在地下水质量分类管理基础上,可按有关专门用水标准进行管理。

表8-2 地下水质量分类指标　　　　　　　　　　　　　　　　　　mg/L

序号	项目	分类				
		Ⅰ类	Ⅱ类	Ⅲ类	Ⅳ类	Ⅴ类
1	色(度)	≤5	≤5	≤15	≤25	>25
2	嗅和味	无	无	无	无	有
3	浑浊度(度)	≤3	≤3	≤3	≤10	>10
4	肉眼可见物	无	无	无	无	有
5	pH		6.5~8.5		5.5~6.5, 8.5~9	<5.5, >9
6	总硬度(以 $CaCO_3$ 计,mg/L)	≤150	≤300	≤450	≤550	>550
7	溶解性总固体(mg/L)	≤300	≤500	≤1 000	≤2 000	>2 000
8	硫酸盐(mg/L)	≤50	≤150	≤250	≤350	>350
9	氯化物(mg/L)	≤50	≤150	≤250	≤350	>350
10	铁(Fe)(mg/L)	≤0.1	≤0.2	≤0.3	≤1.5	>1.5
11	锰(Mn)(mg/L)	≤0.05	≤0.05	≤0.1	≤1.0	>1.0
12	铜(Cu)(mg/L)	≤0.01	≤0.05	≤1.0	≤1.5	>1.5
13	锌(Zn)(mg/L)	≤0.05	≤0.5	≤1.0	≤5.0	>5.0
14	钼(Mo)(mg/L)	≤0.001	≤0.01	≤0.1	≤0.5	>0.5
15	钴(Co)(mg/L)	≤0.005	≤0.05	≤0.05	≤1.0	>1.0
16	挥发性酚类(以苯酚计,mg/L)	≤0.001	≤0.001	≤0.002	≤0.01	>0.01
17	阴离子合成洗涤剂(mg/L)	不得检出	≤0.1	≤0.3	≤0.3	>0.3
18	高锰酸盐指数(mg/L)	≤1.0	≤2.0	≤3.0	≤10	>10
19	硝酸盐(以 N 计,mg/L)	≤2.0	≤5.0	≤20	≤30	>30
20	亚硝酸盐(以 N 计,mg/L)	≤0.001	≤0.01	≤0.02	≤0.1	>0.1
21	氨氮(NH_4)(mg/L)	≤0.02	≤0.02	≤0.2	≤0.5	>0.5

(续)

序号	项目	分类				
		I 类	II 类	III 类	IV 类	V 类
22	氟化物(mg/L)	≤1.0	≤1.0	≤1.0	≤2.0	>2.0
23	碘化物(mg/L)	≤0.1	≤0.1	≤0.2	≤1.0	>1.0
24	氰化物(mg/L)	≤0.001	≤0.01	≤0.05	≤0.1	>0.1
25	汞(Hg)(mg/L)	≤0.00005	≤0.0005	≤0.001	≤0.001	>0.001
26	砷(As)(mg/L)	≤0.005	≤0.01	≤0.05	≤0.05	>0.05
27	硒(Se)(mg/L)	≤0.01	≤0.01	≤0.01	≤0.1	>0.1
28	镉(Cd)(mg/L)	≤0.0001	≤0.001	≤0.01	≤0.01	>0.01
29	铬(六价)(Cr^{6+})(mg/L)	≤0.005	≤0.01	≤0.05	≤0.1	>0.1
30	铅(Pb)(mg/L)	≤0.005	≤0.01	≤0.05	≤0.1	>0.1
31	铍(Be)(mg/L)	≤0.00002	≤0.0001	≤0.0002	≤0.001	>0.001
32	钡(Ba)(mg/L)	≤0.01	≤0.1	≤1.0	≤4.0	>4.0
33	镍(Ni)(mg/L)	≤0.005	≤0.05	≤0.05	≤0.1	>0.1
34	滴滴滴(μg/L)	不得检出	≤0.005	≤1.0	≤1.0	>1.0
35	六六六(μg/L)	≤0.005	≤0.05	≤5.0	≤5.0	>5.0
36	总大肠菌群(个/L)	≤3.0	≤3.0	≤3.0	≤100	>100
37	细菌总数(个/mL)	≤100	≤100	≤100	≤1000	>1000
38	总 σ 放射性(Bq/L)	≤0.1	≤0.1	≤0.1	>0.1	>0.1
39	总 β 放射性(Bq/L)	≤0.1	≤1.0	≤1.0	>1.0	>1.0

8.2.3.3 饮用水水质标准

《生活饮用水卫生标准》(GB 5749—2006)规定了生活饮用水水质卫生要求,是从保护人群身体健康和保证人类生活质量出发,对饮用水中与人群健康有关的各种因素(物理、化学和生物),以法律形式做的量值规定,以及为实现量值所做的有关行为规范的规定。

生活饮用水水质常规指标共38项(表8-3)。其中感官性状和一般化学指标17项,主要为了保证饮用水的感官性状良好;毒理学指标15项、放射指标2项,是为了保证水质对人不产生毒性和潜在危害;细菌学指标4项,是为了保证饮用水在流行病学上安全。

表8-3 水质常规指标及限值

指 标	限 值
1. 微生物指标[①]	
总大肠菌群(MPN/100 mL 或 CFU/100 mL)	不得检出
耐热大肠菌群(MPN/100 mL 或 CFU/100 mL)	不得检出
大肠埃希氏菌(MPN/100 mL 或 CFU/100 mL)	不得检出
菌落总数(CFU/mL)	100

（续）

指　　标	限　　值
2. 毒理指标	
砷(mg/L)	0.01
镉(mg/L)	0.005
铬(六价, mg/L)	0.05
铅(mg/L)	0.01
汞(mg/L)	0.001
硒(mg/L)	0.01
氰化物(mg/L)	0.05
氟化物(mg/L)	1.0
硝酸盐(以 N 计, mg/L)	10 地下水源限制时为 20
三氯甲烷(mg/L)	0.06
四氯化碳(mg/L)	0.002
溴酸盐(使用臭氧时, mg/L)	0.01
甲醛(使用臭氧时, mg/L)	0.9
亚氯酸盐(使用二氧化氯消毒时, mg/L)	0.7
氯酸盐(使用复合二氧化氯消毒时, mg/L)	0.7
3. 感官性状和一般化学指标	
色度(铂钴色度单位)	15
浑浊度(NTU-散射浊度单位)	1 水源与净水技术条件限制时为 3
嗅和味	无异臭、异味
肉眼可见物	无
pH(pH 单位)	不小于 6.5 且不大于 8.5
铝(mg/L)	0.2
铁(mg/L)	0.3
锰(mg/L)	0.1
铜(mg/L)	1.0
锌(mg/L)	1.0
氯化物(mg/L)	250
硫酸盐(mg/L)	250
溶解性总固体(mg/L)	1 000
总硬度(以 $CaCO_3$ 计, mg/L)	450
耗氧量(COD_{Mn}法, 以 O_2 计, mg/L)	3 水源限制, 原水耗氧量 >6mg/L 时为 5
挥发酚类(以苯酚计, mg/L)	0.002
阴离子合成洗涤剂(mg/L)	0.3
4. 放射性指标[2]	
总 α 放射性(Bq/L)	0.5
总 β 放射性(Bq/L)	1

注：①MPN 表示最可能数，CFU 表示菌落形成单位。当水样检出总大肠菌群时，应进一步检验大肠埃希氏或耐热大肠菌群；水样未检出总大肠菌群时，不必检验大肠埃希氏菌或耐热大肠菌群。

②放射性指标超过指导值时，应进行核素分析和评价，判定能否饮用。

8.2.3.4 农田灌溉水质标准

灌溉水质主要涉及水温、总溶解固体及溶解盐类成分。同时,由于水的污染,水中所含的有毒有害物质对农作物及土壤的影响不可忽视。因此,灌溉水质和水量一样,是农业稳产高产的关键,农田灌溉用水水质评价成为供水的重要内容。

为了保护农田土壤、地下水源以及农产品质量,使农田灌溉用水的水质符合农作物的正常生产需要,促进农业生产,保证人们身体健康,我国颁布了《农田灌溉水质标准》(GB 5084—2005)作为农田灌溉用水水质评价依据。该标准根据农作物的需求状况,将灌溉水质按灌溉作物的不同分为三类:第一类为水作,如水稻等;第二类为旱作,如小麦、玉米、棉花等;第三类为蔬菜,如大白菜、韭菜、洋葱、卷心菜等。农田灌溉水质要求必须符合表8-4的规定。

表8-4 农田灌溉水质标准

序号	项目类别		作物种类		
			水作	旱作	蔬菜
1	五日生化需氧量(mg/L)	≤	60	100	40a, 15b
2	化学需氧量(mg/L)	≤	150	200	100a, 60b
3	悬浮物(mg/L)	≤	80	100	60a, 15b
4	阴离子表面活性剂(mg/L)	≤	5	8	5
5	水温(℃)	≤	35		
6	pH 值		5.5~8.5		
7	全盐量(mg/L)	≤	1 000c(非盐碱土地区),2 000c(盐碱土地区)		
8	氯化物(mg/L)	≤	350		
9	硫化物(mg/L)	≤	1		
10	总汞(mg/L)	≤	0.001		
11	镉(mg/L)	≤	0.01		
12	总砷(mg/L)	≤	0.05	0.1	0.05
13	铬(六价)(mg/L)	≤	0.1		
14	铅(mg/L)	≤	0.2		
15	粪大肠菌群数(个/100mL)	≤	4 000	4 000	2 000a, 1 000b
16	蛔虫卵数(个/L)	≤	2		2a, 1b
17	铜(mg/L)	≤	0.5	1	
18	锌(mg/L)	≤	2		
19	硒(mg/L)	≤	0.02		
20	氟化物(mg/L)	≤	2(一般地区),3(高氟区)		
21	氰化物(mg/L)	≤	0.5		
22	石油类(mg/L)	≤	5	10	1
23	挥发酚(mg/L)	≤	1		

(续)

序号	项目类别		作物种类		
			水作	旱作	蔬菜
24	苯(mg/L)	≤		2.5	
25	三氯乙醛(mg/L)	≤	1	0.5	0.5
26	丙烯醛(mg/L)	≤		0.5	
27	硼(mg/L)	≤	1(对硼敏感的作物) 2(对硼耐受性较强的作物) 3(对硼耐受性强的作物)		

注：a. 加工、烹调及去皮蔬菜；
  b. 生食类蔬菜、瓜类和草本水果；
  c. 具有一定的水利灌排设施，能保证一定的排水和地下水径流条件的地区，或有一定淡水资源能满足冲洗土体中盐分的地区，农田灌溉水质全盐量指标可以适当放宽。

8.3 水污染

8.3.1 水污染及其特征

8.3.1.1 水污染及种类

水污染是指水体因某种物质的介入而导致化学、物理、生物或放射性等方面的改变，造成水质恶化，从而影响水的有效利用，危害人体健康或破坏生态环境的现象。法律中所界定和防范的水污染是由于人类活动造成的。污水中的酸、碱、氧化剂，以及铜、镉、汞、砷等化合物，苯、二氯乙烷、乙二醇等有机毒物，会毒死水生生物，影响饮用水源和风景区景观。污水中的有机物被微生物分解时消耗水中的氧，影响水生生物的生命，水中溶解氧耗尽后，有机物进行厌氧分解，产生硫化氢、硫醇等难闻气体，使水质进一步恶化。

造成地表水体污染的污染物有很多种，主要有以下几类：

（1）悬浮物

悬浮物主要指悬浮在水中的污染物，包括泥沙、铁屑、炉灰、昆虫、植物、纸片、化工、建筑垃圾和人类日常生活污水中含有的污染物。悬浮物严重影响水体自身的透明度和浊度，影响植物的光合作用。大量悬浮垃圾长期浮在水中会吸附有机毒物、农药，形成复合污染物沉入水底。

（2）耗氧有机物

生活污水及工业废水中的有机物质都是以悬浮状态或溶解状态存在于水中，在微生物作用下分解成无机物。分解过程消耗氧气，使水中溶解氧减少，微生物繁殖，严重时影响鱼类等水中生物的生存。当水中溶解氧含量为零时，厌氧生物占优势，使水体变黑发臭。我国多数河流污染特征都属于有机污染，表现为水体中 COD、BOD 浓度增高。如淮河全流域每年排放的工业废水和城市废水量约 $36 \times 10^8 \, m^3$，带入的 COD 总量约为 $150 \times 10^4 \, t$。大量的有机污染物使淮河中的有机物含量严重超标，溶解氧含量显著不足，甚至降低到零。

应该注意的是，受到有机污染的河流往往同时接纳大量悬浮物，其中的相当一部分是有机物，排入水体后沉淀至河底形成沉积物。近年来，难降解合成有机物污染受到广泛关注，这是一种新的有机物污染，即使含量非常低也可能直接危害人体健康，如致癌、致畸、致突变。

(3) 营养物质

营养物质主要是指含有氮、磷的植物生长所需营养，如氨氮、硝酸盐氮、磷酸盐等有机化合物。这些污染物排入水体，易引起水中藻类及其他浮游生物大量繁殖，造成水体富营养化和溶解氧量下降，水体有异味，严重时鱼类和水中生物大量死亡。淡水水体（如河流、湖泊）出现的富营养化称为水华，海洋中则称为赤潮或红潮。

中国主要淡水湖泊都已呈现出富营养污染现象，主要原因是它们接纳了各种污染源排放的污染物。如滇池是著名的高原湖泊，原来是昆明市的饮用水源，但同时也是污水的受纳体。监测资料表明，20世纪90年代以来滇池水质只能满足灌溉水质的要求，滇池内湖中水葫芦覆盖面积和生长厚度逐年增加，内湖和外湖中都出现了蓝藻滋生的现象。中国沿海海域同样呈现出严重的富营养污染现象，渤海、东海、南海自20世纪60年代以来都曾经出现赤潮，而且出现的频率日益增加。

(4) 重金属

铜、铅、锌、镉、六价铬等重金属随工业废水排入水体后，大多沉淀至水底，或与有机物螯合成毒性很强的金属有机物，它们被生物吸收后最终进入人体，造成人体慢性中毒甚至死亡。

(5) 酸碱污染

当水体 pH<6.5 或 pH>8.3 时，水中生物的生长受到抑制，水体自净能力下降，影响渔业生产，还会腐蚀桥梁和水泥建筑，毁坏船只，造成农业减产绝收，给工农业生产和生活造成严重后果。

地下水水质下降主要表现为硬度和硝酸盐含量的增加，局部地区发现了较严重的油污染，也存在痕量有机物的污染。

8.3.1.2 水污染特征

地表水和地下水由于在分布、蓄存、转移和环境上存在差异，表现出不同的污染特征。地表水体污染可视性强、易反复出现，但循环周期短，易于净化和恢复。

而地下水的污染具有以下特征：

(1) 隐蔽性

污染发生在孔隙介质之中，即便污染程度已相当高，水体物理性质仍表现为无色、无味，即使人类饮用受害和有毒组分污染的地下水，其影响也是慢性而难以观察的。

(2) 难恢复性

由于地下水赋存于孔隙介质之中，流速缓慢，且孔隙介质对许多污染物质有吸附作用，彻底清除非常困难。即使切断污染源，靠地下水本身净化，少则十几至几十年，多则上百年才有可能得到恢复。因此，地下水一旦遭受污染，无论程度如何，均难以恢复。

8.3.2 主要污染源及危害

8.3.2.1 主要污染源

水污染主要由人类活动产生的污染物造成,包括工业污染源、生活污染源和农业污染源三类。其中,工业和生活污染源多属于点污染源,农业污染源属于面污染源。

(1) 点源污染

点源污染包括工业废水和生活污水。

工业废水是指工业生产过程中产生的废水、污水和废液,其中含有随水流失的工业生产用料、中间产物和产品以及生产过程中产生的污染物。随着工业的迅速发展,废水的种类和数量迅猛增加,对水体的污染也日趋广泛,严重威胁人类的健康和安全。工业废水包含有机废水、无机废水、重金属废水、电镀废水等,具有量大、面积广、成分复杂、毒性大、不易净化、难处理等特点。工业废水的处理比城市污水的处理更为重要。

生活污水是人类生活过程中产生的污水,主要是城市生活中使用的各种洗涤剂和污水、垃圾、粪便等。生活污水中含有大量有机物,如纤维素、淀粉、糖类和脂肪蛋白质等,也常含有病原菌、病毒和寄生虫卵,以及氯化物、硫酸盐、磷酸盐、碳酸氢盐和钠、钾、钙、镁等无机盐类。总的特点是氮、硫和磷含量高,在厌氧细菌作用下易产生恶臭物质。城市每人每日的排出量为 150~400 L,产生量与生活水平有密切关系。

中国每年约有 1/3 的工业废水和 90% 以上的生活污水未经处理就排入水域。全国监测的 1 200 多条河流中,有 850 多条受到污染,90% 以上的城市水域也遭到污染,致使许多河段鱼虾绝迹,符合国家一级和二级水质标准的河流仅占 32.2%。污染正由浅层向深层发展,地下水和近海域海水也正在受到污染,我们能够饮用和使用的水正在不知不觉地减少。

(2) 面源污染

农业废水是农作物栽培、畜禽饲养、农产品加工等过程中排出的废水。在农业生产过程中,不合理使用化肥、农药、畜禽(水产)养殖废弃物、农作物秸秆等均能造成面源污染。由于农业生产活动的广泛性和普遍性,农业废水具有水量大、影响面广、随机性大、隐蔽性强、不易监测和量化、控制难度大等特点。

研究表明,我国种植业中氮肥的利用率为 30%~40%,磷肥的利用率只有 10%~15%,钾肥的利用率为 40%~60%。化肥的大量使用,特别是氮肥用量过高,使部分化肥随降水、灌溉和地表径流进入河、湖、库、塘,污染水体,造成水体富营养化。而大多数农药以喷雾剂的形式喷洒于农作物上,其中只有 10% 左右的药剂附着在作物体上,大部分农药被喷洒于空气中或落入土中,随即被灌溉水、雨水冲刷进入江河湖泊,污染水源。畜禽粪便不经任何无害化处理就直接排放,携带大量的大肠杆菌、寄生虫卵等病原微生物和大量的氮、磷等,进入江河湖泊,不仅污染养殖场周围的环境,导致水体和大气的污染,更是我国江河湖泊富营养化的主要污染源。农村生活垃圾及秸秆被抛弃于河沟渠或道路两侧,特别是塑料袋、农药包装物等有害垃圾大多随意堆放,不仅占用了大片的耕地,传播病毒细菌,其渗漏液也会污染地表水和地下水,导致生态环境恶化。

N、P 和泥沙作为农业面源污染的主要污染物,其污染实质上是一个扩散过程,农业面源污染最终对水体的影响就是导致水体富营养化加剧。氮施入土体中，NH_4^+-N 呈球形扩散，而 NO_3^--N 主要以质流方式迁移。磷的流失以吸附态为主，大多数土壤可溶态磷随土壤侵蚀、径流、排水、渗漏等过程进行迁移，农业流域磷污染迁移传输方式包括表面径流传输和壤中流传输。泥沙作为农业面源污染物之一，其迁移过程主要是随地表径流而流失。

城市面源污染是指在降水条件下，雨水和径流冲刷城市地面，使溶解的或固体污染物从非特定的地点汇入受纳水体，引起的水体污染。随着城市化的迅速发展，城市化与城市建设极大地改变了城市原有地表环境，取而代之的是大量的建筑物和道路，导致城市地表硬化率急剧增加，不透水比例增大，使得雨天特别是暴雨天气产生的大量径流不能通过城市地表渗透到土壤中或者被植物截流，只能通过分流制或合流制系统把径流排放到受纳水体中，对受纳水体的水质造成明显的破坏。

雨水径流所携带的污染物主要有建筑材料的腐蚀物、建筑工地上的淤泥和沉淀物、路面的沙子尘土和垃圾、汽车轮胎的磨损物、汽车漏油、汽车尾气中的重金属、大气的干湿沉降、动植物的有机废弃物、城市公园喷洒的农药以及其他分散的工业和城市生活污染源等。这些污染物以各种形式积蓄在街道、阴沟和其他不透水地面上，在降水的冲刷下通过不同的途径进入城市受纳河道中。污染物包含物理性污染物（来自交通工具锈蚀产生的碎屑物质、机动车产生的废气、大气干湿沉降物、轮胎和刹车摩擦产生的物质以及居民烟囱释放出的烟尘等悬浮物）、化学性污染物（重金属及有机污染物）和生物性污染物（下水道溢流、宠物以及城市中的野生生物所携带的病原性微生物）3 种类型。

8.3.2.2 水污染危害

(1) 危害人体健康

人在饮水过程中，水中的元素通过消化道进入人体的各个部位。当水中缺乏某些或某种人体生命过程所必需的元素时，就会影响人体健康。如水中缺碘，长期饮用会导致"大脖子病"，即医学上所称的"地方性甲状腺肿"。当水中含有有害物质时，有害物质可以通过饮水进入人体。如长期饮用含有氰化物的水，可导致甲状腺肿大、急性中毒，症状表现为呼吸困难、呼吸衰竭。长期饮用含酚水，可引起头晕、出疹、瘙痒、贫血等各种神经疾病。此外，人在不洁净的水中活动，水中病原体可经皮肤、黏膜侵入机体，如血吸虫病等。水污染也会干扰内分泌，如化学性污染物邻苯二甲酸二丁酯等可干扰机体内一些激素的合成、代谢或作用，从而影响机体的正常生理、代谢、生殖等。人类生活垃圾污染水体可引起细菌、大肠杆菌群在水体中大量繁殖，导致肠道疾病，如肠炎、痢疾、霍乱和某些寄生虫疾病都是通过水体传播的。

国家环境保护局曾公布某地区饮用水污染物检测结果，该地区 50% 的饮用水取自长江，从 11 个饮用水源中测出 468 种污染物，其中有机毒物 210 种，甚至检出致畸、致癌、致突变的持久性有机污染物。长期饮用受到污染的水使癌症等疾病发生率增加，全国癌症村数量急剧攀升。

(2) 限制工农业生产

工农业生产不仅需要足够的水量，而且对水质有一定的要求。否则会对工农业造成极大的损失，特别是工农业生产过程中使用被污染的水后，对人类有极大的危害。一是使工业设备受到破坏，严重影响产品质量，从而危及企业的市场竞争能力、经济利益和广大消费者的利益；二是使土壤的化学成分改变，肥力下降，农产品直接或间接受到不同程度的污染，农作物的品种甚至会出现不同程度的变异；三是增加城市生活用水和工业用水的污水处理费用。在水资源贫乏的情况下，保证工业和农业用水的水质就显得尤为重要。

(3) 影响水生生物及渔业发展

水中生活着各种各样的水生动物和植物。生物与水、生物与生物之间进行着复杂的物质和能量交换，在数量上保持一种动态的平衡关系。但在人类活动的影响下，这种平衡遭到了破坏。当人类向水中排放污染物时，一些有益的水生生物会中毒死亡，而一些耐污的水生生物会加剧繁殖，大量消耗溶解氧使有益的水生生物因缺氧被迫迁栖他处或者死亡。水污染会导致鱼类产量下降，长期缓慢的水污染会导致鱼类质量下降，外形变异，严重的水污染还有可能造成鱼类大量死亡甚至种类性灭绝。人食用受污染的鱼类会导致中毒或健康方面的其他损害。由此可见，当水体被污染后，一方面导致生物与水、生物与生物之间的平衡受到破坏；另一方面一些有毒物质不断转移和富集，最后危及人类自身的健康和生命。

(4) 制约社会经济发展

目前，水资源短缺和水污染已成为制约我国经济社会可持续发展的瓶颈。水污染对人体健康、渔业生产、工农业生产的发展是一个制约因素，严重影响社会的发展进程，阻碍生产的正常运行，从而影响社会经济的发展。

造成我国水污染的原因主要有以下三个方面：一是由于粗放型经济增长方式没有根本转变，污染物排放量大大超过水环境容量；二是生态用水缺乏，黄河、海河、淮河水资源开发利用率都超过50%，其中海河更是高达95%，超过国际公认的40%的合理限度，严重挤占生态用水；三是水污染防治立法不够健全、处罚力度小、执法不够有力、干部群众的环保意识和守法意识不强。要从根本上解决水环境安全问题，必须加快产业结构调整，建立水资源节约型、环境保护型的国民经济体系。

8.3.3 水污染防治

8.3.3.1 水污染防治原则

水环境污染防治应遵循"分类、分区、分级、分期"的控制原则。

(1) 污染物质的分类控制原则

采取不同的污染控制措施，有针对性地防治不同特性的水污染物，污染物可以根据结构、毒性、功能要求和降解特性等进行分类。根据污染物质的结构和组成，可以将其分为合成有机物、金属、无机物和卫生学指标等；根据污染物的毒性特点，可以分为常规污染物（含氮、磷营养盐）和优先控制污染物；根据污染物对水体生态功能与资源用途的影响，可以分为淡水水生生物保护、海水水生生物保护、人体健康保护等方面的控制污染物；根据污染因子的降解特性，可以分为保守物质（重金属、难降解有毒有机物质等）和非保守物质（COD、氨氮等）。实际应用中，可结合水污染防治管理的需求，针对不同控制指标提出相应的控制要求。

(2) 污染控制的分区原则

水环境特征具有差异显著的特点，需要依据区域自然环境特征制定不同的污染控制对象与控制标准，实施差异性的污染控制策略。分区要考虑到水文过程的完整性、生态系统的一致性以及水体功能的差异性，可采取水资源分区、水生态分区和水环境功能分区等多种分区形式，构建水污染物控制的分区体系。

其中，水资源分区是根据水文循环单元进行划分，主要体现水文过程的完整性，表现出污染物输移转化规律，是实现水量水质综合管理的重要单元。水生态分区主要是根据影响流域水生态特征的自然要素(气候、地形地貌、植被、土壤和土地利用等)进行划分，主要用于识别水体生态功能和确定水体的生态完整性标准，是实施基于水生态安全的污染控制策略的重要控制单元。水环境功能分区是在水生态分区基础上，充分考虑水环境管理能力及地方差异性，在流域尺度和时间尺度上权衡人类需求功能与水生态需求功能所采取的一种分区方法，包括重要功能区、一般功能区和冲突协调区三类。功能区的管理目标不仅包括水质目标，还应包括水生生物和水量目标。

(3) 水质目标的分级原则

水体往往具有饮用水、休闲用水、捕鱼/食用、水生生物栖息地、农业用水和工业用水等多种功能，不同功能水体对水体污染程度的要求不同，需要根据水同水质标准制定不同级别的水质保护及防治目标。

(4) 污染防治的分期保护原则

分期包括两层含义：一是以季节特征为基础的污染控制，目的是体现控制中的水期差异；二是以年度特征为基础的污染控制，目的是体现控制目标与措施的分阶段实施。污染控制需要以流域水生态安全为最终目标，根据社会经济技术发展水平，分别制定近期、中期和远期的目标并提出分阶段的污染实施方案，这有利于政府针对性地采取措施，保障水污染防治与社会经济协调发展。

8.3.3.2　水污染防治对策

水污染防治是一个庞大的系统工程，涉及国家政策、管理技术、市场调节、全民配合等方面。水污染防治必须同国民经济和社会发展密切结合，统筹规划，综合治理，建立和完善水污染治理机制，调动全社会的积极性，依靠全社会力量做好水污染防治工作。

(1) 严格控制点源污染，实行排污总量控制

对工业和城市废污水排放，必须加强管理，达标排放。对于超标、超量排污的企业，一方面要加大处罚力度；另一方面可以利用收取的排污费、排污权交易费等设立特别基金，用于扶持企业污水处理设施的建设，减轻企业治污的经济压力。采取奖励和惩罚相结合的措施，充分调动企业治污的积极性。

对于生活污水的防治，采取综合对策，建立定额管理、累进加价的水价制度，通过经济杠杆节约用水，减少排污。通过制定合理的污水排放费征收标准，为污水处理产业化创造条件，同时政府要对污水处理产业给予政策倾斜和财政扶持，使污水处理企业逐

步走向市场化、产业化的道路,通过竞争降低污水处理的成本,实现良性循环。

(2) 加强农村面源污染的宏观调控

将面源污染的控制与农业灌溉方式的改变、农业产业结构的调整、绿色农业、生态农业、有机农业的建立等方面结合起来,提高科技水平,增强农民的环保意识,合理使用化肥和农药,提高有机肥使用量,将面源污染程度控制到最低。

(3) 加强对江河湖库等水域的管理

科学调度,提高水体的水环境承载能力。湖泊的水污染防治应采取强有力的管理措施和工程措施,有效控制生活污水、农业面源和内源污染,制订科学合理的水量调度和河湖疏浚方案,使流水不腐,提高水体的自净能力;河流水污染防治应发展区域性水污染防治系统,包括制定水污染防治规划、流域水污染防治管理规划,发展效率高、能耗低的处理技术等。

(4) 加强饮用水源管理,提高饮水的安全度

我国目前对饮用水污染所采取的对策主要是治理污染源,提高生活污水和工业废水的处理率,推行节水技术,提高工业用水的重复利用率及城市污水资源化利用等,以减少废水的排放总量。为了加强水资源保护,各地要严格执行水功能区划方案,禁止向饮用水源地排放废污水。

8.3.3.3 水污染修复治理技术

1) 地表水污染修复技术

(1) 河流修复技术

河流修复是指使河流生态系统恢复到未被破坏的近似状态,且能够自我维持动态均衡的复杂过程。河流修复技术多种多样,主要包括物理技术(河道引水技术、生态防渗技术、底泥疏浚与物理覆盖技术、人工增氧技术等)、化学技术(投加絮凝剂促进污染物沉淀、加石灰脱氮、投加化学药剂除藻、调节 pH 值对重金属进行化学固定、原位化学反应技术等)和生物—生态技术等(微生物修复技术、水生动植物修复技术、人工湿地技术以及多自然型河流构建技术等)。

现介绍几种较为有效的修复技术。

① 河道引水技术 指引进外部清洁水源来改善河道水质。在水源允许的情况下,引进外部清洁水源增加河水水量,不仅可以人为缩短水在河道中的停留时间,增加浮游植物的生物量,使污染河水不易黑臭,同时水体复氧量也会增加,提高河道自净能力。利用调水改善河道水质是一种投资少、成本低、见效快的处理工程。通过引水技术改善河道水体水质的实例较多,如上海苏州河的综合调水工程、福州内河的引水冲污工程等。

② 原位化学反应技术 指通过氧化、还原、吸附、沉淀、有机金属络合等化学和生物反应,在受污染的地点,原地使重金属离子固定下来的方法。常用的物质包括石灰、灰烬、硫化钠等。此外,化学氧化可以将有机物转化为无毒或毒性较小的化合物,常用的氧化剂为二氧化氯、次氯酸钠或次氯酸钙和臭氧等。

③ 水生植物修复技术 指利用水生植物及其共生的微环境去除水体中的污染物质并恢复水生生态系统。水生植物在水环境修复中的作用方式主要包括物理过程、吸收作

用、协同作用和化感作用。水生植物修复技术的核心是将植物漂浮种植在水面上，利用植物生长从水体中吸收利用大量污染物，如凤眼莲、浮莲、浮萍等水生植物均能很好地去除河流中的氮、磷等营养物质。生态浮床是其典型的技术应用之一。

(2) 湖泊水库修复技术

湖泊水库修复最早始于20世纪60年代，美国、加拿大在此方面做了很多研究。湖泊水库修复主要强调2个方面：恢复水生态系统的服务功能；恢复受损或受干扰湖泊水库水生态系统的结构和生态功能。

湖泊水库水质恶化主要有2个原因：一是外界输入的大量营养物质在水体中富集；二是内源性负荷。因此，湖泊水库修复可从外源性污染物质和内源性污染物质的控制两个方面展开。外源性污染物的控制技术主要有清洁生产、退耕还林、改变消费模式、废水集中处理技术等；内源性污染物的控制技术主要有稀释和冲刷、底泥疏浚和覆盖、水力调度技术、气体抽提技术、空气吹脱技术、投加石灰法、水生植物修复技术、生物调控技术、生物膜技术、微生物修复技术、仿生植物净化技术、土地处理技术、深水曝气技术等。外源性污染物控制技术中清洁生产是一项有效技术，内源性污染物控制技术中底泥疏浚是修复湖泊水库的一项有效技术，不同于河流的修复。

清洁生产是指通过原材料和能源的调整替代、工艺技术的改进、设备装备的改进、过程控制的改进、废弃物的回收利用、产品的调整变更等措施，达到污染物源头削减、过程控制、提高资源利用效率的目的，减少或避免生产和产品使用过程中污染物的产生，以减轻或消除对人类健康和环境危害的技术。清洁生产技术主要包括源头控制、过程减排和末端循环3类技术。源头削减应尽量采用无污染或少污染的能源和原材料；过程减量应尽量采用消耗少、效率高、无污染或少污染的工艺和设备；末端循环时对必须排放的污染物采用回收、循环利用技术，回收其中有利用价值的资源。清洁生产可以产生环境和经济双重效益，使得汇入湖泊水库的外源性污染物浓度大大减少，达到修复的目的。

底泥是湖泊水库的内污染源，有大量的污染物质积累在底泥中，包括营养盐、难降解的有毒有害有机物、重金属离子等。底泥中的有害物质释放到水体中会使水质急剧恶化。底泥疏浚技术可以彻底去除其中的有害物质，一般有2种形式的疏挖：①把水抽干，然后用推土机和刮泥机进行疏挖；②带水作业，带水疏挖可以采用机械式疏挖或水力式疏挖。疏浚技术主要包括确定疏挖底泥体积、选择挖泥机、计算压头和功率、设计底泥堆放场以及底泥利用等部分。疏浚时应注意防止底泥泛起和底泥的合理处置，避免二次污染。欧洲多国均采用该技术对湖泊水库进行修复，并且效果显著。

(3) 湿地修复技术

湿地修复是通过生态技术或生态工程对退化或消失的湿地进行修复或重建，再现干扰前的结构和功能，以及相关的物理、化学和生物过程，使其发挥应有的作用。湿地修复技术可按照物理、化学和生物技术进行划分。物理技术包括土壤渗滤法、调水冲洗法；化学技术包括混凝法、中和法、氧化还原法、吸附法、离子交换法、电渗析法；生物技术包括湿地植物净化、生物膜吸附等。由于化学方法容易对湿地生态系统造成新的污染，所以相关技术应用不广泛。土壤渗滤法和生物膜吸附法是比较新的技术，应用性也较强。

2) 地下水污染修复技术

目前较典型的地下水污染修复技术有 10 多种，根据技术原理可分为物理法、化学法、生物法和复合修复技术 4 大类。物理技术包括水动力控制法、流线控制法、屏蔽法、被动收集法、水力破裂处理法等；化学技术包括有机黏土法和电化学动力修复技术；生物技术包括原位生物修复技术和异位生物修复技术，如肥式处理法、预制床法、厌氧处理法、生物反应器法等；复合技术包括渗透性反应屏法、抽出处理法、注气—土壤气相抽提法。复合法修复技术兼有以上 2 种或多种技术属性，如抽出处理法同时使用了物理修复技术、化学修复技术和生物修复技术，综合各种技术优点，在修复地下水时更有效。

地下水修复技术还可按修复方式分为异位修复和原位修复。异位修复是将污染物用收集系统或抽提系统转移到地上再处理的技术，主要包括被动收集和抽出处理。原位修复技术是指在基本不破坏土体和地下水自然环境的条件下，对受污染对象不作搬运或运输，在原地进行修复的方法。原位修复技术不但可以节省处理费用，还可减少地表处理设施的使用，最大程度地减少污染物的暴露和对环境的扰动程度，因此更有应用前景。

(1) 渗透反应墙(PRBs)修复技术

渗透反应墙是一个填充有活性反应介质材料的被动反应区，当受污染的地下水通过时，其中的污染物质与反应介质发生物理、化学和生物等作用而被降解、吸附、沉淀或去除，从而使污水得以净化。PRBs 使用的反应材料一般根据污染物的组分和修复目的的不同而各异，最常见的是零价铁(FeO)。其机理是根据化学热力学和化学反应动力学理论，FeO 易被氧化，失去的电子传递给具有氧化性的有毒重金属离子和有机氯代烃等有机物，使其被还原，从而修复地下水。常见的渗透反应墙有氧化还原和生物降解两种类型。最新研究成果是将零价纳米铁(nZVI)介质与超声波联用。

(2) 原位曝气技术

原位曝气技术是将空气注入污染区域以下，将挥发有机物从地下水中解析到空气流并引至地面上处理的原位修复技术，被认为是去除地下水挥发性有机物最有效的方法。将原位曝气法与土壤蒸汽抽提法结合，去除砂质地下含水层中的石油烃，结果表明：与单独使用土壤蒸汽抽提法比较，将原位曝气技术与土壤蒸汽抽提法联用 28d 后，石油烃去除量提高 19 倍，且原位曝气为地下水中残留的 NAPL 的去除创造了更有利的条件。曝入的空气能为地下水中的好氧微生物提供足够氧气，促进土著微生物的降解作用。该技术在可接受的成本范围内，能够处理较多的受污染地下水，系统容易安装和转移，容易与其他技术组合使用。但是该技术对既不容易挥发又不易生物降解的污染物处理效果不佳，并且对土壤和地质结构的要求比较高。

(3) 原位生物修复技术

原位生物修复是利用生物的代谢活动减少环境中有毒有害化合物的工程技术系统。用于原位生物修复的微生物一般有土著微生物、外来微生物和基因工程菌 3 类。目前地下水有机物原位生物修复方法主要包括生物注射法、有机黏土法等。原位生物修复技术的优势表现在：现场进行，从而减少运输费用和人类直接接触污染物的机会；以原位方式进行，对污染位点的干扰或破坏最小；使有机物分解为二氧化碳和水，可永久地消除污染物和长期的隐患，无二次污染，不会使污染物转移；可与其他处理技术结合使用，处理复合污染；降解过程迅速，费用仅为传统物理、化学修复法的30%~50%。目前有人将原位生物修复和旋转电动力学—太阳能技术结合，形成新型的修复技术，能大大提高原位生物修复的效果。

8.4 水环境容量

8.4.1 水环境容量概念及基本特征

8.4.1.1 水环境容量概念

水环境容量的概念是在环境容量的基础上发展而来的，在20世纪70年代由日本科学家首先提出，其含义是指在保证水体正常功能用途的前提下，水体所能容纳的最大污染物量。因此，水环境容量的大小直接决定了该地区排污量的大小，它不仅制约着地方经济的发展，还是国家环境管理部门制定排污标准的主要依据之一。

纳污水体的水环境容量由稀释容量（$W_{稀释}$）和自净容量（$W_{自净}$）两部分组成。稀释容量是指由于水体自身本地污染物溶度低于水质目标溶度，在不超标的前提下，水体可以继续接纳一定污染物的量；自净容量是指在污染物进入纳污水体后，经过沉降、吸附和微生物降解等一系列复杂的物理、化学和生物过程减少的那部分污染物的量。影响水环境容量大小的因素主要有以下几个方面：水体的水文特征、水体的环境功能要求、目标污染物的降解特性、污染源的位置和污染物排放方式等。

8.4.1.2 水环境容量基本特征

(1) 地带性

天然水体分布在不同的地理环境和地球化学环境中，在不同环境条件的作用下，不同地带的水体对污染物有不同的物理、化学和生物自净能力，从而决定了水环境容量具有明显的地带性特征，包括纬向地带性和经向地带性。地带性规律制约水体对污染物的迁移转化能力，也影响污染物的毒性作用。因此，不同的环境单元对污染物有不同的容纳量。

人类社会环境特征对水环境容量也有着强烈的影响。未受人类活动影响或人类活动影响很微弱的地带，水体基本保持在背景浓度的水平，水环境容量的丰度很大。受人类活动影响大的城市环境水体或位于城市附近的大江大河局部江段污染严重，水环境容量很小，甚至丧失殆尽。

(2) 资源性

水环境容量的资源性体现在其具有自然属性和社会属性，依附于一定的水体和社会。自然属性是社会属性的基础，社会属性是自然属性的社会化。水环境容量的自然属性是其与人类社会密切相关的基础，其社会属性表现在社会和经济的发展对水体的影响及人类对水环境目标的要求，是水环境容量的主要影响因素。水环境容量是一种资源，因为水体具有降解水中污染物的动能、化学能和生物能。这种具有降解污染物能力的水环境容量资源，与作为物质而直接用于生产和生活的水资源，是性质不同的两个概念。

水环境容量既然是资源，它就具有一定的价值，这种价值表现为：通过容量所包含对污染物缓冲作用的潜能，水体中可维持一定的污染物，仍能适应人类生产和生活活动的需求；可以部分代替污水的人工净化，从而节约水污染治理投资。但是，水体的环境容量是有限的，一旦污染负荷超过水环境容量，其恢复将十分缓慢、困难。环保部门应对水环境容量进行系统规划，合理配置。

(3) 时空性

水环境容量具有明显的时空内涵。空间内涵体现在不同区域社会经济发展水平、人口规模及水资源总量、生态环境等方面的差异，使资源总量相同时不同区域的水体在相同时间段上的水环境容量并不相同；时间内涵体现在同一水体在不同时间段的水环境容量是变化的，水质环境目标、经济及技术水平等在不同时间可能存在差异，从而导致水环境容量的不同。

(4) 系统性

水环境是一个复杂多变的复合体，水环境容量的大小除受水生态系统和人类活动的影响外，还取决于社会发展需求的环境目标。因此，对其进行研究，不应仅仅限制在水环境容量本身，而应将其与经济、社会、环境等看作一个整体进行系统化研究。此外，河流、湖泊等水体一般处在大的流域系统中，水域与陆域、上游与下游等构成不同尺度的空间生态系统，在确定局部水体的水环境容量时，必须从流域的整体角度出发，合理协调流域内各水域水体的水环境容量，以期实现水环境容量资源的合理分配。

(5) 动态发展性

水环境容量的影响因素分为内部因素和外部因素。内部因素主要包括水文条件、地理特征等，水生态系统是一个相对稳定的变化系统；外部因素涉及社会经济、环境目标、科学技术水平等诸多发展变化的量，从而使内部因素复杂多变。决定水环境容量的内外因素都是随着社会发展变化的，故水环境容量应该是一个动态发展的概念，水环境容量动态性的本质即为人类活动的动态性。水环境容量不但反映流域的水文特性，同时也反映人类对环境的需求（水质目标），水环境容量将随着水资源情况的变化和人们环境需求的提高而不断发生变化。

(6) 不均衡性

不同性质的污染物对各类迁移转化的响应程度差别很大，这决定了水环境容量对污染物的不均衡特征。如耗氧有机物水环境容量的丰度很高，有毒有机物很低，重金属的水环境容量甚微。

8.4.2 水环境容量计算

基于不同的分类标准，水环境容量计算方法可以分为不同的体系。如根据所采用的数学方法，可分为确定性数学方法和不确定性数学方法；确定性数学方法主要包括公式法、模型试错法和线性规划法；不确定性数学方法主要包括随机规划法、概率稀释模型法和未确知数学法。根据所计算的水体类型，可以分为河流水环境容量计算、湖库水环境容量计算、河口水环境容量计算和海洋水环境容量计算等；根据预设的水体达标范围，可以分为水体总体达标法和控制断面达标法；根据所选取的控制断面的位置，可以分为段首控制法、段尾控制法和功能区段尾控制法；根据污染源的类型，可以分为点源污染计算法和非点源污染计算法。

对于水环境容量的计算，本书主要针对公式法、模型试错法、系统最优化法、概率稀释模型法和未确知数学法等五大类计算方法进行介绍。

8.4.2.1 公式法

水环境容量的计算公式很多，但基本形式均为：水环境容量 = 稀释容量 + 自净容量 + 迁移容量。随着研究的深入，水环境容量计算公式逐步完善，且根据不同的污染物和水体建立不同的计算公式。

公式法可以认为是最基本的方法，其他各类方法的计算也以水环境容量计算公式为基础。常用水环境容量计算公式见表 8-5。

表 8-5 常用水环境容量计算公式

污染物类型	计算公式	符号含义	适用条件
可降解污染物	$W = 86.4 Q_0 (C_s - C_0) + 0.001 kVC_s + 86.4 qC_s$	C_s 为污染物控制标准浓度；C_0 为污染物环境本底值；V 为区域环境体积；k 为污染物综合降解系数	零维公式，适用于均匀混合水体(河段)或资料受限、精确度要求不高的情况
可降解污染物	$W = (\sum_{j=1}^{\infty} Q_j C_s - \sum_{i=1}^{n} Q_i C_{0i}) + kVC_s$	Q_i 为第 i 条入湖(库)河流的流量；C_{0i} 为第 i 条河流的污染物平均浓度；Q_j 为第 j 条出湖(库)河流的流域；其余字母含义同前	零维公式，适用于均匀混合湖库
可降解污染物	$W = 86.4 [(Q_0 + q) C_s e^{(kx/86400u)} - C_0 Q_0]$	Q_0 为河道上游来水流量；q 为排污流量；u 为河水平均流速；x 为河段长度；其余字母含义同前	一维公式，适用于资料较丰富的中小河流
可降解污染物	$W = \frac{1}{2}(C_s - C_0)(u_x h \sqrt{4\pi D_y x^*/u_x}) \cdot e^{(-u_x y^2/4 d_y x^*)} e^{(-kx^*/u_x)}$	u_x 为河流纵向平均流速；h 为平均水深；D_y 为横向离散系数；x^* 为给定混合区长度；其余字母含义同前	二维公式，适用于污染物在河道横截面非均匀分布，污染物恒定连续排放的大型河段
营养盐	$W = \frac{C_s h Q_a A}{(1-R)V}$	Q_a 为湖(库)年出流流量；A 为湖(库)水面面积；R 为营养盐滞留系数；其余字母含义同前	基于狄龙(Dilkm)模型，适用于水流交换条件较好的湖库
重金属	$W = C_s Q_0 + C_{s0}(q_1 + q_2)$	C_{s0} 为底泥质量标准；q_1 为底泥推移量；q_2 为底泥表现沉积量；其余字母含义同前	适用于一般河流，考虑了水体及底泥的重金属容量
重金属	$W = C_s h \sqrt{\pi D_x x u}$	各字母含义同前	适用于污染物连续排放的宽浅河流，只考虑水体的重金属容量

8.4.2.2 模型试错法

该方法求解水环境容量的基本思路为：在河流的第一个区段的上断面投入大量的污染物，使该处水质达到水质标准的上限，则投入的污染物的量即为这一河段的环境容量；由于河水的流动和降解作用，当污染物流到下一控制断面时，污染物浓度已有所降低，在低于水质标准的某一水平（视降解程度而定）时又可以向水中投入一定的污染物，而不超出水质标准，这部分污染物的量可认为是第二个河段的环境容量；依此类推，最后将各河段容量求和即为总的水环境容量。

模型试错法本质上同公式法类似，计算中仍需以水环境数学模型为工具。其最大的缺点在于计算过程中需多次试算，计算效率低，最初一般只适用于单一河道或计算条件简单的其他类型水体的计算；后期随着计算机计算能力的提高及高效数学方法的引入，也在河网等复杂水体得到应用。但相对于其他方法，模型试错法的研究及应用较少。

8.4.2.3 系统最优化法

水环境容量计算中采用的主要是线性规划法和随机规划法。基本思路是：基于水动力水质模型，建立所有河段污染物排放量和控制断面水质标准浓度之间的动态响应关系；以污染物最大允许排放量为目标函数，以各河段都满足规定水质目标为约束方程；运用最优化方法（如单纯形法、粒子群算法等）求解每一时刻各污染物水质浓度满足给定水质目标的最大污染负荷；将所求区段内的各污染源允许排污负荷相加即得相应区段内的水环境容量。

系统最优化方法具有自动化程度高、精度高、对边界条件及设计条件的适应能力强、方法适用范围广等优点，随着计算机计算能力的提高和大型综合水环境数学模型的出现，系统最优化法得到了长足的发展，并成为计算水环境容量最主流的方法之一。

8.4.2.4 概率稀释模型法

概率稀释模型法最早由美国环境保护署在1984年提出。此法是根据来水流量、排污量、排污浓度等所具有的随机波动性，运用随机理论对河流下游控制断面不同达标率条件下的环境容量进行计算的一种不确定性方法，是目前从不确定性角度计算河流水环境容量的主要方法之一。基本思路是：基于特定的基本假定，建立污染物与水体混合均匀后下游浓度的概率稀释模型；利用矩量近似解法求解控制断面在一定控制浓度下的达标率；利用数值积分求解水体在控制断面不同控制浓度和达标率下的水环境容量。

概率稀释模型法的优点是：与确定性计算方法相比，概率稀释模型法直接考虑了河流流量、背景浓度、排污流量、排污浓度等输入项的随机波动过程，从而使水质达标率和水环境容量等输出项也具有了随机波动过程，这无论在理论上还是在实践中都更接近于水体的真实情况；可以避免一般单一设计水文条件下，利用稳态水环境容量计算方法得出的计算结果的"过保护"问题，从而更加充分地利用水环境容量。概率稀释模型方法的最大缺点在于数据需求量大，计算中所涉及的水文、水质数据一般均需长序列监测数据。

8.4.2.5 未确知数学法

未确知数学法是近年发展起来的计算水环境容量的最新方法,用此法计算水环境容量是在将水体水环境系统参数(流量、污染物浓度、污染物降解系数等)定义为未确知参数的基础上,结合水环境容量模型,建立水环境容量计算未确知模型,然后计算水环境容量的可能值及其可信度,进而求得水环境容量。

此法的优点在于:可以更充分地考虑水环境系统中各类参数的不确定性;对少资料情况适应性较强。

8.4.3 水环境容量的应用

8.4.3.1 国外水环境容量应用

(1) 美国

美国对水环境容量的研究起步较早。1972 年,美国环保局提出 TMDL(最大日负荷总量)的概念,包括污染点源负荷 WLA 和非点源负荷 LA,同时还要考虑为不确定因素留出的安全余量 MOS 和季节性变化的影响。美国的水环境容量研究及实施便以 TMDL 为核心展开。

为进一步巩固以水环境容量为基础的 TMDL 计划实施成果,美国在推广 TMDL 计划的过程中也对污染物排放进行总量控制,以改善水质、达到水环境质量标准。在美国,基于水质的水环境容量研究和基于技术的污染物总量控制技术的共同实施,首先要求污染源达到排放标准,然后判断水质是否达标,在此基础上再对未达标区域实行排放总量控制,可有效降低污染控制的费用。尽管 2003 年 EPA 评价水域中 40% 的水体不符合水质标准,但单纯从采取基于技术的排放总量控制角度考虑,美国 TMDL 计划的实施在控制水环境污染方面显示了卓越功效。

(2) 欧洲

欧洲各国较早进行了污染总量控制研究,如英国的泰晤士河、德国的内卡河以及莱茵河,均采用了各类治理措施,消减污染物入河总量,使河流水质状况恢复到较高水平。

德国和欧盟采用水污染物总量控制管理办法后,使排入莱茵河 60% 以上的工业废水和生活污水得到处理,莱茵河水质明显好转。其他国家如瑞典、俄罗斯、罗马尼亚、波兰等也都相继实行了以污染物排放总量为核心的水环境管理办法,取得了较好效果。

8.4.3.2 我国水环境容量研究

我国对环境容量的研究始于 20 世纪 70 年代,大致经历了以下几个发展阶段:①80 年代初,主要结合环境质量评价等项目进行研究,研究内容集中在水污染经济规律、水质模型、水质排放标准制订的数学方法上,从不同角度提出和应用了水环境容量的概念;②"六五"期间,一部分高校和科研机构联合攻关,把水环境容量理论同水污染控制规划相结合,出现了一批有效的成果,初步形成把水环境容量理论同水污染控制规划相结合的模式,这一时期的研究对污染物在水体中的物理、化学行为进行了比较深入、系统的探讨；③"七五"期间国家环保科技攻关研究把水环境容量理论推向系统化、实用化的新阶段，先后开展了水环境综合整治规划、水污染综合防治规划、污染物总量控制规划、水环境功能区划和排污许可证试点工作，构建了中国水污染物总量控制的初步框架。④"八五"期间，国家环境保护局组织修订《中华人民共和国水污染防治法》，完成年限制排放标准体系规划工作，就在国家、地方排放标准中如何体现污染物总量控制进行了初步探索，在长江安庆段、铜陵段、芜湖段、南京段以及黄河石嘴山段、白洋淀水域、胶州湾、泉州湾水域、淮河淮南段与蚌埠段等30余个水域，以总量控制规划为基础，进行排污许可证发放和水环境保护功能区的划分实践。⑤"九五"期间，COD排放总量控制指标正式被列为环境保护考核目标，氨氮也在"十五"期间被列入总量控制目标。修改通过的《中华人民共和国水污染防治法》中明确规定我国"九五"期间要在全国范围内对环境危害较大的12种污染物实行总量控制，确立了在水污染防治方面实行污染排放总量控制制度。⑥"十一五"期间，全国水环境管理以实现从目标总量控制向容量总量控制转变为目标，总量控制理论与技术方法进一步规范和完善，构建流域水污染物总量控制指标体系，形成与现行水污染物排放标准和地表水质量标准相适应的统一的水环境容量核定方法，起草流域容量总量分配技术，建立水污染物总量监控和管理体系。⑦"十二五""十三五"期间，国务院发布了《水污染防治行动计划》，即"水十条"，推动我国水环境管理进入新形势，以整体改善为核心，通过明确水环境管理责任分工，强化源头控制，实施分流域、分阶段、分区域科学治理，建立流域—水生态控制区—水环境单元构成的分区管理体系。

8.4.3.3 水环境容量应用

（1）水环境容量理论应用

水环境容量理论的一个重要应用领域是为环境标准的制订提供经济技术可行性的理论依据。20世纪70~80年代，美国《国家环境政策法》把"最广泛地合理使用环境而不使其恶化"作为制订环境标准的原则之一；英国则最早直接应用稀释容量概念制订有机污染指标及悬浮物排放标准；苏联主要把满足生态和健康能够承受的污染物最高允许浓度直接作为水质标准。

（2）流域水环境容量应用

在理论研究的推动下，我国学者针对不同流域的河流水环境现状，进行了水环境容量的核算研究，借助相应的计算模型对流域水环境容量进行计算，选取典型污染物作为评价因子，对水环境容量开展研究。

（3）敏感水域水环境容量

针对潮汐、感潮等敏感水域水环境容量计算的特殊性，学者结合各自研究区域的水力特殊性，进行了卓有成效的探索。

（4）相关拓展

根据水体纳污能力与水环境容量的相通性，学者积极践行区域和流域水体纳污能力核算与污染物总量控制，在我国的大江大河及重要的省份取得了令人满意的研究成果，为流域水环境的改善和水资源的可持续利用奠定基础。

(5) 探索改进

除按照水体纳污能力基本原则进行水体纳污能力核算外，学者还根据研究中存在的问题提出创新性的解决思路和计算理念，并在实践中加以应用。

8.5 环境水文模型

8.5.1 环境水文模型及其分类

8.5.1.1 环境水文模型及其建立

环境水文模型是描述污染物在水体中随时间和空间迁移转化规律及影响因素相互关系的数学方程，它既是水环境科学研究的内容之一，也是水环境污染治理规划决策分析的重要工具。环境水文模型最基本的功能是模拟和预测污染物在水中的行为。污染物的迁移和转化过程非常复杂，如果单凭实际测量，不仅耗费大量人力、物力，且测量结果代表性差，而利用模型方程有助于了解污染物的运动规律，且省时省力，是环境水文工作首选的预测方式。

建立环境水文模型的基本步骤是：

①收集和分析与建模有关的资料和信息，为建模做好准备工作。

②根据取得的资料和数据，选择适当模型变量，确定变量之间的相互影响与变化规律，写出描述这些关系的数学方程的最佳结构形式，反映描述现象的基本特征。

③在模型方程中包含一些参数值，这些参数值需要用某种方式加以确定，如经验公式、室内实验或数学方法等。但是，确定参数时必须使得到的数值在代入模型后能较好地重视观测数据。

④环境水文模型建立后，必须检验模型结构是否有效，是否有预测能力。

8.5.1.2 环境水文模型分类

在进行环境水文模拟预测时，面对众多的环境水文模型，需要根据模型的内容和形式做出恰当的选择。各种模型都有其推导条件和适用要求，一般来说，复杂模型可较全面地反映客观实际，但确定模型及其参数需要较大的信息量。因此，应根据实际需要选择适当模型。根据不同标准，可将环境水文模型进行以下分类。

(1) 根据使用管理角度分类

从使用管理角度，环境水文模型可分为地表水环境模型和地下水环境模型。地表水环境模型又分为江河模型、河口模型、湖泊水库模型、海洋模型等。河流和河口模型比较成熟，能很好地反映事实；而湖泊和海洋模型比较复杂，可靠性较小。

(2) 根据水质组分分类

从水质组分角度，环境水文模型可分为单组分、耦合组分和多组分。

单组分水质模型中，目前各种结构简单、可降解的有机物（如挥发酚）、无机盐、悬浮物质、放射性物质的模型均达到实用化程度；而重金属在尸体中迁移转化，由于涉及到许多复杂问题，目前模型表达还存在很多不足；对于微量、难降解的有机物，由于其迁移转化过程的特殊性，目前模型模拟预测困难较大；对于营养物质，目前已具备模拟的初步条件,但模型的建立需要数据的信息量较大。

耦合组分水质模型中,综合反映耗氧有机物的 BOD—DO 水质模型具有普遍重要的价值,也是比较成熟的模型。

多组分水质模型中,水生生态模型反映了各种组分相互作用的非线性关系,综合描述了水体中各种因素的关联,实用性强,但需要较多数据支持。

(3)根据实质系统状态分类

从实质系统状态角度,环境水文模型可分为稳态模型和非稳态模型。数学表达式和输入条件等不随时间变化的模型是稳态模型,反之是动态模型。一般情况下,河流水质均可采用稳态模型进行模拟预测;对于瞬时突然排污、水库人工调节流量、涨潮或退潮时的河口,以及暴雨径流所引起的河水水质变化等,都属于不稳定的状态,需要用动态模型描述。

(4)根据混合程度分类

从反应动力学角度,环境水文模型可分为纯反应模型、纯输移模型、生化模型、输移反应模型及生态模型。纯反应模型只考虑发生化学和生物化学反应;纯输移模型模拟排污口附近不随时间衰减的保守性污染物在水体中的迁移转化规律;生化模型描述有限空间中生物有机质与化学环境之间的关系;输移和反应模型模拟随时间衰减变化的非保守型污染物运动规律,不仅考虑输移,还要考虑衰减;生态模型不仅描述生物过程,还要描述输移和水质要素的变化。

(5)根据空间维数分类

从空间维数来讲,虽然实际系统一般都是三维结构,但实际应用上往往采用零维、一维和二维环境水文模型。零维模型是将整个环境单元看作处于完全均匀的混合状态,模型中不存在空间环境质量上的差异,主要用于湖泊和水库水质模拟;一维模型横向和垂向混合均匀,仅考虑纵向变化,适用于中小河流;二维模型垂向混合均匀,考虑纵向和横向变化,适用于宽而浅型江河湖库水域;三维模型考虑三维空间的变化,适用于排污口附近的水域水质模拟预测。

8.5.2 环境水文模型的发展

环境水文模型的发展可分为以下 3 个阶段。

(1)第一阶段(20 世纪 20~70 年代初)

该阶段是环境水文模型发展的初级阶段,研究对象仅是水体水质本身,被称为"自由体"阶段。模型是简单的氧平衡模型,主要集中于对地表水氧平衡的研究,也涉及一些非耗氧物质,属于一维稳态模型。

第一个河流 DO 模型(Streeter-Phleps 模型,1925)提供了水中有机物氧化作用与同时发生的复氧过程的关系式。模型方程如下:

$$\frac{dL}{dt} = - K_d L \tag{8-1}$$

$$\frac{dD}{dt} = K_d L - K_a D \tag{8-2}$$

式中　　L——河水中的 BOD 值，mg/L；

　　　　D——河水中的氧亏值，mg/L；

　　　　K_d——河水中的 BOD 降解速度常数；

　　　　K_a——河流复氧速度常数；

　　　　t——河水的流动时间，h。

该模型框架保存了很长时间，直到 1958 年对复氧系数的深入理论分析，将河流 DO 模型扩展到河口。

在第一阶段末期，模型受到了另一个巨大的挑战：由于过剩营养输入而产生的水体富营养化问题。为了应对这个问题，模型增加了相互作用的状态变量（水质组分），更有一些模型包括了营养物和水生植物、水生动物之间的非线性相互作用。

(2) 第二阶段(20 世纪 70~80 年代)

该阶段环境水文模型迅速发展，出现了多维模拟、形态模拟、多介质模拟、动态模拟等特征的多种模型研究。这一阶段模型有如下的发展：在状态变量（水质组分）数量上的增长；在多维模型系统中纳入了水动力模型；将底泥等作用纳入模型内部；与流域模型进行连接以使面污染源能被连入初始输入。

在这一阶段能对流域内面源进行控制，从而使管理决策更完善；由于将底泥的影响作为模型内部相互作用的过程处理，从而在不同的输入条件下使底泥通量能随之改变。人们对一些较大系统建立了模型，如美国的大湖、切萨比特湾等。

(3) 第三阶段(20 世纪 80 年代中期至今)

该阶段是环境水文模型研究的深化、完善与广泛应用阶段，主要集中在改善模型的可靠性和评价能力的研究。该阶段模型的主要特点包括：环境水文模型与面源模型的对接；模型中状态变量及组分数量大增，特别是针对重金属、有毒化合物的研究；考虑大气中污染物质沉降的影响；多种新技术方法，如随机数学、模糊数学、人工神经网络、"3S"技术等的引入。

总体上讲，目前以欧美为代表，国际上环境水文模型发展的特点可归结为三增加和三技术，即研究范围、变量、网格不断增加，深入开展"3S"等为代表的技术研究。我国与国外的研究差距不是在建立模型的方法上，而是在于模型开发的通用性、全面性、界面，以及开发工具、平台、模型建立所需的资料等方面。

8.5.3　环境水文模型的应用

8.5.3.1　环境水文模型的应用领域

环境水文模型之所以受到科学工作者的高度重视，除了应用范围广外，还因为在某些情况下它起着重要作用。如新建一个工业区，为了评估它产生的污水对受纳水体的影响，用环境水文模型进行预测评价至关重要。

(1) 污染物水环境行为的模拟和预测

污染物进入水环境后，由于物理、化学和生物作用的综合效应，其行为的变化十分复杂，很难直接认识。这就需要用水环境数学模型对污染物水环境的行为进行模拟和预测，以便给出全面清晰的变化规律和发展趋势。

目前对这一方面的报道很多。但由于模型本身的局限性，以及对污染物水环境行为认识的不确定性，计算结果与实际测量之间往往有较大的误差，所以模型的模拟和预测只是给出了相对变化值及其趋势。对于这一点，水质管理决策者应特别注意。

(2) 环境水文管理规划

水质规划是环境工程与系统工程相结合的产物，核心部分是水环境数学模型。确定允许排放量这类水质规划，常用氧平衡类型的数学模型。求解污染物去除率的最佳组合，关键是目标函数的线性化。流域的水质规划是区域范围的水资源管理，是一个动态过程，必须考虑 3 个方面的问题：水资源利用利益之间的矛盾；水文随机现象使天然系统动态行为(生活、工业、灌溉、废水处置、自然保护)预测的复杂化；技术、社会和经济的约束。为解决这些问题，可将一般水环境数学模型与最优化模型结合，形成所谓的环境水文管理模型。近几年来人们开发了许多新的水质管理模型，如用模拟优化方法来寻求河流的农业废水和生活污水负荷的优化管理；用模糊优化方法来进行河流系统的水质管理；用模拟优化方法来进行河流系统水质管理，通过结合模拟—优化方法来建立水质管理模型；结合神经网络和动态规划方法来建立水库体系的水质管理模型；用非线性规划法进行地下水质管理，等等。水质管理模型已有很成功的应用。

(3) 水质评价

根据不同目标，环境水文模型可用来对河流、湖泊(水库)、河口、海洋和地下水等水环境的质量进行评价。现在的水质评价不仅给出水体对不同使用功能的质量，还会给出水环境对污染物的同化能力以及污染物在水环境浓度和总量的时空分布。

水污染评价已由传统的点源污染转向非点源污染，这就需要用农业非点源污染评价模型来评价水环境中营养物质和沉积物以及其他污染物，研究的对象也由过去的污染物扩展到现在的有害物质在水环境的积累、迁移和归宿等。

(4) 污染物对水环境及人体的暴露分析

由于许多复杂的物理、化学和生物归宿以及迁移过程在多介质环境中运动的污染物会对人体或其他受体产生潜在的毒性暴露，因此，出现了用环境水文模型进行污染物对水环境及人体的暴露分析。如针对水生生物在有氨和无氨存在的条件下，连续或间断暴露于氯和溴下的相对准确的毒性研究；苯并三唑和苯并三唑衍生物对水生生物的毒性研究等。

虽然污染物对人体或生物的暴露分析研究较多，但许多研究仅停留在实验室条件下的模拟，研究对象也比较单一。如何建立有效的针对多种生物体的综合暴露分析模型，是日后研究的重点方向。

(5) 环境水文监测网络的设计

环境水文监测数据是进行水环境研究和科学管理的基础。对于 1 条河流或 1 个水系，准确的监测网站设置原则应当是：在最低限量监测断面和采样点的前提下，获得最大限量的具有代表性的水环境质量信息。对于河流或水系的取样点设置的研究，目前多采用地理信息系统(GIS)来进行河流采样点优化选择。

(6) 水质预警预报

水质预警是指在一定范围内，对一定时期的水质状况进行分析、评价，对水环境发生的影响变化进行监测、分析，并对其容量进行评价，通过对生态环境状况和人为行为的分析，对其发生及未来发展状况进行预测；确定水质的状况和水质变化的趋势、速度以及达到某一变化限度的时间等，预报不正常状况的时空范围和危害程度，按需要适时地给出变化或恶化的各种警戒信息及相应的综合性对策，即对已出现的问题提出解决措施，对未出现或即将出现的问题给出防范措施和相应级别的警戒信息。

8.5.3.2 典型环境水文模型介绍

(1) WASP 模型

水质分析模拟程序(the water quality analysis simulation program, WASP)是美国环境保护局提出的环境水文模型系统，能用于不同环境污染决策系统中，分析和预测由于自然和人为污染造成的各种水质状况，可以模拟水文动力学、河流一维不稳定流、湖泊和河口三维不稳定流、常规污染物和有毒污染物在水中的迁移和转化规律，被称为万能水质模型，被广泛应用于水质模拟。WASP 提供了两类环境水文模拟子程序：EUTRO(富营养化模型)和 TOXI(有毒化学物模型)。WASP 模型的基本方程反映了对流、弥散、点杂质负荷与扩散杂质负荷以及边界的交换等随时间变化的工程，经简化，WASP 常用模型如下：

$$\frac{\partial}{\partial t}(AC) = \frac{\partial}{\partial x}\left(-U_x AC + E_x A \frac{\partial C}{\partial x}\right) + A(S_L + S_B) + AS_K \tag{8-3}$$

式中　S_L——点源和面源负荷，W；

　　　S_B——边界负荷，W；

　　　S_K——总动力转化系数，正值为源，负值为汇。

(2) QUAL 模型

QUAL 水质模型体系自创建以来经过多次修订和增强，拥有很多个不同的历史版本。1970 年 E. D. Masch 建立了 QUAL-Ⅰ河流水质模型，1972 年美国环保局在此基础上进行了改进，提出了 QUAL-Ⅱ水质模型，后经多年的发展和完善，相继研发了 QUA1.2E、QUA1.2E-UNCAS、QUA1.2K 等版本。

QUAL 模型建立在以下的假定基础上：将研究河段分成一系列等长的计算单元水体，在每一个单元水体中污染物是混合均匀的；污染物沿水流轴向迁移，对流、扩散等作用在纵轴方向，流量和旁侧入流不随时间变化，可认为是一个常数；各单元水体的水力几何特征，如坡底、断面面积、河床糙率、生化反应速率、污染物沉降等方面各小段均相同。在以上假定的基础上，导出 QUAL 模型基本微分方程：

$$\frac{\partial C}{\partial t} = \frac{\partial \left(A_x E_x \frac{\partial C}{\partial x}\right)}{A_x \partial x} - \frac{\partial (A_x UC)}{A_x \partial x} + \frac{S}{A_x \Delta x} \tag{8-4}$$

式中　A_x——x 位置的河流横截面积，m²；

　　　U——断面平均流速，m/s；

　　　E_x——纵向分散系数；

　　　Δx——小河段的间距，m；

　　　S——源和汇的物质负荷，W。

QUAL 模型可按任意组合方式模拟 15 种水质组分,研究入流污水负荷对受纳水体水质的影响。它既可以用作稳态模型,也可以用作时变的动态模型。QUAL 模型使用范围的多样性使其成为国内外环境部门常用的地表水质模型程序。

(3)QUASAR 模型

QUASAR(quality simulation along river system)模型属于一维动态水质模型,用含参数的一维质量守恒微分方程来描述枝状河流动态传输过程,可同时模拟水质组分 BOD、DO、硝氮、氨氮、pH 值、温度和一种守恒物质的任意组合。QUASAR 模型首先将模拟河道划分为一系列非均匀流河段,再将河段划分为若干等长的完全混合计算单元。模型忽略了弥散作用对水质的影响,并假定每个计算单元是理想的完全混合反应器,在此假定的基础上,得到模型的基本方程:

$$\frac{\partial C}{\partial t} = \frac{Q'(C' - C)}{V} + \Delta C \tag{8-5}$$

式中 C——组分浓度,mg/m³;

C'——组分流入浓度,mg/m³;

Q'——组分流入量,mm;

V——单元水体积,m³;

ΔC——组分的内部转化。

QUASAR 模型具有综合性、实用性和计算简便的特点,在河流水环境规划、水质评价、治理等方面具有较广泛的应用前景,非常适合大型河流的溶解氧模拟。

8.5.3.3 环境水文模型发展前景

(1)综合水质模型的完善

自 1925 年第一个环境水文模型问世以来,模型已经从单一组分的研究转向多组分相互作用的综合模型开发。这些模型的共同特点是考虑到影响水体中污染物浓度的综合因素,并通过一定的假设对这些影响因素进行概化,以期进一步提高模型模拟的真实度。因此,加强污染机理研究、提高参数估值准确度及研究模型的不确定性将成为综合水质模型今后发展的一个重要方向。

(2)基于人工智能的环境水文模拟研究

目前,基于人工智能的环境水文模拟技术研究主要有两个方面:利用遗传算法、模拟退火算法进行参数识别;利用神经网络进行水流水质预测。遗传算法是基于达尔文进化规律的一种群体优化算法,同时从多个状态出发,通过选择、交换、变异等手段,不断逼近最优解;模拟退火算法是基于热力学原理建立的随机优化算法;人工神经网络是对人类大脑系统的一阶特性描述,是一个并行、分布处理结构,可以用电子线路或计算机程序来模拟,比较适用于具有不确定性和高度非线性的对象。随着计算机技术的不断发展,基于人工智能模拟作为一种重要的研究方法将会与环境水文模拟结合地更加紧密。

(3)基于"3S"系统的研究

GIS 技术可把复杂多变的自然变化、社会变化以及变化过程以图形、图像的方式进行数字化处理，使流域水环境信息从单一的表格、数据形式逐步转变为具有生动形象的图形、图象方式。而且 GIS 最显著的功能就是对海量空间数据的存储和管理，信息处理能力非常强大，可以解决水质模拟中复杂的系数矩阵，并得到很多有价值的信息，从而辅助决策。RS 是一种不通过直接接触目标物而获得其信息的新型探测技术，是获取和更新空间数据的强有力手段，能及时准确地提供大范围内动态检测的各种资源和环境数据。随着计算机和空间技术的发展，与 3S 技术结合使用，能快速即时提供多种对地观测的具有整体性的动态资料，并对这些资料进行分析与处理。

近年来，"3S" 技术已广泛应用于各大领域，将其应用到环境水文模型中，可解决模型中海量水质资料的处理问题，在环境水文模拟与管理规划方面发挥重要作用。将"3S"技术与水环境污染模拟、控制和决策结合是水质模型今后重要的发展方向。

(4) 基于可视化技术的研究

可视化是将一种抽象符号转换为几何图形的计算方法，以便研究者观察模拟与计算的过程和结果。由于可视化技术的优越性，目前国内外都积极将其引入到环境水文模拟和环境管理中。如何将可视化技术与环境水文模型结合，实现结果的动态可视交互性，必将成为环境水文模型又一重要的研究方向。

(5) 专家系统的建模技术研究

在地表水环境分析和应用中，经验工人和技术人员往往可根据监测的实时环境数据进行污染物的扩散预测。通过对这些专家知识的学习，设计地表水污染专家系统，并利用专家系统的有关理论进行地表水模型研究，也是一个重要的研究方向。

(6) 多介质环境综合模型的开发

多介质环境是指与大气、水体、土壤、生物等组成的总环境体系，其中水体是核心。环境中的污染物是在多环境介质中进行分配的，而多介质环境模型可将不同环境单元内部的污染物变化过程与导致污染物跨过介质边界的过程相联系。由于还没有充分认识污染物在各种介质之间的迁移过程，现有的多介质环境模型在处理实际问题时只能对污染物在介质间的迁移过程作近似假设，许多参数的随机性给模型处理实际问题带来不确定性。因此，这类模型目前还只能给出一种趋势预测，而不是状态的精确预报。

(7) 地下水与地表水物质转换的环境水文模型开发

地下水与地表水的相互作用是自然界中普遍存在的一种自然现象。目前的环境水文模拟中地下水与地表水基本是独立的，彼此间的影响只作为一种边界条件来体现，没有作为一个相互影响的综合系统来考虑。其实，无论是从量还是质来说，地下水与地表水之间都存在着转化关系。目前，在地下水与河水的耦合模型中，如何计算地下水与河水之间的转化量是数值模拟模型的难点，如何更好地表示两者之间的转化、确定边界条件等将是日后研究的重点。

本章小结

环境水文学是环境科学和水文学的交叉学科，注重于水体中各种水文现象、水文过程与水环境之间的联系及因果关系，为水污染治理和保护提供最基本的水文学和环境科学知识和技术。本章主要介绍了环境水文的概念，研究内容，发展趋势以及环境水文研究中的几个重点，主要从水质，水污染，水环境容量以及环境水文模型这几个方面进行了详细介绍。

水质是水体质量的简称，是水在环境作用下所表现出来的综合特征。水污染是指水体因某种物质的介入而导致化学、物理、生物或放射性等方面的改变，造成水质恶化，从而影响水的有效利用，危害人体健康或破坏生态环境的现象。水环境容量是指在保证水体正常功能用途的前提下，水体所能容纳的最大污染物量。环境水文模型既是水环境科学研究的内容之一，也是水环境污染治理规划决策分析的重要工具。

思 考 题

1. 简述环境水文的研究内容和发展趋势。
2. 天然水由哪些成分组成？
3. 简述水污染及其特征。
4. 水的主要污染源有哪些？有何危害？
5. 地表水和地下水污染修复的技术措施有哪些？
6. 水环境容量如何确定？请列举几种常用的方法。
7. 环境水文模型有哪些类型？论述其实践应用。

第 9 章

水文信息采集与处理

9.1 水文测站与站网布设

9.1.1 水文测站

在流域内一定地点(或断面)按统一标准对所需要的水文要素做系统观测以获取信息并进行处理,成为即时观测信息,这些指定的地点称为水文测站。水文测站是进行水文观测的基层单位,也是收集水文资料的基本场所。

水文测站的主要任务是进行水文观测,所观测的项目有:水位、流量、泥沙、降水、蒸发、水温、冰凌、水质、地下水位等。只观测上述项目中的一项或少数几项的测站,则按其主要观测项目而分别称为水位站、流量站(也称水文站)、雨量站、蒸发站等。

根据测站的性质,河流水文测站又可分为:基本站、专用站、实验站和辅助站。

① 基本站 是水文主管部门为全国各地的水文情况而设立的,是为国民经济各方面的需要服务的。

② 专用站 是为某种专门目的或用途由各部门自行设立的。专用站在面上辅助基本站,而基本站在时间序列上辅助专用站。

③ 实验站 是为了深入研究某些专门问题而设立的一个或一组水文测站。

④ 辅助站 为帮助某些基本站正确控制水文情势变化而设立的一个或一组水文测站,辅助站是基本站的补充,计算站网密度时,一般不参加统计。

水文测站在地理上的分布网称水文站网,它按照统一的规划而合理布设。

9.1.2 水文站网

因为单个测站观测到的水文要素信息只代表了站址处的水文情况,而流域上的水文情况则须在流域内的一些适当地点布站观测,这些测站在地理上的分布网称为水文站网。广义的站网是指测站及其管理机构所组成的信息采集与处理体系。

(1) 水文站网布站的原则

通过所设站网采集到的水文信息经过整理分析后,达到可以内插流域内任何地点水文要素的特征值,这也是水文站网的作用。

(2) 水文站网规划的任务

研究测站在地区分布上的科学性、合理性、最优化等问题。

9.1.3 水文测站的设立

水文测站的设立包括选择测验河段和布设观测断面。

9.1.3.1 测验河段的选择

在站网规划规定的范围内,具体选择测验河段时,主要考虑在满足设站目的要求的前提下,保证工作安全和测验精度,并有利于简化水文要素的观测和信息的整理分析工作。具体地说,就是测站的水位与流量之间呈良好的稳定关系(单一关系)。

9.1.3.2 观测断面的布设

水文测站一般应布设基线、水准点和各种断面(即基本水尺断面、流速仪测流断面、浮标测流断面、比降断面)(图9-1)。

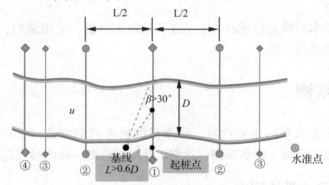

图 9-1 水文测站基线与断面布设示意
①基本水尺断面、流速仪测流断面、浮标测流中断面 ②浮标测流上下断面($L=50\sim80u$) ③比降上下断面 ④浮标投放断面

①基线 通常与测流断面垂直,起点在测流断面线上。其用途是用经纬仪或六分仪测角交会法推求垂线在断面上的位置。基线的长度视河宽 D 而定,一般应大于 $0.6D$。

②水准点 分为基本水准点和校核水准点,基本水准点是测定测站上各种高程的基本依据,校核水准点是经常用来校核水尺零点的高程。

③基本水尺断面 基本水尺断面上设立基本水尺,用来进行经常的水位观测。

④测流断面 测流断面应与基本水尺断面重合,且与断面平均流向垂直。

⑤浮标测流断面 浮标测流断面有上、中、下三个断面,一般中断面应与流速仪测流断面重合,上、下断面之间的间距不宜太短,其距离应为断面最大流速的 50~80 倍。

⑥比降断面 比降断面设立比降水尺,用来观测河流的水面比降和分析河床的糙率。

9.1.4 收集水文信息的基本途径

收集水文信息的基本途径可分为:

(1)驻测

在河流流域内的固定点上对水文要素所进行的观测称驻测。这是我国收集水文信息的最基本方式，但存在着用人多、站点不足、效益低等缺点。

(2)巡测

观测人员以巡回流动方式定期或不定期地对一地区或流域内各观测点进行流量等水文要素的观测。

(3)间测

中小河流水文站有 10 a 以上资料分析证明其历年水位流量关系稳定，或其变化在允许误差内，对其中一要素(如流量)停测一时期再施测的测停相间的测验方式。

(4)自动测报系统

随着电子计算机技术、通信技术及传感器的发展，我国已建成不同形式的水文自动测报系统，该系统通常由传感器、编码器、传输系统和材料接收设备等部分组成。

(5)水文调查

为弥补水文基本站网定位观测的不足或其他特定目的，采用勘测、调查、考证等手段进行收集水文信息的工作。

9.2 降水的观测

降水观测是水文观测的主要内容，降水量的精准测定也是水文计算、水文模型研究、洪水预测预报的基础。降水观测包括空旷地降雨观测、林内降雨观测、降雪观测。

9.2.1 空旷地降水量的测定

观测降雨最常用的仪器为口径为 20 cm 的标准雨量筒和自记雨量计。

标准雨量筒的构造如图 9-2 所示，由承雨器、漏斗、储水瓶和雨量杯组成。用标准雨量筒进行观测时采用定时观测，通常在每天的 8:00 与 20:00 将储水瓶中的水倒入雨量杯中直接读取降水量，雨量杯的最大刻度为 10 mm，精度为 0.1 mm。雨季为更好地掌握雨情变化，可酌情增加观测次数。在安装标准雨量筒时承雨器口一般距地面 70 cm，并保证承雨器口处在水平状态，否则将会造成较大误差。当降雪时，用外筒作为承雪器具，待雪融化后测定降水量。每日 8:00 至次日 8:00 降水量为当日降水量。

自记雨量计是能够自动记录降雨过程的仪器，常见的有虹吸式自记雨量计(图 9-3)、翻斗式自记雨量计(图 9-4)、称重式自记雨量计。称重式自记雨量计能够测量各种类型的降水，虹吸式和翻斗式自记雨量计基本上只限于观测降雨。翻斗式和称重式雨量计可以将雨量数据转化为电

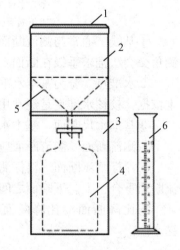

图 9-2 标准雨量筒构造示意

1. 承雨口 2. 承雨器 3. 雨量筒 4. 储水瓶 5. 漏斗 6. 雨量杯

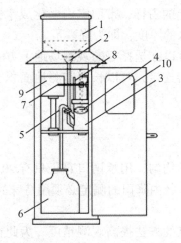 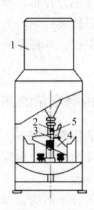

图 9-3 虹吸式自记雨量计示意
1. 承雨器　2. 漏斗　3. 浮子室　4. 浮子
5. 虹吸管　6. 储水瓶　7. 自记笔　8. 笔挡
9. 自记钟　10. 观测窗

图 9-4 翻斗式自记雨量计示意
1. 承雨器　2. 浮球　3. 小钩
4. 翻斗　5. 舌簧管

信号保存在存储介质中，从而实现雨量监测的数字化。翻斗式自记雨量计是目前国内外最常用的雨量监测仪器。

当监测范围较小时，一般将标准雨量筒(或雨量计)水平放在空旷地上进行测定，当在林区监测林外降雨时也可用架在林冠上面的雨量筒(或雨量计)测定，为了减少林分对降雨的干扰，雨量筒应放置在离林缘距离约等于树高 1~2 倍处。测定径流场的降水量时，雨量测点应布置在径流场的附近。

在水文分析与研究中需要掌握全流域(较大面积)的平均降水量。为了测定流域的平均降水量，首先要根据流域面积大小，确定最低限量的降水量观测点。选择观测点时，应充分考虑观测点所在地的海拔高度、坡向等地形条件。降水量观测点的数量一般根据流域面积大小和精度的要求而定，在山区由于地形条件复杂，观测点要增加(表 9-1)。

表 9-1 雨量观测点的布设

面积(km^2)	<0.2	0.2~0.5	0.5~2	2~5	5~10	10~20	20~50	50~100
观测点数	1	1~3	2~4	3~5	4~6	5~7	6~8	7~8

当地形变化显著，以及有大面积森林时，降水测点的数目应增加。在开阔的平原条件下，雨量测点按面积均匀分布；在森林流域降水观测点应设置在空旷地上。如果在流域内只设置一个降水观测点，则它应设在区域的中心；有两个测点时，一个设在流域的上游，另一个设在下游。

9.2.2 空旷地降雪量的测定

降雪量可以通过收集单位面积上的降雪后将其融化成水，量测水的厚度的方法测定。为此，事先选择好观测场地，在观测场地内安置 1 m×1 m 的测雪板。降雪后可在测雪板上用钢尺测量积雪厚度,并取单位面积上的雪样,带回室内融化成水,用量筒测定融雪水的体积,并将其换算成单位面积上的水的厚度,即为降雪量。

在降雪量较大的地区为了掌握降雪动态,可以在选择好的观测场地上方一定高度处安置激光测距仪,并将激光测距仪与数据存储器连接,可以长期监测地面积雪的动态变化过程。

9.2.3 林内降水量的测定

在林冠的拦截作用下,林内降水的分布极不均匀,用承雨口直径只有20 cm的雨量计测量林内降雨时将会出现很大的误差。为此,林内降雨的测定必须用特殊的方法。

(1) 网格法

林内降雨分布不均,可通过增加林内观测点的方法提高观测精度。为此在林内按一定的间距(3~10 m)布设雨量筒测定各点的林内降雨,雨后将各点测定的雨量值进行平均可得林内降水量。

(2) 受雨器法

在林内布设受雨器收集林内降雨,将收集的林内降雨导入一个容器或量水计,降雨后用量筒测量容器中的雨水量或直接从量水计中读取受雨器接收的雨水量,将受雨器接收的水量除以受雨器的面积,可得到林内降水量。受雨器可以是长方形、梯形、圆形等面积容易求算的形状,可以用铁皮、塑料布等隔水材料制作。在安装过程中力求保证受雨器水平,如沿坡面布设,计算时一定要按水平面积计算。

9.2.4 树干流的测定

降雨过程中被枝叶拦截的雨水会沿着树枝汇集到树干,汇集到树干的雨水和直接降落在树干上的雨水一起沿树干流到地面,这种沿树干向下流动的雨水称为树干流。测定树干流之前先进行标准地调查,通过每木检尺确定标准木。树干流的测定可以用隔水材料在标准木的树干上围成一圈,在隔水材料的接缝处预先安装硬塑料的导水管,在隔水材料和树干间用玻璃胶等防水材料粘结,以保证隔水材料与树干间无缝隙,在隔水材料外用铁丝等捆紧固定。安装时隔水材料的上沿应制作呈锲形,这样才能保证从树干上流下来的雨水不会外溢。汇集在隔水材料上的树干流用硬塑料管导入收集器。每次降雨后用量筒直接测定收集器中的水量,除以树冠投影面积可得到树干流量。

9.2.5 大范围降水的测定

(1) 雷达测雨法

雷达装置向空中发射电磁波,波反射量和返回的时间被记录下来。云层中的水分越多,反射回到地面并被雷达装置探测到的电磁波就越多;反射波回到地表越快,云层距离地表就越近。根据雷达回波强度,利用雷达气象方程,即可推算出降雨强度。但是,这一技术在确定电磁辐射的最佳波长时存在较大困难,一般取决于研究对象的具体情况。

(2) 卫星遥感测雨法

最可能产生降雨的云层顶部极亮、极冷。居于空中的卫星传感器能够探测可见光和红外波段的辐射，故它们可探测云层的亮度和温度，将测得的结果与区域内的点降水量的测量结果结合起来，便可以推测降雨强度。但是，这种方法有时很难区分地表积雪的反射光和大气中云层的反射光，从而给判断降水量带来误差。

9.3 蒸发与蒸发散的测定

9.3.1 水面蒸发的测定

水面蒸发量是指一定口径的蒸发器中，在一定时间间隔内因蒸发而失去的水层深度，单位为 mm。水面蒸发常用器测法测定。测量蒸发量的仪器有口径 20 cm 的蒸发皿、口径 80 cm 的蒸发器、E-601B 型蒸发器。蒸发器的安装有地面式、埋入式、漂浮式 3 种。地面式蒸发器易于安装和维护，但蒸发器四周接受太阳辐射，与大气间有热量交换，测量结果偏大。埋入式蒸发器虽然消除了蒸发器与大气间的热量交换，但蒸发器与土壤之间仍然存在热量交换，且不易发现蒸发器的漏水问题，也不易安装和维护。水面漂浮式蒸发器的测定值更接近实际值，但观测困难，设备费和管理费昂贵。

蒸发器安装好以后于每日 20:00 进行观测。用口径 20 cm 的蒸发皿观测时，用雨量杯在测量前一天的 20:00 注入 20 mm 清水（原量），24 h 后用雨量杯测定蒸发皿中剩余的水量（余量），然后倒掉余量，重新量取 20 mm 清水注入蒸发皿内。

$$日蒸发量 = 原量 + 降水量 - 余量$$

用蒸发器观测时，先将蒸发器埋入地下，在蒸发器和其外围的保护圈中加入一定深度的水，用测针读取蒸发器中水的深度，24 h 后再用测针重新读取水的深度。目前大多数蒸发器已经可与水位计相连，从而实现蒸发量的自动观测。在无降水情况下两次读取的水的深度之差即为蒸发量，在有降水的情况下，蒸发量 = 前一日水深 + 降水量 - 测量时水深。

用蒸发器测定水面蒸发时，因蒸发器表面积较小，测定结果与实际值有一定差距。根据国内观测资料的分析，当蒸发器的直径大于 3.5 m 时，蒸发器观测的蒸发量与天然水体的蒸发量才基本相同。因此，用直径小于 3.5 m 的蒸发器观测的蒸发量，必须乘一个折算系数（蒸发器系数），才能作为天然水体蒸发量的估计值。折算系数可通过与大型蒸发池（如面积为 100 m^2）的对比观测资料确定。折算系数与蒸发器的类型、大小、观测时间、观测地区有关。

9.3.2 土壤蒸发的测定

测定土壤蒸发量的仪器为土壤蒸发器以及大型蒸渗仪。

土壤蒸发器的测定基本原理是通过直接称重或静水浮力称重的方法测出土体重量的变化，据此计算出土壤蒸发量的变化。器测法主要适用于单点土壤蒸发量的测定，对于大面积范围内的土壤蒸发量的测定，由于受到复杂的下垫面条件（包括植被、土壤自身的影响，其方法受到极大的限制。

蒸渗仪是以水量平衡原理为基础测定的，是在一定体积的容器中装入原状土，并将装有供试土壤样品的容器埋入土壤之中，容器上部保持水平。在容器的底部安装排水管收集从供试土壤样品中渗透下来的水量 $V_{排出}$，在供试土壤样品中安装测定土壤含水量的仪器(TDR、张力计、中子仪)，测定土壤含水量的变化量 ΔW，同时用雨量计测定观测期间的降水量 P，则土壤蒸发量 $E_{土}$ 可以用式(9-1)计算：

$$E_{土} = P + \Delta W - V_{排出} \tag{9-1}$$

蒸渗仪法原理清楚，一般用于测定较长时段的土壤蒸发量，能够获得较为准确的蒸发量值。该方法的精度取决于各分项的观测精度，各分项的观测误差将会累积到土壤蒸发量中。

9.3.3 植物蒸发散的测定

9.3.3.1 器测法

直接测定植物蒸发散的仪器有 Li-1600、Li-6400、各种茎流计。Li-1600 和 Li-6400 通过直接测定单个叶片在一定时间内的蒸腾量，利用叶面积指数推算整棵植物的蒸发散量。茎流计是利用热脉冲原理测定树干茎流量，利用茎流量推算蒸发散。它通过向树干中的导管注入一个小的热脉冲，测定这个热脉冲沿导管上升的比率获得植物木质部的茎流速率(茎流密度)，茎流量等于茎流速率与树干中导管面积的总和。

9.3.3.2 剪枝称重法

剪枝称重法是经典的蒸发散测定方法。具体方法是在植物体上剪下一枝条，用高精度天平称出枝条的重量后，将枝条挂回原处，经过几分钟后将剪下的枝条重新称重，两次称重的数值差就是该枝条在这段时间内的蒸腾量，利用该枝条的蒸发散可计算整株植物体的蒸发散。如此往复，可测定植物在一天中不同时刻的蒸发散。剪枝称重法简单易行，但将枝条从植物体上剪下后，失去了水分供应，蒸发散量应比实际值略小。为了提高观测精度，应尽量缩短两次称重的间隔时间。另外，将一根枝条的蒸发散量换算成整株植物体的蒸发散时也存在一定的问题。

9.3.3.3 水量平衡法

水量平衡法是将蒸发散作为支出项利用水量平衡原理进行计算的方法。是在野外林地中建立水量平衡场，保证水量平衡场四周及底部与周围环境没有水量交换，测定水量平衡场的径流量 R(地表径流、壤中流、地下径流)、降水量 P 以及土壤水分变化量 ΔW，则林地的总蒸发散 E 可以用式(9-2)计算：

$$E = P + \Delta W - R \tag{9-2}$$

利用水量平衡法计算出的蒸发散是林木蒸发散和林地土壤蒸发的总和，林木的蒸发散应等于总蒸发散减去林地土壤蒸发。

水量平衡法是计算陆面蒸发最简单、最基本的方法，是在流域尺度上研究蒸发散最为常用的方法。在一个流域内,只要有精度足够的降水量、径流量、蓄水变量的监测资料,用水量平衡方程计算的多年平均蒸发散是可以信赖的,以水量平衡方程法得到的多年平均蒸发散可作为检验各种方法的标准,但水量平衡法不能在短期内获得精确、可靠的流域蒸散量,只能在长时间尺度上研究封闭流域的蒸发散。另外,水量平衡法不能反映植被的生理生态特性与蒸发散之间的关系。

9.3.3.4 能量平衡法

根据能量不灭定律,森林林冠层接受的能量等于支出的能量。能量平衡方程为:

$$R = L_E + H + G + F + A \tag{9-3}$$

式中　R——净辐射,J;

　　　L_E——蒸散耗热,J;

　　　H——乱流交换热通量,J;

　　　G——土壤的热通量,J;

　　　F——植物体贮热量的变化,J;

　　　A——光合作用消耗的热量(小于 R 的3%,一般忽略),J。

方程中的净辐射 R、土壤的热通量 G、植物体贮热量的变化 F 均可实测。蒸散耗热 L_E 和乱流交换热通量 H 为未知数。

假定乱流水汽交换系数与乱流热交换系数相等,将乱流交换热通量 H 与蒸散耗热 L_E 之比定义为波文比 B:

$$B = \frac{H}{L_E} = r\frac{\Delta \theta}{\Delta e} \tag{9-4}$$

式中　r——干湿表常数,℃;

　　　$\Delta \theta$——两个观测高度上的温度差,hPa;

　　　Δe——两个观测高度上的绝对湿度差,hPa。

则蒸散量为:

$$E = \frac{R - G - F}{L(1 + B)} \tag{9-5}$$

利用热量平衡法测定林分的蒸发散时需要在林内建设观测塔,在不同高度上观测太阳辐射、温度、湿度、树体的贮热量、土壤热通量等,观测成本昂贵。

9.3.3.5 遥感监测法

遥感技术(RS)是20世纪60年代发展起来的,包括传感器技术、信息传输技术、信息处理提取和应用技术、目标信息特征的分析与测量技术等。遥感技术依其遥感仪器所选用的波谱性质可分为电磁波遥感技术、声纳遥感技术、物理场(如重力和磁力场)遥感技术。电磁波遥感技术是利用各种物体反射或发射出不同特性的电磁波进行遥感的。其可分为可见光、红外、微波等遥感技术。按照感测目标的能源作用可分为:主动式遥感技术和被动式遥感技术。按照记录信息的表现形式可分为:图像方式和非图像方式。按照遥感器使用的平台可分为:航天遥感技术、航空遥感技术、地面遥感技术。按照遥感的应用领域可分为：地球资源遥感技术、环境遥感技术、气象遥感技术、海洋遥感技术等。

当前的遥感技术虽然不能直接测量蒸发(散)量,但它能够获取蒸发散计算中所需的参数,如辐射信息(太阳辐射、地表反照率、净辐射)、地表植被覆盖的信息(植被类型和覆盖率、叶面积指数、冠层结构等)、下垫面的水分状况和温度信息,从而为常规的蒸发散量估算提供依据。

目前可以作蒸发散检测的卫星包括地球同步气象卫星、极轨气象卫星、陆地资源卫星,以及近年上天的 EOS 系列卫星。用卫星遥感技术监测蒸发散的各种模型所用的波段主要是可见光、近红外和热红外。可见光和近红外遥感数据主要用来计算地表反照率和植被指数等地表参数,热红外波段则主要用来计算地表比辐射率和地表温度。地表反照率是控制地表可利用辐射能量并进而影响地表及低层大气加热率的重要参数,地表温度表征了地气间能量和水分交换的程度,植被指数反映了地表植被覆盖状况,直接影响地表反照率、粗糙度、比辐射率等其他参数。

根据遥感数据在计算过程中所起作用的不同,用遥感估算蒸发散的方法可分为 3 类:

(1) 与传统方法相结合的方法

利用遥感影像对研究区域作物进行分类,然后对计算的潜在蒸散进行插值,用传统的计算蒸散公式,进行区域蒸散研究。

(2) 与水文模型结合的方法

采用 NDVI – DSTV (Diurnal Surface Temperature Variation) 三角模型,对 Florida 水分蒸发(散)和植物蒸腾进行计算。

(3) 基于地表能量平衡方程的方法

这是一种比较常用的遥感蒸散计算方法,也可以分为两类:

①剩余法。用遥感表面温度结合气温以及一系列阻抗公式计算显热通量,然后从能量平衡公式中减去显热通量和土壤热通量得到蒸发散的估计值。

②通过遥感测定植被指数或微波土壤湿度,推算潜热输送的表面阻抗,然后用 Penman – Mmonteith 公式计算蒸散。

9.4 下渗的测定

9.4.1 双环刀法

目前,测定入渗主要采用双环刀法,如图 9-5 所示。测定内环中每渗透 1cm 高的水头所需时间,直到连续 3 次时间相同时,认为达到了稳渗状态,此时单位时间内渗透到土壤中的水量为稳渗速率,单位为 mm/min。

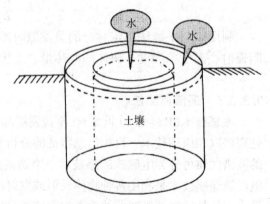

图 9-5 双环刀法测定

9.4.2 圆盘入渗仪法

圆盘入渗仪由蓄水管、恒压管和圆盘组成(图9-6)。恒压管是依据托马斯瓶原理起恒压作用的。当土壤表面有积水面时，入渗的初始阶段受土壤毛细管特性控制，随着时间的延长，水源大小和几何形状以及重力均影响水流速率。对于均质土壤，入渗速率最终会达到稳定值，这一稳定流速是由毛细管特性、重力、积水面大小及水压大小所控制。圆盘入渗仪法利用初始入渗速率和稳定入渗速率来区分受毛管力及重力所控制的土壤入渗流。此外，通过选择水压大小，可以计算出与入渗过程有关的土壤孔隙的大小。

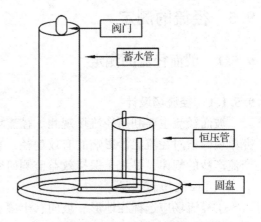

图 9-6 圆盘入渗仪示意
(引自许明祥、刘国彬等《圆盘入渗仪法测定不同利用方式土壤渗透性试验研究》)

9.4.3 Guelph 入渗仪法

Guelph 入渗仪是一种以 Mariotte 原理制作的"定位"入渗仪(图9-7)。该仪器应用恒定水头原理，测定现场原位土壤的渗透系数。测定深度为土壤表层之下 15~75cm。将入渗仪置于钻孔内，水从入渗仪的储水管经支撑管缓慢流入钻孔并渗入土壤中，至某时刻达到饱和状态，储水管中水流的下降速率也将达到一个恒定值(可测量出)。根据这些测量数据，以及钻孔直径和钻孔内水位，可以计算出土壤的渗透系数。

图 9-7 Guelph 入渗仪

9.5 径流的测定

9.5.1 坡面径流的测定

9.5.1.1 径流场设计

坡面径流主要利用径流场观测。径流场是研究坡面径流泥沙的主要方法之一，是研究单项因素对径流泥沙影响的有效途径，它可以在各种降雨条件下，探讨不同土地类型产流产沙的规律，是水土保持效益监测研究的有效手段。

(1) 径流场的选择

① 径流场应选择在地形、坡向、土壤、地质、植被、地下水和土地利用情况有代表性的地段上。

② 坡面尽可能处于自然状态，不能有土坑、道路、坟墓、土堆等影响径流流动的障碍物。

③ 径流场的坡面应均匀一致，不能有急转的坡度，植被覆盖和土壤特征应一致。

④ 植被和地表的枯枝落叶应保存完好，不应遭到破坏。

⑤ 径流场应相对集中，交通便利，以利于进行水文气象观测，同时也利于进行人工降雨试验。

(2) 径流场的勘查

① 地形测量　径流场选好以后，首先进行径流场的地形测量，比例尺采用 1:200 或 1:500 (视径流场的坡长而定)，等高线间距采用 0.25~0.5 m，除了拟定的径流场地段外，还应测绘径流场四周约 100 m 范围内的地段。

② 土壤特性调查　用挖土壤剖面的方法调查土壤特性，为此在径流场附近的开阔坡地上布设三个土壤剖面，其深度不小于 1.5 m (黄土区)，土石山区视土层厚度而定，三个土壤剖面应顺坡分布。调查内容有：土壤类型、母质、孔隙状况、渗透性能、土壤养分状况等。

③ 植被调查　用每木检尺的方法调查径流场内的所有林木，确定径流场树木的林龄、平均胸径、平均树高、密度、郁闭度、生物量等，并调查地表的枯枝落叶，绘制树冠投影图。

④ 编写径流场说明书　通过勘查编写径流场说明书，在说明书中列出径流场的位置、任务，选择的依据以及其他基本情况，并附径流场地区的平面图。

(3) 径流场的设计和布设

① 径流场的大小和形状　在平整的坡地上研究径流泥沙的径流场 (小区) 多呈长方形，典型布设为 100 m²，即长 20 m (水平距离)，宽 5 m。但有时可以根据研究地区的实际情况如坡度、坡长、土壤等作适当的调整。常见径流场的尺寸有 5 m×10 m、10 m×20 m、20 m×40 m、10 m×40 m 等多种规格，为了配合人工降雨，径流场的尺寸可以略小一些，常采用 2 m×5 m 或 2 m×10 m。径流场在坡地上布置，应使长边垂直于等高线，短边平行于等高线。

②径流场的组成 径流场由保护带、护埂、承水槽、导水管、观测室等几部分组成。如图 9-8 所示。

保护带是设置在径流场上方和两侧用于防止外来径流侵入的区域，保护带的宽度和深度视具体地形而定，必须保证上方来水和两侧径流不会进入径流场。

护埂是设置在径流场上方和两侧用于防止场内径流外流的设施，可以用金属、木板、预制板等材料做成。护埂应高出地面 15～30cm。

承水槽位于径流场的下方，用于承接径流场产生的径流，并通过导水管把径流导入观测室。承水槽一般为矩形，可以用混凝土、砌砖水泥护面、铁皮等制成，不论用何种材料制作，必须保证不漏水。承水槽上面应加盖盖板，以防雨水直接进入承水槽而影响观测精度。

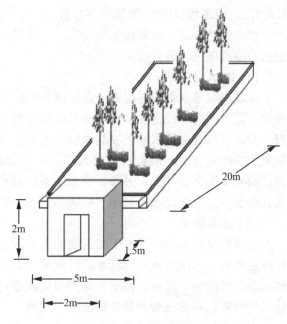

图 9-8 径流场示意

承水槽的断面应根据当地频率为 1% 的最大暴雨径流计算确定。

$$\omega = \frac{Q}{v} \tag{9-6}$$

式中 ω——承水槽的流水断面面积，m^2；
　　　Q——当地频率为 1% 的最大暴雨径流流量，mm；
　　　v——承水槽中水流的平均流速，m/s。

v 值按谢才公式确定，$v = C(Ri)^{1/2}$，其中，C 为谢才系数，$C = R^y/n$；i 为水力比降，一般采用承水槽的坡度；n 为糙率，混凝土槽的糙率 n 采用 0.011；R 为水力半径，按公式 $R = \omega/x$ 确定；x 为承水槽的湿周；y 为指数，由公式 $y = 1.5n^{1/2}$ 确定。

导水管是连接承水槽与观测室的设施，导水管的输水能力按水力学公式进行计算：

$$Q = \frac{78.6d \cdot 3i^{1/2}}{1 + 2d^{1/2}} \tag{9-7}$$

式中 Q——导水管的输水能力，m^3/s；
　　　d——导水管的直径，m；
　　　i——导水管的坡度，一般为 0.03～0.05,%。

观测室是安装观测仪器的小屋，在观测室中可以安装蓄水池、水尺、堰箱、水位计、量水计等观测水量的设施。另外，观测室中必须配置排水设施。

③径流场(小区)的组合 首先根据研究地区的地形条件、人力状况确定径流场的数目，然后设计试验内容和每组试验的处理。一组试验区的数目可为 2 区、4 区或 4 区以

上，其中必须有一个小区是对照小区。每组小区尽可能相对集中，以便于观测和管理。

9.5.1.2 径流场(小区)径流观测方法

径流观测方法可根据径流场可能产生的最大、最小流量选定，一般常用的方法有体积法、溢流堰法、混合法。

(1) 体积法

在观测室导水管下方配置一定断面面积的蓄水池或容器，根据蓄水池中水位的变化确定一定时间内的径流量。体积法只能观测到一定时间内的径流总量，不能观测径流过程，为此，经常在蓄水池上安装水位计或量水计以观测径流过程。体积法是观测径流总量最为准确的方法，但蓄水池的大小必须保证能够观测到符合设计标准的最大的径流量，同时又能节省开支。另外，蓄水池不能漏水。为了减小蓄水池的尺寸，有人提出了九孔分水箱，九孔分水箱只测定径流总量的1/9，这样蓄水池的尺寸就可以选择小一些。

(2) 溢流堰法

在观测室导水管的下方安装锐缘的溢流堰，根据堰上水头的变化，利用水力学公式计算径流量。水位可以用自计水位计观测，也可以用水尺或测针直接观测。溢流堰法能够观测径流的整个过程，但事先必须对溢流堰进行率定。另外，在观测过程中如果水位计发生故障，将无法观测到总径流量，为此，有人设计了混合法。

(3) 混合法

在观测室中的集水器上缘安装溢流堰，使其成为堰箱。它的标准尺寸为长1.5 m、宽0.4 m、高1.0 m，堰箱由两块厚2～4 mm的铁板内隔分成相互连通的三部分，以使堰箱在注水时不变形和保持水位一致、稳定，中间部分为导水管注水区，两边的一端用作自记水位计的测井，在它的中央安放浮子观测水位变化。另一端的侧面制作顶角为45°、60°或90°的三角形堰，水头为18～30 cm，堰顶角的分角线必须垂直地面。堰箱必须放置水平。观测时当水位未达到堰顶，主要借堰箱采用体积法，当水位达到溢流口时用溢流堰观测。

9.5.2 流域径流的测定

河川径流量是地表水资源的主要组成部分。河川径流量的监测不但可以掌握地表水资源量的动态变化，还可以为下游洪水的预测预报、防洪提供依据。流量一般无法直接观测，主要是在水位测定的基础上根据水位流量关系进行计算。

9.5.2.1 观测流域的选择与部署

(1) 观测流域的选择

流域径流观测是在流域尺度上研究河川径流规律、探讨人类活动对径流的影响。因此，选择研究流域时考虑以下几个方面：

①代表性　在选择研究流域时要根据研究目的，选择自然条件和土地利用情况在研究地区有代表性的流域作为研究对象。

②闭合流域　研究流域必须是一个闭合流域。

③对比性　为了对比人类活动和森林对河川径流的影响，在选择流域时必须选对比流域。

(2) 观测流域的部署

为了在观测过程中节省人力、物力和财力，在总体规划部署观测流域时，遵守大流域套小流域、综合套单项、大区套小区的原则。

①大流域套小流域　指在所选大流域内再选几个不同治理措施的流域，同时进行观测。

②综合套单项　指在实施水土保持综合治理的流域内选择只有单项措施的流域，与大流域同时进行观测。

③大区套小区　指在实施水土保持综合治理的大区内，选择几个小区布设不同的水土保持措施，与大区同时进行观测。

(3) 流域径流研究方法

在流域径流的研究方法上，采用单独流域法(流域自身对比法)或并行流域法(平行对比法)。

①单独流域法　选择一个自然流域内，对流量和降水量进行多年观测，积累资料，求出降水与径流间的定量关系。然后对流域按规划进行治理，同时对降水和径流进行观测，求出治理后降水与径流的定量关系。

单独流域法的优点是流域自身对比，流域面积、土壤地质、地形地貌、流域的沟壑密度等下垫面因素基本保持不变，但治理前后的降水情况并不完全相同，从而使研究结果的可信度降低。另外，单独流域法需要的观测年限很长。

②平行对比法　选择几个相互邻近，地形、地质构造、土壤、质地、流域面积、沟壑密度等条件类似的流域，在流域出口处修建量水设施，同时进行降雨、径流、泥沙等的观测。

所选流域中一个保持原始状态作为对照流域，其他的流域进行不同程度的治理(如森林覆盖率不同、农林牧的比例不同、治理程度不同等)。

对照流域主要研究自然状态下河川径流的变化规律，以及森林与水的关系，揭示自然条件下流域系统内水分输入、转换、输出的物理过程和实质。

综合治理流域主要研究人为活动影响下，流域的初始条件和边界条件发生改变的情况下，定量推求人类活动对河川径流的影响，进而探讨人类活动对流域产水量以及综合生产能力的影响。

平行对比法的主要工作步骤如下：

a. 收集地形图、土壤地质图、土地利用现状图、森林植被分布图等各种图表。

b. 进行植被、土壤、水土流失、水文气象调查。

c. 进行土地利用现状、水土保持现状、社会经济调查。

d. 从地形图上量取流域面积、流域长度，计算沟壑密度、平均坡度、沟道的平均比降，从土地利用现状图上量算各地类面积、森林覆被率等。

e. 分析研究流域与对比流域的相似性。

平行对比法的缺点是各流域的地形地貌、土壤地质、流域面积、基本情况不可能完全相同，因此，在选择时尽可能选择下垫面基本情况较为相近的流域。

（4）流域径流观测断面的选择

观测断面的选择考虑以下几个方面：①观测断面选择在流域出口，以控制全流域的径流和泥沙。②观测断面必须选择在河道顺直、沟床稳定、没有支流汇水影响的地方。③观测断面应选择在地质条件稳定的地方。④观测断面应选择在交通方便、便于修建量水设施的地方。

9.5.2.2 流域测流方法

流域测流的目的是把握流域的径流状况，其方法有断面法和测流建筑物法。

断面法是利用天然河道断面或人工断面进行观测。测流建筑物法是利用专门修建的测流建筑物进行观测。断面法不修建专门的测流建筑，费用较低，测流范围大，但精度较低。测流建筑物法观测便利而又精确，但造价比较昂贵，测流范围也有一定的限制。

测流建筑物法是观测研究流域径流的主要设施，常见的有溢流堰和测流槽。一般根据当地的降水情况、监测流域面积大小、历年最大和最小流量等资料选择测流建筑物。较小流域一般采用溢流堰，较大流域采用测流槽，同时配置自记水位计测定水位，由水位变化推算出河流径流量的变化(流速面积法)。

在河川径流观测中，为了提高观测的范围和精度，流量可用两种或数种方法配合观测。常见的配合方法有：

①天然河道断面或人工控制断面与测量中小流量的测流槽或溢流堰相配合。即小水时用测流槽或溢流堰观测，大水时用断面法观测。

②大测流槽(溢流堰)与小测流槽(溢流堰)相配合。小流量时用小测流槽观测，大流量时用大测流槽观测。

③测流槽或溢流堰与体积法相配合。当流量极小或出现干涸时用体积法观测。

表 9-2 常见测流方法的测定范围

测量方法		测流量的范围(L/s)		
		最小	最大	
断面测流		15~30		
测流槽	小巴歇尔槽	6	200	
	大巴歇尔槽	60	7000	专门设计可达80000
	三角槽	10	30000	专门设计可再提高
溢流堰	矩形和梯形(大)	100	10000	
	矩形和梯形(小)	5	200	
	三角形 120°	1	2000	
	三角形 90°	0.8	1400	
	三角形 45°	0.4	500	
	抛物线形	0.2	144	
	放射形	0.06	20	

9.5.2.3 水位的常规观测

观测水位的目的在于推求流量和进行水文预报,观测水位的设备主要是水尺和水位计。

水尺是观测水位最为基本、最为精确的方法。水尺有直立式和倾斜式两种。直立式水尺是垂直树立在水中的尺子,它的读数就是水深,是最为常用的水尺。倾斜式水尺是沿岸边倾斜布设的水尺,必须通过换算才能求得水深。

水位计是能自动记录水位变化的仪器,用水位计观测水位具有观测方便、节省人力的特点。常用的水位计有浮筒式水位计、压力式水位计、超声波水位计等。

利用水位计观测水位时必须在水位计安装处设立水尺,以检验水位计是否准确,同时还可以对水位计观测到的水位进行标定。利用水位计观测水位必须修建测站,建立水位台,水位台有岸式和岛式两种。

9.5.2.4 自然河道的流量观测

在没有测流建筑物时,可以采用自然河道进行测流,其方法为流速面积法。由于天然河道中各处流速不同,断面平均流速无法直接测定,只能将河道断面分成若干部分,测定各部分的断面流速和面积,求得各部分断面的流量,整个断面的流量等于各部分断面流量之和。

(1) 选择观测断面

观测断面一般选择在流域出口,以观测整个流域的径流量。观测断面处的河道应该平缓顺直,没有跌水等突变点,沟床稳定,没有支流汇水影响。

(2) 观测断面的测量

选择好观测断面后进行断面面积的测量,观测断面面积是计算流量的主要依据,断面面积测量误差的大小直接影响测流精度的高低。测定时可以使用经纬仪准确测量,绘制测量断面图。由于河道断面是不规则形状,因此,在测量断面时对河道断面上的地形突变点必须在断面图上标注出来,并在这些突变点上作测深垂线。测深垂线将整个断面划分为多个梯形,观测断面的面积等于这些梯形面积之和(图9-9)。

(3) 水深测定

在测深垂线上用水尺测定水深,测定时水尺一定要保持垂直状态。

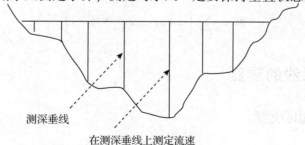

图 9-9 观测断面示意

(4) 流速测定

在测定水深的同时，用流速仪测定流速。流速仪是测量流速最常用、最精确的仪器，我国最为常用的流速仪有旋杯式和旋桨式两种。在河流中因不同深度处的流速不同，在测深垂线上测定流速时必须在不同深度处进行测定，然后求测深垂线上的平均流速。测定流速时常用 1 点法、2 点法、3 点法、5 点法。参见流速测点设定表(表 9-3)。

表 9-3 流速测点设定表

测深垂线水深 h	方法名称	测点位置
$h<1\text{m}$	一点法	$0.6h$
$1\text{m}<h<3\text{m}$	二点法	$0.2h$，$0.8h$
	三点法	$0.2h$，$0.6h$，$0.8h$
$h>3\text{m}$	五点法	水面，$0.2h$，$0.6h$，$0.8h$，河底

垂线平均流速的计算：

五点法
$$v = \frac{1}{10}(v_{0.0} + 3v_{0.2} + 3v_{0.6} + 2v_{0.8} + v_{1.0}) \tag{9-8}$$

三点法
$$v = \frac{1}{4}(v_{0.2} + 2v_{0.6} + v_{0.8}) \tag{9-9}$$

二点法
$$v = \frac{1}{2}(v_{0.2} + v_{0.6}) \tag{9-10}$$

一点法 $\quad v = v_{0.6}\quad$ 或 $\quad v = k_1 v_{0.0}\quad (k_1 = 0.84 \sim 0.87) \tag{9-11}$

或
$$v = k_2 v_{0.2} \quad (k_2 = 0.78 \sim 0.84) \tag{9-12}$$

式中 v——垂线平均流速；

v_i——相对水深为 i 时的测点流速。

(5) 流量计算

某一时刻相邻两测深垂线间的部分流量 Q_{ti} 为：

$$Q_{ti} = \frac{1}{2}(v_i + v_{i-1}) \times S_i \tag{9-13}$$

某一时刻断面总流量为：

$$Q_t = \sum Q_{ti} \tag{9-14}$$

一次洪水的总径流量为：

$$W = \sum \left[\frac{1}{2}(Q_t + Q_{t-1}) \times \Delta t \right] \tag{9-15}$$

9.6 侵蚀与泥沙的观测

9.6.1 坡面侵蚀的观测

降雨由坡面向沟道汇流，因而坡面侵蚀成为产流、产沙的重要部位和来源。坡面侵蚀观测主要包括侵蚀小区径流泥沙观测、雨滴溅蚀和细沟侵蚀观测，及各影响因子配置观测等内容。

9.6.1.1 径流场泥沙观测

径流场泥沙观测是坡面水蚀测验的基本方法，其径流场规划布设及观测设施、方法等与坡面径流测定所用的径流场一致，且二者通常同时观测。

9.6.1.2 雨滴击溅侵蚀观测

雨滴降落到地面，将所具有的动能用来使表层土壤团粒分散，打击土粒从而产生击溅侵蚀。

雨滴击溅侵蚀量（简称溅蚀量）的观测有两种方法，即溅蚀杯法和溅蚀板法。

（1）溅蚀杯测定溅蚀量

常用 Ellison 溅蚀杯监测。溅蚀杯是一个直径为 80 mm、高 50 mm，面积为 50 cm^2 的圆筒，筒底为焊接的铜丝网。测定时，在网上铺一薄层棉花，再将土装满圆筒，并置于贮水的盘中使其吸水饱和，然后放在雨滴下使其产生溅蚀，收集溅出杯的土粒烘干称重，得到 50 cm^2 面积的溅蚀量。

（2）溅蚀板测定溅蚀量

溅蚀板是一个收集溅移泥沙的板状装置。地上部分板高 40~60 cm，板宽取 30 cm 即可，要表面光滑质地坚硬，多用薄不锈钢板或镀锌铁皮制成。地下部分要与地上部分连成一体，立面呈梯形，板的两侧焊接有两块与地下部分板面相同大小的隔板，中缝宽约 1 cm，形成土粒与雨水收集薄箱，在梯形面的底边与所夹的底角两面，各焊接一个孔嘴，以便引导收集箱体的土粒和雨水至收集瓶，二者用软塑管连接，收集瓶埋入土体中。

9.6.1.3 坡面细沟侵蚀观测

细沟是坡面上发生沟蚀的最初雏形，它因沟深、沟宽均细小而得名。由于细沟出现的临界距离（即沟头至分水岭距离）仅数米到十几米，在布设的径流小区中就能出现，且一旦出现细沟侵蚀量剧增，成为坡面侵蚀主要产沙方式（当然还有浅沟），因而细沟侵蚀观测研究较多。

细沟侵蚀观测因研究目的不同，采用的方法也不同。当研究细沟的发生、发展变动即动态监测时，用立体摄影法；当研究细沟侵蚀量时，常用断面测量法。

细沟断面测量法是依据细沟发生、发展规律，在小区内从坡上到坡下，布设若干施测断面，量测每一断面细沟的深度和宽度（精确到 mm），并累加求出该断面总深度和总宽度，直至测完每个断面。计算侵蚀量如下：

若等距布设断面：

$$V_{总} = \sum (\omega_i h_i) L \tag{9-16}$$

若不等距布设断面：

$$V_{总} = \sum (\omega_i h_i L_i) \tag{9-17}$$

式中 $V_总$——细沟侵蚀总体积，m³；
　　ω_i，h_i——某断面细沟的总宽度和总深度，m；
　　L，L_i——等距布设断面细沟长和不等距布设断面代表区的细沟长度，m。

9.6.2 小流域输沙的观测

目前进行的泥沙测验主要针对悬移质和推移质泥沙而言。

9.6.2.1 悬移质泥沙的测验

1) 悬移质泥沙在断面内的分布

悬移质含沙量在垂线上的分布，一般是从水面向河底呈递增趋势。含沙量的变化梯度还随泥沙颗粒粗细的不同而不同。颗粒越粗，变化越大；颗粒越细其梯度变化越小。这是细颗粒沙属冲泻质，不受水力条件影响，能较长时间漂浮在水中不下沉所致。由于垂线上的含沙量包含所有粒径的泥沙，故含沙量在垂线上的分布呈上小下大的曲线形态。

悬移质含沙量沿断面的横向分布，随河道情势、横断面形状和泥沙特性而变。如河道顺直的单式断面，水深较大时，含沙量横向分布比较均匀。在复式断面上，或有分流漫滩、水深较浅、冲淤频繁的断面上，含沙量的横向分布将随流速及水深的横向变化而变。一般情况下，含沙量的横向变化较流速横向分布变化小，如岸边流速趋近于零，而含沙量却不趋近于零。这是由于流速等水力条件主要影响悬移质中的粗颗粒泥沙及床沙质的变化，而对悬移质中的细颗粒（冲泻质）泥沙影响不大。因此，河流的悬移质泥沙颗粒越细，含沙量的横向分布就越均匀；否则相反。

河流中悬移质的多少及其变化过程是通过测定水流中的含沙量和输沙率来确定的。

含沙量是指单位体积水样中所含干沙的重量。

$$C_s = \frac{W_s}{V} \tag{9-18}$$

式中 C_s——含沙量，kg/m³ 或 g/m³；
　　W_s——水样中干沙的重量，kg 或 g；
　　V——水样的体积，m³。

含沙量是一个泛指名词，它可以是瞬时、日、月、年平均，也可以是单沙、相应单沙、测点、垂线平均、部分及断面平均含沙量，视所处的条件而定，单位都是一样的。

输沙率是指单位时间内通过某一过水断面的干沙重量，是断面流量与断面平均含沙量的乘积，即

$$Q_s = Q \cdot C_s \tag{9-19}$$

式中 Q_s——断面悬移质输沙率，t/s 或 kg/s；
　　Q——断面流量，m³/s；
　　C_s——含沙量，t/m³ 或 kg/m³。

悬移质泥沙测验的目的在于测得通过河流测验断面悬移质输沙率及变化过程。由于输沙率随时间变化，要直接测获连续变化过程无疑是困难的。通常是利用输沙率（或断

面平均含沙量)和其他水文要素建立相关关系,有其他水文要素变化过程的资料通过相关关系求得输沙率变化过程。我国绝大部分测站的实测资料分析表明,一般断面平均含沙量与断面上有代表性的某垂线或测点含沙量(即单位含沙量,简称单沙)存在着较好的相关关系。测断面输沙率的工作量大,测单沙简单。可用施测单沙以控制河流的含沙量随时间的变化过程。以较精确的方法,在全年施测一定数量的断面输沙率,建立相应的单沙断沙关系,然后通过相关关系由单沙过程资料推求断沙过程资料,进而计算悬移质的各种统计特征值。因此,悬移质测验的主要内容除了测定流量外,还必须测定水流含沙量。悬移质泥沙测验包括断面输沙率测验和单沙测验。

2) 悬移质泥沙测验仪器及测验方法

目前悬移质泥沙测验仪器分瞬时式、积时式和自记式3种。为了正确地测取河流中地天然含沙水样,必须对各种采样器性能有所了解,通过合理使用取得正确的水样。

(1) 悬移质泥沙采样器的技术要求

a. 仪器对水流干扰要小。仪器外形应为流线型,器嘴进水口设置在扰动较小处。

b. 尽可能使采样器进口流速与天然流速一致。当河流流速小于 5 m/s 和含沙量小于 30 kg/m³ 时,管嘴进口流速系数在 0.9 ~ 1.1 之间的保证率应大于 75%,含沙量为 30 ~ 100 kg/m³ 时,管嘴进口流速系数在 0.7 ~ 1.3 之间的保证率应大于 75%。

c. 采取的水样应尽量减少脉动影响。采取的水样必须是含沙量的时均值,同时取得水样的容积还要满足室内分析的要求,否则会产生较大的误差。

d. 仪器能取得接近河床床面的水样。用于宽浅河道的仪器,其进水管嘴至河床床面距离宜小于 0.15 m。

e. 仪器应减少管嘴积沙、器壁黏沙。

f. 仪器取样时,应无突然灌注现象。

g. 仪器应具备结构简单、部件牢固、安装容易、操作方便,对水深、流速的适应范围广等特点。

(2) 常用采样器结构形式、性能特点及采样方法

① 横式采样器　横式采样器属于瞬时采样器,器身为一圆管制成,容积为 500 ~ 3000 mL,两端有筒盖,筒盖关闭后,仪器密封(图 9-10)。取样时张开两盖,将采样器下放至测点位置,水样自然地从筒内流过,操纵开关,开关形式有拉索、锤击和电磁吸闭 3 种。

横式采样器的优点是仪器的进口流速等于天然流速,结构简单,操作方便,适用于各种情况下的逐点法或混合法取样。其缺点是不能克服泥沙的脉动影响,且在取样时,严重干扰天然水流,采样器关闭时口门击闭影响水流,加之器壁黏沙,使测取的含沙量系统偏小,据有关单位试验,其偏小程度为 0.41% ~ 11.0%。

取样方法:横式采样器主要应考虑脉动影响和

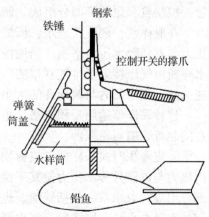

图 9-10　横式采样器结构图

器壁黏沙。在输沙率测验时,因断面内测沙点较多,脉动影响相互可以抵消,故每个测沙点只需取一个水样即可。在取单位水样含沙量时,采用多点一次或一点多次的方法,总取样次数应不少于2~4次。所谓多点一次是指在一条或数条垂线的多个测点上,每点取一个水样,然后混合在一起,作为单位水样含沙量。一点多次是指在某一固定垂线的某一测点上,连续测取多次混合成一个水样,以克服脉动影响。为了克服器壁黏沙,在现场倒过水样并量过容积后,应用清水冲洗器壁,一并注入盛样筒内。采样器采取的水样应与采样器本身容积一致,其差值一般不得超过10%,否则应废弃重取。

②普通瓶式采样器 普通瓶式采样器使用容积为500~2000 mL的玻璃瓶制成,瓶口加有橡皮塞,塞上装有进水管和出水管(图9-11)。调整进水管和出水管出口的高差ΔH,并选用粗细不同进水管和出水管,可以调整进口流速。采样器最好设置有开关装置,否则不适于逐点法取样。瓶式采样器结构简单,操作方便,属于积时式的范畴,可以减少含沙量的脉动影响。但也存在一些问题:当采样器下放

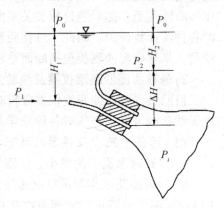

图9-11 瓶式采样器

到取样位置时,瓶内的空气压力是一个大气压P_0,内外压力不等,假设这时进水管口和排气管口处的水深分别为H_1和H_2,在进水管口处的静水压力是$P_1 = P_0 + H_1$,排气管口处的静水压力是$P_2 = P_0 + H_2$。由于取样器内部压力小于外部压力,在打开进水口和排气口的瞬间,进水口和排气口都迅速进水,出现突然灌注现象。在这一极短的时段内,进口流速比天然流速大的多。进入取样器的水样含沙量,与天然情况差别很大,水深越大,这种误差越大。所以该仪器不宜在大水深中使用,仅适用于水深为1.0~5.0 m双程积深和手工操作取样。

③调压积时式采样器 适用于缆道上同时进行测流、取沙。在一次行车过程中,测量断面内每个预定测点的流速,同时用全断面混合法一次完成悬移质泥沙的断面平均含沙量测验。设置调压系统,有开关控制,主要有头舱、铅鱼体、调压舱、取样舱、排气管、控制舱和尾翼等部分组成。调压系统包括调压孔、调压舱、水样舱和排气管等。

在取样前,调压孔进水,压缩调压舱内空气经连通管至水样舱,使水样舱内的空气压力与器外静水压力平衡。当用控制系统打开进水管开关取样时,排气管开始排气,使水样舱内气压接近于排气管口的压力(静水压力和动水压力之和),使进口流速与天然流速一致。调压历时与调压孔的大小有关,一般为5 s。

这种采样器适用于积点法、垂线混合法和积深法取样,也适用于缆道测流取沙。存在问题有管嘴容易积沙。

④皮囊积时式采样器 皮囊积时式采样器,借助皮囊容器的柔性以传导和调整仪器内压力与仪器外静水压力使其平衡,不另设调压系统。主要由取水系统和铅鱼体壳两大部分组成。取水系统包括管嘴、进水管、电磁开关和皮囊。铅鱼体壳侧面设有弧形活门和若干进水小孔。取样前,将皮囊内空气排出,并由电磁铁将管道封闭。取样时,电磁铁通一电流,开启管道,水样在动水作用下即可通过管道注入可以张开的皮囊容器内,

皮囊内外始终保持压力平衡。皮囊积时式采样器是利用柔性极强的乳胶皮囊作盛水容器，仪器本身可保证内外静水压强相等，没有排气孔，也不需要设置调压舱，就可达到瞬时调压的目的。

该仪器结构简单，操作方便，同调压积时式一样能克服脉动影响，不干扰天然水流，进口流速接近天然流速等优点。适用于高流速、大含沙量和不同水深条件下的积点法、垂线混合法和积深法取样等。

⑤同位素测沙仪 同位素测沙仪是利用 γ 射线穿过水样时，强度将发生衰减的原理而制成的，其衰减程度与水样中含沙量的大小有关，从而可利用 γ 射线衰减的强度反求含沙量。γ 射线穿过物质时，其强度衰减可用下式表示：

$$I = I_0 C^{-\mu d} \tag{9-20}$$

式中 I_0，I——γ 射线穿过介质前、后的强度；

C——常数，一般取 e；

μ——物质对 γ 射线的总吸收系数；

d——介质厚度，mm。

设 d 为 γ 射线穿过的含沙浑水厚度，并用脉冲探测器的脉冲计数率表示 γ 射线的强度，则上式可改写为

$$N = N_0 e^{-(\mu_w d_w + \mu_s d_s)} \tag{9-21}$$

式中 N，N_0——γ 射线穿过浑水厚度前、后的脉冲计数率；

μ_w，μ_s——水和沙对 γ 射线的吸收系数；

e——自然常数；

d_w，d_s——浑水厚度中，分别为水和沙所占的部分，二者之和等于浑水厚度 d，mm。

由上述原理制成的同位素测沙仪包括测量探头和计算器两部分，测量由放射源（铯、铟、镉等同位素）和闪烁探测器组成。放射源安放在铅鱼内，γ 射线经由准直孔射出而直指闪烁探测器，放射源管道和准直孔均严格止水，信号由电缆送至计数器。

测沙前应进行比测试验：即同时测出某一含沙量及其相应的脉冲计数率，建立脉冲计数率与含沙量的相关曲线。

测沙时，将仪器下放至测点位置，打开仪器，测出脉冲计数率（一般取数次计数率的平均值），在率定曲线上读含沙量即可。

同位素测沙仪可以在现场测得瞬时含沙量，可省去水样的采取及处理工作，操作简单，测量迅速。其缺点是放射性同位素衰变的随机性对仪器的稳定性有一定影响；探头的效应、水质及泥沙矿物质对施测含沙量会产生一定误差。另外，要求的技术水平和设备条件较高。

⑥光电测沙仪 光电测沙仪就是利用光电原理测量水体中含沙量的仪器。当光源透过含有悬移质泥沙的水体后，一部分光能被悬沙吸收，一部分光能被悬沙散射，因此透过浑水的光能只是入射光能的一部分。利用悬移质沙的这种消光作用，使光能透过悬移质沙的衰减转换成电流值，从而测定含沙量。光学中的比尔定律描述了光线通过介质时的吸收效应：

$$\Phi = \Phi_0 e^{-kL} \tag{9-22}$$

式中 Φ——透射光通量，lm；

e——自然常数;
Φ_0——入射光通量;lm;
L——光通过的路程,km。

当光线通过含沙水体时表现为:

$$\Phi_i = \Phi_0 e^{-kANL} \tag{9-23}$$

式中 Φ_i——光电器件通过清水的光通量,lm;
Φ_0——光电器件通过悬移质水体的光通量,lm;
e——自然常数;
A——泥沙颗粒投影面积,m²;
N——单位体积水体中泥沙的颗粒数,个;
L——透过水体的厚度,m;
k——消光系数(颗粒的有效横截面与几何横截面之比,它与辐射波长 λ,颗粒的折光系数 m,颗粒的粒径 d 等因素有关)。

用 $A = \dfrac{bV}{d}$;$N = \dfrac{C_s}{\gamma V}$ 代入式(9-23),则有

$$\Phi_i = \Phi_0 e^{-kb\frac{C_s}{\gamma d}L} \tag{9-24}$$

式中 b——形状系数;
V——颗粒体积,m³;
γ——颗粒比重,kg/m³;
C_s——悬移质含沙量;
其余字母意义同前。

利用光电器件通过清水的光通量 Φ_0 转换为电流量 I_0;通过悬移质水体的光通量 Φ_i 转换为电流量 I_i,相应的光通量公式变为:

$$\frac{I_i}{I} = e^{-k\frac{C_s}{d}} \tag{9-25}$$

将上式取对数,便可推求含沙量。光电测沙仪可采用激光或红外光。尽管采用的光源不同,它们的基本原理是相同的。一般光电测沙仪将光通量转换成相应的电流量,并不直接测量光通量,而是通过测量电流获得含沙量。光电测沙仪测量成果受水深、含沙量、粒径大小、泥沙颜色等众多因素影响。现在由于光电器件稳定性能好,还可以利用光电通信技术,使光电测沙仪受外部条件影响减少,有利于仪器的进一步发展。

⑦振动管测沙仪 振动管测沙仪是测定金属传感器的振动频率,从而确定流经金属棒体内水体的悬移质泥沙含沙量。这种金属传感器是一种特殊材料制成的振动管,该振动管的管壁厚度、直径、长度和管两端的连接方式都是确定的。当液体流经振动管时,振动管的振动频率就发生变化。

⑧超声波测沙仪 超声波在含沙水流中传播时,其衰减规律与浑水中悬浮颗粒浓度有关,可根据这一原理实现对水体含沙量的测量。

9.6.2.2 推移质泥沙的测验
1) 推移质泥沙测验内容

推移质泥沙测验的工作内容包括:①在各垂线上采取推移质沙样。②确定推移质移

运地带的边界。③采取单位推移质水样。④进行各项附属项目的观测,包括取样垂线的平均流速,取样处的底速、比降、水位及水深,当样品兼作颗粒分析时,加测水温。⑤推移质水样的处理,当推移质测验与流量、悬移质输沙率测验同时进行时,上述大多数附属项目可以从流量成果中获得。

目前,国内外对推移质测验普遍存在着测验仪器不完善、测验方法不成熟的问题。同时由于推移质运动形式极为复杂,它的泥沙脉动现象远比悬移质大得多,在不同的水力条件下,推移质颗粒变化范围很大,小至 0.01 mm 的细砂,大至数十千克的卵石,运动形式随着流速的大小不同也不断地变化,当流速小时,停顿下来成为河床质,流速较大时,又可以悬浮起来变为悬移质,这一切都给推移质测验带来很大困难。

2) 推移质采样器性能

对推移质采样器的性能要求包括:仪器进口流速应与测点位置河底流速接近;采样器口门要伏贴河床,对附近床面不产生淘刷或淤积;取样效率高,效率系数稳定,进入器内泥沙堆沙部位合理;外形合理、有足够的取样容积,并有一定的自重以保持取样位置不因水流冲击改变;结构简单、牢固,操作方便灵活。

3) 推移质采样器分类

推移质采样器按用途分为卵石采样器和沙质采样器两类。

(1) 卵石推移质采样器

①64 型卵石推移质采样器 仪器底网用钢丝编织而成,尾翼为双直向尾翼,可控制仪器正对水流方向,加重铅块附在仪器两侧,形成封闭式(图 9-12)。适用于中等粒径的卵石,取样效率系数为 10%。

②80 型卵石推移质采样器 该仪器是在 64 型采样器的基础上作了某些改进,如仪器口门改成向外倾斜,骨架迎水面为唇刀形,加重铅块成流线形,网底改用许多小钢板连接而成并适当加重底网重量,减少底网表面的粗糙度等(图 9-13)。平均取样效率系数为 55%。

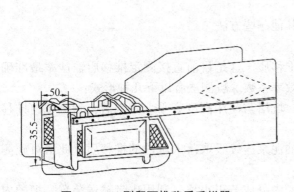

图 9-12 64 型卵石推移质采样器

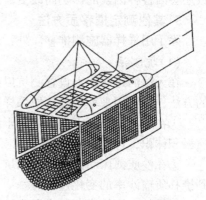

图 9-13 80 型卵石推移质采样器

③大卵石推移质采样器 适用于粒径较大的卵石(粒径在 10~300 mm)推移质测验。根据采样器口门形状不同,又可分成矩形、倾口形、梯形等三种。仪器口门宽 60 cm、高 50 cm、长 120 cm,器身上部两侧和尾部(1/2 器身)由 3~5 cm 孔径的金属链编成柔度较大的软底,能较好地与河底相吻合,同时器顶无盖,减少了采样器对水流的阻力,

加载铅块固定在器顶两侧。取样效率系数为30%。

(2) 沙质推移质采样器(压差式采样器)

压差式采样器的设计原理是在采样器的出口处制造一个压力差,以抵消仪器进口处因阻力引起的能量损失。具体做法是:将采样器的器身制造成向下游方向扩散的形式,使仪器尾门所承受的压力比进口处低,形成压力差。

① 黄河59型推移质采样器 采样器的器身是一个向后方扩散的方匣,水流进入器内后,流速减小,有利于泥沙的沉积。该仪器存在问题是口门不易吻贴河床,致使附近河床产生局部冲刷。

② 长江大型沙质推移质采样器(Y78-1型) 该仪器的特点是有合理的外形、阻水较小,器内集沙稳定,仪器前半身装有加重铅块,尾部装有浮筒,在口门底部装有托板可防止因仪器头部加重而下陷,托板前沿做成向前倾斜的刀口形(简称唇刀),使口门较好吻贴河床,仪器出口面积比进口面积大30%,由此所形成的压力差可调节仪器近口流速接近于天然流速。该仪器目前被国内外一致认为是一种较理想性能良好的沙质推移质采样器。

4) 采样器效率系数率定

采样器效率系数需要进行率定。所谓采样效率系数,系指仪器测得的与河流实际的推移质输沙率之比值。通常率定效率系数的方法有两种:一种是在天然河道(或渠道)用仪器做取样试验,以标准集沙坑测得的推移质输沙率为标准;另一种是在人工大型水槽中用仪器(或模型)做取样试验,以坑测法测定水槽实际推移质输沙率作标准,进行比较。

两种率定方法都存在一些问题,在天然水流中测定标准推移质输沙率尚无理想的完善方法,而水槽率定的结果又不能完全反映和代表天然河流的真实情况。同时还因天然河道水流情况及河床地形千差万别,变化很大,在实际应用时,所率定的采样器效率系数还会因各种因素的影响而改变。对这些问题尚有待进一步的研究解决。

5) 其他测定推移质方法

除了用采样器施测推移质外,还有其他一些方法。

(1) 坑测法

在天然河道河床上设置测坑以测定推移质。这是目前直接测定推移质输沙率最准确的方法,主要用来率定推移质采样器的效率系数。坑测法有以下几种形式:

① 在卵石河床断面上设置若干测坑,坑沿与河床高度齐平。洪水后,测量坑内推移质淤积体积,计算推移质量。

② 在沙质河床断面上埋设测坑,用抽泥泵连续吸取落入坑内的推移质。此法可施测到推移质输沙率的变化过程。

③ 沿整个河槽横断面设置集沙槽,槽内分成若干小格,利用皮带输送装置,把槽内的推移质泥沙输送到岸上进行处理。

坑测法效率高,准确可靠,但投资大,维修困难,适用于洪峰历时短,推移量不大的小河。

(2) 沙波观测法

沙质河床的推移质,常以轮廓分明的沙波形式运动,可用超声波测深仪连续观测断面各垂线位置高度的变化,可以测定沙波的平均移动速度和平均高度,推算单位宽度推移质输沙率。

$$q_b = \alpha \rho_s \frac{h_b L}{t} \tag{9-26}$$

式中 q_b——单位宽度推移质输沙率,kg/s;
　　　α——形状系数;
　　　ρ_s——推移质泥沙容重,g/cm³;
　　　h_b——沙波高度,m;
　　　L——t 时间内沙峰移动距离,m;
　　　t——两次观测时间间隔,h。

该法的优点是对推移质运动不产生干扰,不需在河床上取样,但由于沙波的发育、生长与消亡与一定水流条件有关,用沙波法一般只局限于沙垄和沙纹阶段,而无法获得全年各个不同时间的推移质泥沙,再加上公式的一些参数难以确定,如形状系数、容重等,在使用中受到很大限制。

此外,间接测定推移质的方法还有:体积法、紊动水流法、水下摄影和水下电视、示迹法、岩性调查法、音响测量法等。这些方法都有很大的局限性,效果也不十分理想。

6) 推移质测定技术要求

用采样器施测推移质,因仪器不够完善,测验工作还缺乏可靠的基础,而且,测沙垂线的布设、取样历时、测次等尚无成熟经验。现只能根据少数站开展推移质测定的情况,提出一些基本要求。

①测次与取样垂线　推移质输沙率的测次主要布设在汛期,应能控制洪峰过程的转折变化,并尽可能与悬移质、流量、河床质测验同时进行,以便于资料的整理、比较和分析。

取样垂线应布设在有推移质的范围内,以能控制推移质输沙率横向变化,准确计算断面推移质输沙率为原则。推移质取样垂线最好与悬移质输沙率取样垂线相重合。

②取样历时与重复取样次数　为消除推移质脉动影响,需要有足够的取样历时并应重复取样。对沙质推移质,每条垂线需重复取样 3 次以上,每次取样历时少于 3~5 min,推移量很大时,也不应少于 30 s。对卵石推移质强烈推移带,每条垂线重复取样 2~5 次,累积取样历时不少于 10 min,其余垂线可只取样一次,历时 3~5 min。

每次取样数量以不装满采样器最大容积的 2/3 为宜。

③推移质运动边界的确定　一般用试探法确定推移质运动的边界。将采样器置于靠近垂线的位置,若 10 min 以上仍未取到泥沙,则认为该垂线无推移质泥沙,然后继续向河心移动试探,直至查明推移质泥沙移动地带的边界。对卵石推移质,还可用空心钢管插入河中,俯耳听声,判明卵石推移质移动边界,该法适用于水深较浅、流速较小的河流。

④采取单位推移质输沙率　为建立单位推移质输沙率与断面推移质输沙率的相关关系,以便用较简单的方法来控制断面推移质输沙率的变化过程,可在断面靠近中泓处选

取 1~2 条垂线，作为单位推移质取样垂线，该垂线最好与断面推移质取样垂线相重合，这样，在进行推移质测验时，可不再另取单位推移质沙样。

9.7 水文调查与水文遥感

9.7.1 水文调查

目前收集水文资料的主要途径是定位观测，由于定位观测受到时间、空间的限制，收集的资料往往不能满足生产需要，因此必须通过水文调查来补充定位观测的不足，使水文资料更加系统、完整，更好地满足水资源开发利用、水利水保工程建设及其他国民经济建设的需要。

水文调查的内容可分为流域调查、水量调查、洪水与暴雨调查、其他专项调查四大类，本节主要介绍洪水与暴雨调查。

9.7.1.1 洪水调查

洪水调查是指对历史上出现过的和近期发生的大洪水进行调查和估算。目的是弥补实测水文资料的不足，以便合理可靠地确定水利水保工程的设计洪水数据。洪水调查资料有助于研究洪水的地区分布规律，印证无资料地区洪水的地理综合成果，弥补定位观测的不足。

(1) 洪水调查的内容与分类

①洪水调查的内容　河流洪水现象的数量特征分析研究，属于水文测验的范围，但是洪水测验受到时间和空间的局限，往往不能满足要求，需要通过洪水调查加以补充。一般情况下，洪水调查的内容如下：

a. 洪水发生的时间，包括年、月、日，有条件时要了解到小时。

b. 洪水涨落变化过程，查明洪水起涨时间、峰现时间、落平时间及总历时。

c. 洪水痕迹高程变化，尤其是要调查最高洪水的痕迹。

d. 河道及断面内的河床组成、糙率情况、滩地被覆情况及冲淤变化，河道纵横断面、简易地形(或平面)测量图。

e. 洪水的地区来源及组成情况。

f. 查明其相对应暴雨雨情、天气系统及成因、流域自然情况及水利、水保等措施。对于非暴雨造成的洪水，如融雪洪水、溃坝洪水等，应查明其特殊成因。

g. 明显洪痕、石刻题记、重要文献的临摹拓印或摄影。

h. 流域面积、地形、土壤、植被等自然地理特性资料的了解和调查，对调查河段内纵横断面进行简易地形测量和摄影。

i. 洪峰流量及洪水总量的计算和分析，排定全部洪水(包括实测洪水)的大小顺位关系，计算洪峰流量、洪水总量及重现期。

②洪水调查的分类

按调查时间，划分为：

a. 历史洪水调查。调查历史上曾经发生过的特大洪水。

b. 当年洪水调查。查明站网上漏测的洪水；虽未漏测但系实测的特大值，其重现期有待深入调查；在大水年份出现时，无资料地区的洪水。

按调查范围，划分为：

a. 普遍调查。对从未进行过历史洪水调查的河段，当编制流域规划设计或水文图集时，要求比较全面的洪水资料，可进行历史洪水的普遍调查与考证。

b. 当年洪水调查。指定在某一个河段调查，或专为调查某一个洪水年份的洪水，或对以往调查成功的重点复查等。

按调查方法，划分为：

a. 实地调查。对历史及近年洪水可到现场进行实地访问调查。

b. 考证调查。历史洪水可结合历史文献考证及水文考古进行，历史文献如地方志及水利专著等，均有对历史洪水水情灾害的描述。另外，也可借助碑记、石刻、古建筑的兴废、民谣等来研究历史洪水的大小及其重现期。

(2) 洪水调查的方法、步骤

① 准备工作　进行某一地区（河段）洪水调查时，首先要明确调查任务、目的和要求，明确有关规定及调查方法，了解已有资料情况及地区条件，然后做好准备工作。

根据调查任务，主要搜集下列资料：

a. 调查河段及附近测站历年洪水资料，如洪水位、洪峰流量、比降、糙率、水位流量关系曲线等。

b. 调查河段及邻近地区已有的洪水观测及相应暴雨资料、历史洪水研究资料、调查报告、分析成果。

c. 调查河段的地形图、河道纵横断面图等。

d. 沿河水准点位置及高程，必要时需要搜集地形测量时已设置的图根点位置及高程记载表。

e. 与调查洪水有关的历史文献、文物、考证资料等。

需准备的仪器、工具及用品主要有水准仪、全站仪、照相机、水准尺、测杆、皮尺及有关表簿等，必要时还应携带救生设备。

根据确定的调查范围选择交通路线，编制工作计划。

② 现场调查

a. 情况调查。到达调查地区后，应依靠当地各级领导，汇报洪水调查工作的目的意义，取得协助，到有关部门搜集资料，了解河道变迁情况，洪水淹没范围、村屯分布、沿河城镇及古建筑物、老住户及住址等情况。

b. 河道踏勘。根据当地了解的情况，对原拟调查河段进行实地踏勘。踏勘时，主要了解河段控制条件及居民点分布、河床稳定性、断面特征、主槽及河滩组成情况，有无支流、分流、急滩、卡口、跌水等存在。其目的在于了解河道水流特性，以便选择适宜的调查河段。

c. 访问调查。选定河段后，即可按照调查内容细致、深入、全面地进行访问。访问方式一般为个别访问和开座谈会。访问调查时要注意方式方法，要宣传调查目的意义，消除群众疑虑，让群众自然地反映历史洪水情况，不要诱导指点。访问情况要用群众原话和原意如实记录。

d. 现场核实。对调查访问的资料，应在现场进行初步整理和综合分析，发现问题应在现场弄清，确认的洪痕应做出标记。

③历史洪水发生时间调查　在调查洪水发生年份、日期和序位时，可以从以下几个方面落实：

a. 由历史上发生的重大事件来推算。

b. 结合群众生活中最易记忆的事件来推算。

c. 由历史文献、碑记、石刻、民谣等中了解，或由调查的灾情比较判断。

d. 通过上、下游或邻近河流的历史洪水日期相对照。

④调查河段选定　调查河段的选择关系到成果的质量和作用的大小，在选定河段时应考虑以下问题：

a. 满足调查目的和要求。如果确定某一工程而进行的洪水调查，所选择的调查河段应尽量靠近工程地点；如为延长洪水实测序列，则一般均以水文站测验河段或其邻近范围作为调查河段。

b. 为能调查出一定数量的可靠的历史洪水痕迹，调查河段应有一定长度，且两岸宜有村庄、古老建筑物等，以便准确查明历史洪水的洪痕位置和重现期。

c. 河段较顺直、断面较规整、河床较稳定，控制条件较好，无壅水、回水、分流串沟、较大支流汇入。选择河段各处河床覆盖情况一致的河段，以便确定糙率。当不能满足上述要求时，应选择向下收缩的河段（避免扩散河段），如急滩、卡口、剧烈弯道或桥涵的上游。

⑤洪痕调查和评定　洪水痕迹调查是确定最高洪水位，绘制洪水水面线和计算洪峰流量的直接依据，对计算成果影响很大，调查工作应慎重进行。

a. 洪痕调查。洪痕应由群众带领亲自进行辨认，对每一洪痕点的可靠程度（精度）要做出判断，有具体标志物的洪痕，可靠程度较高；反之则低。洪水痕迹调查范例见表9-4。

表9-4　洪水痕迹调查表

洪痕编号	所在村镇及地点	洪水发生时间	洪痕高程（m）	说明人姓名、年龄、住址	洪水发生情况	资料可靠程度
1	××水文站浮标上断面附近	1957年7月24日	5.8	李×，68岁，××村人	"1957年洪水与坝堤顶平，当时我的房子盖在河边，洪水过来把我的房子冲毁了，那年连续下了一个多月的雨"	可靠
2	××村东南井台边	1853年	7.3	王××，78岁，张××，82岁，均为××村人	"咸丰三年发了大水，老辈人说河水冲毁了土地庙，土地爷的神像也被冲走了"	附近各村普遍传说，供参考
3	××村东南角娘娘庙	1969年7月15日	6.2	刘×，69岁	"当时在外地，回来听说村里发大水，把田和房子都淹了"	较可靠

较可靠的洪痕一般分布于老屋、碑石、桥梁、岩壁等老建筑物上。有的以台阶、门坎、炕沿、房梁等来指认洪痕,可靠程度也较高。指认的洪痕应注意弄清位置有否变动,有否把波浪冲击高度说成最高水位,洪水题刻记载的内容与洪峰水位的标志是否一致等。都需要详加考证分析后再确定洪痕高程。

经过指认或辨认的洪痕一经确认位置后以红漆做好标志,以便测量。洪痕按年代的先后从上游到下游按顺序统一编号,编号由两组数字组成,前一组表示年份,后一组表示洪痕号数,并注明调查单位及日期,如:1998-1年洪水位(北京林业大学设置,2015年6月16日)。

b. 洪痕可靠程度的评定。洪水痕迹经过调查测量后,应对其可靠性做出评价,以便应用时作为参考。评定的标准有"可靠""较可靠""供参考"三个级别,见表9-5。

表9-5 洪水痕迹可靠程度评定表

项目	等 级		
	可靠	较可靠	供参考
指认人印象和旁证	亲眼所见,印象深刻,所述情况逼真,旁证确凿	亲眼所见,印象比较深刻,所述情况比较逼真,旁证材料较少	听传说,或印象不深,所述情况不够清楚具体,缺乏旁证
标志物和洪痕	标志物固定,洪痕位置具体或有明显洪痕	标志物变化不大,洪痕位置较具体	标志物已有较大的变化,洪痕位置模糊
估计误差范围(m)	<0.2	0.2~0.5	0.5~1.0

⑥洪水调查的测量工作

a. 洪痕的水准测量。重要的洪水痕迹高程采用四等水准测量,一般的采用五等水准测量。进行水准测量时,一般应由附近已有的水准基点接测,并注明何种标高起算。

b. 河道简易地形图测绘。河道简易地形图是反映调查河段内河床地形及洪水泛滥情况的,图上应绘有:洪水泛滥情况、测绘标志物、主要地形特征、重要地物。

c. 河道横断面测量。河道横断面的测量,按大断面测量的有关要求进行。所取断面数目应能表达出断面面积及其形状沿河长的变化特性;平直整齐的河段可以少取,曲折或不均匀的河段应该多取,在洪水水面坡度转折的地方也要取一断面;断面间距一般为100~500 m。断面应越接近洪水痕迹越好。断面应垂直于洪水时期的平均流向。

在测量横断面时,应在记载簿中记载断面各部分的河床质的组成及粒径、河滩上植物生长情况,各种阻水建筑物的情况及有无串沟等,借以确定河槽及河滩糙率。

d. 河道纵断面测量。纵断面测量可顺主流布置测点,测点间距视河道的纵坡变化急剧程度而定。坡底转折处必须有测点,有急滩、瀑布及水工建筑物的上下游应增加测点,在测河道纵坡的同时施测水面线,当两岸水位不等时,应同时测定两岸水位。如施测持续数日,水位有显著变动的,应设立临时水尺,记录各日水位,将各日所测水面线加以改正。

e. 摄影。洪水调查河段的摄影工作包括:明显的洪水痕迹或其记载、河槽及滩地的覆盖情况、河道形势及地形。

拍摄洪水痕迹时，照相机视线应垂直于痕迹，平行于地面，并尽可能显示附近地物地貌。为使拍摄碑文、壁字字迹清楚，可先涂以白粉或黑墨。拍摄水印，可用手指点位置。拍摄河床覆盖情况，相机视线应与横断面垂直。为表示树木高矮、砂石大小，可用人体或测尺作为对照。对河道形状、水流流势，须登高拍摄，以求全貌。应记录所拍对象、地点、方向，并附简要说明。

(3) 调查资料的整理

① 洪峰流量推算　洪峰流量可按下列规定进行推算：

a. 调查河段附近有基本站，区间无较大支流加入，而又有条件将调查洪痕移置到基本站断面时，可用水位流量关系曲线高水延长推算。

b. 调查河段顺直、洪痕点较多、河床稳定时，可用比降—面积推算法。

c. 调查河段较长，洪痕点分散，沿程河底坡降和横断面有变化，水面线较曲折，可用水面曲线法推算。

d. 调查河段下游有急滩、卡口、堰闸等良好控制断面时，可用相应的水力学公式推算。

e. 当特大洪水的洪痕可靠，估算要求较高时，可设立临时测流断面测流，或采用模型试验的方法推算。

② 用水位流量关系曲线法推算洪峰流量　当洪水痕迹位于水文站断面附近，则可利用该水文站实测的水位流量关系曲线，加以延长求得洪水的洪峰流量。

③ 用比降法推算洪峰流量　当调查河段附近无水文站时，可用比降法推算洪峰流量。

a. 水面比降法（稳定均匀流）。在调查河段比较顺直，断面形状、底坡和糙率沿程变化不大时，能面线与水面线近于平行，因而可采用水面线替代能面线。计算稳定均匀流的流量，一般采用以下公式：

$$Q = vA = \frac{1}{n}AR^{\frac{2}{3}}I^{\frac{1}{2}} = KI^{\frac{1}{2}} \tag{9-27}$$

式中　Q——洪峰流量，m^3/s；

v——断面平均流速，m/s；

A——洪痕高程以下河道断面面积，m^2；

n——河道糙率；

R——水力半径，m；

I——水面比降，%。

用比降法计算，糙率对计算成果影响很大，选用时要特别慎重。一般是通过曼宁公式用实测流量、断面比降反算而后分析确定。

b. 能面比降法（稳定均匀流）。若调查洪水处于非匀直河段，则断面形状、底坡、糙率沿程发生变化，此时需考虑加入流速水头的计算。

扩散条件下的流量计算：

$$Q = k_m \sqrt{\frac{h + (1-\zeta)(\frac{v_1^2}{2g} - \frac{v_2^2}{2g})}{L}} \tag{9-28}$$

收缩条件下的流量计算:

$$Q = k_m \sqrt{\frac{h + (1+\zeta)(\frac{v_1^2}{2g} - \frac{v_2^2}{2g})}{L}} \tag{9-29}$$

式中 k_m——平均输水率，m^3/s；

h——河段水面落差，m；

v_1, v_2——1、2 断面的平均流速，m/s；

g——重力加速度，$9.8 m/s^2$；

L——河段长度，m。

关于系数 ζ 值，在扩散条件下，即上断面的过水面积小于下断面的过水面积，上断面的平均流速大于下断面的平均流速，一般取 $\zeta = 0.5$，但遇突然扩散形成涡流时，ζ 值可抬升到 0.8~1.0。在收缩条件下，即上断面的过水面积大于下断面的过水面积，上断面的平均流速小于下断面的平均流速，此种情况的损失甚小，可取 $\zeta = 0.1$ 或 0。

④糙率 n 值的确定　在有水文资料的河段，应根据实测的成果绘制水位与糙率关系曲线，并加以延长，以求得高水位时的 n 值。计算流量的方式，须与计算 n 值时所用的公式相同。

在没有实测资料的河段，n 值可参考上下游或邻近河流上河槽情况相似的水文站的资料确定。亦可根据河槽及滩地的河段特征、洪水坡度、河床值平均粒径、宽深比和含沙量等主要因素，从各地区编制的糙率表中查得。

⑤调查成果的合理性检查

a. 洪痕水位的代表性和洪痕水面线分析，检查洪痕突出偏高和偏低产生的原因。

b. 与邻近地区水系上下游、干支流的洪峰流量、洪水总量进行对照，是否相应。

c. 编制同次暴雨洪峰模系数分布图，对照暴雨分布，检查上下游和区间洪峰模系数的合理性。

d. 建立同频率洪峰流量与流域面积关系进行分析。

e. 建立流域产汇流模型或上下游洪水相关关系，检查成果的合理性。

⑥洪峰流量可靠程度的评定　洪峰流量的可靠程度，是指计算的洪峰流量的真实程度，通常是从有关水力因素的考虑和推流方法是否合理来综合评定。评定因素是随不同计算方法而不同，洪峰流量的可靠程度按"可靠""较可靠""供参考"三级进行评定。

⑦历史洪水的序位分析　为了应用历史洪水资料来分析和计算设计洪水，除了通过调查、估算洪水的大小以外，还应估定每次洪水的经验频率或重现期。为此目的，需先分析考证调查的历史洪水在序列中的序位。根据统计数学的原理，在有限的样本序列中，所谓序位是相对的，它随着考察期的不同而变化。为了搞好历史洪水的序位分析，必须先调查清楚历史洪水发生的年份和肯定在某考察期内未漏掉更大的历史洪水。这是洪水调查工作中的重要项目之一，在调查过程中必须重视这方面工作。

⑧调查成果的整理和报告书的编写

a. 调查成果的整理。调查测量的计算图表，都应通过计算制作、校核和检查分析的工序，以保证计算精度和明确资料的可靠程度。对计算的洪峰流量和总水量，应尽可能与上下游、干支流的洪水或邻近流域的实测洪水作对照检查,进行合理性分析。调查各次洪水资料应进行经验频率的分析。调查资料中的图、表、照片应加以整理装订成册。

b. 调查报告的编写。调查结束后应编写调查报告,报告中应包括以下内容:调查工作的组织、范围和工作进行情况;调查地区的自然地理情况、河流及水文气象特征等方面的概述;调查各次洪水情况的描述和分析及成果可靠程度的评价;对调查成果做出的初步结论及存在的问题;报告的附件,包括附表(洪水调查整编情况说明表、洪水痕迹和洪水情况调查表、洪峰流量计算成果表、洪水文献记载一览表、洪水调查成果表、枯水调查表等)、附图(洪水调查河段平面图、洪水调查河段纵断面图、洪水调查河段横断面图、流域水系图、水位与流量关系曲线和其他分析图等)、照片(选有重要参考价值的照片附入,每张照片应附文字说明)。

9.7.1.2 暴雨调查

以降水为洪水成因的地区,洪水的大小与暴雨大小密切相关,暴雨调查资料对洪水调查成果起旁证作用。洪水过程线的绘制、洪水的地区组成,也需要结合面上暴雨资料进行分析。

暴雨调查的主要内容有:暴雨成因、暴雨量、暴雨起止时间、暴雨变化过程及前期雨量情况、暴雨走向及当时主要风向风力变化等。

对历史暴雨的调查,一般通过群众对当时雨势的回忆或与近期发生的某次大暴雨对比,得出定性概念;也可通过群众对当时地面坑塘积水、露天水缸或其他器皿承接雨量做定量估计,并对一些雨量记录进行复核,对降雨的时空分布做出估计。

9.7.2 水文遥感

把遥感技术应用于水文科学领域称为水文遥感。水文遥感具有以下特点:如动态遥感,从定性描述发展到定量分析,遥感遥测遥控的综合应用,遥感与地理信息系统相结合。

遥感技术在水文水资源领域的应用,概括起来,有以下几个方面:

①流域调查。根据卫星图片可以准确查清流域范围、流域面积、流域覆盖类型、河长、河网密度、河流弯曲度等。

②水文水资源调查。使用不同波段、不同类型的遥感资料,容易判读各类地表水,如河流、湖泊、水库、沼泽、冰川、冻土和积雪的分布;还可以分析饱和土壤面积、含水层分布以估算地下水储量。

③水质监测。包括分析识别热水污染、油污染、工业废水及生活污水污染、农药化肥污染以及悬移质泥沙、藻类繁殖等情况。

④洪涝灾害的监测。包括洪水淹没面积范围的确定,决口、滞洪、积涝的情况、泥石流及滑坡的情况。

⑤河口、湖泊、水库的泥沙淤积及河床演变,古河道的变迁等。

⑥降水量的测定及水情预报。通过气象卫星传播器获取的高温和湿度间接推求降水量或根据卫星相片的灰度定量估算降水量。根据卫星云图与天气图配合预报洪水及旱情

监测。

此处，还可以利用遥感资料分析处理测定某些水文要素，如水深、悬移质含沙量等。利用卫星传输地面自动遥控水文站资料，具有投资低、维护量少、使用方便的优点，且在恶劣天气下安全可靠，不易中断。对大面积人烟稀少的地区更加适合。

9.8 水文数据处理

9.8.1 水位流量关系曲线的确定

一个测站的水位流量关系是指基本水尺断面处的水位与通过该断面的流量之间的关系。根据实测流量成果，可点绘水位与流量之间的关系。水位与流量的关系，有的表现为稳定的关系，有的则为不稳定的关系(在以下内容中，Z 表示水位；A 表示过水断面面积；v 表示流速；Q 表示流量)。

9.8.1.1 稳定的水位流量关系曲线

稳定的水位流量关系是指一个水位对应的流量变化不大的结果加以审查他们之间呈单一关系曲线。

稳定的水位流量关系曲线的绘制步骤如下：

①将各次测流时实测水位、流量的成果加以审查，列出实测流量成果表。

②根据成果表中数据，同时绘制 $Z-A$、$Z-v$、$Z-Q$ 关系曲线。以水位为纵坐标，横坐标用 3 种比例尺，分别代表 A、v、Q。如果采用不同方法测流，则点据用不同符号表示。如果水位流量关系点子密集，分布成一带状，就可以通过点群中心，目估绘制一条单一的关系曲线。

③$Z-Q$ 曲线定出后，应与 $Z-A$、$Z-v$ 曲线对应检查，使各种水位情况下的 $Q=Av$。

9.8.1.2 不稳定的水位流量关系曲线

不稳定的水位流量关系，是指先后得到的水位虽然相同，但流量差别很大。在同一水位时，引起流量变化的原因很多，如断面冲刷或淤积、洪水涨落、变动回水等。

不稳定的水位流量关系的处理方法很多，经常使用的有以下两种：

(1)临时曲线法

弱水位流量关系受不经常的冲淤影响或比较稳定的结冰影响，在一定时期内关系点子密集成一带状，能符合单一线的要求时，可以分期定出 $Z-Q$ 曲线，称为临时曲线法。

(2)连时序法

当测流次数不多，能控制水位流量关系变化的转折点时，一般多用连时序法，其绘制过程如下：

①根据实测资料绘出水位过程线 $Z=f(t)$，并在过程线上按顺序注上测次号码。

②根据实测流量和相应水位，点绘 $Z-Q$ 相关点，并在点旁依次注明测次号码及实测日期。

③参照水位过程线的起伏变化，目估依测次号码连成圆滑曲线，即为水位流量关系曲线。

这种情况的 $Z-Q$ 曲线一般为绳套型，使用时按水位发生时间在 $Z-Q$ 曲线的相应位置查读流量。

9.8.2 水位流量关系曲线的延长

测站测流时，由于施测条件限制或其他种种原因，最高水位或最低水位的流量常缺测或漏测，在这种情况下，须将水位流量关系曲线作高、低水部分的外延，才能得到完整的流量过程。

(1) 根据水位面积、水位流速关系外延

河床稳定的测站，水位面积、水位流速关系点常较密集，曲线趋势较明显，可根据这两根线来延长水位流量关系曲线。

(2) 根据水力学公式外延

此法实质上与上法相同，只是在延长 $Z-v$ 曲线时，利用水力学公式计算出需要延长部分的 v 值。最常见的是用曼宁公式计算出需要延长部分的 v 值，并用平均水深代替水力半径 R。由于大断面资料已知，因此关键在于确定高水时的河床糙率 n 和水面比降 I。

(3) 水位流量关系曲线的低水延长

低水延长常采用断流水位法。所谓断流水位是指流量为零时的水位，一般情况下断流水位的水深为零。此法关键在于如何确定断流水位，最好的办法是根据测点纵横断面资料确定。

9.8.3 水位流量关系曲线的移用

规划设计工作中，常常遇到设计断面处缺乏实测数据，这时就需要将临近水文站的水位流量关系移用到设计断面上。

当设计断面与水文站相距不远且两断面间的区间流域面积不大，河段内无明显的出流与入流的情况下，在设计断面设立临时水尺，与水文站同步观测水位。因两断面中，低水时同一时刻的流量大致相同，所以可用设计断面的水位与水文站断面同时刻水位所得的流量点绘关系曲线，再将高水部分进行延长，即得设计断面的水位流量关系曲线。

当设计断面与水文站的河道有出流或入流时，则主要依靠水力学的办法来推算设计断面的水位流量关系。

9.8.4 流量资料整编

定出水位流量关系曲线后，就可将水位资料转换成流量资料，并进行各种统计整理工作。

首先推求日平均流量。可根据水位观测资料，求得逐日平均水位。然后根据逐日水位平均资料，在 $Z-Q$ 曲线上查得逐日平均流量，并列成表格形式，即得逐日平均流量表。

有了日平均流量，即可计算月平均流量及年平均流量，并统计最大和最小流量等特征值。这些统计结果最后都将填入逐日平均流量表中，一并在水文年鉴中刊布的还有实测流量成果表及洪水水文要素摘录表等流量整编成果。

9.8.5 水文数据处理成果的刊布与储存

9.8.5.1 水文年鉴

水文站网观测的水文成果，按全国统一规定的格式，分流域和水系进行整编，作为正式水文资料，每年刊布一次，称水文年鉴，为资料使用者提供很大的方便。《中国水文年鉴》共分 10 卷 74 册，见表 9-6。

表 9-6　全国各流域水文资料卷、册表

卷号	流域	分册数	卷号	流域	分册数
1	黑龙江	5	6	长江	20
2	辽河	4	7	浙闽台河流	6
3	海河	6	8	珠江	10
4	黄河	9	9	藏南滇西河流	2
5	淮河	6	10	内陆河湖	6

水文年鉴中载有：测站分布图、水文站说明表及位置图，各站的水位、流量、泥沙、水温、冰凌、水化学、地下水、降水量、蒸发量等资料。1976 年，我国部分流域开始采用电子计算机整编水文年鉴。从 20 世纪 90 年代开始，全国水文年鉴的所有项目和内容均使用电子计算机整编存储。

当需要使用近期尚未刊布的资料，或需要查阅更详细的原始记录时，可向有关机构收集。水文年鉴中不刊布专用站和试验站的观测数据及处理、分析成果，需要时可向有关部门收集。

9.8.5.2 水文数据库

出于水文资料的积累和水文科学技术的发展，传统的水文资料整编方法和水文年鉴刊印存储形式，难以适应防汛、调度等方面的要求，因此，随着计算机和数据库技术的发展，出现了水文数据库。水文数据库是以计算机为基础的水文数据存储检索系统。

水文数据库系统设置形式分为集中式水文数据库和分布式水文数据库两类。根据中国国情并借鉴外国经验，我国水文数据库采用分布式数据库系统。即在北京建立全国水文资料资讯中心，各流域和省、自治区、直辖市相应建立水文数据库，连成全国性计算机网络，可进行远程检索及信息交换。

9.8.5.3 水文手册和水文图集

水文年鉴仅刊布各水文测站的基本资料。各地区水文部门编制的水文手册、水文图集以及历史洪水调查、暴雨调查、历史枯水调查等调查资料，是在分析研究该地区所有水文站的数据基础上编制出来的。它载有该地区的各种水文特征值等值线图及计算各种径流特征值的经验公式。利用水文手册和水文图集，便可以估算无水文观测数据地区的水文特征值。由于编制各种水文特征值的等值线图及计算各种径流特征值的经验公式时，依据的小流域数据少，当利用手册及图集估算小流域的径流特征值时，应根据实际情况作必要的修正。

当上述水文年鉴、水文数据库、水文手册、水文图集所载资料不能满足要求时，可向其他单位收集。例如，有关水质方面更详细的资料，可向环境监测部门收集；有关气象方面的资料，可向气象站收集。

本章小结

本章主要介绍了各类水文信息的采集与处理的具体方法，能够为生态水文学领域的研究工作人员提供相应的技术参考。水文测站是指在流域内按统一标准对所需要的水文要素做系统观测以获取信息并进行处理成为即时观测信息的指定地点(或断面)。水文测站是进行水文观测的基层单位。流域内各个水文测站在地理上的分布网称为水文站网。

生态水文中采集的水文信息主要有：降水、蒸发与蒸发散、下渗、径流、侵蚀与泥沙等。水文调查可弥补收集水文资料时定位观测的不足，具体可分为流域调查、水量调查、洪水与暴雨调查和其他专项调查，把遥感技术应用于水文科学领域称为水文遥感。水文数据处理主要包括水位流量关系曲线的确定、延长与移用和水文数据处理成果的刊布与储存。

思 考 题

1. 水文测站观测的项目有哪些？
2. 根据测站的性质，水文测站可分为哪些类型？
3. 降水如何测定？
4. 水面蒸发和土壤蒸发如何测定？
5. 蒸发散的测定方法有哪几类？阐述各类方法的优缺点。
6. 下渗如何测定？
7. 坡面地表径流和流域径流的测定方法是什么？
8. 悬移质泥沙测验常用哪些采样器？如何采样？简述推移质泥沙测验的主要仪器及测验方法。
9. 水文调查包括哪几方面的内容？进行水文调查的目的是什么？
10. 何谓水文年鉴？何谓水文数据库？何谓水文手册、水文图集？简述其作用。

第 10 章

水资源总论

10.1 水资源基本概念

10.1.1 水资源的概念

水是人类及一切生物赖以生存的必不可少的重要物质，是工农业生产、经济发展和环境改善不可替代的极为宝贵的自然资源。

水资源的概念并不简单，其复杂的内涵表现在：水类型繁多，具有运动性，各种水体具相互转化的特性；水的用途广泛，各种用途对其量和质均有不同的要求；水资源所包含的"量"和"质"在一定条件下可以改变；更为重要的是，水资源的开发利用受经济技术、社会和环境条件的制约。因此，人们从不同角度的认识和体会，造成对水资源一词理解的不一致和认识的差异。

目前，关于水资源普遍认可的概念可以理解为人类长期生存、生活和生产活动中所需要的具有数量要求和质量前提的水量，包括使用价值和经济价值。

一般认为水资源概念具有广义和狭义之分。广义上的水资源是指能够直接或间接使用的各种水和水中物质，即对人类活动具有使用价值和经济价值的水均可称为水资源。狭义上的水资源是指在一定经济技术条件下，人类可以直接利用的淡水。本书中所论述的水资源限于狭义的范畴，即与人类生活和生产活动以及社会进步息息相关的淡水资源。

水资源作为一门学科是随着经济发展对水的需求和供给矛盾的不断加剧，伴随着水资源研究的不断深入而逐渐发展起来的。在这一发展过程中，水文学的内容一直贯穿水资源学的始终，是水资源学的基础。而水资源学始终是水文学的发展和深化，具体体现在：

20世纪60年代以来，用水问题在世界内已十分突出，加强对水资源开发利用、管理和保护的研究，已经提到议事日程上来，并且发展很快。联合国（UN）、联合国粮食及农业组织（FAO）、世界气象组织（WMO）、联合国教科文组织（UNESCO）、联合国工业发展组织（UNIDO）等均有对水资源方面的研究项目，并不断进行国际交流。1965年，联合国教科文组织成立了国际水文十年（IHD）（1965—1974年）机构，120多个国家参加了水资源研究。在该水文十年中，组织了水量平衡、洪涝、干旱、地下水、人类活动对水循环的影响研究，特别是农业灌溉和都市化对水资源的影响等方面的大量研究，取得了显著成绩。1975年成立了国际水文规划委员会（IHP）（1975—1989年）接替IHD。第一期

IHP 计划(1975—1980 年)突出了与水资源综合利用、水资源保护等有关的生态、经济和社会各方面的研究;第二期 IHP 计划(1981—1983 年)强调了水资源与环境关系的研究;第三期 IHP 计划(1984—1989 年)则研究"为经济和社会发展合理管理水资源的水文学和科学基础",强调水文学与水资源规划和管理的联系,力求有助于解决世界水资源问题。联合国地区经济委员会、联合国粮食及农业组织、世界卫生组织(WHO)、联合国环境规划署(UNEP)等都制定了配合水资源评价活动的内容,水资源评价成为一项国际协作的活动。1977 年联合国在阿根廷马尔德普拉塔召开的世界水会议上第一项决议中,明确指出:没有对水资源的综合评价,就谈不上对水资源的合理规划和管理,要求各国进行一次专门的国家水平的水资源评价活动。联合国教科文组织在制定水资源评价计划(1979—1980 年)中,提出的工作有:制定计算水量平衡及其要素的方法,估计全球、大洲、国家、地区和流域水资源的参考水平,确定水资源规划和管理的计算方法。1983 年,第九届世界气象会议通过了世界气象组织和联合国教科文组织的共同协作项目——水文和水资源计划,其主要目标是保证水资源量和质的评价,对不同部门毛用水量和经济可用水量的前景进行预测。1983 年,国际水文科学协作修改的章程中指出:水文学应作为地球科学和水资源学的一个方面来对待,主要任务是解决在水资源利用和管理中的水文问题,以及由人类活动引起的水资源变化问题。1987 年 5 月,在罗马由国际水文科学协会和国际水力学研究会共同召开的"水的未来——水文学和水资源开发展望"讨论会,提出水资源利用中人类需要了解水的特性和水资源的信息,人类对自然现象的求知欲将是水文学发展的动力。

因此可以认为,水资源学不但研究水资源的形成、运动和赋存特征以及各种水体的物理化学成分及其演化规律,而且研究如何利用工程措施,合理有效地开发、利用水资源并科学地避免和防止各种水环境问题的发生。前已述及,水资源是与人类生活、生产及社会进步密切相关的淡水资源,也可以理解为大陆上由降水补给的地表和地下的动态水量,可分别称为地表水资源和地下水资源。因此,水资源学和人类生活及一切经济活动密切相关,如制定流域或较大地区的经济发展规划及水资源开发利用,或一个大流域的上中下游各河段水资源利用和调度以及工程建设都需要水资源学方面的确切资料。一个违背了水资源规律的流域或地区的规划、工程及灌区管理都将导致难以弥补的巨大损失。

10.1.2 水资源的基本特征

(1) 时程变化的必然性和偶然性

水资源的基本规律是指水资源(包括大气水、地表水、地下水和土壤水)在某一时段内的状况,它的形成都具有其客观原因,都是一定条件下的必然现象。但是,从人们的认识能力来讲,和许多自然现象一样,由于影响因素复杂,人们对水资源发生多种变化的前因后果的认识并不十分清楚,因此常把这些变化中能够做出解释或预测的部分称为必然性,如河流每年的洪水期和枯水期、年际间的丰水年和枯水年、地下水位的变化等。由于这种必然性在时间上具有年、月甚至日的变化,因此又称为周期性,相应地分别称为多年周期、月周期或季节性周期等。而将那些还不能做出解释或难以预测的部分,称为水资源的偶然性的反映。任何一条河流不同年份的流量过程不会完全一致,地下水位在不同年份的变化也不尽相同,泉水流量的变化有一定差异,这种反映也可称为随机性,其规律要由大量的统计资料或长序列观测数据分析得出。

(2) 地区变化的相似性和特殊性

地区变化的相似性主要指气候及地理条件相似的流域,其水文与水资源现象具有一定的相似性。湿润地区河流径流的年内分布较均匀,干旱地区则差异较大,表现在水资源的形成和分布特征也具有这种规律。特殊性是指不同下垫面条件产生不同的水资源变化规律,如同一气候区,山区河流与平原河流的洪水变化特点不同;同为半干旱条件下,河谷阶地和黄土塬区地下水赋存规律不同。

(3) 水资源的循环性、有限性及分布的不均一性

水是自然界的重要组成物质,是环境中最活跃的要素。水不停地运动且积极参与自然环境中一系列物理、化学和生物的过程。

水资源与其他固体资源的本质区别在于其具有流动性,它是在水循环中形成的一种动态资源,具有循环性。水循环系统是一个庞大的自然水资源系统,水资源在开采利用后,能够得到大气降水的补给,处在不断地开采、补给和消耗、恢复的循环之中,可以不断地供给人类利用和满足生态平衡的需要。

在不断地消耗和补充过程中,在某种意义上水资源具有"取之不尽"的特点,恢复性强。可实际上全球淡水资源的蓄存量十分有限。全球的淡水资源仅占全球总水量的2.5%,且淡水资源的大部分储存在极地冰帽和冰川中,真正能够被人类直接利用的淡水资源仅占全球总水量的0.796%。从水量动态平衡的观点来看,某一期间的水量消耗量接近于该期间的水量补给量,否则将会破坏水平衡,造成一系列不良的环境问题。可见,水循环过程是无限的,水资源的蓄存量是有限的,并非用之不尽、取之不竭。

水资源在自然界中具有一定的时间和空间分布。时空分布的不均匀是水资源的又一特性。全球水资源的分布表现为大洋洲的径流模数为 $51.0 \text{ L}/(\text{s} \cdot \text{km}^2)$,亚洲为 $10.5 \text{ L}/(\text{s} \cdot \text{km}^2)$,最高的和最低的相差数倍。我国水资源在区域上分布不均匀,总的说来,东南多,西北少;沿海多,内陆少;山区多,平原少。在同一地区中,不同时间水资源分布差异性很大,一般夏天多冬天少。

(4) 利用的多样性

水资源是被人类在生产和生活活动中广泛利用的资源,不仅广泛应用于农业、工业和生活,还用于发电、水运、水产、旅游和环境改造等。在各种不同的用途中,有的是消耗用水,有的则是非消耗性或消耗很少的用水,而且对水质的要求各不相同。这是使水资源一水多用、充分发展其综合效益的有利条件。

此外,水资源与其他矿产资源相比,另一个最大区别是:水资源具有既可造福于人类,又可危害人类生存的两重性。

水资源质、量适宜,且时空分布均匀,将为区域经济发展、自然环境的良性循环和人类社会进步做出巨大贡献。水资源开发利用不当,又可制约国民经济发展,破坏人类的生存环境。如水利工程设计不当、管理不善,可造成垮坝事故,也可引起土壤次生盐碱化。水量过多或过少的季节和地区,往往又产生各种各样的自然灾害。水量过多容易

造成洪水泛滥，内涝渍水；水量过少容易形成干旱、盐渍化等自然灾害。适量开采地下水，可为国民经济各部门和居民生活提供水源，满足生产、生活的需求。无节制、不合理地抽取地下水，往往引起水位持续下降、水质恶化、水量减少、地面沉降，不仅影响生产发展，而且严重威胁人类生存。正是由于水资源利害的双重性质，在水资源的开发利用过程中尤其强调合理利用、有序开发，以达到兴利除害的目的。

10.1.3 水资源的分类

国民经济各个部门对水资源的需求不同，如何合理地开发、利用水资源是一个极为错综复杂的问题，因而需要从不同的方面和角度来研究水资源的分类和特点。水资源的分类有以下几种：

(1) 地表水、土壤水和地下水

按水资源的形成条件，分为地表水、土壤水和地下水3种。它们除了共同接受大气降水的补给外，还互相转化和影响，这种相互转化通常称为"三水转化"。

(2) 可利用水资源和不可利用水资源

从利用水资源的经济技术条件考虑，将水资源分为可利用和不可利用水资源。可利用水资源也称为可支配水资源，是指天然水资源中可供人们利用的部分。在目前的经济、技术条件下，天然水资源中不可利用的部分称为不可利用水资源或不可支配水资源，但随着经济技术的发展，它们可以逐渐被人们所支配、利用，故又称为潜在水资源。我国的黄淮海平原区当地虽然有一定数量的径流，但因其年际、年内分配极不均匀，径流多集中在丰水年的汛期，常以涝水形式出现。这部分径流很难控制调蓄，可利用水量少，是一种典型的潜在水资源。其他如不能控制的地表洪水、开采困难的地下水等，都属此列。

(3) 恢复性水资源和不可恢复性水资源

按水资源的恢复程度，可分为恢复性和不可恢复性水资源。

(4) 消耗性水资源和非消耗性水资源

按用水部门的用水情况，将水资源分为消耗性和非消耗性两类。如航运用水，并不消耗水资源，是非消耗性水资源；灌溉用水中，耗于蒸发散部分的水资源为消耗性水资源。

以上4种分类可以互相交叉重叠，一个国家、流域或地区各类水资源所占的比例，常可反映出水资源储存的自然条件、开发、利用、管理、保护等方面的经济技术水平和政策水平等。

水资源是通过大气水循环再生的动态资源。通常所说的水资源是指地表水（河川径流）和地下水。目前国内外均将本地降水所产生的地表和地下水总量定义为本地水资源总量，土壤水则暂尚未作为水资源的一部分对待。地表和地下水资源是不可分割的整体。

10.2 地表水资源及其基本特征

10.2.1 地表水资源的基本概念

地表水由分布于地球表面的各种水体，如海洋、江河、湖泊、沼泽、冰川、积雪等组成。作为水资源的地表水，一般是指陆地上可实施人为控制、水量调度分配和科学管理的水。

从供水角度讲，地表水资源指那些赋存于江河、湖泊和冰川中的淡水；从航运和养殖角度来讲，地表水资源主要指河道和水域中所赋存的水；从能源利用角度来讲，地表水资源主要指具有一定落差的河川径流。

研究地表水资源，主要是研究河川径流及与其有关的降水、蒸发等水平衡要素的相互关系。任何一个流域无时无刻不在进行着水的转移和交换，对这种处于复杂的运动、交换和变化状态的物理量，很难用简单的方法加以完美地描述。地表水资源是一种动态资源，不仅随着时间变化，而且还有地区分布的问题，故长期以来其表示方法一直是水资源探讨和研究的重要课题之一。

10.2.2 地表水资源的基本特征

地表水资源除了具有易蒸发、易渗入地下、易被污染、流动性强、具有系统性等较为明显的特征外，其在量与质的时空分布方面还具有以下特点：

(1) 空间分布不均

一般来说，降水量大的地区地表径流深、产水模数和河网密度大。流域特征（地表岩土的渗透性、坡度、植被覆盖度、植被种类、坡向、水系形状）不同也导致局部流域地表产流数量、河网形态相差很大。同时，地表水系统的结构特点和地表水与地下水的补排关系也会导致地表水资源空间分布不均，如干旱季节降水少，地下水排泄补给地表水（河流、湖泊等流域中地势低的区域），使有些小流域有常年性水流；地下水的排泄基准面如果位于河流下游，则上游流域有可能成为地下水的补给源，使小流域旱季无地表水，或某些河段有水某些河段无水，如山区和内陆河流域。

(2) 时间分布不均

主要受降水、流域结构以及地表水与地下水的季节性互补关系影响，地表水资源的量与质在时间上也有季节性和年际变化规律。

10.2.3 地表水资源的脆弱性

地表水资源脆弱性是特定地域天然或人为的地表水资源系统在服务于生态经济系统的生产、生活、生态功能过程中，或者在抵御污染、自然灾害等不良后果出现过程中所表现出来的适用性或敏感性。

地表水资源脆弱性具有3层含义：①脆弱性是地表水资源系统自身的客观属性；②脆弱性通过农业水旱灾害、水质污染等不良后果表现出来；③地表水资源脆弱性是系统敏感于人类不合理利用活动的一种状态,并试图从不良影响中实现自我恢复的一种能力。

地表水资源脆弱性具有动态性和区域性特点,在一定时间段内相对稳定,但可以通过人类活动发生改变,这种改变可以是正向的也可以是负向的。

10.3 地下水资源及其基本特征

10.3.1 地下水资源的基本概念

广义的地下水是指蓄存并运移于地表以下土壤和岩石空隙中的自然水,而狭义的地下水特指饱和带(饱水带)中岩土空隙中的重力水,是地球水资源的重要组成部分,是人类生产生活的重要水源,同时又是重要的环境因子,对一个地区的生态环境起着极为重要的作用。

按照埋藏条件,地下水在垂直剖面上的分布可以按照岩石空隙中含水的相对比例,以地下水面为界,划分为饱和带和包气带。在包气带,岩石的空隙空间一部分被水占据,一部分被空气占据。在大多数情况下,饱和带之上都存在一个包气带,后者向上一直延伸到地表。饱和带的上部界限,或者是饱和水面,或者覆盖着不透水层,其下部界限则为下伏透水层,如黏土或基岩(图10-1)。

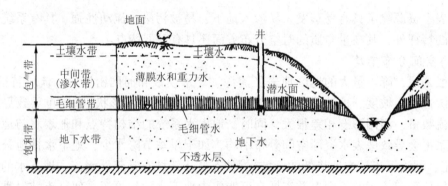

图 10-1 按埋藏条件地下水的分类

(1) 包气带

包气带(充气带)从地下水面向上延伸至地面,通常可进一步划分为土壤水带、中间带和毛细管带3个带。

① 土壤水带 从地表向下直到植物的主根带,厚度随土壤和植物类型而变化。土壤水带中的水没有达到饱和状态,只有当从降水或灌溉获得大量补给时,才会出现暂时性饱和。土壤水带的水分分布不仅受降水、灌溉、空气温度和湿度季节性变化和日变化等地表条件的影响,而且受埋藏浅的潜水位的影响。在渗水期(如降水、地面洪水泛滥和灌溉时期),土壤水带水向下运动,蒸发与植物的蒸腾作用则使水分向上运动。土壤水是农作物根系供水的来源,在农业上具有重要意义,同时也对各种植物特别是干旱沙区沙生植物的生长有着重要意义。土壤水带的水分形式主要有结合水、毛细水和一些过路

性质的重力水。

②中间带（过渡带、渗水带）　介于土壤水带的下界与毛细水带之间。中间带的厚度变化很大，如果潜水面太高，致使毛细水带扩展到地面或接近地表的土壤水带时，中间带的厚度为零；但当地下水面很深时，中间带厚度很大，有时可达上百米。中间带的水为气态水、结合水和毛细水，此外还有过路性质的重力水。

③毛细管带　自潜水面向上扩展，其厚度取决于岩土的性质及空隙大小。毛细上升高度从粗粒物质中的接近于零变化到细粒物质中的 2~3 m 或更高。毛细管带内的水分含量随着距潜水面高度的增加而逐渐减少，稍高出潜水面的空隙实际上是饱和的；再向上，只有较小且连通的空隙含水；更高的地方，能被水饱和的只是连通的最小空隙。因此，毛细管带的上界具有不规则形状。在毛细管带中，压力小于大气压力，水可以发生水平流动和垂直流动。

（2）饱和带

饱和带岩石的所有空隙空间均被水充满，有重力水，也有结合水。重力水是开发利用的主要对象。

10.3.2　地下水资源的基本特征

总的来说，地下水资源与地表水资源相比，具有很多特点和优越性。地下水的水质好，在条件允许的情况下，人们都愿意把地下水作为饮水水源。有些对水质要求严格的工业生产用水（如制药厂、造纸厂等的生产用水），地表水是无法满足其要求的，因此必须利用地下水作为供水资源。地下水分布广并常年埋藏于地下，与地表水相比，在时间和空间上具有不同的特点。我国北方地表水资源在时间和空间上分布极不平衡，使地下水成为一些地方人们用水的唯一水源，在干旱季节农田灌溉用水往往只能开采地下水来予以调节。总之，地下水的水质好，分布广，人们愿意开采地下水，而且随着科学技术的不断进步，开采地下水的经济效益也日益凸显。

地下水以补给、径流和排泄的方式不停运动，成为水循环的组成部分。在天然条件下，地下水处于缓慢运动状态，与其他地下矿产资源的相似之处是具有贮存的特性；不同的是地下水的流动缓慢，具有易变的特点和可恢复性。水在地表面以下的聚集流动和排出地表，是一个完整的过程。这与地表水有相似之处，即具有系统性。地下水赋存在一定的含水系统之中，在一定的地质、水文地质条件之下，在一定的范围内，形成地下水系统。系统内部的水是不可分割的统一整体，往往具有共同的补给来源和排泄条件，水力联系密切。一方面，人类对地下水的开发利用，必然会引起与其相适应的地下水系统发生变化，不合理的开采行为必然造成地下水位持续下降，同时破坏地下水的天然平衡状态，地下水得不到及时补给，导致地下水贮存量大量消耗，井的出水量减少甚至干涸，进而造成水质恶化、地层压密、地面沉陷等不良地质现象；另一方面，地下水的系统性比地表水的系统性难于识别，地下水埋藏于地下，运动速度又极为缓慢，含水系统的界限难以划分清楚，会影响地下水资源评价的准确性。地下水赋存在地下岩层的空隙之中，人们无法直接观察与研究，水又可以呈现气态、液态和固态等不同的聚集状态，而且含水岩层的空隙形体和分布都无明确的规律性可言，所以无论是从宏观还是从微观上均具有其特殊的运动特点,这都使地下水系统变得相当复杂。

地下水资源特征可概括为:分布的系统性,作为资源的可恢复性、宝贵性和复杂性。

(1) 系统性

含水岩体按空隙类型的不同,可以分为孔隙、裂隙和溶隙3种。因为形成的地质因素各不相同,空隙的形式各异,空隙连通的方式和程度差异更大,这些对水在其中聚集和运移起着决定性作用。从资源评价的角度考虑,它们也有共同的特点,最明显的特点是都能构成一定的系统。无论空隙的形式是哪一种,必然在一定程度上和一定范围内相互连通。岩体内相互连通的空隙,就构成一个系统。水是流体,在相互连通的通道中,可以从势能大的地方向势能小的地方运动。换言之,它们在一个系统中成为一个整体,当这个系统的某些部位接受外界水的补给时,这是对整个系统水量的补充;当系统中任何一点向外排水或人为取水时,实际是整个系统水量的减少。所以,资源评价只有按系统进行,才能得到较接近实际的结果。

降水稀少的干旱地区,如我国新疆和河西走廊等地,地下水主要靠高山冰雪融化形成的地表径流在山前地带潜入地下而获得补给。如果降水量很小,不能成为地下水的主要补给源。在山前地带进入地下的水,不但成为当地潜水的补给源,而且成为向盆地中部伸展的各种类型沉积物中地下水的主要补给来源。因此,尽管从山前到盆地中部沉积物的类型有变化,其中水的补给来源却只有一个,可以说是孔隙水是表现系统性最明显的例子。在降水较多的大平原中部,远离山前的部位地形坡度平缓,含水层的颗粒细小,地下径流处于滞缓或停滞状态。尽管山前的粗大沉积物可以吸收大量降水及地表水流,但是,以地下径流方式所能输送的水量,只能在一定范围内起主要补给作用。超出这个范围,其数量则逐渐减少,最后达到微不足道的程度。这种情况下,必须根据具体情况来判别地下水系统的范围,这是系统性表现最不明显的例子,如我国华北平原中部和东部。对一个含水系统的各个水源地分别进行小范围的资源评价,必然造成水量的重复计算,人为地夸大地下水资源。基于这样的理由,必须对一个含水系统统一管理,上、下游的开发应有整体规划,否则往往造成各个供水水源地相互干扰,或开发过量引起开采条件恶化等不良后果。对地下水系统性认识不足,正是造成地下水资源评价和开发管理混乱的重要原因之一。

(2) 可恢复性

地下水量恢复的程度随条件而不同,有些情况下可以完全恢复,有时只能部分恢复,有时甚至几乎不能恢复,在研究地下水的可恢复性时,必须分别这些不同的情况。地下水的补给绝大部分直接或间接地来自大气降水。大气降水在时间分配上是不连续的,一年中有季节性的变化,多年中有干旱和湿润年份的交替。从我国的情况来看,多年降水量的变动幅度达到 $1\sim 2$ 倍的十分常见,有些地区可以相差几倍之多。这意味着一个地区地下水所接受的补给量每年不同,即地下水恢复的能力可以有较大的差异。无论哪一种类型的地下水系统,凡可作为永久性供水水源地,必须具备两个条件,一是要有足够的补给来源,二是含水系统要有与取水量相适应的储水能力,二者缺一必然造成持续供水的困难。

(3) 宝贵性

矿化度过低的水并不是最理想的饮用水或灌溉用水。从地表向下入渗和在含水层中运移时，地下水与岩土接触，溶滤岩土的一些组分，矿化度逐渐增加到零点几克/升到1克/升左右甚至更大。地下水中的化学组分一般是人体需要的，因此从水质来看，绝大部分地下水适于各种供水标准。大气降水在空中和降落到地表以后，都会混入一些悬浮的杂质，甚至沾染细菌。而水在向地下渗入的过程中，能够滤去杂质和细菌，达到自然净化。地下水不像地表水那样容易受到污染，在水源污染日趋严重的现代，地下水作为饮用水源的优点也更加突出。此外，地下水由于水温恒定而被人乐于应用。由此可见，地下水无论从化学成分还是从洁净程度上，都远比地表水优越。

地下水的宝贵性还表现在其分布上。地表水虽然取用很方便，但是其分布局限于水文网，距离稍远，使用受到限制。地下水除在水系附近存在外，还在远离水系的山区和平原广泛分布，这样就使地下水和地表水在空间分布上互为补充，使各地的供水条件趋于均衡，使自然界的总供水能力得到比较充分的利用。

地下水另一个优越性表现在时间上的调节作用。一般来说，水在地层中的运移速度比地表水流迟缓得多，一方面是因为地下水流的坡度较缓；另一方面是因为地层中的阻力大。水流滞缓，即水在含水层中停留的时间长。当一个含水系统分布面积较广时，其中滞留的水量可以相当大，这些水可以在缺少补给的季节中被应用。含水系统实际上相当于地表水流的水库，只不过它是在地下，而且是自然界形成的。地下水流滞缓的另一作用，是在枯水季节补充地表河流的水量。在雨季地表河流因得到补给而流量加大，水位抬高，同时临近地区的地下水也因获得补充而水位升高。对于潜水来说，就是加大了含水层的厚度，这些水量在枯水季节会逐渐向地表河流排泄，一般地表水流的枯水流量都是由地下水的排泄所组成。所以，地下水在时间上的调节作用，不但供给了非降水季节的水源，而且是构成地表水流枯水流量的主要成分。

(4) 复杂性

地下水资源远比地表水资源复杂，很重要的原因是其资源形成过程与分布情况无法直接从地面观察，这给分析与评价资源带来两方面的困难。一是地下水本身的变化不能直接观察，如补给水进入含水层的情况、含水层中水的运移情况、取水后地下水的变化等，都必须依靠长期观测的资料加以分析判断；二是增加了勘查工作的复杂性，为确定含水系统或含水层的边界范围和性质，确定系统内各种有关参数，必须投入一定的勘探试验工作。降水转入地下使地下水获得补充的过程是看不见的，只能根据泉流量、井及钻孔等水位的变化，来判断这一过程的出现与消失。至于补给的数量往往不容易做出精确的判定，因为影响因素多而且有些是变化的，只能通过长期不间断地观测，来取得基本符合实际情况的数据。虽然各种气象和水文要素每年都有变化，可是从长期来看，任何地区都可以获得代表其平均状态的多年平均值，利用这种规律就能取得较好的结果。因此，无论直接测定渗入量，还是利用均衡法计算，都要以长期观测的资料为依据。

为了查明水在含水层中运移的情况，首先应判定其运移方向，如果能确定其具体的运行路线更好。其次应测定其渗透系数及渗透断面，这些数据表征含水系统的导水能力，是随后进行水量计算的依据。这些工作比在地表水流中直接测定流速及流量要复杂得多。含水系统被开采，等于增加了人为的消耗量，这一新增因素破坏了含水系统原有的均衡状态，只有当这种影响到达含水系统的补给区并引起补给量的增大，或到达排泄区引起排泄量的减少，或两者兼有时，才能建立新的均衡。但是，从取水点到补给区或排泄区一般都有一定距离，影响的传递需要时间。这些规律性需要根据资料分析判断，而不能依据观察直接给出结论，这就是复杂性的一个重要体现。

勘查工作的复杂性体现在两个方面。一方面，根据地表观察或一定的地下资料推断地下情况来布置勘探工作时，效果的好坏在很大程度上取决于推断者对当地情况的熟悉程度和本人的经验。同一项工作，由于推断上的不同，结果往往差别很大。当然，这个问题普遍存在于地质勘查工作中，并不是地下水勘查独有的问题。另一方面，通过勘查应取得地下水水量评价所需的两类资料，边界条件和各种有关参数。边界的确定取决于勘探工作的布置是否正确。为了取得可靠的参数，应根据计算的需要及含水系统范围内可能的变化，选择有代表性的区段进行试验工作。这就要求事先明确计算的要求，正确地分析工作区的地质、水文地质情况及资料。所有上述各项工作，如果有某项做得不符合要求，地下水资源计算就不可能得出满意的成果。

10.3.3 地下水的形成与分布

地下水的形成必须具备两个条件，一是有水分来源；二是要有贮存水的空间。它们均直接或间接受到气象、水文、地质、地貌和人类活动的影响。

10.3.3.1 自然地理条件

自然地理条件中，气象、水文、地质、地貌等对地下水影响最为显著。大气降水是地下水的主要补给来源，降水的多少直接影响一个地区地下水的丰富程度。在湿润地区，降水量大，地表水丰富，对地下水的补给量也大，一般地下水也比较丰富；在干旱地区，降水量小，地表水贫乏，对地下水的补给也很有限，地下水量一般较少。另外，由于干旱区蒸发强烈，浅层地下水浓缩，再加上补给少、循环差，多形成高矿化度的地下水。地表水与地下水同处于自然界的水循环中，并且互相转化，两者有密切的联系。地表水对地下水的补给，主要集中在地表水分布区的周边。在河流沿岸、湖泊的周边，地下水既可得到降水补给，又可得到地表水补给，所以水量比较丰富，水质一般也好。

在不同的地形地貌条件下，形成的地下水存在很大差异。地形平坦的平原和盆地区，松散沉积物厚，地面坡度小，降水形成的地表径流流速慢，易于渗入地下补给地下水，特别是降水多的沿海地带和南方，平原和盆地中地下水分布广而丰富。在沙漠地区，尽管地面物质粗糙、水分易下渗，但因为气候干旱，降水少，地下水很难得到补给，许多岩层是能透水而不含水的干岩层。黄土高原组成物质较细，且地面切割剧烈，不利于地下水的形成，又加上位于干旱半干旱气候区，地下水贫乏，是中国有名的贫水区。山区地形陡峻，基岩出露，地下水主要存在于各种岩石的裂隙中，分布不均。由于降水受海拔高度的影响，具有垂直分布规律，在高大山脉分布地区降水充足，地表水和地下水均很丰富，特别在干旱地区表现更为明显。位于中国干旱区腹部的祁连山、昆仑山、天山等，山体高大，拦截了大气中的大量水汽，并有山岳冰川分布，成为干旱区中的"湿岛",为周围地区提供大量的地表径流,使位于山前的部分平原具有充足的地表水和地下水资源。

10.3.3.2 地质条件

影响地下水形成的地质条件,主要是岩石性质和地质构造。岩石性质决定了地下水的贮存空间,是地下水形成的先决条件;地质构造决定了具有贮水空间的岩石能否将水储存住以及储存水量的多少等特性。

除了一些结晶致密的岩石外,绝大部分岩石都具有一定的空隙。坚硬岩石中地下水存在于各种内、外动力地质作用形成的裂隙中,分布极不均匀;松散岩层中,地下水存在于松散岩土颗粒形成的孔隙中,分布相对较均匀。在一些构造发育、断层分布集中的地区,岩层破碎,各种裂隙密布,地下水以脉状、带状集中分布在大断层及其附近。在构造盆地,由于基底是盆地式构造,其上往往沉积了巨厚的第四纪松散沉积物,再加上良好的汇水条件,多形成良好的承压含水层,蕴藏着丰富的自流水。

10.3.3.3 人类活动对地下水的影响

随着社会的发展,人类对水资源的需求越来越大。统计资料表明,水资源的需求量与社会进步和生活水平的提高成正比。美国、英国等发达国家的人均年用水量远高于发展中国家。近年来,人类活动对地下水的影响范围和强度都在不断加强,人类对地下水的开采量不断增加,导致地下水位下降,引起一些大中城市地面沉降;沿海地区海水入侵地下水含水层;内陆平原地下水位下降,地表植被衰退,土地荒漠化。人类为调节径流大力兴修水利,改变了地下水的补给、径流和排泄条件,破坏了天然状态下的地下水平衡,如果措施不当,则会产生土壤次生盐渍化,破坏生态平衡,促使环境恶化。此外,人类生产和生活排放的污水和废料进入地下含水层,造成地下水污染。

人类有计划地对地下水进行合理而科学的开发和保护,则对促进地下水循环、改善地下水条件非常有益。如在一些引客水灌区,适当控制地表水灌溉量,增加地下水开采,可降低地下水位,防治土壤盐碱化。在一些因开采过量而导致地下水位大幅度下降、引起地面沉降的城市,采用人工回灌方法,可提高地下水水位,控制地面沉降。在一些地质条件合适的地方,可将地表水引入地下,将水贮存在地下含水层中,增加地下水水量,形成"地下水库",在需要时抽取饮用。

随着人类活动的增加,其对地下水的影响将会越来越大,这是社会发展的必然。地下水的变化是旧的水盐平衡被打破,形成新的平衡。我们应该认识和掌握地下水变化的规律,采取科学的方法,对地下水进行合理开发和利用,使其变化向着有益于生态环境改善、有益于人类生存的方向发展。

10.3.3.4 地下水的贮存空间

水存在于岩石空隙之中,空隙的特性直接决定了水的存在。衡量岩石空隙发育程度的数量指标为空隙度。

空隙度是岩石中空隙的体积与岩石总体积的比值。如已知岩石的总体积为 V,岩石

空隙体积为 V_n，则岩石的空隙度为 $n=V_n/V$，以小数或百分数表示。

将空隙作为地下水的储容场所和运动通道研究时，根据空隙的成因，可以分为 3 类（图 10-2）：

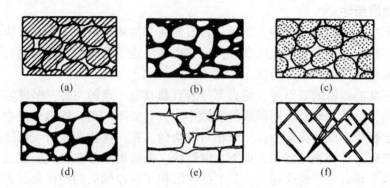

图 10-2　岩石的空隙类型（据 Meinzer，1942）
(a)分选好、孔隙率高的沉积物　(b)分选差、孔隙率低的沉积物
(c)砾石组成的沉积物，砾石本身也是多孔的，因而整个沉积物的孔隙率很高　(d)沉积物分选好，但颗粒间有胶结物沉积，所以孔隙率低　(e)由溶蚀作用形成的溶隙　(f)由断裂形成的裂隙

(1) 孔隙

松散岩石的颗粒或颗粒集合体之间普遍存在着相互连通、呈小孔状的空隙，称作孔隙。孔隙多存在于松散沉积物和半坚硬岩石中。

孔隙度的大小取决于颗粒排列情况、分选程度、颗粒形状及胶结情况。需要注意的是，孔隙度只有孔隙数量多少的概念，并不说明孔隙本身的大小。岩层中孔隙的大小与岩石颗粒粗细有关，一般是颗粒粗孔隙大，颗粒细则孔隙小。而细颗粒的岩石孔隙度则因表面积的增加而增大，如黏土的孔隙度可达 45%~55%，而砾石的平均孔隙率只有 27%。

(2) 裂隙

坚硬岩石中分布各种裂隙，如成岩裂隙、构造裂隙、风化裂隙等。裂隙的多少用岩石中裂隙的体积 (V_T) 与岩石总体积 (V) 之比即裂隙率 (K) 表示，即

$$K = V_T/V$$

裂隙发育非常不均匀，即使在同一岩层中，由于岩性、受力条件不同，裂隙的规模、开张程度、密集程度都有很大差别，对地下水的赋存和运动有很大影响。

(3) 溶隙（喀斯特）

溶隙发育在易溶岩石中，是在岩石裂隙的基础上由地下水的溶蚀和改造作用形成。岩溶溶隙发育极不均匀，大的宽数百米，高数十米，长数十千米，如地下溶洞、暗河，小的仅几毫米。

自然界岩石空隙发育的实际情况相当复杂，以上 3 类空隙并非能截然分开，有时是互相过渡，共同存在。

10.3.3.5 含水层和隔水层

自然界的岩石和土壤大多为多孔介质，本身的空隙性有很大差异，有些能含水，有些不含水，有的虽然含水但很难透水。饱和带中的岩层，根据其给出水的能力，可分为含水层和隔水层。

含水层是指能够给出并透过相当数量水的岩体。这类含水的岩体大多呈层状，所以称为含水层，如砂层、砾石层等。含水层不但储存水，而且水在其中可以运移。非固结沉积物是最主要的含水层，特别是砂和砾石层。这种含水层具有良好的透水性能，条件适宜时，在其中打井可获得丰富的水量。碳酸盐类岩石也是主要的含水层，但碳酸盐岩的空隙性和透水性变化很大，取决于裂隙和岩溶的发育程度。

隔水层是指既不能给出又不能透过水或者给出或透过的水量都极少的岩层。隔水层通常可分为两类：一类是致密岩石，其中没有或很少有空隙，很少含水也不能透水，如某些致密的结晶岩石（花岗岩、闪长岩、石英岩等）；另一类颗粒细小，孔隙度很大，但孔隙直径小，岩层中含水，但存在的水绝大多数是结合水，在常压下不能排出，也不能透水。

含水层与隔水层的划分是相对的，它们之间并没有绝对的界线，在一定条件下两者可以相互转化。如黏土层，在一般条件下，由于孔隙细小、饱含结合水，不能透水与给水，起隔水层作用；但在较大的水头压力作用下，部分结合水发生运动，从而转化为含水层。从广义上讲，自然界没有绝对不含水的岩层。构成含水层，必须具备储水空间、储水构造和良好的补给来源3个条件。岩层如果能含水，首要的一点是必须有储水空间，即应有孔隙、裂隙和溶隙等空隙，这是储存地下水的前提条件。有了储水空间，只是有了能含水的条件，但能否储存水成为含水层，还必须具备保存地下水的地质构造，即下部要有隔水层托住重力水，并在水平方向上具有某种隔水边界，使水不致完全流失，能在岩层空隙中保存住，从而形成含水层。也就是说，透水岩层与隔水岩层组合起来，才能成为含水层。在上述两个条件满足后，还要有足够的水源，使储水空间能不断地获得补给，方能成为含水层。

10.3.3.6 水在岩石中的存在形式

存在于岩石空隙中的水，有气态水、结合水、重力水、固态水，还有毛细水，它们可以在一定条件下相互转化。

（1）结合水

水分子是偶极体，在电场的作用下，一端带正电，另一端带负电。而松散岩石的颗粒表面和坚硬岩石空隙壁表面都带有电荷，它们会吸附水分子使其失去自由活动能力。这部分受到固相表面的束缚，受静电引力的控制，不能在自身重力作用下运动的水，称作结合水。按照库仑定律，电场强度与距离的平方成反比。距离固相表面近的水分子，受到很大的吸引，排列十分紧密，排列方式也很规则。随着距离增大，吸引力减弱，水分子排列越来越稀疏，所受的引力也大大减小；当距离增大到一定程度时，水分子自身重力已超过固相电荷吸引力，水分子杂乱无章地排列，形成重力水。距离固相表面近的水叫强结合水,厚度在几个至几百个水分子直径之间,特点是所受引力大(1.01×10^9 Pa)、密度大(平均 2 g/cm³),溶解盐类能力弱,在 $-78℃$ 不冻结,力学性质更接近固体,具有较大的抗剪强度,不能流动,但在吸收足够的热能(温度达 150~300℃)后可变为气态水而移动。结合水的外层是弱结合水,厚度相当于几百至几千个水分子直径,特点是密度较大,有一定抗剪强度,黏滞性、弹性高于普通液态水,溶解盐类能力较弱。它在自身重力作用下不能运动,但当施加一定的外力,即当施加的外力超过其抗剪强度时,外层的结合水开始流动,随着外力的增加,流动的水层厚度也增大,这部分水可被植物吸收。

(2) 重力水

距离固体表面较远的那部分水分子,自身重力大于固体表面对它的吸引力,可以在自身重力作用下运动,这部分水就是重力水。重力水存在于岩石较大的空隙中,具有液态水的一般特性,能传递静水压力,具有溶解岩石中可溶盐的能力。重力水是人们开发利用的主要对象。

(3) 毛细水

充填在岩石细小空隙中的重力水,受到重力和表面张力两种力的作用。表面张力可使水沿细小空隙上升,当重力与表面张力所产生的上升力平衡时,水便停留在细小空隙(毛细管)的某一高度上。存在于岩石细小空隙中,这种既受重力又受表面张力作用的水,称作毛细水。毛细水可作垂直运动,并可被植物吸收,是干旱地区特别是沙区一些植物赖以生存的十分重要的水源。毛细水又可分为支持毛细水(由于毛细力作用,水沿细小空隙上升,在地下水面之上形成一个毛细水带,受地下水的支持和补给)和悬挂毛细水(与地下水面没有联系,悬挂在包气带中的毛细水)。

(4) 气态水和固态水

在非饱和带的岩石空隙中存在气态水,它可以是来自地表大气中的水汽,也可以由岩石中其他形式的水蒸发形成。它可以随空气的流动而移动;当空气不流动时,它也能从水汽压力大的地方向水汽压力小的地方迁移,并且在一定温度、湿度和压力条件下与液态水相互转化,即蒸发和凝结。当岩石空隙中水汽增多达到饱和时,或是周围温度降低达到露点时,气态水开始凝结而形成液态水。气态水由于在一地蒸发又在另一地凝结,因此,对于岩石中地下水的重新分布有一定影响。以固态形式存在于岩石空隙中的水称为固态水。在多年冻土区和季节冻土区,岩石的温度低于 0℃,空隙中的液态水可转变为固态水。在我国东北和青藏高原,一部分地下水常年保持固态,形成多年冻土。

10.3.3.7 岩石的水理性质

岩石与水接触后表现出的有关性质,即与水的贮容和运移有关的岩石的性质称作岩石的水理性质,包括岩石的容水性、持水性、给水性和透水性等。

(1) 容水性

容水性是在常压下岩石空隙中能够容纳若干水量的性能,在数量上以容水度来衡量。容水度(W_n)定义为岩石空隙能够容纳水量的体积(V_n)与岩石体积(V)之比,表达式为 $W_n = V_n/V$,用百分数或小数表示。

从定义可知,如果岩石的全部空隙被水所充满,则容水度在数值上与空隙度相等。但实际上由于岩石中可能存在一些密闭空隙,或当岩石充水时,有的空气不能逸出形成气泡,所以一般容水度的值小于空隙度。但是对于具有膨胀性的黏土来说,因充水后体积扩大,容水度可以大于空隙度。

(2) 持水性

饱和岩石在重力作用下释水时,在分子力和表面张力的作用下,能在其空隙中保持一定水量的性能,称为岩石的持水性。持水性在数量上用持水度来衡量。持水度(W_r)为饱和岩石经重力排水后所保持水的体积(V_r)与岩石体积之比,即 $W_r = V_r/V$。所保持的水不受重力支配,多为结合水和悬挂毛细水。岩石持水量的多少主要取决于岩石的颗粒直径和空隙直径,即岩石颗粒越细,空隙越小,持水度越大。

(3) 给水性

饱水岩石在重力作用下能够自由排出若干水量的性能称为岩石的给水性,在数量上用给水度来衡量。给水度(μ)是饱水岩石在重力作用下能排出水的体积(V_g)与岩石总体积(V)之比,即 $\mu = V_g/V$,用小数或百分数表示。

从以上定义可知,岩石的持水度与给水度之和等于容水度(或孔隙度),即 $W_n = W_r + \mu$ 或 $n = W_r + \mu$。图 10-3 是美国学者 D. K. Todd 通过试验得出的三者之间的关系曲线。

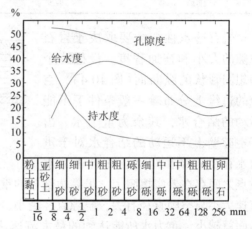

图 10-3 容水度、给水度与持水度关系曲线

岩石的给水度与岩石的颗粒大小、形态、排列方式以及压实程度等有关。均匀沙的给水度可达 30% 以上,但大多数冲积含水层的给水度在 10%~20%。给水度是水文地质计算和水资源评价中很重要的参数,表 10-1 给出了几种常见松散岩石的给水度。

表 10-1 常见松散岩石的给水度

岩石名称	给水度		
	最大	最小	平均
黏土	5	0	2
粉砂	19	3	18
细砂	28	10	21
中砂	32	15	26
粗砂	35	20	27
细砾	35	21	25
中砾	26	13	23
粗砾	26	12	22

注:引自 C. W. Fetter Jr.

存在于坚硬岩石裂隙和溶隙中的地下水,结合水和毛细水所占的比例非常小,岩石的给水度可看作分别是它们的容水度或空隙度。

(4) 透水性

岩石的透水性是指岩石允许水透过的能力，用渗透系数（K）表示，渗透系数具有与渗透速度相同的量纲，即 m/d 或 cm/s。岩石的渗透系数越大，渗透性能越好。表 10-2 是常见松散岩石的渗透系数参考值。

表 10-2　松散岩石渗透系数参考值

岩石名称	渗透系数（m/d）	岩石名称	渗透系数（m/d）
亚黏土	0.001~0.1	中砂	5~20
亚砂土	0.1~0.5	粗砂	20~50
粉砂	0.5~1	砾石	50~150
细砂	1~5	卵石	150~500

岩石透水性能主要取决于岩石空隙的大小和连通程度。设想一个理想圆管状的纵断面（图 10-4），空隙的边缘上分布着一般条件下不能运动的结合水，其余为重力水。由于空隙壁上不运动的结合水对于重力水存在着摩擦阻力，并且重力水

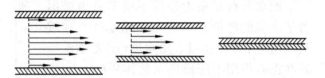

图 10-4　理想圆状管中重力水流速分布
注：阴影线代表结合水，箭头长度代表重力水实际流速

质点之间存在着摩擦阻力，最靠边部分的重力水流速趋于 0，中心部位流速最大。所以，流速大小与空隙直径有关，空隙直径越小，结合水所占的无效空间比例越大，实际渗透断面就越小，重力水所能达到的最大流速便越小；当空隙直径小于两倍结合水厚度时，一般条件下岩石不能透水。一般来说岩石的给水性越好，持水性越差，则透水性能越好。

渗透系数不仅与岩石的性质有关，还与渗透液体的黏滞性、温度有关。通常情况下，由于水的物理性质变化不大，可以忽略，因此，可把渗透系数看成单纯说明岩石渗透性能的参数。渗透性好的岩层，不一定都能形成含水层，那些只能透水而含不住水的岩层称为透水层。在野外常见到有的岩层空隙大，连通性好，透水性强，具有很大的泄水能力，但因下部没有托水的隔水层或水平方向缺乏隔水边界，岩层中很少含有地下水，这种岩层称作透水层。

透水层与隔水层之间没有严格的界限，一般按岩石的渗透系数来区分，将 $K<0.001$ m/d 的岩石划为隔水层，$K \geq 0.001$ m/d 的岩石划为透水层。

10.3.4　地下水的基本类型

10.3.4.1　地下水类型的划分

地下水的分类方法有很多种，如按地下水成因，可分为凝结水、渗入水、埋藏水、原生水等；按地下水的含盐量，分为淡水、微咸水、咸水、盐水和卤水；按地下水的力学性质，分为结合水、毛细水和重力水等。目前应用比较广、具有代表性的分类法，是依据地下水的埋藏条件和含水层的空隙性质进行划分的综合分类法。地下水的埋藏条

件，是指含水层在水文地质剖面中所处的部位及受隔水层限制的情况。这种分类法，首先是按地下水的埋藏条件分为上层滞水、潜水和承压水（图10-5），再按照含水层空隙性质，分为孔隙水、裂隙水和岩溶水。

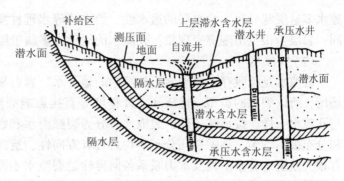

图 10-5 地下水按埋藏条件的分类

10.3.4.2 按埋藏条件分类

（1）上层滞水

上层滞水是存在于包气带中局部隔水层或弱透水层之上的重力水。在大面积分布的透水的水平或缓倾斜岩层中，分布有相对隔水层时，降水或其他方式补给的地下水在向下部渗透时，因受隔水层的阻隔而滞留、聚集于隔水层之上，形成上层滞水。

（2）潜水

赋存于地表之下第一个稳定隔水层之上，具有自由水面的含水层中的重力水称为潜水。潜水可存在于松散沉积物中，也可存在于基岩裂隙中。潜水的自由表面称为潜水面；其下部的隔水层顶面称为隔水底板；潜水面和隔水底板构成了潜水含水层的顶界和底界，其间全部被水充满，称为潜水含水层。表示潜水特性的参数还有：潜水埋藏深度——潜水面至地表的距离(m)；潜水位——潜水面上任一点的海拔高程(m)；潜水含水层厚度——潜水面至隔水顶板的铅直距离(m)；潜水面的水力坡度——潜水流动方向上单位距离的水位差。

潜水的基本特点是与大气圈和地表水联系密切，积极参与自然界的水循环。产生此特点的根本原因是其埋藏特征——埋藏浅，上部无连续隔水层。

（3）承压水

充满在两个稳定不透水层（或弱透水层）之间的含水层中的重力水称为承压水。上部隔水层称为隔水顶板（或限制层），下部隔水层称为隔水底板。顶、底板之间的垂直距离是承压含水层的厚度。当钻孔揭穿承压含水层的隔水顶板时，就见到地下水，此时井孔中的水面高程称为初见水位。此后井中水位不断上升，到一定高度后便稳定下来，此时该水面的高程称为稳定水位，即该点处承压含水层的承压水位（也称测压水位）。承压含水层某一点，由隔水层顶界面到测压水位面的垂直距离称为该点处承压水的承压水头（即静止水位高出含水层顶板的距离）。当测压水位面高于地面时，承压水头称为正水头，反之为负水头。

10.3.4.3 按含水层孔隙性质分类

（1）孔隙水

孔隙水是指埋藏于松散岩层孔隙中的地下水，既可以形成承压水，又可以形成无压水。在我国，孔隙水主要赋存于第四系松散岩层和第三系半固结岩层中。孔隙水分布及水量相对比较均匀，连续性好，同一含水层内水力联系密切，具有统一的地下水面；孔隙水多呈层状分布，含水层的透水性、给水性等水理性质较裂隙水和岩溶水变化小，在同一岩层中很少出现突变现象；孔隙水的运动大多属于层流运动，遵循达西定律。

(2) 裂隙水

裂隙水是指赋存于坚硬岩石裂隙中的地下水。岩石裂隙空间是裂隙水储存和运动的场所，所以裂隙的类型、性质和发育程度等直接影响裂隙水的埋藏、分布与运动规律。与孔隙水一样，按埋藏条件，裂隙水可分为裂隙潜水和裂隙承压水。岩层中裂隙的发育和分布极不均匀，裂隙空间分布不均且具有方向性，造成裂隙水的分布和运动与孔隙水有很大差别。分布不均及水力联系各向异性是裂隙水不同于孔隙水的突出特点。孔隙水主要受含水岩层岩性的控制，而裂隙水的分布和富集明显受地质构造条件的控制。在有利的构造条件下，各类岩层中均可找到相对富水地段，而在不利的构造条件下，即使力学性质最有利的石灰岩中也不一定富水。由于贮水裂隙在岩石中分布不均匀，裂隙水埋藏与分布极不均匀，在岩石裂隙发育部位容易富集地下水，在裂隙不发育或根本无裂隙存在的部位，地下水难以存在。这样在不同的地段，岩层的导水性和储水能力有很大差别，甚至在同一地段同一岩层钻孔，出水量可相差几十倍甚至上百倍。裂隙水的分布形式可呈层状、脉状或带状分布。在裂隙发育均匀、开张性和连通性好、充填物少的岩层中，裂隙水呈层状分布，具有很好的水力联系和统一的地下水面。在裂隙发育不均匀、连通性差、特别是局部构造裂隙分布的地段，裂隙水呈脉状分布，形成含水裂隙体系。同一岩层中的各含水裂隙体系之间水力联系较差，往往无统一的地下水面。

(3) 岩溶水

岩溶又称为喀斯特，它是在以碳酸盐岩为主的可溶性岩石分布区，由水流与可溶性岩石相互作用的过程，以及由此产生的各种地质现象的总和。在地表典型的岩溶地貌有石林、孤峰、落水洞、波立谷等，地下则形成溶孔、溶洞、暗河等。赋存和运移于岩溶空隙中的地下水便是岩溶水。岩溶水不仅是一种具有特殊性质的地下水，而且也是一种活跃的地质营力，在运动过程中不断与岩石作用，改造自身的赋存环境，形成独特的分布和运动特征。岩溶水的分布极不均匀，地下径流动态不稳定。岩溶含水层的水量往往比较丰富。

10.3.5 地下水的运动

地下水在岩石空隙中的运动称为渗流或渗透。渗流按地下水饱和程度分为饱和渗流和非饱和渗流。饱和渗流主要是饱和带中的重力水在重力作用下运动，非饱和渗流是毛细水和结合水的运动。

通常用渗流速度、渗流量、渗流压强、水头等物理量来描述渗流运动特征，这些物理量称为渗流的运动要素。运动要素是空间坐标(X,Y,Z)和时间(t)的连续函数。根据运动要素与时间的关系，将地下水运动分为稳定运动和非稳定运动。当渗流场中各点运动要素的大小和方向不随时间变化时，称为稳定流运动，否则为非稳定流运动。

严格地讲，自然界地下水的运动都是非稳定运动，但为了计算上的方便，人们往往把一些非稳定运动近似为稳定运动。如图 10-6 所示的河间地段，若甲、乙两河的水位和上部降水入渗强度长期保持不变，则河间地段含水层中所有运动要素不随时间变化，水流呈稳定运动。假设在甲河处，筑坝修建了水库，抬高了河水位，则在相当长的一段时间内，流速、水位、压力等运动要素随时间不断变化，地下水呈非稳定运动。从理论上分析，甲河水位抬高并保持一定后，需要无限长的时间水流才能变为稳定运动，实际上经过一段时间后，运动要素随时间的变化已经很弱，在计算时可以近似地看作稳定运动。

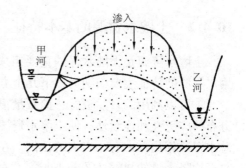

图 10-6　河间地段剖面

饱和带中地下水的运动，无论是潜水或是承压水，都表现为重力水在岩石空隙中的运动。重力水在岩石空隙中运动速度比较慢，多数情况下表现为层流运动，只有在裂隙或溶隙比较发育的地区，或者水力坡度很大时，才会出现紊流状态。

10.3.6　地下水动态与均衡

在各种因素影响下，地下水的水位、水量和水质随时间发生变化的现象和过程，称为地下水的动态。地下水的动态反映了地下水的补给与排泄的消长关系。不同的补给来源和排泄途径，决定着地下水的动态特征。分析研究地下水在某一地区、某一时段内水量收支的数量关系，就是地下水均衡。

地下水动态和均衡是一个问题的两个方面。动态是质和量的时空变化过程，是水均衡的外部表现；均衡则是具体的数量关系，是动态变化的内在原因。

研究地下水的动态和均衡对于掌握地下水的水质和水量变化规律，预测其变化趋势，合理地开发利用地下水，以及进行水资源评价都具有重要意义。

10.4　土壤水资源及其基本特征

土壤中的水分可以满足作物及生态植被的需要，满足社会的需要；可以通过降水获得补充，有可靠的补给来源，并且可以通过水分循环得到更新；可以通过耕作措施和工程措施加以控制；其水量与水质通过满足作物和生态系统的需求满足人类的需求。即土壤水满足水资源所具备的条件，因此，可以认为土壤水也是一种自然资源——土壤水资源。

10.4.1　土壤水资源的基本概念

土壤水资源是位于包气带上部土壤层中，具有利用价值的结合水和毛细水。水中含有有机质、无机质、碳酸气和微生物等，可被作物根系吸收和微生物、动物利用。气象条件、降水分布特征、包气带岩性及厚度、微地形、土地利用方式与强度等影响土壤水资源的时空分布。

10.4.2 土壤水资源的基本特征

土壤水资源是大陆水体的重要组成部分，是SPAC系统中水分循环的重要环节。土壤水资源的特征主要归纳为以下几个方面：

①可以利用的自然资源，储藏量很大　土壤水普遍存在于陆地表面的土壤中，具有分布的广泛性和连续性，使土壤水资源得以充分利用。我国大陆土壤水资源与可更新的总水资源相比，占有相当大的比例。在海滦河流域、黄淮海平原区平均陆面蒸发散量占总平均降水量的90%左右，扣除其中的潜水蒸发量和灌溉水量所得到的部分为土壤水资源量，依然占有相当大的比例。

②更新较快，具有不断补给与排泄的动态特征　土壤水资源是一个过程量，间断性地受到大气降水的补给，同时又连续性地通过作物向大气中散发。

③空间分布上的不均匀性　土壤水资源补给来源主要是大气降水，大气降水本身在空间上的分布不均必然会影响土壤水资源的空间特性，土壤水资源也反映了土壤对水分保持的能力，因此土壤质地与土层深度的空间分布规律也会对土壤水资源的数量产生影响。

④时间分布上的不均匀性　其补给来源——大气降水在年内和年际之间表现出来的较大差异，导致了土壤水资源在年内和年际之间分布的不均。

⑤不能直接开发，只能间接开发　土壤水资源为非重力水，虽然具有液态的特性，但尚不能作为开采资源加以利用和管理，可以作为资源就地利用。

⑥植物生存的直接可供水源　对植被和作物来说，土壤水资源是直接的供水水源，是维系植被和作物生长发育的重要因素，是维持陆地生态系统稳定的必要条件。

此外，土壤水分布还具有一定的特征，即土壤水蕴藏于包气带中。

10.5　水资源与生态环境

10.5.1　水资源与生态环境的关系

水是生物(含人类)赖以生存的必要条件，是生物生存的无机环境。同时，人类活动又强烈地干扰和影响着环境，对水资源造成污染。所以，水资源与生态环境的关系极为密切。水是维持地球生命系统的一个重要组成部分，是人类进行生产活动的重要资源。合理开发利用水资源，不仅可以给人类带来巨大效益，而且可以改善生态环境。

(1) 相互促进

水资源充沛，则陆地上和海洋中的水，在阳光和地球表面热能的作用下，不断被蒸发成水汽进入大气，水汽遇冷又凝聚成水，在重力的作用下，以降水的形式落到地面，形成地表径流。这种水循环滋润了万物，净化和美化了生态环境，同时又补充了地上和地下水资源。

水资源充沛，则满足工业生产和农业灌溉用水的需要，工农业增产增收，国民经济稳步发展。满足水力发电的需要，则增加电力能源，将电能用于人民生活，减少做饭使用的煤炭、秸秆等燃料，降低大气污染，有利于生态环境良性发展。

水资源充沛，人类合理开发利用，则水质优良，森林、植被茂盛，能营造良好的生态环境，有利于生物生长繁殖、种类增多、种群增大，食物网关系愈加复杂，人与自然和谐相处，达到经济社会持续发展的目的。

(2) 相互影响

水资源匮乏，水循环减弱，地面径流减少，地下水位下降，可利用水资源量减少，容易引起局部地区超量开采地下水，导致地下水位大幅下降；加之乱砍滥伐、过度放牧、大面积开垦荒地、采用不合理的耕作制度等，则会造成植被破坏、土壤沙化；水土流失、土壤肥力下降，农牧产量降低；气候炎热、沙尘暴天气频繁发生；不能满足人类生产、生活的需要；植物不能正常生长，植物物种减少，产量下降；河道干涸，水生物不能生存；动物缺乏饮水水源，种类、种群锐减；出现地下水漏斗，破坏建筑物，引起海水倒灌；土地干旱，树木和植被不能正常生长，减少动物和鸟类的栖息地，引起种类、种群减少，破坏生态平衡。

水资源污染，可使各种有毒物质增加，水的成分改变，水质变坏，生态环境恶化。河流污染，影响水生生物产量和质量；用于水力发电，会严重腐蚀水轮发电机涡轮，减少发电量；用于工农业生产，影响产量和质量；通过饮水进入人体，或通过食物链从水生动植物的积累中转到人体，危害人体健康；使环境卫生恶化，可造成传染病和寄生虫病流传等。

10.5.2 生态环境需水

广义地讲，生态环境需水可以认为是维持全球生物地理生态系统水分平衡所需的用水，包括水热平衡、水沙平衡、水盐平衡用水等。狭义地讲，生态环境需水可以被视作维护生态环境不再恶化并有所改善所需的水资源总量，包括为保护和恢复内陆河流下游天然植被及生态环境的用水，水土保持及水保范围之外的林草植被建设用水，维持河流水沙平衡及湿地和水域等生态环境的基流，回补区域地下水的水量等方面。广义的生态环境需水概念对研究不同尺度的水资源系统和考虑各种系统功能及其相应的物质运动较为适用；而狭义的生态环境需水概念对水资源供需矛盾突出、生态环境相对脆弱的干旱、半干旱地区，以及季节性干旱的半湿润区的系统分析较适合。

10.5.3 生态环境用水

生态环境用水是指在一定来水条件下，为维护生态系统的特定结构、生态过程和生态系统服务功能，在天然生态保护和人工生态建设过程中所用的水量。就特定区域而言，维持生态系统结构的用水指植被恢复、湿地重建、城市绿化和人类的经济生活用水等，维持生态过程与生态服务功能的用水指河流湖泊输沙排盐等维持健康生命用水、回补地下水和自净用水等。

10.5.4 用水与需水

从字面上理解，"用"和"需"是有区别的，"用"乃使用、利用之意；"需"乃需要、需求之意。因此，用水和需水是不同的，"用水"应该是实际使用或利用了多少水，"需水"应该是特定条件下需要或需求多少水。再从水资源利用与配置的角度来分析，以前人们对生态环境重视不够，在水资源配置中只重视生产和生活用水，几乎不考虑生态环境用水。随着人们对生态环境的日益重视，在水资源配置中，在考虑生产、生活用水的同时还考虑生态环境用水，即"三生"用水。从这个意义上讲，生态环境用水与生产用水、生活用水含义相当。也就是说，在水资源配置中我们谈的是生态环境用水，但在计算规划水平年"三生"用水时，实际上是某一状态下的"需水量"，包括生产需水、生活需水和生态环境需水。

根据以上分析，应该把生态环境用水与生态环境需水区分开。广义上讲，生态环境用水是指"特定区域、特定时段、特定条件下生态环境总利用的水分"，包括一部分水资源量和一部分常常不被水资源量计算包括的部分水分，如无效蒸发量、植物截留量。狭义上讲，生态环境用水是指"特定区域、特定时段、特定条件下生态环境利用的水资源总量"。从狭义定义上讲，生态环境用水应该是水资源总量中的一部分，从便于水资源科学管理、合理配置与利用的角度，采用此定义比较有利。广义的生态环境需水是指"特定区域、特定时段、特定条件下，生态环境达到某一水平时的总需求水分"。狭义的生态环境需水是指"特定区域、特定时段、特定条件下，生态环境达到某一水平时的总需求水资源量"。

本章小结

本章从水资源的基本概念出发，区分了广义和狭义水资源，明确本书探讨的水资源属于狭义范畴，论述了当前世界范围内水资源学研究的重要意义，并介绍了水资源的四项基本特征以及不同角度的四种分类方法。随后基于水资源形成条件的分类方法，分别介绍了地表水资源、地下水资源和土壤水资源的基本概念和特征，指出这三种水资源对作物、生态系统和人类需求的重要作用，其中重点分析了地下水资源的形成、分布、运动过程及动态平衡原理。最后进一步讨论了水资源与生态环境之间相互促进和相互影响的关系，并补充了生态环境需水和生态环境用水的概念及区分。

思 考 题

1. 试述水资源的概念、分类及基本特征。
2. 岩石的空隙有哪几种？各有什么特点？衡量指标是什么？
3. 什么是潜水和承压水？
4. 孔隙水、裂隙水和岩溶水的分布特点及运动特征有什么区别？
5. 试述水资源与生态环境的关系。

第 11 章
水资源计算与评价

11.1 概　述

11.1.1 水资源计算与评价的发展过程

早期的水资源评价主要是通过对各类水文资料统计特征值的分析，研究区域的水文特征，并制作相应的水文统计图表等。具有代表性的有美国在1840年对俄亥俄河和密西西比河河川径流量统计的基础上，于19世纪末和20世纪初编写的《纽约州水资源》《科罗拉多州水资源》《联邦东部地下水》等水文专著；苏联于1930年起编制的《国家水资源编目》和后期编制的《国家水册》等。

从20世纪60年代开始，由于水资源供需矛盾的日趋突出，对水资源开发利用的管理和保护被提上日程。1965年美国开始进行全国水资源评价工作，并于1968年完成了评价报告，对美国水资源的现状和发展进行了研究分析；前苏联在20世纪60年代也对《国家水册》进行了第二次修订，并建立了统一自动化信息系统。我国水资源评价工作开展较晚，20世纪50年代进行各大江河流域规划时，对有关大河的全流域河川径流量进行过系统统计；中国水利水电科学研究院1963年编制出版的《全国水文图集》最早比较全面系统地整编了全国水文资料，提出统计图表，但是这一阶段只针对水文要素的天然基本情势，未涉及水的利用和污染问题。

1977年，联合国在阿根廷召开的世界水会议的第一项决议中指出："没有对水资源的综合评价，就谈不上对水资源的合理规划与管理"，并号召各国进行一次专门的水资源评价活动。为此，世界气象组织（WMO）和联合国教科文组织（UNESCO）在联合国管理协调委员会秘书局水资源组的支持下，组织了这项工作，这一行动使全球水资源评价活动大大前进了一步。

1978年，美国进行了第二次水资源评价活动，重点分析了可供水量和用水要求，并对一些与水资源有关的关键性问题进行了专门研究。1983年，日本完成了21世纪用水预测工作，进行了全国水资源及其开发、保护和利用的现状评价，并在此基础上制订了水资源规划。1980年，我国开展了水资源调查评价和水资源利用调查分析评价工作，1987年，提出了国家级的水资源评价成果——《中国水资源概况和展望》，内容包括水量、水质、泥沙、水能、水运、水产的概况，水资源利用概况及存在问题，水资源开发利用展望及供需分析，并提出了在水资源开发与管理方面的政策性建议。1999年，水利部编制并实施了《水资源评价导则》，形成了规范的行业技术标准。2002—2006年，开展的水资源综合规划是全国范围内的第二次水资源评价工作，内容涉及水资源调查评价、水资源开发利用情况调查评价、需水预测、节约用水、水资源保护、供水预测、水资源配置、总体布局与实施方案、规划实施效果评价等。

1988年，联合国教科文组织和世界气象组织提出了水资源评价定义："水资源评价是指对于水资源的源头、数量范围及其可依赖程度、水的质量等方面的确定，并在其基础上评估水资源利用和控制的可能性。"《中国水利百科全书》(2006年)对水资源评价的定义为："水资源评价是对某一地区或流域水资源数量、质量、时空分布特征、开发利用条件、开发利用现状和供需发展趋势作出的分析估价。它是合理开发利用和保护管理水资源的基础工作，为水利规划提供依据。"

11.1.2 水资源计算与评价的内容及分区

根据《中国水利百科全书》对水资源的定义和《水资源评价导则》的要求，水资源评价应包括以下主要内容。

(1) 水资源评价的背景与基础

主要指评价区的自然概况、社会经济现状、水利工程及水资源利用现状等。

(2) 水资源数量评价

主要对评价区域地表水、地下水的数量及其水资源总量进行估算和评价，属基础水资源评价。

(3) 水资源质量评价

根据用水要求和水的物理、化学和生物性质对水体质量作出评价，我国水资源评价主要应对河流泥沙、天然水化学特征及水资源污染状况等进行调查和评价。

(4) 水资源开发利用及其影响评价

通过对社会经济、供水基础设施和供用水现状的调查，针对供用水效率、存在问题和水资源开发利用现状对环境的影响进行分析。

(5) 水资源综合评价

在上述四部分内容的基础上，采用全面综合和类比的方法，从定性和定量两个角度对水资源时空分布特征、利用状况以及与社会经济发展的协调程度做出综合评价，主要内容包括水资源供需发展趋势分析、水资源条件综合分析和水资源与社会经济协调程度分析等。本章仅对水资源数量评价和水资源质量评价进行介绍，其他内容可参阅相关教材和规范。

为准确掌握不同区域水资源的数量和质量以及水量转换关系，区分水资源要素在地区间的差异，揭示各区域水资源供需特点和矛盾，水资源评价应分区进行。其目的是把区内错综复杂的自然条件和社会经济条件，根据不同的分析要求，选用相应的特征指标进行分区概化，使分区单元的自然地理、气候、水文和社会经济、水利设施等各方面条件基本一致，便于因地制宜有针对性地进行开发利用。水资源评价分区的主要原则是：

尽可能按流域水系划分，保持大江大河干支流的完整性，对自然条件差异显著的干流和较大支流可分段划区。山区和平原区要根据地下水补给和排泄特点加以区分。

分区基本能反映水资源条件在地区上的差别，自然地理条件和水资源开发利用条件基本相同或相似的区域划归同一分区，同一供水系统划归同一分区。

11.1 概述

边界条件清楚，区域基本封闭，尽量照顾行政区划的完整性，以便于收集和整理资料，且可以与水资源开发利用和管理相结合。

各级别的水资源评价分区应统一，上下级别的分区相一致，下一级别的分区应参考上一级别的分区结果。

按以上原则逐级分区，就全国而言，先按流域和水系划分一级区，再根据水文和水文地质特征及水资源开发利用条件划分为二级或三级区。2004年完成的"中国水资源及其开发利用调查评价"中，为便于按流域和区域进行水资源调配和管理，按照流域和区域水资源特点，全国共划分为10个水资源一级区；在一级区的基础上，按基本保持河流水系完整性的原则，划分为80个水资源二级区；结合流域分区与行政分区，又进一步划分为213个三级区。全国水资源分区情况见表11-1。

依据现行国家标准及行业标准，按建立现代化水资源信息管理系统的要求，对分区进行编码。水资源一级区按照由北向南并顺时针方向编序，水资源二级区、三级区、四级区及五级区按照先上游后下游、先左岸后右岸的顺序编码。全国水资源分区编码由7位大写英文字母和数字组成，其中，自左至右第1位英文字母是一级区代码，第2、3位数码是二级区代码，第4、5位数码是三级区代码，第6位数码或字母是四级区代码，第7位数码或字母是五级区代码（其中当四级区与五级区的数码大于9以后，用字母顺序编码）。

表 11-1　全国水资源分区情况

一级区名称	二级区名称	三级区名称
松花江区 A000000	额尔古纳河	呼伦湖水系、海拉尔河、额尔古纳河干流
	嫩江	尼尔基以上、尼尔基至江桥、江桥以下
	第二松花江	丰满以上、丰满以下
	松花江（三岔河口以下）	三岔河至哈尔滨、哈尔滨至通河、牡丹江、通河至佳木斯干流区间、佳木斯以下
	黑龙江干流	黑龙江干流
	乌苏里江	穆棱河口以上、穆棱河口以下
	绥芬河	绥芬河
	图们江	图们江
辽河区 B000000	西辽河	西拉木伦河及老哈河、乌力吉木仁河、西辽河下游（苏家堡以下）
	东辽河	东辽河
	辽河干流	柳河口以上、柳河口以下
	浑太河	浑河、太子河及大辽河干流
	鸭绿江	浑江口以上、浑江口以下
	东北沿黄渤海诸河	辽东沿黄渤海诸河、沿渤海西部诸河
海河区 C000000	滦河及冀东沿海	滦河山区、滦河平原及冀东沿海
	海河北系	北三河山区、永定河册田水库以上、永定河册田水库至三家店区间、北四河下游平原
	海河南系	大清河山区、大清河淀西平原、大清河淀东平原、子牙河山区、子牙河平原、漳卫河山区、漳卫河平原、黑龙港及运东平原
	徒骇马颊河	徒骇马颊河

(续)

一级区名称	二级区名称	三级区名称
黄河区 D000000	龙羊峡以上	河源至玛曲、玛曲至龙羊峡
	龙羊峡至兰州	大通河享堂以上、湟水、大夏河与洮河、龙羊峡至兰州干流区间
	兰州至河口镇	兰州至下河沿、清水河与苦水河、下河沿至石嘴山、石嘴山至河口镇北岸、石嘴山至河口镇南岸
	河口镇至龙门	河口镇至龙门左岸、吴堡以上右岸、吴堡以下右岸
	龙门至三门峡	汾河、北洛河状头以上、泾河张家山以上、渭河宝鸡峡以上、渭河宝鸡峡至咸阳、渭河咸阳至潼关、龙门至三门峡干流区间
	三门峡至花园口	三门峡至小浪底区间、沁丹河、伊洛河、小浪底至花园口干流区间
	花园口以下	金堤河和天然文岩渠、大汶河、花园口以下干流区间
	内流区	内流区
淮河区 E000000	淮河上游(王家坝以上)	王家坝以上北岸、王家坝以上南岸
	淮河中游 (王家坝至洪泽湖出口)	王蚌区间北岸、王蚌区间南岸、蚌洪区间北岸、蚌洪区间南岸
	淮河下游(洪泽湖出口以下)	高天区、里下河区
	沂沭泗河	南四湖区、中运河区、沂沭河区、日赣区
	山东半岛沿海诸河	小清河、胶东诸河
长江区 F000000	金沙江石鼓以上	通天河、直门达至石鼓
	金沙江石鼓以下	雅砻江、石鼓以下干流
	岷、沱江	大渡河、青衣江和岷江干流、沱江
	嘉陵江	广元昭化以上、广元昭化以下干流、涪江、渠江
	乌江	思南以上、思南以下
	宜宾至宜昌	赤水河、宜宾至宜昌干流
	洞庭湖水系	澧水、沅江浦市镇以上、沅江浦市镇以下、资水冷水江以上、资水冷水江以下、湘江衡阳以上、湘江衡阳以下、洞庭湖环湖区
	汉江	丹江口以上、唐白河、丹江口以下干流
	鄱阳湖水系	修水、赣江栋背以上、赣江栋背至峡江、赣江峡江以下、抚河、信江、饶河、鄱阳湖环湖区
	宜昌至湖口	清江、宜昌至武汉左岸、武汉至湖口左岸、城陵矶至湖口右岸
	湖口以下干流	巢滁皖及沿江诸河、青弋江和水阳江及沿江诸河、通南及崇明岛诸河
	太湖水系	湖西及湖区、武阳区、杭嘉湖区、黄浦江区
东南诸河区 G000000	钱塘江	富春江水库以上、富春江水库以下
	浙东诸河	浙东沿海诸河、舟山群岛
	浙南诸河	瓯江温溪以上
	闽东诸河	闽东诸河
	闽江	闽江上游、闽江中下游
	闽南诸河	闽南诸河
	台澎金马诸河	台澎金马诸河

(续)

一级区名称	二级区名称	三级区名称
珠江区 H000000	南北盘江	南盘江、北盘江
	红柳江	红水河、柳江
	郁江	右江、左江及郁江干流
	西江	桂贺江、黔浔江及西江
	北江	北江大坑口以上、北江大坑口以下
	东江	东江秋香江口以上、东江秋香江口以下
	珠江三角洲	东江三角洲、西北三角洲、香港、澳门
	韩江及粤东诸河	韩江白莲以上、韩江白莲以下及粤东诸河
	粤西桂南沿海诸河	粤西诸河、桂南诸河
	海南岛及南海各岛诸河	海南岛、南海诸岛
西南诸河区 J000000	红河	李仙江、元江、盘龙江
	澜沧江	沘江口以上、沘江口以下
	怒江及伊洛瓦底江	怒江勐古以上、怒江勐古以下、伊洛瓦底江
	雅鲁藏布江	拉孜以上、拉孜至派乡、派乡以下
	藏南诸河	藏南诸河
	藏西诸河	奇普恰普河、藏西诸河
西北诸河区 K000000	内蒙古内陆河	内蒙古高原东部、内蒙古高原西部
	河西内陆河	石羊河、黑河、疏勒河、河西荒漠区
	青海湖水系	青海湖水系
	柴达木盆地	柴达木盆地东部、柴达木盆地西部
	吐哈盆地小河	巴伊盆地、哈密盆地、吐鲁番盆地
	阿尔泰山南麓诸河	额尔齐斯河、乌伦古河、吉木乃诸小河
	中亚西亚内陆河区	额敏河、伊犁河
	古尔班通古特荒漠区	古尔班通古特荒漠区
	天山北麓诸河	东段诸河、中段诸河、艾比湖水系
	塔里木河源流	和田河、叶尔羌河、喀什噶尔河、阿克苏河、渭干河、开孔河
	昆仑山北麓小河	克里亚诸小河、车尔臣河诸小河
	塔里木河干流	塔里木河干流
	塔里木盆地荒漠区	塔克拉玛干沙漠、库木塔格沙漠
	羌塘高原内陆区	羌塘高原区

11.2 地表水资源计算与评价

11.2.1 资料收集与审查

11.2.1.1 资料收集

地表水资源指天然河川径流，但由于人类活动等影响，许多河流的天然径流过程发生了很大变化，实测径流量往往与天然状态之间产生很大的差异。因此，在地表水资源评价中，除收集径流资料外，还必须收集各种人类活动对河川径流影响的资料，如区域社会经济、自然地理特征、水文气象、水资源开发利用等资料，同时还要收集以往水文、水资源分析计算和研究成果，包括以往省级、市县级水资源调查评价、水资源综合规划、灌区规划、城市应急供水规划、跨流域调水规划以及《水文图集》《水文手册》《水文特征值统计》等。

11.2.1.2 资料审查

水资源评价成果的精度与合理性取决于原始资料的可靠性、一致性及代表性。原始资料的可靠性不好，计算成果就不可能具有较高精度。同样，资料的一致性和代表性不好，即使成果的精度较高，也不能正确反映水资源特征，造成成果精度高而不合理的现象。

(1) 可靠性审查

可靠性审查是指对原始资料的可靠程度进行鉴定，如审查观测方法和成果是否可靠，了解整编方法与成果的质量。一般来说，经过整编的资料已对原始成果作了可靠性及合理性检查，通常不会有大的错误。但也不能否认可能有一些错误未检查出来，甚至在刊印过程中会带进新的错误。

降水资料的可靠性可通过与邻近站资料和其他水文气象要素比较等途径进行分析。径流资料的可靠性可从上下游水量平衡、径流模数、水位流量关系、降水径流关系等方面分析检查。水位资料可靠性重点应从水位观测断面、基准面等方面进行检查核实；对于用水资料，应从资料的来源、统计口径和区域上的用水水平等方面进行检查，并与已有的规划或科研成果进行对比，分析供、用、耗、排关系，以确保资料正确可靠。

(2) 一致性审查

资料一致性是指一个序列不同时期的资料成因是否相同。

降水资料的一致性主要表现在测站的气候条件及周围环境的稳定性上。一般来说，大范围的气候条件变化在短短的几十年内可认为是相对稳定的，但是由于人类活动往往导致测站周围环境的变化，引起局部地区小气候的变化，从而导致降水量的变化，使资料一致性遭到破坏，此时，就要把变化后的资料进行合理的修正，使其与原序列一致。另外，当观测方法改变或测站迁移后往往造成资料的不一致，特别是测站迁移可能使环境影响发生改变，对于这种现象，也要对资料进行必要的修正。通常采用累积降水量过程线对整个降水序列的一致性进行分析。

径流资料的一致性是指形成径流的条件要一致，如某一断面流量序列资料应是在同样的气候条件和下垫面条件、测流断面以上流域同样的开发利用水平和同一测流断面条件下获得的。径流资料的一致性受气候条件、下垫面和人类活动 3 个方面的影响，其分析方法分为两大类：一类是用来判断资料整体趋势的方法，如 Kendall 秩次相关检验法、Spearman 秩次相关检验、滑动平均检验等；另一类是判断资料中跳跃成分的方法，如累积曲线法、Lee-Heghinan 法、有序聚类分析法和重新标度极差分析法（R/S）等。

(3) 代表性分析

资料代表性是指样本资料的统计特性能否很好地反映总体的统计特性，也称系列代表性。当应用数理统计法进行水文要素的分析计算时，计算成果的精度取决于样本对总体的代表性。代表性好,实际误差就小;代表性差,实际误差就大。因此,资料代表性分析对衡量频率计算成果的精度具有重要意义。

水文资料的代表性分析,主要是通过对系列的周期、稳定期和代表期分析来揭示系列对总体的代表程度。水资源评价中最常用的是长短系列相对误差分析法,它是对长系列资料通过长短系列统计参数相对误差来分析代表性的一种方法。这里所说的短系列,是指对一个长系列样本按不同时段划分后形成的子系列。较长的系列中包含了较短的系列,即系列的起点相同,终点不同。具体作法是:

①计算长系列的统计参数 $\bar{X}$,C_V,C_S/C_V;

②将长系列分成几个短系列,分别计算各短系列的统计参数 $\bar{X}_1$,C_{V1},C_{S1}/C_{V1};$\bar{X}_2$,C_{V2},C_{S2}/C_{V2};…;

③将各短系列的统计参数与长系列的统计参数进行比较。其中相对误差最小的一个短系列时期即可认为是一个稳定期或代表期。

水资源评价是区域性的,评价区内各测站的观测记录长短不一。若依据有较长系列站点的分析结果确定的代表期较长,则可能不得不对其他站点的资料进行大量插补展延,有可能使资料的可靠性降低。因此,确定代表期时,要对现有资料站点的实测资料系列长短进行综合考虑,确定出合理的代表期。一般来说,应使主要依据站的资料不致有较多的插补展延。

11.2.2 径流的还原计算

地表水资源指天然河川径流,但由于人类活动等影响,许多河流的天然径流过程发生了很大变化,实测径流量往往与天然状态之间产生很大的差异。

在天然情况下,气候条件在一定时期内会有缓慢的变化,如趋于温暖或寒冷;下垫面也在不断变化,如树木的生长、作物品种的更换等。因此,严格来说,不可能存在完全一致的资料。但大规模的气候变迁在几十年乃至上百年内可能不很明显,而人类活动对水资源的影响最终表现为改变其分配和转化(包括各个水平衡要素的时程分配、地区分配以及各要素之间的比例分配和转化方式),各水文站实测到的河川径流已不能反映其天然径流过程。为了使河川径流及分区水资源量计算成果基本上反映天然情况,并使资料序列具有一致性,满足采用数理统计方法的分析计算要求,凡测站以上受水利工程及其他人类活动影响,消耗、减少及增加的水量均要进行还原。

地下水的开采会影响河川径流,在进行径流的还原计算时也要注意地下水开采的影响。但是,因观测和研究不够,尚无法按上述要求进行全面的还原,目前的还原计算主要是针对径流的,如农业灌溉耗水量、水库的损失水量和蓄水变量、城市耗水量以及对下垫面条件有较大影响的人工措施所造成的水量变化等。

如果流域内能比较明显地区分人类活动影响前后的分界时间,且影响较大,如在北方地区,多年期间最大的年用水量等人类活动引起的径流量改变值达到多年平均年径流量的10%,或者枯水年的改变值占当年实测年径流量的20%,则应设法将受影响的资料加以还原。但受实测资料的限制,实践中可能无法判定大规模受人类活动影响前后的分界时间,甚至在开始观测时已经在一定程度上受人类活动的影响,故实际工作中往往把中华人民共和国成立前作为基本不受人类活动影响的天然状态。还原计算时要按河系自上而下对各水文站控制断面分段进行，然后累计计算。径流还原计算常用的方法有分项调查还原法、降水径流模型法。

11.2.2.1 分项调查还原法

对流域中各影响因素所造成的径流变化逐一调查、观测或估算，就可获得总的还原水量。在某一计算时段内，流域径流量的平衡方程式可以表达为：

$$W_{天然} = W_{实测} + W_{农业} + W_{工业} + W_{生活} \pm W_{调蓄} \pm W_{水保} + W_{蒸发} \pm W_{引水} \pm W_{分洪} + W_{渗漏} \pm W_{其他} \tag{11-1}$$

式中　$W_{天然}$——还原后的天然径流量；

$W_{实测}$——实测径流量；

$W_{农业}$——农业灌溉净耗水量；

$W_{工业}$——工业净耗水量；

$W_{生活}$——生活净耗水量；

$W_{调蓄}$——蓄水工程的蓄水变量（增加为"+"，减少为"-"）；

$W_{水保}$——水土保持措施对径流的影响水量；

$W_{蒸发}$——水面蒸发增损量；

$W_{引水}$——跨流域引水量（引出为"+"，引入为"-"）；

$W_{分洪}$——河道分洪水量（分出为"+"，分入为"-"）；

$W_{渗漏}$——水库渗漏水量；

$W_{其他}$——包括城市化、地下水开发等对径流的影响水量。

式中各量的单位均为 $\times 10^4$ m³ 或 $\times 10^8$ m³。

当调查资料齐全，还原计算要求较高，需要分汛期或逐月逐旬还原时，可用过程还原法；仅要求还原年总量时，用总量还原法。

11.2.2.2 降水径流模型法

该方法适用于难以进行人类活动措施调查，或调查资料不全的情况下直接推求天然径流量。其基本思路是首先建立人类活动显著影响前的降水径流模型，然后用人类活动显著影响以后各年的降水资料，用上述降水径流模型，求得不受人类活动影响的天然年径流量及其过程。显然，还原水量即为计算的天然年径流量与实测年径流量的差值。

建立人类活动前的降水径流模型是该方法的关键。考虑到要完全依赖不受人类活动影响的资料建立降水径流模式，在许多地区存在不少实际困难。为了保证建立的模式有足够的资料，可适当加入某些人类活动影响较小且还原精度较高的还原后天然径流。

用于还原的降水径流模型有多元回归分析法和产流模型法两种。

径流还原计算的主要困难是径流资料不足，有的流域没有实测水文气象资料；有的流域虽有一定的实测资料，但均是受人类活动影响后的情况，难以建立模型。对以上两类问题，可用地区综合和水文比拟的方法解决。在气候和下垫面条件比较一致的地区，径流的形成规律基本一致，流域模型的结构和参数也基本一致，或者模型参数会有一定的地区分布规律,因此可对周围地区有资料的流域进行分析,然后直接移用到无资料流域或经过一定的修正后移用。

11.2.3 降水量分析计算

在水资源评价中,降水量分析计算的内容主要有面降水量计算、降水量的统计特征分析、降水量时空分布规律分析等,应从单站和区域(面上)两个方面进行,且区域分析更为重要。

11.2.3.1 面平均降水量计算

由于水资源评价涉及的区域往往较大,因此逐时段面降水量或规定统计时段面降水量的计算就十分重要,常用的计算方法有算术平均值法、泰森多边形法和等值线图法等,具体可参考工程水文学。

11.2.3.2 降水量统计参数的确定

统计参数一般包括多年平均降水量 $\bar{X}$、变差系数 C_V 和偏态序数 C_S。当降水资料序列较长时(实测或插补展延),我国普遍采用图解适线法确定统计参数。年降水量统计参数的合理性主要通过对比分析确定。如在秦岭—淮河以南广大的多雨地区,C_V 一般为 0.20~0.25,局部地区也可能小于 0.15;在淮河以北,C_V 逐渐增大,一般为 0.30~0.40,平原地区可达 0.50 以上;再往北至东北长白山、大小兴安岭一带,C_V 值又可减小到 0.25 以下;西北内陆除阿尔泰、塔城和伊犁河谷地区外,C_V 值都很大,干旱沙漠地区可达 0.60 以上。通过与这些一般规律或邻近站的成果对比分析,可以间接地判断计算成果是否合理、可靠。

11.2.3.3 年降水量统计参数等值线

1) 等值线图的勾绘

年降水量统计参数等值线图反映年降水量地理规律,是估算无资料地区各种指定频率的年降水量的主要依据,一般主要有均值和变差系数等值线图,偏差系数一般不绘等值线,而用分区法表示。

(1) 多年平均降水量等值线图

①选择系列完整、面上分布均匀且能反映地形变化影响的雨量站作为绘制等值线的主要点据。一般应在降水量变化梯度较大的山区尽可能多选些站点,在降水量变化梯度较小的平原区着重均匀分布。在点据稀少的地区,可增选一些资料序列较短的雨量站,通过插补延长处理后作为辅助点据。

②选择准确、清晰、有经纬度且能分清高山、丘陵、坡地、平原等的地形图作为工作底图,成图比例尺自行确定,全国统一要求根据1∶25万电子地图缩放。

③多年平均年降水量等值线图线距为:降水量 >2 000 mm 时,线距为 1 000 mm;降水量为 800~2 000 mm 时,线距为 200 mm;降水量为 100~800 mm 时,线距为 100 mm;降水量为 50~100 mm 时,线距为 50 mm;降水量 <50 mm 时,线距为 25 mm。

④勾绘等值线时，既要考虑各测站的统计数据、遵循直线内插的原则，又不能完全拘泥于个别点据，以避免等值线过于曲折或产生许多小的高、低值中心，造成与当地地理、气候因素不相匹配的不合理现象。山区等值线的勾绘要符合降水随地面高程变化的相应关系，但不应将等值线完全按等高线的走向勾绘；等值线必须与大尺度的地形分水线走向大体一致，切忌横穿山岭。

(2) 年降水变差系数 C_v 等值线图

①以同步长系列的单站 C_v 值作为勾绘等值线的主要依据，选站要求同年降水量均值等值线图。单站 C_v 值用矩法计算，可不做适线调整。因 C_v 值在地区上变化不大，所以线条相对较少且较平滑，不应曲折太多，但应该考虑特大值的影响。

②全国拼图要求的等值线线距为：$C_v > 0.3$ 时，线距为 0.1；$C_v < 0.3$ 时，线距为 0.05。

2) 合理性检查

绘制等值线的过程，是不断检查、修改和调整的过程，很难一举完成。等值线合理性检查工作主要从 4 个方面入手。

①从气候、地形及其他地理条件等方面检查，研究等值线的梯度分布、弯曲情况、高值区和低值区的配置等是否合理。一般靠近水汽来源的地区年降水量大于远离水汽来源的地区，山区降水量大于平原区，迎风坡大于背风坡，高山背后的平原、谷地的降水量较小。降水量大的地区 C_v 值相对较小。

②与以往编制的等值线图进行对比分析，检查高、低值区是否对应，大的走向是否一致，出现明显变化的地区要进行分析论证或做必要的修改。

③将年降水量等值线图与年径流等值线图、年蒸发量等值线图比较，根据水量平衡原理协调各要素的平衡。

④与相邻省份的有关图幅检查对照和拼接，有差异的地方要进行合理性分析论证。

11.2.3.4　区域多年平均及不同频率年降水量的计算

当评价区域面积较大时，可将该区域按行政分区、水资源分区等再分为若干分区，分别计算分区和全区的多年平均及不同频率年降水量。

(1) 计算各分区的多年平均及不同频率的年降水量

将各分区界限标绘在评价区域年降水量均值和 C_v 值等值线图上，用求积仪量算各分区所包围的等值线间的面积，采用面积加权法计算出各分区的年降水量多年平均值，并确定分区面积重心处的 C_v 值和 C_s/C_v 值，然后计算各种频率的年降水量。

(2) 计算全区域多年平均及不同频率年降水量

全区多年平均年降水量等于各分区多年平均年降水量之和。但全区域不同频率的年降水量，不能用各分区不同频率年降水量相加来计算，需要首先推求全区域年降水量系列，经频率计算后方得全区不同频率的年降水量，具体方法已如前述。

11.2.3.5　降水量的时程变化

降水量的时程变化是指降水量在时间上的分配，一般包括年内分配和年际变化两个方面。

1) 降水量的年内分配

年内分配指年降水量在年内的季节变化，受气候条件影响比较明显。按照《水资源评价导则》(SL/T 238—1999)，要求分析计算多年平均连续最大 4 个月降水量占全年降水量的百分率及其发生月份，并统计不同频率典型年的降水月分配。一般按照以下步骤来分析。

① 用多年平均连续最大 4 个月降水量占全年降水量的百分数和相应的发生月份，粗略地反映年内降水量分布的集中程度和发生季节。

② 在上述分析的基础上，按不同降水类型划分区域，并在各个区域中选择代表站，统计分析不同频率（按适线的频率）典型年和多年平均降水量月分配。典型年的选择，除了要求年降水量接近某一保证率的年降水量外，还要求其月分配对农业需水和径流调节等也较不利。因此可先根据某一保证率的年降水量，挑选若干个年降水量较接近的实测年份，然后分析比较其月分配，从中挑选资料较好、月分配较不利的典型年为代表年。为便于实际应用，典型年的月分配也可直接采用实测月、年资料的比值，作为月分配的百分比。

2) 降水量的年际变化

(1) 多年变化幅度分析

除了用变差系数反映年降水量的年际变化幅度外，在水资源评价中通常还使用以下方法：

① 极值比法

$$K_m = \frac{x_{\max}}{x_{\min}} \tag{11-2}$$

式中　K_m——极值比，%；

　　　$x_{\max}$——降水量系列中的最大值，mm；

　　　$x_{\min}$——降水量系列中的最小值，mm。

K_m 值受分析系列的长短影响很大，在进行地区比较时，应注意比较系列的同步性。

② 距平法

$$\Delta x_i = x_i - \bar{x} \tag{11-3}$$

式中　Δx_i——某年降水量的距平值，mm；

　　　其他字母意义同前。

为了减少变化幅度也可用距平百分数表示。

③ 趋势法　通过建立年降水量距平值与年份（序号）之间的直线相关方程，根据斜率判断降水量变化趋势的一种方法。如果直线斜率为正，表示降水量有增加趋势；如果直线斜率为负，表示降水量有减少趋势。

(2) 多年变化的丰、枯阶段分析

降水量多年变化的丰、枯阶段分析可以用差积曲线和滑动平均过程线进行，但是它们只能反映大的丰枯变化趋势，不能确切反映连丰、连枯的程度。而连丰或连枯程度对水资源多年调节和供水规划有很重要的意义，下面就常用的游程理论分析方法做简单介绍。

游程理论是指持续出现的同类事件，在其前后是另外的事件。设年降水量为离散序列，选定标准量 $x' = \bar{X} + 0.33\delta$ 和 $x'' = \bar{X} - 0.33\delta$（$\delta$ 为年降水量的均方差），凡 $x_i - x' > 0$ 者，具有正变差；凡 $x_i - x'' < 0$ 者，具有负变差。如果有个负变差居先，后跟连续 K 个正变差项，即表示有一个长度为 K 的正游程，反之为负游程。正游程表示连续丰水的年数，负游程表示连续枯水的年数，连丰、连枯年段发生的概率用下式计算：

$$P = q^{K-1} \cdot (1 - q) \quad (0 < q < 1) \tag{11-4}$$

式中　P——连续 K 年丰水（或枯水），a；

　　　q——模型分布参数，指在前一年为丰水（或枯水）条件下继续出现丰水或枯水年的条件概率，它可由长系列观测资料，按下式计算求得：

$$q = \frac{S - S_1}{S} \tag{11-5}$$

式中　S——统计系列中丰水年（或枯水年）的总数，a；

　　　S_1——包括 $K = 1$ 在内的各种长度连丰（或连枯）年发生频次的累积值。

11.2.4　蒸发量分析计算

蒸发是水循环的重要环节，是水量平衡的重要因素。流域（区域）蒸发量是流域（区域）面积上的综合蒸发量，包括水面蒸发、土壤蒸发和植物散发 3 部分。目前，流域（区域）蒸发量还不能有效测量，一般按照水量平衡方程估算。水面蒸发量反映了当地的大气蒸发能力，也是计算地下潜水蒸发的主要依据。因此，在水资源评价时主要根据各测站资料对评价区的水面蒸发量进行分析。

11.2.4.1　水面蒸发量分析与计算

自然水体的水面蒸发反映一个地区的蒸发能力。如有实测大水面蒸发资料，可直接应用。但是大水面蒸发量的观测往往比较困难，很难得到实测资料。目前常用的是通过观测小面积水面蒸发，并找出小面积水面蒸发与大面积水面蒸发之间的关系，来间接推求大面积的水面蒸发，这就是常说的蒸发器（皿）折算法。

对于水面蒸发量资料的观测，不同部门采用了不同型号的蒸发器，而且设站的下垫面情况也不一样。早在 20 世纪五六十年代，我国就在全国各地建立了 20～100 m² 的大型蒸发池。水文部门 20 世纪 80 年代以前的观测器皿比较复杂，主要有前苏联的地埋式 ГГИ3000 蒸发器、E601 蒸发器、$\phi 80$ cm 和 $\phi 20$ cm 蒸发器（皿）。ГГИ3000 蒸发器的水面面积为 3 000 cm²，已被世界气象组织定为一般观测站观测水面蒸发的标准仪器，我国一些地区也有这种蒸发器观测资料。但 20 世纪 80 年代后，我国已全部改用改进后的 E601 蒸发器，北方结冰期有的改用 $\phi 20$ cm 蒸发器。气象部门比较统一使用的是 $\phi 20$ cm 蒸发器。

由于气候、季节、仪器构造、口径大小、安装方式及观测等因素的影响，各种仪器的实测水面蒸发值相差悬殊。为了使不同型号蒸发器观测到的水面蒸发资料具有相同的代表性，必须将不同型号蒸发器的观测值统一折算为同一蒸发面。按全国统一规定，水面蒸发以 E601 型蒸发器的观测值计算,其他类型的观测值应通过折算系数折算为相应的 E601 蒸发值。

水面蒸发量的计算除蒸发器(皿)折算法外,还可以有水量平衡法、经验公式、概念方法、理论方法等。无论用何种方法,在计算前,都必须收集水文和气象部门的蒸发资料,并对各站历年使用的蒸发器皿型号、规格、水深等均作详细调查考证。在此基础上,对资料进行审查。

11.2.4.2 水面蒸发的时空分布

水面蒸发是反映区域蒸发能力的重要指标。一个地区蒸发能力的大小对自然生态、人类生产活动,特别是农业生产具有重要影响。水面蒸发在面上的分布特点可用水面蒸发等值线图表示。水面蒸发等值线图的绘制方法同降水量等值线图绘制方法,蒸发量大于 1 000 mm 时,等值线线距一般为 200 mm,蒸发量小于 1 000 mm 时为 100 mm。

由于水面蒸发是反映一个地区气候干旱与否的重要指标,在一年内,不同月份由于蒸发条件不同,蒸发量也不同。水面蒸发大,表明气候干燥、炎热,植(作)物生长需要较多的水分。因此,对水面蒸发年内分配的分析应包括了解不同月份和不同季节蒸发量所占总蒸发量的比重,可利用评价区内代表站的水面蒸发资料进行分析。在有蒸发站的水资源三级区内,至少选取 1 个资料齐全的蒸发站,参考降水量年内分配的计算方法计算多年平均水面蒸发量的月分配。

水面蒸发的大小主要受气温、湿度、风速、太阳辐射等影响,而这些气象要素在特定的地理位置年际变化很小,因此决定了水面蒸发量年际变化较小。水面蒸发的年际变化特性可用统计参数等来反映(参考降水量的年际变化)。

11.2.4.3 干旱指数

干旱指数反映一个地区气候的干湿程度,用年蒸发能力与年降水量的比值表示,即

$$r = \frac{E_m}{x} \tag{11-6}$$

式中 r ——干旱指数;

E_m ——年蒸发能力,mm;

x ——年降水量,mm。

当 $r>1$ 时,说明年蒸发能力大于年降水量,气候干燥,r 值越大,气候越干燥;当 $r<1$ 时,说明年降水量大于年蒸发能力,气候湿润,r 值越小,气候越湿润。我国通过干旱指数将全国划分为 5 个气候带:十分湿润带($r<0.5$)、湿润带($0.5 \leqslant r<1.0$)、半湿润带($1.0 \leqslant r<3.0$)、半干旱带($3.0 \leqslant r<7.0$)和干旱带($r \geqslant 7.0$)。

一般采用 E601 型蒸发器的蒸发值作为蒸发能力来计算干旱指数,其精度取决于降水量和蒸发资料的可靠性和一致性,因此要求降水量和蒸发量资料较好且尽可能是同一观测场的观测值。

多年平均年干旱指数可根据蒸发站 E601 型蒸发器观测的多年平均年蒸发量与该站多年平均降水量之比求得,也可将同期的多年平均降水量等值线图与多年平均水面蒸发

量等值线图重叠在一起，用交叉点法（或网格法）求出交叉点（或网格中心）的干旱指数。

11.2.5 河川径流量的分析计算

河川径流量的分析计算是地表水资源量评价的基础，其目的是了解评价区域代表站年径流的统计规律，推求多年平均年径流量和指定频率的年径流量，分析河川径流量的年内分配和年际变化规律，为区域地表水资源量的分析计算和水资源供需分析与规划提供依据。

11.2.5.1 多年平均及不同频率年径流量

选定评价区域内资料质量好、观测系列长的水文站（包括国家基本站和专用站）作为代表站，对其径流资料进行还原计算和插补展延，并进行"三性"审查，选定代表期，在此基础上采用适线法进行年径流量频率分析，求得多年平均及不同频率的年径流量。

11.2.5.2 径流的时程分配

径流的时程分配包括径流的年内分配和年际变化两个方面，其特点直接影响水资源的开发利用和控制管理的技术经济指标（水利工程的规模、效益等）。

1）径流的年内分配

在一般情况下，径流年内分配的计算项目、方法和时段，应当根据国民经济各部门对水资源开发的不同要求、实测资料情况、流域面积和河川径流量变化的幅度来确定。

（1）正常年径流年内分配的计算

正常年河川径流量的年内分配常用多年平均的月径流过程反映，可采用柱状图、过程线或表格形式表示；也可用多年平均连续最大 4 个月径流量占多年平均年径流百分率，或枯水期径流量占年径流量的百分率等来反映。

（2）不同频率年径流年内分配的计算

在水资源评价中，一般采用典型年的年内分配作为不同频率年径流的年内分配过程。

①典型年的选择　在选择典型年时，要遵循"接近"和"不利"原则。"接近"是指典型年的年径流量应与某一频率年径流量接近，这是因为年径流量越接近，可以认为其年内分配越相似。"不利"是指典型年的年内分配过程要不利于用水部门的用水要求和径流调节。如对于农业灌溉，选取灌溉需水季节径流量较枯的年份作为典型年；对于水力发电工程，选取枯水期较长且枯水期径流又较枯的年份作为典型年。

但是在进行水资源评价时并不针对某类工程，"不利"原则不好掌握。此时，可根据某一频率的年径流量，在实测（或还原）的径流系列中挑选年径流量接近的年份若干个，然后分析比较其月分配过程，从中挑选质量较好、月分配不均匀的年份作为典型年。

②年内分配过程计算　当典型年确定以后，就可以采用同倍比缩放法求得某频率年径流的年内分配。

2）径流的年际变化

径流的年际变化通常用年径流变差系数 C_v 和实测（还原）最大与最小年径流量之比

来反映其相对变化程度,也可以通过丰、平、枯年的周期分析和连丰、连枯变化规律分析等途径深入研究。年径流多年变化周期分析可采用差积分析、方差分析、累积平均过程线分析和滑动平均值过程线等方法。径流的连丰、连枯变化规律研究是在年径流频率计算的基础上,将年径流分为丰($P < 12.5\%$)、偏丰($P = 12.5\% \sim 37.5\%$)、平($P = 37.5\% \sim 62.5\%$)、偏枯($P = 62.5\% \sim 87.5\%$)和枯水($P > 87.5\%$)五级,进而分析年径流丰、枯连续出现的情况。

11.2.5.3 年径流的空间分布

年径流量空间上的变化规律常用年径流深或多年平均年径流深等值线图来反映,其年际变化的空间规律采用年径流变差系数 C_v 等值线图反映。

1) 多年平均年径流深及年径流变差系数等值线图的绘制

在编绘等值线图之前,应广泛搜集已有的《水文特征值统计》《水文图集》《水文年鉴》和其他水文分析成果,同时注意搜集气候、地形、地貌、植被、土壤及水文地质资料,以供绘图时应用或参考。

(1) 代表站的选择

绘制多年平均年径流深及年径流变差系数等值线图,应以中等流域面积的代表站资料为主要依据,其集水面积一般控制在 300~5 000 km² 范围内,在站网稀少的地区,条件可以适当放宽。代表站选定以后,应按资料精度、实测系列长短、集水面积大小等,将其划分为主要站、一般站和参考站3类。

(2) 多年平均年径流深等值线图的绘制

①集水区域的确定 在大比例尺的地形图上,勾绘全部分析代表站及区间站集水范围,各选用测站的集水面积一般不应重叠,若有重叠时,下游站应计算扣除了上游站集水面积后的区间面积的径流深。

②点据位置的确定 集水面积内自然地理条件基本一致、高程变化不大时,点据位置定于集水面积的形心处;集水面积内高程变化较大、径流深分布不均匀时,可借助降水量等值线图选定点据位置;区间点据一般点绘于区间面积的形心处,当区间面积内降水分布明显不均匀时,应参考降水分布情况适当改变区间点据位置。

③勾绘方法 在选用站网控制性较好、资料精度较高的地区,应以点据数值作为基本依据,结合自然地理情况勾绘等值线;径流资料短缺或无资料的地区,如南方水网区、北方平原区、西部高山冰川区及高原湖盆区等,可根据已有的研究成果,采用不同的方法估算径流深,大体确定等值线的分布和走向。

等值线的分布要考虑下垫面条件的差异,不能硬性地按点据数值等距离内插,等值线走向要参考地形等高线的走向。

工作底图的比例尺不同,勾绘等值线的要求也不同。小比例尺图主要考虑较大范围的线条分布,局部的小山包、小河谷、小盆地等微地形地貌对等值线走向的影响可以忽略;大比例尺图则要考虑局部微地形地貌对等值线走向的影响。

勾绘等值线时,应先确定几条主线的分布走向,然后勾绘其他线条。等值线跨越大山脉时,应有适当的迂回,避免横穿主山体;等值线跨越大河流时,要避免斜交。马鞍形等值线区，要注意等值线的分布及等值线线值的合理性。干旱地区要调查产流区与径流散失区的大体分界线，以确定低值等值线的位置和走向。

④年径流深均值等值线线距　径流深 > 2 000 mm 时，线距为 1 000 mm；径流深 800 ~ 2 000 mm 时，线距为 200 mm；径流深 200 ~ 800 mm 时，线距为 100 mm；径流深 50 ~ 200 mm 时，线距为 50 mm；径流深 < 50 mm 时，线距为 25 mm（也可以为 5 mm 或 10 mm）。各水资源一级区及各省（自治区、直辖市）可根据需要适当加密。

2) 多年平均年径流深等值线图的合理性分析

(1) 从年径流与年降水地区分布的一致性分析

在一般情况下，降水与径流深的地区分布规律应大体一致。如果年径流深与年降水量等值线的变化总趋势和高、低值区的地区分布都比较吻合，在年降水量等值线图已经进行了多方面合理论证的前提下，即可认为年径流深等值线也是基本合理的。

(2) 从年径流与流域平均高程的关系分析

一般随着流域高程的增加，气温降低，蒸发损失减小，在同样降水条件下径流深加大。为了验证径流等值线图是否符合上述一般规律，可根据若干流域实测资料绘制多个平均年径流深与流域平均高程关系，在本区范围内再选择几处无实测径流资料的天然流域，分别根据其流域平均高程，查读多年平均年径流深，如果其值基本在原等值线的范围内，即说明原等值线的走向和间距都比较合理。

(3) 平面上的水量平衡检查

选择若干个大支流和独立水系的径流控制站，将从等值线图上量算的年径流量与单站计算的年径流量进行比较，要求相对误差不超过 ±5%。相对误差超过 ±5% 时，应调整等值线的位置，直至合格为止。对于同一幅等值线图而言，各控制站由等值线图量算的年径流量与相应单站计算的年径流量相比，不应出现相对误差系统偏大或偏小的情况。

(4) 垂直方向上的水量平衡检查

垂直方向上的水量平衡检查，是指年降水、年径流、年陆地蒸发量三要素之间的综合平衡分析。将同期的年降水量均值等值线图与年径流深均值等值线图进行比较，两张图的主线走向应大体一致，高值区和低值区的位置应基本对应，不应出现 1 条径流深等值线横穿 2 条或 2 条以上降水量等值线的情况。同时，由于陆地蒸发量的地区分布具有相对稳定性，因此以陆地蒸发量作为平衡项，并按下式计算其相对误差：

$$\Delta \bar{E} = \frac{\bar{E} - (\bar{P} - \bar{R})}{\bar{P} - \bar{R}} \times 100 \tag{11-7}$$

式中　$\bar{P}$——从降水量等值线图上量算的多年平均年降水量，mm；

$\bar{R}$——从径流深等值线图上量算的多年平均年径流深，mm；

$\bar{E}$——从陆地蒸发量等值线图上量算的多年平均年陆地蒸发量，mm。

检查方法是先将降水量图与径流深图套叠在一起，检查对应的高低值区及交点处的 $\Delta \bar{E}$，然后再按网格法进行检查。若陆地蒸发量的相对误差 $\Delta \bar{E}$ 小于 ±10%，且无系统偏差，即认为合理。如果超出误差范围应先考虑修改径流深等值线图，如果径流深分布合理而 $\Delta \bar{E}$ 仍不合格，则修改年降水量等值线图，经过反复调整，直至三要素比较协调，

$\Delta \bar{E}$ 在误差允许范围内为止。

(5) 与以往绘制的多年平均年径流深等值线图相互对照检查

要着重从等值线的走向、等值线量级的大小、高低值区的分布及其与自然地理因素的配合等方面进行比较。如果发现两种成果有明显的差异，应从代表站的选择、资料系列长短、还原水量大小、分析途径和勾绘等值线方法上找出原因，以确保资料基础可靠，分析计算方法合理，最大限度地提高等值线图的精度。

3) 年径流变差系数等值线图的绘制及合理性分析

年径流变差系数的大小及其地区分布与年降水量、年径流深、年径流系数和集水面积的大小紧密相关，因此应把代表站按适线法确定的年径流变差系数 C_V 值，分别标注于各流域重心处，再参照年降水量变差系数、多年平均年径流深和年径流系数等值线的趋势，框绘年径流变差系数等值线，经合理性分析、修正后定图。

年径流变差系数等值线可从以下两方面进行合理性分析：

(1) 检查年径流变差系数 C_V 值的地区分布特点是否符合一般规律

在一般情况下，湿润地区 C_V 值小，干旱地区 C_V 值大；高山冰雪补给型河流 C_V 小，黄土高原及其他土层厚、地下潜水位低（地下水补给量小）的地区 C_V 值大；西北高原湖群区及沼泽地区中等面积河流下游 C_V 值小，支流及上游 C_V 值大。

在同一气候区，年径流变差系数等值线与均值等值线应当相互对应、变化相反。因为勾绘年径流变差系数等值线时，除了依据实测点据外，还参考了均值等值线的走向，因此年径流变差系数 C_V 等值线与均值等值线的总趋势及高、低值区应当大体吻合，只是变化相反。即年径流深愈大，年径流变差系数则愈小；反之亦然。

(2) 检查年径流、年降水、年陆地蒸发量变差系数是否合理

水平衡三要素的变差系数通常是相互影响、相互制约的。我国大部分地区年径流变差系数 C_V 值相对较大，年降水 C_V 值次之，年陆地蒸发量 C_V 值相对较小。但在某些地区，由于气候与下垫面条件的改变，三要素 C_V 值的配合往往也会出现其他情况。如我国东南沿海降水十分充沛的地区，年降水和年径流的 C_V 差别相对较小；相反，在华北干旱、半干旱地区，年降水的年际变化较大，年径流的年际变化可按年降水有成倍的差别，二者 C_V 值相差比较悬殊。这种情况尤以平原区为甚，这类地区的年陆地蒸发量 C_V 值也比湿润地区大得多。但在我国西北某些干旱、半干旱地区，年降水量虽然不大，年际变化也较小，但河流受冰川或地下水补给与调节，年径流与年降水的 C_V 值接近，个别地区年径流 C_V 反而比年降水的 C_V 小。

11.2.6 区域地表水资源分析计算

国民经济的发展常以行政区域为单元，因此水资源评价也要提供区域水资源报告。一个行政区域内有闭合流域，也有区间，有山丘区，也有平原，比单一的小流域更为复杂。大的流域水系如长江、黄河等，因范围很大，各处的气候、下垫面相差极大，估算水资源也很复杂。

根据区域的气候及下垫面条件，综合考虑气象、水文站点的分布、实测资料年限与质量等情况，可采用代表站法、等值线法、年降水径流相关法、水热平衡法等来计算区

域地表水资源量。有条件时,也可以某种计算方法为主,用其他方法计算成果进行验证,以保证计算成果具有足够的精度。

11.2.6.1 代表站法

在评价区域内,选择 1 个或几个基本能够控制全区、实测径流资料序列较长并具有足够精度的代表站,从径流形成条件的相似性出发,把代表站的年径流量,按面积比或综合修正的方法移用到评价流域范围内,从而推算区域多年平均及不同频率的年径流量,这种方法叫作代表站法。

1) 逐年及多年平均年径流量的计算

如果评价区域与代表流域的面积相差不大,自然地理条件也相近,则可认为评价区域与代表流域的平均径流深是一致的,即 $R_{评} = R_{代}$,则

$$W_{评} = \frac{F_{评}}{F_{代}} W_{代} \tag{11-8}$$

式中 $W_{代}$——代表站的年径流量,$\times 10^4 \text{ m}^3$;
$F_{代}$——代表站集水面积,km^2;
$W_{评}$——评价区域的年径流量,$\times 10^4 \text{ m}^3$;
$F_{评}$——评价区集水面积,km^2。

依据式(11-8)推求评价区域逐年径流量时,应根据代表站个数及其自然地理等情况采取不同的途径。

(1) 当区域内可选择 1 个代表站时

① 当区域内可选择 1 个代表站并基本能够控制全区,且上下游产水条件差别不大时,可根据代表站逐年天然年径流量 $W_{代}$、已知的代表站集水面积 $F_{代}$,并量算评价区域面积 $F_{评}$,代入式(11-8)便可求得全区相应的逐年径流量。

② 若代表站不能控制全区大部分面积,或上下游产水条件有较大的差别时,则应采用与评价区域产水条件相近的部分代表流域的径流量和面积(如区间径流量与相应的集水面积),代入式(11-8)推求全区逐年径流量。

(2) 当区域内可选择 2 个(或 2 个以上)代表站时

① 若评价区域内气候及下垫面条件差别较大,则可按气候、地形、地貌等条件,将全区划分为 2 个(或 2 个以上)的评价区域,每个评价区域均按式(11-8)计算分区逐年径流量,相加后得全区相应的年径流量。

$$W_{评} = \frac{F_{评1}}{F_{代1}} W_{代1} + \frac{F_{评2}}{F_{代2}} W_{代2} + \cdots + \frac{F_{评n}}{F_{代n}} W_{代n} \tag{11-9}$$

式中 $W_{代i}$——第 i 个代表站的年径流量($i=1, 2, \cdots, n$),$\times 10^4 \text{ m}^3$;
$F_{代i}$——第 i 个代表站集水面积($i=1, 2, \cdots, n$),km^2;
$W_{评i}$——评价流域(或区域)的年径流量($i=1, 2, \cdots, n$),$\times 10^4 \text{ m}^3$;
$F_{评i}$——第 i 个评价区集水面积($i=1, 2, \cdots, n$),km^2。

② 若评价区域内气候和下垫面条件差别不大,仍可将全区作为一个区域看待,其逐年径流量按式(11-10)推求:

$$W_{评} = \frac{F_{评}}{F_{代1} + F_{代2} + \cdots + F_{代n}}(W_{代1} + W_{代2} + \cdots + W_{代n}) \tag{11-10}$$

式中 各字母意义同前。

(3) 当评价区域与代表流域的自然地理条件差别过大时

当评价区域与代表流域的自然地理条件差别过大时，其产水条件也势必存在明显的差异。这时，一般不宜采用简单的面积比法计算全区年径流量，而应选择能够较好地反映产水强度的若干指标，对全区年径流量进行修正计算。

①用区域平均年降水量修正 在面积比方法的基础上，考虑评价区域与代表流域降水条件的差别，其全区逐年径流量的计算公式为：

$$W_{评} = \frac{F_{评}}{F_{代}} \frac{\overline{P}_{评}}{\overline{P}_{代}} W_{代} \tag{11-11}$$

式中 $\overline{P}_{评}$，$\overline{P}_{代}$——评价区域和代表流域的区域平均年降水量，mm；

其余字母意义同前。

②用多年平均年径流深修正 采用式(11-11)计算全区逐年径流量，虽然考虑了评价区域与代表流域年降水量的不同，但尚未考虑下垫面对产水量的综合影响，为了反映这一影响。可引入多年平均年径流深进行修正，将式(11-11)改写为

$$W_{评} = \frac{F_{评}}{F_{代}} \frac{\overline{R}_{评}}{\overline{R}_{代}} W_{代} \tag{11-12}$$

式中 $\overline{R}_{评}$，$\overline{R}_{代}$——评价区域和代表流域的多年平均年径流深，mm，一般可由平均年径流深等值线量算；

其余字母意义同前。

应当指出，采用多年平均年径流深修正计算区域河川径流量，计算方法简便，成果也有一定的精度。但是，这种方法实质上只考虑了评价区域与代表流域历年产水条件(降水、下垫面)的平均情况，对某些年份的全区径流量有时影响较大，给全区年径流系列及不同频率年径流量的计算带来一定误差。

(4) 当评价区域内实测年降水、年径流资料都很缺乏时

当评价区域内实测年降水、年径流资料都很缺乏时，可直接借用与该区域自然地理条件相似的代表流域的年径流深序列，乘以评价区域与代表流域多年平均年径流深的比值(评价区域的多年平均年径流深可采用等值线图量算值)，再乘以评价区域面积，得逐年径流量，其算术平均值即为多年平均年径流量。

2) 区域不同频率年径流量的计算

用代表站法求得的评价区域逐年径流量构成区域的年径流序列，在此基础上进行频率分析计算，即可推求评价区域不同频率的年径流量。

11.2.6.2 等值线法

在区域面积不大并且缺乏实测径流资料的情况下，可以借用包括该区在内的较大面积多年平均年径流深及年径流变差系数等值线，计算区域多年平均及不同频率的年径流量。

采用等值线图推求区域多年平均年径流量的步骤如下：

①在本区域范围内，用求积仪分别量算相邻两条等值线间的面积 f_i。
②计算相应于 f_i 的平均年径流深 $\bar{R}_i$，$\bar{R}_i$ 可取相邻两条等值线的算术平均值。
③依据式(11-13)计算出区域多年平均年径流深，再乘以区域面积即为多年平均年径流量，即

$$\bar{R} = \frac{\bar{R}_1 f_1 + \bar{R}_2 f_2 + \cdots + \bar{R}_n f_n}{F} \tag{11-13}$$

应当指出，对于面积不同的区域，应用等值线图计算多年平均年径流量的精度是不同的。如区域面积在 $5 \times 10^4 \sim 10 \times 10^4 \text{ km}^2$ 以上时，等值线法计算成果精度相对较高。但对于这种区域，等值线的实用意义并不大，因为较大区域往往具有较充分的实测资料。对于中等面积区域，使用等值线图的误差最小，一般不超过 10%~20%，因为等值线主要是依靠中等面积代表站资料勾绘的，这种区域等值线法的实用意义最大。对于面积小于 $300 \sim 500 \text{ km}^2$ 的小区域，等值线法计算误差可能大大超过上述范围。因此，小面积区域应用等值线图计算多年平均年径流量时，一般还要结合实地考察资料，充分论证计算成果的合理性。

求得区域多年平均年径流量以后，若区域面积较小，则可再根据年径流变差系数 C_V 等值线图，参照上述方法推求全区域年径流变差系数，年径流偏态系数 C_S 一般采用分区图推求。在上述 3 个统计参数确定后，就可以推求指定频率的年径流量。若区域面积较大，则应参照推求区域多年平均及不同频率年降水量的方法，求出全区域的年径流系列，经频率计算后得全区不同频率的年径流量。

11.2.6.3 年降水径流相关法

选择评价区域内具有实测降水径流资料的代表站，逐年统计代表流域平均年降水量和年径流深，建立降水径流相关关系。若评价区域的气候、下垫面情况与代表站流域相似，则可由评价区域逐年实测的区域平均年降水量查代表站的降水径流关系，求得评价区域逐年径流量，组成径流序列，对该系列进行频率计算，得到不同频率的区域年径流量。

在没有测站控制的地区，还可通过水文模型由区域平均年降水系列推求年径流系列，同样对该系列进行频率计算，就可得到不同频率的区域年径流量。

在缺乏径流资料时，可应用水文比拟法来确定不同频率年径流的年内分配。这时，需选择与特定区域自然地理条件相似的代表流域，将其典型年各月径流量占年径流量的百分比，作为待定区域年径流的年内分配过程。

当代表流域较难选定时，可以直接查用各省份编制的水文手册、水文图集中典型年径流年内分配分区成果。

11.2.7 地表水资源可利用量估算

11.2.7.1 水资源可利用量的概念

水资源可利用量是区域水资源总量的一部分，同水资源的概念一样，截至目前仍然没有形成统一的结论。综合对比国内外对水资源可利用量概念的探讨，基本上包括了社会与经济、生态环境需水量、工程措施、洪水、水权和回归水等要素。

在全国水资源综合规划关于地表水资源可利用量计算方法的大纲和 2004 年水利部水文司编写的《水资源调查评价培训教材(试用)》(水利部水文局)中,给出了关于水资源可利用量的较规范定义:"在可预见的时期内,在统筹考虑河道内生态环境和其他用水的基础上,通过经济合理、技术可行的措施,可供河道外生活、生产、生态用水的一次性最大水量(不包括回归水的重复利用)。水资源可利用量是从资源的角度分析可能被消耗利用的水资源量。"

11.2.7.2 水资源可利用量的计算方法

水资源可利用量尤其是地表水资源可利用量的估算,目前尚无概念明确、易于操作的计算方法。国内外对地表水资源可利用量的概念尚不统一,相应的计算方法也多种多样。国内通常采用的方法主要是扣损法。

扣损法是计算地表水资源可利用量较为传统的方法,即以流域总的地表水资源量为基础,扣除河道内生态需水量、生产需水量、跨流域调水量以及汛期不可利用的洪水量,得到整个流域的地表水资源可利用量。计算中需要考虑的各计算项如图 11-1 所示。

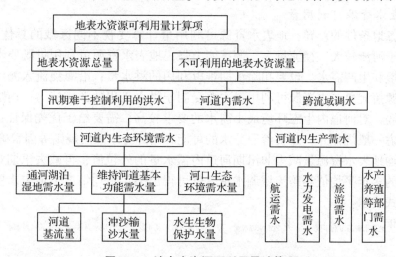

图 11-1 地表水资源可利用量计算项

(1) 河道内需水量

河道内需水量包括河道内生态环境需水量和河道内生产需水量。其中河道内生态环境需水量主要有维持河道基本功能的需水量、通河湖泊湿地需水量和河口生态环境需水量。河道内生产需水量主要包括航运、水力发电、旅游、水产养殖等部门的用水。河道内生产用水一般不消耗水量,可以"一水多用",但要通过在河道中预留一定的水量给予保证。

河道内总需水量是在上述各项河道内生态环境需水量及河道内生产需水量计算的基础上,逐月取外包值并将每月的外包值相加,由此得出多年平均情况下的河道内总需水量。

河道内生产需水量要与河道内生态环境需水量统筹考虑,其超过河道内生态环境需水量的部分要与河道外需水量统筹协调。

(2) 汛期难以控制利用的洪水量

汛期难以控制利用的洪水量是指在可预见的时期内，不能被工程措施控制利用的汛期洪水量。汛期水量中除一部分可供当时利用外，还有一部分可通过工程蓄存起来供今后利用，其余水量即为汛期难以控制利用的洪水量。对于支流，汛期难以控制利用的洪水量是指支流泄入干流的水量；对于入海河流，是指最终泄弃入海的水量。汛期难以控制利用的洪水量是根据流域最下游控制节点以上的调蓄能力和耗用程度，综合分析计算出的水量。

将流域控制站汛期的天然径流量减去流域能够调蓄和耗用的最大水量，剩余的水量即为汛期难以控制利用下泄洪水量。汛期能够调蓄和耗用的最大量为汛期用水消耗量、水库蓄水量和调出外流域水量的最大值，可根据流域未来规划水平年供水预测或需水预测的成果，扣除其重复利用的部分，折算成一次性供水量来确定。

汛期难以控制的洪水要综合考虑河流的特性与条件、水资源利用工程状况与规模、水资源开发利用的情景与程度等因素的影响。对于开发利用程度较高的北方河流，重点分析现状开发利用情况；对于南方河流，要考虑未来的发展，并适当留有余地。

(3) 地表水资源可利用量

考虑到各地条件的差异，地表水资源可利用量计算要视不同区域的具体情况而定。大江大河由于河流较大，径流量大、调蓄能力强，地表水资源可利用量既要考虑扣除河道内生态环境和生产需水，也要扣除汛期难以利用的洪水量；沿海独流入海河流一般水量较大，但源短流急，水资源可利用量主要受制于供水工程的调控能力；内陆河流生态环境十分脆弱，对河道内生态环境最小需水的要求较高，需要给予优先保证；边界与出境河流除考虑一般规律外，还要参照分水的可能和国际分水通用规则等因素确定。

多年平均地表水资源量减去非汛期河道内需水量的外包值，再减去汛期难于控制利用的洪水量的多年平均值和跨流域调水量，就可得出多年平均情况下地表水资源可利用量。可用下式表示：

$$W_{地表水资源可利用量} = W_{地表水资源量} - W_{河道内需水量外包} - W_{洪水弃水} - W_{跨流域调水} \quad (11-14)$$

11.3 地下水资源计算与评价

11.3.1 地下水资源的概念与分类

赋存于地壳表层可供人类利用，本身又具有不断更新、恢复能力的各种地下水量称为地下水资源，是地球上总水资源的一部分。地下水资源具有可恢复性、调蓄性和转化性等特点。

地下水资源常见的分类方法有以下3种。

11.3.1.1 以水均衡(水量平衡原理)为基础的分类法

一个均衡单元在某均衡时段内，地下水补给量、排泄量和储存量的变化符合水量平衡原理，据此可将地下水资源分为补给量、排泄量和储存量3类。

补给量是指某时段内进入某一单元含水层或含水岩体的重力水体积，又分为天然补给量、人工补给量和开采补给量。

排泄量是指某时段内从某一单元含水层或含水岩体中排泄出去的重力水体积，可分为天然排泄量和人工开采量。

储存量是指储存在含水层内的重力水体积，可分为容积储存量和弹性储存量。容积储存量是指潜水含水层中所容纳的重力水体积；弹性储存量是指将承压含水层的水头降至含水层顶板以上某一位置时，由于含水层的弹性压缩和水体积弹性膨胀所释放的水量。

由于地下水位是随时变化的，所以储存量也随时增减。天然条件下，在补给期内补给量大于排泄量，多余的水量便在含水层中储存起来；在非补给期，地下水消耗大于补给，则动用储存量来满足消耗。在人工开采条件下，如果开采量大于补给量，就要动用储存量，以支付不足；当补给量大于开采量时，多余的水变为储存量。可见，储存量起着调节作用。

11.3.1.2　以分析补给资源为主的分类法

区域地下水资源评价时，一般把地下水资源分为补给资源和开采资源，并着重分析补给资源，在此基础上估算开采资源。

补给资源是指在地下水均衡单元内，通过各种途径接受大气降水和地表水的入渗补给而形成的具有一定化学特征、可资利用并按水文周期呈规律变化的多年平均补给量。补给资源的数量一般用区域内各项补给量的总和表示。

开采资源用可开采量表示。可开采量是在技术上可能、经济上合理，不造成水位持续下降、水质恶化及其他不良后果条件下可供开采的多年平均地下水量。在区域地下水资源评价中，一般可开采量与总补给量相当，用多年平均总补给量作为可开采量。

11.3.1.3　Н·А·普洛特尼可夫分类法

此分类法是苏联学者 Н·А·普洛特尼可夫提出的，20 世纪 50 年代传入我国。Н·А·普洛特尼可夫将地下水储量分为静储量、动储量、调节储量和开采储量 4 种。静储量是指天然条件下储存于潜水最低水位以下含水层中的重力水体积。动储量是指单位时间内通过垂直于地下水流向的含水层过水断面的地下水量。调节储量指天然条件下年（或多年）最高与最低水位之间潜水含水层中重力水的体积。开采储量指在不发生水量显著减少和水质恶化的条件下，用一定的取水设备从含水层中汲取的水量。确定开采储量最为重要，但比较复杂，没有固定的计算公式。

Н·А·普洛特尼可夫分类法反映了地下水资源在天然条件下的一定客观规律，曾在我国地下水资源评价中起到重要作用。但该种分类只反映了地下水在天然条件下的各种数量组合，而没有明确在一定时间内各种数量之间的转化关系，尤其是没有指出在开采条件下，那些天然储量成分对开采资源起什么作用。所以，评价开采资源时，往往只能按照天然条件计算出各种储量，而不能提出可靠的开采资源数量。

11.3.2 计算分区

地下水的补给、径流、排泄情势受地形地貌、地质构造及水文地质条件的制约,地下水资源量评价是按照水文地质单元,然后归并到各水资源分区和行政分区进行的。为了确定评价方法和选用水文地质参数,需要按表 11-2 划分地下水资源评价类型区。

表 11-2　地下水资源评价类型区名称及划分依据一览表

Ⅰ级类型区		Ⅱ级类型区		Ⅲ级类型区	
划分依据	名称	划分依据	名称	划分依据	名称
区域地形地貌特征	平原区	次级地形地貌特征、含水层岩性及地下水类型	一般平原区	水文地质条件、地下水埋深、包气带岩性特征及厚度	均衡计算区 :
			内陆盆地平原区		均衡计算区 :
			山间平原区（包括山间盆地平原区、山间河谷平原区和黄土高原台塬区）		均衡计算区 :
			沙漠区		
	山丘区		一般山丘区		均衡计算区 :
			岩溶山区		

11.3.3 地下水资源量的计算

11.3.3.1 平原区地下水资源量计算

在平原区,通常以地下水的补给量作为地下水资源量。平原地区的补给量有:降水入渗补给量、河道渗漏补给量、渠系渗漏补给量、渠灌田间入渗补给量与井灌回归补给量、越流补给量以及闸坝蓄水渗漏补给量,还有人工回灌补给量等。

1) 补给量计算

(1) 降水入渗补给量

降水入渗补给量是指降水渗入到包气带后在重力作用下渗透补给潜水的水量,它是浅层地下水的重要补给来源,降水入渗补给量可由两种方法估算。

①地下水位动态法　平原区地势平坦,地下径流微弱,在一次降雨后,水平排泄和垂直蒸发都很小,地下水位的上升是降雨入渗补给所引起的结果,据此可估算降水入渗补给量:

$$WR_P = 100 \sum \mu \Delta h F \quad (11\text{-}15)$$

式中　WR_P——降水入渗补给量, $\times 10^4 \text{m}^3$;

Δh——计算时段内各次降水引起的地下水位升幅(m),即 $\Delta h = Z_1 - Z_0$,其中 Z_0 为初始水位, Z_1 为水位上升后的最高水位;

μ——变值给水度；

F——计算区面积，km^2。

如果地下水位是按定时段制(如5日或10日)观测的值，需用自记水位计的资料加以校正。在摘取Δh时，必须注意所摘取的量与本次降水量相应，即时间相应和大小合适，并注意是否有其他因素(如灌溉和抽水等)的影响。

②降雨入渗补给系数法 我国水利部门通常采用降水入渗补给系数法估算降水入渗补给量。

$$WR_P = 0.1\alpha PF \tag{11-16}$$

式中 WR_P——降水入渗补给量，$\times 10^4 m^3$；

α——降水入渗补给系数；

P——降水量，mm；

F——计算区面积，km^2。

降水入渗补给量计算的基本时段为次，按需要可由各次累加后的量计算得出不同时段(如日、月、季、年等))的补给量。区域平均降水入渗补给量，可取区内各计算点的补给量按不同情况用算术平均法、面积加权法或等值线图法求得。算术平均法用于各点的量相差较小时，后两种方法用于各点的量相差较大时。

(2) 河道渗漏补给量

当河水位高于两岸地下水位时，河水在重力作用下以渗流形式补给地下水，这种现象称为河道渗漏补给。在河道上选择一定距离的上下两个测流断面，通过流量的测定，可计算河道渗漏补给量。计算公式为：

$$WRr = 10^{-4}[(Q_上 - Q_下)T - 10^{-3}E_0 BL] \tag{11-17}$$

式中 WRr——计算区计算时段内的河道渗漏补给量，$\times 10^4 m^3$；

T——计算时段，s；

$Q_上$，$Q_下$——河道上、下断面实测流量，m^3/s；

E_0——水面蒸发量，mm；

B——水面宽，m；

L——实测流量段距离，m。

当测流段和计算河段长度不一样时，采用下式计算：

$$WRr = \frac{Q_上 - Q_下}{10^{-4}L'}TL(1 - \lambda) \tag{11-18}$$

式中 L'——测流段长度，m；

L——计算河段长度，m；

λ——修正系数，根据两测流断面间水面蒸发、两岸地下水浸润带蒸发量之和占$(Q_上 - Q_下)$的比率而定。

测流段长度L'不宜过短，否则$Q_上$和$Q_下$相差无几，甚至由于测流时$Q_上$为负误差，而$Q_下$又为正误差，使得$(Q_上 - Q_下)$可能出现负值。因此，测流量的长度L'不宜小于1 km。测流段区间来水应从$Q_下$中减去(扣除)，而区间引出的水量应还原到$Q_下$中(加入)计算。

(3) 灌溉水入渗补给量

灌溉水入渗补给量分为渠系渗漏补给量和田间渗漏补给量两种。

①渠系渗漏补给量 指干、支、斗、农、毛各级渠道在输水过程中对地下水的渗漏补给量。斗渠以下渠系分布密度很大,可并入渠灌田间入渗补给量中。常用的计算式为:

$$WR_q = m \cdot WR_{qy} \tag{11-19}$$

式中 WR_q——渠系渗漏补给量,$\times 10^4 \text{ m}^3$;

WR_{qy}——渠首引水量,计算时可用实测水文资料和调查资料。计算多年平均渠系渗漏补给量时,可选用平水年资料,$\times 10^4 \text{ m}^3$;

m——渠系渗漏补给系数,为渠系渗漏补给地下水的水量与渠首引水量的比值。

②渠灌田间入渗补给量 指灌溉水进入田间后,渗漏补给地下水的水量,包括田间渠道(斗渠和斗渠以下的各级渠道)的渗漏。田间入渗的机制和降水入渗相似,灌溉入渗补给量的大小与灌水量、土壤质地、地下水埋深以及土壤含水量等有关。常用计算式为:

$$WR_{qg} = \beta_\text{渠} W_g \tag{11-20}$$

式中 W_g——田间净灌水量,通常根据渠首引水量乘以渠系有效利用系数 η 求得,或用灌水定额(即灌水1次每亩净灌水的数量,在全生长期要进行多次灌水,各次灌水定额之总和为灌溉定额)与灌溉亩数的乘积求得,$\times 10^4 \text{ m}^3$;

$\beta_\text{渠}$——渠灌入渗补给系数,即某一时段田间灌溉入渗补给量和相应的灌水量之比;

WR_{qg}——渠灌田间入渗补给量,$\times 10^4 \text{ m}^3$,计算多年平均值时可用平水年实际的 $\beta_\text{渠}$ 和 W_g。

③井灌回归补给量 指井灌区引地下水灌溉后,回归地下水的数量。其计算公式为:

$$WR_{jg} = \beta_\text{井} W_j \tag{11-21}$$

式中 W_j——井泵出水量,一般采用地下水实际开采量,也有的地区采用井灌水定额乘井灌面积求得,$\times 10^4 \text{ m}^3$;

$\beta_\text{井}$——井灌回归系数(无因次);

WR_{jg}——井灌回归补给量,$\times 10^4 \text{ m}^3$,计算多年平均 WR_{jg} 时,可用平水年份实际的 $\beta_\text{井}$ 和 W_j。

④越流补给量 如果某一含水层的上覆或下伏岩层为弱透水层(如亚黏土或亚砂土),并且该含水层的水头低于相邻含水层的水头,则相邻含水层中的地下水可能穿越弱透水层而补给该含水层,这种现象称为越流。越流量 Q 可按达西定律近似计算:

$$Q = K'F \frac{\Delta H}{M'} \tag{11-22}$$

在 T 时段内(d)的越流总量 WR_y 为:

$$WR_y = K'F \frac{\Delta H}{M'} T \tag{11-23}$$

或写成

$$WR_y = 10^{-4} K_e F \Delta H T \tag{11-24}$$

式中 K_e——越流系数，m/(d·m)，$K_e = \dfrac{K'}{M'}$；

F——过水面积，m^2；

M'——弱透水层的平均厚度，m；

K'——弱透水层的渗透系数，m/d；

ΔH——相邻两个含水层的水头差，m。

⑤山前侧向补给量　指山丘区的地下水通过侧向径流补给平原区地下水的水量。它在区域地下水资源量中占有较大的比重。山前侧向补给量的主要计算方法是沿补给边界切剖面，分段按达西公式进行计算：

$$WR_c = 10^{-4} KIBHT \tag{11-25}$$

式中 WR_c——山前侧向补给量，$\times 10^4 \ m^3$；

K——渗透系数，m/d；

T——计算时段，d；

B——计算断面宽度，m；

I——垂直于剖面方向上的水力坡度（无因次），%；

H——含水层计算厚度，m。

水力坡度 I 和过水断面宽度 B 均是实测值，含水层厚度应是山前侧向补给地下水的渗透有效带深度，一般包括松散堆积物全部含水岩层，即颗粒大于粉砂的全部含水层均应列入渗透有效带范围内。渗透系数 K 宜采用带观测孔的多孔抽水试验资料，用裘布依水井公式的计算值，一般按单孔抽水试验（不经修正）计算的 K 值仅为实际值的 1/3~1/2。

2）排泄量的计算

平原区地下水的排泄量主要有潜水蒸发量、河道排泄量、侧向流出量、越流排泄量以及人工开采量等。

①潜水蒸发量　指潜水在毛细管引力作用下向上运动而形成的蒸发量，包括棵间蒸发和植被叶面蒸腾。潜水蒸发量是浅层地下水消耗的主要途径。计算公式为：

$$E = 0.1 E_0 C F \tag{11-26}$$

式中 E——潜水蒸发量，$\times 10^4 \ m^3$；

E_0——水面蒸发量，mm；

C——潜水蒸发系数（无因次）；

F——计算面积，km^2。

②河道排泄量　平原地区地下水排入河道的水量称为河道排泄量。当河流水位低于两岸地下水位时，河道排泄地下水，计算方法为河道渗漏量的反运算。

③侧向流出量　地下水侧向流出量一般指以地下潜流形式流出均衡单元的水量，即普氏分类中的动储量，有时称为地下径流量，计算方法与山前侧向补给量相同，只是前者是流出均衡单元，后者是流入。

④越流排泄量　当浅层地下水的水头高于深层承压水的水头时，浅层地下水通过弱透水层向深层地下水补给，形成浅层地下水的逆流排泄量，计算方法同越流补给量。

⑤地下水开采量　地下水实际开采量是水资源开发利用程度较高地区的主要消耗项，在无开采计量记录的地区，多采用用水调查统计和分析的成果。

3) 平原区地下水资源量

根据前述各分项计算结果求得总补给量和排泄消耗量后，进行补排平衡分析检验。多年平均的年总补给量和年总消耗量应相等，若两者相差较大，应分析原因并对有关项进行修正。多年平均地下水年总补给量中，扣除井灌平均年回归补给量，即为地下水多年平均年资源量。

11.3.3.2　山丘区地下水资源量计算

山丘区水文、地质条件复杂，研究程度相对较低，资料短缺，直接计(估)算地下水的补给量往往是有困难的，但山丘区地形起伏较大、高差悬殊，河床切割较深、比降大，流域调蓄能力较差，大气降水入渗补给后形成的地下径流很快就能通过散泉溢出地面，排入河流。按地下水均衡原理，总排泄量等于总补给量，所以山丘区的地下水资源量可用各项排泄量之和来计算。山丘区地下水总排泄量包括河川基流量、河床潜流量、山前侧向流出量、潜水蒸发量、未计入河川径流的山前泉水出露总量和浅层地下水实际开采的净消耗量等。

(1) 河川基流量

河川基流量是山丘区地下水的主要排泄量。山丘区河川基流量过程线上的流量值由两部分组成：一是地表径流，二是地下径流，即河川基流量。分割河川基流量的常用方法有直线平割法、直线斜割法(其中又有综合退水曲线法、消退流量比值法、消退系数比较法)和加里宁法。

(2) 河床潜流量

出山口处的河床有松散沉积发育时，松散沉积物中的地下径流称为河床潜流，这部分流量不能被水文站测到，即没有包含在河川径流量或基流量内。河床潜流量一般按照达西定律推求：在河床潜流存在处垂直河床设一断面，测得其过水断面 A，同时在断面上下游布置观测井，测得地下潜流的水力坡度 I，计算期 T 内河床潜流总量 WH_P：

$$WH_P = KIAT \tag{11-27}$$

式中　K——渗透系数；

A——过水断面面积，m^2；

I——水力坡度，%；

T——计算期潜流时间，h。

(3) 山前侧向流出量

山前侧向流出量是指山丘区地下水通过裂隙、断层或溶洞以地下径流形式直接补给平原区的水量，计算同平原区山前侧渗补给量。

(4) 未计入河川径流的山前泉水出露量

山丘区地下水在山丘与平原交界处出露地表形成泉水。有些泉水进入河道在下游水文站能够实测到,有些泉水不泄入河道,在当地自行消耗,需要通过典型调查和统计估算得到。

(5)潜水蒸发量和浅层地下水实际开采的净消耗量

对于山丘区中面积较小的河谷阶地,潜水蒸发量和浅层地下水实际开采的净消耗量的估算方法与平原区相同。

将上述各项排泄量求和后就得到山丘区地下水资源量。

11.3.4 地下水资源评价

地下水资源评价就是要求摸清在当地(或评价区)水文地质条件下,地下水的开采和补给条件及其之间的相互关系,分析其变化情况,从而制订地下水开发利用规划。地下水资源评价,最主要的是计算地下水允许开采量(又称可开采量),因为它是地下水资源评价的目的所在。允许开采量是指在经济合理、技术可能的条件下,不引起水质恶化和水位持续下降等不良后果时开采的浅层地下水量。地下水资源评价根据其依据的理论分类可以有如下几种方法。

(1)水量平衡法(水均衡法)

对于一个均衡区的含水层来说,在补给和消耗的不平衡发展过程中,在任一时段 Δt 内的补给量和消耗量之差,恒等于这个含水层中水体积(严格说是质量)的变化量。若把地下水的开采量作为消耗量考虑,便可建立开采条件下的水平衡方程:

$$(Q_k - Q_c) + (W - Q_w) = \pm \mu F \frac{\Delta H}{\Delta t} \tag{11-28}$$

其中
$$W = P_r + Q_{cf} + Q_e - E_g \tag{11-29}$$

式中 Q_k——侧向补给量,m^3/a;

Q_c——侧向排泄量,m^3/a;

W——垂向补给量,m^3/a;

Q_w——地下水开采量,m^3/a;

μ——含水层的给水度;

F——平衡区的面积,m^2;

ΔH——平衡时段内的水位变幅,m;

Δt——平衡时段,最短应选1个水文年,a;

P_r——降水入渗补给量,m^3/a;

Q_e——越流补给量,m^3/a;

Q_{cf}——渠系及田间灌溉入渗补给量,m^3/a;

E_g——潜水蒸发量,m^3/a。

利用该水量平衡方程既可以根据已知的均衡要素计算开采量或水位变幅,也可以根据地下水动态观测资料反求水文地质参数。

如果在均衡期确定了允许的地下水位变幅值,均衡方程便可写成预测开采量的公式(若在开采过程中,ΔH 为负值):

$$Q_w = (Q_k - Q_c) + W \pm \mu F \frac{\Delta H}{\Delta t} \tag{11-30}$$

可见区域地下水开采量由 3 个部分组成：侧向补给量 $(Q_k - Q_c)$、垂向补给量 W 和开采过程中动用的储存量。这个关系式从理论上说明了开采量的可能组成规律。

如果在均衡期确定了允许开采量，则可计算地下水位变幅，即

$$\Delta H = [(Q_k - Q_c) + (W - Q_w)] \frac{\Delta t}{\mu F} \tag{11-31}$$

计算的地下水位变幅 ΔH 为正，说明评价区的地下水储量增加，地下水位上升，称为正均衡；ΔH 为负，则地下水储量减少，地下水位下降，称为负均衡。

在给出均衡期地下水位允许变幅值的条件下，将计算的均衡要素代入式(11-30)，计算均衡时段内的地下水开采量，可用其分析评价地下水资源对用水的保证程度。

在一定的开采(涉及布井方案、开采量、开采时间等)、补给和排泄条件下，将计算的均衡要素代入式(11-31)，计算均衡时段的地下水位变幅值，可用其分析评价地下水资源开采的合理程度。

(2) 开采系数法

在水文地质研究程度较高，并有开采条件下的地下水总补给量、地下水位、实际开采量等长序列资料的地区，可用开采系数法确定多年平均可开采量，一般计算式为：

$$Q_{可采} = \rho Q_{总} \tag{11-32}$$

式中　$Q_{可采}$——地下水年可开采量，$\times 10^4 \ m^3/a$；

ρ——可开采系数，以小数计；

$Q_{总}$——开采条件下的年总补给量，$\times 10^4 \ m^3/a$。

(3) 相关分析法

该法适用于对已开采的潜水和承压水的旧水源地扩大开采时的评价，对新水源地不适用。旧水源地扩大开采时，在边界条件和开采条件变化不大时，用该法进行水位或开采量预报，结果较可靠。开采量同许多因素(如水位、开采时间、开采面积和水文气象)是相互关联而又相互制约的，因此可根据地下水的两个或多个主要因素的大量实际观测数据分析出它们之间相互关系的表达式，然后用外推法进行预报。因此，相关分析法又称为相关外推法。

(4) 开采试验法

在水文地质条件复杂的地区，如果一时难于查清水文地质条件(主要是补给条件)，而又急需做出评价时，可打勘探开采井，并按开采条件(开采降深和开采量)进行抽水试验，根据试验结果可以直接评价开采量。这种评价方法对于潜水或承压水，新水源地或旧水源地扩建都适用，但主要适用于水文地质条件比较复杂、岩性不均一的中小型水源地。

(5) 数值法

随着计算机技术的迅速发展，数值法作为一种求近似解的方法被广泛用于地下水水位预报和资源评价中。特别是对含水层是非均质、变厚度、隔水底板起伏不平，边界条件和地下水补给及排泄系统较复杂，解析法求解很困难，甚至在无能为力的情况下，数

值法便能显示出其优越性。

数值法是指把刻画地下水运动的数学模型离散化，把定解问题转化成代数方程，解出区域内有限个节点上的数值解。

地下水资源评价中常用的数值法是有限差分法和有限单元法。有限差分法特别是交替方向隐式差分法，计算速度快、占用内存少，同时比较直观、简单易懂，在数学理论上比较成熟，但这种方法的时间步长受到较大的限制。有限单元法对第二类边界条件不必作专门处理，可以自动满足，单元大小和形状视需要取用，比有限差分法有较大的灵活性，一般情况下比有限差分法有更高的精度。但有限单元法占用的内存较多，在编排结点号码，编制程序和选用求解线性方程组方法时，应加以考虑。

11.4 土壤水资源计算与评价

11.4.1 土壤水资源量计算

11.4.1.1 特定评价时段的土壤水资源量

特定评价时段的土壤水资源量指对非长序列的土壤水资源量进行评价时，由潜水蒸发量、凝结水量、时段始末评价土层中土壤水的蓄变量和有效降水量组成的土壤水资源量。宏观模型为：

$$W = Q + N + \Delta W + \sum_{i=1}^{n} P_{0i} \tag{11-33}$$

式中 W——评价时段内的土壤水资源量，mm；

Q——评价时段内的潜水补给量（补给评价土层），mm；

N——评价时段内的凝结水总量，mm；

ΔW——评价时段始末评价土层内的土壤水蓄变量，mm；

P_{0i}——日降水在土壤评价层中形成的蓄变量（日有效水量），mm；

n——评价时段的天数，d。

11.4.1.2 多年平均土壤水资源量

多年平均土壤水资源量是指对长序列的土壤水资源进行评价，时段始末的土壤含水量 ΔW 相差很小，不予考虑，只考虑降水、凝结水、潜水蒸发等补给项组成的土壤水资源量。其模型为：

$$W = Q + N + \sum_{i=1}^{n} P_{0i} \tag{11-34}$$

式中 各符号意义同前。

11.4.1.3 可利用的土壤水资源量

可利用的土壤水资源量是指植物生育期内的土壤水资源量，针对不同植物而言，也是一种特定时段的土壤水资源量，评价时段为植物的生育期。

$$W = Q + N + \Delta W + \sum_{i=1}^{n} P_{0i} \tag{11-35}$$

式中　各字母意义同前。

11.4.2　土壤水资源评价

11.4.2.1　土壤蓄水量资源的评价

土壤水的蓄量是土壤水的可调节量，随着时间在变化，是一种适时的水资源的概念。对土壤蓄水量的变化过程的描述可用区域时段水量平衡方程表示：

$$\frac{d_w}{d_t} = i(t) - e(t) - r(t) \tag{11-36}$$

式中　$i(t)$——降水强度过程；
　　　$e(t)$——蒸发散强度过程；
　　　$r(t)$——径流强度过程。

11.4.2.2　区域土壤水资源总量评价

区域土壤水资源评价是从水量平衡角度给出土壤水资源的区域平均值，多年平均的流域水量平衡方程式为：

$$P = E + R_s + R_g \tag{11-37}$$

区域降水量(P)最终转化为 3 种资源形式：地表水资源(R_s)、土壤水资源(W_{sr})和地下水资源(R_g)。式(11-37)右端第二、第三项分别为地表水资源和地下水资源，那么，土壤水资源的数量原则上应该用总蒸发量来评价，这是符合质量守恒定律的。于是：

$$P = W_{sr} + R_s + R_g \tag{11-38}$$

和

$$W_{sr} = P - R_s - R_g \tag{11-39}$$

必须强调指出，式(11-39)是从数量上估算区域土壤水资源的基本方程式。在实际应用时，尚须根据具体情况做必要的修正。例如，在森林地区，植被截留量大，这部分降水未到达土壤，应从降水量中扣除；冬季有稳定雪盖的地区，要从降水量中减去雪面蒸发量，有广阔水域(湖泊、水库等)的流域，水面蒸发量在总蒸发量中有一定比重，它不属土壤水蒸发或蒸腾，要在总蒸发量中扣除；在地下水埋深较浅的地区，地下水面上的毛管上升水为根系层土壤水蒸发和植物蒸腾(即通常所说的"潜水蒸发")供水；在灌溉地区，土壤水得到人工补给，这是地表水或地下水的再转化。凡此种种，在区域土壤水资源评价时应视具体情况分别予以考虑。下面讨论几种情况下区域土壤水资源评价方法。

(1)山区土壤水资源

山区河流大多用闭合流域，河川径流中的地下径流量即为山区的地下水资源，其土壤水资源为：

$$W_{sr} = P - R - E_v \tag{11-40}$$

式中　R——地下径流量，mm；

E_v——植被截留降水量，mm。

当 $E_v = 0$，
$$W_{sr} = P - R \tag{11-41}$$

(2) 平原(和盆地)地区土壤水资源

平原地区地形平坦，土壤深厚，流域界线不明显，多属不闭合的情况，降水量到达地表后的再转化十分复杂，地表水、地下水和土壤水的交换频繁。大气降水形成数量不多的地表径流，大部分渗入土壤，超过土壤持水能力的重力水则补给地下水。降雨入渗补给形成的地下水一部分在一定条件下可能以地下径流形式汇入江河，但大部分则以地下潜流流向下游，或者通过土壤根系层消耗于蒸散即"潜水蒸发"，在开采条件下，可将"潜水蒸发"转化为地下水的开采资源。于是平原地区土壤水资源：

$$W_{sr} = P - R_s - P_g \tag{11-42}$$

式中 P_g——地下水的降雨入渗补给量，mm。

在天然条件下，
$$P_g = R_g + E_g \tag{11-43}$$

在开采条件下，
$$P_g = R_g + R_u \tag{11-44}$$

式中 E_g——潜水蒸发，mm；
R_u——地下潜流，mm；
其余字母意义同前。

(3) 森林流域土壤水资源

当流域森林面积较大时，由于森林植被截留雨量数量不小，必须从降水量中扣除这部分水量，即

$$W_{sr} = P - R_s - R_g - E_v \tag{11-45}$$

式中 各字母意义同前。

(4) 湖泊河网流域土壤水资源

在地表水体如湖泊、水库和河道水网多的地区，水面蒸发量在总蒸发量中占有一定比重，不可忽视，因此，在应用流域水量平衡方程式推求区域土壤水资源时，要从总蒸发量中扣除水面蒸发量(E_w)，即

$$W_{sr} = P - R_s - R_g - E_w \tag{11-46}$$

(5) 灌溉地区土壤水资源

灌溉地区农田土壤的水分收入包括降水量和灌溉量，灌溉是将地表水资源或地下水资源转化为土壤水，属于人工增加土壤水资源，故有：

$$W_{sr} = P + W_g - R_s - P_g \tag{11-47}$$

式中 W_g——灌溉水量，mm；
P_g——地下水的降雨入渗补给量与灌溉回归水之和，mm；
其余字母意义同前。

11.5 生态环境水资源计算与评价

11.5.1 区域生态环境需水量计算

确定生态环境需水量必须考虑生态区的情况、生态保护目标等，因此不同生态系统的情况不同，同一生态系统的不同时段、不同生态区的情况也有差异。所以，在建立计算模型时，既要考虑系统的特殊性，又不失一般性。根据生态环境需水量的概念与内涵，以及确定生态环境需水量的理论框架，以区域或流域为研究对象，进行生态区的划分，然后建立计算模型。区域或流域的生态环境需水量为：

$$W_{EEWRs} = W_{tEERWs} + W_{rEEWRs} + W_{eEEWRs} + W_{wEEWRs} - W_{repeat} \tag{11-48}$$

式中　W_{EEWRs}——区域或流域生态环境需水量，$\times 10^8 \text{ m}^3/\text{a}$；

　　　W_{tEERWs}——陆地（陆生植物和动物）生态环境需水量，$\times 10^8 \text{ m}^3/\text{a}$；

　　　W_{rEEWRs}——河流（水生植物和动物）生态环境需水量，$\times 10^8 \text{ m}^3/\text{a}$；

　　　W_{eEEWRs}——河口（含滨海岸区）生态环境需水量，$\times 10^8 \text{ m}^3/\text{a}$；

　　　W_{wEEWRs}——湿地（含沼泽、湖泊等）生态环境需水量，$\times 10^8 \text{ m}^3/\text{a}$；

　　　W_{repeat}——重复计算量，$\times 10^8 \text{ m}^3/\text{a}$。

需要说明的是，上式之所以将河口生态环境需水量单独列出，是因为河流在河口段具有许多特殊性。河口生态系统非常复杂，同时种群数量和生物多样性特征典型，与河流生态系统存在明显的不同。另外，公式中的重复计算量为不同计算量之间的重复量，这是由于生态系统的复杂性决定了无法将生态系统绝对地划分为几种类型，因此在计算生态环境需水量时，必然会产生重复，如河流与河口生态环境需水量之间就存在重复，因为河流下游的生态环境需水量中的一部分水量最后流入河口，仍然可以满足河口生态系统的部分生态功能。

11.5.1.1　陆地生态环境需水量 W_{tEERWs} 的确定

为了便于计算，增强模型的可操作性，本书将 W_{tEERWs} 分为植被生态环境需水量和动物生态环境需水量，其计算公式为：

$$W_{tEERWs} = W_{vEEWRs} + W_{fEEWRs} \tag{11-49}$$

式中　W_{tEERWs}——陆地生态环境需水量，$\times 10^8 \text{ m}^3/\text{a}$；

　　　W_{vEEWRs}——陆地植被生态环境需水量，$\times 10^8 \text{ m}^3/\text{a}$；

　　　W_{fEEWRs}——陆地动物生态环境需水量，$\times 10^8 \text{ m}^3/\text{a}$。

11.5.1.2　河流生态环境需水量 W_{rEEWRs} 的确定

河流生态环境需水量 W_{rEEWRs} 的确定主要考虑河流的基本生态环境需水量、水质净化需水量、输沙需水量、河道渗漏补给需水量和水面蒸发需水量。

$$W_{rEEWRs} = \max(W_b, W_c) + W_s + W_l + W_e \tag{11-50}$$

式中　W_b——河流基本生态环境需水量，mm；

W_c——水质净化需水量，mm；

W_s——水输沙需水量，mm；

W_l——河道渗漏补给需水量，mm；

W_e——水面蒸发需水量，mm。

11.5.2 生态环境用水量计算

从广义上说，维持全球生物地理生态系统水分平衡所需用的水，包括水热平衡、水沙平衡、水盐平衡等所需用的水都是生态环境用水；从狭义上讲，生态环境用水是指为维护生态环境不再恶化并逐渐改善所需要消耗的水资源总量；生态环境用水的数量与恢复和建设生态环境的标准有关（标准低则用水量小，标准高则用水量大）。简言之，生态环境建设所消耗的水就是生态环境用水，用水量的大小与生态环境建设的标准有关。

目前尚无精确计算生态环境用水的方法，因此只能估算其数量。为了估算某个地区的生态环境用水，首先应在调查研究的基础上做出该地区的生态环境分区。然后按区估算汇总，在供需平衡的基础上确定生态环境用水量。供需平衡要以供定需，确定生态环境用水应本着"有所为有所不为"的原则。

先估算每个小区的用水量；通过汇总，求出每个大区的用水量；再汇总，求出整个地区的总用水量。下面按区给出估算方法：

（1）山区生态环境用水量的估算

对于山区来说，不同的降水支撑了不同类型的山地植被。山区的植被需水得到满足之后才形成出山口径流。因此，山区的降水量减去出山口径流量即为山区生态环境用水量。用公式可表示为：

$$Q_m = 10 X_m F_m - 3.1536 \times 10^7 q_m \tag{11-51}$$

式中 Q_m——山区生态环境用水量，m^3/a；

X_m——山区年降水量，采用多年平均值，mm/a；

F_m——山区面积，hm^2；

q_m——出山口径流量，采用多年平均值，m^3/s。

（2）荒漠区生态环境用水量的估算

地带性植被需水几乎耗尽了当地降水，因此本区的生态环境用水量可表示为：

$$Q_d = 10 X_d F_d \tag{11-52}$$

式中 Q_d——荒漠区生态环境用水量，m^3/a；

X_d——荒漠区年降水量，采用多年平均值，mm/a；

F_d——荒漠区面积，hm^2。

（3）荒漠草原和干（典型）草原区生态环境用水量的估算

本区年径流深 $5 \sim 50$ mm，年径流系数 $a < 0.1$，天然降水的大部分消耗于地带性植被需水；植被生长需水 $200 \sim 400$ mm。生态环境用水量为：

$$Q_g = 3\,000 F_g \tag{11-53}$$

式中 Q_g——荒漠草原和干（典型）草原区生态环境用水量，m^3/a；

F_g——荒漠草原和干（典型）草原区面积，hm^2；

3 000——平均值，在 2 000~4 000 之间变动。

（4）森林草原和森林区生态环境用水量的估算

本区径流比较丰富，年径流深大于 50 mm，年径流系数 $a > 0.1$。地带性森林草原和森林植被需水 400~550 mm。生态环境用水量为：

$$Q_f = 4\,750 F_f \tag{11-54}$$

式中　Q_f——森林草原和森林区生态环境用水量，m^3/a；

　　　F_f——森林草原和森林区面积，hm^2；

　　　4 750——平均值，在 4 000~5 500 之间变动。

11.6　水资源综合评价

11.6.1　水资源总量

11.6.1.1　水资源总量的概念

地表水、土壤水和地下水是陆面上普遍存在的 3 种水体，大气降水是其主要补给来源。自然条件下这 4 种水体之间的转化关系可用区域水循环概念模型表示，如图 11-2 所示。

在一个区域内，如果把地表水、土壤水和地下水作为一个系统，则天然条件下的总补给量为降水量，总排泄量为河川径流量、总蒸发散量和地下潜流量之和。根据水量均衡原理，总补给量和总排泄量之差为区域内地表水、土壤水和地下水的蓄水变量，某一时段内的区域水量平衡方程为：

$$P = R + E + U_g \pm \Delta V \tag{11-55}$$

式中　P——降水量，mm；

　　　R——河川径流量，mm；

　　　E——蒸发散量，mm；

　　　U_g——地下潜流量，mm；

　　　ΔV——地表水、土壤水和地下水的蓄水变量，mm。

式中各量的单位均为 $\times 10^4\ m^3$ 或 $\times 10^8\ m^3$。

在多年平均情况下，蓄水变量可忽略不计，则式（11-55）变为：

$$P = R + E + U_g \tag{11-56}$$

如图 11-2 所示，可将河川径流量 R 划分为地表径流量 R_s（包括坡面流和壤中流）和河川基流 R_g，将总散发量 E 划分为地表蒸发散量 E_s（包括植物截流损失、地表水体蒸发和包气带蒸发散）和潜水蒸发量

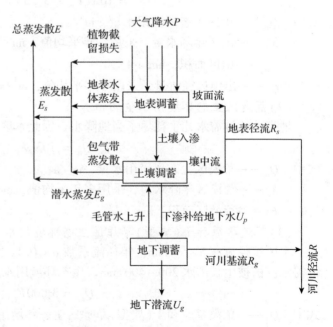

图 11-2　区域水循环概念模型

E_g，式(11-55)可写成：

$$P = (R_s + R_g) + (E_s + E_g) + U_g \tag{11-57}$$

根据地下水多年平均补给量和多年平均排泄量相等的原理，在没有外区来水的情况下，区域内地下水的降水入渗补给量 U_P 应等于河川基流量、潜水蒸发量和地下水潜流量之和，即

$$U_P = R_g + E_g + U_g \tag{11-58}$$

将式(11-58)代入式(11-57)，则得区域内降水量与地表径流量、地下径流量（包括垂向运动）、地表蒸发散量的平衡关系，即

$$P = R_s + E_s + U_p \tag{11-59}$$

将区域内水资源总量 W 定义为当地降水形成的地表和地下的产水量，则有

$$W = R_s + U_p = P - E_s \tag{11-60}$$

或

$$W = R + U_g + E_g \tag{11-61}$$

式(11-60)和式(11-61)是将地表水和地下水统一考虑时区域水资源总量计算的两种公式。式(11-60)把河川基流量归并在地下水补给量中，式(11-61)把河川基流量归并在河川径流量中，这样可以避免重复水量的计算。潜水蒸发量可以转化为地下水开采量，因此把其作为水资源的组成部分。

11.6.1.2 水资源总量的计算

在水量评价中，我们把河川径流量作为地表水资源量，把地下水补给量作为地下水资源量。由于地表水和地下水相互联系和转化，河川径流量中包括了一部分地下水排泄量，而地下水补给量中又有一部分来自于地表水体的入渗，因此不能将地表水资源量和地下水资源量直接相加作为水资源总量，而应扣除相互转化的重复水量，即

$$W = R + Q - D \tag{11-62}$$

式中 W——水资源总量，$\times 10^4 \mathrm{m}^3$ 或 $\times 10^8 \mathrm{m}^3$；

R——地表水资源量，$\times 10^4 \mathrm{m}^3$ 或 $\times 10^8 \mathrm{m}^3$；

Q——地下水资源量，$\times 10^4 \mathrm{m}^3$ 或 $\times 10^8 \mathrm{m}^3$；

D——地表水和地下水相互转化的重复水量，$\times 10^4 \mathrm{m}^3$ 或 $\times 10^8 \mathrm{m}^3$。

由于分区重复水量 D 的确定方法因区内所包括的地下水评价类型区而异，因此分区水资源总量的计算方法也有所不同。下面分3种类型予以介绍。

(1) 单一山丘区

这种类型的地区一般包括一般山丘区、岩溶山区、黄土高原丘陵沟壑区。地表水资源量为当地河川径流量，地下水资源量按排泄量计算，相当于当地降水入渗补给量，地表水和地下水相互转化的重复水量为河川基流量。山丘区水资源总量计算公式为：

$$W_m = R_m + Q_m - R_{gm} \tag{11-63}$$

式中 W_m——山丘区水资源总量，$\times 10^4 \mathrm{m}^3$ 或 $\times 10^8 \mathrm{m}^3$；

R_m——山丘区河川径流量，$\times 10^4 \mathrm{m}^3$ 或 $\times 10^8 \mathrm{m}^3$；

Q_m——山丘区地下水资源量，即河川基流量和山前侧向流出量，$\times 10^4 \mathrm{m}^3$ 或 $\times 10^8 \mathrm{m}^3$；

R_{gm}——山丘区河川基流量，$\times 10^4 \text{m}^3$ 或 $\times 10^8 \text{m}^3$。

(2) 单一平原区

这种类型区包括北方一般平原区、沙漠区、内陆闭合盆地平原区、山间盆地平原区、山间河谷平原区和黄土高原台塬阶地区。地表水资源量为当地平原河川径流量。地下水除由当地降水入渗补给外，一般还有地表水体补给(包括河道、湖泊、水库、闸坝等地表蓄水体)和上游山丘区或相邻地区侧向渗入。平原区计算公式为：

$$W_P = R_P + Q_P - D_{rgP} \tag{11-64}$$

式中　W_P——水资源总量，$\times 10^4 \text{m}^3$ 或 $\times 10^8 \text{m}^3$；

　　　R_P——河川径流量，$\times 10^4 \text{m}^3$ 或 $\times 10^8 \text{m}^3$；

　　　Q_P——地下水资源量，$\times 10^4 \text{m}^3$ 或 $\times 10^8 \text{m}^3$；

　　　D_{rgP}——重复计算量，$\times 10^4 \text{m}^3$ 或 $\times 10^8 \text{m}^3$。

在开发利用地下水较少的地区(特别是我国南方地区)，降水入渗补给中有一部分要排入河道，成为平原区河川基流，即成为平原区河川径流的重复量，此部分水量可由下式估算：

$$R_{gP} = Q_{SP} \times R_{gm} / Q_P = \theta_1 Q_{SP} \tag{11-65}$$

式中　R_{gP}——降水入渗补给中排入河道的水量，$\times 10^4 \text{m}^3$ 或 $\times 10^8 \text{m}^3$；

　　　Q_{SP}——降水入渗补给量，$\times 10^4 \text{m}^3$ 或 $\times 10^8 \text{m}^3$；

　　　Q_P——平原区地下水资源量，$\times 10^4 \text{m}^3$ 或 $\times 10^8 \text{m}^3$；

　　　θ_1——平原区河川基流占平原区总补给量的比值，$\times 10^4 \text{m}^3$ 或 $\times 10^8 \text{m}^3$；

　　　R_{gm}——平原河道的基流量，可通过分割基流或由总补给量减去潜水蒸发求得，$\times 10^4 \text{m}^3$ 或 $\times 10^8 \text{m}^3$。

平原区地下水中的地表水体补给量来自两部分：上游山丘区和平原区的河川径流。这两部分的计算公式如下：

$$Q_{BBP} = \theta_2 Q_{BB} \tag{11-66}$$

$$Q_{BBm} = (1 - \theta_2) Q_{BB} \tag{11-67}$$

式中　Q_{BB}——平原区地下水中的地表水体补给量，$\times 10^4 \text{m}^3$ 或 $\times 10^8 \text{m}^3$；

　　　Q_{BBP}——地表水体补给量中来自平原区河川径流的补给量，$\times 10^4 \text{m}^3$ 或 $\times 10^8 \text{m}^3$；

　　　Q_{BBm}——地表水体补给量中来自上游山丘区的补给量，$\times 10^4 \text{m}^3$ 或 $\times 10^8 \text{m}^3$；

　　　θ_2——Q_{BBP} 占 Q_{BB} 的比例，可通过调查确定。

平原区地表水和地下水相互转化的重复水量有地表水体渗漏补给量和降水形成的河川基流量，即

$$D_{rgP} = R_{gP} + Q_{BBP} = \theta_1 Q_{SP} + \theta_2 Q_{BB} \tag{11-68}$$

(3) 山丘—平原混合区

这种类型的评价区域一般上游区为山丘，下游区为平原。在评价时首先分别对山丘区和平原区计算各自地表水资源量和地下水资源量，然后扣除山丘区与平原区地下水资源量的重复计算量(即山前侧流量和山丘区基流对平原区地下水的补给量)，得到全区的地下水资源总量。最后从全区地表水资源和地下水资源总量中扣除重复计算量，就得全

区水资源总量，重复计算量包括山丘区河川基流量、平原区降水形成的河川基流量和平原区地表水体渗漏补给量。

11.6.2 水资源开发利用及其影响评价

水资源开发利用现状及其影响评价是对过去水利建设成就与经验的总结，是对水资源进行综合开发利用和保护规划的基础性前期工作，其目的是增强流域或区域水资源规划的全局观念和宏观指导思想，是水资源评价工作中的重要组成部分。

水资源开发利用现状分析包括两方面的内容：现状水资源开发分析和现状水资源利用分析。现状水资源开发分析是分析现状水平年情况下，水源工程在流域开发中的作用，包括社会经济及供水基础设施现状、供用水量的现状、现状水资源开发利用程度等内容。这一工作需要调查分析水利工程的建设发展过程、使用情况和存在的问题；分析其供水能力、供水对象和工程之间的相互影响。现状水资源利用分析是分析现状水平年情况下，流域用水结构、用水部门的发展过程和目前的用水效率、节水潜力、今后的发展变化趋势及水资源开发利用对环境的影响评价。

11.7 水质评价

11.7.1 水质评价的概念及分类

水质即水资源质量，是指水体的物理、化学和生物学的特征和性质，受自然因素和人类活动的双重影响。水质对水的用途和利用价值有决定性影响。水质评价就是按照评价目标，选择相应的水质参数、水质标准和评价方法，对水体的质量利用价值及水的处理要求作出评定。水质评价是合理开发利用和保护水资源的一项基本工作。

水资源用途广，因此水质评价的目标类型也比较多。

①按评价目标分类　为防治污染的水污染评价，如20世纪60年代以来广泛进行的河流污染评价、湖泊富营养化评价等；为合理开发利用水资源的水资源质量评价。

②按评价对象分类　地表水评价和地下水评价，前者又分为河流、湖泊、水库、沼泽、潮汐河口和海洋等水质评价。

③按评价时段分类　利用积累的历史水质数据，揭示水质发展过程的回顾评价；根据近期水质监测数据，阐明水质当前状况的现状评价及对拟建工程作水质影响分析的影响评价(又称预断评价)。

④按水的用途分类　饮用水水质评价，渔业用水水质评价，工业用水水质评价，农业用水水质评价，游泳和风景游览水体的水质评价等。

11.7.2 水质评价步骤

"水资源评价导则"规定我国水资源评价时，水质评价包括河流泥沙、天然水化学特征及水资源污染状况调查评价等，其一般步骤为：①收集、整理和分析水质监测数据和有关资料；②根据评价目标，确定水质评价要素和参数；③选定评价方法，建立水质评价模型；④确定评价准则；⑤提出评价结论；⑥绘制水质图。

水质参数是指水中物理、化学和生物的成分及其数量。在水污染评价时，可采用当地主要污染物和有关的物理化学项目作为评价参数；在水资源质量评价时，选择能反映水质基本特性的参数和主要污染参数。在水质评价中，常用的参数有6类：

①常规水质参数　色、嗅、味、透明度(或浊度)、总悬浮固体、水温、pH 值、电导率、硬度、矿化度、含盐量等。

②氧平衡参数　溶解氧、溶解氧饱和百分率、化学耗氧量、生化需氧量等。

③重金属参数　汞、铬、铜、铅、锌、镉、铁、锰等成分。

④有机污染参数　简单有机物(苯、酚、芳烃、醛、DDT、六六六、洗涤剂等)和复杂有机物(三苯并芘、四苯并芘、石油、多氯联苯等)。

⑤无机污染物参数　氨氮、亚硝酸盐氮、硝酸盐氮、硫酸盐、磷酸盐、氟化物、氰化物、氯化物等。

⑥生物参数　细菌总数、大肠菌群数、底栖动物、藻类等。

我国根据不同的评价类型制定了相应的水质标准，如地面水环境质量标准、渔业用水水质标准、地面水卫生标准、农田灌溉水质标准等。在没有规定的水质标准情况下，可采用水质基准或本水系的水质背景值作为评价标准。

11.7.3　水质评价方法

水质评价方法有监测指数评价法和生物学评价法两类。

11.7.3.1　监测指数评价法

监测指数评价法是以水质参数实测值的相对污染程度值，通过统计处理得到一个无量纲数值，用其表征水体污染程度，包括单因子评价指数法、综合评价指数法和模糊评价方法。

(1) 单因子评价指数法

$$P_i = C_i/S_i \tag{11-69}$$

$$P = \frac{1}{n}\sum_{i=1}^{n} P_i \tag{11-70}$$

式中　P——某评价因子的等标污染指数均值；

P_i——测点(某时或某点)等标污染指数；

C_i——评价因子实测值；

S_i——评价因子标准值上限。

对于有上限和下限标准的评价因子，如 pH 值：

$$P_i = \left|\frac{2C_i - (S_2 + S_1)}{S_2 - S_1}\right| \tag{11-71}$$

式中　S_2——标准上限；

S_1——标准下限。

(2) 综合评价指数

① 加权综合等标污染指数

$$I = \sum_{i=1}^{n} W_i P_i \tag{11-72}$$

式中　n——评价因子数；

i——第 i 种评价因子；

W_i——第 i 种评价因子的权重，W_i 依评价者对各评价因子的重要性和危害性来确定。$\sum_{i=1}^{n} W_i = 1$，当 $W_i = 1/n$ 时，就为平均综合等标污染指数。

② 内梅罗指数

$$PI = \sqrt{\frac{(\max P_i)^2 + \left(\frac{1}{n}\sum_{i=1}^{n} P_i\right)^2}{2}} \tag{11-73}$$

式中　P_i——第 i 种评价因子的等标污染指数；

$\max P_i$——P_i 的最大值。当 $C_i/S_i > 1$ 时，$P_i = 1 + P \cdot \lg(C_i/S_i)$，其中 P 为内梅罗常数，一般取 5。

(3) 模糊评价方法

单指标评价水质不能反映水质的综合性质，多指标综合评价的指数方法和分级方法具有较强的人为意识和指标与标准的主观性。模糊评价方法应用模糊数学的聚类分析原理，将多因子水质评价问题转化为相对规范的环境水质分级标准的归类分析，且不受评价指标数量的限制，具有较好的客观性。

11.7.3.2　生物学评价法

水体中生存着许多浮游生物、鱼类、底栖生物，它们和水体环境构成一个生态系统。水体污染改变了水生物的生存条件，使生物的种类、数量、生物群落的组合和结构发生改变。因此，利用生物的这种变化监测来评价水体污染，日益受到人们的重视。与其他方法相比，生物法具有综合性、连续性和灵敏性的特点，即生物能对所处的环境做出综合、连续和累积的反应，还能检测用理化手段无法测出的水质变化。

(1) 一般描述对比法

该法是根据水体中的水生生物组成、种类、数量、生态分布、资源情况等的描述，对照区域内同类型水体的历史资料，对水体的质量现状做出评价。这是常用的一种方法，但评价人员应有较丰富的经验。

(2) 指示生物法

指示生物是指在一定水质条件下，对水环境质量变化反应敏感或有耐性的水生生物，可利用指示生物作为评价水体好坏的依据。被选作指示生物的物种，最好寿命长、生活区域相对固定且能在较长时间反映环境的综合影响。一般静水主要用底栖动物和浮游生物；在流水中主要用底栖生物和着生生物，鱼类和大型无脊椎动物也常作为指示生物。

指示生物法又可分为单一指示生物法和指示生物群法。在单一指示生物法中，反映水体严重污染的指示生物有颤蚓类、毛蠓、细长摇蚊幼虫、绿色裸藻、静裸藻、小颤藻等。如颤蚓类在溶解氧饱和度15%的水体中仍能正常生活，成为承受有机污染很严重水体的优势种。指示水体中度污染的生物有居栉水虱、瓶螺、被甲栅藻、环绿藻、脆弱刚毛藻等，它们对低溶解氧有较好的耐受力，在中度有机污染水中大量出现。指示清洁水体的生物，如纹石蚕、扁蜉和蜻蜓的幼虫及田螺、肘状针杆藻、簇生竹枝藻等，它们均在溶解氧很高、未受污染的水体中大量生存。

(3) 生物指数法

该法是依据水体污染影响水生生物群落结构，用数学形式表示这种变化从而指示水体质量状况。最常用的是贝克生物指数法，它是采用水中大型无脊椎动物种类数，作为评价水污染生物指数。根据水生生物对水体有机污染的耐受力，将大型底栖无脊椎动物分为两类：一类对有机污染缺乏耐受能力(即敏感的)；另一类对有机污染有中等程度耐受力(即不敏感的)。这两种动物种类数目分别以 A 和 B 表示，生物指数 BI 可按下式计算：

$$BI = 2A + B \tag{11-74}$$

若计算值 $BI=0$，水体属严重污染；$BI=1\sim6$，水体属中度污染；$BI=6\sim10$，水体属轻度污染；$BI>10$，水体清洁。

本章小结

本章首先概述了世界范围水资源计算与评价活动的发展历程，介绍了水资源评价的主要内容以及我国现行标准划分的全国水资源分区情况，而后详细列举了地表、地下、土壤水资源的计算评价方法。对地表水资源，介绍了资料收集与审查、径流的还原计算、降水量分析计算等；对地下水资源，介绍了平原区和山丘区计算方法的不同，以及地表水资源评价主要目的和评价方法；对土壤水资源，介绍了针对不同时段和对象的计算评价。随后提出了用于生态环境水资源的计算的区域生态环境需水量模型。最后介绍了水资源综合评价和水质评价的概念、分类、方法和步骤。

思 考 题

1. 为什么要对径流资料进行还原？还原的方法有哪些？
2. 地下水资源评价的方法主要有哪些？说明各自的使用条件和优缺点。
3. 试从区域水循环角度解释水资源总量的概念。
4. 不同地貌类型区的水资源总量计算有什么区别？
5. 水质评价的主要方法有哪些？

第 12 章 水资源保护管理与开发利用

12.1 概 述

水资源属于人类最基础且必不可少的自然资源，是社会发展的战略性经济资源，关系到人类生存、生活与生产的方方面面。随着社会人口的增多和经济的发展，水相对于人的需求供给不足，人类面临的问题除了干旱洪涝灾害外，还有水资源短缺。为了增加水资源供给，人类加大了水资源开发力度，在一定程度上缓解了水资源的供需矛盾，但同时也带来了新的问题，因此必须采用水资源管理措施来解决。

我国水资源人均占有量为 2 220 m^3，为世界平均水平的 1/4，水资源的时空分布不均使得一级流域年际间来水量可相差数倍，并且水资源的利用率极低。随着人口不断增加和经济持续高速发展，水资源供需矛盾日益尖锐。近年来北方地区典型的河流断流，南方地区的水体污染、富营养化，西北地区生态水资源滥用导致的生态环境恶化，都在提醒我们应当从整体角度研究如何科学合理地进行水资源的规划管理。科学地对水资源开发、利用、治理、减排、节约、保护，使得我国流域水资源规划在指导思想和方法两方面必须实现一系列的转变。在防洪方面，实现从单纯的抗洪与水争地，到主动适应洪水规律与自然和谐相处的转变；从单纯依靠工程体系防洪，发展到同步进行生态建设和生产力布局调整，以全面降低洪灾的风险。在水资源供需方面，实现从单纯扩大供水能力以满足用水需求，到开源与节流并举；从依靠工程向实现自然生态友好型过渡。

现在人们已认识到用水及其与土地资源有关的活动中既有问题要解决，也有机会获得利益，需要进行水资源的规划与管理，减少干旱、洪水、过度污染等现象的发生频次和严重性，并可增加供水或发电、改善航运条件，获得一定的生态效益、经济效益和社会效益。

12.2 水资源规划

12.2.1 水资源规划的必要性

水是生命和环境赖以维系的根本，也是经济社会发展的生命线。然而人类无休止地索取使得曾经充足而近乎免费的水资源日益短缺而昂贵，并成为 21 世纪最紧张的资源问题。目前水资源发展具有以下问题：水资源匮乏；水资源空间分布不均；水资源周边环境恶化；相关制度规划问题不完善。

现阶段我国水利工作正处于四个转变的过渡时期：从工程水利向资源水利转变；从传统水利向现代水利转变；从以牺牲环境为代价发展经济的观念向提倡人与自然和谐共存的思想转变；从对水资源的无节制开发利用向以可持续发展为指导思想的合理开采转变。水资源规划作为国民经济发展总体规划的重要组成部分和基础支撑规划，其目标就是通过制定水资源综合规划，进一步查清我国水资源的现状，在分析水资源承载能力的基础上，提出水资源合理开发、高效利用、优化配置、全面节约、有效保护、综合治理、科学管理的布局和方案，作为今后一定时期内水资源开发利用与管理活动的重要依据和准则，促进和保障我国人口、资源、环境和经济的协调发展，以水资源的可持续利用支撑经济社会的可持续发展。进行水资源规划一方面可以缓解当今社会的供水危机，减轻由都市建设带来的一系列水资源问题，并弥补近年来由于洪水导致的河流汛期的淹没破坏；另一方面，水资源规划还可以改善水生和河岸的生态系统，为建设社会友好型生态系统提供支持。水资源规划要求我们宏观把握，科学合理安排利用水资源，在开发的同时还要注重对水资源的保护与节约。

12.2.2 水资源规划的科学基础

流域水循环构成了社会经济发展的资源条件，是生态环境的控制性要素，也是解决一切水问题的科学基础。人类活动从循环路径、循环特性和循环动力基质3个方面明显地改变了流域水循环过程。温室气体的大量排放引起了降水量的变化和酸雨的产生；土地利用和城市化使得流域地表水的产流特性和地下水的补给排泄特性发生很大改变。各种开发利用活动改变了江河湖泊的关系和地下水埋深，并形成了由开发、利用、消耗、排泄等环节构成的人工侧支水循环。水量平衡原理、土地利用与土地覆盖、全球气候变化是水资源规划的科学基础。

12.2.3 水资源规划方法

水资源是一种极其重要的自然资源，不但与地球上的生物关系密切，更与人类的工业、农业活动息息相关。在过去的几十年中，人类社会迅速发展，需水量也与日俱增，因此对水资源的规划显得尤为重要。水资源规划系统是一个庞大的系统，其组成错综复杂，在其规划配置中存在大量的复杂性和不确定性。我们需要进行合理的规划，有效利用水资源，以便为区域综合管理提供决策性意见，也为经济与自然环境的协调可持续发展做出贡献。

第一，在水资源规划时首先需要提出问题，即为了改变现存问题想办法。只有正确提出问题，才能为后续的规划打下良好的基础。对于流域水资源规划来说，通常需要明确两大问题。一是社会经济与水资源系统能不能相适应。众所周知，社会经济不会停留在某一处，不断地发展是自然规律，水资源系统是否能与之相适应、相协调？水资源会不会因为城市人口激增、城市扩建而出现水量、水质的大规模变化？城市的供水系统是否需要进行一定的改装？二是水资源系统现有问题是否对人类的生命安全造成了隐患？如果出现隐患，需要采取什么措施进行防范？如洪涝灾害，人们需要对河堤进行加固，并实施蓄洪工程。

第二，在水资源规划中要进行调查研究，调查的主要方式有实地勘测与文献的查阅，结合由外单位专家调研收集的资料。目前来说，调研的主要内容分为以下几点：

a. 自然状况。包括水资源地区的地质资料、气候水文资料、植被情况。

b. 社会经济现状。包括规划区域内的土地情况、人口情况、交通设施情况、城乡建设水平、人民生活状况。

c. 环境情况。包括水资源周边的生物、矿产、旅游等环境资源。

d. 水资源现状。包括水资源时空分布、数量、利用状况、未来利用潜力及目前存在的问题。

第三，在水资源规划中需要明确水资源规划的目标。规划目的是指在解决实际问题的基础上所提出的多个目标，这些目标一般有多样性、阶段性、层次性等特点。由于水资源规划十分复杂，规划目标也要分层次，在水资源规划过程中需要形成一个相对明确的目标结构。

第四，在水资源规划中需要拟定规划实行方案，即根据掌握的调查资料，拟定适宜的规划方案，提出合理的设想。

第五，在水资源规划中需要对各个方案进行评优与选择，即综合政策指标、技术指标、经济指标、社会指标、资源指标、时间指标以及水库回水和泥沙淤积等条件，对各个备选方案进行评价，选出满意的方案。

第六，在水资源规划中要编制文本报告。文本报告提出后还需要经上级主管部门审查，如有问题需要及时修改补充，等到文本确定后便可进入可行性研究阶段。

在进行水资源规划中，国内研究起步比国外研究较晚，主要是利用模仿方法和优化配置模型进行水资源规划。如对地下水资料进行分析、研究，对区域进行数值模拟获得水位变化，提出了三维数值模型；利用地下水位的变化情况，综合考虑模拟结果与环境因素、地区发展的情况，ARC/INFO 技术和遥感技术相结合，并综合考虑调查资料和分布式水文模型，对流域的水资源量进行模拟计算；另外，还有系统动力学模型，对城市水资源承载力进行模拟和预测。有些研究还利用水资源模型，在气候变化的情况下对海河流域的水资源短缺情况进行评估。在 20 世纪 80 年代到 90 年代中期，随着计算机技术的发展，研究人员开发出许多水资源决策支持系统和模拟模型，帮助规划者制定出更合理的政策，使各个利益团体能更好地参与决策过程。

国外学者的研究始于 20 世纪 40 年代，随着研究的深入，线性规划、动态规划、多目标规划、群决策和大系统理论逐渐被应用于水资源规划。如运用动态规划并结合计算机算法处理水库调度问题，使水库发电量、需水量、灌溉量达到长期最优投资规划，结果说明动态规划在合理配置水资源过程中的有效性；通过线性规划，帮助水库管理者识别水库调度的蓄水量、泄水量以及其他决定性参数；运用多目标决策理论，开发出替代价值交易法，综合交易函数和替代价值函数等目标函数，进行水资源规划。

12.3 水资源保护

水资源管理的主要目的是进行水资源保护。目前我国水资源的保护还存在以下问题：污染尚未得到彻底解决；生态环境较脆弱；管理的长效机制尚不健全；国民水资源保护意识薄弱。

12.3.1 水资源保护目的与意义

水资源保护目的是为社会经济的发展和生态环境的保护提供源源不断的水资源，实现水资源在当代人之间、当代人与后代人之间，以及人类社会与生态环境之间公平合理的分配。水资源保护不仅需要考虑经济效益，而且迫切需要考虑社会效益、环境效益；需要站在可持续发展的高度，考虑社会经济发展与资源环境保护之间的协调，考虑当代人与后代人之间的协调；不仅需要研究水资源、水利工程建设等问题，而且需要研究社会经济系统发展变化与水资源——生态环境间的协调问题；需要考虑水资源的供需平衡，还要考虑不同区域、不同时代人用水的平衡，以谋求社会经济持续协调发展。

我国水资源保护具有一定的必要性和迫切性。目前我国水资源储量不足，人均占有量远低于国际水平。据调查，我国淡水资源人均占有量只占世界人口的 1/4，国内的河川多年平均流量约 $26\,300 \times 10^8 \text{ m}^3$。但由于降水是地表水与地下水的来源，且各个河流相互转化，除去计算重复的部分，我国的淡水资源只有 $2\,720 \times 10^8 \text{ m}^3$ 左右，在淡水资源中可用水的总量只有 $1.1 \times 10^{12} \sim 22 \times 10^{12} \text{ m}^3$，只占水资源总量 40%~45%。此外，国内水资源污染严重，2015 年全国水资源普查显示，全国污水排放量达 $770 \times 10^8 \text{ t}$。据 2017 年资料统计，全国地表水 1940 水质断面(点位)开展了水质监测，Ⅰ~Ⅲ类、Ⅳ~Ⅴ类、劣Ⅴ类水质断面分别占 67.9%、23.8%、8.3%。以地下水含水系统为单元，潜水为主的浅层地下水和以承压水为主的中深层地下水为监测对象的 5 100 个地下水水质监测点中，水质为优良级的监测点比例为 8.8%，良好级的监测点比例为 23.1%，较好级的监测点比例为 1.5%，较差级的监测点比例为 51.8%，极差级的监测点比例为 14.8%。338 个地级以上城市 898 个在用集中式生活饮用水水源监测断面(点位)中，有 813 个全年均达标，占 90.5%。对于污染问题如果不采取措施，有限的水资源将面临更严峻的挑战。

12.3.2 水资源保护技术

目前国内外对水资源的保护相当重视，将这项工作纳入了流域管理的核心内容。随着生态环境的变化，人们的认识不断提高，突破原有的水资源保护方法，利用新思想对水资源进行保护已经成了人类不可回避的问题。与以往的水资源保护规划相比，现代水资源保护规划具有以下显著特征：对水质、水量、水生态同时予以关注，构建"三位一体"的模式；地表水和地下水同时进行保护；对保护措施的功能和保护地进行分区，以便进行保护标准的设定和保护措施的设置；对监督管理与达标考核予以重视。

以美国为首的发达国家于 19 世纪 50 年代至 20 世纪初开始发现水资源利用程度低的问题，提出了水资源的多目标管理。20 世纪 60 年代，人们逐渐认识到一个流域水环境容量的有限性和各种资源相互依存的整体性，因而美国开始由开发水资源转为寻找方法合理保护管理水资源。80 年代开始，现代型的"流域保护方法"在美国各州开始兴起，"流域保护方法"就是在重视点源污染的同时也注重面源污染的控制与管理。欧洲各地的水资源管理工作已经逐渐与山洪、泥石流的防治工作相结合，文艺复兴时期以后，围绕滥砍滥伐引起的洪涝、山地撂荒等问题，欧洲各国开始探索森林恢复工程，间接地进行水资源的保护。奥地利等国逐步提出防治山洪拦砂坝概念和防治荒溪概念，也增加了对水资源数量和质量管理的投入。总体来看，目前发达国家的水资源保护已从注重水资源量的管理转向流域水土保持、水资源量、水环境和生态系统的可持续性综合管理，更注重人与自然的和谐发展。

发展中国家水资源保护管理的制度建设方面比较欠缺，因为单纯地模仿发达国家的成功模式在水资源保护方面也未有显著改善。就我国水资源保护发展来看，目前我国水资源保护存在以下问题：保护管理体系缺乏科学高效的理论指导；目前国家的保护管理分工并未取得显著成效；各地区缺乏交流，信息资料不能共享；保护管理的软硬件不匹配，没有一以贯之的研究；现行保护措施的法律并不完善；对于水资源保护的社会因素探究不深；现行保护措施对于市场经济的适应性不高。

综合来说，我国水资源保护有以下几个发展趋势：将流域水量水质进行统一一体化管理；对水资源的保护管理借鉴水务管理方法；对流域水资源的工作力度进行强化；对流域水资源保护管理政策法规进行研究。

水资源保护的具体实施技术主要包括以下3个方面。

① 废水的再处理技术　既然不能依靠天然的方式消化垃圾和废水，处理污水就成为必然的选择。水资源保护应紧紧抓住重点区域、重点行业和重点企业的重点污染源，使污水收集量成倍提升，河网水质污染物浓度大幅下降，水质趋向改善，实现人水和谐。

② 水资源保护节水技术　此项技术主要是提高民众的节水观念。如今许多人民还没意识到节约用水的极端重要性，所以应该引导民众节水观念，增强节水意识。实现节水型社会，还要依靠科学技术的提升。因此，大力发展节水型工业、节水型农业，降低经济发展对水资源的消耗，成为当今社会保护水资源的当务之急。

③ 合理配置土地利用结构技术　近几年由于我国加快经济建设，追求社会效益，在土地利用结构调整中的盲目开垦、乱砍滥伐，使得我们必须对土地利用结构进行合理配置。实施合理配置土地利用结构技术是选择有效土地利用结构规划方案的关键所在。合理配置土地利用结构技术是指为了取得一定的生态经济目标，根据土地资源和土地适宜性的条件进行评价，对研究区域内的各土地资源进行数量和空间等方面的合理安排，从而实现土地资源的可持续性利用，提高土地利用效率。土地利用结构需要考虑时间、空间、用途、数量和效益5个要素。对土地结构的优化主要依据不合理的土地利用和人类的期望和目的。另外，对土地资源的配置是对土地资源进行规划的过程和手段，需要时空有限资源进行合理分配，只有这样，这些资源才能生产出更多的产品，为社会提供更多的服务。

12.4　水资源管理

我国年用水总量已突破 $6\,000\times10^8\ \mathrm{m}^3$，约占水资源可开发利用量的74%。水资源过度开发，已接近或突破水资源可以支撑的限度。根据《全国水资源综合规划》，全国多年

平均总缺水量为 536×10^8 m³，海河、黄河、辽河、西北和东部沿海城市等地缺水严重，缺水范围正在蔓延。如果不采取强有力的刚性措施，就难以扭转水资源严重短缺和日益加剧的被动局面。我国政府提出了水资源管理目标，到 2030 年全国用水总量控制在 $7\,000\times10^8$ m³ 以内，用水效率达到或接近世界先进水平。水资源管理已进入一个全新的时代，解决中国日益复杂的水资源问题，必须深入贯彻落实科学发展观，坚持节约资源、保护环境的基本国策，实行最严格的水资源管理制度，大力推进水资源管理从供水管理向需水管理转变，从过度开发、无序开发向合理开发、有序开发转变，从粗放利用向高效利用转变，从事后治理向事前预防转变，对水资源进行合理开发、高效利用、综合治理、优化配置、全面节约、有效保护和科学管理，以水资源的可持续利用保障经济社会的可持续发展。

12.4.1 水资源管理概述

水资源管理是针对水资源分配、调度的具体管理。目前学术界尚无"水资源管理"统一的规范解释。其中，陈家琦描述的水资源管理定义被引用最多，即水资源管理是指对水资源开发、利用和保护的组织、协调、监督和调度等方面的实施，包括运用行政、法律、经济、技术和教育等手段，组织开发利用水资源和防治水害；协调水资源的开发利用与经济社会发展之间的关系，处理各地区、各部门间的用水矛盾；监督并限制各种不合理开发利用水资源和危害水源的行为；制订水资源的合理分配方案，处理好防洪和兴利的调度原则，提出并执行对供水系统及水源工程的优化调度方案；对未来水量变化及水质情况进行监测与采取相应措施的管理等。

12.4.1.1 水资源管理存在的问题

目前我国水资源管理主要存在以下几个方面的问题。

(1) 水资源管理水平落后

虽然我国水资源总量在世界各国中并不算少，但是我国水资源的有效利用程度却不理想，无论农业用水还是工业用水都存在很大浪费。在某些地区，一方面供水紧张；另一方面用水十分浪费。这表明，我国水资源管理还处于比较落后的水平。农业用水约占总用水的 80% 以上，我国农业用水利用方法落后，如灌溉基本还是浪费型的漫灌，大部分水量被蒸发掉。据统计，我国平均渠系利用系数为 0.4~0.5，灌区田间水利用系数为 0.6~0.7，灌水利用系数为 0.5 左右，与工业用水效率比较发达的国家相比有很大差距。目前我国城市工业用水重复利用率虽然已提高到 50% 以上，但比先进国家还是低许多。

(2) 水价政策落后

水是有实用价值的自然资源，经过加工处理和输送的水更是一种商品，因此水应该纳入商品经济中，遵守价值规律。供水成本除包括勘探、开采、加工、输送和维修设备等费用外，也应该包括管理费用和税金，过去那种用水不花钱的做法需要加以纠正。更重要的是，我国目前水价偏低，城市工业用水费用仅占其成本的 0.1%~1%，居民生活用水费仅占其生活费用的 0.5%~1%，农业用水的水费更低。

2004 年，国务院发布了《水利工程供水价格管理办法》，为健全水利工程供水价格形成机制，规范水利工程供水价格管理，保护和合理利用水资源，促进节约用水，保障水利事业的健康发展提供了法治保障。但目前我国的水价政策已不能满足水务部门有效运行的需要，更不能从根本上实现水资源长期可持续利用的要求。长期以来，水价构成不合理和水价偏低，没有反映水资源的稀缺程度和水环境治理成本，导致目前水资源浪费相当严重，水污染得不到有效治理。因此，必须加快推进水价改革，充分发挥市场机制和价格杠杆的作用。

（3）污水排放治理不力

我国目前虽然在立法上基本保障了治理城市污水排放的需要，但在法律的具体执行中由于受到诸如经济发展、财政收入等制约而大打折扣，以罚代治的问题普遍存在，甚至某些地方政府站在地方保护的立场上保护排污企业，敷衍甚至对抗有关部门对污染企业的整治。同时，城市污水净化设施严重不足，无法满足城市治污需要，大量污水未经任何处理就直接排入江河湖泊，造成严重的水体污染。在城市中缺乏强有力的节水政策措施，使城市工业和民用水量逐年上升并部分超量。水利用和水污染治理长期缺少明确的结合性政策，加剧了我国部分地区水体污染。虽然有"谁污染谁治理"的说法，但不仅不能严格执行外，还缺少政策的完整性。

（4）忽视了节水方针的实施

我国用水量逐年迅速增长。据统计，20 世纪 70 年代末全国用水量达到 $4\,700 \times 10^8\ \mathrm{m}^3$，为建国初期的 4.7 倍，其中工业用水量增长 2 倍，城市生活用水增长 8 倍，尤以大城市用水量增加最为剧烈。2010 年达到 $6\,022 \times 10^8\ \mathrm{m}^3$，2020 年将力争控制在 $6\,700 \times 10^8\ \mathrm{m}^3$。用水的迅速增加，使我国不少城市和地区出现了用水和供水之间的矛盾。为满足社会经济发展和居民生活对水的需求，长期以来国家基本执行了开源与节流并行的方针，但实际上重视开发新的水源，忽视了节水方针的贯彻。全国从上到下，除个别用水紧张的地区外，缺乏对节水重要意义的认识，导致人们将天然水作为一种没有价值的物资使用；农业灌溉用水大量无效蒸发，渗漏长期得不到改进；农药、化肥的使用导致水源的污染破坏；城市企业的用水在成本核算中不占分量或所占分量偏小，单位产品的耗水量高；目前对于城市用水浪费处罚的政策，多是针对单位，不是针对个人。综上所述，对于一个大国而言，如果不实施节水方针，将是一个大失误。节水方针与节约能源的方针一样，是一种积极的、富有长远战略意义的国策。

12.4.1.2 水资源管理的发展历程

纵观我国水资源管理工作历程，随着人们对水资源认识水平的不断提高，水资源管理思想发生了很大的变化。不同时代的水资源管理思想不同，大体可分为以下几个发展阶段（图12-1）。

（1）水资源管理初级阶段（20世纪中期以前）

生产力水平较低，人们对水资源的认识能力有限，人们简单取用水的同时要遭受洪水、干旱等自然灾害的威胁。这个时期处于人避水、水侵人的阶段，还谈不上真正意义上的水资源管理，基本处于自然用水（或以需定供）阶段，水资源管理主要是处理干旱洪涝灾害问题。

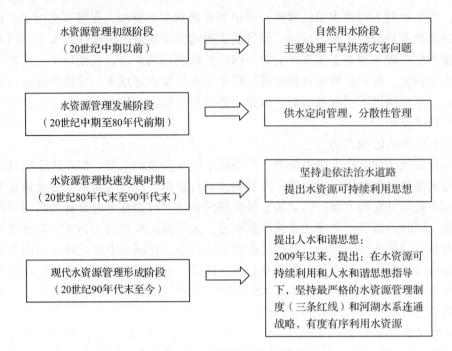

图 12-1 水资源管理发展阶段及特点

(2) 水资源管理发展阶段(20世纪中期至80年代前期)

随着人们对水资源认识的不断积累、科技进步和生产力水平的进一步提高,人类对水资源的索求不断增加,水资源问题日益严重,人水关系更加紧张。这个时期处于人争水的阶段,水资源管理处于供水定向管理和分散性管理阶段。

(3) 水资源管理快速发展阶段(20世纪80年代到90年代末)

越来越严重的水资源问题逐渐引起人们的高度重视,人们对水资源的认识从"取之不尽,用之不竭"的片面认识,逐步转变为对水资源的科学认识,人们逐步认识到"水资源开发利用必须与经济社会发展和生态系统保护相协调,走可持续发展的道路"。《水法》和《取水许可管理办法》等一系列管理法规的不断出台和规范完善,标志着我国开始走依法治水的道路。水资源管理同时实现了由工程水利向资源水利,传统水利向现代水利、可持续发展水利的转变,水资源管理倡导水资源可持续利用的思想。

(4) 现代水资源管理形成阶段(20世纪90年代末至今)

随着人类改造世界的能力不断增强,活动范围不断扩大,再加上人口快速增长,出现了水资源短缺、环境污染、气候变化等一系列问题,使水资源管理面临更多的机遇与挑战,也促进了水资源管理思想的转变。人们在提倡水资源统一管理、可持续利用的基础上,提出人水和谐思想。2009年以后提出了更新的水资源管理思想,即2009年水利部提出的实施最严格的水资源管理制度"三条红线"和全国水利发展"十二五"规划编制工作会议上首次提出的"河湖水系连通战略",勾画了现代水资源管理的最新思想体系。2016年"十三五"规划中充分考虑水利改革发展实际和面临的新形势新要求,提出了"十三五"水利改革发展"坚持节水优先、空间均衡、系统治理、两手发力"的中心思想和"一条主线、四个重点领域"的总体思路,把全面推进节水型社会建设作为"十三五"八个重点任务之首,为经济社会持续健康发展、如期实现全面建成小康社会目标提供更加坚实的水利支撑和保障。

12.4.1.3 水资源管理内容

水资源管理是一项复杂的水事活动,其内容涉及范围广泛,主要包括5个部分:加强宣传教育,增强公众觉悟和参与意识;制订水资源合理利用措施;制定水资源管理政策;水资源统一管理;实时进行水量分配与调度。

12.4.2 水资源管理流程与技术

12.4.2.1 水资源管理流程

水资源管理的工作目标、流程、手段差异较大,受人为作用影响的因素较多,而从水资源配置的角度来说,其工作流程基本类似(图12-2)。

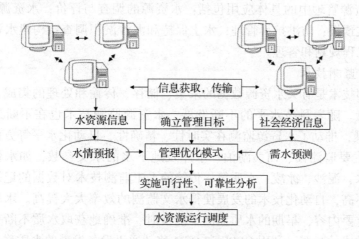

图12-2 水资源管理工作流程

具体水资源管理流程主要包括以下5个方面。

①确定管理目标 在开展水资源管理工作前,首先要确立管理的目标和方向,这是管理手段得以实施的依据和保障。

②信息获取和传输 包括水资源信息和社会经济信息等的获取,是水资源工作得以顺利开展的基础条件。同时,需要对信息进行处理,及时将预测结果传输到决策中心。资料的采集可以采用自动测报技术;信息的传输可以通过无线通信设备或网络系统实现。

③建立管理优化模型 根据研究区域的经济社会条件、水资源条件、生态系统状况和管理目标,建立该区水资源管理优化模型。通过对该模型的求解,得到最优管理方案。

④实施的可行性、可靠性分析 对选择的管理方案实施的可行性和可靠性进行分析。

⑤水资源运行调度 在通过决策方案分析之后,做出及时调度决策。

12.4.2.2 水资源管理的技术措施

现代科学技术的不断发展与进步，为人类进行科学的水资源管理提供了有力的技术支持，使得水资源管理工作的开展更科学、更合理和更高效。"3S"技术、计算机信息技术、节水灌溉技术、污水处理技术等在水资源管理中都发挥了重要作用。具体的水资源管理技术措施主要体现在以下几个方面。

(1)"3S"技术在水资源管理中的应用

"3S"技术充分集成了 RS、GPS 高速、实时的信息获取能力和 GIS 强大的数据处理和分析能力，可以有效地进行水资源信息的收集、处理和分析，为水资源管理决策提供强有力的基础信息资料和决策支持。GIS、RS、GPS 三者各有优缺点，"3S"的结合应用取长补短。RS 和 GPS 向 GIS 提供或更新区域信息及空间定位，GIS 进行相应的空间分析，从 RS 和 GPS 提供的海量数据中提取有用的信息，并进行综合集成，以辅助科学决策。三者的集成利用大大提高了各自的应用效率，在水资源管理中发挥重要的作用。"3S"技术在水资源管理中的具体应用包括：水资源的调查与评价；水资源的实时监测；水文模拟与水文预报；防洪抗旱管理；水土保持和泥沙淤积调查；构建水资源管理信息系统；水资源工程规划和管理。

(2) 水资源监测技术

水资源监测技术是有关水资源数据的采集、储存、传输和处理的集成，可以为水资源管理提供支持。随着科技水平的不断发展，水资源监测技术也在不断进步。特别是"3S"技术的发展，推动了水资源监测在实时性、精确性、自动化水平等方面的提高。水资源监测技术主要监测江、河、湖泊、水库及地下水的水文参数，如水位、流量、流速、蒸发、降水、泥沙、冰凌、水质等。传统的人工监测技术对数据的记录以模拟方式为主，精确度不高，自动化技术的发展使得水文监测的效率大大提高。水质监测是水资源监测的一项重要内容，早期的水质监测不能及时、准确地获取水质不断变化的动态数据，使得决策的成效减弱，利用 GPRS 和 GSM 移动通讯设备发展的水质移动监测系统和自动监测系统大大提高了水质监测的效率。

(3) 节水技术

目前，各个国家主要从农业、工业、城市生活等方面推广节水技术。

在农业节水方面，发达国家主要包括以下几类：采用计算机联网进行控制管理，精确灌水，达到时、空、量、质上恰到好处地满足作物不同生长期的需水；培育新的节水品种，从育种的角度更高效地节水；通过工程措施节水，如采用管道输水和渠道衬砌提高输水效率；推广节水灌溉新技术；推广增墒保水技术和机械化旱地农业，如保护性与带状耕作技术、轮作休闲技术、覆盖化学剂保墒技术等。

工业用水主要包括冷却用水、热力和工艺用水、洗涤用水。工业节水可以通过以下几个途径进行：加强污水治理和污水回用；改进节水工艺和设备，提倡一水多用，提高水的利用效率；减少取水量和排污量；减少输水损失；开辟新的水源。

在各国采用的城市生活节水技术中，比较普遍的是采用节水型器具，有些国家通过一定的法律、规章对节水器具的节水标准进行强制性要求。此外，城市生活节水技术还有城市再生水利用技术,包括城市污水处理再生利用技术、建筑中水处理再生利用技术和居住小区生活污水处理再生利用技术等;城区雨水、海水、苦咸水利用技术;城市供水管网的检漏和防渗技术;公共建筑节水技术;市政环境节水技术等。

(4) 水处理技术

大量工业废水、生活废水及农业废水的产生,使得清洁的淡水资源受到污染,加剧了水资源短缺的危机。因此,治理水污染已经成为全球水资源可持续利用和国民经济可持续发展的重要战略目标。在污水处理过程中,"无害化"是人们要达成的一个目标。而随着水资源短缺问题的不断加剧,"资源化"成为污水处理的另一个追求。特别是城市生活废水,因其来源、数量、性质都比较稳定,处理流程固定,经过处理后可成为城市用水的一个很好水源,在一定程度上可以大大缓解城市缺水问题。

目前,人类所使用的水处理方法按照作用原理不同可以分为物理处理法、化学处理法、生物处理法三大类。常用的物理处理法有过滤、沉淀、离心分离、气浮等,化学处理法有中和、混凝、化学沉淀、氧化还原、吸附、萃取等,生物处理法有好氧生物处理、厌氧生物处理、稳定塘等。

(5) 海水利用技术

虽然地球上淡水资源有限,但是海水资源极其丰富。如果能将海水资源合理地开发利用以满足人们的用水需求,在很大程度上可以解决水资源短缺问题,并能解决沿海城市超采地下水造成的环境问题。海水淡化包括从苦涩的高盐度海水和含盐量比海水低的苦咸水通过脱盐生产出淡水,海水淡化技术的发展已经经历了半个多世纪之久,海水淡化的方法按脱盐过程主要分为热法、膜法和化学方法三大类。海水除了经淡化满足生活、工业等用水需求之外,还可以直接利用。海水直接利用技术,是以海水为原水,直接代替淡水作为工业用水、生活杂用水和灌溉用水等有关技术的总称。海水直接利用途径主要有3个方面:①用海水替代淡水直接作为工业用水,其中用量最大的是工业冷却用水,其次是用于工业生产工艺,如印染、洗涤、溶剂、脱硫、除尘等。②作为生活杂用水,主要是利用海水代替淡水冲厕。③用于农业,主要用在农业灌溉、水果和蔬菜洗涤、牲畜饮用、沿海水禽养殖等方面。

(6) 现代信息技术

20世纪人类最伟大的创举就是造就了信息技术,并使其迅速发展,因其具有数据处理能力强、运算速度快、效率高等优势,被迅速地应用于各个领域。在水资源管理中,水资源管理对象复杂,内容庞杂,对实效性要求高,信息技术的应用大大提高了水资源管理的效率,是构建水资源管理信息系统必不可少的硬件。先进的网络、通信、数据库、多媒体、"3S"等技术,加上决策支持理论、系统工程理论、信息工程理论,可以建立起水资源管理信息系统,通过该系统可将信息技术广泛地应用于陆地和海洋水文测报预报、水利规划编制和优化、水利工程建设和管理、防洪抗旱减灾预警和指挥、水资源优化配置和调度等方面。

12.4.3 水资源系统综合运行管理

水资源管理工作涉及范围广、内容多、非常复杂。水资源管理中很重要的一项内容就是进行水资源合理配置、优化调度,实现水资源高效开发利用。水资源系统综合运行管理正是以此为目标提出来的。

水资源系统是一个动态的系统,在水资源系统运行过程中,如何实现对水资源的利用,是水资源系统综合运行管理主要解决的问题。水资源系统综合运行管理包括与水资源配置、调度和控制有关或有影响的所有内容,如供水系统(包括城市、工业、农业供水等)、污水处理(直接排放的污水、经处理后的污水)、水力发电(蓄水、河川径流等)、航运、渔业、休闲和娱乐等。

在水资源的开发利用过程中,为了实现某些效益可能会带来其他一些损失。因此,要实现水资源的合理利用,需要在一定的约束条件下,构建水资源利用的优化模型,通过模型分析求解得到水资源系统的最优运行策略,指导水资源开发利用实践。

(1) 水资源灌溉系统

灌溉系统是指从水源取水,通过渠道、管道及附属建筑物输水,配水至农田进行灌溉的工程系统。灌溉系统在许多国家已存在了数千年,并对这些国家农业和经济的发展起了十分重要的作用。灌溉系统运行管理,主要是通过对灌溉系统中水资源动态变化的分析,并根据作物的需水情况,制定合理的灌溉用水策略,确定供水时间、供水地点及供水数量,达到既不超出水资源承载能力、又能提高作物产量的目的。

(2) 水资源供水系统

供水系统是指从水源取水,经过净化、传输等过程,将水配给最终用户的工程系统。供水系统是保证人民生活、生产的基础设施,对国家的稳定、国民经济的发展也起到非常重要的作用。供水系统运行管理主要的任务是通过对水资源的优化配置,尽可能确保供水区域居民的各种权益,实现经济效益、社会效益、环境效益的最优。具体的运行管理中,根据供水区域水源与用户的实际分布情况,确定供水模式,可以选择集中连片供水或分散供水,构建水资源配置模型,选取优化配置对策,辅助决策进行,实现水资源优化配置,并保证各种效益最优,推动节水工作开展。

(3) 水资源水能系统

水能资源是水资源的重要组成部分,是清洁可再生的绿色能源,具有独特的自然属性、社会属性和经济属性,是我国经济社会发展的战略性能源资源。开发利用水能资源是水资源管理的重要内容。水能作为水在流动过程中产生的能量,是水的动能和势能的统一体,属于水资源的范畴,是水资源具有的一种功能。水能系统是采用设备利用水的动能或势能,通过物理过程产生各种形式的能源,经过传输、转化满足人类需求的工程系统。水能系统运行管理,主要任务是协调水能利用与水环境保护、水资源其他利用方式(如供水)之间的矛盾,在规章、法规、政策等的指导下,在不影响水环境、不损害水资源正常利用的条件下,充分发挥水能资源优势,满足经济社会发展对能源的需求。

(4) 水资源航运系统

航运系统是由船舶、港口、航道、通信及支持系统共同组成的综合系统。航运是国民经济发展的基础产业之一,具有基本建设投资大、建设期长、国民经济效益显著等特点。航运的发展可以缓解铁路、飞机等的压力,降低货物运输或出行成本。航运系统运行管理的主要任务是通过对航道水文情势的监测、分析、预报,选择合适的航行时间、航行路线等，可以取得较高的经济效益，同时尽可能减轻对水环境的不利影响。

12.4.4　水资源管理对策

水资源管理对策主要体现在以下几个方面。

(1) 倡导生态经济管理思想

21 世纪关于水资源的开发和管理，将受到世界环境与发展这一主题的影响。也就是说，20 世纪 80 年代兴起的"环境与发展"这一思潮和其建立的理论框架将推进水资源的开发和管理，并以此构建未来世纪关于水资源管理的理论思想。1983 年 12 月，联合国成立的世界环境与发展委员会在广泛调查研究的基础上，于 1987 年 4 月发表了《我们共同的未来》报告。这份报告强调指出：今天的世界已经陷入了深刻的全球性环境危机之中，要使地球上的人类生存繁衍下去，必须解决保护环境和生产持续发展的矛盾。因此，为了保护全球环境，各国的经济发展必须坚持"持续发展"的方针，即寻求一种"既满足人类目前需要和追求，又不对未来的需要和追求造成危害"的方法。

关于水资源的新管理思想，即基于水是一种有价值的有限资源，并且具有不可替代性，到目前为止，人类还没有找到一种物质可以替代水的功用。水是构成地球的重要因素，也是构成地球生态系统的主要因素之一。水资源的利用造成了人类现在的文明，推进了社会经济的发展，也成了社会经济发展的制约因素。因此，水资源管理的生态—经济学的概念应运而生，它运用经济学和生态学的一些概念来构建水资源的管理。目前新的水资源管理战略的要旨，是通过加强用水管理，提高水利用率，实现节水型经济。

(2) 建立国家统一的水资源管理体系

我国因为水业管理分散，造成了水资源管理混乱。由于缺乏对水资源统一管理的有力部门，致使长期以来各个部门各自为政。开源是国家投资，用水却是无政府状态。从体制上造成了用水浪费、水体污染加重、产业布局极不合理的现象。

海洋水、大气水、地表水、地下水以及生物圈中的水，都处于一个自然系统中。从战略上讲，改善水资源环境，保护水源，维护自然界的生态平衡，并在此基础上开发利用水资源，是根本克服水危机的唯一出路。水资源的综合利用，必须从全局出发，从社会总的经济效益出发，把水的开发利用与能源、原材料的开发利用、环境保护、维持生态平衡结合起来；把供水、灌溉、抗旱、水土保持、旅游结合起来。所以，有必要尽快建立健全有力的水资源统一管理体系，将现在各部门及各省、市地区与水资源管理有关的部门统筹起来，以进行综合管理。

我国建立统一水资源管理机构，可以使水资源开发利用协调起来，使全国水资源真正得到合理的利用，可以使开源与节流得到所需的一定费用，可以使产业布局趋于合理。凡是产业建设，至少是大中型项目，如果没有得到水资源管理机构的论证批准，则不能兴建。统一的水管理机构可以充分协调水资源研究，我国目前地表水与地下水的研究也是脱节的。

建立全国统一水资源管理体制，要处理好地方与中央之间的关系，既不要管得过死，也不要放得过松，使地方一级水资源管理部门隶属于中央，地方是中央不可分割的一部分，地方向中央负责，地方从中央分益，并获得自身应有的权利。

即使目前在全国范围内不能设立强有力的水资源统一管理机构，也应该尽快尽早根据地区、最好是根据流域建立水资源管理部门。这是改变目前水业管理混乱的应急措施，也是为将来建立全国管理机构奠定基础。

(3) 以市场为导向进行水资源管理

在环境与发展研究的理论框架中，明确指出：必须改变自然资源使用和废物排放的"免费"或"不计成本"的现状，确定环境资源的价值，使环境成本反映在商品的价格中。因此，首要的问题是正确地确定水价，然后使其走入市场。

水是自然之物，它本身是有价值的，供水尤其是有成本的，因而也该遵循价值规律。供水成本包括寻找、开采、输送水的费用，维修水利设施的费用，管理费用，废水处理设施费用以及税金等。我国目前的水价太低，所反映的仅仅是部分来自自来水厂运作的费用、部分地下水资源费用及部分排放污水费。水费太低，使供水部门的效益无偿地转让给用水部门。这样不仅使供水成本得不到补偿，而且使新辟水源，甚至管理费用及维修费用都有困难。简而言之，没有合理的水价，节约水资源是句空话。

由于目前开发利用水资源不按经济规律办事，因而造成了许多不良的后果。其一是难以筹集资金，使水资源工程建设无法顺利进行。如南水北调沿线地区若不负担部分建设费用，且用水量很大，这样不仅成本很高，而且水很可能难以到达天津或华北地区。另外，沿线的污水很可能排放到输水系统中，进而又增加了国家用以排污处理废水的费用。其二是水价太低，使节约用水难以开展下去。收水费是运用价格杠杆作动力，促进全民节水，价格太低则反映不出供水的实际价值，这种动力作用则无效或低效。另一方面，节水需要节水设施，需要投资，水费太低，节水设施建设的成本则会很高，因而难以投资。在一些发达国家，工业用水正在减少，部分原因是有合理的水价。如美国西部，水价提高5倍，工业用水则减少50倍。其三是水价太低，致使地下水超采现象和地表水、地下水污染得不到有效控制，不能鼓励产业部门主动控制水污染或重复利用工业废水，并且无法有效地控制乡镇企业的用水浪费。其四是造成现有供排水及污水处理设施日益老化，难以更新，而且无法稳定水资源开发管理人员的队伍，水资源开发、利用的科学研究和技术开发以及全民节水防污宣传也难以顺利进行。

(4) 建立节水型社会

北方地区的缺水问题日益严重，现在南方的丰水地区如果再像过去那样不注意水资源环境的保护，不注意防治水体污染，将来也有可能成为缺水地区或水资源虽然丰富但可用水短缺的地区。如果南方和北方都成为水资源短缺的地区，那么中国的水资源问题将会极为严重，会使我国的社会经济发展付出沉重的代价。

解决水资源短缺问题，再也不能只以开源为主。建国初期每立方水的一次性投资和运行费仅几分钱，现在每立方水一次性投资高达3~5元，运行费高达几角甚至1元以上。今后水资源的投资费用必将愈来愈高，可供选择开发的大型水源也越来越少。从现在开始，水资源合理利用的战略应该是：全面节约，适当开源，防治污染，统一规划，强化管理。我国大部分地区，尤其是北方地区，要立即开始逐步建成一个节水型的社会。这是符合我国基本国情的抉择。

节水型社会应注重使有限的水资源发挥更大的社会经济效益，创造更多的物质财富和良好的生态环境，即以最小的人力、物力、资金投入以及最少水量，来满足人类的生活、社会经济的发展和生态环境的保护。

建立节水型社会，必须按商品经济规律办事，合理调整水价，使水资源的价值真正体现出来，以带动整个节水工作。建立节水型社会，必须根据国情和地区特点来立法，既要学习外国的经验，又不能简单地照搬。建立节水型社会，必须把产业布局、城镇建设、技术改造、国土整治、环境改造结合起来考虑，要使各行各业都适应节水型社会的要求。建设节水型社会本身要本着节约精神。节水一定要讲经济效益，要深入进行投入产出的研究。如对于重复利用水的合理性评价，从节水成本与耗能角度来评价；在水量一定的条件下，从节水增加水资源保证率的角度来评价；从废水处理与原料回收利用角度来评价；从治理污染，改善生态环境方面来评价。

建设节水型社会并不能忽视对于洪涝的防御，不能把节水型社会单纯地建成一个抗旱社会，而应是抗旱排涝、旱涝相辅的社会。建设节水型社会必须注重全民的节水教育宣传工作，尤其是注重对青少年的教育宣传，使他们从小就真正认识到我国人均占有水资源量并不算丰富。建设节水型社会也必须适当开源。一般来说，当节流的费用接近或等于开源的费用时，节水便达到了极限。不过对于节流和开源，不能单单从费用上考虑，还要综合长远地考虑。建立新的水源工程，要科学论证和规划。

(5) 采用先进技术强化水资源管理

利用先进的技术手段，包括计算技术、遥感技术、通信技术等，是今后水资源管理的方向。使用计算技术建立水资源的管理体系，包括建立各种用途的数学模型、地理信息系统、管理信息系统等，在 21 世纪的水资源管理中具有重要价值。水资源管理的数学模型可以从不同的流域、地区、城市、城镇体系以及使用对象、模型功能等方面加以考虑，研制相应的管理模型及其计算机软件。

目前在多数发达国家中，利用计算技术和遥感技术，普遍地发展了水资源方面的地理信息系统和管理信息系统以及相关的各种辅助系统，这是加强水资源管理的强有力的技术手段。在我国，这方面的建设已经受到重视，如 1995 年在海河流域建立了一套完整的地理信息系统，加上先进的微波通信技术系统，海河流域水资源管理开始步入新阶段。在 21 世纪内，诸如计算机技术、微波通信技术、遥感技术等各种现代化技术，必将逐步普及我国整个水资源管理领域，提高我国水资源管理水平。

12.5 水资源开发利用

12.5.1 水资源开发利用概述

水资源开发利用是指兴建蓄水、引水和提水等水利工程设施，控制和调节水资源，以满足人类社会各个部门的用水需要。用水分为耗损性用水和非耗损性用水两大类，前者如农业灌溉、工业用水和生活用水等，需要将水从河流、水库、湖泊中引至用水地点，消耗和污染大量的水；后者如水力发电、水运交通、淡水养殖和环境水利等，只要求水体有一定的流量和水位，消耗的水量很少。

12.5.1.1 开发利用的方式

开发利用的方式因地貌、地质、水源条件不同而异。山丘区地面蓄水和自流引水的条件较好，一般修建水库、渠道，引用河川径流；有时也修建扬水站为局部高地抽水。平原区地下水储存条件较好，则以开凿水井开采地下水为主；也有修建平原水库和水闸拦蓄部分洪水。水网圩区水源丰富，则多修建机电排灌站，雨季排水，旱季灌溉。对于大、中河流，则常在峡谷地段修堤筑库，调节径流集中落差，以防洪兴利。

12.5.1.2 开发利用的发展过程

一个流域(或地区)的水资源开发利用大致经历3个阶段。

(1) 以需定供的自取阶段

在水资源开发利用初期，流域内用水量很少，用水户可以按照需要随意取用，不会发生争水矛盾，水利工程多为单目标开发。

(2) 以供定需的管水阶段

随着人口的增长和生产的发展，流域内用水量接近或超过可能控制利用的水量，供需矛盾日益尖锐，争水现象不断发生，各用水户已不可能随意取用。此时必须对流域水资源实行统一规划和多目标开发，做到一库多能、一水多用、计划供水、科学用水。

(3) 跨流域调水阶段

流域内用水量大大超过水资源可利用量，即使合理开发当地水资源和节约用水，也不能满足流域内各部门用水的需要，此时便考虑把多水流域的水调至缺水流域，实行多流域水资源的统一开发和调配。由于水资源时空分布极不均匀，且与人口、耕地的分布不相适应，无论多水还是少水的国家都有缺水地区，因而跨流域调水工程相继兴建。大规模跨流域调水是一项复杂的改造大自然的工程，在实施之前，要从经济效益、技术难度、生态平衡、社会效益等多方面进行可行性论证。

12.5.1.3 开发利用概况

根据1977年联合国水会议文件估计，世界各国到1973年为止共修建了10 000多座大型水库，总库容超过5×10^{12} m^3，其中库容大于50×10^8 m^3的水库有140多座，总蓄水量约4.3×10^{12} m^3。1975年全世界农业用水2.1×10^{12} m^3，工业用水$6 300 \times 10^8$ m^3，城市给水$1 500 \times 10^8$ m^3，水库蒸发$1 100 \times 10^8$ m^3；总计用水量(包括水库蒸发)接近3×10^{12} m^3，约占全球河川径流量的6.4%。1975年总用水量与1900年相比增加了6.2倍，其中农业用水增加5倍，工业用水增加20倍，城市给水增加6.5倍。中国到80年代初已修建大、中、小型水库86 000座，总库容$4 200 \times 10^8$ m^3；机电排灌工程总抽水能力$5 790 \times 10^4$ kW。在中国北方地区修建机井241万眼；建成水闸24 910座，万亩以上的灌区5 288处；发展水电装机超过$2 000 \times 10^4$ kW。根据1979年资料估算，不包括水力发电用水在内，全国水资源开发利用总量约$4 770 \times 10^8$ m^3。2008年中国流域水资源综合开发强度已经达到25.9%，高出全球同期平均水平超过9%。其中，淮河、海河和黄河三大流域的开发强度值为最高，水资源的可持续开发能力已荡然无存。受流域水资源结构、需求变化、资源开发环境以及全球气候变暖等因素的共同影响，未来中国流域水资源的综合开发强度应保持在35%左右为宜，其中水资源的开发强度大体可在25%，水电资源的开发强度大体可在50%。

12.5.1.4 开发利用中的问题

随着工农业生产和城市建设的发展，全球用水量不断增加，将产生一些重大的水资源问题，如供水不足而造成水荒、耗损性用水与非耗损性用水矛盾、不同用水户的争水、地下水超采和水质污染等。因此，未来的水资源开发利用不能单纯修建水利工程、调节水量，要从经济、环境和社会等多方面考虑：①在查明供需现状的基础上，预测不同发展阶段的供水和需水数量，提出供需不平衡的可能解决途径，探索最优的解决方案。②地表水和地下水统一开发、联合调度，以提高水资源的利用率，避免地面取水建筑物和地下取水建筑物的重叠和失效。③水量和水质同时控制。在制订供水规划考虑水量的同时，规定污水排放标准，要有明确的水源保护措施。④开源与节流并重。当开源潜力不大或者工程投资很高时，节约用水则是缓和供需矛盾的主要出路。节水措施包括循环用水、定量供水、调整水费制度、改革工艺流程和宣传教育等。从长远利益考虑，推行节水型社会，是解决城市水源不足和减少污水排放量的重要对策。

目前城市化的迅速发展，使城市水资源开发利用出现了一些新的趋势和问题，给我国城市水资源工作带来了挑战和机遇，使未来城市水资源的开发利用呈现出一些新的特征。

(1) 城市供水将成为水资源开发利用的重点

我国水资源开发利用的重点将逐步从农业供水向城市供水转移。随着城市化的发展，城市需水量不断增长，水资源的开发利用需求越来越大，城市供水占总供水量的比例将从目前的25%增长到39%。到21世纪中叶，我国供水将增加$1\,700\times10^8\,m^3$，其中$1\,400\times10^8\,m^3$是用于解决城市用水，即未来新增供水的82%是城市供水。因此，未来城市供水将是我国水资源开发利用的重点。

(2) 生活用水增长迅速，生态环境用水增加

生活用水和生态环境用水增加是城市化发展进程中的显著特点。随着国民经济的发展，居民生活水平不断提高，对生活用水的要求越来越高，人均生活用水量将有所提高，加上人口的不断增长，到21世纪中叶生活用水总量将增长193%。随着国际化和旅游、商业、服务业等现代化类型城市的发展以及人们生活水平、教育水平的提高，城市生态环境的要求逐渐提高，城市生态环境用水将会普遍增加，供水水源的水质和自来水处理要求也会提高。

(3) 农业供水将向城市供水转移

部分农业供水向城市供水的转移是城市化进程中水资源开发利用的一种必然现象。城市化的发展使城市用水的需求不断增长，而我国水资源有限，特别是北方地区水资源严重缺乏，造成供水水源不足。城市供水的经济效益明显大于农业供水，在商品供需经济规律的支配下，农业供水将有一部分逐渐向城市供水转移。然而水并不是完全的商品，具有一定的社会性，随着这种趋势的出现，我国需要进一步完善水权和水市场法律

法规，既要保证农业用水，又要促进城市的可持续发展。

(4) 水资源高效利用是必然趋势

城市化的进程将促进水资源的高效利用。我国城市水资源短缺，而城市用水需求不断增加，必然会促进城市水资源的高效利用。城市水资源的高效利用包括高效益和高效率地用水，加大节水力度，增加废污水处理回用和集雨利用等，同时会提高单方水的产出效益。随着国民经济的发展，水资源具有了更强的经济能力，水资源高效利用的投入也会相应增加，采取节水、废污水回用、集雨利用、海水淡化等高效利用措施已经成为城市化进程中水资源开发利用的必然趋势。

(5) 水资源开发利用方式将出现重大变化

由于未来水资源开发利用80%以上的新增供水量应用于城市供水，因此未来水资源开发利用方式的变化主要体现在城市供水上。我国北方城市供水多以地下水供水为主，地下水超采严重，地下水位不断下降，许多城市供水出现困难，采用跨流域调水解决城市用水成为新的水资源开发利用方式。我国南方地区一般降水丰富，城市大多就近沿河湖取水，地下水和水库供水所占比例相对较少。城市化的发展使南方城市用水需求激增，个别城市也产生了因河道水量较小而导致供水不足的现象。随着城市化的进一步发展，南方地区城市水资源的开发利用仍会以河湖取水为主，但地下水和水库供水的比例将有所增加，也将会出现一些跨流域调水工程，沿海地区城市的集雨利用和海水利用也会有较大发展，而水库蓄水作为供水水源将是沿海地区重要的水资源开发利用方式。

(6) 城市防洪排水问题突出

城市防洪排水安全成为城市水资源开发利用的重要问题。随着城市化的进程，城市土地利用方式发生了结构性的改变，不透水面积的增加以及城区的扩展，削弱了调蓄当地雨洪与外洪的能力。由于人水争地，调蓄洪水的湖泊洼淀大面积萎缩，城市化与河流的渠道化增加了洪峰流量、洪水的频率与量级，加剧了城市洪水危险，导致洪涝灾害相当频繁。我国许多城市的防洪并不单纯是抵御河道洪水，提高城市排涝能力也是必要的。城市地面硬化直接改变了当地的雨洪径流形成条件，严重影响土壤及地下水与外界的交流和自我净化调节功能，并且容易造成城区洪涝渍灾。

(7) 水源地污染加剧

城市用水快速增长带来的影响是污水排放量大幅增加。由于我国城市污水处理能力远远不足，城市周边水域急剧恶化，恶化了城市水源地，进一步加剧了城市水资源的紧张状况，导致许多城市守着水源没水吃。"全国城市水资源规划"研究表明，365座研究城市中有21座城市是由于水质污染造成的缺水。城市化的发展不仅导致地表水水源的污染，我国北方地区由于地下水超采导致大面积海水入侵和地面沉降，地下水劣变加速，进一步导致城市水源的减少。

(8) 应急供水问题凸显

城市在我国的社会经济发展进程中具有极为重要的战略地位，保证其供水安全在某种意义上来说就是为全国的社会经济发展提供保障。城市供水的保证率和水质要求都很高，一旦出现供水危机，不但严重影响人们正常生活，而且将造成巨大的经济损失和不良的社会政治影响。因此，如何应对紧急情况下出现的供水危机，保证城市安然度过难关,是城市化过程中面临的迫切问题。为防患于未然,必须对城市供水提出切实可行的应急对策与应急预案。

12.5.2 城市水资源开发利用策略

城市供水得到保证是城市赖以生存和发展的前提。我国幅员辽阔,各地自然条件千差万别,社会经济发展很不平衡,城市的发达程度也极为悬殊,而且有各自的战略发展方向及未来定位,因此城市水资源开发利用的途径各不相同,方案制订必须因地制宜。下文将针对中国不同的六大区,根据各分区自然条件、水资源和社会经济状况,区内各项条件的相似性和关联性,考虑分区内各城市之间的共性与差异,按照可持续发展的原则,研究各分区实现城市水资源供给安全的战略方向,提出宏观指导性意见和主要措施建议。

(1) 华北地区

华北地区城市在国民经济发展中占有重要位置,特别是京津唐城市群在全国政治、经济、文化等方面都具有举足轻重的地位,对区域的社会经济发展起着重要的辐射和带动作用。但华北地区也是全国水资源最为紧缺的地区,城市的高速发展导致大量挤占农业用水,矛盾突出,并已引发了一系列严重的生态与环境问题,除个别地区外已无多余水量可供开发。而且多年来当地节水工作开展得比较好,虽然进一步节水仍有一定潜力,但也有限,随着各项措施的深入实施,节水及污水治理、回用的边际成本将会急剧升高,边际效益快速下降。因此,该地区解决城市缺水问题的根本途径应是从丰水地区跨流域调水。未来的新水源重点考虑了天津地下岩溶水开采、山西省的引黄及其他一些地表水引、提工程,如册田水库引水、娘子关提水、水泉湾引水等,山东省的青岛、烟台、威海等重度缺水城市也规划了一些小规模的供水项目。

(2) 东北地区

东北地区是我国的老工业基地,已形成的辽中南城市群和正在逐步形成的哈尔滨城市群聚集了东北地区主要的工业城市,是整个地区的经济中心,在国民经济发展中的地位十分重要。辽中南城市群地区水资源紧张,主要属于资源型缺水,在全国范围内也属最为严重之列。黑龙江省和吉林省水资源相对丰富,缺水类型以工程型为主。全国城市水资源规划研究表明,若没有东水西调跨流域调水工程,2010年全区城市水资源短缺 $7.3 \times 10^8 \text{ m}^3$;若不超采地下水,将缺水 $13.1 \times 10^8 \text{ m}^3$。东北地区城市缺水主要发生在辽宁省,因此在大力开展节水、污水处理回用以及雨洪水和海水利用的基础上,适当考虑区内的跨流域调水是十分必要的,建议尽快实施解决辽宁部分工业城市缺水问题的东水西调工程项目。而黑龙江省和吉林省应在充分节水的基础上,新建水源工程,提高地表水开发利用的程度。辽宁省多数城市都规划了供水工程,如沈阳的石佛寺、大连的引英入连、鞍山的引细入汤、抚顺的关山和前腰水库等,但这些还不能从根本上解决城市的缺水问题。吉林省和黑龙江省的绝大部分城市都规划有城市供水工程,如长春引松入江和新立城水库增容、哈尔滨的西泉眼水库输水及水厂扩建,再加上节水等其他措施,到2010年基本实现城市水资源的供需平衡。

(3) 华东地区

以上海市为中心的长江三角洲城市群是华东地区的社会经济中心,也是整个长江流域社会经济发展的龙头,而且在全国的国民经济发展中具有举足轻重的作用。总体来说,华东地区水资源相对丰富,但由于经济发展迅速,人口密度大,城市工业废水和生活污水排放量大,处理程度低,造成一些地区,尤其是安徽省、江苏省南部及太湖周边的城市水质污染严重,出现了水质型缺水现象。华东一些省份属沿海地区,特别是浙江省、福建省的河流集雨面积小,河短流急,径流不稳定,因此造成工程型缺水。此外,有些沿海及岛屿城市也有资源型缺水现象。《全国城市水资源规划》研究认为,该地区 2010 年尚缺水 $7.4 \times 10^8 \text{ m}^3$。根据各种措施对缓解缺水的贡献率,华东地区各城市应首先加大节水和废污水治理、回用力度,控制需求,减少污染,同时可采取措施增加城市供水。工程型缺水城市适当新建供水工程,而沿海及岛屿城市也应考虑积极开发和利用海水资源,力求实现城市水资源的供需平衡,保证社会经济的持续发展。

(4) 中南地区

该地区以广州、深圳为中心的珠江三角洲城市群是整个区域乃至全国的重要外向型经济开发区,高科技产业发达,国际贸易占重要地位,经济和贸易方面在全国有重要影响。正在形成的武汉城市群及其他规划城市也对中南地区的社会经济发展起到重要作用。一般来说,中南地区水资源丰富,长江、珠江两条大河流经该区,许多城市可傍河引水,城市缺水现象并不十分严重。但珠江三角洲部分城市由于工业发达且人口集中,排污量大而污水治理力度不够,造成水质型缺水。该地区实现城市水资源供需平衡的战略举措应是污水治理、回用与节水并举。沿海地区积极研究海水利用的可能性,并适当兴建一批水源工程,满足城市发展的要求。中南地区规划兴建的主要供水工程有武汉市的白沙洲和余家头水厂扩建、长沙市自来水八厂、广州市黄涌供水工程、深圳市西部供水工程、南宁市三津水厂、海南省的迈湾水库和大隆水库等。

(5) 西南地区

成渝城市群集中了西南地区相当一部分的经济量,在全地区的经济发展中占有重要地位。西南地区整体经济发展落后于东部地区,城市化进程也相对滞后,但在开发西部的过程中,城市在技术、资金、信息等方面对区域经济的带动是必不可少的。西南地区总体上水资源丰富,但重庆、成都、昆明等重点城市所在区域和贵州省部分地区降水量偏小,当地水资源相对短缺。西南地区地势复杂,许多城市位于山区,或远离水源,或虽依河而建但城高水低,造成工程型缺水。经过分析,该地区解决城市缺水问题除了进行节水,搞好污水治理、回用,并开展集雨利用外,有必要新建一部分水源工程,特别是蓄水工程,还应考虑对资源型缺水地区采取区间调水的方式。西南地区规划了一批主要是蓄水工程的水源工程,主要有重庆市的玄天湖和大滩口水库、四川省巴中化成水库配套、贵阳市的鱼洞峡水库、昆明市的云龙和坝塘水库等。

(6) 西北地区

西北地区地广人稀,城市在区域社会经济发展中的作用尤为突出。随着西部大开发战略部署的逐步实施,城市将得到进一步发展,其在区域社会经济发展中的中心地位将得到进一步加强。西北地区位于干旱、半干旱的内陆区,属于典型的资源型缺水,而且污水无排放出路，只能留存在内陆，会对当地产生持久危害。因此，解决城市缺水问题应特别重视节水和治污。该地区城市多傍河而建，虽然当地水资源有限，但有一定的过境水量可供开发利用，部分地下水较丰富地区的城市也可考虑开发利用地下水资源。除新疆外，西北地区其余省（自治区）基本属于黄河流域，黄河本身缺水，多数支流水源不足，许多已出现断流，所以解决城市缺水问题除个别可采用流域内区间调水外，远期总体上需要考虑跨流域调水。目前西部地区尚未大规模开发，城市发展也相对滞后。近期应在充分节水、治污的基础上，以开发、利用过境水和地下水以及区间调水为主，并大力开展集雨利用。西北地区规划利用地下水的城市水源工程主要有陕西省延安市的机井工程和兴平的渭河傍河机井群，宁夏回族自治区两个规划城市（银川市和石嘴山市）均是利用地下水，其中银川市是开发南郊水源地的深层地下水，石嘴山市大武口二水厂也是开发深层地下水。其余多是傍河城市引过境水，如甘肃省兰州市自来水厂引黄河水和天水市引金家河水等。

城市化是我国社会经济发展的必然趋势，城市化进程给我国水资源开发利用带来了一系列问题，研究和探索我国城市水资源开发利用趋势和策略对促进城市可持续发展具有重要意义。国际上对城市水资源开发利用问题非常重视。随着我国城市化的发展，我国也应加强这方面的研究，保障城市和社会经济的可持续发展，城市居民生活水平的提高，以及人居环境的改善。

12.5.3 水资源开发利用的基本思路及方法

简单地说，规划就是以最合理的方式，最大限度地解决社会、经济发展对水资源的需求。进行水资源开发利用规划的基本思路应该是：以含水系统或流域为单位，统一调配地下水与地表水，充分利用当地水资源、水结构，最大限度地满足工农业及生活用水需要，并有利于生态环境的改善。为此，应根据具体的水资源条件、社会经济发展对水资源的需求、城乡供水现状及水资源开发利用中出现的问题，结合水资源评价与供需平衡分析的结果，提出地下水（含不同层位的地下水）、地表水的合理配置方案，评价水资源对社会经济发展的保证程度，论证工农业与城乡生活的主要供水方向，指明改善供水结构的具体措施。在此基础上，进行规划分区，包括开采方案的调整及开采数量的增减（两者不可分开），划分增强开采区、控制开采区、调减开采区及禁采区，并就一些专门问题提出意见或建议。

规划的具体操作，就是以含水系统或流域为单位，将水资源按行政区划进行分配。关键是找到分配的方法。

①根据水资源条件、社会经济发展对水资源的需求、水利工程的建设情况，结合技术经济水平、城乡供水现状及水资源开发利用中出现的问题，设计若干种开采方案（即分配方案）。方案要具体，至少应包括不同水源（地表水、地下水及不同层位的地下水）取水工程的总体布局，和拟开采的水量。

②在查明水文及水文地质条件，特别是地表水与地下水及不同层位地下水之间的水力联系的基础上，建立包括地表水及地下水在内的水资源系统的概念模型及数学模型，并对模型进行识别。在能够基本反映实际情况的前提下，模型要尽量简化。将设计的若

干种开采方案输入模型,通过多年调节计算,观察模型的输出,分析水资源系统在不同激励下的长期响应(对地下水来说,主要是流场的变化情况)。

③根据规划区的实际情况,确定一系列约束条件(对地下水来说,主要是流场约束)。分析模型的结果是否符合约束(对地下水来说,是流场是否被允许)。如果超出了约束(流场不被允许),则需要修改最初的设计方案(调整开采布局及开采数量),重复上述过程。这样反复调整,直至约束被满足(流场被允许)。在反复调整的过程中,可以深入地分析方案的技术经济合理性及不同方案的优缺点。

④在若干种方案之间,按照特定的决策目标,选择一种比较满意的方案。这一方案被确定后,按行政区划分配资源的目的也就达到了,不仅有开采数量,而且有具体的开采布局。将选定的方案与现有方案对照,即可分析现有方案是否合理和如何调整。开采潜力及几个规划区的确定,乃至水资源开发利用中某些重大问题的论证,也不难做出。

需要特别强调的是,第一,上述计算必须以含水系统或流域为单元进行,否则分配似是而非,规划也失去了其存在的意义。第二,必须将地表水、地下水(包括不同层位的地下水)作为一个整体,统一规划,否则将其割裂开来,各自孤立地规划,会降低规划的价值。第三,必须充分重视与水资源开发利用有关的生态环境问题。准确了解问题的现状,并尽力预测开采水资源可能引发的生态环境问题,不仅是设计开采方案的依据,而且是确定规划约束的基础。

规划不仅受到自然条件的限制,而且受到技术、经济、社会乃至法律条件的制约。要特别指出的是,技术观点与价值观念的不同取向会导致截然不同的规划方案。在实际工作中,我们有这样的体会:在对待开发地下水引发的环境地质问题上,存在强烈的概念冲突(不同的利益集团,持有不同的概念,而且必然要反映到学术界),甚至会因此产生社会问题。在规划中,我们无法回避这些问题,这些问题不通过模拟手段,很难争论清楚。只有在实际的水资源系统模拟过程中,把这些因素分别予以考虑,让不同概念指导下的规划结果清晰地展示在人们面前,才能使人们对问题的理解更加深入,从而根据本区的实际情况,做出选择。

本章小结

水资源关系着人类生活、生产的各个方面,而由于人类无休止且不加以节制的滥用,水资源如今趋于短缺,出现了分布不均匀,资源匮乏,周边环境恶化等问题,因此对水资源的规划、保护、管理与开发运用的任务均应提上日程。基于水量平衡原理、土地利用与土地覆盖、全球气候变暖等水资源规划的科学基础,需对其通过前期提出问题、进行调查研究等措施,合理规划、有效利用。在规划的前提上,应加强保护技术与管理技术,针对水资源管理现存的管理水平落后、水价政策落后、污水排放治理不力、忽视节水方针的实施等问题,合理规划进行管理,通过废水的再处理技术、水资源保护节水技术、合理配置土地利用结构对水资源实施保护。全球环境变化是人类和社会发展面临的共同问题。了解自然变化和人类活动的影响更是国际地球科学发展最为关键的问题。

思 考 题

1. 为什么要进行水资源的规划？
2. 目前水资源面临的危机有哪些？
3. 详细阐述水资源规划的必要性。
4. 结合家乡水资源的规划措施进行简要介绍。
5. 简述目前我国水资源的现状。
6. 简述保护水资源的必要性。
7. 简述现有水资源的保护措施。
8. 结合现在的水资源现状提出一些新的水资源保护措施。
9. 列举几种你家乡正在实施的保护水资源的工程。
10. 解释何为是水资源管理并简述其内容，说明其重要意义。
11. 阐述水资源管理的基本原则。
12. 简述水资源管理的发展阶段及其特点。
13. 简述水资源管理的基本思路及工作流程。
14. 阐述水资源管理的技术措施。
15. 试选择某一地区，搜索相关资料，列举该地区水资源管理中存在的问题，并制订一套水资源管理对策方案。
16. 简述水资源开发利用的定义，并说明其重要意义。
17. 简述水资源开发利用的过程。
18. 阐述水资源开发利用存在的问题。
19. 试选择某一地区，搜索相关资料，制订一套水资源开发利用对策方案。
20. 阐述水资源开发利用的基本思路与方法。

第 13 章
全球变化与人类活动的水文与水资源效应

本章主要介绍全球变化与人类活动对水文与水资源的效应。全球气候变化、人类修建水利、水土保持工程等活动，以及伴随人类社会进步不断发展的城市化进程，都产生了一系列的水文效应，此种效应在水文与水资源学领域统称为全球变化与人类活动的水文与水资源效应。全球变化与人类活动的水文与水资源效应主要包括：全球变化的水文与水资源效应，主要包括全球变化的水文水资源效应的起源和发展、全球变化不同尺度的水文水资源效应和全球变化的水文水资源效应研究方法；水利、水保工程措施的水文与水资源效应，主要表现在地表径流和地下水的影响；城市化的水文与水资源效应，主要包括城市化的径流、水质和气候效应；生态建设的水文水资源效应，主要包括生态恢复理论基础、不同尺度下生态恢复与重建的水文水资源效应及其研究方法。

13.1 全球变化的水文水资源效应

13.1.1 全球变化的水文水资源效应的起源和发展

全球环境变化(简称全球变化)是目前和未来人类和社会发展面临的共同问题。全球变化既包含全球气候变化，又包括人类活动造成环境变化的影响。了解自然变化和人类活动的影响是国际地球科学发展最为关键的问题。

13.1.1.1 气候变化的水文水资源效应

国外关于气候变化对水文水资源影响的研究起步于 20 世纪 70 年代后期(水利部应对气候变化研究中心，2008)，在世界气象组织(WMO)、联合国环境规划署(UNEP)、国际水文科学协会(IAHS)等国际组织的推动下，国际社会逐渐认识到该研究的重要性。进入 21 世纪，气候变化成为 IAHS-PUB、FLOODDEFENCE2002 等各种国际会议的主要议题，对气候变化的研究不仅实现了水文、气象、生物、物理等多学科的交叉研究，而且更注重气候、陆面、人类活动等方面的相互影响及反馈作用。

国内关于气候变化的水文水资源效应研究起步于 20 世纪 80 年代，研究初期，许多学者对气候变化的水文水资源效应进行了探索性研究。目前关于水文水资源效应的研究已经较为深入，不仅仅涉及气候的水文水资源效应，而且综合考虑了人类活动的水文水资源效应，并开始将两种影响因子区分开，并尝试定量化区分。

气候变化通过降水、气温等气象来影响水文水资源效应，通常是对该流域应用水文模型，通过参数率定，设定不同的气候情景，研究地表径流、地下径流的响应变化。气候变化对水文水资源影响的研究通常包括以下步骤：气候变化情景的生成、与水文模型接口、水文模拟。

气候变化情景的生成包括两种：根据特定区域气候变化的趋势或可能，根据经验人为地假设；在 CO_2 加倍的条件下，运用大气环流模型 GCMs，包括 BCCR、CHCM3、CSIRO、GFDL、GISS 模型等不同国家研发的适应性模型，模拟不同的气候情景。GCMs 的模拟系统不能完全考虑影响气候状态的所有因子，单个模式输出特定区域的气候变量时，总会表现出一定程度的不确定性，而多模式集合输出综合了多个模式的优点，可以减小单个模式输出的不确定性。

在与水文模型接口技术方面，研制了用随机天气模型将 GCMs(大气环流模型)大网格点的输出分解到流域尺度上。国内采用较多的是随机模型法、天气模式识别法和特征矢量聚类等方法。

气候变化的水文水资源效应研究方法应用较多的是水文模型法。对水文模型主要考虑以下模型内在精度、模型率定和参数变化、资料的拥有量及可靠性、模型的通用性和操作性以及与 GCMs 的兼容性。

13.1.1.2 土地利用/覆盖变化(LUCC)的水文水资源效应

土地利用/覆被变化的水文水资源效应的早期研究采用试验流域的方法，包括控制流域法、单独流域法、平行流域法和多数并列流域法等。试验流域法将森林水文效应的评估带上了科学的征程方法，有利于揭示植被—土壤—大气相互作用的机理，但试验周期长，通常在小流域进行，较大尺度流域上操作难度比较大，其研究结果也难以应用到其他流域。

自 1970 年以来，在国外，土地利用/土地覆被变化的水文效应研究由以前的试验流域法和统计分析方法转向水文模型方法。水文模型是对自然界中复杂的水文现象的一种简化，为研究气候、人类活动和水资源之间的关系提供了一个框架。

从 20 世纪 90 年代开始，国内也开展了大量的土地利用相关研究，中国土地利用变化/覆被变化及人类驱动力的研究也应用不同的模型开展模拟和预测。到目前为止，国内学者在探讨中国土地利用/覆被变化的时空变化规律、建立区域模型取得了一定的成就，但在变化机制和预测方面仍显不足。未来中国关于土地利用/森林覆被变化的研究应注重各个学科之间的交叉，加强对中国各个区域土地利用/森林覆被变化的预测研究，进而为区域土地利用规划、管理及生态恢复提供科学依据。

土地利用/覆盖变化(LUCC)的水文水资源效应研究方法主要如下：

(1) 流域对比试验法

LUCC 水文效应的研究，早期大都采用试验流域的方法。在 20 世纪 60 年代，世界上利用试验流域法研究植被，特别是森林变化对流域水文的效应研究达到了高峰。试验流域法可细分为如下几种方法：

①平行流域对比分析　选取两个除植被类型不同但其他方面都很相似的小流域，对比其试验结果。这种方法显然很容易获取试验结果，但是事实上很难找到条件相似的两个流域，即使找到，水文观测结果的差异也可能是土地利用变化以外的其他原因造成

的，如气候因子。

②单独流域法 在不同的植被覆被情况下，研究同一流域主要水文要素的变化。20世纪80年代初，中国学者开始在四川沱江流域选择1块有代表性的小区，进行为期1年的径流采样试验，然后将结果推广到全流域，估算出全流域的非点源污染负荷。单独流域试验法可以预测植被变化带来的影响，但是仍不能排除气候变化的影响。

③控制流域法 选取条件相似的相邻流域，先采取相同的方法进行平行观测，然后将其中的一个流域保持原状作为控制流域，而对其余的流域进行试验处理，对比分析控制流域和处理流域水文要素的变化。此种方法的优点在于能够排除地表植被以外的因子的影响，如气候因子，因为由气候变化造成的影响可以通过比较两个流域在植被变化前后的输出水量来确定。

流域对比试验法通常适用于较小的流域，试验结果较容易获得。但此法受自然条件、资金和天气状况等条件的制约；野外影响水文效应的因素复杂多变，难以把握主要因子，研究周期长，可对比性差；找到两个完全相同条件的流域更是不可能的，即使是同一流域，在用于对比的两个标准期内流域的各种条件也不会完全相同。

(2) 水文特征参数法

水文特征参数分析法是LUCC水文效应研究的有效方法之一。特征参数分析法是针对一个流域，选择较长时间段上反映LUCC水文效应的特征参数，尽量剔除其他因素的作用，从特征参数的变化趋势上评估土地覆被变化的水文效应。径流系数是用来刻画这种效应的主要特征参数之一。径流系数指任意时段内径流深度与同时段内降水深度的比值。径流系数在一定程度上是反映流域产流能力的一项重要指标，它表征了降水量中有多少变成了径流，也反映了流域内下垫面因素对降水—径流关系的影响。在较长时间尺度上，土地覆被变化的水文效应最终表现在流域水量平衡的蒸发分量上，因此，反映蒸发分量的径流系数不失为一个较好的反映LUCC水文效应的指标。许多学者用这一水文特征参数评估年际LUCC水文效应。

除径流系数之外，还有以下参数可以用来评估土地覆被变化的水文效应。年径流变差系数是年径流量的标准差与平均值的比，它可以反映历年径流量对多年平均值相对离散程度的大小。径流年内分配不均匀系数是反映径流分配不均匀性的一个指标。洪水过程线对于研究不同土地利用的地表径流响应具有重要意义，分析比较洪水过程线的涨落变化能直接反映土地利用与植被变化对洪水的影响，但洪水过程分析研究的时间尺度较小，要求数据精度有一定保证，使其应用受到一定限制。另外，还有洪峰流量、洪峰频率等参数可以利用。

由于表征水文效应的特征参数的计算比较简单，而且可充分利用成熟的数理统计方法对长时间序列的水文特征参数进行统计分析，此方法对于下垫面条件比较均匀、降水量和土地利用空间差异不大的流域，不失为一种简捷的分析LUCC水文效应的方法。在资料丰富的情况下，径流分量的对比、不同时段洪水径流过程的对比以及不同人类活动强度的流域对比分析，会进一步提高这种方法的应用价值。此方法可用来判断流域内的水文响应是否发生了变化，土地利用变化是否影响了流域的水文状况，但该方法仅是简单的数理统计模型，无法揭示水文响应的物理机制。同时由于影响流域水文变化的因素复杂，仅从特征变量的时间序列变化中，剔除影响因素的影响，很容易出现误判。

(3) 流域水文模型模拟法

流域水文模型是由描述流域降雨径流形成的各函数关系构成的一种物理结构或概念性结构，它严格满足流域水量平衡原理。1970 年以来，LUCC 的水文响应研究由传统的统计分析方法转向具有一定物理基础的水文模型方法。C. A. Onstad 和 D. G. Jamieson 在 1970 年首先尝试运用此类水文模型预测土地利用变化对径流的影响。

水文模型种类很多，根据不同的分类标准，可以划分成不同的种类。如基于对原形的概化程度，可分为黑箱模型、概念性模型和物理机制模型；基于反映水分运动空间变异性的能力，可分为集总式模型和分布式模型；按模型的模拟时间尺度，可分为连续模型和单事件模型。

黑箱模型是一种具有统计性质的时间序列回归模型。它建立在系统输入、输出关系之上，核心问题是通过"系统识别"求一个脉冲响应函数。"系统识别"常用的方法是最小二乘法。该模型的计算过程无明确的物理法则，仅仅是用一种转换函数关系将输入、输出联系起来。如基于流域水文过程长期观测数据和土地利用变化数据，利用统计分析中的多种趋势分析方法和回归拟合方法，进行土地利用对水文过程的影响研究。概念性模型利用一些简单的物理概念和经验关系，如下渗曲线、蓄水曲线、蒸发公式等，或有物理意义的结构单元如线性水库、线性河段等，组成一个系统来近似描述或概化流域内复杂的水文过程。物理机制模型是根据质量、动量与能量守恒定律，用连续方程、动量方程和能量平衡方程来描述水在流域内的时空运动与变化规律。集总式模型的各点水力学特征要素均匀分布在一个单元体内，只考虑单元体内水的垂向运动，该模型能表述整个流域的有效响应，但不能明确刻画水文响应的空间变化。

集总式分布模型的参数较少，简单易用，但一个主要缺点是不能模拟水文过程和流域特征参数的空间变化。分布式模型的前提是将流域分割成足够多的不嵌套单元，以考虑降水等因子输入和下垫面条件客观存在的空间分异性。它具有以下显著优点：具有物理机制，能描述流域内水文循环的时空变化过程；其分布式结构，容易与 GCM（综合循环模型）嵌套，研究自然和气候变化对水文循环的影响；由于建立在 DEM（数字高程模型）基础上，所以能及时地模拟人类活动和下垫面因素变化对流域水文循环过程的影响。基于物理机制的分布式水文模型能够清楚地表述一些（也不是全部）重要的陆地表层特征的空间变化，如地形高度、坡向、坡度、植被、土壤和一些气候参数如降水量、气温和蒸发量。分布式水文模型明显优于传统的集总式水文模型，同时又兼顾概念性模型的特点，能为真实地描述和科学地揭示现实世界的水文变化规律提供有力工具。但分布式模型的参数较多，并且需要进行参数的率定，有较高的精度要求，否则难以评估模拟结果的不确定性。此外，水文模型要求资料比较齐全，操作也较繁琐。

对于 LUCC 水文效应研究，流域对比试验法适用于较小流域；水文特征法适用于下垫面条件比较均匀，降水量和土地利用空间差异不大的流域；基于物理机制的水文模型法能够比较准确地刻画流域的水文效应，能对水文效应的变化进行机理性解释。但每种方法都具有其不可避免的缺点，现阶段的研究已开始综合利用以上几种方法研究 LUCC 的水文效应，如水文模型与统计学方法相结合的方法、模型耦合法、模型对比法等。

对于 LUCC 水文效应研究,水文模型较其他两种方法更具有优势,但水文模型以下两个方面的问题仍需进一步加强:①大多数水文模型都是在 20 世纪 70 年代或 80 年代建立的,而且从 90 年代早期开始,多数模型的研究注重于研发图形用户界面,并与 GIS 和 RS 结合。在研发和改善用户界面方面已经取得了很大的进步,现在应该对模型机制研究投入更多的精力。②时间序列的流域出口处径流量资料一直是水文模型检验和校准的重要数据。单个位置的径流量是整个流域水文的"中和效应"或综合效应,仅仅应用某个位置的径流资料来检验和校准复杂的水文模型是不够的,修正这个缺陷的研究工作还很少开展。

基于物理机制的分布式流域水文模型是 LUCC 水文效应研究最具有潜力的方法,特别是伴随着计算机技术、GIS、RS 和数据库建设的不断发展完善而更加趋于成熟和有效。同时,每种方法都有自身的缺陷,多种方法的综合利用也是研究 LUCC 水文效应的一个必然趋势。

13.1.2 全球变化不同尺度的水文水资源效应

水资源具有时间和空间的双重属性,水资源变异问题不仅体现在年际、季度、丰枯水期、逐月等时间尺度上,也体现在地理分区、行政分区和水资源分区等空间尺度上。因此,从时间尺度和空间尺度上对水文水资源进行分析,可以将自然因素和人为因素按照新的尺度统一进行分析,并在不同尺度下进行比较,得到的结果可以突出引起水资源变异的时间和空间上的重点时段和区域,将对当地水资源变异对策、水资源利用等工作,起到更好的指导作用。

任何生态系统均内涵有生态—水文关系,同时,生态—水文关系体现于多级尺度,不同尺度的植被覆盖、土地利用变化都将影响水文循环过程。图 13-1 简要描述了多级尺

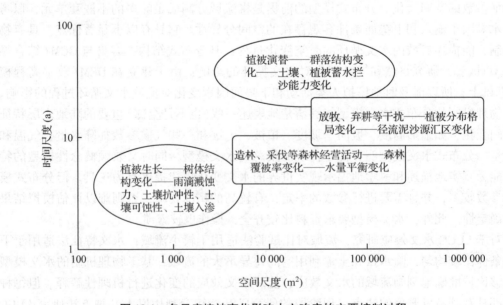

图 13-1 多尺度植被变化影响水文响应的主要控制过程

度植被变化与水文变化的过程及关系,从自然驱动的植被生长、植被演替、植被更新到人为驱动的造林、森林砍伐、火烧等,反映了微观时空尺度到宏观时空尺度植被变化与水文循环和水文过程构成的相互作用、相互影响的反馈调节系统,流域出口观测径流变化来源于多级尺度植被变化。

13.1.2.1 不同时间尺度下的水文水资源效应

某一地区的水文水资源效应的不同时间尺度可能决定了该地区土地利用变化情况。短时间尺度中(以季、年为单位),以植被下垫面为例,植被的自然生长是改变该地区水文水资源效应的重要影响因子之一。而在长时间尺度(以十年或数十年为单位)上,由于人类活动影响,有可能改变下垫面的性质,从而影响该地区的水文水资源效应。同时,在短时间尺度的比较中(日、月),气象因子也有较大差异,从而改变当地的水文水资源效应。

13.1.2.2 不同空间尺度下的水文水资源效应

土地利用变化通过影响流域的蒸发机制及其土地覆被的类型和程度,影响地表径流的初始条件,从而对流域的水文过程产生直接影响。通过对土地利用变化对蒸发散、暴雨截留、产流、汇流等水文过程的影响进行分析,特别是对植被变化、城市化、防洪工程措施、湖泊围垦等对洪水特性的影响进行进一步分析,可以全面总结出水文水资源效应对土地利用类型的变化响应。通常来说,流域年径流量大小顺序为:水域＞不透水地面＞旱地＞水田＞森林。因此当某个地区土地利用变化很大时,应将可持续发展作为水土资源开发利用的目标,探求适应该地区的土地利用方法,合理配置流域的水土资源,以保持经济发展和生态协调。

区域土地利用变化对生态环境的影响,是全球变化研究的重要内容,其中,土地利用变化的水文水资源效应已成为区域水土资源利用研究的热点。前人通过采用文献资料法和对比分析法,对区域土地利用变化对水环境的影响进行分析,总结了土地利用变化对水文过程和水环境质量的影响:对水文过程的影响主要集中在,下垫面性质的改变对水文要素的影响和影响区域水资源平衡和地下水与地表水循环2个方面;对水质的影响主要是影响泥沙输出和造成水污染。目前,在基础理论与机理方面的研究比较薄弱,水土复合系统及时空耦合研究较少,缺乏统一指标、对比集成分析,在模型研究与GIS、RS融合方面还有待完善。未来的研究应注重理论建设、机理研究、集成分析、模型融合。

随着近代生态学的发展,人们逐步提出等级系统的观点。该观点认为,流域植被、土壤、气候均随时间而发生变化,很难确立三者稳定的相关关系,并且由于大尺度出现有新的特征和限制条件,因此有必要以动态的、等级系统的观点来联系不同尺度的观测研究。由于土地利用/植被变化对水文的影响具有时空分布特点,其影响效应在流域内最终将被累积或平均,因此,很难将小区尺度或坡面尺度的研究结果转化为流域尺度。尺度问题仍是土地利用/植被变化影响研究中一个重要的问题。总的观点认为:在流域面积小于几百平方千米的小尺度上,土地利用/植被变化对流域水文,如平均径流、洪峰流量、基流等影响显著;而流域面积为上千平方千米等较大尺度时,径流累积响应通常较不明显。

如前文所述,尺度体现于生态水文学各个研究环节。不同尺度反映有不同生态水文关系,因此进行生态水文学研究时应注意研究的观测尺度和模型工作尺度。过程尺度(process scale)、观测尺度(observation scale)和模拟尺度(modeling scale)是生态水文学中相区别但具有重要作用的概念,当3种尺度一致时,对生态水文关系的探讨可获得有效解释。前文中植被变化与水文关系体现于多级过程尺度,不同尺度具有不同的主要生物控制过程,因此,很难根据小尺度观测推测大尺度现象,尺度转换仍是生态水文学领域研究的主要问题。

总之,气候变化和人类对下垫面环境的改变是影响流域水文变化的两大因素,对于这两大因素的研究,不同研究尺度会有不同结论。通常来说,在较长的时间尺度上,气候变化对水文水资源的影响更加明显;在短时间尺度上,土地利用/覆被变化是水文水资源产生变化的主要驱动要素之一。由于研究尺度、研究区域地理位置、气象气候条件、研究对象等方面的差异性,造成气候变化和土地利用/覆被变化水文效应研究的结论有一定差异,因此,需要考虑多方面因素的差异性,准确评价其水文效应,还需要加强不同学科之间的交叉研究,提高水文效应的研究水平及结果。而且,气候变化的水文效应和土地利用/覆盖变化的水文效应往往是紧密联系的。目前许多研究对区别两种因素造成的水文影响做了很多探讨,在一定程度上分别二者的"贡献",但对于如何提高其准确度还存在一定难度,有待进一步研究。

13.2 水利、水保措施的水文水资源效应

13.2.1 水利工程措施的水文水资源效应

水利工程的水文效应是水利工程环境影响评价中的一个重要组成部分。随着国民经济的发展和环境意识的提高,对水资源开发利用的要求也越来越高,尤其是在流域管理方案的确定、小流域治理规划的制订、各种水利工程的建设上,都迫切需要正确评价这些方案、综合治理规划以及水利工程措施实施后的社会效益和环境效益,而水文效应是环境效益的重要组成部分。因此,研究水利工程的水文效应,可为规划方案的选择、工程规模与开发方式的选定、工程效益的评估以及工程实施后水文环境的预测提供依据。

水利工程的水文效应及其研究已成为生产实践中急需解决的问题之一,无论是水文科学的理论研究还是其实际应用均具有极其重要的意义。然而,由于水利工程措施的水文效应极其复杂,且在水资源开发利用及其他经济活动中,常常以影响水循环为主导而引起土壤侵蚀和泥沙沉积、生物地理化学循环等环境问题,人类活动对水文循环及其他循环的影响达到一定程度后将反过来影响活动本身,势必使自然循环与社会经济之间的关系变得更加复杂。因此,研究水利工程的水文效应,探讨不同水利工程措施对水文循环的影响规律,无论对于流域规划治理、合理开发利用水资源、提供宏观经济效益,还是资源与环境的保护、保持生态平衡、促使国民经济的可持续发展,都具有重要的指导作用。

13.2.1.1 水库、大坝的水文效应

水库、大坝是在流域常见的大型水利工程,主要用于蓄水发电、防洪蓄水、灌溉、调节上下游水资源分配等。同时,水库、大坝等水利工程措施对拦蓄径流、局地降水以及改善局部小气候都有不可忽略的影响。

水库的拦蓄作用主要是改变水库下游径流的时空分布,对洪水而言,还能减少一次洪水洪量。对于大中型水库,因其防洪标准较高,在防洪标准内大洪水发生时,能够起拦、滞洪水的作用,通过合理的水库调度,可达到减小水库下游洪峰的目的。但当超标准洪水发生时,水库为确保坝安全往往敞泄,其后果很可能是人造洪峰,使下游形成比天然情况更大的洪水。对于小型水库、塘坝,其防洪标准较低或很低,除了在一定量级洪水时能起削峰作用,往往会为了水库自身安全而敞泄(塘坝一般都是敞泄)。需要强调的是,小型水库、塘坝失事的可能性较大,常会加大下游洪水。

因此,在发生大暴雨时,水库群究竟是减少下游洪水,还是加大下游洪水,需要经过具体分析才能做出判断。这对于水资源评价、实时洪水预报和估计设计洪水都十分棘手。

据朱卫平(2005)对闽江水口水电站的研究,水库蓄水后对径流量的效应有以下5个方面。

①水位上升导致岸边周围产生新的渗流现象,使原先处于干燥状态的岩土湿化,并不断消耗于蒸发散。

②浸没影响抬高了岸边周围的地下水位,改变了地下径流汇流特性,阻止原先补给河道的地下径流和产生侧向地下径流运动。

③地下水位上升产生潜水蒸发。

④库区水域面积扩大水体蒸发。

⑤库区水域面积上的降水量全部转化为径流量。

其中①~④项对径流量来说是负效应,只有⑤项是正效应,求解其总体的物理量,应用流域水量平衡原理分解其物理量,建库后径流量负效应用下式表示:

$$\Delta E_W = P - R - E \tag{13-1}$$

式中　ΔE_W——建库后多年平均径流量的负效应;

　　　P——区间流域多年平均降水量,mm;

　　　R——区间流域多年平均径流深,mm;

　　　E——区间流域多年平均陆地蒸发量,mm。

13.2.1.2 引水工程的水文效应

随着社会经济的发展,工农业用水、城市用水逐年增加,为了满足人类活动的用水需求,兴建了大量引水工程,使河川径流呈减少趋势。

奚秀梅(2006)等人根据多年水文数据,分析了塔里木河中游1957—2002年间径流年际变化及1992—2002年径流月际变化的特点、趋势及其原因和影响。结果表明,1957—2002年间塔里木河中游径流不稳定、不平衡,并且呈逐渐减小的趋势,主要原因

是源流区和上游区大量引水。

13.2.1.3 地下水开采工程的水文效应

大量开采地下水引起地下水位消落，有的地方形成大范围的漏斗，使土壤非饱和带大幅度增加，非饱和带的蓄水容量随之增大，这导致了降雨时大量雨水渗入非饱和带保存起来，减少了径流的形成。同时，地下水位的大幅下降，导致地表水和地下水之间的水力梯度加大，从而增加了地表水的下渗，减少了地表水量。有资料显示，过去20~30mm降雨就能产流的地区，如今100~200mm降雨也少见有地面径流。

13.2.2 水保措施的水文水资源效应

水土保持措施具有较好的拦蓄径流和泥沙的作用，并且可以有效削减洪峰流量、降低径流含沙量、推迟洪峰出现时间及缩短洪水历时。水土保持措施虽然对降水与径流、泥沙的相关性没有太大改变，但改变了降水与径流、泥沙的相关关系。

目前水土保持措施由三大类组成：水土保持农业技术措施、水土保持林草措施和水土保持工程措施。这些措施深刻地影响地表水分入渗与径流，有效地拦截降水，减少入河泥沙，尤其在黄土高原区和风沙区，水土保持工程措施可以保护和改善水土资源和水分循环，减少水土流失。总之，水土保持措施带来的水文效应在地理环境变化中占据着重要地位，但是在外界条件影响下，不同的水土保持措施会产生不同的水文效应。

13.2.2.1 水土保持农业技术措施的水文水资源效应

水土保持农业技术措施主要是水土保持耕作法，其基本原理是：增加地面粗糙度，改良土壤结构，提高土壤肥力和透水贮水能力；增加地表被覆度，就地拦截降水，增加地表水的入渗率，防止径流的发生。

水土保持耕作措施的主要方法有以下几种：①结合耕作，在坡耕地上修建有一定蓄水能力的临时性小地形，这些小地形可以减少坡耕地的径流量和冲刷量，而且有利于调节土壤水、肥、气、热的关系，提高地力，增加作物产量；②沟垄耕作，把耕地犁耕成并行相同的沟和垄，将原来倾斜的坡面变成等高的沟和垄，通过改变小地形，分散和拦蓄地表径流，减少冲刷，拦截泥沙；③垄作区田，在坡耕地垄作基础上，按一定距离修筑土挡形成浅穴，可以拦蓄顺沟雨水，防止雨水汇流，减少土壤冲刷和毁垄危害，保持土壤水分，调节土壤水分与作物之间的供求关系；④梯田改变地表坡度，在一定程度上能阻滞径流的流出。此外，还有深耕、密植、间作套种、增施肥料、草田轮作等。

水土保持耕作措施的水文效应研究已受到学者的广泛关注，郑子成等（2003）利用人工降雨研究了不同耕作措施条件下的入渗速率模型。研究得出：对于不同耕作措施，随着入渗时间的增加，入渗速率以指数函数递减。在相同的入渗时间和降雨强度条件下，不同耕作措施入渗率的大小为：等高耕作＞人工掏挖＞人工锄耕。另有学者指出，不同耕作法下的土壤含水量也有变化，一般是免耕覆盖＞深松覆盖＞耙茬覆盖＞传统耕作。地表粗糙度的变化趋势为：免耕覆盖＞深松覆盖＞耙地覆盖＞传统耕作。

水土保持农业技术措施对土壤具有一定的改良作用，可以通过改变土壤结构增加土壤中的非毛管孔隙度、土层渗透性和流域的蓄水能力，减少超渗产流的形成，并且入渗水对土壤含水量的有效补充增加了植物可利用的水资源。水土保持农业技术措施实施力度大的地区，降水易于下渗，地表径流也更易于转化为土壤水，易于形成汇流速度较慢的壤中流和地下径流，从而影响整个流域的产流和汇流条件。

13.2.2.2 水土保持林草措施的水文水资源效应

水土保持林草措施，又称为水土保持植物措施或生物措施，可以改善地表植被覆盖状况，从而有效拦截雨滴对地表的打击，防止水蚀，调节地表径流。水土保持林可以提高空气湿度，增加降水量，适宜密度的水土保持林对树冠截留、树干流、林下植被及枯枝落叶层滞流等都有积极的作用；水土保持林草措施的实施，增大了地表糙率，不仅减缓了雨水流速，削弱雨水冲刷力，而且减轻了雨滴对地面的打击，增加了土壤入渗，减少了地表径流量。

一般降水条件下树冠截留可达降水量的20%左右，此后随着降水强度和降水历时的增加，截留量呈减少趋势。枯枝落叶层的滞流作用也十分明显，一般林区可达到20%左右，不同的林种相差很大。林草枝叶能防止溅蚀、分散与减少地表径流量，地表枯落物具有良好的吸水、蓄水与透水能力，一般能吸收比其本身大4~6倍的水量。林地土壤孔隙度较大，尤其是非毛管孔隙度较大，降雨时将会有更多的雨水快速渗透到土壤中，从而有效减少地表径流的发生。虽然水土保持林草措施具有减少地表径流量、防止土壤侵蚀的作用，但森林植被与流域产水量之间的关系一直存在较大的争议。

13.2.2.3 水土保持工程措施的水文水资源效应

水土保持工程措施主要是通过修建各类工程改变小地形，拦蓄地表径流，增加土壤入渗，从而达到减轻或防止水土流失，开发利用水土资源的目的。根据所在位置和作用，可将水土保持工程措施分为坡面治理工程、沟道治理工程和护岸工程3大类。各类措施特别是工程措施与林草措施之间，始终存在互相依赖、相辅相成的关系。

淤地坝和小型水库等具有一定的容水量，以直接拦蓄径流的方式减少水土流失量，能迅速有效地拦截小流域内坡面、沟壑流失的径流泥沙，而且淤地坝内的平坦土壤水分条件好，可用于农业生产。小型水库具有一定的容水量，被拦蓄的径流可转化为下渗水、蒸发水和土壤水，也可以增加地下径流。拦沙坝是以拦挡山洪及泥石流中固体物质为主要目的，防治泥沙灾害的拦挡建筑物，是荒沟治理的主要工程措施。在水土流失地区沟道内修筑拦沙坝，可以提高坝址处的侵蚀基准，减缓坝上游淤积段河床比降，加宽河床，并使流速和径流深减小，从而大大减小水流的侵蚀能力。同时，淤积物淤埋上游两岸坡脚，由于坡面比降降低，坡长减小，坡面冲刷作用和岸坡崩塌减弱，最终趋于稳定。这是因为沟道流水侵蚀作用而引起的沟岸滑坡，其出口往往位于坡脚附近所致。

13.3 城市化的水文水资源效应

随着城市化水平的不断提高，城市化进程对人类生存与发展必不可少的水资源及城市水环境的影响愈来愈显著。城市人口膨胀、密度增大、产业集中、社会经济活动强度大等变化,引起了住房紧张、交通拥挤、资源短缺、环境污染等一系列城市生态环境问题。城市化还将大规模改变土地、大气、水体、生物、资源、能源的性质和分布,引起城市自然地理环境的变化。城市化最突出的特征是人口、产业、物业向城市集中,导致人口密度增大,土地利用性质改变,建筑物增加,道路及下水管网建设使下垫面不透水面积增大,直接改变了当地降雨径流的形成条件。城市社会经济发展,人口增多,对水的需求量增大,废污水相应增多,从而对水的时空分布、水分循环及水的理化性质、水环境产生了各种各样的影响,即水文效应。城市化的水文效应可由图13-2概括。

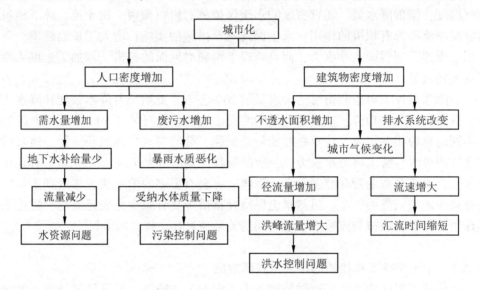

图 13-2 城市化的水文效应示意

13.3.1 城市化与城市水文问题

13.3.1.1 城市化

城市化是一个复杂的空间形态变化过程和社会、经济发展过程。目前全世界城市化水平以每年1%以上的速度递增,且发展中国家逐渐成为增长的重点。预计到2050年,将有2/3的世界人口生活在不同规模的城市中。目前我国正以世界罕见的速度推行城市化,城市人口占总人口的20%左右,预计2010年达到29%,2050年达到47%左右。建国初期我国有136座城市,"七五"末期为450座,到"八五"末期猛增至640座。随着城市规模的扩大和数量的增多,出现了一些地理位置相近、资源环境条件相似、类型功能互补的城市群。我国已有5个超大规模城市群(长三角、京津唐、珠三角、四川盆地以及辽宁中部),这些城市群面积大,影响和辐射范围广。

13.3.1.2 城市水文问题

虽然城市空间相对流域的范围很小,但城市化将显著影响流域水文循环系统中降水、蒸发、地表径流、地下径流等要素。加拿大安大略(Ontario)城市排水下属委员会发表的

《关于城市排水实用手册》中，提出了城市化引起的水文要素之间分配比例的变化，见表13-1。其中，城市化后的地表径流与屋顶截流直接进入城市雨水管道，成为雨水管径流。

表 13-1　城市化前、后水文循环要素的变化　　　　　　　　　　　　%

水文要素	降水	蒸发	地表径流	地下径流	屋顶截留	雨水管径流
城市化前	100	40	10	50	0	0
城市化后	100	25	30	32	13	43

同时，城市化对水环境的改变也十分显著，造成水资源污染和供需矛盾日益突出。城市化的快速发展，一方面改变了自然地形地貌，以不透水地面铺砌代替原有透水土壤和植被，造成下渗与蒸发显著减少，使相同强度暴雨下的地表径流量增大，洪峰流量增大，防洪与排水压力增加；另一方面，城市化中工业化的进行，导致产生大量污水污染河湖等水域，减少了可利用的水资源量，造成供水不足，制约经济发展。因此，城市化进程必将增加解决"水多、水少、水脏"三大问题的难度。

城市化水文问题主要表现在以下5个方面。

(1) 城市化的热岛效应与降水特性变化

人们在兴建、扩展城市的过程中，明显改变了地表状况，其结果是区域辐射平衡被破坏，各种气象因素都受到影响。其中气温的变化十分显著，城市气温高于周围农村，形成热岛效应，直接导致了城市降水量和降水次数的增加，总降水量也增大。同时，城市热岛效应使得降水分布不均，局部暴雨经常出现，东边日出西边雨的情况时有发生。

另外，关于城市化对降水的影响，Changnon 等（1971）在美国密苏里州 $1 \times 10^4 \text{ km}^2$ 的区域内布设了 250 个雨量器。观测研究表明，城市的降水量较大，不透水面积上的洼蓄量低于青草地区的洼蓄量。河海大学与南京水文水资源研究所对天津市区及海河干流区水文资料的分析表明，城市化使市区暴雨出现的频率明显增加，市区各时段设计暴雨量较郊区明显增加，降雨年内分配呈现微弱的平均化趋势。

(2) 城市化对入渗量和地下水位的变化

入渗量随城市化程度增加而减少。城市化导致市区房屋林立，道路纵横，排水管网纵横交错，市区糙率显著减少，地面漫流的汇流速度显著增大，入渗量显著减少。年径流量因城市化的程度而异，若不透水面积增加，大量的雨水均以地表径流的形式通过排水管网排走，切断了雨水和地下水之间的联系，往往造成地下水位的下降和基流的减少。

(3) 城市化对地下水的影响

城市建成后，用水需求的增加和地表水源不足的矛盾逐渐加剧，为缓解这一矛盾，势必引发对地下水的大量开采。城市化建设一方面使雨水入渗量减少，隔阻了雨水对地下水的补给；另一方面对地下水的大量开采使地下水位大幅下降，这将使原来靠天然雨水补给的地下水源有枯竭的可能。开挖防洪渠系或大的下水道系统同样会导致地下水位下降。城市化导致水井周边区域补给水量减少，使之成为地下水区域的主要问题，同时地下水位的降低同样会导致建筑物的破坏，须做必要的水量平衡分析计算，以找出缓解这些问题的办法。

据河南省许昌、漯河、商丘、安徽省淮北、阜阳、山东省菏泽等6个城市的不完全统计,地下水超采量共达 $2.5 \times 10^8 \mathrm{~m}^3$,影响范围达 $2\,500\mathrm{~km}^2$,漏斗区最大埋深 $40 \sim 60\mathrm{~m}$,使地下水位以平均 $2 \sim 4\mathrm{~m/a}$ 的速度下降。阜阳市由于地下水被严重抽取,地面下沉,造成阜阳闸和机电井等水工建筑物严重损坏,城区防洪标准下降。

(4) 城市化对径流的影响

在天然水循环的过程及分配方式中,即雨水降落到地面以后,大约有10%形成地表径流,40%消耗于陆面蒸发和填洼,50%通过入渗蓄存在地下水位以上的土壤包气带中或通过重力形式补给地下水。城市化后,由于受到建筑物和地面衬砌的影响,不透水面积扩大,截断了水分入渗补给地下水的通道,导致地表径流增大,土壤含水量和地下水补给量减少。

(5) 城市降雨径流污染

雨水降落在地面形成地表径流,由于城市大气中和地面上有多种污物,在降雨的淋洗、冲刷作用下,污物随径流运动,造成降雨径流污染。与流域中的非点源污染相比,城市降雨径流污染要严重得多,特别是街道上的径流,受到重金属、食物、杀虫(菌)剂、细菌、粉尘、垃圾等的污染,含有很多有毒物质,危害很大。各次暴雨所形成街道径流的污染程度差异很大,一般每年春季的初次降雨径流污染物含量较大。

总之,城市化是我国国民经济发展的必然结果,城市化引起的水文问题也将日益显现,必须加强对城市化水文问题的研究和关注,尤其是对无资料的城市地区进行实验、调查和研究,分析出适合于各种城市类型的模型与参数,以便为我国城市防洪、排水、供水规划及流域规划提供更可靠的水文参数。

13.3.1.3 城市化的气候效应

城市是人类居住最密集的地方。2000年,全世界约45%的人口居住在城市地区。而城市化进程的快速发展不断改变城市原有的下垫面特征与近地层大气结构:城市中大部分原有的自然植被为建筑物、沥青或水泥马路所代替,人们的生产和生活增加了城市额外的热量,城市工业排放大量烟尘、气溶胶等,这些对城市的气温、湿度、降水、风、能见度等气象要素都产生显著的影响。城市气候的局地特征严重影响着城市居民的生活、生产和各类活动。因此,城市化对城市局地气候产生的影响日益引起各国气象学家的关注。

人们对城市气候的研究可以追溯到19世纪初。1818年,英国人 L. Howardrd 首次提出城市气候概念。之后,气象科研人员就不断地对城市气候进行研究,并取得了许多瞩目的成果,城市气候研究有了迅速的发展。1979年,Oke 在给 WMO 的技术报告中对这些工作进行了回顾。2003年,Arnfield 进一步对20世纪最后20年的城市气候研究进行了总结,重点回顾了湍流、能量交换和水分交换以及城市热岛工作。早期的城市气候研究工作主要围绕城市热岛进行。但城市结构的特点对低层大气的影响不仅包括热力的,也包括动力的。城市热岛效应是城市气候特征的重要组成部分,而且城市化同样会影响城市降水、湿度、蒸发等气象要素。然而,人们对这些方面的研究分析相对较少。

人类活动对环境的影响越来越明显,尤其是人类活动最活跃的城市地区。我国正处于城市化发展的高峰期,城市环境问题越来越引起人们的关注。前人的研究证明,经济发展与环境质量存在倒"U"形关系——环境库兹涅茨曲线规律，即经济发展达到一定水平后，经济增长有助于改善环境质量。从资源使用效率和生产技术改进看，经济的发展确实有助于环境的改善，我国很多学者对此进行了实证研究，并得出一些有意义的结论。还有学者用此规律对城市化与环境之间的互动机制进行了探讨。

1) 城市化给气候环境带来的影响

(1) 城市化对年平均气温的影响——热岛效应

城市热岛效应是指城市温度高于周边地区的现象。城市热岛效应的程度与城市规模密切相关，其影响因子主要有两个方面：下垫面性质，包括城市中的建筑群、柏油路面等，它们的反射率小而吸收较多的太阳辐射，奠定了城市热岛的能量基础；城市中的大量人为热，包括冬季取暖、夏季空调开放、工业耗能散热等，加剧了城市热岛效应。根据 2001 年 IPCC 第三次科学评估报告，全球平均地表温度自 1861 年以来一直在升高，20 世纪增加了 4~8℃，增幅最大的两个时期分别是 1910—1945 年和 1976—2000 年。新的证据表明，过去 50 年观测到的全球性气候变暖主要由人类活动引起。

(2) 对年降水量的影响——雨岛效应

前人认为，城市有使城区及下风方向降水增多的效应，即雨岛效应。其机制一是由于城市热岛效应，空气层结不稳定，易产生热力对流，增加对流性降水；二是高高低低的建筑物，不仅能引起机械湍流，而且对移动滞缓的降水系统有阻障效应，因而导致城区的降水增多，降水时间延长；三是城市空气中的凝结核多，工厂、汽车排放的废气中的凝结核能形成降水。

(3) 对年平均相对湿度的影响——干岛效应

干岛效应最先是指城市白天相对湿度偏低，空气比较干燥。由于城市雨岛效应的存在，就全年平均来说，城市并不一定比周边地区干。这里干岛效应指的是就全年平均相对湿度来说，城市相对湿度逐年降低，也就是说，随着城市规模的扩大和城市人类活动强度的增加，城市在逐渐变干。干岛效应的成因是：城区下垫面大多是不透水层，降雨后雨水很快流失，因此地面比较干燥，且城区植被覆盖度低，蒸散量比较小。

(4) 光化学烟雾

由于城市空气中尘埃和其他吸湿性核较多，在条件适合时，即使空气中水汽未达到饱和，相对湿度仅达到 70%~80%，城市中也会出现雾，所以城市的雾多于郊区。有些城市汽车尾气排放的废气，在强烈阳光照射下，还会形成一种以臭氧醛类和过氧乙酰硝酸酯(PAN)等为主要成分的浅蓝色烟雾，称为"光化学烟雾"，这种雾对人体有害。

(5) 城市热岛环流

由于城市热岛效应的存在，市区中心空气受热不断上升，四周郊区相对较冷的空气向城区辐合补充，而在城市热岛中心上升的空气又在一定高度向四周郊区辐散下沉以补偿郊区低空的空缺，这样就形成了一种局地环流，称为城市热岛环流。这种环流在晴朗少云，背景风场极其微弱的静稳天气条件下最为明显。虽然城市热岛效应夜间大于白天，但由于夜间郊区大气层结稳定，有时还存在逆温层，因此上升气流层不强，而白天郊区大气层结本身不稳定，流入城市后上升速度快，所以城市热岛环流白天比夜间强，而且夜间的郊区风具有阵性。

(6) 云与雨

城市中由于有热岛中心的上升气流，空气中又有较多的粉尘等凝结核，因此云量比郊区多，城市中及其下风方向的降水量也比其他地区多。

2) 讨论

① 城市化对气候环境的影响是多方面的，也是复杂的。城市"热岛效应""雨岛效应""干岛效应""暗岛效应"等都将在一定程度上存在。

② 从长期变化过程看，随着市区产业结构的调整和环保措施的加强，这些效应都在减弱，库兹涅茨环境规律在一定程度上适合。但是这种环境的改善是否可靠和永久还很难说，存在反复的可能。

③ 环境的改善事实上是通过政策响应来实现的，因而不能认为经济发展到一定阶段，环境问题会自然得到解决，政策引导、社会干预还是必要的。

13.3.2　城市化的径流效应

城市兴建初期，树木、农作物、草地等面积逐步减少，房屋、街道逐步发展，排水管道逐步形成网络。在这个阶段，城区的入渗量减小，地下水补给量相应减小，干旱期河流基流量也相应减小，截留量和蒸发量减小，而降雨径流量增大。城市发展过程中，工业区、商业区和居民区全面发展，各种建筑物、街道、广场等不透水面积增大，雨洪排水管网构成完善体系，河道得到整治。由于不透水地表的入渗量几乎为零，地表径流总量增大；不透水地表的糙率小，又使得雨水汇流速度增大，从而使洪峰出现时间提前；各街区的雨流径流几乎同时排入河道，又使得洪峰流量增加。

13.3.2.1　城市化对地表径流特征的影响

城市快速扩张和新城镇的建设必然导致下垫面和地表状况迅速变化，从而导致降水—径流过程(地表水文循环)发生质的变化。罗伯特和克林格曼(1970)应用实验室的流域模型，论证了透水面积分别为0、50%、100%时对单位线的作用。申仁淑从气温、径流、峰量、峰型、降水和大气污染等方面对城市化前后状况做了对比分析，研究表明：由于城市道路及铺砌路面的不断增加，同量级的降水产生的径流远比自然状态下的大，并利用长春市1990—1992年9次洪水计算，得出平均径流系数约为0.55，而用同级降水查水文图集的降水—径流关系图得到的径流系数约为0.20。韦明杰等通过对北京市城市化进展的分析，建立了以不透水面积为参数的降水—径流相关图，并发现在通惠河乐家花园站流域内，径流系数>0.50，洪峰汇流速度由20世纪50年代的0.3~0.5 m/s增至0.6~0.7 m/s。

由于城市的兴建和发展，大面积的天然植被和土壤被街道、工厂、住宅等建筑物代替，使下垫面不透水面积增加，下垫面的滞水性、渗透性、热力状况发生了变化。城市降水后，截留、填洼、下渗、蒸发量减少，地面径流量增大，地下径流量减小。观测资料表明，城市化前，蒸发量占40%，地面径流量占10%，入渗地下水占50%；城市化后，蒸发量占25%，地面径流占30%，屋顶径流占13%，入渗地下水占32%。可见，城市化对水循环要素量的变化影响十分明显，其变化随着城市的发展、下垫面中不透水面积的增大而增大。

13.3.2.2 城市化对径流总量的影响

城市化增加了地表暴雨洪水的径流量并改变了水质。城市化使地面变成了不透水表面，如路面、露天停车场及屋顶，这些不透水表面阻止了雨水和融雪渗入地下。美国国家城市径流计划(NURP)1983 年的研究结果表明，随着流域内不透水面积百分比的增加，观测的径流系数 C 值也在增加；丹佛城市排水及防洪经过 12 年的研究发现，径流系数随着降水量的增加而增加。

13.3.2.3 城市化对洪峰流量的影响

由于不透水表面比草地、牧场、森林或农田光滑，所以城市区域地表径流流速大于非城市区域。随着径流量的增加和流域内各部分径流汇集到管道及渠道里，流速也不断加大，因而使流域内不同部位的汇流加快，最终导致城市化地区实测洪峰流量增加。

有 3 项关于城市化对洪峰流量影响的研究，成果有较大差别，见表 13-2。由表 13-2 可知，城市化引发的径流量变化最大的是重现期为 2 年的暴雨洪水，对 100 年重现期的暴雨洪水，其变化及差异在 3 项研究中都是最小的。为什么在 3 项研究中由城市化引起的径流的增加会有不同，原因可能是：研究的水文地区不同和研究中所采用的方法不同。由此表明，在引用该研究成果去论证某种观点时必须慎重，由某一流域或使用某一特定水文模型所得出的结果，与另一流域或使用另一种模型所得的结果可能是不同的，但是，城市化将导致洪峰流量及径流总量的增加这一结论是被确认的。

表 13-2 3 个不同居民区城市化前后洪峰流量比值

重现期(a)	城市化后/前洪峰流量比值		
	美国新泽西①	美国，科罗多拉丹佛②	澳大利亚，堪培拉③
2		57	9
10		3.1	4.7
15	3		
100		1.85	1.9

注：①年降水量 30 in(840 mm)；采用 SCS TR-55 模型及第Ⅱ号暴雨时程分布分别对城市化前/后进行计算。
②年降水量 15 in(380 mm)；对城市化前/后采用 8 年的降雨—径流数据及 1973 年的模拟数据。
③年降水量 22 in(550 mm)；对邻近面积大小相近的已开发及未开发的广大区域进行统计分析计算。

北京市 20 世纪 80 年代的城市化程度高于 50 年代末，1959 年 8 月 6 日(NO1590806)和 1983 年 8 月 4 日(NO1830804)发生的两次降雨的雨量相近，雨型相似，但后者的洪峰远大于前者，见表 13-3。

表 13-3 北京市两次雨洪过程比较

编号	总雨量(mm)	最大 1 h 雨量(mm)	洪峰流量(m³/s)
NO.590 806	103.3	39.4	202
NO.830 804	97	39.4	398

城市地表状况变化急剧,而城市区域的空间及时间尺度都很小,降雨径流过程对地表状况变化的响应十分敏感。同时城市化是一个不断发展的过程,水及其环境都处于动态变化中。因此,要定量描述城市化对径流过程的影响并对未来的径流变化趋势进行预测,必须考虑各种因素的影响及其相互作用。

13.3.2.4 城市化对洪水过程线的影响

城市化使洪峰流量增高,洪水过程线陡涨,这已被世界许多国家城市化地区的实测资料所证实。河海大学与南京水文水资源研究所对天津市 1978 年 8 月 9 日和 1984 年 8 月 10 日两次洪水过程进行分析,对不渗水的面积率增大、减少 20% 进行模拟分析计算,其结果见表 13-4。可见,在城市化建设中随着不透水面积的增加,洪峰流量成倍增加。

表 13-4 同一流域不同透水情况下的洪水特征

洪水日期	计算条件		降水量 (mm)	径流量 ($\times 10^4 \, m^3$)	洪峰流量 (m^3/s)
	不透水率(%)	流域面积(km^2)			
1978.8.9	-20%			1 230	357
	现状	161	228.1	1 780	447
	20%			2 320	494
1984.8.10	-20%			1 410	262
	现状	161	275.1	2 040	364
	20%			2 670	423

13.3.3 城市化的水质效应

13.3.3.1 城市化对径流水质的影响

城市化的快速发展使不透水地面面积迅速增加,雨水径流量也随之增加,雨水径流污染的威胁不容忽视,特别是当点源污染被控制后,雨水径流的污染就变得十分突出。

雨水径流水质受到大气沉降物、生活垃圾、道路交通量和路面材料的影响,具有一定的污染性,特别是初期径流。路面径流对水质的影响随降雨时间的增加而减小,大量初期雨水对河流水体构成严重污染,使整个城市的生态环境日趋恶化。一些研究表明,雨水主要污染物是 COD 和悬浮固体(SS),道路初期径流中也含有铅、锰、酚、石油类及合成洗涤剂等成分。近年来,由于大气污染严重,某些地区和城市出现酸雨,严重时 pH 值达到 3.1,因而降雨初期的雨水是酸性的。随着汽车数量的不断增加,汽车漏油与汽车排放的尾气、车辆轮胎磨损更加重了降雨径流的污染。

1981 年,美国预计城市径流带入水体的 BOD 量约相当于城市污水经处理后的 BOD 排放总量,并经研究发现,129 种重点污染物中约有 50% 在城市径流中出现。美国国家环境保护局 1990 年公布了不同污染源(如农业、工业、城市污水等)对河流污染(包括化学毒物、沉积物、营养物等)的贡献比,其中城市雨水径流占了 9%。我国学者汪慧贞等分析了北京市雨水径流的污染源,估算了其污染量,并提出了多种控制径流污染的措施;张勇等分析了上海市地表水水质近 20 年的变化后指出,水质变化主要与人类社会经济活动有关，而与水文气象因素相关性较小，尤其是农牧业及生活污染是影响水质变化的主要因素。整体来说，目前对城市区域地表水质的研究大多限于点源污染及其对大江、大河的影响，而对面源污染，尤其是城市化后地表径流引起的污染以及和人类活动的耦合关系等研究较少。随着世界范围内各国城市化水平的不断提高，污染的方式和程度将会不断加大，只有在充分了解面源污染的方式、过程及其与人类活动之间的关系后，才能为城市地表水质量的评价提供依据，进而采取相应措施控制污染。城市化对地表水质的影响、过程及评价工作将成为今后城市水文研究的一个重要方面。

13.3.3.2 城市化对地下水质的影响

地下水有毒组分的污染原因比较简单，主要由城市工业排放含酚、氰化物及铬等有毒组分的废水直接入渗引起；污染程度主要取决于污染源、包气带厚度、岩性及污染液运移形式等。地下水有毒组分逐年下降，这与政府加大污染源综合治理和污水处理的力度有关。此外，地下水开采也影响有毒组分的污染，在地下水位降落漏斗内，包气带厚度增大，污染途径加长，使其有毒组分的污染减轻。研究表明，地下水盐污染主要由 NO_3^- 污染和硬度升高造成，二者存在密切联系，阳离子交换和硝化作用是导致地下水 NO_3^- 污染和硬度升高的重要机制。

城市化对地下水水质的影响有正负两方面的效应。正效应体现在随着城市化水平的提高，重视污水处理，减少污水排放，改善了地下水水质；负效应体现在排污系统产生的各种渗漏和固体废弃物的淋滤渗漏污染地下水，过量开采地下水导致盐污染，使地下水水质恶化。以上两种效应共同作用的结果，决定了城市化对地下水水质的最终影响。

城市化发展扩大了水的需求，并不意味着盲目增加人均用水量，因为水是一种特殊资源，不能过度消费。人均生活用水量只有接近标准值（46 m^3/人），其评价指标的分值才能保持较高水准。这要求加大节水力度，提高水的利用率。这样，由地下水超采导致的盐污染就会得到控制，地下水水质得到改善。相反，如果盲目开采地下水资源以满足城市化发展对水的需求，不仅会加剧对地下水环境的破坏，还会降低城市化指标的分值。

城市化发展是否导致盐污染加剧，取决于地下水资源是否得以合理开发利用。因此，加大节水力度、控制地下水开采，对于以地下水作为主要甚至唯一供水水源的城市来说尤为重要，它既可提高城市化水平，又能缓解地下水环境问题。可见"地下水盐污染是城市化发展的必然结果"的观点是片面的，减轻城市化影响地下水水质的负效应、增强正效应是实施其可持续发展的根本途径。

13.4 生态建设的水文水资源效应

生态恢复的概念源于生态工程或生物技术。生态恢复与重建（ecological restoration and reconstruction）是指通过适当的生物、生态技术或工程技术措施对退化或消失的生态系统进行修复或重建，逐步恢复生态系统受干扰前的结构、功能及相关的物理、化学和生物特性，最终达到生态系统的自我持续状态。生态恢复与重建包括生态系统的生境恢复与重建、生物恢复与重建和生态系统结构与功能恢复与重建 3 个方面。

13.4.1 生态恢复的理论基础与水文效应理论

13.4.1.1 生态恢复与重建的起源与意义

生态恢复研究作为一门应用性极强的科学，起源于受污染的生态环境治理和受损生态系统恢复实践的陆续开展。环境污染和生态破坏自古有之，只不过在原始社会，人类对自然的干扰程度在自然生态系统可承受范围之内，在干扰解除之后生态系统可以自行恢复，无需专门进行恢复。但是这一情势在近代发生了巨大变化。随着世界人口数量急剧增长和工农业的快速发展，人类活动对环境生态的破坏达到了前所未有的程度。许多地区，特别是人类活动集中的地区，人类对自然生态系统的干扰、破坏已经达到不可逆的程度，单靠自然恢复已经不可能恢复到健康生态系统的水平。为了恢复和保护人类赖以生存的生态环境，必须采取人为的生态恢复手段，结合和利用自然恢复，才能实现受损生态系统的恢复。这就促使了生态恢复实践的展开和生态恢复研究的开展。20 世纪 80 年代以来，随着生态系统退化态势加剧，生态退化引发的环境问题日益增多，人们开始进行一些退化生态系统恢复与重建的实验，在不同区域先后实施了一系列生态恢复工程，并加强了对退化生态系统演化、退化与恢复机理和恢复方法与技术的研究，取得了一定的成绩。

我国是世界上生态系统退化类型最多且退化最严重的国家之一，也是较早开始生态重建实践和研究的国家之一。自 20 世纪 50 年代，我国就开始了退化环境的定位观测试验和综合整治工作，其后相关工作相继展开。半个世纪以来，我国的专家、学者面对中国生态退化的实际，结合我国的生态环境建设和保护现状，在森林、草地、农田、采矿废弃地、湿地等生态脆弱地区进行了一系列生态退化、演化和恢复、重建研究工作，提出了适合中国国情的生态恢复研究理论框架、方法体系和理论依据，取得了较大的成绩。

20 世纪 50 年代末，余作岳等在华南地区退化坡地上开展了荒山绿化、植被恢复；70 年代开始了大规模的"三北"防护林工程建设。这一时期的生态恢复研究工作主要集中在资源质和量的评价上，对退化生态系统恢复只是进行了一些粗浅和初步的研究，仅停留在零散的小规模恢复试验阶段。20 世纪 80 年代以来，随着生态退化、环境污染等问题日趋恶化，及其对我国社会经济可持续发展阻滞的加大，生态恢复研究引起了有关政府部门和相关科学家的关注和重视。在此背景下，国家有关部委及地方政府在"七五""八五"期间分别开展了不同角度的生态恢复相关研究和实践。生态恢复的实践也得到进一步增强，相继有不同研究院所开展了不同规模和类型的生态建设实践与工程研究。在相应的研究工作和实践过程中，我国科学家在生态系统退化的原因、程度、机理、诊断以及退化生态系统恢复与重建的机理、模式、方法和技术等方面做了大量的研究，对退化生态系统的定义、内容及生态恢复理论进行了完善和提高，提出了一些具有指导意义的应用基础理论，取得了显著的生态效益、社会效益和经济效益，为自然资源的可持续利用和生态环境的改善发挥了重要作用。

13.4.1.2 生态恢复与重建的定义

国外学者对生态恢复的解释主要有3种观点。一是强调受损的生态系统要恢复到理想的状态；二是强调其应用生态学过程；三是生态整合性恢复。国际恢复生态学会（Society for Ecological Restoration）提出，生态恢复是帮助研究生态整合性的恢复和管理过程的科学，生态整合性包括生物多样性、生态过程、结构等广泛的范围。

国内学者也有不同的观点。章家恩等认为生态恢复与重建是指根据生态学原理，通过一定的生物、生态以及工程的技术与方法，人为地改变和切断生态系统退化的主导因子或过程，调整、配置和优化系统内部及其与外界的物质、能量和信息的流动过程及其时空秩序，使生态系统的结构、功能和生态学潜力尽快成功地恢复到一定的或原有的乃至更高的水平。许木启等则认为恢复被损害生态系统到接近于干扰前的自然状况的管理与操作过程，即重建该系统干扰前的结构与功能及有关的物理、化学和生物学特征。

13.4.1.3 生态恢复的机理

Hobbs指出，退化生态系统恢复的可能发展方向包括：退化前状态、持续退化、保持原状、恢复到一定状态后退化、恢复到介于退化与人们可接受状态间的替代状态或黄土高原退耕还林还草工程生态效应及作用机理研究恢复到理想状态，如图13-3所示。然而也有人指出，退化生态系统并不总沿着单一方向恢复，也可能在几个方向间进行转换并达到复合稳定状态。

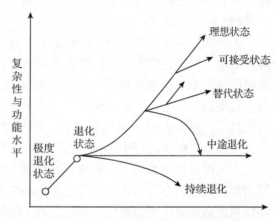

图13-3　退化生态系统恢复的可能发展方向

针对退化生态系统不同的发展方向，恢复生态主张通过排除干扰、加速生物组分的变化和启动演替过程使退化的生态系统恢复到某种理想的状态。在这一过程中，首先是建立生产者系统，主要指植被，由生产者固定能量，并通过能量驱动水分循环，水分带动营养物质循环。在生产者建立的同时或之后一定时间段内，建立消费者、分解者系统和微生境。目前，我国已经和正在开展的许多重大生态工程，如水土流失综合治理、沙漠治理、生态脆弱带综合治理、草地恢复、退耕还林及荒山绿化等，都属于生态恢复与重建的范畴。退耕还林是对退化的农耕地进行休耕、停耕，根据不同立地条件，选择适宜的树种进行植树造林，将农业土壤转变成林业土壤，将裸露耕地覆盖上森林植被，逐渐建立生态功能完备的森林生态系统。

13.4.1.4 退化生态系统生态恢复途径

退化生态系统的恢复可采用生物措施、工程措施和农业措施，但植被措施是根本。退化生态系统的恢复和重建的主要途径有封山育林、人工促进演替以及人工造林等，可概括为自然恢复和人工恢复两大类。

(1) 自然恢复

自然恢复是利用适合于现存条件的植被或有能力改善土壤和微环境条件的植被，增加和维持有利的生态相互关系，即不通过人工辅助手段，依靠退化生态系统本身的恢复能力使其向典型自然生态系统顺向演替的过程。封山育林是自然恢复典型的方式。但其恢复速度慢；要求自然条件较好；要求系统内居民少，人为干扰易控制；不能完成对极端退化生态系统的植被恢复，这一生态途径初始投资需要较低，但需要相当长的时间才能达到管理目标。

(2) 人工促进的自然恢复

人工促进的自然恢复这一途径主要是依靠自然力来恢复受损的生态系统，但要同时辅以人工措施促进植被形成，并向典型自然生态系统演替的过渡。由于在漫长的环境更替的同时，植被也随之变迁和进化，适应干旱条件的种类保留了下来，而人为引入的外来种不一定适应。因此，人工辅助措施包括改善退化生态系统的物理因素，改善营养条件，改善种源条件及改善物种间的相互制约关系等。

(3) 人工恢复

人工恢复是在生态学原理的基础上，通过人工的手段，模拟自然生态系统的组织结构，组建人工优化的生态系统即生态工程。这种方式恢复速度快，可以满足人们对生态系统的特定要求。退耕还林工程中的植被恢复大部分就是构建优化人工生态系统的过程。在生态环境退化严重的地区，生态系统几乎失去了自然恢复的能力，必须有干预恢复作启动，修复被破坏的环境基础，增加恢复弹性和自修复能力，才能保证有序、稳定、持续地在演替过程中进行自然恢复。

人工恢复目前被认为是有效并被普遍采用的植被恢复措施，但是其实施有一定的风险。如果干预的方法不当、程度过大，必然会导致新问题的产生，而且风险极大，稍有不慎可能造成进一步的退化。所以，人工恢复常常作为自然恢复的启动。

13.4.1.5 生态恢复的水文效应影响

在退化生态系统经过各种途径和模式的恢复与重建后，其生态环境特征也就必然随之发生变化，但这种变化极其复杂。这取决于所处的立地条件差异、退化程度的不同、所采用的恢复与重建措施的不同、恢复与重建时间的影响、恢复与重建后受到人类的再次干扰状况等因素。

土地变化的水环境效应主要包括对水文过程和水环境质量两个方面的影响。生态恢复对水文的影响包括径流和土壤水分的变化。生态恢复引起的覆被变化对水分循环的影响非常明显，如 Pereira 对美国 Tennessee 山区的调查报告显示，林地面积的扩展减少了这个区域径流量的 50%。涵养水源是植被的重要生态功能之一，森林与水源之间有非常密切的关系，主要表现在森林具有截留降水、蒸腾、增强土壤下渗、抑制蒸发、缓和地表径流、改变积雪和融雪状况以及增加降水等功能，由此对河川径流产生影响，以"时空"的形式直接影响河流的水位变化。在时间上，它可以延长径流时间，在枯水位时补充河流的水量，在洪水时减缓洪水的流量，起到调节河流水位的作用；在空间上，森林能够将降水产生的地表径流转化为土壤径流和地下径流，或者通过蒸发蒸腾的方式将水分返回大气中，进行大范围的循环，对大气降水进行再分配。森林涵养水源可以分为森林土壤贮水量和降水贮存量两部分。土壤贮水量与多种因素有关，其中土壤结构至关重要。土壤中的水分以两种形式贮存，即吸持贮存和滞留贮存。吸持贮存指不饱和土壤中，贮存在 0.1 mm 以下的毛细管空隙中的水由于小空隙抵抗重力将水保住的贮存方式。这部分水分对蒸发和植物吸收有一定作用，但对河川径流的调节关系不大。滞留贮存指在饱和土壤中，重力自由水在大空隙中（土壤颗粒直径在 1～10 mm 之间）的暂时贮存。该种贮存极其重要，特别是在暴雨和大雨时，它可以阻止水分过快地形成地表径流流失，为水分渗透到土壤下层赢得宝贵的时间。

草地的过牧和不适当管理会引起植被减少和土壤板结，使地下水供应减少，影响靠地下水补给的河流水量。退耕还林（草）通过植被盖度的增加，减少了洪水泛滥的频度和强度，一般会增加每年的流量，并使降水的再分配均匀。中国科学院安塞站径流观测表明，裸露地的年径流量平均为 25 590m³/(km²·a)，而有草本植物覆盖的地块年平均径流量约 10 000～13 000m³/(km²·a)，灌木覆盖地块年平均径流量为 11 434m³/(km²·a)。这些试验结果表明，退耕地的植被恢复可使径流量减少 1/2～2/3。在同一地区，不同学者的研究结论也有明显差异。如在黄土高原地区，有的研究认为林地、果园面积的增加与农田、草地面积的减少导致用水量增加，径流量减少；也有研究认为林地的存在增加了蓄水量，从而使流域径流量增加。形成不同观点的主要原因是由于环境异质性的普遍存在，不同自然条件、不同尺度流域森林植被变化导致径流过程的时空格局与过程差异较大。人类耕作和定居活动产生的泥沙和污染物对水环境系统造成巨大影响。农业作物植被对泥沙输出有一定的抑制作用，但长期的耕作与农业用地的利用方式变化能大大促进泥沙的产出。中国每年有 22×10^8 t 泥沙入海，由于人类不合理的土地利用，特别是历史时期以来黄河中上游黄土高原地区自然覆被的破坏造成了该区域严重水土流失。

植被水文效益是植被生态系统的重要功能。由于植被的截留、拦蓄作用，植被不仅可以涵养水源、保持水土，而且还可以减少地表径流、变地表水为地下水，也可以消洪补枯，使降水在土壤中以潜流的形式汇入河道，形成稳定而平缓的水资源，满足工农业生产的需要。但由于不同的植被类型，其物种组成、结构、空间配置等方面存在较大差异，因此，其对水文过程的作用也有所不同，具有不同的水文效益。

13.4.2　不同尺度生态恢复与重建的水文水资源效应

尺度是广泛存在于生态学、气象学、生物学等学科中的一个重要概念。各学科学者一直都致力于尺度问题研究。尺度问题已成为当今水文学研究最为前沿的问题，同时也是目前研究中的重点与难点。在生态恢复与重建的过程中，进行不同尺度的研究可以反映出水文水资源效应随空间的变化关系。

13.4.2.1　生态恢复与重建的水文水资源效应研究方法

生态修复是指对生态系统停止人为干扰，以减轻负荷压力，依靠生态系统的自我调节能力与自组织能力使其向有序的方向演化，或者利用生态系统的自我恢复能力，辅以人工措施，使遭到破坏的生态系统逐步恢复或使生态系统向良性循环方向发展；主要指致力于在自然突变和人类活动影响下受到破坏的自然生态系统的恢复与重建工作。

目前，国内外对生态恢复与重建的水文效应的研究主要有 3 类方法，即水量平衡法、对比分析法和流域水文模拟法。

(1) 水量平衡法

水量平衡法的基本原理是利用水量平衡方程，分析各要素受生态变化影响后的差异及其变化。多年平均情况下的流域水量平衡方程为：

$$R_0 = P - E_0 \tag{13-2}$$

受生态恢复与重建影响后的降水 P'、径流 R' 和流域蒸发 E' 仍然满足方程式(13-2)，即

$$R' = P' - E' \tag{13-3}$$

根据研究流域生态恢复与重建影响的性质与主要变量，对式(13-3)中受影响很小的要素忽略其变化量。如水资源评价中，假定降水 P 不变，比较式(13-2)和式(13-3)，则有：

$$R_0 - R' = E' - E_0 \tag{13-4}$$

因此，鉴别生态恢复与重建对径流的影响，可以直接分析受影响后天然径流的变化，如水资源评价中的调查还原法，计算公式为：

$$W_{天} - W_{实} = W_{灌} + W_{工} + W_{库蒸} + W_{库渗} \pm W_{库蓄} \pm W_{引水} \pm W_{分洪} \tag{13-5}$$

式中　$W_{天}$，$W_{实}$——天然与实测水量，mm；

$W_{灌}$，$W_{工}$——灌溉与工业耗水量，mm；

$W_{库蒸}$——水库水面蒸发量与相应的陆地蒸发量的差值，mm；

$W_{库渗}$——水库渗漏量，mm；

$W_{库蓄}$——水库蓄水变化量，mm；

$W_{引水}$，$W_{分洪}$——跨流域引水量与河道分洪水量，mm。

该法概念清晰，可逐项评价生态恢复与重建的影响，且能与用水量分析有机地结合在一起。但该法所需资料多，工作量大。因此，也可直接分析流域蒸发的变化，间接求得径流的变化。例如，平原水网区的流域蒸发差值法，其基本原理是以不同下垫面条件流域蒸发量变化的规律为依据，根据生态变化引起下垫面条件的改变，计算其改变前后相应的流域蒸发量与差值，从而求得生态变化对径流的影响量。这类方法还有很多，其共同特点是需要在流域蒸发计算式中，设置一个与下垫面因素密切相关的参数或关系式来反映生态变化的影响，并鉴别生态变化与下垫面状况改变之间的关系及其变化规律，从而求出各种生态恢复与重建的综合影响。

(2) 对比分析法

对比分析主要有两类方法，一类方法是根据实验流域和代表流域所取得的资料，分析不同生态变化的水文效应，并建立各种变化与水文要素的变化(或影响水文要素变化的气象或下垫面因素)之间的关系，从而可将这些分析成果应用于类似流域或地区，分析同类生态变化对水文要素的影响。如安徽省五道沟径流实验站，对坡水区排水工程对径流、洪峰流量等的影响进行了实验观测与分析，提出了河网系数 φ 与洪峰流量 Q_m 的

关系式，即

$$Q_m = 0.137 R^{0.5} \varphi^{0.6} F^{0.88} \tag{13-6}$$

式中　R——净雨深，mm；
　　　F——流域面积，km²；
　　　φ——河网系数。

根据式(13-6)，就可以算出排水工程对洪峰流量的影响。另外，该试验站还提出了沟渠密度与地下水消退之间的关系以及对潜水蒸发的影响等成果，为相似地区评价排水工程的水文效应提供了依据与方法。

另一类方法是以本站受生态变化影响前后的资料进行对比分析，一般采用趋势法和相关分析两种方法。趋势法是利用本站实测资料序列的累积或差积曲线的趋势来鉴别生态变化影响的显著性与量级，该法直观简单，应用方便，但使用时应注意气候条件变化的影响；相关分析法包括本站资料相关和相似流域分析两种，本站相关分析即用受生态恢复与重建影响前的资料分析径流与其影响因素间的关系，常见的有降水径流相关和多元回归分析等。如山东省水文总站提出的年降水径流关系的形式为：

$$R = K \cdot (P_{汛} \cdot f^{0.25} + P_{枯}^{0.75}) - C \tag{13-7}$$

式中　R——年径流深，mm；
　　　$P_{汛}$，$P_{枯}$——汛期与枯期降水量，mm；
　　　f——连续最大15 d的降水量与$P_{汛}$的比值，即$f = P_{15}/P_{汛}$；
　　　K，C——经验系数。

应用式(13-7)，只要用未受生态变化影响或影响很小的资料率定参数，就可以用来推算生态恢复与重建影响期间径流量的变化。相似流域分析是用本站受生态变化影响前的资料与参证流域同期资料进行相关分析，然后用参证流域的资料来推求本站的水文要素，从而鉴别生态恢复与重建的水文效应，当然这里要求参证流域的资料具有一致性，即未受生态变化的影响。

(3) 流域水文模拟法

流域水文模拟是基于对水文现象的认识，分析其成因及各要素之间的关系，以数学方法建立一个模型来模拟流域水文变化过程。一方面用生态恢复与重建前的资料率定模型中的参数，再对率定的参数进行检验，然后用率定的模型来推求自然状况下的径流过程，并与实测资料进行对比，以此来鉴别生态恢复与重建对径流的影响；另一方面，也可改变模型中反映下垫面条件变化较敏感的参数，逐年拟合受生态恢复与重建影响后的资料，并分析该参数的变化规律，用以预测未来的水文情势。

目前国内外应用的流域水文模型很多，我国使用较多的是蓄满产流模型和国外研究都市化或工业化水文效应的串并联模型。

①蓄满产流模型　根据蓄满产流模型的概念，为便于研究生态恢复与重建改变直接产流面积的水文效应，将蓄水容量曲线改为附图的形式。

应用该模型除了模拟自然状况下流域水文过程外，还可以直接研究生态恢复与重建改变流域直接产流面积的水文效应及对地下水影响后的实际水文过程。该模型经淮北平原坡水区沈邱站和皖南山区大河口以及三口镇站的应用，效果令人满意。

②串并联水文模型 该模型由德国 Karlsruhe 大学提出，模型的思路是按流域下垫面的性质将其分成透水与不透水两部分，并认为在不透水面积上，降水后除表面湿润损失和蒸发外，全部成为直接径流；在透水面积上，当满足初损后，一部分成为径流，另一部分认为损失。两种径流分别进入各自的串连水库，经水库调蓄后再相加得计算流量过程。

应用该模型不仅可以鉴别生态恢复与重建对径流的影响，还可以预测不同规划水平下的水文情势。

流域水文模型建立在对流域水文特性的认识和实测资料全过程确定的基础上，是研究人类活动的水文效应及缺乏资料地区水文分析计算的有力工具。随着计算技术的高速发展和数据库的建立，流域水文模型将具有更广阔的发展前景。因此，应加强模型的分析、验证和推广应用工作，进一步提高模型的精度，对模型中的参数，特别是对生态恢复与重建影响反应灵敏的参数，应加强实验研究和区域综合工作，以提高模型鉴别人类活动水文效应的有效性和预测未来水文情势的能力。

13.4.2.2 区域尺度的生态恢复与重建的水文水资源效应

在区域尺度中，不同土地利用方式通常并存，并且其水文水资源效应差异显著。不同的土地利用与土地覆被形式，如林地、农田和城镇等，会对地表水和地下水的水量以及水质产生不同的影响。

在区域尺度中，土地利用变化对地下水量的影响主要是通过增强或减弱植被和土壤的蒸发散量和土壤的渗透能力来影响地下水的补给。在半干旱气候区，尤以黄土高原为代表，根系发达的人工林消耗大量的地下水和土壤水，使得土壤水亏损巨大，甚至会形成难以恢复的深厚"土壤干层"。但这并不能否定植树造林在防风固沙、保持水土中的积极作用，选择适宜的树种和科学的管理方法可以调节人工林生态系统的土壤水分循环。不同地表覆被的蒸散耗水量不同，地表径流量也不同，通过对柠条灌丛、农田和天然荒地的土壤有效水分变化率、土壤水分循环进行比较，发现种植人工林可以起到保持水土、含蓄水源的作用。另外，在集水区种植大量的牧草代替森林以提高集水区水量已成为广泛使用的方法。而对草地不适当的管理和过度放牧将引起植被减少和土壤板结，使地下水的供应减少。城市化过程中树木和植被的减少降低了蒸发和截流，房屋和道路的建设降低了地表水对地下水的补给和地下水位，增加了地表径流和下游潜在的威胁。农业是改变地表景观的主要原因，耕耘改变了地表的渗透能力和径流，这将对地下水的补给、地表水的蒸发等造成影响。不同农作物的生长对水资源的需求是不一样的，农业种植结构对水资源的影响很大。

在有森林覆盖的地区，由于森林生态系统中的林冠层、地被物层和土壤层对污染物质有较强的截留过滤作用和吸持能力，随着流域内有林地面积比例的增加，氮素输出量呈指数递减，森林采伐后，地表水的流量和 N、P 的含量、输出量显著增加。在耕地上大量施用肥料和农药，产生了大量无机、有机污染物，加之人类对土壤集约耕作活动，地表径流增强，导致污染物的输出量增加，造成非点源污染。众多研究表明，农田是水环境中 N、P 元素的主要来源。在不同土地利用类型组合中，水质随着耕地比例的上升而下降。在单一土地利用类型中，耕地的水质最差，因为农田管理措施、化肥和农药的使用量、使用方式、使用季节以及灌溉方式对农业非点源污染的影响较大，高强度的农业开发使区域农田非点源污染占河流污染负荷的一半左右。对于生态恢复与重建中的空间布局是否会对水质产生影响，当前国际上仍在进行探讨。一些研究者认为，在区域内部靠近河流处的土地利用类型对河流水质的影响要显著于区域上部的土地利用类型。但是，另外一些研究者认为，在区域尺度中因为水文环境的多样性，区域上部的土地利用类型与靠近河流处的土地利用类型在对河流水质的影响上，它们的重要性是一样的。此外，在生态恢复与重建空间布局对水质产生的影响程度上，也是存在着多种的说法。

当前有关生态恢复与重建对水文水资源影响的研究主要集中在水循环、水平衡等水文效应上，尤其是森林水文效应受到更多关注。

13.4.2.3 流域尺度的生态恢复与重建的水文水资源效应

流域生态水文过程的时空异质性是水文学与生态学的重要问题之一，一直受到生态学家和水文学家的关注。长期以来，森林水文学的研究比较侧重于森林水文要素的建模研究，从森林水文的某一环节研究水文过程，但是不能从机理上反映森林对水文过程的作用机制；而对流域生态水文过程模拟进行得比较少。近年来，国内外十分注重利用GIS等"3S"技术来研究反映森林的生态水文过程，建立分布式的具有物理机制的流域生态水文模型，这也是生态水文模型研究的趋势。同时，水文尺度问题也是水文学界十分关注的问题，是当今水文学研究的前沿，也是生态水文学必须回答的重大基础理论问题之一。

在流域尺度下，造林或森林的砍伐对于生态恢复与重建中的水文水资源效应最具影响力。森林一般生长或者种植在不适宜农耕的山区，同时是城镇供水的主要集水区。流域中格局与结构的变化直接影响土壤侵蚀、河道淤积、水土流失、滑坡等严重的生态问题，会造成巨大的经济损失，植树造林可以截留较多的降水，起到一定的削减洪峰作用。流域格局的改变影响水文因子的变化，如年径流、季节径流、水旱灾害等。

美国森林生态和水文研究站的研究结果表明，采伐后处于植被自然恢复阶段的流域，与壮龄阔叶林流域相比，前者的溪流中的氮元素入量较多；在部分因虫害而落叶的壮龄阔叶林流域，氮元素的流失量也有所增加。他们还对壮龄阔叶林试验流域的溪流水和雨水的养分含量作了比较，结果表明，溪流水中的部分养分含量在1年中的收支量为负值，而部分为正，说明不同树种对元素的吸收和排放是不同的。位于美国新罕布什尔州的哈德布鲁克森林生态水文试验站，将流域中落叶林(美洲山毛榉、桦树、糖槭等)的2/3沿等高线方向进行带状采伐后(伐区宽25 m)，溪流中养分的增加量没有明显变化；而进行皆伐时，溪流水中的养分却大量增加。

流域中各种水利水保措施的修建也是生态恢复中水文水资源效应的重要影响因子之一。流域水利工程建设(水库、水坝、沟渠等)的目的在于蓄水、合理配置生态、工农业用水。然而，水利工程建设后，河川水文由自然流淌改变为人工干预的计划配置，影响其地表径流与地下径流。因此，对土地利用变化或森林覆被变化(LUCC)的水文过程的研究有非常重要的科学价值和实践意义，从流域径流研究出发，探讨不同土地利用/森林覆被变化对地表水资源的循环特征的影响,是流域水资源规划、管理与可持续发展的核心问题,对于水资源的合理开发和高效利用具有重要的实践意义。石羊河是石羊河流域工农业的命脉和社会经济发展的基础,维系着流域内生态环境、社会经济发展的战略安全。

13.4.2.4 坡面尺度的生态恢复与重建的水文水资源效应

坡面水文过程是流域水文学尤其是森林水文学研究的基础,基本的坡面水文过程有林冠层截留、枯落物截持、植物蒸腾、林地蒸发、入渗、坡面产流、坡面汇流、土壤水分运动等环节(图13-4)。

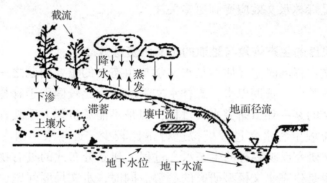

图13-4 坡面生态水文过程示意

1) 植被截持

在有地表覆盖的情况下,一部分大气降水被林冠和地被物(包括活地被物和死地被物)截持,不能落到地面上而直接蒸发到大气中。截留能改变最后到达地面的降水的质和量,是一个重要的水文过程。不同植被类型对降水的截留能力不同,通常森林蒸散是草地蒸散的2倍,占降水的20%~40%,其中最主要的原因是截留的增加,在这些地区,如果将流域内草地变成森林,径流将减少5%~30%。

截留作用还改变了林内降水的空间分布,在林下不同点之间降水量会有很大的差异,使得准确实测林内降水有很大的难度。树干茎流是大气降水经过冠层截留再分配后的一个重要的林内降水分量,它使林内降水在空间上的变异更大。树干茎流量虽在水量平衡中的比占不大,却能减少雨滴击溅侵蚀,同时携带淋洗树冠得到的养分直接进入林木根际区,促进森林水分和养分再循环,对树木生长起着相当重要的作用。

从最终结果看,植被截留的降水都会被蒸发到大气中。根据降水截留过程,可将植被截留分成降水期间的蒸发和降水之后的蒸发两部分。前者与植被蒸发面积、降水类型和降水期间气象条件决定的大气蒸发能力有关;后者与由植被结构特性决定的截蓄容量有关。因此,只要确定了植被的截蓄容量和降水期间的蒸发能力,即可确定植被的截留量。能改变植被截蓄容量和雨期蒸发能力的因素都将影响植被截留量,主要有气象因子和植被结构因子。

截留模型对于理解植被截留作用和估计林冠截留量有重要作用,目前已有很多截留模型,可以分为统计模型、概念模型和解析模型。截留模型的发展方向是建立能充分反映降水截留过程,体现各种因素对截留过程影响的具有物理机制的模型。但目前研究还具有很多问题,在确定植被截留容量和准确估算降水期间冠层蒸发量等方面还需要更深入的研究。截留作用造成的到达地面降水量的巨大时空变异给截留量的测定带来了麻烦,也影响了模型建立时参数的准确确定,目前,解决方法是增加测量样本和加大测定面积。如何确定截留量与植被类型、结构间的定量关系,也是今后值得研究的方向。

不同的森林类型,其树种组成不一样,群落的结构存在差异,对降水的拦蓄能力也不同。这种差别是评价不同森林类型水源涵养功能的一个重要数量特征,也是区域内生态系统功能评价与维护的重要依据。

(1) 林冠层对降水的影响

当降水开始时,林冠截留降水是森林对降水的第一次阻截,也是对降水的第一次分配,其余大部分降水通过林内降水形式到达地面枯枝落叶层,形成土壤蓄水。林冠层截留降水的能力因树种和器官不同而有很大差异,主要与林冠层枝叶生物量及其枝叶持水特性有关。就我国目前来说,主要森林生态系统的林冠截留率约为 11.4%~36.5%,变动系数约为 6.68%~55.05%,而国外一般认为温带针叶林林冠截留率为 20%~40%。林冠截留率与降水量呈紧密负相关,一般表现为负幂函数关系,目前 Rutter 模型和 Gash 解析模型是较为完善且应用广泛的林冠截流模型。

(2) 林下植被层对降水的影响

降水通过林冠层到达林下植被层时再次被截留,从而使雨滴击溅土壤的动能大大减弱。林下植被的种类和数量受林分结构的影响,不同林分结构下植被层的持水性能存在差异,一般用林下植被层的最大持水量表示林下植被层截持雨水能力的大小。林下植被层持水量是林下灌木层持水量和草本层持水量之和。通常情况下,天然林林下植被层的持水量较大,这是因为天然林受人为干扰较少,易形成复层林,林冠层疏开,郁闭度降低,林下的光照条件好,林下植被繁茂,植被层生物量一般较高。

(3) 枯枝落叶层对降水的影响

枯枝落叶层具有保护土壤免受雨滴冲击和增加土壤腐殖质和有机质的作用,并参与土壤团粒结构的形成,有效增加土壤孔隙度,减缓地表径流速度,为林地土壤层蓄水、滞洪提供物质基础。森林枯枝落叶层具有较大的持水能力,从而影响林内降雨对土壤水分的补充和植物的水分供应。枯枝落叶层一般吸持的水量可达自身干重的 2~4 倍,各种森林枯落物最大持水率平均为 309.54%。

枯枝落叶层的截留量表征指标有最大持水量和有效拦蓄量。枯枝落叶层的有效拦蓄量计算公式为:

$$W = (0.85R_m R_0) M \tag{13-8}$$

式中 W——有效拦蓄量,mm;

R_m——最大持水量,%;

R_0——自然含水量,%;

M——枯枝落叶现存量,mm。

枯枝落叶层的截留量为最大持水量和自然含水量之差。

2) 土壤入渗

经过截留到达地面的净降水通过表层土壤的孔隙进入土壤中,再沿土壤孔隙向深层渗透和扩散。不同质地土壤入渗率变化很大，砂土稳定入渗率可以大于 20 mm/h，黏土则在 5 mm/h 以下。大量研究表明，森林植被可以通过庞大的根系和土壤动物等作用来改变土壤结构，增加土壤中的孔隙度特别是非毛管孔隙度，使得森林土壤比其他类型的土地具有更高的土壤水分入渗率。土壤入渗率还与土壤初始含水量、温度、降水能量等因素有关。土壤的入渗率在水平方向和垂直方向都有变异性。

描述入渗的模型有：经验入渗模型，如 Kostiakov 入渗公式和 Horton 入渗公式；具有物理意义的 Green-Ampt 入渗模型和 Philip 入渗模型等。森林水文学中用到的大多是经验入渗模型。今后入渗模型的发展方向是建立能准确描述入渗过程的具有物理机制的模型。但有很多因素限制了这类模型参数的确定，如模型参数的空间异质性：在水平方向上，不同植被、地形等因素的组合使得土壤入渗能力大不一样；在垂直方向上，包括表面结皮在内的各层土壤孔隙和入渗性能也不同。忽略这些因素的影响，得到的入渗过程和实际情况会有很大差别。

3) 坡面径流

通常通过对坡面土壤水分和水势的动态连续测定，运用达西定律和连续方程计算土壤中垂直方向和侧向的水分运动通量，来完成动力水文学的计算，但是这种方法仅适用于基质流。实践中，一般结合使用以上几种方法，来研究径流形成机制。在研究尺度上，坡面尺度常与流域尺度相结合，以流域尺度的研究验证坡面尺度的研究结果，以坡面尺度的研究从更深层次上揭示水分运动和传输机制样地水平进行的平衡计算。由于坡面产生的径流要输送流域出口，中间还有很多过程，也需要损耗很多水分，最终形成的小流域径流水资源数量要远远小于坡面样地的计算值。

径流从流域各点向流域出口断面汇集的过程称为汇流，分为坡地汇流和河道汇流两个阶段。坡地汇流是水分进入河道之前的过程，包括坡面汇流、土壤汇流和地下汇流。河道汇流是一种明渠水流运动方式，是洪水波由上游向下游传播的过程。地形条件和地表覆盖对汇流流态、路径及速度都有影响。

地表径流模型根据其采用产流机制的不同，可分为超渗产流模型、蓄满产流模型及综合产流模型。坡面汇流流态和流速常用圣维南方程组模拟。模拟壤中流的机理模型根据其所依据的主要原理，可以分为 Richards 模型、动力波模型和贮水泄流模型等。

4) 蒸散

蒸散是水分从系统内散失的另一条途径。蒸散包括植物蒸腾和蒸发。蒸发包括冠层截留降水的蒸发、枯落物吸持水的蒸发、土壤水分的直接蒸发、地表积水等自由水面的蒸发。蒸散的强度由系统内的地形地貌、土壤、植被及包括温度、湿度在内的气象条件等综合作用决定。

不同研究方法的测定原理各不相同，它们分别从 SPAC 系统内一个或几个作用界面研究复杂的蒸腾作用过程，具有不同的适用范围，在计算蒸散量时需要根据研究的条件进行选择。SPAC 模拟方法从群体中水、热通量等的传输机制出发，来研究蒸发过程，以克服传统方法的缺陷。SPAC 模拟方法通过数学模型模拟 SPAC 系统中水分运动状况，能够得到整个系统不同时期的水分状况，并能计算出水分在各个子系统中的交换量。随着人们对 SPAC 系统中水热传输机制认识的深入和计算机应用技术的发展，有关研究也越来越多。SPAC 模拟方法具有较牢固的物理基础，通常比较精确，但需要输入大量参量，需要对太阳辐射、风等在群体中的分布规律和群体中湍流交换过程有更深入的了解。

本章小结

全球气候变化、水利工程、水土保持工程等活动，以及城市化进程，都产生了一系列的水文效应。研究水利工程的水文效应，可为规划方案的选择、工程规模与开发方式的选定、工程效益的评估以及工程实施后水文环境的预测提供依据。水土保持措施带来的水文效应在地理环境变化中占据着重要地位，但是在外界条件影响下，不同的水土保持措施会产生不同的水文效应。城市化对气候环境的影响是多方面的，也是复杂的。城市"热岛效应""雨岛效应""干岛效应""暗岛效应"等都将在一定程度上存在。环境的改善事实上是通过政策响应来实现的，因而不能认为经济发展到一定阶段，环境问题会自然得到解决，政策引导、社会干预还是必要的。

思 考 题

1. 全球变化与人类活动的水文与水资源效应的概念是什么？主要包括哪几个方面的内容？
2. 兴建水利工程会对河川径流、地下水产生怎样的影响？不同水保措施产生的水文效应有什么异同点？
3. 请从森林对降水分配和径流量的影响方面论述森林的水文效应。
4. 阐述城市化及城市化水文问题的内容。
5. 城市化的水文效应包括哪几种类别？各自的水文效应集中体现在哪些方面？
6. 请以自己居住的城市为例，应用所学方法分析人类活动的水文效应。

参考文献

白清俊,刘亚相,1999. 流域坡面综合产流数学模型的研究[J]. 土壤侵蚀与水土保持学报,5(3):54-58.
拜存有,高建峰,2009. 城市水文学[M]. 郑州:黄河水利出版社.
蔡文祥,1998. 水文计算[M]. 南京:河海大学出版社.
曹云玲,1995. 水利工程的水文效应研究方法[J]. 治淮,5:32-33.
陈华文,刘康兵,2004. 经济增长与环境质量:关于环境库兹涅茨曲线的经验分析[J]. 复旦学报(2):87-94.
陈惠源,万俊,2001. 水资源开发利用[M]. 武汉:武汉大学出版社.
陈家琦,1995. 可持续的水资源开发与利用[J]. 自然资源学报,10(3):252-258.
陈家琦,王浩,1996. 水资源学概论[M]. 北京:中国水利水电出版社.
陈家琦,王浩,杨小柳,2002. 水资源学[M]. 北京:科学出版社.
陈家琦,张宏仁,1987. 水资源管理[J]. 中国大百科全书·大气科学,海洋科学,水文科学.
陈建耀,1997. 城市水文学研究进展——东南亚地区城市水文学学术研讨会综述[J]. 水文科技信息,14(1):1-5.
陈杰,陈晶中,檀满枝,2002. 城市化对周边土壤资源与环境的影响[J]. 中国人口·资源与环境,12(2):70-74.
陈梦熊,等,1987. 地下水资源与地下水系统的研究[J]. 长春地质学院学报.
程根伟,钟祥浩,何毓成,1996. 森林水文研究中的悖论及最新认识[J]. 大自然探索,15(2):81-85.
程晓冰,2001. 水资源保护概况[J]. 水资源保护(4):8-12.
邓缓林,1986. 普通水文学[M]. 北京:高等教育出版社.
邓慧平,2010. 流域植被水文效应的动态模拟[J]. 长江流域资源与环境,19(12):1404-1409.
邓伟,潘响亮,栾兆擎,2003. 湿地水文学研究进展[J]. 水科学进展,14(4):521-527.
丁晶,刘权授,1997. 随机水文学[M]. 北京:中国水利水电出版社.
丁兰璋,赵秉栋,1987. 水文学与水资源基础[M]. 郑州:河南大学出版社.
丁志雄,李纪人,李琳,等,2003. 对洪水淹没分析的若干思考[A]. 中国水利学会. 2003学术年会论文集[C]. 388-394.
董晓光,2011. 浅谈水资源利用与保护[J]. 水利科技与经济,17(5):35-36.
范荣生,王大齐,1995. 水资源水文学[M]. 北京:中国水利水电出版社.
范世香,刁艳芳,刘冀,2014. 水文学原理[M]. 北京:中国水利水电出版社.
冯谦诚,王焕榜,1990. 土壤水资源评价方法的探讨[J]. 水文(4):28-32.
冯尚友,2000. 水资源持续利用与管理导论[M]. 北京:科学出版社.
高甲荣,肖斌,张东升,等,2001. 国外森林水文研究进展述评[J]. 水土保持学报,15(5):60-64,75.

高健磊，等，2002. 水资源保护规划理论方法与实践[M]. 郑州：黄河水利出版社.
关君蔚，1982. 长江洪灾与森林[M]. 北京：中国林业出版社.
郭明春，王彦辉，于澎涛，2005. 森林水文学研究述评[J]. 世界林业研究，18(3)：6-11.
国家发展和改革委员会，水利部，2010. 全国水资源综合规划[R]. 北京：水利部水利水电规划设计总院.
国家计划委员会，国家科学技术委员会，1994. 中国21世纪议程[M]. 北京：中国环境科学出版社.
国家技术监督局，中华人民共和国建设部，1994. 防洪标准：GB 50201—1994[S]. 北京：中国计划出版社.
韩永刚，杨玉盛，2007. 森林水文效应的研究进展[J]. 亚热带水土保持，19(2)：20-25.
贺伟程，1984. 论区域水资源的基本概念和定量方法[M]. 北京：水利电力出版社.
胡方荣，侯宇光，1988. 水文学原理[M]. 北京：水利电力出版社.
户承志，等，1998. 全国水文计算进展和展望学术讨论会论文选集[C]. 南京：河海大学出版社.
华东水利学院，1981. 水文学的概率统计基础[M]. 北京：水利出版社.
华家鹏，1998. 全国水文计算进展和展望学术讨论会论文选集[C]. 南京：河海大学出版社.
华士乾，刘国纬，1990. 中国水利百科全书（第3卷）[M]. 北京：水利电力出版社.
黄明斌，康绍忠，李玉山，1999. 黄土高原沟壑区小流域水分环境演变研究[J]. 应用生态学报，10(4)：411-414.
黄锡荃，1993. 水文学[M]. 北京：高等教育出版社.
贾仰文，王浩，倪广恒，等，2005. 分布式流域水文循环模型原理与实践[M]. 北京：中国水利电力出版社.
姜红，2006. 遥感技术在蒸发(散)量估算上的研究进展[J]. 水土保持应用技术(3)：37-39.
金栋梁，1989. 森林对水文要素的影响[J]. 人民长江(1)：28-35.
景可，申元村，2002. 黄土高原水土保持对未来地表水资源影响研究[J]. 中国水土保持(1)：12-14.
景可，郑粉莉，2004. 黄土高原水土保持对地表水资源的影响[J]. 水土保持研究，11(4)：11-13.
康慕谊，1997. 城市生态学与城市环境[M]. 北京：中国计量出版社.
李超，2012. 论保护水资源的重要意义及措施[J]. 北方环境(1)：17-19.
李春芳，2012. 浅谈我国水资源现状[J]. 科技世界(26)：511-514.
李广贺，等，1998. 水资源利用工程与管理[M]. 北京：清华大学出版社.
李广贺，1998. 水资源利用工程与管理[M]. 北京：清华大学出版社.
李丽娟，姜德娟，等，2007. 土地利用/覆被变化的水文效应研究进展[J]. 自然资源学报，22(2)：211-220.
李四林，2012. 水资源危机：政府治理模式研究[M]. 武汉：中国地质大学出版社.
李义天，邓金运，孙昭华，等，2004. 河流水沙灾害及其防治[M]. 武汉：武汉大学出版社.
梁学田，1992. 水文学原理[M]. 北京：水利电力出版社.
廖松，1991. 工程水文学[M]. 北京：清华大学出版社.
林三益，2001. 水文预报[M]. 北京：中国水利水电出版社.
刘昌明，陈志恺，2001. 中国水资源现状评价和供需发展趋势分析[M]. 北京：中国水利水电出版社.
刘昌明，任鸿遵，1998. 水量转换[M]. 北京：科学出版社.
刘昌明，于静洁，1989. 森林拦蓄洪水的作用——以黄土高原林区为例[A]//中国林学会森林水文与流域治理专业委员会. 全国森林水文学术讨论会文集[C]. 北京：测绘出版社：84-90.
刘昌明，郑红星，王中根，等，2006. 流域水分循环分布式模拟[M]. 郑州：黄河水利出版社.
刘昌明，钟骏襄，1978. 黄土高原森林对年径流影响的初步分析[J]. 地理学报，33(2)：112-126.
刘俊民，1999. 水文与水资源学[M]. 北京：中国林业出版社.

刘世荣，温远光，王兵，等，1996. 中国森林生态系统水文生态功能规律[M]. 北京：中国林业出版社.

刘志韬，1981. 山西管涔山林区森林对径流的影响[J]. 水土保持通报(4)：56-61.

柳艳，2006. 林草措施在西北地区水土保持中的作用及实施探讨[J]. 甘肃林业科技，31(3)：67-69.

娄中山，张伟，等，2007. 不同耕作方式对土壤水土保持能力的影响[J]. 黑龙江八一农垦大学学报，19(3)：43-46.

陆健健，何文珊，童春富，等，2006. 湿地生态学[M]. 北京：高等教育出版社.

雒文生，1992. 河流水文学[M]. 北京：水利电力出版社.

马海波，刘震，2007. 城市化引起的水文效应[J]. 黑龙江水专学报，34(1)：98-100.

马雪华，1980. 岷江上游森林的采伐对河流流量和泥沙悬移质的影响[J]. 自然资源(3)：78-87.

马雪华，1993. 森林水文学[M]. 北京：中国林业出版社.

缪韧，2007. 水文学原理[M]. 北京：中国水利水电出版社.

穆兴民，王飞，等，2004. 水土保持措施对河川径流影响的评价方法研究进展[J]. 水土保持通报，24(3)：73-78.

裴源生，赵勇，张金萍，2005. 城市水资源开发利用趋势和策略探讨[J]. 水利水电科技进展，04：1-4.

彭珂珊，2004. 黄土高原主要水土保持耕作技术特征分析[J]. 山西水土保持科技，6(4)：1-4.

彭玉怀，杨兆军，王少龙，2000. 水资源开发利用规划方法讨论[J]. 水文地质工程地质，01：11-14.

齐佳音，陆新元，2000. 中国水资源管理问题及对策[J]. 中国人口资源与环境，10(4)：63-66.

钱宁，1989. 高含沙水流运动[M]. 北京：清华大学出版社.

钱宁，万兆惠，1983. 泥沙运动力学[M]. 北京：科学出版社.

钱易，刘昌明，邵益生，2002. 中国城市水资源可持续开发利用[M]. 北京：中国水利水电出版社.

任天培，1985. 水文地质学[M]. 北京：地质出版社.

芮孝芳，2004. 水文学原理[M]. 北京：中国水利水电出版社.

申仁淑，1997. 长春市城市化影响效应分析[J]. 水文科技信息，14(3)：39-42.

沈冰，2008. 水文学原理[M]. 北京：中国水利水电出版社.

施嘉炀，1996. 水资源综合利用[M]. 北京：水利电力出版社.

石培礼，李文华，2001. 森林植被变化对水文过程和径流的影响效应[J]. 自然资源学报，16(5)：481-487.

水电部水文局，1987. 中国水资源评价[M]. 北京：水利水电出版社.

水利部水文局，2004. 水资源调查评价培训教材[R]. 北京：水利部.

宋文树，2007. 人类活动对水文效应的影响分析[J]. 中国集体经济，7：62.

宋新山，王朝生，汪永辉，2004. 我国城市化过程中的水资源环境问题[J]. 资源环境(2)：29-32.

苏凤阁，郝振纯，2001. 陆面水文过程研究综述[J]. 地球科学进展，16(6)：795-801.

苏延桂，李新荣，黄刚，等，2007. 实验室条件下两种生物土壤结皮对荒漠植物种子萌发的影响[J]. 生态学报，27(5).

孙成权，高峰，曲建升，2002. 全球气候变化的新认识——IPCC第三次气候变化评价报告概览[J]. 自然杂质，24(2)：114-122.

孙阁，1987. 森林对河川径流影响及其研究方法的探讨[J]. 自然资源研究(2)：67-71.

孙铁珩，裴铁璠，张吉娜，1996. 森林流域洪涝灾害成因分析与防治对策[J]. 中国减灾，6(3)：35-38.

万力，曹文炳，胡伏生，等，2005. 生态水文地质学[M]. 北京：地质出版社.

万庆, 1999. 洪水灾害系统与评估[M]. 北京: 科学出版社.
王朝华, 柳华武, 2011. 土壤水资源的特征分析与土壤水资源管理[J]. 海河水利(3): 35-36, 54.
王大纯, 1986. 水文地质学基础[M]. 北京: 地质出版社.
王德连, 雷瑞德, 韩创举, 2004. 国内外森林水文研究现状和进展[J]. 西北林学院学报, 19(2): 156-160.
王登瀛, 1992. 水资源系统规划的基本原则和一般步骤[J]. 长江工程职业技术学院学报(1): 56-59.
王根绪, 刘桂民, 常娟, 2005. 流域尺度生态水文研究评述[J]. 生态学报, 25(4): 892-903.
王光谦, 李铁健, 2009. 流域泥沙动力模型[M]. 北京: 中国水利水电出版社.
王国庆, 兰跃东, 等, 2002. 黄土丘陵沟壑区小流域水土保持措施的水文效应[J]. 水土保持学报, 16(5): 87-89.
王浩, 秦大庸, 2002. 流域水资源规划的系统观与方法论[J]. 水利学报(8): 1-6.
王红亚, 吕明辉, 2007. 水文学概论[M]. 北京: 北京大学出版社.
王俊德, 1993. 水文统计[M]. 北京: 水利电力出版社.
王礼先, 解明曙, 1997. 山地防护林水土保持水文生态效益及其信息系统[M]. 北京: 中国林业出版社.
王礼先, 孙宝平, 1990. 森林水文研究及流域治理综述[J]. 水土保持科技情报(2): 10-15.
王鸣远, 2010. 水文过程及其尺度响应[M]. 北京: 中国水利水电出版社.
王文川, 2013. 工程水文学[M]. 北京: 中国水利水电出版社.
王双银, 宋孝玉, 2014. 水资源评价[M]. 2版. 郑州: 黄河水利出版社.
王兴奎, 邵学军, 等, 2004. 河流动力学[M]. 北京: 科学出版社.
温远光, 刘世荣, 1995. 我国主要森林生态类型降水截持规律的数量分析[J]. 林业科学, 3(4): 289-298.
吴伟, 王雄宾, 武会, 等, 2006. 坡面产流机制研究刍议[J]. 水土保持研究, 13(4): 84-86.
吴玉萍, 董锁成, 宋健峰, 2002. 北京市经济增长与环境污染水平计量模型研究[J]. 地理研究, 21(2): 1-8.
奚秀梅, 段树国, 海米提·依米提, 2006. 塔里木河中游径流变化分析[J]. 水土保持研究, 13(2): 115-117.
夏军, 苏仁琼, 等, 2008. 中国水资源问题与对策建议[J]. 中国科学院院刊, 23(2): 116-120.
许念曾, 1994. 河道水力学[M]. 北京: 中国建筑工业出版社.
闫俊华, 1999. 森林水文学研究进展(综述)[J]. 热带亚热带植物学报, 7(4): 347-356.
杨诚芳, 1992. 地表水资源与水文分析[M]. 北京: 水利电力出版社.
杨生, 2003. 谈水资源与生态环境的关系[J]. 河北水利(5): 40-41.
杨士弘, 1997. 城市生态环境学[M]. 北京: 科学出版社.
姚汝祥, 等, 1987. 水资源系统分析及应用[M]. 北京: 清华大学出版社.
姚文艺, 汤立群, 2001. 水力侵蚀产沙过程及模拟[M]. 郑州: 黄河水利出版社.
尹红, 安建英, 等, 2007. 刍议水土保持的工程措施[J]. 黑龙江水利科技, 35(3): 202-203.
由懋正, 王会肖, 1996. 农田土壤水资源评价[M]. 北京: 气象出版社.
于静洁, 刘昌明, 1989. 森林水文学研究综述[J]. 地理研究, 8(1): 88-98.
余新晓, 2010. 水文与水资源学[M]. 2版. 北京: 中国林业出版社.
云玲, 1995. 水利工程的水文效应研究方法[J]. 治淮(5): 32-33.
詹道江, 徐向阳, 陈元芳, 2010. 工程水文学[M]. 4版. 北京: 中国水利水电出版社.
詹道江, 叶守泽, 2000. 工程水文学[M]. 3版. 北京: 中国水利水电出版社.

张炳勋, 冯国章, 1985. 林地拦洪作用及产流特点的分析[J]. 水文(2): 37-44.

张光灿, 刘霞, 赵玫, 2000. 树冠截留降雨模型研究进展及其述评[J]. 南京林业大学学报, 24(1): 64-68.

张光智, 徐祥德, 王继志, 等, 2002. 北京及周边地区城市尺度热岛特征及其演变[J]. 应用气象学报, 13(特刊): 41-49.

张建军, 朱金兆, 2013. 水土保持监测指标的测定方法[M]. 北京: 中国林业出版社.

张建军, 张守红, 2017. 水土保持与荒漠化防治实验研究方法[M]. 北京: 中国林业出版社.

张建永, 朱党生, 曾肇京, 等, 2011. 我国城市饮用水水源地分区安全评价与措施[J]. 水资源保护, 27(1): 15.

张建云, 2012. 城市水文学面临的科学问题[A]//中国水文科技新发展——2012中国水文学术讨论会论文集[C].

张雷, 鲁春霞, 吴映梅, 等, 2014. 中国流域水资源综合开发[J]. 自然资源学报(2): 295-303.

张理宏, 李昌哲, 杨立文, 1994. 北京九龙山不同植被水源涵养作用的研究[J]. 西北林学院报, 9(1): 18-21.

张明祥, 2008. 湿地水文功能研究进展[J]. 林业资源管理(5): 64-68.

张巧艳, 骆东奇, 张天生, 2006. 土地利用结构优化配置方法研究进展[J]. 甘肃农业(11): 47-48.

张天曾, 1984. 从永定河东沟西沟河川特征看森林植被的水文作用[J]. 自然资源(4): 90-98.

张喜英, 2013. 提高农田水分利用效率的调近代机制[J]. 中国生态农业学报, 21(01): 80-87.

张晓宇, 窦世卿, 2006. 我国水资源管理现状及对策[J]. 自然灾害学报, 15(3): 91-95.

张增哲, 1991. 流域水文学[M]. 北京: 中国林业出版社.

章光新, 尹雄锐, 冯夏清, 2008. 湿地水文研究的若干热点问题[J]. 湿地科学, 6(2): 105-115.

赵勇, 李树人, 等, 1995. 信阳南湾库区水源涵养的森林水文效应研究[J]. 河南农业大学学报, 29(2)121-127.

郑子成, 何淑勤, 等, 2003. 水土保持耕作措施强化入渗速率模型的探讨[J]. 水土保持研究, 10(2): 103-105.

中国林学会考察组, 1982. 华北地区森林涵养水源考察报告[J]. 山西林业科技动态.

中华人民共和国国家经济贸易委员会, 2003. 水电枢纽工程等级划分及设计安全标准: DL 5180—2003[S]. 北京: 中国水利水电出版社.

中华人民共和国水利部, 2002. 水利水电工程水文计算规范: SL 278—2002[S]. 北京: 中国水利水电出版社.

中野秀章, 1983. 森林水文学[M]. 李云森, 译. 北京: 中国林业出版社.

周德民, 宫辉力, 胡金明, 等, 2007. 湿地水文生态学模型的理论与方法[J]. 生态学杂志, 26(1): 108-114.

周乃晟, 1995. 城市水文学概论[M]. 贺宝根, 译. 上海: 华东师范大学出版社.

周淑贞, 束炯, 1994. 城市气候学[M]. 北京: 气象出版社.

周淑贞, 张超, 1985. 城市气候学导论[M]. 上海: 华东师范大学出版社.

周延辉, 1989. 森林对径流的影响[A].//中国林学会森林水文与流域治理专业委员会. 全国森林水文学术讨论会文集[C]. 北京: 测绘出版社: 91-98.

朱党生, 王超, 程晓冰, 2001. 水资源保护规划理论与技术[M]. 北京: 中国水利水电出版社.

朱卫平, 2005. 工程设计径流环境水文效应探讨[J]. 水利科技(3): 42-44.

左其亭, 窦明, 马军霞, 2008. 水资源学教程[M]. 北京: 中国水利水电出版社.

左其亭, 胡德胜, 窦明, 等, 2014. 基于人水和谐理念的最严格水资源管理制度研究框架及核心体系

[J]. 资源科学(05): 906-912.

左其亭, 李可任, 2013. 最严格水资源管理制度理论体系探讨[J]. 南水北调与水利科技, 11(1): 13-18.

左其亭, 马军霞, 陶洁, 2011. 现代水资源管理新思想及和谐论理念[J]. 资源科学(12): 2214-2220.

左其亭, 王中根, 2006. 现代水文学[M]. 郑州: 黄河水利出版社.

Abott M B, Refsqaard J C, 1996. Terminology, modeling protocol and classification of hydrological model codes [M]//Distributed Hydrological Modelling. Water Science and technology Library, 321.

Arnfield A J, 2003. Two decades of urban climate research: a review of turbulence, exchanges of energy and water, and the urban heat island[J]. International Journal of Chmatology, 23: 1-26.

Beven K J, 1999. Rainfall-Runoff modeling[M]. New York: John Wiley & Sons Ltd.

Bloschl G, Sivapalan M, 1995. Scale issues in hydrological modeling: a review[J]. Hydrological Process, 9 (3-4): 251-290.

Bormann F H, Likens G E, 1979. Pattern and Processes in a Forested Ecosystem[M]. New York: Springer Verlag.

Bosch J M, 1979. Treatment effects on annual and dry period stream flow at Cathedral Peak[J]. S. Afr. For. J. (108): 29-38.

Branson F A, Gfford G F, Renard K G, et al., 1981. Rangel and Hydrology[M]. Toronto: Kendall/Hunt Pub-lishing Company.

Calver A, Wood W L, 1995. The institute of Hydrology distributed model[M]// Singh V P. Computer models of Watershed Hydrology. Water Resource Publications, Highlands Ranch, CO, 595-626.

Corder G P, E M Laurenson, R G Mein, 1988. Hydrologic Effects of Urbanization: Case study, Proc[A]// Hydraulic and Water Resources Symposium[C], Australian National University, Canberra, February.

Crossman G M, Kureger A B, 1992. Environmental Impacts of A North American Frss Trade Agreement[M]. Woodrow Wilson School. Princeton. NT.

Douglas N Graham, Michael B Butts, 2005. Flexible integrated watershed modeling with MIKESHE[A]//Singh V P and Frevert D K (Eds.). Watershed Models[M]. CRC Press.

Driver N, G D Tasker, 1998. Techniques for estimation of storm-runoff loads, volumes, and selected constituent concentrations[R]. U. S. Geological Survey, Denver, Colo.

Gash J H C, 1980. Comparative estimates of interception loss threeconiferts in Great Britain[J]. J. Hydrol, 48: 89-150.

Grimmond C S B, Oke T R, 1999. Aerodynamic properties of urban areas derived from analysis of surface form [J]. Journal of Applied Meteorology, 38: 1262-1292.

Grimmond C S B, Oke T R, 1999. Heat storage in urban areas: local-scale observation and evaluation of a simple model[J]. Journal of Applied Meterology, 38: 922-940.

Putuhena W M, Cordery I, 1996. Estimation of interception capacity of the forest floor[J]. J. Hydrol, 180: 283-299.

Refsgaard J C, Storm B, 1995. MIKE SHE[A]//Singh V P, Computer models of watershed hydrology[M]. Water Resources Publications, Colorado.

Seabum G E, 1987. Effects of Urban development on Direct Runoff to East Meadow Brook[R]. U. S. Geological Survey, Washington, D. C. .

Slatyer R O, Mabbutt J A, 1964. Hydrology of arid and semiarid regions[M]. Ven T. Chow, Handbook Appl. Hydrol. NewYork: McGraw Hill.

Urban Drainage and Flood Control District, 1991. Urban Storm Drainage Criteria Manual[M]. Denver, Colo., revised.

Urbonas B R, B Benik, Hunter M, 1989. Stream stability under a changing environment[A]//Proc. Stream Bank Erosion Symposium[C]. Snowmass, Colo., August.

Va'zquez R F, Feyen J, 2007. Assessment of the effects of DEM gridding on the predictions of basin runoff using MIKE SHE and a modelling resolution of 600 m[J]. Journal of Hydrology, 334: 73-87.

Vazquez R F, Feyen L, Feyen J, et al., 2002. Effect of grid size on effective parameters and model performance of the MIKE-SHE code[J]. Hydrological Process, 16: 355-372.

Viville D, 1993. Interception on a mountainous declining spruce stand in the Streng bach catchment (Voges, France)[J]. J. Hydrol, 144: 273-282.

Voogt J A, Oke T R, 1977. Complete urban surface temperatures[J]. Journal of Applied Msteorology, 36: 1117-1132.

Wallace J R, 1971. The Effects of Land Use Changes on the Hydrology of an Urban Watershed[R]. OWRR report, project C-1786, School of Civil Engineering, Georgia Institute of Technology, Atlanta.

Whipple W, 1981. Coping with Increased Stream Erosion in Urban Runoff Pollution[J]. Water Resour. 17(5): 1561-1564.

William J M, James G G, 2000. Wetlands[M]. New York: John Wiley & Sons Inc.

Zhang L, Dawes W R, Walker G R, 2001. Response of mean annual evapotranspiration to vegetation changes at catchment scale[J]. Water Resources Research, 37(3): 701-708.

Zhang W, Montgomery D R, 1994. Digital elevation model grid size, landscape representation, and hydrologic simulations[J]. Water Resources Research, 30(4): 1019-1028.

Zhang Z Q, Wang L X, Yu X X, 2001. Impacts of forest vegetation on runoff generation mechanisms: a review [J]. Journal of Natural Resources, 16(1): 79-84.

附 录

附录1　法律法规

一、国外相关法律法规

1. 美国

《清洁水法》
《海岸带管理法》
《地下水保护对策》
《水土资源保护法》
《美国安全饮用水法》

2. 日本

《治山治水紧急措置法》
《日本水资源管理法》
《日本河川法》

3. 其他国家

《西班牙水法》
《墨西哥国家水法》
《法国水法》
《南非共和国水法》
《以色列水法》

二、中国主要相关法律与法规

1.《中华人民共和国水法》

《中华人民共和国水法》已由中华人民共和国第九届全国人民代表大会常务委员会第二十九次会议于2002年8月29日修订通过，自2002年10月1日起施行。

2. 相关法律与法规

(1)《中华人民共和国水土保持法》
(2)《中华人民共和国森林法》
(3)《中华人民共和国水污染防治法》
(4)《中华人民共和国防洪法》
(5)《中华人民共和国水文条例》
(6)《中华人民共和国环境保护法》

(7)《中华人民共和国气象法》
(8)《中华人民共和国电力法》
(9)《建设工程勘测设计管理条例》
(10)《建设工程质量管理条例》
(11)《建设项目环境保护管理条例》
(12)《水行政许可实施办法》
(13)《城市节约用水管理规定》
(14)《城市地下水开发利用保护管理规定》
(15)《城市供水条例》
(16)《取水许可制度实施办法》

附录 2　国内外涉水行政管理机构

附录 3　国内外涉水教学科研机构

附录 4　我国涉水技术标准

附录 5　国内外涉水学术团体

附录 6　国内外涉水学术期刊

附录 7　课件 PPT